北京理工大学
党委书记郭大成教授接见台湾与会代表

北京理工大学
校长胡海岩院士接见台湾与会代表

北京理工大学
管理与经济学院院长魏一鸣教授会见台湾与会代表

国家自然科学基金委管理科学部
刘作仪处长出席大会并致辞

与会代表合影

大会特邀报告专家

发改委能源局原局长徐锭明

台湾中华经济研究院院长萧代基教授

科技部中国21世纪议程管理中心主任
郭日生教授

国务院发展研究中心李善同教授

国际能源署Michael Chen

台湾中原大学商学院院长林师模教授

台湾中国文化大学柏云昌教授

中国能源杂志主编张建民教授

中石油经济技术研究院副院长
刘克雨教授

应对气候变化
——能源与社会经济协调发展

第三届海峡两岸能源经济学术会议论文集

主　编：魏一鸣

副主编：萧代基　吴　刚
　　　　柏云昌　米　红

中国环境科学出版社·北京

图书在版编目(CIP)数据

应对气候变化:能源与社会经济协调发展 / 魏一鸣主编. 北京: 中国环境科学出版社,2010

ISBN 978-7-5111-0181-5

Ⅰ.应… Ⅱ.魏… Ⅲ.①气候变化—对策—研究—中国 ②能源经济—经济发展—研究—中国 Ⅳ.P467 F426.2

中国版本图书馆 CIP 数据核字(2010)第 024452 号

责任编辑 高 峰
责任校对 扣志红
封面设计 兆远书装

出版发行 中国环境科学出版社
(100062 北京崇文区广渠门内大街 16 号)
网 址:http://www.cesp.com.cn
联系电话:010-67112739(第三图书出版中心)
发行热线:010-67125803
印 刷 北京中科印刷有限公司
经 销 各地新华书店
版 次 2010 年 5 月第 1 版
印 次 2010 年 5 月第 1 次印刷
开 本 787×1092 1/16
印 张 32.5
字 数 820 千字
定 价 120.00 元

应对气候变化
——能源与社会经济协调发展

第三届海峡两岸能源经济学术会议论文集

前　言

能源是不可或缺的生产要素和生活资料。经济与社会的发展和居民生活水平的提高都直接影响能源消耗强度和能源消费结构的变化。近 60 年来，大陆和台湾地区的经济发展取得了显著成就，居民生活水平也有了显著提高。与此同时，能源消费总量增长较快，能源消费结构有所改善。但是，受资源禀赋等因素的制约，大陆和台湾地区都遇到了前所未有的能源挑战。台湾地区可利用的能源资源极为贫乏，仅有少量的煤炭、石油、天然气，能源对外依存度高达 97% 左右。大陆虽然煤炭资源丰富，但是石油和天然气资源相对较少，人均能源资源贫乏，能源供应压力增大；能源强度较高，节能形势严峻；成品油定价机制尚待进一步完善。另外，全球气候变化及减排政策也在一定程度上影响两岸经济与社会发展。构筑稳定、经济、清洁的能源供应体系，大幅度提高能源效率，减缓和适应全球气候变化，已成为海峡两岸共同关注的热点话题之一。

近年来，两岸能源经济与管理学界的交流与合作日益增多。继中华经济研究院于 2005 年和 2007 年在台北，先后主办了第一届、第二届海峡两岸能源经济学术研讨会之后，2009 年 10 月 22 ~ 26 日，北京理工大学在北京主办了第三届海峡两岸能源经济学术研讨会。

第三届会议的主题是“应对气候变化：能源与社会经济协调发展”，会议涉及能源供需与社会经济发展、能源安全与风险管理、能源效率与节能、能源市场和碳市场、能源社会经济环境政策、气候变化政策与碳排放、能源社会经济系统建模、可再生能源与新能源 8 个议题。海峡两岸的近百名专家、学者出席了研讨会，并就上述议题开展广泛的交流与讨论。为了更好地交流，我们将部分与会代表的报告编辑整理成了会议论文集，论文集共收录了论文 42 篇，其中台湾学者论文 17 篇，大陆学者论文 25 篇。文集也是海峡两岸学者在能源经济与管理领域研究工作的一个缩影。

第三届海峡两岸能源经济学术研讨会由北京理工大学管理与经济学院、北京理工大学能源与环境政策研究中心、浙江大学非传统安全与和平发展研究中心、中国科学院科技政策与管理科学研究所联合承办。得到了北京理工大学 EMBA 中心、国家自然科学基金委员会管理科学学部、江苏大学系统工程研究所、清华大学能源环境经济研究所、台湾经济研究院、台湾综合研究院、西安科技大学能源经济与管理研究中心、中国石油大学（北京）中国能源战略研究中心、中国文化大学、中华经济研究院等单位的大力支持和协作。本次会议同时也得到国家自然科学基金重点项目（No. 70733005）和教育部博士点基金（SRFDP No. 209110110044）的资助。

借此机会，我们由衷地感谢上述单位给予的大力支持，祝愿海峡两岸从事能源经济与管理的学者取得更高水平的研究成果，共同推动两岸社会经济的繁荣与发展。

2009 年 10 月 16 日于北京

目　录

Contents

陕北能源化工基地可持续发展战略与对策研究*

张金锁　赵　京

西安科技大学能源经济与管理研究中心　陕西西安　710054

摘　要：陕北能源化工基地可持续发展对于国家能源安全与区域经济社会的发展具有十分重要的战略意义。在全面分析陕北能源化工基地发展背景、支持与约束因素的基础上，从区域可持续发展的系统结构视角出发，构建了陕北能源化工基地资源、经济、社会、环境可持续发展的战略框架，提出促进陕北能源化工基地可持续发展的对策与建议。

关键词：能源，基地，可持续发展，战略

陕北能源化工基地是原国家计委1998年批准规划建设并在榆林启动的唯一国家级能源化工基地。10余年的建设与发展，陕北能源化工基地已成为国家西煤东运的源头、西电东送的枢纽、西气东输的腹地。随着陕北能源资源开发和能源化工优势产业迅速发展，区域经济社会全面进步，但与此同时，区域可持续发展也出现资源浪费、环境破坏、结构失衡和利益矛盾突出等一些消极因素。目前，基于科学发展观对陕北区域可持续发展战略与策略进行探讨具有十分重要的理论与现实意义。

1　陕北能源化工基地可持续发展战略制定的基本依据

陕北能源化工基地是由资源、经济、社会、环境等子系统构成的地域空间和复合生态系统。陕北能源化工基地可持续发展战略是在可持续发展的本质要求和陕北区域优劣势比较基础上形成的对区域经济、社会、生态和人的发展的全局性、系统性、前瞻性谋划和安排[1]。其中，发展背景和发展因素分析是制定陕北能源化工基地可持续发展战略的基础和出发点。

1.1　发展背景

(1) 世界一次能源消费量不断增加

由于经济发展和人口增长的影响，世界一次能源消费量不断增加，据统计，1973年世界一次能源消费量仅为57.3亿吨油当量，而2007年已达到111.0亿吨油当量，2008年由于金融和经济危机的影响，世界一次能源消费量增长减缓，整体微增1.4%，但消费总量仍为112.95亿吨油当量，总体而言，在30多年内能源消费总量翻了一番，年均增长率为1.8%左右。据美国能源信息署发布的国际能源展望（International Energy Outlook

---

* 基金项目：国家软科学计划项目（2006GXQ3D160），陕西省软科学研究项目（2007KR17、2008KR84），陕西省教育厅专项科研计划项目（09JK149）。

2008）和国际能源组织预测显示：世界能源市场消耗量 2005—2030 年预计增加 50%，至 2030 年，全球能源结构是：石油 27%，天然气 26%，煤炭 32%，核电 6%，水电、生物质能和其他能源仅占 9%。目前，世界已探明的石油储量约为3 000亿吨，按现在每年开采 40 亿吨的水平计算，现有储量只够开采 70 年。煤炭和天然气的储采比分别为 133 年和 60 年，化石能源的日益枯竭和发达国家的产能大幅削减使全球能源发展面临空前挑战。

（2）中国能源消费需求持续旺盛

中国仍处于工业化和城镇化高速发展的历史进程中，经济社会发展对能源生产和消费具有高度依赖性，伴随改革开放和经济发展，我国能源生产与消费持续增长，1979—2007 年，我国能源消费年均增长 5.4%，且多年来能源消费需求快于国内能源生产水平，能源供小于求的态势仍在延续。2007 年，我国能源生产总量达 23.5 亿吨标准煤，能源消费 26.6 亿吨标准煤。2008 年中国能源消费比 2007 年增长 8%，能源消费总量达到 28.5 亿吨标准煤，在全球一次能源消费市场中所占比重为 17.7%，居于美国之后位列全球第二，在世界能源消费增长中第一次能源消费增量的 3/4 来自中国，预计 2030 年中国能源消费超美国而成为世界第一大能源消费国。而且，我国能源资源具有“富煤、贫油、少气”的结构特征，化石能源的可持续开发与利用是我国国民经济与社会发展的重中之重。

1.2 发展因素

发展因素分为支持因素和制约因素两个方面，陕北区域可持续发展的支持因素主要表现在资源富集、区位优越、基础设施良好和资源经济成就斐然，而制约因素则表现在资源浪费、产业结构失衡、环境危机加深、社会发展滞后等 8 个方面。

（1）支持因素

1）陕北区域资源富集：陕北是世界罕见的资源富集区。拥有丰富的煤炭、石油、天然气和岩盐等资源。目前石油探明储量为 11.9 亿吨，居全国第五位，预测储量为 40 亿吨；天然气探明储量为 5 858 亿立方米，居全国第三位，远景储量为 11.7 亿立方米；陕西全省煤炭累计探明储量为 1 674 亿吨，居全国第三位（其中陕北榆林煤炭储量占陕西省的 90%）；岩盐储量为 6 万亿吨，占全国岩盐总量的 26%，探明储量 8 854 亿吨，资源综合潜在价值 42 万亿元。

2）区位条件优越：陕北地处我国中西部结合地带，具有承东启西、连南带北的区位优势。从地理位置上看，既是西北经济区走向沿海的前沿，又是中原经济区的延伸，适合作为实施西部能源可持续开发战略的首选地区。从我国资源布局来看，陕西、山西和内蒙古三省区交界处的 13 个县区煤炭探明储量约占全国的 60%，并存有大量的石油和天然气。而榆林地区处于晋蒙陕能源基地的中心区，与晋蒙两地区及海南、新疆相比，榆林不仅资源富集成度更高、资源组合条件优越，而且天然气管输费、化工产品等运输费相对较为低廉，具有发展重化工的地理条件。

3）基础设施建设进展良好：陕北能源化工基地基本贯通了东西南北高速公路网，建成神朔、包神、神延 3 条铁路，“一纵两横”、通江达海的铁路网络将很快形成，4C 级新机场已经投运，榆林作为陕西第二大通信枢纽，通信能力已达到国内先进水平，输变电网络基本形成，制约基地发展的水源地建设也取得实质性进展。

4）能源经济发展成就斐然：延安能源化工基地产原油由 2003 年的 479.6 万吨上升为

2008年的884.4万吨，原油加工能力从2003年的532.85万吨提高到2008年的922.7万吨，原煤生产从2003年的537.04万吨提升为2008年的1 400万吨；榆林能源化工基地累计完成投资近1 000亿元，形成了以煤炭、石油、天然气、岩盐采掘为基础，以电力、化工、建材为主导的产业体系。油气产品产出规模由1998年的46万吨油气当量，增长到2008年的1 517万吨油气当量，煤炭产量由1998年的1 688万吨，增长到2008年的1.33亿吨，分别是1998年的32.98倍和7.88倍。向外输出能源初级产品10年累计达到：原煤37 523万吨、原油1 760万吨、天然气398亿立方米，油气折合4 931万吨油气当量，油气煤三项折4.4亿吨标准煤。目前，能源资源初级产品就地转化率约21.7%，其中，全市煤炭转化率为22.67%，10年累计转化量占到总采煤量的20.89%；石油转化率为25.28%，10年转化量占到总采油量的29.82%；天然气转化率5.45%，10年转化量占到总采气量的6.99%。2008年就地加工转化产品产量为：兰炭10万吨、火电200亿千瓦时、原油加工量190万吨、精甲醇120万吨、电石123万吨、平板玻璃720万重量箱、聚氯乙烯20万吨。陕北能源化工基地历经载体建设、项目建设和跨越式发展3个阶段，在全国能源化工产业中占据了一定地位，2007年仅榆林的油气产量和煤炭产量就分别占全国的5.38%和4.75%，陕北能源化工基地已经成为国家“西煤东运”、“西气东输”、“西电东送”的重要源头。

(2) 制约因素

陕北能源化工基地区域可持续发展系统从区域复杂巨系统的整体结构和协调性来看，面临以下约束与问题。

1) 资源浪费和资源短缺并存：由于不尽合理的制度安排和体制架构，资源开发中存在掠夺式开采行为，吃肥丢瘦、采厚弃薄（层）、挖浅（层）甩深、采大弃小，煤炭回采率和原油采收率较低。据调查，原油采收率省属油田平均为10%，长庆石油管理局也只有20%～30%，榆林地区的煤矿回采率神东公司为29.7%，地方小煤矿只有25%左右。按2007年产量计算，榆林因回采率低而造成的煤炭资源浪费就达到1 920万吨。与此同时，目前陕北在一定程度上面临资源短缺与增长乏力问题。按照探明储量13.8亿吨、采收率15%（目前为12%）测算，可采储量仅为2亿吨，剔除累计已采5 500万吨，剩余可采储量按年产1 000万吨左右计，延安石油资源只能开采15年[4]。由于榆林煤炭企业超设计能力开采造成神东公司大柳塔煤矿服务年限由原设计开采年限的108年缩短为37年，活鸡兔煤矿服务年限由96年缩短为40年，榆家梁煤矿服务年限由34年缩短为11年。210个地方煤矿保有储量不足18亿吨，服务年限不足20年，其中已有5个矿井因资源枯竭正在办理闭坑审批手续[2]。

2) 产业结构失衡突出：目前，榆林三次产业的增加值之比为7.2∶74.7∶18.1，呈现出明显的一产弱、二产强、三产滞后的特点，工业内部结构性矛盾突出，能源经济一枝独秀，重工业比例高达99.25%，非能矿产业弱，特别是轻工业发展滞后，采掘业占全市工业总产值的70.2%，一次能源产量占到全部能源产量的87%（按标准煤折算）；制造业占总产值比重不到25%，装备制造、精细化工等能源化工下游和配套产业发展不足，非能源化工产业被边缘化，传统轻工业提升困难，资源驱动型经济增长特征明显。延安2008年三次产业的结构为7.3∶80.7∶12，2002年重工业比重已达到94.8%，其中石油工业发挥了支撑经济全局的作用。

3) 环境危机加深：区域经济在高昂的资源环境成本基础上运行，据不完全统计，在目前的开发速度下，榆林每年有5.3千～6.7千公顷林草地被破坏，地表侵蚀模数由开发前的1.1万吨/(平方公里·年）增加到现在的1.5万吨/(平方公里·年）。延安市13个县区，水土流失面积达2.88万平方公里，占总土地面积的78.4%。陕北油气田开采破坏的地貌植被面积达数十万公顷，排放的弃土弃渣1.5亿多吨，年新增水土流失量达1 800万吨，每年流入黄河泥沙2.58亿吨，每平方公里输沙量7 028吨，占全省入黄泥沙总量的30%。截至2007年底，榆林市因煤炭开采形成的采空区面积达339.57平方公里，且以每年10平方公里以上的速度增加，已塌陷面积64.25平方公里，造成大量的地表设施损毁。2006年榆林全市烟尘排放总量4.62万吨，二氧化硫排放量9.76万吨，2007年全市工业固体废弃物排放量35.03万吨，矿区平均地下水位下降3米，局部下降10～12米。榆林市湖泊由煤田开发前的869个减少到现在的79个。全省最大的内陆湖红碱淖近6年水位下降3米，水面由6年前的10.5万亩缩减到目前的不足7万亩。神木县目前已有数十条河流地表径流断流，20多个泉眼干枯。神木大柳塔镇大气中的二氧化氮、总悬浮颗粒、二氧化硫三项指标分别是开发前的4倍、17倍和24倍。黄河主要支流窟野河一年因2/3以上时间断流变成季节河。延安境内的延河、洛河、秀延河等主要河流和饮用水源地均受到严重的石油污染，已成劣五类水质，直接威胁到190多万延安人民的生活生产用水。资料显示，陕西省每年因煤炭石油天然气资源开采水土流失造成的经济损失超过25亿元。榆林每开采1吨原煤、原油，造成生态资源环境的损失分别是52元和260元，每年总计98.8亿元以上。

4）基础设施仍不完善：随着能源化工基地建设步伐加快，缺水问题凸显。到2010年，榆林全市年总需水量12.5亿立方米，需新增供水6.5亿立方米。预计到2020年，全市总需水量近24亿立方米左右，是目前供水量的4倍，水资源供需缺口巨大。在延安能源化工基地建设和发展中，资源性缺水矛盾尖锐，全市人均水资源占有量仅为780立方米，仅为全国人均量2 400立方米的32%，全省人均量1 300立方米的60%，而且低于国际公认的1 000立方米的最低需水线。初步预测到2010年，全市年缺水量3 700万立方米，10年后所有县区将普遍缺水。

就交通设施建设而言，虽然目前榆林有包神、神朔、神延三条铁路，但北线包神东线神朔主要为神华集团服务。南线神延铁路虽打通了榆林煤炭的“南通道”，但由于运输能力有限，加之随着榆林大化工项目的投产，化工产品外运挤占煤炭运力，使榆林煤炭产运矛盾突出。目前榆林80%以上的地方外运煤炭靠汽车运输出镜，运煤国道和省道车排长龙、相当繁忙。在延安煤炭经济发展中，铁路运输能力不足同样表现明显。2006年全国煤炭订货会分配给延安的铁路外运计划为100万吨，但实际落实70万吨。2007年铁路外运仅为30万吨。子长县煤炭资源整合后，年采煤能力550万吨，但铁路运力年计划仅为100万吨。铁路外运计划小，兑现率低，制约着陕北能源化工产业快速发展。

5）人力资本形成不足：“五普”资料显示，每10万人拥有大学文化程度的人数，全省、全国分别是陕北的1.88倍、1.64倍；每10万人拥有的高中文化程度的人数，全省、全国分别是陕北的1.35倍、1.23倍；每10万人拥有的初中文化程度的人数，全省、全国分别是陕北的1.25倍、1.28倍。全省文盲率比陕北低5.27个百分点，全国比陕北低5.84个百分点。目前，延安市共有各类专业技术人员4万多人，占全市人口的2%，低于全国平均3%的比例，高级专业技术人员占专业技术人员总数的2.88%，与全国5.7%的平均水平差距较大。同时，科技人才行业结构性矛盾比较突出，大都集中在教育、医疗卫生行业，农业、工业等主导产业，以及信息产业等方面的技术人才十分缺乏；截至2007年底，榆林市总人口中接受过高等教育的人占0.51%，从业人员中接受过高等教育的人不到1%，全市共有各类专业技术人员7.15万人，其中具有大专以上学历的仅有1.79万人，本科以上人才不足5 000人。能化企业中，高中级人才仅占职工总数的6.5%。国有大中型煤矿中，大专以上文化程度的技术人员平均不足职工总数的1%，地方煤矿2008年整合为268处，在岗的中专以上专业技术人员却不足100人。

6）体制机制障碍：在能源资源开发中，体制不顺、机制障碍、证照管理和联合执法协调不够等问题广泛存在。比如在煤炭资源开发中，国家监管与地方监管职能交叉、责权不明、多头执法、互不协调。煤炭安全生产管理涉及采矿许可证（国土资源部门）、煤炭生产许可证和矿长资格证（煤炭工业局）、安全生产许可证和矿长安全资格证（煤炭监督局）、工商营业执照（工商局）等多个证照，各相关部门在证照管理中综合协调和联合执法不够。在财税体制方面，存在着明显的税收与税源背离、税收与价格背离的现象，地方税收流失较多。在中央、省、市三级政府之间，市级政府可支配收入的比重逐步下降。从2002—2006年，榆林市上划中央及省的收入占财政总收入比重由51.3%上升到69.1%（剔除免抵调减增值税），留市县收入比重由48.7%下降到30.9%。2008年，榆林市上划国家和省的收入占财政总收入的比重达68.3%；在利益的横向分配中，税收与税源背离问题严重，造成区域间不合理的税收转移。以2006年榆林的资源产量计算，因税收和税源严重背离，有80多亿元转移到上海、北京等地。2007年榆林仅煤炭、石油、天然气三大类矿产资源，因总分机构和跨区经营造成的税收转移55.1亿元，因资源产品的非市场定价造成税收转移72.82亿元，本应体现为资源输出地的税收，反而流到了资源输入地[3]；在企业管理体制方面，属地管理存在着企业自我发展与应尽社会义务相分离的现象。神东公司所属8个煤矿均在神木县境内，2007年生产原煤6 180万吨，占神木总产量10 366万吨的59.6%；已形成采空塌陷区55.3平方公里，占神木县塌陷区的93.5%，占神木县塌陷区涉及人口的95.1%。但该公司对塌陷区环境治理主要采取地表裂隙回填和植树种草等方式。煤田开发以来，神东公司造林面积累计不足7平方公里，且主要集中在公司总部及生活区周围，对其他采空区和塌陷区未采取任何治理措施。虽然神东公司原煤售价及企业利润增长了十几倍，但每吨0.2元的地表塌陷治理补偿费却十年没有改变，在“生态灾民”安置方面，中央企业神东公司远不及地方煤矿。榆林地方政府对于中央企业不执行陕西省及省以下政府规定的情况，即便是属于行政属地管理的事项，也不能有效行使职能。

7）区域差距日益扩大：陕北县域经济发展参差不齐。从生产总值看，2007年延安全市实现生产总值594.03亿元，以宝塔区为界的南六县即甘泉、富县、洛川、宜川、黄龙以及黄陵县实现GDP 140.13亿元，增长15.5%，占全市GDP的比重仅为23.4%，而宝塔区为界的北六县即延长、延川、子长、安塞、志丹以及吴起县实现GDP 340.53亿元，增长16.0%，占全市GDP的比重高达56.98%。从地方财政收入看，宝塔区以南六个县实现地方财政收入6.32亿元，占到全市地方财政收入的8.7%，而宝塔区以北的六个县实现地方财政收入38.66亿元，占全市地方财政收入的53.2%；榆林南六县面积和人口各占榆林全市的23.7%和42.3%，而GDP和财政收入只占8%和2%，人均GDP不到全市平均水平的30%。今后五年甚至更长的时间，榆林南北县区之间的差距还将继续呈现拉大趋势。

8）城乡居民收入贫困：利益关系不协调使得陕北区域经济社会发展严重滞后于陕北

能源化工基地建设的步伐，从而使为能源化工基地建设付出了生存环境成本的榆林人民未能充分享受到资源开发的巨大成果。截至2007年底，榆林尚有1 377个行政村尚未脱贫，占全市行政村的25.02%，贫困人口约50.2万人；榆林城镇居民可支配收入8 850元，相当于全国人均水平（13 786元）的64.2%，全省人均水平（10 763元）的82.23%；农民纯收入2 621元，是全国人均水平（4 140元）的63.31%，全省人均水平（2 645元）的99.09%，这种情况与国家能源化工基地的地位和建设形势极不相称[4]。陕北资源富集型贫困问题的长期存在对陕北能源经济可持续发展和国家的能源安全构成深层制约，也在一定程度上影响到社会主义和谐社会建设。陕北能源化工基地建设与发展中出现的诸多矛盾，若不采取有效措施加以解决，势必影响区域可持续发展，制定陕北能源可持续开发与利用战略成为亟待解决的重大问题。

2 陕北能源化工基地可持续发展战略的基本内容

区域可持续发展战略是在可持续发展理念指引下，为实现区域经济、社会和资源环境全面、协调、公平和以人为本的发展所做出的全局性谋划[5]。对陕北能源化工基地可持续发展的全局性谋划包括区域可持续发展的指导思想、战略目标、战略步骤以及战略重点等基本内容。

2.1 指导思想

以邓小平理论和“三个代表”重要思想为指导，全面贯彻落实科学发展观和构建社会主义和谐社会的战略思想，准确把握陕北地情，遵循“有序开发、资源节约、环境友好”的要求，由资源导向逐步让位于市场导向，资源优势逐步让位于技术优势，依靠科技进步优化产业结构，深化体制改革，扩大开放，加快创新，消除贫困、健全社会保障体系、维护社会稳定，制定强有力的政策措施，不断完善体制机制，大力推进产业结构优化升级和经济发展方式转变，积极发展水电、风能、太阳能、生物质能等可再生能源与新能源，培育壮大接续替代产业，协调县域经济的发展，改善生态环境，建设国际知名、国内一流的国家能源化工基地，促进陕北区域资源科学开发和经济社会全面协调可持续发展[6]。

2.2 战略目标与步骤

延安能源化工基地2010年原油产量1 500万吨，原煤2 000万吨，2015年原油产量2 000万吨，原煤4 000万吨，在采炼规模达到2 000万吨的基础上稳产30～40年。并以100万吨乙烯、120万吨甲醇、150万吨甲醇、子长3×98万吨煤焦化、黄陵98万吨煤焦化、大唐2×30万千瓦热电联产等项目为依托，大力承接石油、煤炭化工及关联产业，发展有机化工、精细化工、新材料化工和塑胶加工等产业，延伸产业链条，逐步实现采炼化工一体化、油煤气化工一体化的产业体系，形成能源化工优势产业集群。

榆林能源化工基地2010年建成2亿吨原煤、1 000万吨原油、120亿立方米天然气、100万吨原盐、100万吨煤制油、600万吨甲醇、2 000万吨兰炭、100万吨聚氯乙烯的生产能力和1 000万千瓦电力装机容量，能源化工、装备制造和现代服务三大产业集群初具规模；2015年形成3.5亿吨原煤、1 500万吨原油、200亿立方米天然气、500万吨原盐、1 000万吨煤制油、2 500万吨甲醇及下游产品、500万吨聚氯乙烯的生产能力和2 200万千瓦电力装机容量，原煤转化率提高到50%以上，构建特色鲜明、布局合理的产业园区体系和相互支撑、相互配套、协调发展的经济体系；2020年建设4.5亿吨煤炭、2 000万吨原油、800万吨原盐、1 200万吨煤制油、形成3 600万吨甲醇及下游产品、650万吨聚氯乙烯的产能和3 500万千瓦电力装机容量，原煤转化率达到60%以上。

在2010年完成陕北国内生产总值比2000年翻两番、基本建成国家能源重化工基地的基础上，通过“三步走”的战略步骤，到2020年，建成规模实力强大、产业结构优化、核心技术领先、资源利用高效、基础设施完善、生态环境优美的“国际知名、国内一流”能源化工基地，把陕北建成山川秀美、经济发达、社会和谐、人民富裕的可持续发展现代化区域。

2.3 战略重点

(1) 节约能源资源，加快资源深度转化

胡锦涛总书记在视察榆林时指示要“珍惜资源，深度转化”。珍惜资源要求把节约能源资源作为转变经济增长方式的主攻方向，利用技术、政策和法律手段不断提高能源采收率。深度转化就是要发挥现有的资源优势，延长产业链条，打造产业集群，深化煤向电转化、煤电向材料工业品转化和煤油气盐向化工产品转化“三个转化”，实现资源的就地深度加工，提高资源综合利用率；就是要转变资源开发利用方式，使原材料、初级产品向高附加值的深加工产品转化，提高经济效益；就是要研发和采用绿色清洁生产技术，发展循环经济，使废弃物向二次或多次资源转化，节能减排，提高生态环境效益和社会效益。

(2) 推进新能源开发利用，实现能源战略替代和多元发展

当前，以低碳经济为主的新能源革命绿色浪潮席卷全球，新能源战略成为西方发达国家占领新的国际市场竞争制高点、主导全球价值链的新王牌。新能源是指传统能源之外的各种能源形式，包括太阳能、风能、生物质能、地热能、水能和海洋能以及由可再生能源衍生出来的生物燃料和氢所产生的能量。陕北风能、太阳能和生物质能等可再生能源丰富，潜力巨大，具有广阔的开发前景。推进以风能、太阳能、生物质能为主的可再生能源的创新和快速发展，改善陕北能源产业结构单一的状况，实现能源战略替代和多元发展是陕北推进能源化工基地健康发展的现实选择。

(3) 承接东部产业转移，培育接续产业

根据陕北产业布局，结合区域产业发展需要，延安和榆林市应充分利用自身的经济优势、资源优势、产业优势和综合成本优势，按照“大项目—产业链—产业集群—产业基地”的思路，重点承接石油、煤炭深加工、以能源开发为主的装备制造、以资源和市场为主导的专业产业园区、以旅游产品开发为主的轻工制造产业以及以城市建设为主的现代服务业，充分发掘比较优势，通过承接产业转移加快产业升级步伐，并适时利用重工业的经济积累反哺其他具有潜在优势的产业发展，培育并壮大接续产业，优化产业结构，提升产业发展水平。

(4) 扩大开放，实施项目带动

项目是投资之本，是发展载体，是聚集资金、技术、人才等生产要素的重要平台，是经济发展的有力支撑，也是扩大开放、招商引资的有效载体。陕北正处在以矿产资源开发为主导的工业化阶段，能源资源开发利用既需要法律、制度、机制、政策保障，也与劳动

者、技术、资本有关。单纯从经济角度来看，资本是影响陕北能源化工基地能源资源开发利用能力的关键资源。实施项目带动战略，充分利用国内、国外两个市场、两种资源，充分发挥市场配置资源的基础性作用，坚持激活各类投资主体与转变政府职能并重，突出“大煤田、大煤电、大化工、大载能”的主导地位，以资源引项目，以项目带资金，在煤化工、石油化工、盐化工、精细化工、装备制造业等领域引进一批国家级的、世界级的大企业、大项目进行资源开发转化利用，带动城市化和农业产业化，进而实现区域经济整体现代化。

（5）城镇化和工业化“双轮”驱动，协调南北县域经济发展

工业化与城市化通过循环累积作用相互依存而互为发展条件。陕北地处陕甘宁蒙晋大城市圈的中心地带，承接东西南北，是国家城镇体系发展战略“青银（青岛—济南—太原—榆林—银川）联系大通道”上的重要节点城市，推进城镇化具有良好的区位优势，也具有成为较强集聚辐射力的区域性中心城市的经济基础和基本条件。针对陕北城镇化水平较低，中心城市规模小，功能差，辐射能力弱，管理水平不高，人居环境欠佳，县域经济发展不协调，与建设国际知名、国内一流能源化工基地的定位和区域中心大城市目标差距较大的现实，着力实施城市化带动战略，以延安与榆林城区为重点，以县城和重点集镇为支撑，消除生产要素向城镇转移的体制性和政策性障碍，减缓南北差距，实现互联互动，构建布局合理、相互依托的城镇体系，提高城市现代化水平和辐射带动能力。

（6）深化资源环境价格改革，促进资源经济市场化发展

按照“市场取向、综合配套、循序渐进、统筹协调”的原则，配合国家资源环境价格改革，推进资源性产品价格和环保收费改革市场化，进一步发挥市场机制作用，完善价格形成机制，发挥价格杠杆对能源资源经济运行的调节功能，提高资源配置效率，促进资源节约与环境保护，调整资源开发中地区、部门、行业、企业和个人的利益分配格局，疏导和化解市场化改革带来的负面影响，制定和实施相关政策，把资源环保行业获得的额外收益用于资源开发利用和环境保护。

（7）依靠科教兴区，加强人才队伍建设

优势能源资源仅仅为陕北经济社会发展提供良好的初始条件，科技和人才才是全面振兴陕北经济的决定性因素。建设具有国际竞争力的国家级能源化工基地和全国生态环境试验示范基地，要求着力实施“科教兴区”战略，积极推动人力资本发展，借助国内外科技力量，积极推广应用新技术、新成果，加快产业升级和经济结构优化，以科教催生创新、以创新推动转型，推进榆林省级高新技术产业开发区建设，推进榆林市科技资源中心与陕西省科技资源中心资源共享、信息互通，重点实施科技创新引导工程、科技成果转化工程、紧缺人才培养工程，依托校地科技合作，充分发挥科技创新对区域经济社会发展的引领和支撑作用，构筑与陕北经济、社会、文化特点相匹配的人才工作新平台，支撑陕北区域经济社会在更高层次上实现跨越式发展。

（8）加强环境保护，解决民生问题

环境建设是陕北赖以生存的依托，是实现跨越式发展的根基，富裕群众是跨越式发展的出发点和落脚点（赵乐际，2007）。因而，环境保护是发展问题也是民生问题。陕北能源化工基地建设必须进一步加强能源化工企业社会责任管理，加强环境污染治理和生态保护，加强水、土地、大气等重点领域污染治理，加强重点企业和重点环节的节能减排，巩

固退耕还林还草成果，依靠科学治沙造林，促进山水林、天地人的协调统一，把以人为本贯穿始终，在科学发展、安全发展、和谐发展中实现跨越式发展，营造良好的教育、创业、法治、人居等环境，在推进能源化工基地建设中实现人的全面发展，做到开发一地资源、形成一片绿地、富裕一方群众。

3 实施陕北能源化工基地可持续发展战略的保障措施与政策建议

3.1 健全可持续发展的机构保障，完善可持续发展的政策体系

可持续发展的管理机构建设是区域可持续发展管理的关键，可持续发展政策是区域可持续发展的保障。在陕北能源化工基地建设和发展中，首先，按照区域可持续发展的要求，合理界定和配置政府部门职能，精简和规范各类议事协调机构及其办事机构，减少行政层次，着力解决机构重叠、职责交叉、政出多门的问题；其次，在陕北能源化工基地管委会下成立区域可持续发展监控中心，全面负责陕北区域可持续发展的监控和政府职能部门可持续发展管理的协调工作；最后，构建完善的可持续发展经济政策体系。陕西省与延安、榆林市地方政府在正确把握陕北区域经济社会与环境关系的基础上，系统设计和构建涉及产业组织、区域发展、投资体制、财税关系、价格及贸易结构等方面的包括产业政策、区域政策、投资政策、金融政策、税收政策、价格政策、贸易政策及其他政策的政策体系。通过对经济行为的激励约束和对经济活动的有效组织来实现可持续发展的目标。

3.2 实施矿产资源资本化，完善联合股份制所有权制度

矿产资源资本化是指对矿产资源确认价值，进行资本运营，并按会计“资本化”方式处理的过程。它有三层含义：一是采矿权购入资本化；二是探矿权占有资本化；三是矿产资源所有权收益资本化[7]。这一“资本化”过程可以有效改变过去长期的矿产资源开发中低价甚至无偿划拨状况，扩大国有资产的控制力与影响力，实现国有资产的增值、增效。如果在矿产资源资本化过程中配合联合股份制所有权制度改革，在中央企业与地方企业、东部企业与西部企业之间，国营企业和陕北民营企业之间进行联合股份制改造，既可直接增加地方财政收入，用于地方救灾、扶贫、助教、弥补社保，平抑医保资金缺口，减少自然资源配置的随意性，杜绝“暗箱操作”，遏制由私相授受引起的行贿受贿和对公众权益侵犯，也可减缓和改善收入差距过大，贫富悬殊情况。因此，建议各级政府尽早规划、制订方案、积极运作矿产资源资本化和联合股份制所有权制度改革，实施资源资本化和联合股份制这一历史性工程[8]。

3.3 构建区域科技教育与文化中心，努力突破科技与人才“瓶颈”

科技发展滞后与人才短缺已成为制约陕北能源化工基地可持续发展的重要“瓶颈”。为此，需要构建区域科技教育与文化中心，发挥科技的引领和人才资源的支撑作用。在推动科技进步方面，要通过政府引导，中介推动，依托陕西雄厚的科技实力，加强校地合作，发挥陕西能源化工领域科技实力雄厚的科研机构、高等院校以及能源化工行业11.6万专业技术人员在科技创新和科技服务中的作用，组建“陕北能源化工工程技术

研究中心”与“陕北能源化工基地科技专家工作站和科技服务中心”，搭建两种模式的科技服务平台，全面构建陕北能源化工基地创新体系，在集成的基础上培植一批具有自主知识产权的产品和技术，形成有竞争优势的产业。以高新技术带动能源化工产业的发展，运用信息化的手段促进技术与资源的整合，加快高新技术成果向能源化工行业的辐射转移与扩散，促进资源的综合利用，从根本上扭转和解决资源开发及工业生产中的污染现状，提高陕北能源化工企业的技术创新能力和市场竞争力[9]。

在区域人力资本形成与培育方面，必须把人才工作纳入陕北经济社会发展的总体规划，大力开发人才资源，满足陕北区域跨越式发展对人才的需求。一要制定优惠政策，积极引进人才。不断推进人才资源市场化配置，加快人才市场建设，组建人才资源库，完善人才市场体系和中介服务机构，打破部门、地区所有制壁垒，消除制约人才合理流动的体制性障碍。二要完善工作机制，大力培养人才。完善人才培育机制。吸引陕西省内能源化工领域的高等院校在榆林设立分校，组建“榆林大学城”。对可塑性人才进行针对性培育，加强对各类人才的继续教育。健全人才培训机制。促使各级各类培训机构采取多种培训模式，开展技能培训。加大专门人才的培养力度。创新人才资本积累机制，提升人才资源的素质，形成覆盖广、层次多、开放式的人才资本积累体系。三要打造良好环境，精心用好人才。积极为人才提供事业平台，以事业吸引人才、留住人才、激励人才。建立以能力业绩为导向的人才评价和选拔任用机制，为各类人才提供一个平等竞争的舞台。

3.4 理顺各种利益关系，实现“多赢”发展目标

陕北能源化工产业发展涉及多方利益，利益分配机制不顺，矛盾与冲突不断，妨碍陕北能源的有序开发与利用。为此，应承认陕北能源化工基地地区利益的合理性和合法性，经济上确立资源开发区对于属地资源的收益权，建立资源属地收益和异地有偿使用的利益协调机制，改革环境和资源的廉价和无偿使用体制，加大对资源开发地区补偿力度，增强资源开发地区自我约束、自我积累、自我发展的能力，找到各方利益关系最佳结合点，使资源开发区人民真正受益。各级政府应该制定统一的税费收缴标准和分配办法，明确合理的分配与补偿机制，确保各方利益，调动各方积极性，实现共同发展。要求各级政府根据国家“十一五”规划要求，依法设置探矿权、采矿权，建立矿业权交易制度，健全矿产资源有偿占用制度，对能矿资源实行有限有序有偿开发；积极汇报和争取，提高现行资源税征收标准和资源税税额，调整省市县政府资源税等市县分配比例，给资源开发区群众以倾斜性利益照顾，提高利益受损群众的补偿金和安置费用，保证人民群众的生产生活条件因能源化工产业发展而改善。

3.5 构造西安—陕北产业链，实现产业融合和区域合理布局

以产业合作为重点，引导全方位合作，将陕北的资源、原材料优势（煤、油、气、盐、聚氯乙烯、电解铝等）与西安的市场、区位、能源化工装备制造、科技、人才等优势更为有机地结合，共同构造产业链，推进产业同步实施，形成陕北—西安—东部（L形）的物流和价值流，向东部输出终端产品，在陕西省内优化整合资源，推动陕北经济社会进步和能源化工产业可持续发展。

3.6 能源资源开发市场化，走出贫困的恶性循环

陕北地区的矿产资源及产品在全国占有绝对优势的地位，资源产品甚至在市场上占有

重要地位。而与此同时，陕北资源富集区几乎都是严重贫困的地区。地区资源开发的市场机制被压抑、资源产品收益转移流出所造成的不合理现象。随着陕北能源资源的开发与利用，推进资源开发市场化改革已显得越来越迫切。建议设立与推动陕北能源资源开发体制创新试验区建设，破除陕北区域资源开发中仍在起作用的传统计划管理方式，放活探矿采矿经营权，对资源产品实行市场价格制度，取消价格管制，允许并鼓励陕北有实力的地方企业大力发展资源开采、原材料加工及深加工产业，鼓励陕北区域按市场利益导向发展资源开采加工及系列相关产业，使能源产业发展能带动陕北区域经济的全面振兴，消除长期存在的“端着金饭碗讨饭吃”现象。

3.7 加快金融创新，推动陕北能源产业可持续发展

能源产业是技术与资本高度密集型产业，能源产业的可持续发展离不开金融业的大力支持。在金融支持陕北能源产业发展的过程中，能源贷款已成为能源产业快速发展的主要推动力。与此同时，金融支持陕北能源产业发展中存在的深层次矛盾和问题也日益突出。目前，能源产业发展过度依赖银行贷款，能源贷款向传统能源产业高度集中，对新能源和可再生能源开发项目很少重视，能源资金对传统的粗放型能源产业项目投入过多，导致资源浪费与环境污染严重，信贷投向与陕北能源产业可持续发展的长远目标存在差距[10]。为此，必须适应国家能源产业发展战略调整，加快金融创新，发挥金融调控作用，推动金融政策与能源产业政策的有效对接，建立和完善适应于陕北能源产业可持续发展的能源金融服务体系，加大对陕北可再生能源产业发展的金融支持力度，使陕北能源产业发展逐步摆脱对化石能源资源的单纯依赖，推动陕北循环能源经济和循环能源产业发展模式的形成，利用能源信贷结构的调整与优化，多渠道、多角度地提高陕北能源产业的可持续发展能力，为陕北发展新能源经济提供金融支持，使陕北走清洁化、多元化、深度转化和循环经济的发展道路。

3.8 完善生态补偿机制，加强生态环境补偿资金管理

资源开发除了占用土地以外，更重要的是造成水土流失、开采中区域性的土地破坏、地表沉陷、地下水渗漏与污染、废弃物排放、压占和污染土地、地表植被破坏等，而且生态环境往往具有不可逆性，恢复期也较为漫长。陕北生态环境脆弱，因而生态环境破坏较为严重，及时建立和完善生态环境补偿机制，成了陕北资源开发的当务之急。为此，陕西省政府会同有关专家通过调查、评估和论证，经国家水利部肯定，于 2009 年 1 月 1 日起实施《陕西省煤炭石油天然气资源开采水土流失补偿费征收使用管理办法》及其《实施细则》，从 2009 年 7 月开始，在全国率先由地税部门代征煤炭石油天然气资源开采水土流失补偿费，并从 2009 年 1 月 1 日起补征，计征标准为原煤陕北每吨 5 元、原油每吨 30 元、天然气每立方米 0.008 元。征收的水土流失补偿费按省 40%、市县 60%的比例分配使用，重点支持能源开发造成的区域性水土流失以及生态恶化地区的生态恢复。尽管陕西地方政府对陕北的生态环境补偿已经迈出了一大步，但补偿范围仍旧过窄，补偿标准仍然偏低。建议政府有关部门按照“谁开发、谁保护，谁污染、谁治理，谁破坏、谁恢复”的原则，制定和出台“能源化工基地环境保护法”，以重置成本为依据确定生态环境恢复治理保证金征收标准，积极探索建立生态环境恢复与保护长效机制，规定采矿权人为生态环境保护和恢复治理的责任主体，明确采矿权人缴纳环境恢复治理保证金的标准、方式、程序，各

级政府和相关部门负责监督管理，确保陕北生态环境得到有效保护。

3.9 突破能源经济发展的制度障碍，探索建立符合科学发展观要求的体制机制

陕北的能源资源大开发是在发展滞后的条件下异军突起的，体制机制深层次障碍的问题更为突出，需要探索建立一套符合科学发展观要求的体制机制，突破能源化工产业发展的体制性障碍。在财税体制改革方面：一要提高陕北榆林的资源税征收标准，改变目前资源最优但资源税额标准全国最低的现状；二是应调整所得税和资源税的分配比例。中央企业所得税应当在资源所在地缴纳。资源税的征收办法和比例应进行彻底改革，向有利于资源所在地倾斜。神华集团、长庆集团的计税起点应按当时当地的市场价计征，不应按内部调拨价起征；三是参照澳大利亚、加拿大等国做法，在陕北榆林能源化工基地进行改革试点，不管谁在矿区投资开发资源，除去各种税收，利润的50%左右留在资源所在地，用于改善当地群众的生产生活条件，充分考虑资源富集区群众对自然资源的自然依赖；四是按照国际税收属地对等惯例，管输运输营业税在资源提供地缴纳，或者改变为输出地与输入地双边征收；五是逐步完善按资源占有量征收资源税的制度；六是依照《公司法》的规定，理顺延长石油集团公司及油田股份公司的管理机制、运行机制、监督机制和制衡机制，把公司真正建设成为产权明晰、权责明确、政企分开、管理科学的现代企业；七是建立地方与驻基地企业的平等对话机制，及时协商解决生态破坏、农民失地、利益纠纷等问题；八是建立能源化工产业反哺非能源化工产业的机制，大力支持陕北区域发展现代特色农牧业、现代毛纺业和现代服务业，发展与能源化工产业相配套的装备制造业[11]。

3.10 建立项目带动长效工作机制，推进工业化和城市化进程

第一，实施项目带动战略，要明确总体要求和目标任务。紧紧围绕经济结构的战略性调整、推进新型工业化、加快农业和农村经济发展、积极发展服务业、加速城市化进程、提升城乡居民生活水平等方面的工作，通过深化改革，扩大开放，激活各类投资主体，转变政府职能，并使其形成合力，使项目引得进、留得住、长得大、带得动；第二，实施项目带动战略，要立足创新，根据经济社会发展的新形势、新任务、新要求，与时俱进，不断创造新经验，在项目生成、推介、管理、协调、资金筹措、智力支持等方面创新工作机制，把实施项目带动战略的各项工作提高到新的水平；第三，实施项目带动战略，要深化行政管理体制和行政审批制度改革，提高行政效能，开辟项目审批的“绿色通道”。坚持统筹兼顾，不断完善项目带动的实施体系和方法步骤，建立富有生机和活力的项目带动长效工作机制。

参考文献

[1] 陈绍友．区域可持续发展战略的内容体系及实施[J]．地理教育，2006(3)：20－21.

[2] 陕西省决咨委．实现延安经济的可持续发展需及早培育接续产业，http://www.sxjzw.gov.cn/admin/pub_newsshow.asp?id=202376&chid=100119.

[3] 元莉华，贺小巍．跨越发展榆林要解决五大问题[J]．陕西日报，2009－01－19.

[4] 王建康．陕北区域高速发展下的隐忧及其战略调整——以榆林为例的分析，http://www.yldy.gov.cn/News_View.asp?NewsID=224.

[5] 陈烈,赵波．论区域可持续发展战略[J]. 经济地理,2005(7),4:538－541.

[6] 国务院．国务院关于促进资源型城市可持续发展的若干意见[J]. 国务院公报,2008(2):18－21.

[7] 朱学义,张亚杰．论中国矿产资源的资本化改革[J]. 资源科学,2008(1):134－139.

[8] 潘洁．“资源资本化”很适合鄂尔多斯市情[J]. 鄂尔多斯日报,2009－07－21.

[9] 唐俊昌．实施科技行动,构建陕北能源化工基地创新体系,http://www.sninfo.gov.cn:8083/.initSnCommonThreePageList.do? method＝initSnCommonThreePageList&columnId＝381&articleId＝23114&uType＝&navigatePic＝kjyw.

[10] 戴季宁．新一轮“能源产业革命”亟待强有力的金融支持[J]. 金融时报,2009－09－7.

[11] 杨发民,王建康．妥善处理国家能源化工基地建设与陕北区域发展不相协调的矛盾,http://www.sxjzw.gov.cn/admin/pub_newsshow.asp? id＝202686&chid＝100128.

外商直接投资与中国能源消费：基于结构因素分解法的分析*

赵晓丽　洪东悦

华北电力大学工商管理学院　北京　102206

摘　要：运用结构因素分解法把能源消费量变化分解为能源强度效应、总投入种类所占比例效应以及总投入总量效应，以1997年、2000年、2002年和2005年投入产出表数据为基础，研究了外商直接投资对能源消费的影响，得到1997—2005年不同行业外商直接投资比例变化导致的能源消费变化。通过敏感性分析，认为对能源消费具有重要影响的FDI行业分别是：采掘业，交通运输、仓储及邮电通信业，电力、煤气及水的生产和供应业。通过与国内其他投资的对比分析，认为以下资金分配方式更有利于能源节约：采掘业减少FDI，电力、煤气及水的生产和供应业多引进FDI。

关键词：外商直接投资，能源消费，结构因素分解法

1　引言

自改革开放以来，中国外商直接投资（FDI）从无到有，规模不断扩大。2002年中国FDI实际使用金额首次突破500亿美元，2003—2006年，外商在华直接投资实际使用金额以年均4.6%的速度稳步增长①。2007年，中国仍是FDI最为青睐的目标，总计吸引904亿美元外资；印度和美国分居第二和第三位②。2008年中国FDI仍然保持增长态势③。

据《中国统计年鉴数据显示》，1997—2005年，所有FDI行业中，中国制造业的能源消费量明显高于其他各行业，其次是电力、煤气及水的生产和供应业；同期内，中国制造业中的FDI比例明显高于其他各个行业，电力、煤气及水的生产和供应业的FDI比例居于第二。这说明，FDI在各个行业的实际使用金额与各个行业的能源消费量具有比较强的正相关关系。

中国政府在“十一五”规划中提到，“十一五”期间中国利用FDI的主要任务之一是促进建设资源节约型、环境友好型社会④。协调好FDI与能源消耗之间的关系有利于节约能源消费和保护坏境。因此，如何在利用好FDI的同时减缓中国能源消费日益增多的压力，成为中国在引进FDI时需要考虑的一个重要问题。

FDI是经济全球化的一种表现，关于对FDI、对外贸易等经济全球化形式与能源消费关系的研究，主要采用投入产出法（Input－output Method）[1-4]、结构因素分解法

---

* 本文受到国家社会科学基金：“经济全球化对中国能源消费的影响及节能政策研究”资助，项目号：08BJL051。

① 中国网www.china.con.cn，2007年11月29日.

② 东南快报，2008年9月11日.

③ 中国经济网www.finance.ce.cn，2009年1月21日.

④ 资料来源：国家发展和改革委员会2006年11月10日《利用外资“十一五”规划》.

(SDA)[5-9]和指数因素分解法（IDA）[10]。投入产出法研究的优点可以通过产业间关联效应更加全面地分析国际贸易与能源消费的关系，该方法的不足是，由于投入产出表不是每年都有，因此难以进行连续分析。与投入产出法相比，投入产出结构因素分解法可以将影响能源消费的因素分解为能源强度效应，里昂惕夫（Leontief）效应（或称为生产技术效应），体现为投入产出系统结构和技术的变化，以及最终需求效应，可以从最终需求环节、中间投入环节以及技术进步环节等多个方面深入分析影响能源消费的因素。与上述两种方法相比，指数因素分解法的优点在于可以利用最新的宏观数据进行分析，但其不足是只可以分析直接效应，无法深入到产业间的关联效应。文献［11－14］研究了中国吸收 FDI 的现状及相关政策分析。

与其他研究相比，本文的特点主要表现在：第一，采用结构因素分解法分析了中国 FDI 变化对各个行业能源消费量变化影响的情况；第二，研究某一行业的 FDI 边际变化对能源消费的影响，确定出对能源消费具有重要影响的 FDI 行业；第三，通过对比分析 FDI 以外的其他投资方式边际投资变化对能源消费的影响，分析相关行业选择何种投资方式更有利于能源节约。

2 研究方法及数据来源

2.1 投入产出结构因素分解法

根据投入产出表的思想，投入产出表中每个商品生产部门总产出必须等于总投入，不仅包括购买本部门或其他部门产品作为原材料等的投资，也包括增加值。而根据能源强度的表达式，以及“总产出＝总投入”的关系，可以得到：

$$\varepsilon = \frac{E}{X} = \frac{E}{M} \tag{1}$$

式中 M——各个部门的总投入；

X——各个部门的总产出。

在得出公式（1）之后，可以进一步得出各个部门的总投入与该部门能源消费的关系式：

$$E = \varepsilon \times I \tag{2}$$

式中 E——能源消费总量；ε——能源强度向量；I——各部门的总投入向量。

由于总投入不仅包括购买本部门或其他部门产品作为原材料等的投资，也包括增加值，因此，我们把总投入 M 进一步进行分解为：

$$M = M_C \times M_L \tag{3}$$

式中 M_C——各个部门总投入中各种因素所占的比例，包括本部门的 FDI 总额占本部门总投入的比例，本部门的其他投资总额（FDI 以外的投资额，包括外商间接投资以及国内各种形式的投资）占本部门总投入的比例，以及本部门的增加值（总产出减去中间投入后的差额，反映一定时期内各生产单位生产经营活动的最终成果。每个部门的增加值是该部门所有生产单位增加值之和，各部门的增加值之和为国内生产总值）占本部门总投入的比例；

M_L——所有部门的总投入量。

因此，总投资与能源消费的关系式可以进一步表示为：

$$E=\varepsilon\times M_C\times M_L$$
$$=[\varepsilon_1\quad\varepsilon_2\quad\cdots\quad\varepsilon_3]\times\begin{bmatrix}M_{C11}&M_{C12}&M_{C13}\\M_{C21}&M_{C22}&M_{C23}\\\vdots&\vdots&\vdots\\M_{C81}&M_{C82}&M_{C83}\end{bmatrix}\times\begin{bmatrix}M_L\\M_L\\M_L\end{bmatrix}\tag{4}$$

式中 M_{C11}、M_{C12}、M_{C13}；M_{C21}、M_{C22}、M_{C23}……分别表示各个部门的 FDI 总额，本部门的其他投资总额，以及本部门的增加值占本部门总投入的比例。

根据投入产出结构因素分解法，我们采用文献［5］和文献［6］提出的两级分解方法（two polar decompositions），对公式（4）中的 E 进行分解，得到：

$$\Delta E=E_1-E_0=\varepsilon_1 M_{C1}M_{L1}-\varepsilon_0 M_{C0}M_{L0}\tag{5}$$

第一级分解，通常是从第一年开始的：

$$\Delta E=\Delta\varepsilon M_{C1}M_{L1}+\varepsilon_0\Delta M_C I_{L1}+\varepsilon_0 M_{C0}\Delta M_L\tag{6}$$

第二级分解应该从基期年份开始：

$$\Delta E=\Delta\varepsilon M_{C0}M_{L0}+\varepsilon_1\Delta M_C I_{L0}+\varepsilon_1 M_{C1}\Delta M_{L0}\tag{7}$$

根据文献［15］的研究结论，可以得到：

$$\Delta E=\frac{1}{2}(\Delta\varepsilon M_{C1}M_{L1}+\Delta\varepsilon M_{C0}M_{L0})+\frac{1}{2}(\varepsilon_0\Delta M_C M_{L1}+\varepsilon_1\Delta M_C M_{L0})+\frac{1}{2}(\varepsilon_0 M_{C0}\Delta M_L+\varepsilon_1 M_{C1}\Delta M_{L0})\tag{8}$$

式中 ΔE ——能源消费量的变化；

$\Delta\varepsilon$ ——能源强度的变化；

ΔM_L——所有部门总投入量的变化（总投入总量：所有各个行业总投入的总和，包括所有行业的外商直接投资、其他投资以及增加值之和）；

ΔM_C——各个部门总投入中的种类占所有部门总投入比例的变化，其中包括 FDI 总额占总投入的比例，其他投资额占总投入的比例以及增加值占总投入的比例。

由公式（8）可以得出，能源消费总量变化可以分解为能源强度效应、总投入各种种类所占比例效应以及总投入总量效应，如表 1 所示。本文重点研究 FDI 总额比例变化对能源消费量变化所造成的影响以及各个部门 FDI 总额变化对本部门能源消费量变化的影响。

表 1　能源消费量变化的因素分解

结构因素分解	公式表达式
能源强度效应	$\frac{1}{2}(\Delta\varepsilon M_{C1}M_{L1}+\Delta\varepsilon M_{C0}M_{L0})$
总投入种类所占比例效应	$\frac{1}{2}(\varepsilon_0\Delta M_C M_{L1}+\varepsilon_1\Delta M_C M_{L0})$
总投入总量效应	$\frac{1}{2}(\varepsilon_0 M_{C0}\Delta M_L+\varepsilon_1 M_{C1}\Delta M_{L0})$

2.2　数据来源及处理

本文的数据期间是 1997—2005 年。新中国成立以后，中国能源消费总量在持续了多年上涨以后，1997年开始出现下降，2000年以后又开始增长。因此，本文从1997年开始进行分析，可以对比研究不同时期中国能源消费总量下降和上升的主要影响因素，以及FDI在其中所发挥的作用。投入产出表不是每年都有，最新的投入产出表是2005年，因此，本文的截止期限是2005年，本文选取了1997年、2000年、2002年以及2005年的投入产出表进行分析。

根据外商实际直接投资额表的行业划分情况，本文将行业分为：农业、采掘业、制造业、电力煤气及水的生产和供应业、建筑业、交通运输仓储及邮电通信业、批发和零售贸易餐饮业以及其他服务行业（其他服务行业包括地质勘察业、水利管理业、房地产业、社会服务业、卫生体育和社会福利业、教育文化艺术和广播电影电视业、科学研究和综合技术服务业和其他服务行业）八个主要行业。

以1997年的数据为基期，以各年各行业的GDP指数作为平减指数（其他服务行业按第三产业的GDP作为平减指数），把2000年、2002年和2005年的投入产出表数据逐年平减到以1997年为基期的数值。并将FDI实际使用金额单位换算为人民币①，再以固定资产投资价格指数为折算系数，把1997年、2000年、2002年和2005年的各个行业FDI折算到以1997年数据为基期的FDI②。1997年、2000年、2002年和2005年的各个行业能源消费量、FDI实际使用金额、平减指数和投入产出表数值分别来自《1999年中国统计年鉴》、《2002年中国统计年鉴》、《2004年中国统计年鉴》、《2008年中国统计年鉴》。

3 计算结果及分析

3.1 各种效应对能源消费影响的比较

1997—2000年，2000—2002年以及2002—2005年这三个时期的能源强度效应、总投入种类所占比例效应和总投入总量效应，计算结果如表2和图1所示。表2显示，1997—2002年，能源强度效应对能源消费影响最为显著；2002—2005年，总投入总量效应对能源消费的影响最为显著。分析期内，虽然总投入种类比例效应对能源消费的影响地位相对不显著，但图1显示，其对能源消费的影响作用却在不断增强。

表2 能源消费影响因素分解计算结果 单位：Mtce

	能源强度效应	总投入种类比例效应	总投入总量效应	合计
1997—2000年	−10 485.58	2 131.19	1 934.37	−6 420.02
2000—2002年	20 660.09	−8 263.13	3 407.37	15 804.33
2002—2005年	34 477.39	12 832.88	42 382.64	89 692.93
合计	44 651.9	6 700.94	47 724.38	99 077.24

① 1997—2005年人民币对美元汇率基本稳定在$1∶¥8.127左右的水平，因此，换算比例为$1 = ¥8.127。

② 因为《中国统计年鉴》中只有全国和各个地方的固定资产投资价格指数，而没有各个行业的固定资产价格指数，因此这里的固定资产价格指数是指全国固定资产价格指数。

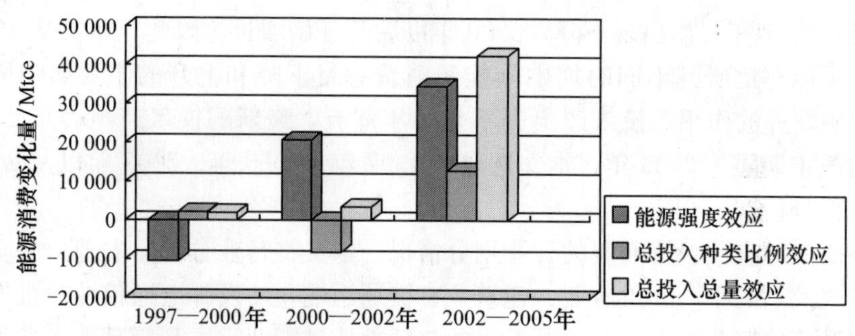

图 1 1997—2000 年、2000—2002 年、2002—2005 年中国能源消费变化分解

3.2 FDI 占总投资的比例变化对能源消费的影响

根据公式（8），可以计算得到 1997—2005 年间总投入中各种类比例变化对能源消费量变化的影响（见图 2，表 3，表 4，表 5）[①]。图 2 中，总投资（总投入）＝ FDI ＋ 其他投资 ＋ 增加值。“增加值”是指总产出减去中间投入后的差额，反映一定时期内各生产单位生产经营活动的最终成果。每个部门的增加值是该部门所有生产单位增加值之和，各部门的增加值之和为国内生产总值。图 2 显示，1997—2005 年间，中国总投资比例变化对能源消费量的影响中，FDI 比例变化对能源消费量的影响呈波动式变化：由负效应变为正效应又变为负效应。其他投资（主要指国内投资）比例效应对能源消费的影响效果最为显著，这主要是由于在所有投资中，国内投资占据很大比例。

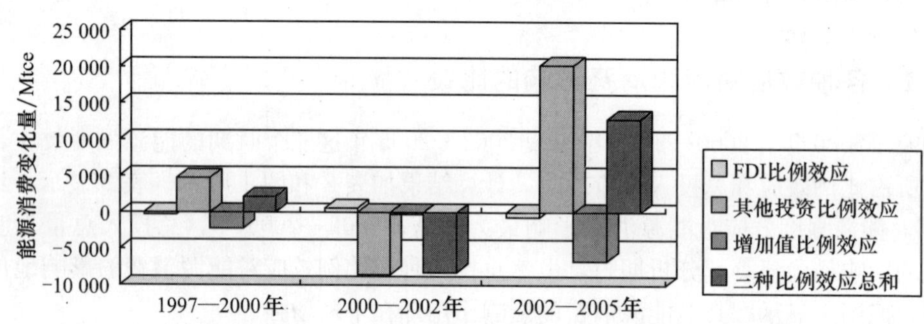

图 2 1997—2005 年总投资各种比例变化对能源消费量变化的影响

表 3 进一步显示出，1997—2000 年，FDI 比例变化减少能源消费量约为 306.20 万吨标准煤，主要原因是 1997—2000 年，外商企业对中国部门直接投资比例减少。这段期间 FDI 减少的主要原因是：（1）中国经济发展速度的减缓以及中国受亚洲金融环境的影响，诸多不确定的因素都使很多外国公司不得不重新考虑投资计划；（2）中国加入世界贸易组织的问题为外国公司进入中国增加了很多不确定的因素。

2000—2002 年，FDI 比例变化造成能源消费量增加量约为 580.25 万吨标准煤（见表 4），主要原因是随着中国经济形势的好转，2000—2002 年 FDI 数量与前三年相比有较大幅度的增加，并且主要集中在制造业领域。

2002—2005 年，FDI 比例变化造成能源消费量减少了 701.35 万吨标准煤（见表 5），

① 表 3 至表 5 中的“FDI”指用全国固定资产价格指数折算到以 1997 年价格为基期价格的外商直接投资实际使用金额。

主要原因是这段时期内，随着中国高耗能产业的快速发展，国内投资增长速度很快，FDI的比例则相对变小。

1997—2005年，中国制造业的FDI变化引起的能源消费量变化也对整个FDI变化引起能源消费量变化起主要影响作用，这是由于制造业的FDI一直在中国的FDI中占据最大比例。此外，电力、煤气及水的生产和供应业，交通运输、仓储及邮电通信业以及其他服务行业，这些行业的FDI变化对能源消费量变化的影响也比较大。能源消费量的变化往往受FDI比例的影响，FDI的绝对额增加而所占总投资额比例减少，则会造成能源消费量的减少；反之亦然。所以，中国在引进FDI的时候，应该注重各个部门FDI比例的变化情况，在各部门间合理分配FDI与其他投资的比例，考虑其他投资与FDI间的相互替代性，拟实现产出不变的情况下减少能源消费量。

表3　1997—2000年各部门FDI比例变化对能源消费量变化的影响

部　门	FDI比例变化/‰	FDI额变化/万元	FDI比例变化导致的能源消费量变化/Mtce
农、林、牧、渔业	0.013 928	36 514.85	0.67
采掘业	−0.150 135	−292 544.69	−46.88
制造业	−1.144 080	−1 954 446.67	−171.33
电力、煤气及水的生产和供应业	0.050 250	129 218.81	11.90
建筑业	−0.224 169	−436 360.65	−3.62
交通运输、仓储及邮电通信业	−0.270 149	−526 881.05	−74.79
批发和零售贸易餐饮业	−0.228 508	−445 643.27	−10.10
其他服务行业	−0.238 762	−366 772.28	−12.06
总计	−2.191 625	−3 856 914.95	−306.20

表4　2000—2002年各部门FDI比例变化对能源消费量变化的影响

部　门	FDI比例变化/‰	FDI额变化/万元	FDI比例变化导致的能源消费量变化/Mtce
农、林、牧、渔业	0.126 55	279 386.48	6.52
采掘业	−0.008 52	−4 628.54	−2.68
制造业	3.879 36	8 679 823.79	644.03
电力、煤气及水的生产和供应业	−0.363 32	−707 825.36	−78.47
建筑业	−0.087 62	−162 474.47	−1.42
交通运输、仓储及邮电通信业	−0.051 19	−84 040.22	−14.04
批发和零售贸易餐饮业	0.017 55	55 962.53	0.80
其他服务行业	0.584 13	1 412 931.30	25.50
总计	4.096 94	9 469 135.51	580.25

表 5　2002—2005 年各部门 FDI 比例变化对能源消费量变化的影响

部　门	FDI 比例变化 /‰	FDI 额变化/万元	FDI 比例变化导致的能源消费量变化/Mtce
农、林、牧、渔业	−0.198 05	−299 451.86	−12.75
采掘业	−0.126 07	−206 834.95	−45.80
制造业	−2.487 83	1 541 971.96	−604.18
电力、煤气及水的生产和供应业	−0.145 78	−83 084.26	−43.71
建筑业	−0.138 03	−210 337.43	−3.86
交通运输仓储及邮电通信业	0.146 99	594 313.42	46.10
批发和零售贸易餐饮业	0.080 82	422 323.99	5.14
其他服务行业	−0.840 82	69 821.91	−42.29
总计	−3.708 77	1 828 722.78	−701.35

3.3　其他投资占总投资的比例变化对能源消费的影响

根据公式（8），可以得到其他投资比例变化对能源消费量变化产生的影响，结果如表 6 所示。表 6 显示，1997—2005 年期间，大部分行业的国内其他投资比例增加，而且各行业的国内投资比例变化要大于 FDI 比例变化，由此造成中国能源消费量的增加：1997—2000 年间，中国其他投资比例除了农林牧渔业、采掘业和建筑业是减少的外，其他行业部门的国内投资比例都是增加的，从而增加总能源消费量约为 4 716.45 万吨标准煤；2000—2002 年期间，国内其他投资比例除农林牧渔业、制造业和电力、煤气及水的生产和供应业外，其他行业部门的国内其他投资比例都是增加的，但是这段期间由于制造业和电力、煤气及水的生产和供应业其他投资比例变化大于其他行业部门比例变化，因此减少了中国能源消费总量；2002—2005 年期间，中国各行业其他投资比例除了农林牧渔业、建筑业、批发和零售贸易餐饮业和其他服务行业是减少的，其他各个行业部门的其他投资比例都是增加的，增加总能源消费量约为 20 238.08 万吨标准煤。

表 6　1997 年、2000 年和 2002 年其他投资比例变化对能源消费量变化产生的影响　单位：Mtce

部　门	1997—2000 年		2000—2002 年		2002—2005 年	
	其他投资比例变化	能源消费	其他投资比例变化	能源消费	其他投资比例变化	能源消费
农、林、牧、渔业	−0.004 56	−219.26	−0.003 64	−187.40	−0.006 46	−416.18
采掘业	−0.003 23	−1 007.03	0.000 47	148.03	0.004 77	1 731.32
制造业	0.000 13	19.51	−0.046 38	−7 699.66	0.054 82	13 314.08
电力、煤气及水的生产和供应业	0.019 25	4 558.93	−0.013 17	−2 845.36	0.010 92	3 274.56
建筑业	−0.000 60	−9.69	0.007 42	120.46	−0.010 63	−297.72
交通运输、仓储及邮电通信	0.004 25	1 177.68	0.003 53	968.44	0.010 61	3 326.60
批发和零售贸易餐饮业	0.002 84	125.45	0.001 60	73.09	−0.006 28	−399.66
其他服务行业	0.001 40	70.86	0.019 29	842.08	−0.005 86	−294.92

3.4 FDI变化对能源消费影响的敏感性分析

通过表3，表4，表5，表6可以得到，1997—2005年各部门中，FDI和其他投资在各部门变化趋势同样的情况下，两者同时变动1%对各个部门的能源消费量变化影响情况，结果如表7，表8，表9所示。表7，表8，表9显示，1997—2005年，对能源消费具有重要影响的FDI行业排在前3位的分别是：采掘业，交通运输、仓储及邮电通信业，电力、煤气及水的生产和供应业。由于这些行业能源消费的变化对FDI的变化更为敏感，所以，这些行业中应更加关注FDI政策。

表7 1997—2000年各部门FDI和其他投资同时变动1%对能源消费的影响 单位：Mtce

部 门	FDI变动1%影响能源消费量的变化	其他投资额变动1%影响能源消费量	两种投资变动1%对能源消费变化量的差额
农、林、牧、渔业	481.06	480.83	0.23
采掘业	3 122.52	3 117.74	4.78
制造业	1 497.53	1 500.77	−3.23
电力、煤气及水的生产和供应业	2 368.15	2 368.28	−0.12
建筑业	161.49	161.50	−0.01
交通运输、仓储及邮电通信业	2 768.47	2 771.01	−2.54
批发和零售贸易餐饮业	442.00	441.73	0.27
其他服务行业	505.11	506.14	−1.04

注：两种投资变动1%对能源消费变化量的差额是由FDI变动1%影响能源消费量的变化减去FDI变动1%影响能源消费量的变化。

表8 2000—2002年各部门FDI和其他投资同时变动1%对能源消费的影响 单位：Mtce

部 门	FDI变动1%影响能源消费量的变化	其他投资额变动1%影响能源消费量	两种投资变动1%对能源消费变化量的差额
农、林、牧、渔业	515.20	514.84	0.36
采掘业	3 147.26	3 149.57	−2.32
制造业	1 660.14	1 660.13	0.02
电力、煤气及水的生产和供应业	2 159.80	2 160.49	−0.69
建筑业	162.07	162.35	−0.27
交通运输、仓储及邮电通信业	2 742.81	2 743.46	−0.65
批发和零售贸易餐饮业	455.87	456.81	−0.95
其他服务行业	436.55	436.54	0.01

表9 2002—2005年各部门FDI和其他投资同时变动1%对能源消费的影响 单位：Mtce

部 门	FDI变动1%影响能源消费量的变化	其他投资额变动1%影响能源消费量	两种投资变动1%对能源消费变化量的差额
农、林、牧、渔业	643.76	644.24	−0.48
采掘业	3 632.90	3 629.60	3.30
制造业	2 428.54	2 428.69	−0.15
电力、煤气及水的生产和供应业	2 998.31	2 998.68	−0.37
建筑业	279.65	280.08	−0.42
交通运输、仓储及邮电通信业	3 136.31	3 135.34	0.97
批发和零售贸易餐饮业	635.96	636.40	−0.45
其他服务行业	502.96	503.28	−0.31

通过对比 FDI 和其他投资方式对能源消费的不同影响，发现 1997—2000 年期间中国除农林牧渔业、采掘业以及批发和零售贸易餐饮业这三个行业的 FDI 增加 1%所带来的能源消费量变化要高于增加其他投资增加 1%所带来的能源消费量变化，其他行业在 FDI 增加 1%所带来的能源消费量变化要低于其他投资增加 1%所带来的能源消费量变化（表 7)。因此在这一期间对于农林牧渔业、采掘业以及批发和零售贸易餐饮业这三个行业，要减少 FDI，而多引进其他投资。若减少 1%FDI 投资，增加 1%其他投资，可以在保证总投入不变的情况下，减少能源消费 5.28 万吨标准煤；而对于其他行业部门来说，则恰好相反，增加 1%的 FDI 所带来的能源消费变化量要低于增加其他投资 1%所带来的能源消费变化量，所以对于其他行业部门，若增加 1%的 FDI 投资，减少 1%其他投资，可以在保证总投入不变的情况下，减少能源消费 6.95 万吨标准煤。

2000—2002 年期间中国农林牧渔业、制造业、其他服务行业这三个行业，增加 FDI 1%所带来的能源消费变化量要高于增加其他投资 1%所带来的能源消费变化量（表 8)，因此对于这四个行业，在这一期间应该减少引进 FDI，而多引进其他投资。在这三个行业，若减少 1%FDI，增加 1%其他投资，可以在保证总投入不变的情况下，能源消费总量 0.40 万吨标准煤。对于其他行业，若增加 1%FDI 而减少 1%其他投资，在保证总投入不变的情况下，可以减少能源消费 4.87 万吨标准煤。所以，对于其他行业，在这一期间应该多引进 FDI，减少其他投资。

2002—2005 年期间中国除采掘业以及交通运输、仓储及邮电通信业这两个行业的增加 FDI 1%所带来的能源消费变化量要高于增加其他投资 1%所带来的能源消费变化量，而其他行业部门在增加 FDI 1%所带来的能源消费变化量要低于增加其他投资 1%所带来的能源消费变化量（表 9)。因此在这一期间减少对采掘业以及交通运输、仓储及邮电通信业这两个行业的 FDI，而多引进其他投资。通过减少 1%FDI 而增加 1%其他投资，在保证总投入不变的情况下，来达到减少这两个部门的能源消费总量 4.27 万吨标准煤；而对于其他行业部门来说，在这一期间要减少对其他行业的其他投资，而多引进 FDI，这样通过增加 FDI 1%而减少 1%其他投资，在保证总投入不变的情况下，可以减少这几个部门的能源消费总量 2.18 万吨标准煤。

综上，1997—2005 年，在总投资不变和外商投资总额变化不大的情况下，若合理安排 FDI 与其他投资在各行业中的比例，就可以减少中国总能源消费；10%的投资比例变化，可使中国能源消费节约 239.6 万吨标准煤。主要原因可能是对于不同行业，FDI 与其他投资（FDI 以外的投资额，包括外商间接投资以及国内各种形式的投资）所产生的技术溢出效应不同，所带来的对能源效率影响效应不同。总体看来，若采掘业减少 FDI，电力、煤气及水的生产和供应业多引进 FDI，则有利于能源消费的节约。

4 结论及政策建议

通过 1997 年、2000 年、2002 年以及 2005 年的投入产出的数据，运用投入产出结构因素分解法将影响能源消费的因素分解为能源强度效应、总投入种类所占比例效应以及总投入总量效应，研究得到：1997—2000 年，FDI 比例减少约为 0.22%，引起的能源消费总量减少 306.20 万吨标准煤；2000—2002 年，FDI 比例增加为 0.41%，引起的能源消费总量增加 580.25 万吨标准煤；2002—2005 年，FDI 比例减少为 0.37%，引起的能源消费总量减少 701.35 万吨标准煤。

通过 FDI 变化对能源消费影响的敏感性分析，发现对能源消费具有重要影响的 FDI 行业排在前 3 位的分别是：采掘业；交通运输、仓储及邮电通信业；电力、煤气及水的生产和供应业。即这三个行业能源消费的变化对 FDI 的变化更为敏感，所以，这些行业中更应关注 FDI 政策。通过对比 FDI 和其他投资方式的能源消费的不同影响，发现下述资金投入的分配更有利于能源的节约：采掘业减少 FDI，多引进其他投资；电力、煤气及水的生产和供应业一般情况下多引进 FDI，减少国内等其他投资。

综上，鉴于 FDI 对能源消费具有重要的影响，因此应正确处理好 FDI 与能源消费的关系，在引进 FDI 促进中国经济发展的同时，尽可能减少能源消费。为了更好地协调 FDI 与能源消费的关系，本文给出如下政策建议：

(1) 改善 FDI 管理环境

一方面，要进一步理顺外资管理体制，消除外资管理中条块分割的情况，尽快建立统一的外资政策协调机构，规范各部门、各地方政府的引资行为，制止行业和地方之间轮番的引资优惠政策竞赛；另一方面，要加强和完善对外资企业的管理与服务。可以学习和借鉴日本发展外商投资中介组织。日本的一些中介机构，如贸易振兴会（JETRO）、对日投资支援服务株式会社（FIND）等，在吸引外商投资方面发挥着难以替代的作用[16]。中国这方面的中介组织较少，发展潜力很大。这种中介组织主要包括：信息咨询服务组织、代办服务组织和法律服务组织。通过建立符合中国需要的中介组织，可以更好地加强引进和管理 FDI。

(2) 注重 FDI 的引进与产业政策相结合

利用 FDI 促进各个行业发展的同时也会给国内的各个行业产生一定的负面影响，并且各个行业引进的 FDI 与能源消费有着一定的联系，随着 FDI 的增加行业的能源消费量也会增加。因此，选择 FDI 或者国内其他投资以减少各个行业的负面影响是每个行业所需要考虑的问题。哪些行业的 FDI 能够帮助该行业在发展经济的同时能够减少能源消费等负面影响，如电力、煤气及水的生产和供应业，对这些行业在引进 FDI 的时候，应该给予较多的鼓励和支持政策；对于那些引进 FDI 不利于本行业能源节约的部门，如采掘业，应控制 FDI 的引进。

(3) 积极引导 FDI 投向第三产业

中国服务行业在引进 FDI 而产生的能源消费变化量最少，即服务行业引进 FDI 能够更加有效地减少能源消费量。并且，当前我国产业结构存在一个比较突出的问题，即第三产业发展滞后，特别是现代经济必不可少的金融业、交通运输业、信息服务业、流通业、教育文化产业等，在我国都处于较低水平的发展阶段，服务业发展滞后已经成为影响我国国际竞争力提高和经济进一步快速发展的重要障碍。FDI 在金融保险业、卫生体育、社会福利业、科研和综合技术服务业以及教育和文化艺术等部门数量比较小，所占比重也很低，而这些属于较高层次的服务业部门，在中国的发展水平明显较低。因此，要积极引导 FDI 进入这些行业，以促进这些行业发展水平的提高和经营效率的改善，并且能够最终降低中国总体的能源消费量。

参考文献

[1] 沈利生. 我国对外贸易结构变化不利于节能降耗[J]. 管理世界,2007,10:43－50.

[2] 王娜，张瑾，王震，陈向东. 基于能源消耗的我国国际贸易实证研究[J]. 国际贸易问题，2007,8:9－14.

[3] 姚愉芳，刘学义，齐舒畅,等. 结构变化的节能潜力和政策分析. 中国可持续能源实施"十一五"20%节能目标的途径与措施研究 [M]. 北京:科学出版社,2007.

[4] Giovani Machado，Roberto Schaeffer，Ernst Worrell. Energy and carbon embodied in the international trade of Brazil：an input—output approach[J]. Ecological Economics，2001(39)：409－424.

[5] Mukhopdlyay K，Forssell O. An empirical investigation of air pollution from fossil fuel combustion and its impact on health in India during 1973－1974 to 1996－1997. Ecological Economics,2005 (55)：235－250.

[6] Dietzenbacher E，Los B. Structural decomposition techniques：sense and sensitivity. Economic Systems Research ,1998 (10)：307－323.

[7] Vicent Alc ántara，Rosa Duarte. Comparison of energy intensities in European Union countries：Results of a structural decomposition analysis[J]. Energy Policy,2004，32：177－189.

[8] Henrik K. Jacobsen. Energy demand，structural change and trade：a decomposition analysis of the Danish manufacturing industry[J]. Economic Systems Research，2000，12 (3)：319－338.

[9] Shigemi Kagawa，Hajime Inamura. A spatial structural decomposition analysis of Chinese and Japanese energy demand：1985－1990[J]. Economic Systems Research，2004,16 (3)：279－299.

[10] 赵晓丽,胡军峰,史雪飞. 外商直接投资行业分布对中国能源消费影响的实证分析[J]. 财贸经济,2007(3):117－121.

[11] 胡剑波. 中国吸收 FDI：现状、特征及对策[J]. 国际经济合作,2008(6):36.

[12] 张诚. 我国利用外资政策问题研究[J]. 经营管理,2008(3):34－38.

[13] 刘晶. 外商直接投资对中国经济发展的影响及对策[J]. 经济纵横,2007(10):5－7.

[14] 陈和智. 外商直接投资对我国 GDP 贡献的实证研究[J]. 统计观察,2007(24):102－104.

[15] De Haan M. A structural decomposition analysis of pollution in the Netherlands. Economic Systems Research，Vol. 13，2001 (2):181－196.

[16] 田野,赵媛. 日本引进外资政策的调整及启示[J]. 日本研究,2002(1):15.

我国能源产业链协调发展中的问题研究

谭忠富　张明文　李　莉

华北电力大学电力经济研究所　北京　102206

摘　要：随着我国能源供应与需求矛盾的日趋突出，有关于节能的问题日益受到各方面的普遍关注。而这当中，协调能源产业链的发展是解决这一矛盾的重中之重。本文从整个能源产业链的结构出发，剖析了其中各个环节之间的关系，并指出要实现他们之间的协调发展需要重点研究的几个问题，为缓解我国当前的能源供需矛盾提供理论上的参考。

关键词：能源产业链，协调发展，电价，经济运行

1　引言

我国能源资源较为比较短缺，按照 BP 公司 2006 年统计，我国原油剩余可采储量为 160 亿桶，储采比 12.1 年；天然气剩余可采储量为 2.35 万亿立方米，储采比为 47 年；煤炭剩余可采储量为 1 145 亿吨，储采比为 52 年；三者剩余可采储量仅为世界平均水平的 7.69%、7.05%和 58.6%。尽管如此，我国的能源消费强度和单位产品能耗都较高，能源效率比国际先进水平约低 10 个百分点（仅为 33.4%）。根据我国预期的经济增长，到 2020 年需要一次能源约 29 亿吨标准煤、6.1 亿吨石油。为了应对日益严峻的能源安全形势，2006 年以来国家相继出台了关于能源管理的系列重要举措，如《2006—2020 年国家中长期科学和技术发展规划纲要》（能源列为重点研究领域优先主题的第一位）、《“十一五”十大重点节能工程实施意见》、《国务院关于加强节能工作的决定》等。电力作为能源工业的重要组成部分，其对能源供应安全影响非常大，因为我国燃煤机组发电量在总发电量中所占比例达到 82%，发电用煤占全国总量的 60%左右。

“经济要发展，电力需先行”，但电力投资先行的周期需要进行科学的判断。如 1997—1998 年电力能源出现了供给过剩，但有关决策部门对几年之后到来的电力能源短缺现象缺乏准确的预测；2002 年开始全国大多数地区从电力能源剩余陆续变为短缺，给国民经济造成直接和间接损失万亿元；随后各发电集团看到了暂时的商机，到处圈地投资电厂，出现了电力投资过热；2004 年下半年国家又不得不紧急制止，但火电建设周期一般为三年，电力装机增长的速度从 2007 年后开始下降。2003—2007 年电力新增装机分别为 3 480、5 100、6 600、10 000、9 500 万千瓦。随着发电装机的陆续竣工，我国发电总装机容量预计 2009 年底达到 8.6 亿千瓦，2010 年底达到 9.4 亿千瓦。2008 年底已经发现大多数地区出现发电过剩的局面（和全球经济危机有一定的关系）。电力投资具有资金高度密集的特征，1 千瓦燃煤发电投资按平均 4 500 元计算，100 万千瓦机组造价就达到 45 亿元。电力不能储存，生产与消费需要保持时时平衡，如果电力发展严重“超前”就会造成大量电力设施的闲置成本，如果严重“滞后”就会带来国民经济的损失。电力不仅是能源生产

者，更是能源消费者，电力所用原煤占全国总量的50%多，电力发展的忽高忽低也会带来煤炭发展的忽高忽低。“电力能源短缺—建设电源项目—改造电网—增加煤炭生产规模—电力过剩—减少电力投资—压缩煤炭生产规模—电力能源短缺—再上电源项目—改造电网”链条的每一次起伏都给国家造成了巨大损失，这种损失最终必然会通过电力价格转嫁给用户。可见，电力产业链发展必须保持在与经济社会发展相匹配的水平，否则投资过剩或过小会给国民经济带来损失。为此，电力投资必须从经济学角度深入研究其投资周期规律。电力产业发展需要支撑国民经济的健康发展；宏观经济发展具有一定的周期性，电力建设具有一定的滞后期（3～5年）；可见，电力产业发展周期必须先于宏观经济发展周期；宏观经济发展需要电力发展作为基础，但是他们之间必须具有规模的匹配性。电网发电的下游，负责把发电企业的上网电量输送、分配给电力用户，其发展周期、发展规模必须与发电周期、发电规模进行匹配。如果电网发展不及时或者规模过小，不能将发出的电输送出去，既给发电企业造成损失，又给用户造成损失；如果电网发展过于超前或者规模过大，会造成投资过剩；燃煤发电机组一般寿命30年，水电机组（主要指大坝）一般寿命50年，电网设备寿命一般20年，故发电、输配电具有不同的寿命周期。

2　能源产业链中的要素

这里分析的能源产业链构成主要形式：煤炭生产(耗电)—煤炭运输(耗油、耗电)—电力生产(耗煤、耗油)—电力运输(损失电能)—用户(耗电、耗煤、耗油)。从该供应链中可以看出，电力贯穿始终。因此，“煤电油运”能源供应链的研究可以重点从电力首先着手，而电力经济运行包括电力优化规划、发电经济调度、合理用电结构等。研究电源结构与布局优化（降低燃煤机组比例，提高可再生能源发电比例），不仅可以节约煤炭，还可以降低运煤过程中的油耗电耗，且减少污染排放。研究发电经济调度目的是实现优先安排水电、风电以减少燃煤机组燃料消耗，同是火电机组，应先调用煤耗率低的机组。可见，发电经济调度既可以节约煤炭，又可以减少运煤油耗（我国发电煤耗率为357g/kWh，比日本高18.6%，如达到日本水平，全国每年发电可节约6 000万吨标准煤）。再者，研究电网结构优化目的是减少“窝电”，减少输配电损失（我国输配电损失率比日本高出10%，如达到日本水平，全国每年可减少输配电损失700多亿千瓦时，相当于2 665万吨标准煤），进而节约煤炭，减少运煤油耗。最后，研究用户用电效率就是通过电价引导用电结构调整以实现以电代油、减少油耗。

我国各行各业都需要电量，而80%电量主要来自于燃煤，而煤炭需要铁路、公路、船舶运输到电厂，铁路运输将耗用电能，公路、船舶运输将产生油耗，故“煤电油运”能源供应链支撑着各行各业的生产和运行，影响着人们的正常工作与生活。2008年春节前夕我国南方出现了“煤电油运”能源供应链各环节的全面中断：雪灾导致变电站和输电线路的供电中断；断电带来煤矿生产和铁路运输的中断；煤炭生产与运输的中断导致电厂储煤的短缺；柴油机替代发电、燃煤机组压负荷和启停耗费大量燃油，导致油的短缺（我国发电年耗油量达1 600万吨，其中电厂锅炉启停耗油约占60%，低负荷助燃耗油约占40%）；铁路运输中断带来航空、公路运输紧张，进一步带来油的短缺。我国政府目前正在通过行政手段来实现节能减排目标，但从长期看来，我国更需要重视产业用能总体协调规划和价格、税收等经济手段，研究能源供应链（煤电油运）上下游各个环节的相互关系与协调发展问题。

从图 1 可以看出，煤炭开采、发电、供电三者之间不仅相互影响，需要相互协调，而且他们总体还必须与国民经济发展周期相协调。由此可知，研究能源产业链协调发展问题，必须采用大系统优化思想进行分析，同时必须找到分析问题的着手点，本文后面以电力作为主线，重点研究能源供应链中的协调问题。

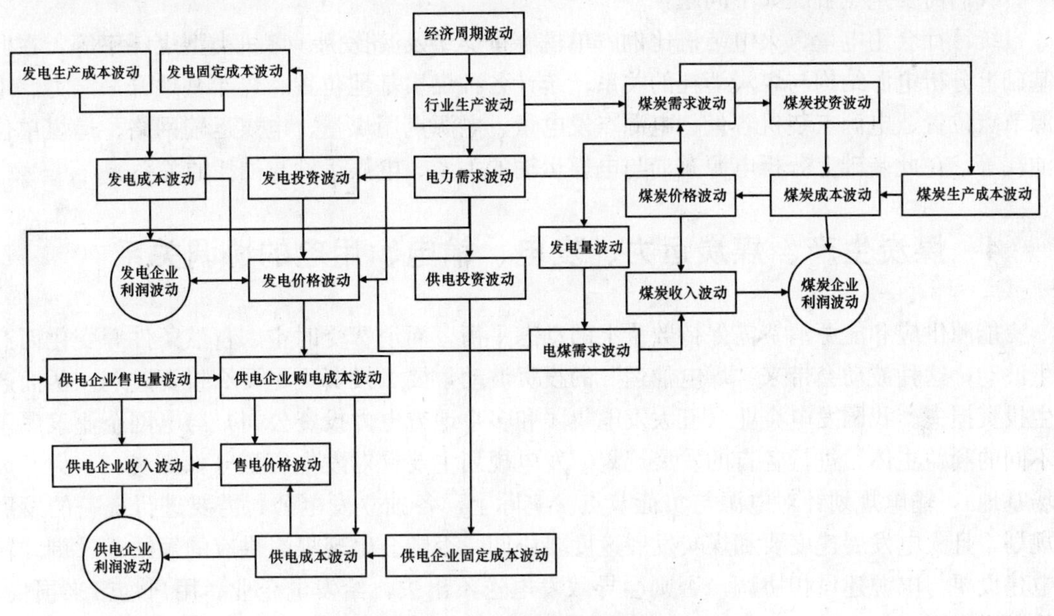

图 1　煤电产业链变动关系图

3　电源结构、布局与煤炭消耗、煤炭运输油耗的关系

电源结构指燃煤机组、水电机组、风电机组、核电机组、生物质能发电机组等的比例分配；电源布局指电源点的地理分布。我国“十一五”重点在山西、陕西、内蒙古、贵州、云南东部等煤炭富集地区逐步建立大型煤电基地：呼盟煤电基地、锡盟煤电基地、蒙西煤电基地、陕北煤电基地、山西煤电基地、宁夏煤电基地、哈密煤电基地。对于我国已经确定的大型煤电基地，建设大型坑口电厂可以减少煤炭运输给交通系统带来的负担。我国水资源技术可开发量 5 亿千瓦时，经济可开发容量 4 亿千瓦时，年发电量约为 1.74 万亿千瓦时，居世界首位，但水电开发利用率只有 15%，远低于世界 30%的平均水平，水电装机占全部发电装机容量的 1/4，年发电量占全部发电量的 16%。我国约有 3 亿千瓦时的可利用风能，占世界可利用风能总量的 30%，但风电装机容量只占世界的 2.13%。我国核电消费占电力消费的比例为 2.5%，而法国、德国、日本、英国、美国、俄罗斯分别为 77.6%、28.1%、25%、23.7%、20%、16.5%。我国 10 万千瓦以下火电机组占 24%，10 万～20 万千瓦机组占 17%，20 万～30 万千瓦机组占 12%，30 万～60 万千瓦机组占 34%，60 万千瓦以上机组占 13%。火电单机容量结构对能效的影响很大，13.5 万千瓦及以下机组平均煤耗超过 390 克标准煤/千瓦时，30 千瓦亚临界机组平均供电煤耗为 330 克标准煤/千瓦时，60 万千瓦超临界机组供电煤耗仅为 270 克标准煤/千瓦时，全国统调电厂平均发电煤耗率达到 357 克标准煤/千瓦时、供电标准煤耗为 374 克标准煤/千瓦时

（因为厂用电占用了发电量的 6%），如果达到日本的水平，按 2008 年底发电量 34 268 亿千瓦时计算，每年可以节约至少 1 亿吨标准煤。我国的电源节点、煤矿节点比较分散，电源结构比较复杂，煤炭资源非常有限，水电、风电资源开发率低，特别需要研究电源结构、电源布局的改进问题，但前提是研究电源结构、电源布局与煤炭消耗、运煤油耗的关系问题。

我们需要重点解决如下问题：

统计社会用电量、火电装机比例、单机容量类型及其比例、单机类型煤耗率等，在此基础上分析电源结构与煤炭消耗的关系；统计各种煤炭基地位置、煤炭基地开采能力、电源节点位置、电源点装机容量、电源点发电量、电源点用煤量、电煤运输网络、运煤单位油耗等，在此基础上分析电源布局与电煤运输的关系、电煤运输与油耗的关系。

4　煤炭生产、煤炭运力、发电、输电、用电的协调关系

能源供应和能源消费需保持数量上的动态平衡，而消费受时空、自然条件等变化而产生波动，这种波动会带来“煤电油运”的投资波动，要么投资不足要么投资过剩，从而产生投资损失。我国发电企业（五大发电集团和多个地方电力投资公司）与电网企业隶属于不同的利益主体，进行各自的发展规划。发电规划主要针对发电资源（如煤炭、水力、风场基地），输电规划针对电源与负荷节点。实际上，各独立发电公司需要进行统一的发展规划，且火电发展速度要和煤炭发展速度要协调，否则会出现煤炭供应的短缺或过剩。输电建设要与电源建设相协调，否则会导致发电送不出去，给发电企业、用户均带来损失。我国煤炭企业与发电企业的关系近几年一直没有协调好，煤炭企业管理已经下放给地方，煤炭价格市场化，发电价格由政府制定。每年年初煤炭企业有意压缩产量，以提高电煤价格；发电企业宁可减少电量，让电网企业买不足电量，最后造成中断部分用户供电的风险，政府被迫调整电价。尽管我国煤电价格联动规定尽管已经出台，但运作较难，反应滞后。我国出口产品较多集中于制造业（电解铝、水泥、钢铁等），带走大量能源的同时留下了污染，因此，需要研究产业政策，调整产品出口结构，促进高耗能产业的节能减排。总之，煤电油运能源链需要进行综合规划，需要考虑煤炭开采、煤炭运输、发电生产、电能传输、用电需求之间彼此的相互作用、相互影响的关系；需要统计“煤电运”生产能力、投资建设周期、需求周期等，以此分析各环节的供需平衡，最后通过价格引导合理的投资流分配、合理地发展规模关系。

我们需要重点解决如下问题：

1）根据产业结构、人均生活水平、国民经济产值、经济发展周期等，采用计量经济学方法预测分析不同时期的社会用电量；再根据火电装机比例、负荷率等预测火电机组发电量；根据火电机组的结构，各种容量单机比例、煤耗率、发电量比例等，计算火电机组不同时期发电耗用的煤炭；在此基础上，根据电源点、煤炭基地位置等，分析煤炭生产、煤炭运输不同时期的规模配置。

2）根据电源布局、用户布局、不同节点的发电能力、电力需求等，分析输电网络网架的规模配置。

3）我国煤炭价格随需求而波动，而发电、供电价格由政府制定，相对固定，当煤炭价格上涨时，价格信号无法传达给电力用户，也就不能降低用户的电力需求。由于煤炭和

发电价格不能联动，电厂购买价格上涨的煤炭会导致亏损，自然无法发电。如果煤炭价格、发电价格进行联动，售电价格也必须联动，否则供电企业无法购电，最终会出现电力危机。我们需要研究煤炭、煤运、发电、输电、用电价格比例模型，既要反映相互之间边际成本的传递变化，又要激励各个环节的成本控制。

4）建立煤炭、煤运、发电、输电、用电协调发展的市场机制，对发电企业进行节能调度，可再生能源、煤耗率低的机组优先发电，促进煤耗降低；打破电网企业垄断购电的模式，允许用户直接从发电商购电，电网企业只收取过网费，并从降低线损中获取收入，从而可以节约煤炭。

5 电价结构对能源消耗、能源配置影响的分析

我国出口产品较多集中于制造业（电解铝、钢铁等），其消耗大量能源的同时也留下了污染，为此，我国需要研究产业政策，调整产品出口结构，促进高耗能产业的节能减排。我国石油严重短缺，通过发展电气化（铁路公交电气化、地铁等），可适当减少航空、交通用油，实现节油减排。可见，通过研究产业政策、燃油政策等以调整用电结构，实现“以电代油”，优化能源配置；通过研究供电峰谷分时电价、可中断电价、差别电价等，引导用户有效用电，合理避开尖峰时段用电，可以改进电力负荷曲线，减少发电机组过多的启停，从而减少发电煤耗和油耗，同时也有利于煤炭开采、储存和运输的平稳有序[1-3]。

我们需要重点解决如下问题：

1）建立节电最大化下的分时电价、差别电价优化模型。分析用户实行峰谷分时电价、差别电价后电力负荷曲线的改变、发电机组启停次数的减少、发电煤耗的减少，对此建立节约煤炭的分析模型；分析用户电价弹性系数；建立实行峰谷分时电价、差别电价优化模型。

2）建立用户替代发电备用的可中断电价优化模型。为了满足电网用户的可靠性要求（发电故障、用户需求突变等），电网企业一般需要留有一定的发电备用，包括冷备用和热备用，燃煤机组的备用一旦使用，就需要消耗煤炭，冷备用机组还需要燃油。如果用户这时可以中断需求（获得一定的补偿即称为可中断电价），就可以减少发电备用，节约煤炭。即使不需要备用启动，用户中断负荷需求，也可以降低负荷曲线尖峰，避免尖峰时刻高耗能机组运行，节约煤炭。对此，基于失负荷价值、电力可靠性成本等，考虑发电侧与用户同时进行报价竞争，以节约煤炭为目标，构造优化模型，最终确定用户中断的容量和中断电价。

3）建立用户有序用电优化模型。用户有序用电指终端用电设备节约的电量和节约的高峰电力需求，其实际上也是一种电力资源，因为其可以间接地节约发电资源。其主要包括：提高照明、空调、电动机、电热、冷藏、电化学设备用电效率；改变蓄冷、蓄热、蓄电用电方式；能源替代、余能回收；建筑物保温；用户改变消费行为；尖峰时段自备电厂参与调度等。可以通过经济手段（价格）鼓励用户参与有序用电，减少电量消耗和电力需求，用户参与后获得的“电力和电量节约”可以进行报价销售。该问题可以提炼成优化模型，确定用户竞争价格[4]。

6 发电系统经济运行问题

我国电源结构中火电装机比重过高，水电、核电、新能源装机比重过低，需要进行电源结构的优化。我国水力资源理论蕴藏量年电量为 60 829 亿千瓦时，平均功率为 69 440 万千瓦，技术可开发装机容量 54 164 万千瓦，经济可开发装机容量 40 180 万千瓦时，截至 2006 年年底，尽管水电装机容量已达 1.28 亿千瓦（居世界首位），但仍仅占技术可开发总量的 23.63%、经济可开发总量的 31.86%，低于发达国家 50%～70%的开发利用水平；水电装机占全部发电装机容量的 1/4，年发电量占全部发电量的 16%，比例过低。我国约有 3 亿千瓦时的可利用风能，占世界可利用风能总量的 30%，截至 2006 年年底，全国已建成约 80 个风电场，装机总容量达到约 230 万千瓦，只占世界的 2.13%。我国核电消费占电力消费的比例为 2.5%，而法国、德国、日本、英国、美国、俄罗斯分别为 77.6%、28.1%、25%、23.7%、20%、16.5%。可见，我国电源结构并不合理，如果提升可再生能源发电比例，就可大大节约煤炭资源。

按照现代电力工业技术标准，我国大约 1.8 亿千瓦机组属于煤耗过高，考虑到热电联产和很多产业中自备电厂需求，其中至少 1 亿千瓦左右需要技术升级替代；小燃煤机组（10 万千瓦及以下）占火电发电装机总容量 10%左右，主要是在电力供应较为紧张的“八五”时期和“九五”末期建设的，这些机组存在着点多面广、难以调度、设备老化、能耗增加、污染环境等（如高耗能企业自备的 5 万千瓦机组供电煤耗达到 450 克标准煤/千瓦时）。可见，我国发电置换的节能空间很大。在大型煤炭基地（呼盟、锡盟、蒙西、陕北、山西、宁夏、哈密）通过建设大型坑口电厂，减少煤炭运输给交通带来的负担，减少油耗。

我们需要重点解决如下问题：

1）电源结构与布局对煤炭消耗、煤运油耗影响的分析模型。统计预测社会用电量、火电装机比例、火电单机容量类型及其比例、火电单机类型的煤耗率、发电设备利用小时数、火电发电机组上网电量等；在此基础上建立电源结构对煤炭消耗影响的分析模型；此模型可以用于比较电源结构不同方案，筛选节约煤炭消耗的电源结构方案。统计各种煤炭基地位置、煤炭基地煤炭开采能力、电源节点位置、电源点装机容量、电源点发电量、电源点用煤量、电煤运输网络、运煤单位油耗等数据；在此基础上建立电源布局对电煤运输影响、电煤运输对油耗影响的分析模型；此模型可以用于比较电源布局不同方案，筛选节约煤运油耗的电源布局方案。

2）节能目标下大机组与小机组置换价格优化模型。我国新建的大容量燃煤机组煤耗率低，小机组尽管煤耗率高但还贷期已经结束，如果只是通过竞价上网，小机组反而占优势，因此，应该以节能作为目标进行调度。由于小机组电厂往往人员多、历史包袱重，短暂时间内难以彻底关闭，政府往往批复给其上网电量和上网价格。这部分电量转让给大机组发电，也需要保证小机组一定的利益。在煤炭消耗最小化目标下，需要根据节点位置、发电约束、潮流约束等条件，分析不同时刻不同发电机组的发电状态；再根据不同机组的批复电价、煤耗状态、效益状态，确定置换电量与置换价格。

3）多类型机组下发电节能优化模型。电网中需要调度的机组往往含有：风电机组、水电机组、燃煤大机组、燃煤小机组等多种类型，不同机组具有不同的约束限制，不同机组具有政府批复的不同的上网价格和上网电量（风电、水电不受电量限制）。不同时段负荷不同，燃煤机组出力不同时煤耗也不同，这就需要在煤耗最小化目标下根据水电机组约束、风电机组约束、煤电机组约束等建立调度优化模型，优化结果可能会不符合各个机组批复的电量，于是需要建立电量置换、置换价格模型，确定利益平衡点。由于风、水的价格在市场上无法体现，但煤炭的价格在市场又体现，故在此基础上，根据可再生能源发电对煤炭发电的替换价值及环境价值，可以对可再生能源发电的市场价格进行评估[5]。

7 输配电系统经济运行问题

电网作为电力产业的输配电环节，相当于物流通道，能够起到能源资源优化配置的作用；区域电网之间进行经济功率互换（水电多的地区峰水期电量外送、枯水期电量外购）可以减少受电端的煤炭消耗；通过输配电价可以引导电网优化规划，减少输电阻塞，降低电能输送损失；通过电网经济运行，安排变压器合理运行，优化配置无功，可以降低网损；通过输电路径优化，输电代替输煤，可以减少运煤过程中的电耗与油耗等。我国电网综合线损尽管从 1995 年的 8.77%下降到目前的 7%左右，但仍远低于日本（4.75%）、德国（4.74%）。按 2008 年底发电量计算，如果线损降低一个百分点，全社会就可节约发电量 342 亿千瓦时。降低线损需要电网选取最佳运行方式，包括调整负荷（峰谷差越小则线损越小）、调整变压器（适时分、并列及转移负荷）、购买发电无功电量、惩罚功率因数（用户功率因数越高则线损越小）等；需要建立激励性电价机制，目前的电价机制（成本＋利润）不合理，缺乏压力传导机制，因为高的发电成本、输配电损失可以自然转嫁到用户的电价中去。如水电站的发电成本每度电仅为几分钱，但销售给用户就是几角钱，一些企业其产品成本中仅电费就占了 1/3 甚至 1/2。电网之间经济功率互换可以实现水火共济、网间错峰填谷、提高电网经济运行、减少煤炭消耗的效益。但由于地方保护主义及管理体制上的不完善，这些问题并没有完好地解决，如仅因为增值税问题没有解决好，某两个地区之间曾经关于峰水期电量输送协议就没有实施，导致汛水期数亿千瓦时水电白白浪费，丰水期在送电端大量弃水，受电端却大量使用燃油、燃煤发电，耗费着不可再生的有限的煤炭资源。可见，输配电环节具有节能空间。

我们重点需要解决如下问题：

1）输电阻塞对煤炭消耗影响的分析模型。输电阻塞会导致一个区域的电力过剩、一个区域的电力紧张。对于我国来说，经济发达地区往往发电资源缺乏（煤、水、风）；发电资源丰富的地区往往经济欠发达；经济发达地区恰恰小型煤电机组偏多（如山东、广东等地），因为经济发展快速时期电力紧张，地方政府鼓励发展建设速度快的小型煤电机组。于是，出现的输电阻塞往往都是经济发达地区电力紧张，只能启动小型煤电机组发电。可见，需要分析输电阻塞的节点位置、各节点的发电煤耗，建立出现与不出现输电阻塞的煤炭消耗差距分析模型。

2）能源损失最小化下的输电引导价格问题。统计多年时段的输电阻塞节点、阻塞电量、节点电价等，根据上面提到的出现与不出现输电阻塞的煤炭消耗差距分析模型，计算消除阻塞后的能源节约数量分析模型；在此基础上给出计算节约能源量的边际价值（环境性与不可再生性）模型；根据输电线路的寿命周期，计算该周期内节约能源量的边际价值；最后给出该输电路径的输电引导价格。

3）电网输电损失最小化下无功购买优化模型。降低电网输电损失可以通过电网选取最佳运行方式实现，主要包括：调整负荷（峰谷差越小则线损越小）、购买发电无功电量、功率因数（用户功率因数越高则线损越小）惩罚等，在传输相同电量的基础上，以达到减少电能损耗。调整负荷问题在后面的用户节能内容中考虑。剩下的两项发电无功、用户功率因数，如果只重视购买发电无功电量，会产生较大煤耗；如果尽可能多地从改善用户功率因数出发，就可以减少发电无功，节约煤耗。为此，需要在煤耗最小化下构建组合优化模型，确定发电无功价格和用户功率因数价格（费用）。

4）区域之间电量输送价格优化模型。我国西南、华中地区多水，西北、东北地区多煤，丰水期水电需要满发，这个时期电量需要外送，否则水电资源白白浪费，为了避免电量接收地区因为税收等原因不积极，就需要从经济、煤炭资源、环境价值角度进行分析，建立电量输送价格的优化模型。

8　引导电力用户合理用电的经济手段

我国一些地区峰谷比为8∶1，美国、日本、德国峰谷比分别为：4∶1、2.5∶1、5∶1。而电网峰谷差（高峰负荷和低谷负荷间差值）越大，说明负荷曲线变化越大，会造成能源浪费越大。因为高峰负荷时需要调用大量的调峰机组和抽水蓄能电站，而调峰机组一般为小的、能耗较高的燃煤、燃油、燃气机组，抽水蓄能电站能耗很高（抽4发3：抽水时用4千瓦时电，发电时只能发出3千瓦时电）。许多国家为了降低峰谷差都采取了峰谷分时电价，有的国家把一天分为高峰、低谷、平段三个时段，有的国家只分为高峰和非高峰两时段。美国数据表明利用电价进行调峰的手段与采用抽水蓄能机组、燃油、燃气调峰机组等物理手段相比，成本可以节省至少1/2。分时电价是指根据每日或每年中不同的时间段，划分为高峰、平段、低谷时段，对各时段分别制定不同的电价水平，可以鼓励用户主动改变消费行为和用电方式，将一部分用电量从高峰时段转移到平段或低谷时段，减小电网峰谷差，进而降低发电厂的启停成本，减少备用容量，减少能源浪费。如法国7月、8月份设立若干避峰日，避峰日电价比最低电价高出10倍以上；美国一些州峰谷价比率达到8∶1，有效地把高峰负荷移到低谷，夏天高峰期用电量可以降低24%。我国各地峰谷价比率基本在4∶1左右，力度不够。丰枯季节性电价指将丰水季节电价适当调低、枯水季节电价适当调高，以抑制枯季负荷增长过快，引导用户将枯季一些负荷转移到丰季，丰季多用电，枯季少用电，减少水资源和煤炭资源的浪费。我国季节电价设计方面还不够完善。可中断电价指电力企业和用户签订合同，通过电价激励，在系统峰值时或紧急状态下用户按照合同规定中断或削减负荷。其可提高电网负荷率，使发电机组经济稳定运行，减少煤耗与油耗。如河北省（2003年7月1日至8月31日）对按要求实施负荷中断的企业，每1万千瓦累计停1小时补贴1万元。北京2006年开始实施可中断负荷补偿机制，在6月、7月、8月用电高峰期间，对有错峰潜力的用电大户，利用经济补偿手段实施短时限电，能实现随时调控的用户（装无线电负控终端设备），损失电量按1.2元/千瓦时标准补偿；不能随时调控、需提前通知的用户（未装无线电负控终端设备），损失电量按0.8元/千瓦时补偿。上海从2004年起开始对避峰让电企业进行补偿：凡纳入负控计划，隔日通知避峰的用户，每千瓦时补贴0.30元；当天临时通知拉电的企业，每千瓦时补贴0.80元；对装有负控装置的企业按照每千瓦时2元标准“买断负荷”。差别电价指对于高耗能产业采用差别性的电价以抑制其消耗过多的能源或者迫使其采用节能设备[6]。我国2004年6月开始对电解铝、铁合金、电石、烧碱、水泥和钢铁高耗能产业实行差别电价政策，目的是遏制高耗能产业盲目发展。总之，通过季节电价、分时电价、可中断电价和差别电价，可以降低负荷峰谷差，减少高耗能调峰机组的运行和启停，减少煤耗。可见，供用电环节具有节能空间。

我们重点需要解决如下问题：

1）节电最大化下的分时电价、差别电价优化模型。分析用户实行峰谷分时电价、差别电价后电力负荷曲线的改变、发电机组启停次数的减少、发电煤耗的减少，对此建立节约煤炭的分析模型；分析用户电价弹性系数；建立实行峰谷分时电价、差别电价优化模型。

2）用户替代发电备用的可中断电价优化模型。为了满足电网用户的可靠性要求（发电故障、用户需求突变等），电网企业一般需要留有一定的发电备用，包括冷备用和热备用，燃煤机组的备用一旦使用，就需要消耗煤炭，冷备用机组还需要燃油。如果用户这时可以中断需求（获得一定的补偿即称为可中断电价），就可以减少发电备用，节约煤炭[7-10]。即使不需要备用启动，用户中断负荷需求，也可以降低负荷曲线尖峰，避免尖峰时刻高耗能机组运行，节约煤炭。对此，基于失负荷价值、电力可靠性成本等，考虑发电侧与用户同时进行报价竞争，以节约煤炭为目标，构造优化模型，最终确定用户中断的容量和中断电价。

3）用户有序用电优化模型。用户有序用电指终端用电设备节约的电量和节约的高峰电力需求，其实际上也是一种电力资源，因为其可以间接地节约发电资源。其主要包括：提高照明、空调、电动机、电热、冷藏、电化学设备用电效率；改变蓄冷、蓄热、蓄电用电方式；能源替代、余能回收；建筑物保温；用户改变消费行为；尖峰时段自备电厂参与调度等。可以通过经济手段（价格）鼓励用户参与有序用电，减少电量消耗和电力需求，用户参与后获得的“电力和电量节约”可以进行报价销售。该问题可以提炼成优化模型，确定用户竞争价格。

参考文献

[1] 唐捷，任震，等．峰谷分时电价的成本效益分析模型及其应用[J]．电网技术，2007，31(6)：61－66.

[2] 董博，张粒子，等．电力市场初期供电公司优化错峰避峰计划的研究[J]．继电器，2006，34(13)：72－76.

[3] 张钦，王锡凡，王建学．尖峰电价决策模型分析[J]．电力系统自动化，2008，32(9)：11－15.

[4] 谭忠富，等．电力价格链设计理论与方法[M]．北京：经济管理出版社，2009.

[5] 王雁凌，张粒子，杨以涵．基于水火电置换的发电权调节市场[J]．中国电机工程学报，2006，26(5)：131－136.

[6] 谭显东，胡兆光，等．构建多Agent模型研究差别电价对行业的影响[J]．中南大学学报：自然科学版，2008，39(1)：172－177.

[7] Le Anh Tuan，Kankar Bhattacharya. Competitive Framework for Procurement of Interruptible Load Services[J]. IEEE Transactions on Power Systems, 2003, 18(2):

889—897.
[8] C. N. Kurucz D. Brandt S. Sim. A Linear Programming Model for Reducing System Peak Through Customer Load Control Programs[J]. IEEE Transactions on Power Systems, 1996, 11(4): 1817—1824.
[9] Kun-Yuan Huang and Yann-Chang Huang. Integrating Direct Load Control With Interruptible Load Management to Provide Instantaneous Reserves for Ancillary Services [J]. IEEE Transactions on Power Systems, 2004, 19(3): 1626—1634.
[10] Kun-Yuan Huang and Yann-Chang Huang. Integrating Direct Load Control With Interruptible Load Management to Provide Instantaneous Reserves for Ancillary Services [J]. IEEE Transactions on Power Systems, 2004, 19(3): 1626—1634.

基于主成分分析的北京市能源可持续发展评价

王兆华　周　情

北京理工大学管理与经济学院　北京　100081

摘　要： 为了对近年来北京市能源可持续发展能力进行综合评价，本文结合北京市能源实际情况，构建了包含经济领域和环境领域的16个能源可持续发展指标体系。运用主成分分析法并借助SPSS软件，对1998—2007年的16个指标数据进行了综合评价。结果表明：近年来北京市能源可持续发展能力总体呈上升趋势。从经济角度看，其评价值呈波动性上升趋势；从环境角度看，其评价值呈折线式上升趋势；能源消费结构、能源利用效率以及大气污染等因素相互影响、相互制约着北京市能源可持续发展。

关键词： 主成分分析，能源，可持续发展，北京市

1　引言

能源是城市生存和发展的基本条件，是城市功能正常运转的必要保证。能源可持续发展对于发展社会经济、改善生态环境起着举足轻重的作用，现已成为国内外学术界研究的热点。但是，就目前来讲，国内对于能源可持续发展评价方面的研究涉及较少。本文研究的目的是运用主成分分析法并借助统计学软件SPSS11.5，对北京市1998—2007年的能源可持续发展水平进行综合评价，以为北京市能源可持续发展决策提供依据。

主成分分析法（Principle Components Analysis）也称主分量分析，由Hotelling于1933年首先提出。主成分分析是考虑各指标间的相互关系，利用降维的思想把多个指标转换成较少几个互不相关的综合指标，从而使得研究变得简单的一种多元统计方法。其在综合评价实践中具有较多优势[1]。

2　北京市能源可持续发展指标体系构建

2.1　指标体系

以国际原子能机构[2]2005年开发完成的30个可持续发展能源指标体系为基础，参照张鹤丹[3]、李继文[4]等人开发的能源系统评价指标体系，结合北京市重点能源问题和统计口径，最终确定北京市能源可持续发展评价指标共16个。由于北京市不存在能源可支付性与可得性等社会领域问题，因此，北京市的能源可持续发展指标只涉及经济和环境两个领域[5]，由此构建了经济子系统和环境子系统。经济子系统主要涵盖了能源利用效率和能源消费结构等方面的指标，环境子系统则主要包含大气污染物浓度方面的指标。具体指标和原始数据见表1和表2。

2.2 数据的收集与处理

从相应年份的中国能源统计年鉴、北京市统计年鉴、北京市环境状况公报以及北京能源发展研究报告中得到，并整理成上述北京市能源可持续发展指标体系中各指标数据。按照式（1）和式（2）对数据标准化处理[6]：

当 X_i 为正向性指标时，$I_i = X_i / X_{\max}$ (1)

当 X_i 为负向性指标时，$Y_i = X_{\min} / X_i$ (2)

式中 X_i——某一指标的初始数据；

$X_{\max}$——研究年份内的该指标数据的最大值；

$X_{\min}$——最小值。

表 1 经济子系统评价指标

年份	人均能源消费/(tce/人)	单位 GDP 能源消费/(tce/万元)	能源转换和配送效率/%	人均生活用能/(tce/人)	第一产业能耗强度/(tce/万元)	第二产业能耗强度/(tce/万元)
1998	3.06	1.60	95.98	0.42	1.25	3.03
1999	3.11	1.46	95.97	0.43	1.13	2.75
2000	3.04	1.31	95.23	0.48	1.33	2.48
2001	3.05	1.14	95.45	0.41	1.30	2.19
2002	3.12	1.02	95.45	0.42	1.23	2.04
2003	3.19	0.93	96.29	0.47	1.11	1.64
2004	3.44	0.85	95.88	0.51	0.90	1.34
2005	3.59	0.80	96.40	0.54	0.88	1.26
2006	3.73	0.75	96.24	0.58	1.04	1.19
2007	3.85	0.67	96.70	0.63	0.95	1.04

年份	第三产业能耗强度/(tce/万元)	能源自给率/%	煤炭占能源消费比重/%	石油占能源消费比重/%	天然气占能源消费比重/%	电力占能源消费比重/%
1998	0.56	19.38	63.99	16.48	0.10	8.13
1999	0.55	15.25	66.51	18.16	0.19	8.63
2000	0.49	12.64	65.64	17.98	0.26	9.27
2001	0.46	14.10	62.02	16.25	0.39	9.23
2002	0.42	14.25	58.82	15.69	0.47	9.83
2003	0.38	14.76	59.14	13.98	0.46	9.92
2004	0.39	14.88	57.65	18.82	0.53	9.92
2005	0.39	12.31	56.25	20.00	0.66	10.00
2006	0.37	7.80	52.00	20.00	0.62	10.49
2007	0.35	7.42	47.76	20.90	0.58	10.47

表 2　环境子系统评价指标

年份	SO_2 年日均值/(mg/m^3)	NO_2 年日均值/(mg/m^3)	CO 年日均值/(mg/m^3)	可吸入颗粒年日均值/(mg/m^3)
1998	0.120	0.074	3.30	0.182
1999	0.080	0.077	2.90	0.180
2000	0.071	0.071	2.70	0.162
2001	0.064	0.071	2.60	0.165
2002	0.067	0.076	2.50	0.166
2003	0.061	0.072	2.40	0.141
2004	0.055	0.071	2.20	0.149
2005	0.050	0.066	2.00	0.142
2006	0.053	0.066	2.10	0.161
2007	0.047	0.066	2.00	0.148

数据来源：自北京统计年鉴（1999—2008）、中国能源统计年鉴（1999—2008）、北京市环境状况公报（1998—2007）、北京能源发展研究报告 2007 整理。

3　主成分分析法在北京市能源可持续发展评价中的应用

3.1　北京市能源可持续发展主成分分析

利用 SPSS 统计软件分别对各子系统中指标标准化处理的数据进行第一轮主成分分析，得到各子系统的综合评分值。然后再用所得到的各子系统的综合评分值进行第二轮主成分分析，具体操作步骤如下：

(1) 第一轮主成分分析

用 SPSS 软件对经济子系统的 12 个指标数据进行主成分分析，结果见表 3，表 4，表 5。软件自动提取 2 个主成分，两个主成分方差贡献率分别为 78.549%，9.038%，累计贡献率达 87.587%（大于 85%），并且其特征值均大于 1，因此，可以认为这 2 个主成分包含了全部指标所具有的绝大部分信息，提取 2 个主成分有效（见表 3）；在表 4 的因子荷载矩阵中，每一个载荷量表示主成分与其对应变量的相关系数。由于初始因子荷载矩阵系数不是太明显（如表 4 左方所示），这里采用方差最大法对其进行正交旋转，旋转后的因子荷载矩阵如表 4 右方所示，表中用方框选出了影响最大的系数。负数表示相关指标整体上呈恶化趋势；2 个主成分的各样本得分见表 5 中的 fac1－1，fac2－1。由于各主成分之间互不相关，一般以各主成分的方差贡献率为权数来计算系统的综合评价值。经济子系统各年综合得分为 F1i=(78.549fac1－1i+9.038fac2－1i)/87.587，结果见表 5 最后一列。

表 3　特征值及方差贡献率

公因子	初始特征值			提取的载荷量平方和		
	整体	方差贡献率	累计贡献率	整体	方差贡献率	累计贡献率
1	9.426	78.549	78.549	9.426	78.549	78.549
2	1.085	9.038	87.587	1.085	9.038	87.587

表 4　因子荷载矩阵

		初始因子		旋转后的因子	
		1	2	1	2
能源利用效率	人均能源消费/（tce/人）	.994	—.016	.616	.779
	单位 GDP 能源消费/（tce/万元）	.984	—.154	.856	.511
	能源转换和配送效率/（%）	.972	.206	.311	.753
	人均生活用能/（tce/人）	.942	—.043	.586	.755
	第一产业能耗强度/（tce/万元）	.933	.206	.424	.737
	第二产业能耗强度/（tce/万元）	.920	—.353	.774	.623
	第三产业能耗强度/（tce/万元）	.898	—.417	.933	.316
能源消费结构/%	能源自给率	.892	—.331	—.709	—.452
	煤炭占能源消费比重	—.834	.105	.752	.569
	石油占能源消费比重	.797	.296	.163	.874
	天然气占能源消费比重	.721	.380	.898	.315
	电力占能源消费比重	.684	.568	.957	.253

用同样的方法对环境子系统的 4 个指标数据进行主成分分析，系统自动提取 1 个主成分，方差贡献率达 85.469%。环境子系统综合得分值如表 6 所示。

表 5　经济子系统综合得分

年份	fac1—1	综合得分 F2i
1998	—4.45	—4.45
1999	—3.49	—3.49
2000	—1.13	—1.13
2001	—0.79	—0.79
2002	—1.61	—1.61
2003	0.85	0.85
2004	1.37	1.37
2005	3.63	3.63
2006	2.09	2.09
2007	3.53	3.53

表 6　环境子系统综合得分

年份	fac1—1	fac2—1	综合得分 F1i
1998	—5.02	0.45	—4.46
1999	—4.34	1.25	—3.76
2000	—1.42	—1.72	—1.46
2001	0.06	—3.20	—0.27
2002	1.82	—4.01	1.22
2003	2.15	—2.77	1.64
2004	0.71	1.09	0.75
2005	0.77	2.89	0.99
2006	2.72	1.85	2.63
2007	2.55	4.17	2.72

（2）第二轮主成分分析

以上述第一轮主成分分析法计算的经济、环境子系统得分为变量，再进行第二轮主成分分析，以计算北京市能源可持续发展能力综合得分。用 SPSS 软件对表 5 和表 6 中最后一列的数据进行主成分分析，结果得到 1 个主成分，其方差贡献率高达 93.291%。最终得到北京市能源可持续发展综合评分值如表 7 所示。

表 7　北京市能源可持续发展综合评分值

年份	1998	1999	2000	2001	2002	2003	2004	2005	2006	2007
F	—4.86	—3.96	—1.42	—0.56	—0.13	1.38	1.14	2.45	2.59	3.39

3.2 北京市能源可持续发展综合评价

利用表 5，表 6，表 7 数据可得出 1998—2007 年北京市能源可持续发展能力总体变化趋势曲线及其子系统的变化趋势，如图 1 所示。可见，北京市能源可持续发展能力总体呈上升趋势。值得注意的是，2003—2004 年期间有小幅回落，分析原因可能是 2003 年“非典”疫情影响了综合评价结果。进一步分析经济、环境 2 个子系统可得出如下结论：

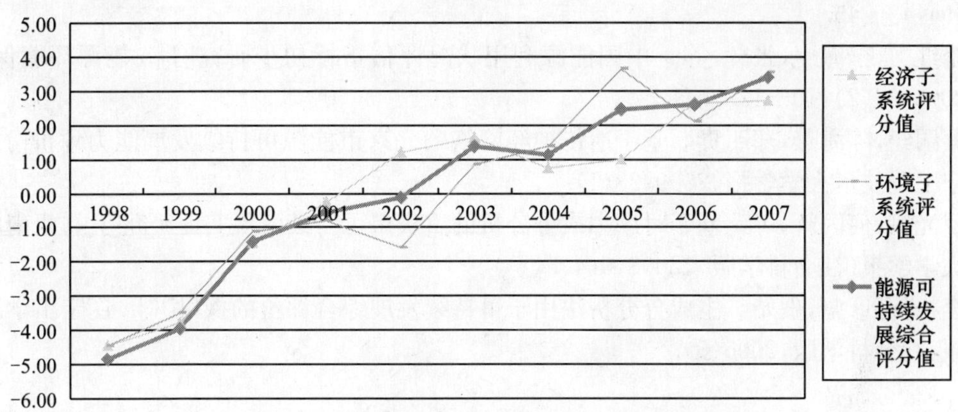

图 1　北京市能源可持续发展能力变化趋势

(1) 从经济角度看，经济子系统评分值在 1998—2007 年期间呈波动性上升趋势，并在 2003 年、2006 年分别出现两个拐点。分析经济子系统的主要构成（表 1，表 4）可知，1998—2003 年期间其评分值稳步上升主要得益于较好的能源消费结构和能源利用效率；2003—2006 年其评分值出现回落主要是受能源自给率大幅下降的影响；2006—2007 年分值逐渐回升主要来源于能源利用效率的改善。

(2) 从环境角度看，环境子系统评分值在 1998—2007 年期间呈折线式上升趋势，并在 2002 年、2005 年、2006 年分别出现三个拐点。分析环境子系统的主要构成可知，2002 年由于可吸入颗粒年日均值、SO_2 年日均值、NO_2 年日均值三指标值同时增长，加之 CO 年日均值的改善额度不甚明显，导致 2002 年环境子系统评分值大幅回落；2002—2005 年由于四个指标值均呈现较大幅度的改善，致使系统评分值在 2005 年达到了顶点；2006 年由于可吸入颗粒日均值、SO_2 年日均值、CO 年日均值出现不同程度的恶化，导致 2006 年又出现了一个大幅下降的拐点，到 2007 年又逐步改善。

(3) 从经济和环境角度综合考虑，经济子系统和环境子系统相对于北京市能源可持续发展是相互影响、相互制约的关系。由图 1 可以明显看出，当经济、环境子系统评分值同时增长时，能源可持续发展的综合分值也呈现较快增长；当经济或环境子系统评分值呈反方向变化时，能源可持续发展综合分值将处于它们的折中范围。

总之，虽然近年来北京市能源可持续发展能力呈总体上升趋势，但是其经济维和环境维发展态势波动较大，长此以往将对北京市能源可持续发展造成不利影响。因此，有必要采取多种措施改善能源消费结构，提高能源利用效率，控制大气污染物排放浓度，大力开发新能源以实现首都能源的永续发展。

参考文献

[1] 米国芳．利用主成分分析法分析我国 35 个中心城市的综合发展水平[J]．甘肃农业，2006(6)：35－36.

[2] IAEA. Energy indicators for sustainable development：guaidelines and methodologies. Vienna：IAEA，2005.

[3] 张鹤丹，王悍，付峰，等．中国城市能源指标体系初探[J]．中国能源，2006，28(5)：42－45.

[4] 李继文，李海生，张辉，等．中国能源利用状况评估指标初步研究[J]．能源环境保护，2006，20(2)：10－13.

[5] 蔡嗣经，陈海燕，郑明贵．基于遗传神经网络的北京市能源可持续发展能力评价[J]．辽宁工程技术大学学报，2009，28(1).

[6] 罗光斌，何丙辉，等．基于时序主成分分析的重庆市可持续发展实证研究[J]．西南农业大学学报(社会科学版)，2008，6(4).

[7] 李松，邸彦彪，贺婧．主成分分析法用于可持续发展综合评价的探讨[J]．辽宁工学院学报：社会科学版，2005(5).

煤炭工业可持续发展社会—经济相关性模型的构建——以陕西为例

王喜莲　张金锁

西安科技大学管理学院　能源经济与管理研究中心

陕西西安　710054

摘　要：经济发展和社会发展是相互依存的，经济发展是社会发展的前提和基础，社会发展是经济发展的目的。本文基于社会与经济的影响关系的相关研究，利用灰色关联分析法原理，按照指标选取原则并参考相关文献，以陕西为例，选取了22个社会系统指标以及6个经济系统指标，确定了社会—经济两系统间主要的影响因素及其影响程度，并据此构建了陕西煤炭工业可持续社会—经济系统的定量关系模型。

关键词：煤炭工业，可持续发展，相关性，灰色关联

1　研究综述

经济发展和社会发展是相互依存的。经济发展是社会发展的前提和基础，也是社会发展的根本保证；社会发展是经济发展的目的，并为经济发展提供精神动力、智力支持和必要保障。对于社会与经济的影响关系，学者们大多从社会中的某一个方面或组成部分来探讨其与经济的影响关系及互动关系，例如科技发展与经济发展、教育发展与经济发展的影响关系等方面。关于教育与经济发展关系的研究主要有：美国芝加哥大学教授舒尔茨1961年在《教育和经济增长》一文中提出了投资增量收益计算法，并运用该法测算了美国1929—1957年间教育对经济增长的贡献值；1962年美国学者丹尼森也提出了一种测算方法，被称为增长因素分析法。该方法建立在西方传统经济学生产三要素理论基础之上，他把影响经济增长的要素分解成若干成分，并用某些方法加以量化，再从国民收入年平均增长率中逐项推算出包括教育因素在内的各因素所起的作用；英国教育经济学家马克·布劳格出版了《教育经济学导论》，阐述了教育对经济的增长作用和教育经济学的研究方法等。我国在教育对经济增长贡献方面的研究，主要有袁国敏利用菲德模型，采用经济计量方法，对中国1990—2000年间的教育投入对经济增长的贡献状况进行了实证分析。罗佳明、王卫红以国家统计局发布的1953—2001年度统计数据为基础，实证分析了中国科技投入与经济增长之间的关系，结果表明：我国科技投入与经济增长之间存在着十分明显的单向因果关系；宋光辉考察1981—2000年间不同的平均受教育程度和教育财政支付与中国经济增长之关系；贾鹏以灰色关联分析为基础，依据我国1991—2001年的统计数据，对科技投入各个指标与我国经济增长的关联度进行实证分析；范明运用计量经济学模型，采用数据挖掘的关联规则和遗传算法进行定量分析，发现高等教育规模与GDP之间的强相关

性等。

此外，王元地（2004）以专利申请与授权量为科技创新产出指标，对科技创新产出与区域宏观经济变量之间的关系进行了实证分析。这种分析为研究和揭示科技创新系统与社会经济系统相互作用的内在机理提供了一个新的视角。蔡文辉（2008）等根据统计资料，运用因子分析法与聚类分析法来评价全国各地区科技创新实力，在此基础上探讨了地区科技创新与经济可持续发展的关系等。

总体来说，目前相关研究只局限于社会系统的某个方面，研究内容单一而且不够深入，未将社会系统进行全面分析。考虑到资料和数据收集的情况，本文所探讨的社会系统范围界定为人口、人民生活、医疗卫生、文化教育、科技发展、基础设施建设等多方面，结合陕西煤炭工业发展实际，对陕西煤炭工业可持续发展社会—经济相关性进行了较为全面的研究。

2 模型构建方法

2.1 灰色关联分析法原理

1982年，华中理工大学的邓聚龙教授首次提出了灰色系统概念，并建立了灰色系统理论。其研究对象是“部分信息已知，部分信息未知”的“贫信息”不确定系统，通过对“部分”已知信息的生成、开发，实现对现实世界的确切描述和认识。

灰色关联分析（GRA）就是建立在灰色系统理论基础之上的一种分析方法，是对某一发展变化系统的动态过程和发展态势的量化分析，它较其他分析方法更能准确地反映各因素间的亲疏程度和空间分布规律。该方法实质上是关联系数的分析。它以各因素的样本数据为依据，用灰色关联度来描述因素间关联强弱的大小和次序。如果样本数据列反映出两因素变化的态势（方向、大小、速度等）基本一致，则他们之间的关联度较大；反之，关联度则较小。该方法突破了传统精确数学绝不允许模棱两可的约束，不需要大量的数据，不追求大样本量而且不需要数据有典型分布，原理简单，易于掌握，计算简便，排序明确，已广泛地用于农业、医学、工业、经济、管理、社会科学等诸多领域，具有较高的实际应用价值。

2.2 灰色关联分析法的基本步骤

（1）首先应选取间接地表征系统行为的时序数据序列和影响系统主行为的有关因素的时序数据序列，分别称为母序列和子序列。母序列可用 $X_i=\{X_i(1),X_i(2),\cdots,X_i(n)\}$ 表示，子序列可用 $Y_j=\{Y_j(1),Y_j(2),\cdots,Y_j(n)\}$ 表示。

（2）数据的无量纲化处理。由于各序列所采用的单位及所表达的经济含义不同，因而需要对母、子序列的各数据进行适当处理，使之化为数量级大体相近的无量纲数据，并将负相关因素转化为正相关因素。

进行数据处理有四种方法：

① 初值化处理——每一个序列的所有数据都要用该序列的第一个数据去除，从而得到一个新的序列。

② 均值化处理——每一个序列的所有数据都要用该序列的平均值去除，从而得到一

个新的序列。

③ 极差标准化处理。其公式表达为：

$$X_i' = (X_i - \min_i X_i)/((\max X_i - \min_i X_i); Y_j' = (Y_j - \min_j Y_j)/(\max Y_j - \min_j Y_j) \quad (1)$$

④ 标准化变换。先分别求出各序列的平均值和标准差，然后将各个原始数据减去平均值后再除以标准差。

(3) 计算关联系数。其公式表达为：

$$\xi_{ij}(t) = \frac{\Delta\min + \rho\Delta\max}{|X_i'(t) - Y_j'(t)| + \rho\Delta\max} \quad (2)$$

其中：$\Delta\min = \min_i \min_j |X_i'(t) - Y_j'(t)|$，$\Delta\max = \max_i \max_j |X_i'(t) - Y_j'(t)|$；$\xi_{ij}(t)$ 为母序列与子序列之间的关联系数；$X_i'(t)$ 为母序列中各指标的标准化值，$Y_i'(t)$为子序列中的各指标值的标准化值；ρ 为分辨系数，其作用是提高关联系数之间的差异显著性，一般取 0.5。

(4) 求关联度。将关联系数按样本数求其平均值后即可得到一个关联度。

公式表达为：

$$\gamma_{ij} = \frac{1}{k}\sum_{ij}^{k}\xi_{ij}(t)(k\text{ 为样本数}, k = 1, 2, \cdots, n) \quad (3)$$

(5) 根据关联度的大小次序，可以对各因素在系统中的地位做出判断。关联度的取值范围在 0～1，若取最大值 $\gamma_{ij}=1$，表明母序列的某一指标和子序列某一指标之间的关联性大，两者的变化规律完全相同。若取值 $0<\gamma_{ij}<1$，说明两序列中的某两个指标有关联性，而且 γ_{ij} 的值越大，关联性越大，两者的相对变化越近似。当 $0<\gamma_{ij}\leqslant 0.35$ 时为低关联，$0.35<\gamma_{ij}\leqslant 0.65$ 时为中等关联，$0.65<\gamma_{ij}\leqslant 0.85$ 时为较高关联，$0.85<\gamma_{ij}\leqslant 1$ 时为高关联。

3 数指标体系的构建（以陕西为例）

为了研究陕西省近年来的煤炭工业经济发展与社会系统之间的相互关系，本文搜集了陕西近六年（2003—2008）的相关经济、社会系统指标及其数据，按照灰色关联分析的模型要求，探讨两系统之间的关联性。

3.1 指标的选取原则

指标选取的原则主要从以下几点进行考虑：

一是参考已发表的相关文献中所涉及的有关经济与社会系统的指标，选出使用频率较高、体现经济和社会基本特征的指标；

二是针对陕西省自身特点和本研究主要探讨的问题，选取能客观、全面、真实地反映社会和经济发展的状况指标；

三是尽可能选取《陕西统计年鉴》等文献资料中可以搜集到或可以计算得到的指标，充分体现其可操作性原则；

四是在满足系统性的条件下尽可能选取少量指标，力求指标体系简洁、明了，并与实际相结合，做到指标体系既简单又实用。

3.2 数据采集与应用

本文拟通过陕西煤炭工业经济和社会发展间的关联分析，对相关性进行探讨，经济指标除了考虑三大产业的GDP外，结合陕西实际和论文需要，重点考察并单列出第二产业中的重工业GDP以及重工业之一的煤炭工业GDP，以求能更清楚地分析陕西建设中煤炭工业及重工业所起的作用；社会系统的指标范围涉及了人口、教育、科技、交通、邮电、医疗卫生、人民生活水平等方面。

经济系统的指标包括：人均GDP（Y_1）、第一产业GDP（Y_2）、工业总产值（Y_3）、第三产业GDP（Y_4）、重工业总产值（Y_5）、煤炭工业总产值（Y_6）。

社会系统的指标包括：从事第三产业人数（X_1）、从事第二产业人数（X_2）、从事第一产业人数（X_3）、农业人口（X_4）、非农业人口（X_5）、全社会从业人数（X_6）、农民人均纯收入（X_7）、城镇居民人均可支配收入（X_8）、农村人均住房面积（X_9）、城镇居民人均住房面积（X_{10}）、公路里程数（X_{11}）、邮电业务总量（X_{12}）、医生数（X_{13}）、病床数（X_{14}）、高校在校生（X_{15}）、中学在校生（X_{16}）、高校专任教师（X_{17}）、中学专任教师（X_{18}）、科技投入（X_{19}）、教育投入（X_{20}）、科技人员（X_{21}）、专业技术人员（X_{22}）。

4 陕西煤炭工业社会及经济系统间的影响分析

4.1 社会系统对经济系统的作用

按照灰色关联分析方法的分析步骤，本文将经济系统的各指标作为母序列，社会系统的指标作为子序列。考虑到各指标所代表的经济含义不同，所使用的单位也不相同，对各数据进行了均值无量纲化处理，并按照公式对经济与社会指标之间的关联系数进行了计算，将其平均化即得到了关联度，由于灰色系统中，包含许多因素，这些因素共同作用决定着该系统的发展态势。而在众多因素中，哪些是主要因素，哪些是次要因素，哪些因素对系统发展影响大，哪些因素对系统发展影响因素小，哪些因素对系统发展起推动作用，哪些因素对系统起阻碍作用。因此，关联度的排序就能有效地体现众多因素对参考因子的相对影响程度。

（1）对陕西人均GDP构成影响的关键指标

根据灰色关联的计算结果，选取与陕西人均GDP关联度大于0.85的指标作为关键指标，并按照关联度大小进行排序。

表1 对陕西人均GDP构成影响的关键指标

指 标	2002年	2003年	2004年	2005年	2006年	2007年	关联度
科技投入	0.902	0.932	0.930	0.929	0.848	0.862	0.901
大学生数	0.938	0.870	0.896	0.928	0.928	0.748	0.885
城镇收入	0.818	0.852	0.945	0.966	0.864	0.791	0.873
农民收入	0.802	0.855	0.935	0.971	0.847	0.784	0.866

由此可知$X_{19} > X_{15} > X_8 > X_7$。即科技投入对于陕西省的人均GDP影响最大，其次依次为大学生数、城镇居民人均可支配收入和农民纯收入。总体而言对陕西人均GDP影

响较为重要的是科技投入、高校学生以及人们的生活水平。

(2) 对陕西第一产业 GDP 构成影响的关键指标

根据灰色关联的计算结果，选取关联度大于 0.9 的指标作为关键指标，并按照关联度大小进行排序。

表 2 对陕西第一产业 GDP 构成影响的关键指标

指 标	2002 年	2003 年	2004 年	2005 年	2006 年	2007 年	关联度
科技投入	0.978	0.990	0.984	0.920	0.938	0.964	0.962
大学生数	0.980	0.916	0.976	0.919	0.960	0.814	0.927
城镇收入	0.873	0.894	0.967	0.964	0.959	0.871	0.921
农民收入	0.854	0.898	0.978	0.970	0.937	0.861	0.916

由此可知和陕西人均 GDP 的影响完全一样：$X_{19} > X_{15} > X_8 > X_7$，对陕西第一产业 GDP 影响较为重要的是科技投入、高校学生以及人们的生活水平。

(3) 对陕西第二产业 GDP 构成影响的关键指标

根据灰色关联的计算结果，选取关联度大于 0.80 的指标作为关键指标，并按照关联度大小进行排序。

表 3 对陕西第二产业 GDP 构成影响的关键指标

指 标	2002 年	2003 年	2004 年	2005 年	2006 年	2007 年	关联度
邮电业务	0.897	0.933	0.986	1.000	0.959	0.896	0.945
公路里程	0.870	0.931	0.916	0.692	0.786	0.975	0.862
科技投入	0.809	0.842	0.838	0.987	0.766	0.747	0.832
大学生数	0.835	0.797	0.813	0.986	0.824	0.668	0.821

由此可知 $X_{12} > X_{11} > X_{19} > X_{15}$。即邮电业务总量对于陕西第二产业 GDP 影响最大，其次为公路里程、科技投入和大学生数。综合而言主要体现在科教和基础设施方面。

(4) 对陕西第三产业 GDP 构成影响的关键指标

根据灰色关联的计算结果，选取关联度大于 0.85 的指标作为关键指标，并按照关联度大小进行排序。

表 4 对陕西第三产业 GDP 构成影响的关键指标

指 标	2002 年	2003 年	2004 年	2005 年	2006 年	2007 年	关联度
科技投入	0.959 4	0.951 3	0.870 2	0.981 7	0.863 3	0.891 1	0.919 5
大学生数	1.000	0.886 6	0.840 4	0.980 9	0.948 1	0.768 1	0.904
城镇收入	0.863 2	0.867	0.883 2	0.925	0.880 3	0.815	0.872 3
农民收入	0.845 8	0.870 8	0.874 3	0.929 7	0.862 2	0.807 1	0.865

由此可知和陕西人均 GDP 的影响完全一样：$X_{19} > X_{15} > X_8 > X_7$，对陕西第三产业 GDP 影响较为重要的是科技投入、高校学生以及人们的生活水平。

(5) 对陕西重工业产值构成影响的关键指标

根据灰色关联的计算结果，选取关联度大于 0.80 的指标作为关键指标，并按照关联度大小进行排序。

表 5　对陕西重工业产值构成影响的关键指标

指　标	2002 年	2003 年	2004 年	2005 年	2006 年	2007 年	关联度
邮电业务	0.907	0.980	0.889	0.853	0.851	0.884	0.894
公路里程	0.896	0.847	0.996	0.816	0.712	0.960	0.871
科技投入	0.832	0.773	0.768	0.844	0.888	0.783	0.815
大学生数	0.859	0.735	0.747	0.843	0.966	0.697	0.808
城镇收入	0.767	0.723	0.777	0.926	0.904	0.730	0.804

和陕西重工业相类似，$X_{12}>X_{11}>X_{19}>X_{15}>X_8$。即邮电业务总量对于陕西第二产业GDP影响最大，其次为公路里程、科技投入、大学生数和城镇居民人均可支配收入，主要体现在科教、基础设施建设和人民生活方面。

（6）对陕西煤炭工业产值构成影响的关键指标

根据灰色关联的计算结果，选取关联度 0.80 的指标作为关键指标，并按照关联度大小进行排序。

表 6　对陕西煤炭工业产值构成影响的关键指标

指　标	2001 年	2002 年	2003 年	2004 年	2005 年	2006 年	关联度
城镇收入	0.753 2	0.754 9	0.785 6	0.838 3	0.880 2	0.880 2	0.815 4
邮电业务	0.925 0	0.882 7	0.842 5	0.805 5	0.759 8	0.525 2	0.790 1
公路里程	0.814 3	0.821 4	0.890 3	0.973 4	0.695 7	0.512 4	0.784 6
科技投入	0.785 3	0.783 1	0.780 8	0.801 0	0.888 4	0.465 0	0.750 6

由此可知 $X_8>X_{12}>X_{11}>X_{19}$。即与陕西煤炭工业发展关联度最高的是城镇居民可支配收入，然后依次为邮电业务、公路里程和科技投入。可见交通运输以及通讯等基础设施建设、科技投入状况以及人民生活水平对陕西煤炭工业发展起到了很大作用。

综合关联度的分析可以看出，科技投入、基础设施建设、人民生活水平以及高等教育四方面对陕西的经济发展起到了较高的作用。各种产业人口以及从业状况、医疗状况、中等教育等对陕西经济发展的促进作用相对较为弱小。

其实教育投入和科技投入对于经济发展的作用并不是直接的，而是通过社会中人的因素间接地对经济发展产生影响。一方面，教育能够促进人力资本的优化，特别是提高劳动力的工作或生产效率。人们通过教育掌握更多的知识和技能，也就越容易更快、更好地工作，工作效率不断提高。另一方面，教育可以改善人类生活和生产的社会经济环境，从而通过对生存环境的优化促进生产力的提高和人们生活质量的改善。

陕西在大力发展重工业之前，人们受教育程度普遍偏低，存有大量的文盲，而陕西省建成投产之后，为满足陕西发展的需要，政府需要不断加大对教育和科技的投入，一方面使人力资本得到大量的积累；另一方面由于人力资本的不断开发，促使科学技术不断提高，也促进了陕西能源深加工的发展，成为陕西经济发展的新动力。

同时，由于人们接受教育程度的普遍提高，人们的思想意识也会发生变化，人们渴望生活质量的提高，进而影响人们的生产和生存环境，促进第三产业的发展，经济结构得到不断优化。

另外，应该看到“科技人员”、“第一产业从业人口”与经济系统的关联度处于较低位置。本文认为由于科技人员属于高等人才，而这些人才的培养周期相对比较长，对陕西经济发展的作用也就或多或少存在一定滞后现象。相信随着时间的推移，其作用能不断得到发挥和扩展。就“第一产业从业人数”而言，由于陕西是农业大省，农业人口众多，无论资源开发前与后，他们都仍以农耕为主。而陕西在大力发展能源工业之后，经济发展的重心和动力转向了能源方面，农业人口的作用相对就显得薄弱些。

4.2 经济系统对社会系统的作用分析

当以社会指标作为母序列，经济指标作为子序列时，可以探讨社会系统的发展受到经济系统哪些指标的影响，具体的关联度排列如表 7 所示。

表 7　经济系统与社会系统关联度

指标	关联度
第一产业 GDP	0.874 6
人均 GDP	0.844 3
第三产业 GDP	0.843 1
工业 GDP	0.793 4
重工业 GDP	0.781 5
煤炭工业 GDP	0.664 5

结果显示，陕西社会发展更多的是依赖于第一产业的发展，第一产业 GDP 与社会系统的关联度大于 0.85；其次为人均 GDP、第三产业 GDP，其关联度大于 0.84；而陕西煤炭工业及重工业 GDP 对社会发展的影响度却排在了倒数第一、第二的位置上，尤其煤炭工业 GDP 对社会发展的影响低于 0.70，充分说明了陕西在发展过程中，重工业的快速发展并未真正转化为社会发展优势，煤炭工业等资源开采与加工所带来的经济效益与当地社会发展相脱节，并没有给当地社会发展带来更多的福利。

在前文得出科技投入、基础设施建设、人民生活水平以及高等教育四方面对陕西的经济发展起到了较高的作用的同时，此节却只有第一产业 GDP、人均 GDP 和第三产业 GDP 对该三项社会指标的发展起到作用，重工业对它们的发展带动性很小。尤其是对于“农民收入”、“城镇收入”来说，第三产业和第一产业 GDP 的发展对其的关联度达到了 0.9 以上，而重工业和轻工业总产值与其关联度只有 0.7 左右，再次验证了陕西经济与社会发展相脱节这一现象。

此现象表明陕西当地政府是很支持陕西省的建设，加大教育和科技投入，以支持陕西经济建设，而与此同时，陕西具有的资源优势却与社会发展脱节，并未很好地促进社会全面进步与发展。

5 陕西煤炭工业社会—经济系统相关性模型的构建

为了更好地研究出陕西煤炭工业可持续经济系统与社会系统的定量关系，按照灰色关联的计算结果，现选取一些主要因素和变量来反映。

根据陕西社会系统对经济发展的作用分析结果，本文选取“邮电业务量（X_{12}）”、“科技投入（X_{19}）”、“城镇居民人均可支配收入（X_8）” 三个主要指标代表社会系统；“人均 GDP（Y_1）” 是重要的宏观经济指标之一，是了解一个地区的宏观经济运行状况、衡量人民生活水平的一个标准的有效工具，考虑到本文重点要研究陕西煤炭工业经济和社会发展间的关系，所以也应选取 “重工业 GDP（Y_1）” 和 “煤炭工业 GDP（Y_1）” 来代表经济系统。

现对六个指标进行关系拟合，结果如表 8 所示：

表 8　社会与经济关系模型拟合结果

因变量	自变量	R^2	F	Sig.	回归方程
Y_1	X_8	1	3 619.744	0	$Y_1=-11\,273.32+3.213X_8-7.49E-5X_8{}^2$
Y_1	X_{12}	1	3 839.844	0	$Y_1=2\,464.52+0.003X_{12}-4.27E-10X_{12}{}^2+4.69E-17X_{12}{}^3$
Y_1	X_{19}	0.973	142.157	0	$Y_1=-2\,677.603+0.008X_{19}$
Y_5	X_8	0.998	676.751	0	$Y_5=-2\,825.956+0.637X_8-1.73E-5X_8{}^2$
Y_5	X_{12}	1	4 476.248	0	$Y_5=67.24+3.18E-12X_{12}{}^2$
Y_5	X_{19}	0.964	106.721	0	$Y_5=-1\,015.657+0.001X_{19}$
Y_6	X_8	0.998	1 778.26	0	$Y_6=-256.356+0.052X_8$
Y_6	X_{12}	0.999	1 053.517	0	$Y_6=32.90+3.01E-5X_{12}+4.07E-12X_{12}{}^2$
Y_6	X_{19}	0.979	69.152	0	$Y_6=-13.731+7.78E-11X_{19}{}^2-5.87E-18X_{19}{}^3$

从表 8 可以看出以上各模型 R^2 均大于 0.95，Sig. 全部等于 0，各项系数均通过显著性检验，表明社会和经济关系模型拟合结果是相当满意的。其中，人均 GDP 和城镇居民可自由支配收入、邮政业务量、科技投入呈二次、三次和线性函数关系，也即人均 GDP 和城镇居民可自由支配收入、邮政业务量、科技投入呈正相关关系；重工业 GDP 和城镇居民可自由支配收入、邮政业务量、科技投入呈二次、二次和线性函数关系，也呈正相关关系；煤炭工业 GDP 和城镇居民可自由支配收入、邮政业务量、科技投入呈线性、二次和三次函数关系，也呈正相关关系。模型结果也说明随着陕西煤炭工业可持续发展社会系统各项指标的增加，会不同程度地促进陕西经济的发展。

通过以上模型的建立，可以比较精确地预测在未来科技投入变化，带来的陕西的人均 GDP、煤炭工业 GDP 以及重工业 GDP 的变化量，以及加强基础设施建设、人民生活水平的提高对于促进陕西经济发展、促进陕西煤炭等重工业经济的进一步发展具有重要的作用。

参考文献

[1] 刘邦凡，吴勇．社会系统及其生态性研究[J]．重庆大学学报：社会科学版，2002(9)：162－165.

[2] 罗佳明，王卫红．中国科技投入对经济增长的贡献率研究：1953－2001[J]．自然辩证法研究，2004，20(2)：81－86.

[3] 贾鹏，等．我国科技投入与经济增长关联的实证分析[J]．科技与管理，2004，26(4)：98－100.

[4] 王元地．科技进步贡献率测算及预测实证研究[J]．商业研究，2004，5：28－31.

[5] 蔡文辉．试论科技创新与经济发展的关系[J]．时代经贸，2008，6：87－88.

[6] 邓聚龙．灰色控制系统[J]．华中工学院学报，1985(1)：68－79.

以生命周期（LCA）分析气化系统之节能效率

马小康　陈柏仁　王明勇　陈尚玮　潘子融　沈政宪

台湾大学机械工程系　工业技术研究院　能环所

摘　要：面对使用石化燃料所产生的污染以及温室效应问题，新式的洁净能源技术已成为各国的发展重点。煤的蕴藏量较天然气及石油丰富，在未来仍然是重要的能源之一；同时和传统的燃煤技术相比，新式净煤科技对环境造成的污染较低，煤的使用上也变得更加多元。本文针对净煤科技中的气化技术进行能源与产气效率分析。透过相关的文献数据与实地盘查建立 Umberto 软件的分析模型，以进行气化炉电厂之生命周期评估（life cycle assessment，LCA），盘查边界涵盖了煤的输送及产气的成本与污染。

本研究中设定了四种情境：燃料方面，选择澳洲煤（90％澳洲煤＋10％石灰石）和混合煤（10％澳洲煤＋90％石油焦）两种；除硫装置则探讨石灰石吸收剂与 MDEA（N-methyl-diethanolamine）吸收剂两种。同时采用冲击指标来衡量气化技术对效率的提升与环境的冲击。研究结果显示气化炉对环境的冲击会受到不同的燃料以及净化设备的影响。使用澳洲煤与 MDEA 的情境综合评估起来对环境的影响较小，合成气的热值为 479.7 兆焦/时；但是若在燃料中添加石油焦，如混合煤与 MDEA，则可以提高连续运转的时数，同时在合成气的热值方面可以提高到 706.5 兆焦/时。

关键词：净煤，气化炉，合成气，生命周期评估法（LCA）

1　前言

随着 2005 年京都议定书的签订以及能源意识的抬头，降低二氧化碳的排放量已成为全球重视的问题；低碳或无碳的洁净能源技术因而受到各国政府之大力推动。台湾自产能源相当匮乏，在 2007 年的进口能源依存度已经成长到 99.22％，其中进口石油依存度更高达 99.97％（经济部能源局，2007a）。因此如何将进口能源做最有效的运用，已成为目前能源政策上最重要的课题。2007 年进口煤消耗量已超过 65 亿吨，占全国总能源需求的 34.28％，较上一年增长了 4.55％，主要用于发电、工业以及炼焦。由于煤的蕴藏量比石油丰富，价格也较低廉稳定，对台湾的能源供应仍将扮演重要的角色。根据预测，到 2020 年煤占总能源供给量之比例将达 37％（经济部能源局，2008）。

目前先进国家针对洁净能源技术已投入了大量研究，其中由于气化技术（gasification technology）除了能使用煤，其他如森林、都市废弃物、生质燃料等 CO_2 neutral 的燃料也能使用（Mehrdokht and Nader，2008），因此受到青睐；气化的产物为合成气（syngas），其主要成分为氢气与一氧化碳，可直接作为燃料使用；也可结合燃气涡轮机（gas turbine）和蒸气涡轮机（steam turbine）作为发电使用，此即为气化复循环式发电（integrated gasification combined cycle，IGCC）。另外也能用来制作化学药品，如甲醇、二甲基醚（经济部能源局，2007b）；亦可分离出氢气供燃料电池使用，即所谓的 IGFC。

图 1 为 IGCC 系统示意图。气化后产生的粗煤气（raw gas），会先经过燃气除硫系统（gas clean up system）进行除硫、除尘，产生的洁净合成气再送至复循环发电机组（combined cycle）进行发电。洁净的合成气在燃气涡轮机内直接燃烧，带动发电机进行发电；燃烧出来的尾气温度仍然相当高，可送至热回收锅炉产生蒸气，利用蒸气推动蒸气涡轮机进行二次发电，而多余的合成气或尾气则能够用于进料以及炉体的预热（Kim，2007）。整体来说，IGCC 技术可视为气化炉、燃气除硫系统、复循环发电机及空气分离系统四种系统之整合。目前商业化示范运转之 IGCC 厂主要有美国的 PSI Energy/Global Energy Wabash River Plant 及 Tampa Electric Polk Plant，荷兰的 NUON/Demkolec/Willem-Alexander 与西班牙的 ELCOGAS/ Puertollano 等。由于 IGCC 为发电效率相当高的技术，整厂的热效率目前可达 41%～43%（HHV），其中燃气涡轮机出力约占 60%，蒸气轮机约为 40%。未来若能再提高涡轮机的效率（效率>60%，HHV），则 IGCC 效率将可达 50%以上（徐恒文，2004）。

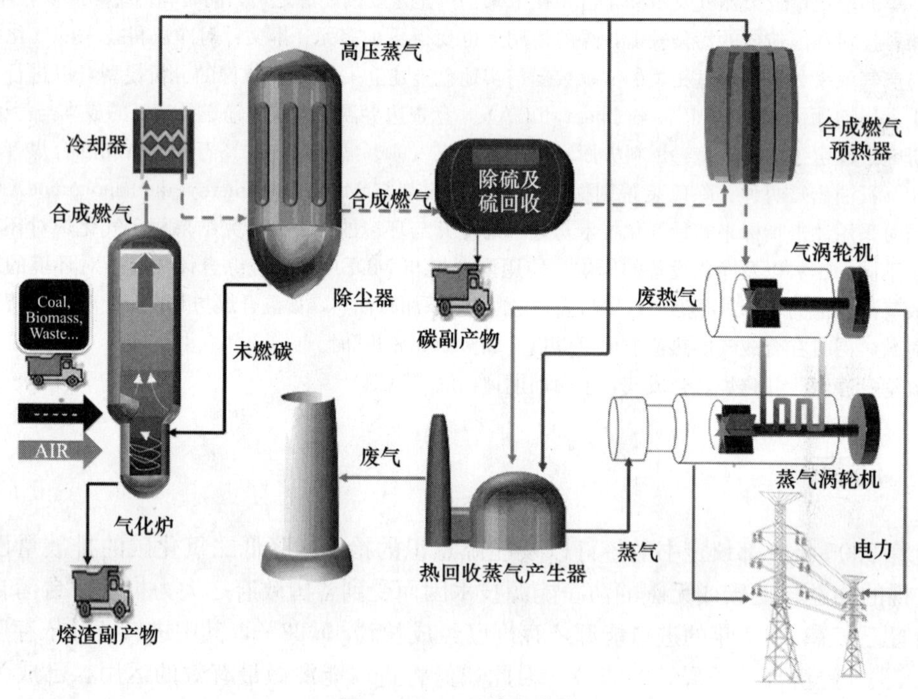

图 1　IGCC 系统示意图

由于气化技术在进料以及产物上都有很大的使用弹性空间，多元化的优点已受到世界各国关注；其高效率及低污染的特色更是符合永续能源的发展目标，投入的研究资源也越来越多。而气化技术的关键就在于气化炉，根据不同的进料与温度，可以选用不同床体的气化炉进行气化，以达到较高的产气效率。

2　气化炉内的化学反应

传统上，煤的使用都是直接燃烧后将释放出来的热加以利用，例如加热锅炉发电等。但直接的燃烧容易产生污染，热能也容易散失。在气化炉中煤的反应虽然也包括了部分燃烧反应，但是其最大的特色在于：将煤气化是为了产生可利用的合成气，其主要成分包括一氧化碳（CO）、氢气（H_2）、甲烷（CH_4）。

传统上气化炉主要的型式有 3 种，分别是：固定床型（fixed-bed）、流体化床型（fluidized-bed）、喷流型（entrained-flow）。喷流型气化炉是利用高强度的紊流使粉煤与反应气体以同向喷流的方式送料，在高压（2 027～3 040 kPa）与高温（>1 400℃）的条件下可以提供较高的反应强度；燃料在炉内停留的时间在数秒之内，单碳的转换率可达 95%～99%。因此本研究中所针对的是喷流型气化炉。

煤在气化炉中会经由一连串的反应过程，从固态燃料转变成气态燃料。首先进料的湿煤被加热到 100℃ 时，大部分的水分会释出而得到干煤。接着在温度达到 300℃ 时煤会发生干馏反应，此时煤内的可挥发物会热解出固体（碳）、气体（煤气）及液体（焦油）三种不同相的物质。在干馏过程中所产生的碳，随即进入更高温的气化反应区。气化反应是碳转化效率高低的关键，碳会分别与反应物中的蒸气、CO_2 及 H_2 进行反应；同时还需要燃烧反应来提供整个气化过程所需要的能量。而在反应的后端通常会有转换反应的发生，为产出氢气的重要过程。详细的反应方程式如表 1 所示。从以上叙述可以了解到温度在整个气化炉中的反应所扮演的角色相当重要。因此运作时必须先将炉体预热，提供炉内所需的起始反应温度，以利反应的进行。此外在运转中加入水蒸气与碳进行反应，可以获得更多 H_2、CO，以提升合成气的质量。

表 1　气化炉中的主要反应

化学反应	反应方程式		
干馏反应	干煤	碳＋煤气（CO，CO_2，H_2，CH_4，H_2O，NH_3，H_2S）＋焦油	
气化反应	$C_{(s)}+H_2O$	$CO+H_2$	吸热反应；（T>720℃ 有利于此反应）
	$C_{(s)}+2H_2O$	CO_2+2H_2	吸热反应；（T<720℃ 有利于此反应）
	$C_{(s)}+CO_2$	2CO	吸热反应；（T>800℃ 有利于此反应）
	$C_{(s)}+2H_2$	CH_4	放热反应；（T<300℃ 有利于此反应）
燃烧反应	$\zeta C_{(s)}+O_2$	$2(\zeta-1)CO+(2-\zeta)CO_2+Ash$	放热反应
转换反应	$CO_{(g)}+H_2O_{(g)}$	$CO_{2(g)}+H_{2(g)}$	

（寇公，2002；沈政宪 等，2006）

3　研究标的

本研究针对财团法人工业技术研究院（工研院，ITRI）在我国台湾高雄楠梓气化厂进行生命周期评估，并计划结合二氧化碳捕捉（CCS）的模型，对气化炉本体、洁净系统以及发电系统做能源、经济、环境的 3E 分析。为了明白气化炉技术是否适合我国台湾发展，盘查方向皆以台湾的资料为优先，希望借此了解各项制程之冲击指标，进而建构适用于我国台湾 IGCC 发展之评估系统，以应用于各类型绿色能源之永续性及环境冲击评估。

3.1　研究过程

由于本研究的目标是要对 IGCC 技术运用于我国台湾本岛的评估，因此在盘查各制程数据时会以当地的资料为优先。在经过数据收集及参访之后整理出整个系统下各制程之间的连接关系和所需的资源，因此本研究系以工研院位在高雄楠梓的气化实验场作为气化炉的盘查对象。其他如净化和发电系统的部分，由于我国台湾地区目前欠缺这部分的实际运作资料，因此采用国际中较具成熟性及发展性的除硫系统及发电机组作为盘查对象，根据其性能及效率估算输入的资料。

有了各制程的数据后，搭配不同的燃料以及净化系统配合设定出各个情境，并将数据根据情境的需求输入 Umberto LCA 模型进行评估，除计算各个情境的环境冲击及各个制程对冲击的贡献度，并在各环境冲击项目下对不同的情境加以比较。

3.2 高雄楠梓气化实验场

工研院于 2003 年在高雄楠梓院区建设了气化实验场，系委由美国 GTI 公司（Gas Technology Institute）负责设计，其结构图如图 2 所示，为一压力式气化实验系统（pressurized gasification testing facility，PGTF），设计之容量为每天以 2 吨的煤或石油焦气化成合成气。基本设计如表 2 所示。

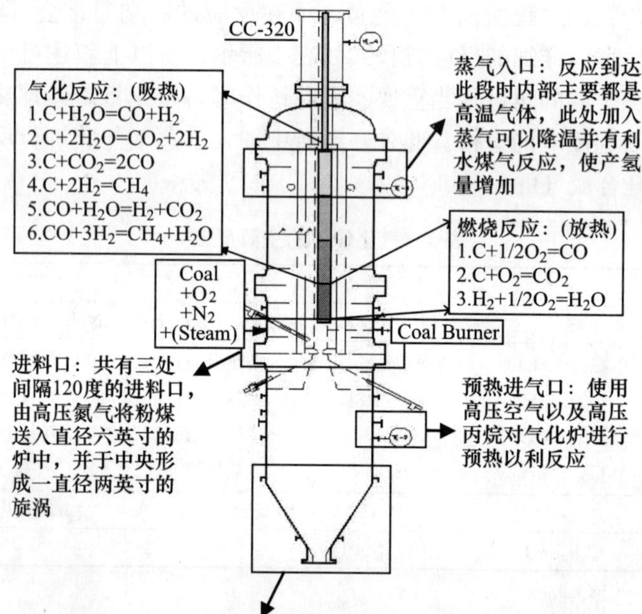

图 2 工研院气化炉之构造图
（沈政宪，2008）

表 2 工研院楠梓气化实验场的气化炉设计参数

气化炉型式	挟带床式气化炉（喷流型）
氧化剂	氧气
燃料	烟煤（或无烟煤）和石油焦
燃料进料方式	干式
连续运转时数	72 h
气化炉设计压力	20bar
气化炉操作温度	最高 1 650℃

（沈政宪，2008）

4 生命周期盘查

4.1 盘查边界之定义

盘查边界如图 3 所示，主要阶段包含进口燃料的运输、燃料的研磨、燃料的气化、空气分离系统、除硫系统以及发电机组。

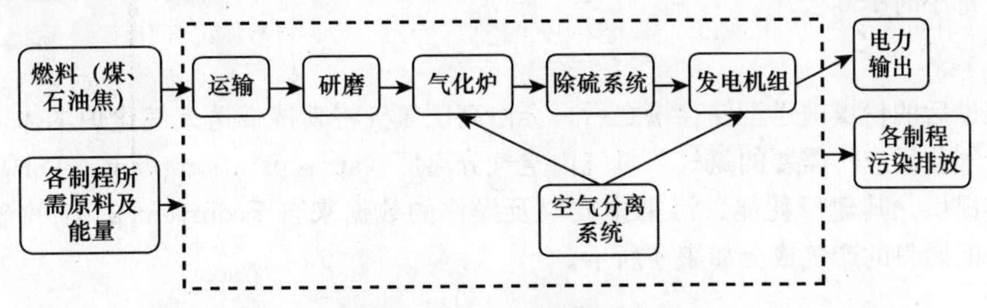

图 3 IGCC 系统盘查边界

4.2 各制程说明

(1) 燃料选用

在本研究中所考虑的燃料有我国台湾地区主要进口之澳洲煤和混合煤（10%澳洲煤+90%石油焦）两种。澳洲煤的主要成分以碳为主，其他包含硫、氮、氢等。

石油焦（petroleum coke）是石油炼制过程中的副产品，一般供炼铝工业当电极或供水泥业当燃料焦用，也可以当作燃料使用。相较于燃煤，石油焦具有灰分低、碳含量高、热值高等优点。但是其含硫量较高是最大的问题，一般会使用固硫剂或是后处理来降低合成气中 H_2S 和 COS 的浓度。

由于灰分气化后的产物易造成排渣口的阻塞，所以选用灰分较少的石油焦来与澳洲煤混合，可以降低灰分的影响，提高连续运转时间和稳定度。详细的成分如表 3 所示。

表 3 澳洲煤、石油焦和混合煤比例与组成

煤种 / 元素组成	石油焦	澳洲煤	10%澳洲煤+90%石油焦
挥发物（VM）wt%	13.65	31.12	15.397
固定碳 wt%	84.33	53.56	81.253
水分 wt%	0.58	1.87	0.709
灰分 wt%	1.44	13.45	2.641
碳 wt%	79.97	73.3	79.303
氢 wt%	3.48	4.17	3.549
氮 wt%	0.95	1.44	0.999
硫 wt%	6.45	0.52	5.857
氧 wt%	7.13	5.25	6.492
热值 kcal/kg	8 220	6 730	8 071

（沈政宪，等，2008）

(2) 运输

高雄楠梓气化实验场使用的燃料为澳洲煤，其进口路线设定从澳洲最大的煤矿输出港口，Newcastle 港，经海运运送到我国台湾地区的高雄港。运输距离以两点得直线距离乘上 1.2 倍估算其路径长。

运输的工具设定为海运货轮（transoceanic freight ship），其耗能与污染的排放数据来自于 Ecoinvent 2.01 的盘查数据库。

（3）研磨

燃料所使用的研磨机瓦数约为 6.5 千瓦时，对整体的粉煤粒径质量要求需要有 70%通过 200mesh 的筛网才可以使用。澳洲煤的研磨产量约为每小时 80 公斤，而石油焦的研磨产量约为每小时 150 公斤。

（4）气化

研磨过后的粉煤被送至储存槽之后，会由高压氮气将其挟带送入气化炉本体，并送入氧气进行气化反应。需要的氮气、氧气由空气分离厂（air separation plant，ASP）将空气低温分离提供。其建厂耗能、污染排放以及操作的数据来自 Ecoinvent 2.01 的盘查数据库。而不同燃料的产气成分如表 4 所示。

表 4　澳洲混煤与混合煤的气化实验分析结果

项目 / 混煤比例	O_2/(NM^3/h)	Coal (kg/h)	O_2/Coal (NM^3/kg)	P/bar	T/℃	CO/(vol%)	CO_2/(vol%)	H_2/(vol%)	CH_4/(vol%)	N_2+H_2O/(vol%)	可燃气 (vol%)	Carrier gas/(N_2, NM^3/h)	Syngas flow rate (NM^3/h)	碳转化率/%	冷气化效率/%
澳洲混煤*	18.18	30.60	0.59	6.2	1 400～1 500	41.15	6.71	16.84	0.21	35.09	58.20	17.5	61.2	96	53
澳洲煤 10%＋石油焦 90%	17.28	35.47	0.70	6.2	1 400～1 500	32.96	8.56	13.04	0.00	45.44	46.00	18	114.8	91	56

1. * Note：可燃气 ＝ CO ＋ H_2＋ CH_4；
2. 以上述实验条件估算熔渣产量大约 1 kg/h；
3. 实验中未添加蒸气。

（5）除硫系统

在石灰石吸收剂方面（秦宏，等，2006），由于其成本十分便宜，不用另外考虑重复使用的耗能问题；MDEA 则是 Fluor 公司开发的吸收剂。目前在天然气脱硫、气化脱硫中都有广泛的应用：其除硫的效率很高并且硫容量大，此外对 H_2S 有很高的选择性和比较低的耗能（US EPA，2006）。

（6）复循环系统

在复循环系统中，主要可分为三个部分，燃气涡轮机、热回收锅炉（heat recovery steam generator）及蒸气涡轮机，如图 4 所示。

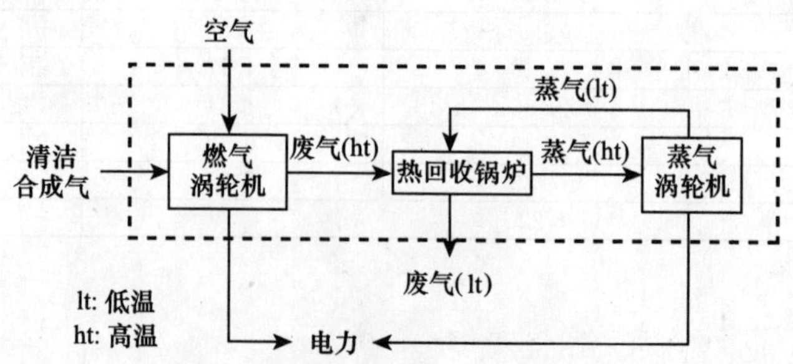

图 4　Combined Cycle 流程示意图

净化后的合成气在燃气涡轮机中燃烧，带动发电机发电，产生第一次的电力输出。燃烧后产生的高温气体会进一步被送进热回收锅炉中产生高温水蒸气以推动蒸气涡轮机，产生第二次的电力输出。之后水蒸气的温度会降低，低温水蒸气又会被循环进入 HRSG 进行再次热交换。

在盘查的数据源方面，由于美国 Polk Power 拥有较多的参考资料，因此本研究中以 GE 公司的 107 FA 为我们的盘查资料，和 Polk 厂的发电机组同型号。其燃气涡轮机的发电量为 192MW、蒸气涡轮机的发电量为 135MW，扣除消耗的部分后其净发电量大约为 250MW（US DOE，2002）。

4.3 盘查情境说明

在本研究中分别针对了燃料以及除硫系统，假设了几种情境来作比较：在燃料方面分为澳洲煤（90%wt 澳洲煤＋10%wt 石灰石）和混合煤（10%wt 澳洲煤＋90%wt 石油焦）；而在除硫系统方面则分为 MDEA 吸收剂和石灰石吸收剂。

四个情境的差异如表 5 所示，情境中的其他制程皆相同。

表 5 各情境间的差异

		情景一	情景二	情景三	情景四
燃料选用	澳洲煤	○		○	
	混合煤		○		○
除硫系统	石灰石吸收剂	○	○		
	MDEA 吸收剂			○	○

5 各情境结果与讨论

将盘查到的数据整理后输入 Umberto 中进行运算，其流程如图 5 所示。在 4.2 节所提到的各个制程都可以在图中看到：运输（T2，T5）、研磨（T1）、气化（T4）、除硫系统（T6）以及复循环系统（T8）。

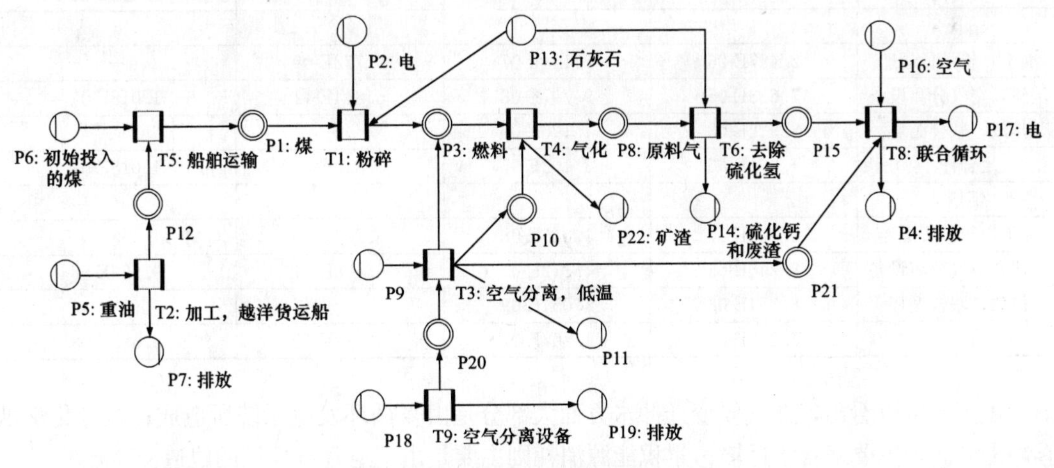

图 5 情境一的流程模型

本研究中选出五个重要的冲击类别：酸化（acidification）、气候变迁（climate change）、优养化（eutrophication potential）、光化学烟雾（photochemical oxidation）、累积能源消耗（cumulative energy demand），比较各个情境在不同冲击类别造成的污染。表6为针对不同环境冲击类别选择的指针单位及评估方法。

表6 不同环境冲击类别对应的指针单位及评估法

冲击类别	指针单位	评估方法
酸化	kg SO_2-Eq	Impact 2002＋
气候变化（全球变暖潜值，100年）	kg CO_2-Eq	IPCC 2001
优养化	kg PO_4-Eq	Impact 2002＋
光化学烟雾（夏季烟雾）	kg ethylen	CML 2001
累积能源消耗量	MJ-Eq	Ecoinvent 2.0

由表7可以看出在四个情景中，气候变迁的冲击分数都是四个环境冲击项目中最高的，并且由数量级的大小可得知至少是其他项目的100倍。可见在整个IGCC系统的排放中，较需要优先解决的问题仍为温室气体的减量。

表7 冲击分数量表

	气候变化（points/kWh）	地表酸化（points/kWh）	光化学烟雾（points/kWh）	不可再生能源（points/kWh）
情景1				
加工，越洋货运船	2.487E-06	2.111E-07	3.772E-09	—
基建，空气分离设备	7.948E-05	9.827E-08	6.844E-11	1.018E-07
排放，联合循环	8.922E-08	1.126E-09	—	—
合计	8.206E-05	3.105E-07	3.840E-09	1.018E-07
情景2				
加工，越洋货运船	2.175E-07	1.846E-08	3.299E-10	—
基建，空气分离设备	8.952E-05	1.217E-07	6.408E-11	9.529E-08
排放，联合循环	8.354E-08	1.054E-09	—	—
合计	8.982E-05	1.412E-07	3.939E-10	9.529E-08
情景3				
加工，越洋货运船	2.487E-06	2.111E-07	3.772E-09	—
基建，空气分离设备	7.633E-05	9.797E-08	6.844E-11	1.018E-07
排放，联合循环	8.922E-08	1.126E-09	—	—
合计	7.891E-05	3.102E-07	3.840E-09	1.018E-07
情景4				
加工，越洋货运船	2.175E-07	1.846E-08	3.299E-10	—
基建，空气分离设备	8.246E-05	1.212E-07	6.408E-11	9.529E-08
排放，联合循环	8.354E-08	1.054E-09	—	—
合计	8.276E-05	1.407E-07	3.939E-10	9.529E-08

由图6可以看出，在气候变迁冲击方面大部分是由复循环发电系统所造成；在光化学烟雾冲击方面则主要来自于运输；累积能源消耗则主要是由于空气分离厂的建造。

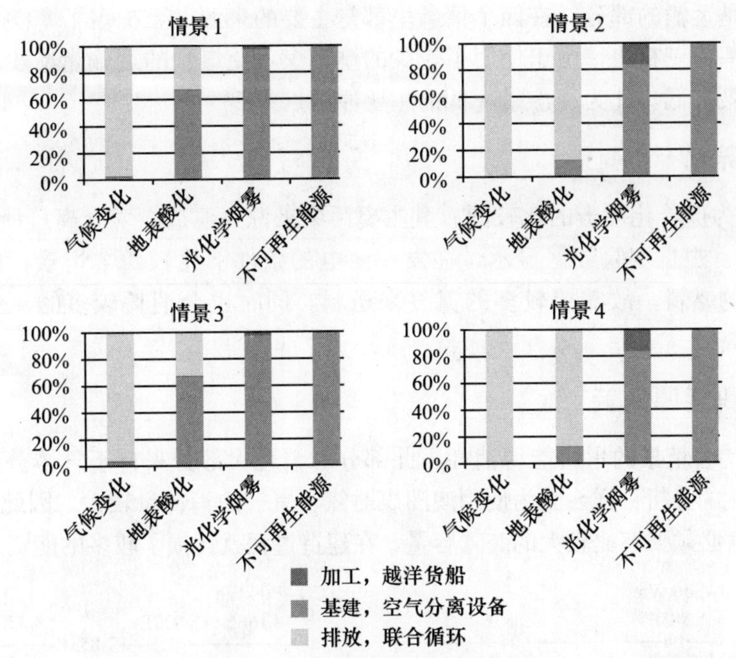

图 6　在不同环境冲击项目下各制程所占比例的比较（Impact 2002+）

5.1　酸化

图 7（a）为酸化冲击的比较图。由图中可以发现混合煤产生的二氧化硫当量比澳洲煤少。虽然混合煤的含硫量大约是澳洲煤的 10 倍，但其中约 90%的硫元素会气化进入粗煤气，并且粗煤气中的硫化物有 99%在经过除硫系统时会被去除。因此实际上酸化冲击的主要来源是燃料运输的部分。在情景二、情景四中因为使用了较多本土的石油焦，因此运输量较情景一、情景三来得低，所以酸化环境冲击也较少。

5.2　气候变迁

无论是哪个情景，造成气候变迁冲击的原因有 90%以上来自于发电过后的废气排放。因此排放出的合成气质量，会对温室气体的排放量造成直接的影响。图 7（b）为气候变迁冲击的比较图。由实验数据中发现，混合煤气化后会有较高比例的 CO_2 产生，而且在使用石灰石除硫的过程中，也会产生二氧化碳。因此情景二在气候变迁冲击上比其他情景都高出许多；另外，MDEA 除硫剂同时也能吸收部分的二氧化碳，因此在气候变迁冲击方面，情景三相较于情景一、情景四相较于情景二皆少一些。

台湾电力公司在 2008 年公布的 CO_2 电力排放系数为 0.636 kg CO_2-Eq/kWh，虽然这是一平均值而非针对燃煤发电厂统计，但将各情景的排放值与此系数比较，每个情景的排放都高出了不少。因此若要确实减少 IGCC 排放的 CO_2，还必须结合碳捕捉与封存技术（carbon capture and storage，CCS)，在合成气送入气涡轮机发电之前利用 CO_2 高分压的优势将其捕获。Pehnt（2009）指出 IGCC 电厂结合 CCS 的技术能够有效地减少温室气体的排放，比起传统的粉煤电厂结合 CCS 技术可以达到更好的减量，并且也耗用较少的能资源。因此未来在发展 IGCC 的方向上，CCS 为相当值得采用的技术。

5.3　光化学烟雾

图 7（c）为光化学烟雾冲击的比较图。此类别的污染主要来自运输过程和空气分离厂

的建造，尤其是运输的部分，在四个情景里都是主要的来源，至少占了80%以上。将情景二、四和情景一、三相比，由于使用了较少的澳洲煤，使煤炭的运输量减少，因此在运输部分排放的污染较低，此为冲击量降低的主要原因。

5.4 优养化

图7（d）为优养化冲击的比较图。其主要污染来源为建造空气分离厂所产生的BOD、COD以及磷酸。根据实验数据显示，在发一度电的条件下比较四个情景，由于使用澳洲煤会消耗较多的燃料，故需要较多的氮气来送料，同时也会消耗较多的氧气，因此情景一、三的值较高。

5.5 累积能源消耗

图7（e）为各情景的累积能源消耗，此部分的消耗大部分来自于气体分离厂的建造过程。和对优氧化的分析一样，因为使用澳洲煤对氮、氧气的消耗量较大，因此对同样产率的空气分离厂而言必须要有比较大的装置容量，在建造过程就耗损了较多的能资源。

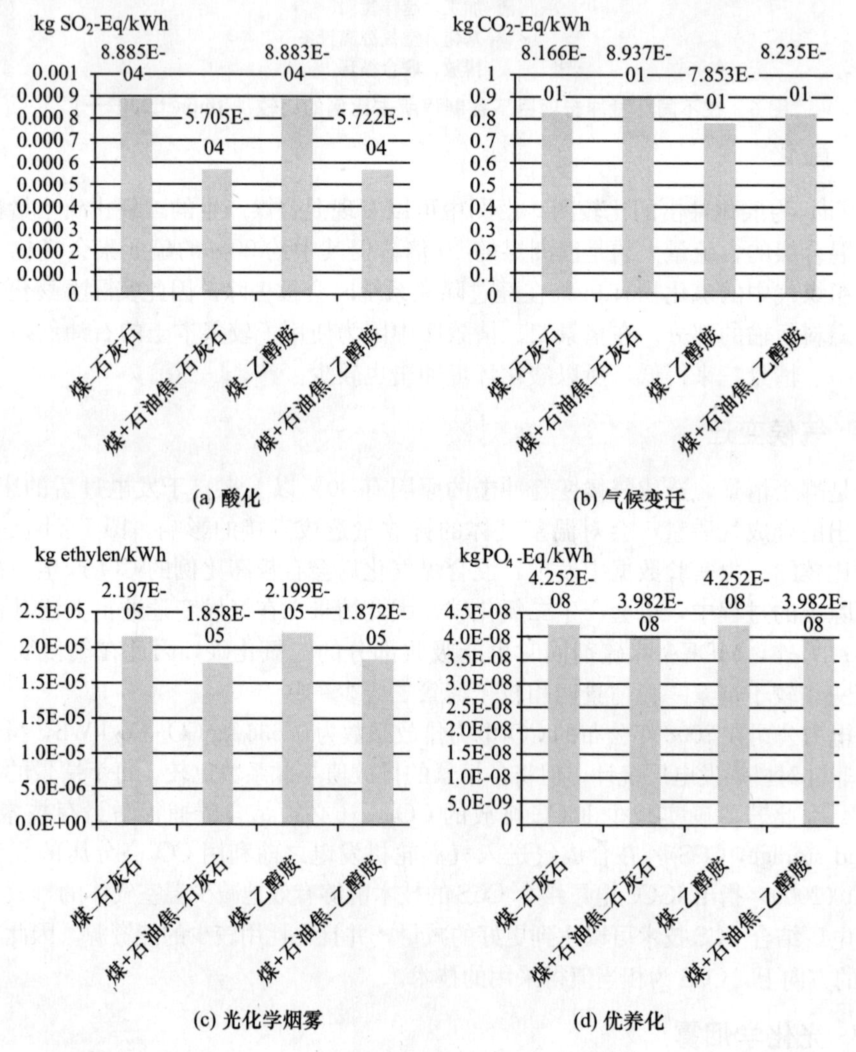

(a) 酸化　(b) 气候变迁

(c) 光化学烟雾　(d) 优养化

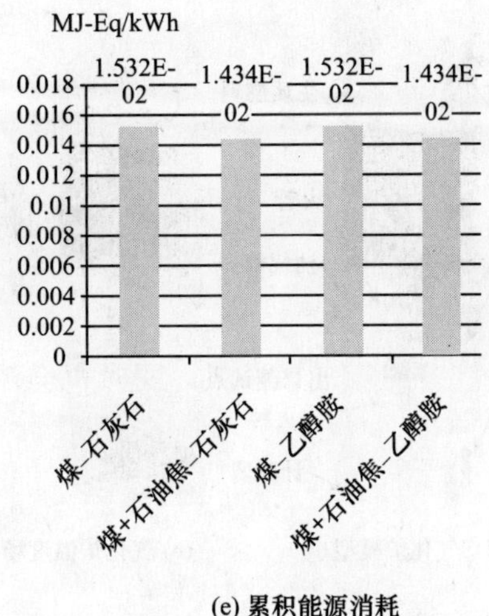

(e) 累积能源消耗

图 7　各情景于不同之环境冲击类别的冲击比较

5.6　未来研究方向

在未来气化技术发展方面，如图 8 所示，将生质燃料以焙烧方式制作欲气化之固体燃料，再透过气化炉将之气化产生合成气，并且将未气化之残渣以电浆方式再取得合成气，并去除有害物质。最后，将产生适当之合成气燃料导入燃料电池中，借此产生电力，而未导入燃料电池之剩余合成气再送入气涡轮机或气体引擎中，以提高发电效率。在气化炉分析上，则结合计算流体软件（ Fluent/ FDS ）与制程仿真软件（ASPEN PLUS）进行气化炉之设计，如图 9 所示，该图为利用 FDS 所建立之气化炉模型、炉内仿真之温度分布以及合成气热值之模拟与实验结果分析，以期了解最合适燃料电池所使用之合成气的操作参数。

由于 CCS（ Carbon Capture and Storage）对 IGCC 的气候变迁之环境冲击部分影响甚巨，若在 2020 年能实行，则有机会明显降低温室效应的冲击，甚至可减量 80%（Viebahn et al.，2007）。因此本研究之 LCA 模型将以加入 CCS 之评估流程为首要目标。

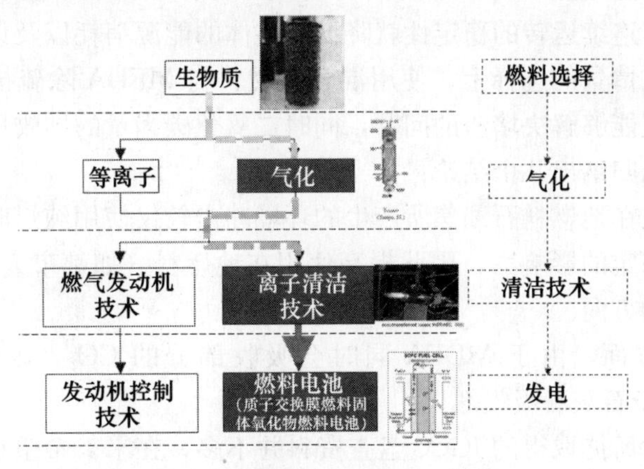

图 8　本团队气化技术发展流程

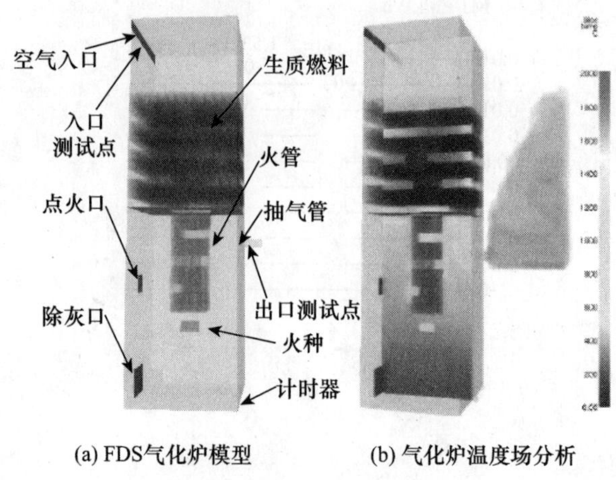

(a) FDS气化炉模型　　(b) 气化炉温度场分析

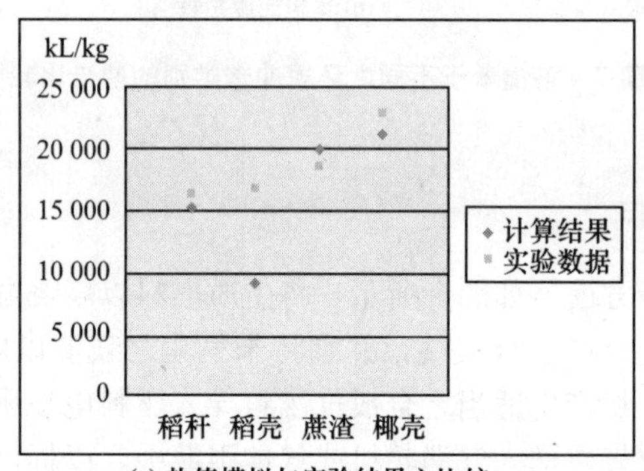

(c) 热值模拟与实验结果之比较

图 9　借由 FDS 分析进行气化炉设计

6　结论与建议

本研究的四个情景中，由图 7（b）显示最佳的情景是情景三：使用澳洲煤与 MDEA 除硫技术。工研院楠梓气化厂的数据表示使用澳洲煤在实验中会发生堵渣的状况；而混入石油焦则完全不会发生堵渣。以工程的角度而言，若容易发生堵渣就表示可能要经常停炉，对整个系统而言连续运转的稳定性就降低，整体的能源消耗以及设备的折旧的风险都有可能提高。所以在情景的选择上，使用混合煤燃料与 MEDA 除硫技术的情景四可能是较适合的选择：不仅能够解决堵渣的问题，同时二氧化碳当量的排放只比情景三略高。

此外研究中可以归纳出几个结论：

（1）在煤中加入在地燃料石油焦所产生的环境冲击较仅使用纯煤时少，显示出运输过程对环境冲击具有一定的影响力，因此提高使用在地燃料（如都市废弃物、农业废弃物）的比例是未来努力的方向。

（2）除硫系统方面，由于 MDEA 同时会吸收部分的 CO_2，因此在不考虑成本下 MDEA 吸收剂略优于石灰石吸收剂。

（3）目前在台湾所能取得的 IGCC 盘查资料并不多，在未来希望在厂房营造以及资源开采等部分能取得较完善的盘查数据，以建立更完整的分析边界。

（4）为了发展洁净电能（Clean power），IGCC 结合气体分离方法进行洁净电能，如燃料电池、气涡轮机、气体引擎之热电配比，提升燃料使用效率及降低二氧化碳的排放。

（5）由于CCS（Carbon Capture and Storage）对IGCC的气候变迁之环境冲击部分影响甚巨，因此，本研究之LCA模型将以加入CCS之评估流程为首要目标。

参考文献

[1] 沈政宪．工研院楠梓气化实验场简介(2008)．工研院能源与环境研究所．

[2] 沈政宪，徐恒文，许介寅，许品超，洪裕晋．压力式挟带床气化炉之混煤气化实验研究(2008)，工研院能源与环境研究所．

[3] 沈政宪，罗敏谦，徐恒文．煤炭在挟带床气化炉气化特性研究（2006）．工研院能源与环境研究所．

[4] 秦宏，倪明江，骆仲泱，岑可法．流化床炉内煤热解气化过程中硫的释放与脱硫研究．浙江大学工程热物理(专业)博士论文，2006.

[5] 徐恒文．煤炭发电之能源优势（2004），工研院能源与环境研究所．

[6] 寇公．煤炭气化工程[M]．北京：机械工业出版社，2002.

[7] 经济部能源局．我国能源安全度及能源消费与实质国内生产毛额成长率(096)．能源统计年报 2007a.

[8] 经济部能源局．气化技术．2007年能源科技发展白皮书．342－358，经济部能源局出版 2007b.

[9] 经济部能源局．综合企划，业务统计，能源供需预测 2008.

[10] Kim H. Y.（2007），"Method of gasification in IGCC system，" *International Journal of Hydrogen Energy*，32，5088－5093.

[11] Mehrdokht B. Nikoo and Nader Mahinpey（2008），"Simulation of biomass gasification in fluidized bed reactor using ASPEN PLUS"，*Biomass and Bioenergy*，32，1245－1254.

[12] Pehnt M. and Henkel J.（2009），"Life cycle assessment of carbon dioxide capture and storage from lignite power plants"，*International Journal of Greenhouse Gas Control*，3，49－66.

[13] US DOE（2002），"Tampa electric Polk power station integrated gasification combined cycle project final technical report".

[14] US EPA（2006），"Environmental footprints and costs of coal-based integrated gasification combined cycle and pulverized coal technologies，Final report".

[15] Viebahn，P.，Nitsch，J.，Fischedick，M.，Esken，A.，Schüwer，D.，Supersberger，N.，Zuberbühler，U.，Edenhofer，O.（2007），"Comparison of carbon capture and storage with renewable energies technologies regarding structural，economic，and ecological aspects in Germany"，*International Journal of Greenhouse Gas Control*，1，121－13.

一种衡量我国能源消费水平的新指标*

夏 炎 陈锡康 杨翠红

中国科学院数学与系统科学研究院 北京 100190

摘 要：随着全世界对能源需求的增加，以及全球气候变化之于人类的负面影响逐渐加剧，能源效率的高低已成为衡量一国经济、政治和环境发展的重要标志。但是现有的能源效率指标在国内国际比较中并不能更好地发挥作用，鉴于此，本文在投入产出技术框架下，提出生产能耗综合指数这一比较能源效率的新指标，以此能更加完善我国能源效率的评价体系，更加科学合理地指导经济建设，指明节能工作的主要方向。

关键词：能源效率，单位产品能耗，投入产出技术，生产能耗综合指数

1 引言

目前世界各国普遍采用的能源综合效率指标主要是单位 GDP 的能源消耗量。中国与发达国家能源效率比较一般是指单位 GDP 能耗、物理能源效率和单位产品能耗的比较[1]。但是，上述三个指标在国际和国内比较中都存在不可比的因素，这就造成了国际上形成了不利于我国经济、政治、外交发展的“中国能源威胁论”。2007 年 11 月 26 日，世界自然基金会（WWF）发布了《气候变化解决方案——WWF2050 展望》中文版报告。报告称，目前中国能源利用效率仅为 33%左右，相当于发达国家 20 年前的水平，而 GDP 能源强度也远远高于世界平均水平。面对国际能源市场的莫测变化，能源安全形势的严峻以及我国在能源利用方面巨大的国际舆论压力，建立适应国际间能源效率比较的科学指标显得尤为迫切和重要。

为此，许多学者也曾提出不同方法解决能耗指标不可比的问题。如 Alcantara[2]（2004）以欧盟国家 GDP 份额为权数，提出泰尔指数方法，消除欧盟国家间的能源强度不可比性；Hu[3]（2006）利用数据包络分析（DEA），提出全要素能源效率，以研究中国不同地区的能源利用水平；郭晓哲[4]（2006）提出强调产业结构和能源消耗结构的双重结构的能源利用效率新指标等。另外，世界银行的国外研究机构采用购买力平价方法（PPP）计算 GDP 以消除价值指标的不可比性，但国内学者普遍认为 PPP 法会高估我国 GDP 水平，而低估能源强度[5,6]。

上述研究都是以现有能源强度指标为基础的数学上的改进，没能从根本上消除能源强度指标的不可比性。基于此，本文在投入产出技术的基础上，从新的经济意义上提出了一个更加科学的比较能源效率的指标——生产能耗综合指数，从根本上解决了这个问题。

* 基金项目：本文受中国科学院院士局咨询项目资助；国家自然科学基金委（70810107020；60874119）资助。

2 现有能源效率指标的缺陷

2.1 单位 GDP 能耗指标定义上的缺陷

第一，该指标的分子是该时期所消费的能源总量。它不仅包括生产中的能源消费量，而且包括生活中的能源消费量。因而单位 GDP 能耗这个指标的高低不仅取决于生产能耗水平，而且取决于生活能耗的状况。因此，这个指标的高低受生活能耗的数量和比重的影响，它并不能完全反映生产能耗的水平。

第二，该指标的分母是该时期国内生产总值。GDP 是一个价值指标，在对不同国家和对一个国家不同年度进行比较时，会产生一系列问题[7]，如汇率、价格变动、产业结构变动等。此外能源结构、国家所处发展阶段、国家的地理位置、国土面积大小、资源禀赋等静态条件对单位 GDP 也会产生一定的影响。

2.2 在国内国际比较上的缺陷

众所周知，现行汇率常常不能准确反映各国货币的实际价值。如 2006 年 2 月 13 日人民币对美元的汇率为 8.05：1，2008 年 2 月 13 日为 7.19：1，两年中人民币升值 11%。如果其他条件不变，中国按美元计算的 GDP 能耗指标就相应地降低 9%。通常，中国和印度等发展中国家按汇率计算的币值普遍偏低，由此计算的单位 GDP 能耗会明显偏高。各个国家或地区的产业结构不同对单位 GDP 能耗的高低有严重影响。此外，单位 GDP 能耗还受不同时期产业结构和产品结构变动和价格水平变动的动态影响。能源结构、国家所处发展阶段、国家的地理位置、国土面积大小、资源禀赋等静态条件对单位 GDP 也会产生一定的影响。

2.3 单位产品能耗指标的缺陷

单位产品或服务能耗是指生产单位产品或提供单位服务所消耗的能源量，它包括一次能源、二次能源以及耗能工质消耗的能源。耗能工质是指，在生产经营活动中，需要消耗某些工作物质，而生产这些工作物质，需要消耗一定数量的能源，利用这些工作物质就等于间接地消耗能源。另外，这些工作物质的使用能够替代或减少其他能源的消耗，而这些工作物质不属于通常所指的能源之列。例如，工业用水、压缩空气、氧气、电石、乙炔等。

但这一指标的比较可以得到能源效率差距的原因、节能的方向，却不能因此来简单推算节能潜力。因为单位产品能耗的高低取决于生产过程的技术水平、管理水平、生产规模和产量、气候状况等许多不可比因素[9]。同时，单位产品能耗还涉及一次能源消耗和二次能源的重复计算以及间接能耗问题，而且单独统计难度很大。

3 生产能耗综合指数

3.1 生产能耗综合指数的定义

生产能耗综合指数，是指同一组能耗型产品和劳务的单位产品能耗，在不同年份（或不同地区)，以相同权数计算的能源消费量的比值。广义的生产能耗综合指数包含直接生产能耗综合指数和完全生产能耗综合指数两个指标；狭义的生产能耗综合指数则指直接生产能耗综合指数。虽然完全生产能耗综合指数包含了产品生产的间接能耗，但是该指标必须在实物投入产出表部门分类一致的情况下方可实现，因此直接生产能耗综合指数在比较中相对更具有普遍性，本文重点研究狭义的生产能耗综合指数。

狭义的生产能耗综合指数的具体含义为：选择一组具有代表性的能耗型实物产品和劳务（如每千瓦小时火电消耗标准煤、吨钢耗电等)，并规定这些产品和劳务的数量为权数(可以是产量或其他数量单位)，通过实物型投入产出表，计算该组产品和劳务在一个国家各个年份（或各个国家，各个地区）以标准煤（或标准油）计算的能源消耗量，进而计算与比较年份（或比较地区）样本产品和劳务的能源消费量的比值，即为生产能耗综合指数。

3.2 生产能耗综合指数中单位产品能耗的含义

这里定义的“单位产品能耗”是投入产出意义下的，不同于现有能源效率指标，它是指纯部门意义的一次能源消耗和二次能源消耗，不涉及二次能源的重复计算，分为单位产品直接能耗和单位产品完全能耗。显然，在新指标中，所选择的实物产品和劳务即为实物型投入产出模型对应的直接消耗系数 a_{ij} 或 $\sum_i a_{ij}$。f_i 为单位第 i 种能源折算成千克标准煤的系数。根据直接消耗系数的含义，当 i 对应的是能源产品时，投入产出定义下的单位产品直接能耗有两种表达方式。

(1) $a_{ij} \times f_i$ 即为 j 种产品生产直接消耗的第 i 种能源的数量，通常以千克标准煤为计量单位，表示单位产品对第 i 种能源的单项能耗，如原煤耗电、发电厂自用电率、载货汽车耗油等。

(2) $\sum_{i \in e} a_{ij} \times f_i$ 即为 j 种产品生产所直接消耗的所有能源产品（$i \in e$，e 表示能源产品的集合）的综合能耗，表示以标准煤计算的生产某种产品实际直接消耗的各种能源的数量之和，用以反映企业的用能情况。如合成氨综合能耗、水泥综合能耗、吨钢综合能耗、铁路货运综合能耗等。同时，为了在同行业中更合理地对比评价而进行某些折算的综合能耗，一般以标准产品（指行业所规定的基准产品）的能耗为基础，并制定出其他产品能耗的折算系数，从而进行产品产量折算。这在工艺过程相近，而产品品种多样化的行业如轻工、纺织、机械等使用较方便。由此求得标准产品的综合能耗，就是可比综合能耗。如吨钢可比能耗、吨铁可比能耗等。

3.3 代表性产品的选择

根据实物型投入产出表的直接消耗系数矩阵，可以很容易地选择那些包括国民经济中耗能较多的、具有行业代表性的、生产阶段划分比较清晰的、比较容易统计和收集的产品和劳务，特别是应包含耗能较大的服务部门，如旅馆、洗浴等进行耗能调查和统计。

在产品和劳务的选择时，还应注意共有性和连贯性。选择进行比较的地区具有的代表性相同的产品和劳务，比如比较山西和海南的能源效率时，不能选择原煤耗电或煤炭综合能耗等产品，即使煤炭生产是山西省的代表性产品而且耗能很多，但因为海南省不具有这种产品结构，所以在比较时要剔出这样的指标。同理，在不同时期比较时，要考虑所选择产品的连贯性，那些现在已经不生产或很少生产的产品和劳务，即使在当年是代表性的高耗能产品，也不能纳入进来。

3.4 权数的选择

在代表性产品和劳务能耗数值基础上计算两个或多个不同时期或不同国家（地区）的生产能耗综合指数，必须选择和确定权数。为保证不同时期或不同国家所计算的生产能耗综合指数的可比性和科学性，应当事先确定一组相对固定的或相同的权数。当然，代表性的产品选择的越多可能越能表现整体的综合能耗水平，但考虑到统计数据的来源和产品劳务的可比性，可参考实物投入产出表中列出的纯部门产品，选择100种左右的能耗型代表性产品和劳务。根据各个入选样本的耗能强弱、产品产量、处于经济系统中的重要性和基础性等综合考虑赋予权数，可以是产量也可以是其他数量单位等。按时间划分，权数可以是基期权数（如基期各类产品的产量），可以是一组固定的数值，或一定时期中各类产品的平均产量等，也可以是一组给定的数，要求数量单位对应产品单位。

为了准确反映能源效率，权数一旦选择不能轻易变动，即进行比较的两个地区和两个时期的权数应是一致的。但是当代表性产品和劳务发生变动时，或某种产品和劳务在样本中的重要程度和耗能程度增加时，要对权数进行调整，使调整前后的指数具有可比性[10-12]。

3.5 生产能耗综合指数的计算

新指标中所选择的能耗型代表性产品和劳务中，既应包含综合能耗产品也应包含单项能耗产品，若样本中包含m个综合能耗产品和n个单项能耗产品，为计算生产能耗综合指数，首先要计算以标准煤计算的报告期和基期给定样本能源消耗量

$$E^t = \sum_{j\in m} Q_j \times \left(\sum_{i\in e} a_{ij}{}^t \times f_i\right) + \sum_{j\in n} Q_j \times (a_{ij}{}^t \times f_i) \tag{1}$$

$$E^0 = \sum_{j\in m} Q_j \times \left(\sum_{i\in e} a_{ij}{}^0 \times f_i\right) + \sum_{j\in n} Q_j \times (a_{ij}{}^0 \times f_i) \tag{2}$$

生产能耗综合指数=（报告期样本能源消耗量/基期样本能源消耗量）×100

$$p_a = \frac{E^t}{E^0} = \frac{\sum_{j\in m} Q_j \times \left(\sum_{i\in e} a_{ij}{}^t \times f_i\right) + \sum_{j\in n} Q_j \times (a_{ij}{}^t \times f_i)}{\sum_{j\in m} Q_j \times \left(\sum_{i\in e} a_{ij}{}^0 \times f_i\right) + \sum_{j\in n} Q_j \times (a_{ij}{}^0 \times f_i)} \times 100 \tag{3}$$

式中 p_a——生产能耗综合指数；

E^t、E^0——标准煤计算的报告期和基期样本能源消耗量；

Q_j——第j种产品的权数。

其他因素与上节含义相同，上角标表示报告期和基期。其中，基期样本能源消耗量亦称为除数。

3.6 修正方法

随着产品结构变化和技术进步，入选的代表性商品和劳务将被不断更新，由新兴代表性商品和劳务代替逐渐落后的。同理，不同的国家或地区进行代表性商品和劳务选择时，应选择双方共有的商品和劳务。

当样本的能源消耗量出现样本产品更新、样本减少等这些非能源效率因素的变动时，乘以一定的修正系数，以维持指数的连续性。修正系数公式为：

修正系数＝修正前样本能源消耗量/(原除数×修正后样本能源消耗量)　　(4)

由此得到修正后的连续性，并据此计算以后的指数。

4　实证结果及分析

新指标的提出最大的优点是为了强调国际比较中的公平性，因此计算新指标进行国际比较，以说明该指标的优势。根据新指标的要求，我们只需要得到比较年度和地区的实物型投入产出表，就可计算生产能耗综合指数，比较能源效率的高低。但是，由于统计数据的限制，本文以选择世界上节能水平较高的日本为比较对象，利用能源统计年鉴中国外统计资料（如 Japan Energy Conservation 等）计算的主要单位产品能耗。我们以 1980 年为基期，以中国能源统计年鉴中 1990 年、1995 年、2000 年为报告期，以 2000 年产量为权数，我们选择代表性产品为乙烯综合能耗、吨钢可比能耗、水泥综合能耗、火电厂供电标准煤耗和铁路货运综合能耗，计算狭义的生产能耗综合指数，比较能源效率变化。数据见表 1 和表 2。

表 1　样本产品的直接消耗系数

	1980 年	1990 年	1995 年	2000 年	1980 年	1990 年	1995 年	2000 年
	中国				日本			
乙烯综合能耗/kgec	2 013	1 580	1 277	1 212	1 100	857	870	714
吨钢可比能耗/kgec	1 201	997	976	781	705	629	656	646
水泥综合能耗/kgec	218.8	201	199.2	181	135.7	122.6	124.4	125.7
火电厂供电标准煤耗/（kW·h)	448	427	412	392	339	332	331	316
铁路货运综合能耗/Mtkm	147.4	84.2	74.0	72.5	122.9	85.7	87.1	90.0

数据来源：2008 年中国能源统计年鉴。

表 2　样本产品 2000 年产量

2000 年产量	中国	日本
乙烯/Mt	470	756.722 7
钢/Mt	12 850	10 644
水泥/Mt	59 700	8 028
火电/MkW	108 84.85	15 600
铁路/（亿 t·km)	13 336.06	223.13

数据来源：2004 年国际统计年鉴。

在计算不同权重下，同一时期不同国家和同一国家不同时期生产能耗综合指数。

表 3　不同地区生产能耗综合指数计算结果（中日）——以日本为基准期

生产能耗综合指数	1980 年	1990 年	1995 年	2000 年
以 2000 年中国产量为权数	1.577	1.523	1.451	1.282
以 2000 年日本产量为权数	1.566	1.486	1.403	1.257

表 4　不同时期生产能耗综合指数计算结果——以 2000 年中国产量为权数

生产能耗综合指数（以 1980 年为 100）	1990 年	1995 年	2000 年
中国	0.863	0.841	0.734
日本	0.894	1.023	0.988

表 3、表 4 说明，选择不同的权重并不影响生产能耗综合指数的定性分析和趋势判断。以不同地区生产能耗综合指数计算的能源利用水平的比较中，中国的能源利用水平确实低于日本，但是并不是日本的 1/10，而是日本的 2/3。不同时期的指数说明我国的能源利用水平也有逐年提高的趋势，特别是 2000 年比 1995 年提高速度明显加快。相比之下，日本的能源利用水平提高的速度比较缓慢。当然，受数据资源限制，实证所列的样本数量远远小于我们所建议的 100 种左右的标准，实际数据结论有可能存在偏差，但是可以肯定的是以生产能耗综合指数反映的能源利用水平，更能真实客观地反映一国的能源利用现状，也为我国更好地开展节能活动提供了科学的数据基础。

5　结论

新的能源效率比较指标，并没有完全否定现有指标对指导我国经济建设和节能工作的积极作用，而是希望这个新的指标能够在国际和国内比较中，使现有评价体系更加完善，更加科学合理地肯定我国能源建设工作的积极成果，更好地指导今后的节能工作。新的指标获得数据容易，计算简便，而且分别刻画了产品生产的直接和间接能耗，消除了产品结构、管理水平和能源结构的差异对能源效率评价的影响，适于国际国内比较。因此我们建议：

（1）建议政府有关部门建立和统计新的生产能耗综合指数。如国家统计局根据需要和可能，选择和规定 100 种左右的产品和劳务，并负责在全国各地区进行调查工作。

（2）建议统计部门能够继续编制我国实物型投入产出表，并结合国外投入产出表的产品目录，纳入标准产品、服务型和交通型产品，如吨公里、人均等产品目录，希望该指标的提出也能促进实物型投入产出表在国内外的广泛应用。

（3）本文的新指标的提出仅针对生产领域，建议生活领域的能耗指标采用直接和完全人均生活能耗进行衡量。应在新指标的基础上建立一套完整的指标体系，分别体现生产和生活两个市场的能耗情况。建议每隔五年编制的全国投入产出表的基础上编制能源投入占用产出表。在此基础上，计算完全耗能系数和人均生活完全耗能量指标，以反映我国人均生活耗能情况。

参考文献

[1] 林伯强．现代能源经济学[M]．北京：中国财政经济出版社，2007，10：299－307.

[2] Alcantara Vicent. Inequality of energy intensities across OECD countries: a note [J]. Energy Policy，2004(32)：1257－1260.

[3] Hu Jin Li．Total-factor energy efficiency of regions in China[J]. Energy Policy，2006 (34)：3206－3217.

[4] 郭晓哲．基于双重结构的能源利用效率新指标分析[J]．哈尔滨工业大学学报，2006，6

(38):999－1002.

[5] 李京文，龚飞鸿．购买力平价方法浅析[J]．中国社会科学院研究生院学报，2002，4：20－27.

[6] 曾翔．对购买力方法若干问题的探讨[J]．统计研究，1990，9：63－65.

[7] 白泉，戴彦德．单位 GDP 能耗与节能降耗[J]．世界环境，2007，3：17－21.

[8] 王庆一．中国的能源效率及国际比较[J]．节能与环保，2005，6：10－13.

[9] 朱跃中．谈"单位 GDP 能耗"指标在能耗水平国际比较的优缺点[J]．政策与服务，2006，6：25－28.

[10] Wassily W. Leontief. Environmental repercussion and the economic structure：an input output approach [J]． The Review of Economic and Statistics. 1970，52(3)：262－271.

[11] 陈锡康．完全综合能耗分析[J]．系统科学与数学，1981，1：69－76.

[12] 陈锡康．投入产出技术和资源利用与环境保护．2004 年中国投入产出理论与实践[C]，北京：中国统计出版社，2004：349－363.

我国能源效率区域差异变化趋势分析*

——以电力能源效率为例

张　斌　王兆华

北京理工大学管理与经济学院　北京　100081

摘　要：本文运用趋同检验的方法对我国电力能源效率区域差异变化趋势进行分析，得出我国目前能源区域化差异并无明显缩小的趋势的结论，且认为资源禀赋的分布不均衡是造成我国能源效率区域化差异主要原因，并运用相关分析的方法对其进行了检验。本文最后认为我国在资本和人力资源等方面还存在缩小区域资源禀赋差异的空间，通过适度的政策倾斜和政策完善可以大大降低能源效率的区域化差异水平，并在此基础上给出了相关政策建议。

关键词：能源，能源效率，区域差异化

1　引言

我国是能源消耗大国，能源持续稳定的供应是保障和促进经济增长和社会发展的基础条件。截至2008年年底，我国已经成为煤炭、钢铁、建材消耗第一大国，原材料最大进口国，世界第二大石油消耗国，国内能源总量的相对不足已经成为我国经济持续增长的"瓶颈"。而目前我国经济增长仍以粗放型为主，对于能源使用效率的提高还没有引起普遍的关注，这使得我国的能源问题日益突出。为此，中国政府提出了建设资源节约型社会的目标，旨在通过提高整个社会利用、配置资源的效率来降低资源尤其是能源的消耗，并在"十一五"规划中明确提出了单位GDP能耗降低20%的约束性目标，这对我国能源效率的提高以及能源消费结构的调整带来了巨大的机遇和挑战。

能源效率的区域化差异是我国能源效率问题的重要议题之一，区域间能源效率的不均衡反映了我国地区发展不平衡以及先进的节能技术区域间流动性差的问题，不利于能源结构的调整和区域经济的均衡发展，制约了能源效率整体的提高。因此，通过系统化的数据分析，找出能源效率区域化差异的影响因素，具有十分重要的意义。

2　文献回顾

2.1　能源效率的界定

世界能源委员会在1995年出版的《应用高技术提高能效》中，将能源效率定义为：减少提供同等能源服务的能源投入。它将能源效率限定在有用的产出和能源投入之间的比

* 基金项目：国家自然科学基金（706020210，70773008，70403008）；国家社会科学基金（08CJY023，05CJY012）。

值，但对于如何度量能源效率上学术界又有不同的看法：Patterson（1996）将能源效率定义为一种热力学指标，将能源效率的测量归结为对能源投入产出的热度测量[1]；Collins（1992）应用物理—热量指标来衡量能源效率，他将能源的投入用热量单位来计算，产出以物理单位（如产品的重量、运输的里程数）来测量[2]；在 Collins 研究的基础上，很多学者又提出了经济—热量指标，将标识产出的物理单位换成按市场价格计算的经济单位，使得计算更具有可操作性；还有一种能源效率的测度方法依赖于纯经济指标，它将能源的投入和产出都用理性的市场价格来表示，常见的计算为：国民能源投入价值/国民产出。

本文由于是从宏观经济层面分析区域之间的能源差异，运用经济指标衡量能源产出更具有可操作性，同时，鉴于能源市场价格的波动性较强，用经济指标衡量能源投入稳定性不足，本文以物理指标衡量能源的投入。综上所述，本文对能源效率的界定采用物理—热量指标，具体地表示为单位 GDP 的能耗。

2.2 能源效率的相关研究

目前对我国能源效率的研究主要集中在以下几个方面：

（1）对我国能源效率现状的研究。宣能啸（2004）以能源经济效率指标与能源技术效率指标为基础，比较了我国与国外在能效方面的差距[3]；任玉珑、黄清辉（2005）以我国电力能源效率入手，重点分析了我国的能源利用的现状，指出了我国在提高能效方面还面临着诸多问题[4]。

（2）对我国能源效率影响因素和解决途径的研究。史丹（2002）从对外开放、结构变化和市场化程度 3 个方面就能源效率的提高进行解释[5]；王玉潜（2003）通过建立能源消耗强度的投入产出模型和因素分析模型，得出产业结构的调整对降低单位产出能耗的作用是负面的[6]；王庆一（2002）重点剖析了提高能源效率的影响因素，并认为技术水平的提高对促进能源效率的提升有重要作用[7]。

（3）对能源效率的评价研究。卢苇（2005）通过建立能源效率评价标准，并以集中空调机组的能源效率标准为具体例子，建立了描述能源效率标准作用于社会的数学模型[8]；曾胜、刘朝明（2006）运用数据包络分析方法（DEA），对 1980—2003 年的历史数据进行分析，就能源的使用进行相对有效性评价[9]。

在能源效率区域差异化的问题上，前人也从不同的视角进行了研究。彭金辉、吕永隆（2002）通过对 1992—1999 年各地域国家重点环保实用技术进行归类分析，得出我国环保能源技术区域发展存在严重的不均衡[10]；魏楚（2007）基于 DEA 的方法对能源效率和能源生产率做了区分，并通过省际数据的比较分析得出我国能源效率还存在明显的地域差异[11]；吴滨（2009）从能源技术的角度入手，分析比较了我国有色金属、电力、钢铁、水泥四个高耗能产业的能源效率方面的区域化差异，指出我国高耗能行业能源技术区域扩散并不明显[12]。上述成果使能源效率区域差异化研究取得重要进展，但在未来能源效率区域化差异发展趋势上仍以定性研究为主，缺乏必要的数理论证，此外，在影响能源效率区域化差异的因素也缺少相应的数据分析。本文通过对我国 1999—2007 年各地区电力能源消耗数据进行统计分析，运用趋同检验的方法对我国区域间能源效率差异以及变化趋势进行研究，并通过相关分析，对资本、资源禀赋、人才等因素对能源效率区域化差异的影响进行检验。

3 电力能源效率区域差异变化的趋同检验

趋同检验是考察各变量之间差异化变化趋势的基本方法，本文采用基于变异系数的传统的δ趋同检验，所谓变异系数是样本的标准差除以样本的均值。此外，通过上述2.1中的分析，能源效率的衡量指标采用物理—热量指标，用单位GDP的电力消耗来表示。

中国统计年鉴公布了各省份电力能源消耗数量，本文截取1999—2007年数据进行归类分析（由于数据缺失，不包括西藏），数据显示，我国电力能源消费增长速度惊人，1999年全国电力消费总量为12 345.05亿千瓦时，2007年则达到了32 550.61亿千瓦时，8年间增长了1.64倍。各省GDP的数据依据1990年不变价数据，得出电力能源效率指标用亿元产值能耗所表示。我国地域划分基于全国人大六届四次会议通过的“七五”计划以及全国人大八届五次会议对行政区划的调整，东部地区包括11个省级行政区，分别是北京，天津，河北，辽宁，上海，江苏，浙江，福建，山东，广东，海南；中部地区包括8个省级行政区，分别是黑龙江，吉林，山西，安徽，江西，河南，湖北，湖南；西部地区包括12个省级行政区，分别是四川，重庆，贵州，云南，西藏，陕西，甘肃，青海，宁夏，新疆，广西，内蒙古。依据上述区域划分计算出我国1999—2007年各省份能源效率数据如表1所示。

表1 电力能源亿元产值能耗 单位：亿kW·h/亿元

	1999年	2000年	2001年	2002年	2003年	2004年	2005年	2006年	2007年
东部	0.128	0.128	0.125	0.127	0.120	0.116	0.114	0.111	0.106
中部	0.153	0.148	0.146	0.145	0.141	0.130	0.124	0.121	0.117
西部	0.245	0.239	0.230	0.233	0.221	0.220	0.212	0.214	0.205
全国	0.141	0.140	0.138	0.140	0.136	0.130	0.125	0.123	0.118

数据显示，1999年以来我国电力能源效率有了显著的提高，2007年亿元产值能耗为0.118亿千瓦时/亿元，已相当于1999年的83.76%，其中又以中部地区能源效率提高的最快，2007年的电力消耗水平较1999年下降了23.93%，高于东部和西部的17.26%和16.47%，说明中部地区在整体能源效率提高方面走在全国的前列。但从纵向的比较看，东部的能源效率远远要高于中部和西部，以2007年为例，东部地区的电力能耗水平仅相当于中部地区的91.04%和51.93%，这与东部地区资本优势、技术优势、人文优势是分不开的。

目前，我国各个区域内部的能源效率也存在明显的差距，根据趋同检验所得变异系数如表2所示，东部地区内部能源差异最小，并远远好于中部和西部地区，中部地区内部能源差异略好于西部地区，但两者水平整体差距不大，这反映出我国中西部地区在能源的使用效率上还存在严重的区域发展不平衡，技术的交流与扩散水平滞后。

表 2　电力能源效率变异系数

	1999 年	2000 年	2001 年	2002 年	2003 年	2004 年	2005 年	2006 年	2007 年
东部	0.237	0.207	0.178	0.172	0.184	0.195	0.175	0.181	0.188
中部	0.430	0.448	0.478	0.477	0.340	0.334	0.346	0.380	0.421
西部	0.506	0.532	0.541	0.566	0.540	0.589	0.590	0.623	0.608
三大区域	0.351	0.345	0.333	0.337	0.332	0.363	0.360	0.382	0.380
30 个省份	0.547	0.559	0.560	0.577	0.542	0.594	0.592	0.631	0.624

从能源效率差异化的变化的趋势上来看，我国各个省份电力能源效率的差异水平呈扩大趋势，主要表现在能源效率的变异系数趋于增加，从 1999 年的 0.547 上升到 2007 年的 0.624，涨幅达 14.02%。在三大区域内部，除东部地区电力能源效率在 2001 年以后呈现出一定的趋同趋势之外，近年来中部和西部地区电力能源效率的差异化水平有所增加。三大区域比较而言，电力能源效率整体趋同趋势不明显，总体呈现上升趋势，但 2001 年以后的差异化水平相对较为稳定。

4　我国能源效率区域差异化的原因分析

通过上述分析得出，我国能源效率呈现从东向西梯级递减分布的态势，且区域内部能源差异也呈现出东部地区差异化程度比较低，中西部差异化较大的趋势，能源效率的区域性差异总体上趋同态势不明显，甚至有进一步上升的态势。造成我国能源区域化差异的原因是多方面的，很多学者也从不同的角度进行了阐释。本文从生产函数的角度入手，认为造成能源区域化差异的原因在于各地区资源禀赋的差异。

众所周知，根据柯布—道格拉斯生产函数模型，资本和人力是企业从事生产活动不可或缺的生产要素，Rashe 和 Tatom（1977）又将能源要素囊括到生产函数模型中去，构成了新的多要素生产函数模型[13]。生产函数中各要素之间存在替代效应，即企业为了达到预期的产量，在一种生产要素不足的前提下可以增加其他生产要素的投入量来进行要素投入的替代。由于各地区在资本、劳动力、能源资源储量等资源禀赋方面存在较大差异，使得各地区企业对各生产要素的投入比例上存在很大不同，对各要素使用效率的重视程度方面也有差异，这是造成我国能源效率区域化差异的理论原因。

4.1　能源资源禀赋对能源效率区域化差异的影响

我国能源资源储量地区性差异很大，总体上来说，东部地区能源资源储量相对较少，广大中西部地区能源资源储量丰富。以煤炭储量为例，东部 11 省市的煤炭储量约为 244.71 亿吨，而中部 8 省和西部 11 省市（不包括西藏）的煤炭储量分别为 1 372.56 亿吨和 1 650.45 亿吨，分别是东部煤炭储量的 5.61 倍和 6.74 倍。东部地区能源的相对紧缺使得企业更注重能源的节约利用，通过节能技术的引进利用，尽量减少能源的使用，提高能源的使用效率，这就使得东部的能源效率相对较高，内部能源差异由于频繁的技术的交流与合作，差异化较低；中西部地区由于自身资源的相对丰富，并不注意能源效率的提升，甚至通过较多的能源投入来弥补其他要素投入上的不足，这就造成能源的使用效率偏低。

为了对上述理论分析进行验证，本文截取了2003—2007年5年间能源效率变异系数同煤炭储量的数据，通过相关分析来验证能源资源的禀赋是否对能源效率区域化差异具有显著影响，分析结果如表3所示。

表3 能源效率变异系数与煤炭储量相关分析

	电力消费变异系数	煤炭储量
电力消费变异系数		
煤炭储量	0.889** 0.000 15	

**. Correlation is significant at the 0.01 level (2-tailde).

Pearson相关分析结果显示，电力能源消费变异系数同煤炭储量在置信水平为0.01的条件下有很强的相关性，相关系数为0.889，这说明一定条件下煤炭储量高的地区，电力消费变异系数较大，能源效率的区域化差异越明显，这在一定程度上验证了能源的资源禀赋对能源效率的区域化差异有很强的影响。

4.2 资本要素禀赋对能源效率区域化差异的影响

我国不同地区的资本要素禀赋也存在较大的差异，总体上来说，东部地区由于无论在政策倾斜、区位优势、投资效率还是在金融体制以及观念意识上都要领先于中西部地区，其资本要素较中西部地区更为充裕。2006年，东部11省市的资本形成总额为64 173亿元，占全国比重的51.66%，而中部8省和西部地区的资本形成总额分别为26 097亿元和22 664亿元，仅占全国的28.89%和16.72%。从各地区存贷款余额来看，2004年东部地区存款余额比重和贷款余额比重分别为64.79%和62.14%，中部地区的存款余额比重和贷款余额比重分别为19.07%和20.05%，西部地区的存款余额比重和贷款余额比重分别为16.14%和17.12%（张玉海，2007）[14]。由此可见，我国资本区域充裕程度总体呈现从东向西递减的趋势。

资本对能源效率的影响体现在两方面：一是能源效率的提高所依赖的节能技术大都固化在资本之中，即能源效率的提高往往反映在节能高效的设备选择上，资本的充裕程度代表了企业选择先进设备的能力；二是能源效率的提高一定程度上依赖于规模经济的效应。资本的充裕带来的规模经济在一定层面上使得企业单位产值生产要素的投入大大降低，给企业节能减排带来机遇。为了更好地说明资本对能源效率的影响，本文截取了中国统计年鉴中2003—2007年五年间各地区固定资产投资总额数据来反映各地区资本禀赋状况，并同各地区电力能源效率的变异系数作相关分析，分析结果如表4所示。

表4 电力消费变异系数和固定资产投资相关分析

	电力消费变异系数	固定资产投资
电力消费变异系数		
固定资产投资	-0.551** 0.033 15	

**. Correlation is significant at the 0.05 level (2-tailde).

Pearson 相关分析结果显示，电力能源消费变异系数同固定资产投资在置信水平为 0.05 的条件下呈现负的相关性，这说明一定条件下，资本禀赋越高的地区，能源效率的变异系数越低，能源的区域化差异越不明显，这在一定程度上验证了资本的区域禀赋对能源区域化差异的影响。

4.3 劳动力、土地资源的低成本降低了中西部提高能源效率的积极性

我国劳动力、土地资源成本区域化差异现象同样严重。依据《中国统计年鉴——各地区分行业就业人员平均劳动报酬》显示，2007 年各行业就业人员平均劳动报酬，东部地区各省市的平均值为 28 969 元，中部地区和西部地区（不包括西藏地区）的平均值分别为 26 733 元和 21 971 元。至于土地价格，根据 2006 年出台的《全国工业用地出让最低价标准》，东部地区的上海、北京的工业用地最低价格为 840 元/平方米，而中西部的部分地区的最低土地出让价格却仅有 60 元/平方米。

根据柯布—道格拉斯生产函数模型，企业的总成本是由全部的生产要素共同组成的，各生产要素存在着替代效应。劳动力和土地是企业生产过程中重要的生产要素，对资本有着很强的替代效应，但对能源的替代作用有限。我国中西部地区由于劳动力和土地的成本相对低廉，企业往往首先会考虑增加劳动力和土地的投入，而不是增加资本成本提高技术水平来增加产量，这就使得中西部地区改进技术、提高能源利用效率的动力不足，一定程度上助长了高耗能产业的发展，造成能源使用效率与东部差距较大。

本文截取中国统计年鉴 2004—2007 年 4 年的各地区就业人员平均劳动报酬数据作为衡量劳动力成本的指标，截取各地区土地保有量作为土地成本的衡量指标，并同各地区电力能源效率的变异系数作相关分析，分析结果如表 5 所示。

Pearson 相关分析结果显示，电力能源消费变异系数同就业人员平均报酬在置信水平 0.05 下显著负相关，与土地保有量在 0.01 的置信水平下显著正相关，这说明一个地区的劳动力和土地成本越高，能源效率的变异系数越低，能源的效率水平相对越高，验证了上述分析。

表 5　电力消费变异系数与就业人员报酬、土地保有量相关分析

	电力消费变异系数	就业人员平均报酬	土地面积
电力消费变异系数			
就业人员平均报酬	−0.543* 0.034 12		
土地保有量	0.937** 0.000 12	−0.597* 0.020 12	

*. Correlation is significant at the 0.05 level (1−tailde).

**. Correlation is significant at the 0.01 level (1−tailde).

5 结论与相关政策建议

本文运用趋同检验的方法对我国电力能源效率的区域化差异进行分析，得出我国目前能源区域化差异并无明显缩小的趋势，且认为资源禀赋的分布不均衡是造成我国能源效率

区域化差异的主要原因，并运用相关分析进行了检验。通过分析可以看出，能源资源和土地资源的分布不均衡的局面基本无法改变，能源效率的区域化差异有一定的必然性，即差异将在一定时期内持续存在。但我国仍有缩小资源禀赋差异的空间，对于资本和人才资源，通过适度的政策倾斜和政策完善可以大大降低差异水平，这也为我国缩小能源效率地区差异提高了政策基础。

首先，加强对中西部节能技术升级的资金支持，完善中西部金融体系，促进东部资本向中西部流动。前面的分析可以看出，资本的相对匮乏制约了中西部地区能源效率的提高，据此，政府应设立专项资金，有针对性为中西部节能技术推广提供资金支持，扶植落后地区的能源技术升级，同时积极推动中西部金融机制创新，通过多层次金融体系的构建，打破地区资本壁垒，鼓励区域间资本流动，吸引更多民间资本对中西部地区优质能源产业项目的投资。

其次，完善资源环境立法，构建资源环境税收体系，提高能源的使用成本。能源使用成本的提高，能够大大缩小能源对其他生产要素的替代空间，使得企业更加注重能源成本的控制。能源的使用成本包括价格和税收两个方面，市场经济条件下，政府对价格的调控有很多限制因素，因此，加快构建能源环境税收体系，适度提高税收标准，是提高能源成本的重要途径。政府要加强对能源开采和环境污染的监控力度，坚决杜绝非法侵占和低成本获取资源的现象，加大对高耗能企业的超标排放的惩罚力度。

最后，加快中西部人才培养建设，鼓励技术交流和人才引进。要加大对中西部教育资源的投入，提高教育资源的质量，改善教育环境，逐步使中西部地区适龄人员享受到与东部地区同等的受教育机会。同时，加强人才引进机制建设，通过提高专业人才的待遇水平，改善相关工作生活环境，打破区域人才壁垒，提高中西部对人才的吸引力。在技术交流方面，要加强与高校、科研院所的交流与合作，学习东部地区先进的产业经验，把握自身在产业改革中的后发优势，加快产业和能源结构的转型升级，从整体上缩小能源效率技术水平上的区域化差异。

参考文献

[1] Patterson M G. 1996. What is Energy Efficiency? Concepts, Indicators and Methodological Issues[J]. Energy Poliey, 24(5), 377－390.

[2] Collins C. Transport Energy Management Policies: Potential in NewZealand [M]. Wellington: Ministry of Commeree, 1992.

[3] 宣能啸．我国能效问题分析[J]．中国能源，2004(9)：4－8.

[4] 任玉珑，黄清辉．能源效率与电力需求的管理[J]．生态经济学，2005(2)：104－107.

[5] 史丹．结构调整和生产布局要以能源效率为重要标准[J]．科学决策，2006(11)：9－12.

[6] 王玉潜．能源消耗强度变动的因素分析方法及其应用[J]．数量经济技术经济研究，2003(8)：151－154.

[7] 王庆一．能源效率及相关政策和技术[J]．应用能源技术，2002(6)：1－10.

[8] 卢苇．能源效率标准对社会可持续发展的贡献[J]．能源研究与利用，2005(2)：4－7.

[9] 刘朝明，曾胜，刘博．我国能源消费与经济增长的关联关系分析[J]．华东经济管理，2006(11)：29－34.

[10] 彭金辉，吕永隆．国家重点环保实用技术地区差异分析[J]．环境污染治理技术与设

备,2002(2):8—12.
[11] 魏楚,能源效率与能源生产率:基于DEA方法的省际数据比较[J]. 数量经济技术经济研究,2007(9):110—121
[12] 吴滨,我国高耗能行业能源技术区域差异变化趋势分析[J]. 经济管理,2009(5):36—42
[13] Rashe R,M,G., Tatom J.,1977. Energy Resources and Potential GNP [J]. Federal Reserve Bank of Stlouis Review,59,68—76.
[14] 张玉海. 区域资本形成差异的制度经济学分析[J]. 济南:山东经济,2007(6).

我国典型省份工业部门全要素能源效率分析*

——基于DEA方法

赵慎泽　王兆华

北京理工大学管理与经济学院　北京　100081

摘　要：本文运用DEA方法，构建了以我国典型省份规模以上工业企业的总产值为产出，规模以上工业企业能耗、固定资本年均余额和流动资本年均余额、从业人员的年平均数为投入的能源评价模型，并对2005－2007年3年间我国30个典型省份工业部门的全要素能源效率进行了实证分析。结果显示：我国工业部门能源效率较高的省份主要集中于东部沿海地区，而中部和西部大部分省份的工业部门能效相对较低，而且还存在较大程度的能源投入冗余。

关键词：全要素能源效率，能源投入冗余，数据包络分析（DEA）

1　引言

目前，随着工业化、城镇化进程的加快，我国能源消费迅猛增长，已跃居成为仅次于美国的第二大能源消费国及CO_2排放国。并且，据国际能源机构（IEA）预测，中国到2010年以后将取代美国成为第一。另外，我国能源强度也是不容乐观，从世界银行数据库得到的资料显示，2005年我国单位GDP能耗为7.65吨标准油/万美元，是美国的4倍之多，甚至高出中等收入国家平均水平41个百分点。持续增长的能源消费以及居高不下的能源强度不仅为我国能源安全敲响了警钟，而且导致我国在后京都时代是否承担减排义务的问题上面对的国际社会舆论压力与日俱增。内忧外患之下，我国降低能耗已是刻不容缓，“十一五”规划明确提出2010年能源强度要比“十五”期末下降20%的硬性目标。而要完成此任务，在我国能源消费比重中一直占据70%左右的工业部门的作用举足轻重，各地也必然把工业部门作为其能源战略部署的重中之重。随着“十一五”逐渐接近尾声，各地工业部门的能源效率状况如何，值得关注，有鉴于此，本文运用DEA方法对我国典型省份工业部门的全要素能源效率进行了分析。

2　全要素能源效率的相关文献回顾

按照投入要素数量的不同，能源效率可分为单要素能源效率和全要素能源效率。单要素能源效率指一个经济体的有效产出与能源投入的比值，常用能源强度（单位GDP能耗）的倒数来表示，但它只考察了经济产出中能源这单一要素的影响，而忽略了能源与其他要

* 基金项目：国家自然科学基金（70773008，706020210，70403008），国家社会科学基金（08CJY023，05CJY012）；国家软科学研究计划（2006GXS2B024），北京市自然基金。

素之间的替代关系。

为弥补这一缺陷，Hu 和 Shichuan Wang（2006）引入了全要素能源效率的概念，即着重分析能源、劳动力、资本存量等多元投入与经济产出之间的关系。并在此基础上运用 DEA 方法测算了 1995—2002 年间中国各地区的全要素能源使用效率。自此，众多学者沿着这一思路，对全要素能源效率的模型及研究方法等方面进行了探讨和改进。

魏楚等（2006）、徐国泉等（2007）分别沿用 Hu 建立的模型分析了我国各省的全要素能源效率，前者着重研究各省 10 年间能源效率的纵向变化，而后者则侧重于区域间效率的横向比较。师博等（2008）、吴琦等（2009）对模型作了改进，师博将知识存量纳入生产函数，而吴琦在考虑产出时引入了环境因素的影响。此外，还有些学者对研究方法进行了探讨，如李世祥等（2008）基于生产理论框架的非参数法，分别对几个不同目标情景下的能源效率进行了评价。

但是，上述学者的研究还主要是集中于地区或行业的总体能源效率，对不同地区某一行业的能源效率分析还略显薄弱。而鉴于工业部门在我国能源消费中的特殊地位，其能源效率的变化对各省市总体能效将产生莫大影响，因此，有必要开展对各省市工业部门全要素能源效率的评价研究。本文将在前人研究成果的基础上，对这一领域进行探索，研究思路如下：通过构建以工业总产值为产出，以资本、劳动力、能源为投入的 DEA 评价模型，从能源效率、规模收益、投入冗余与产出不足三个方面对我国 30 个典型省份的全要素能源效率进行分析，并得出相应的结论。

3 模型选择及数据说明

DEA 模型能够有效处理多投入和多产出的情况，并可直接计算出效率，从这个意义上来讲，比较吻合全要素能源效率的概念框架，因此，DEA 一直是众多学者研究全要素能源效率的首选方法。本文亦选择 DEA 方法进行分析。

3.1 DEA 方法

数据包络分析（简称 DEA）是 1978 年美国运筹学家 A. Charnes 等学者提出的一种基于线性规划的非参数统计方法。它用于评价决策单元（DMU）的效率，其目的是构建一条非线性的包络前沿线，有效点位于生产前沿面上，无效点处于前沿的下方。常用模型有 C^2R 和 C^2GS^2，前者用来评价 DMU 的规模有效性，后者用来评价 DMU 的技术有效性。由于 C^2GS^2 模型可将综合效率细分为纯技术效率和规模效率（综合效率＝纯技术效率×规模效率），从而为全要素能源效率的全面分析提供更充足的信息，因此本文选择运用后者。

设有 n 个决策单元（DMU_j，$j=1, 2, \cdots, n$），$X_j=(X_{1j}, X_{2j}, \cdots, X_{nj})^T$ 为 DMU_j 的输入，$Y_j=(Y_{1j}, Y_{2j}, \cdots, Y_{nj})^T$ 为 DMU_j 的输出。评价第 j 个决策单元相对有效性的 C^2GS^2 模型可描述如下：

$$\min[\theta-\varepsilon(\hat{e}^T S^- + e^T S^+)]$$

$$\sum_{j=0}^{n} X_j\lambda_j + S^- = \theta X_0$$

$$s.t. \quad \sum_{j=0}^{n} X_j\lambda_j - S^+ = Y_0$$

$$\sum_{j=0}^{n} \lambda_j = 1$$

$$S^-, S^+, \lambda_j \geqslant 0, j = \overline{0, n}$$

式中　ε——非阿基米德无穷小量，在实际应用中常取 10^{-6}；

S^-——与投入相对应的松弛变量组成的向量；

S^+——与产出相对应的剩余变量组成的向量；

λ——决策单元线性组合的系数；

θ——投入缩小比率。

此模型的经济含义为：

(1) 当 $\theta^*=1$，且 $S^{*-}=0$，$S^{*+}=0$ 时，则称 DMU_0 为 DEA 有效，即在这 n 个决策单元所组成的经济系统中，该单元的投入与产出已经达到最优的组合；

(2) 当 $\theta^*=1$，且 $S^{*-}\neq 0$，$S^{*+}\neq 0$ 时，则称 DMU_0 为 DEA 弱有效，即在这 n 个决策单元所组成的经济系统中，对于该单元的投入 X_0 可以减少 S^- 而保持原产出 Y_0 不变，或者在投入 X_0 不变的情况下可以将产出提高 S^+；

(3) 当 $\theta^*<1$ 时，则称 DMU_0 为 DEA 无效，即可以通过组合将投入降到原投入 X_0 的 θ 比例而保持原产出 Y_0 不变。

3.2　数据选取及说明

本文结合 DEA 方法，并参考李廉水（2006）、吴琦（2009）等学者的研究，构建了一套全要素能源效率评价模型：以 2005—2007 年间我国 30 个典型省份（西藏、港澳台除外）的工业部门为评价决策单元，考察其能源投入与产出之间的关系。该模型延续了以往学者将产值作为产出，能源、资本、劳动作为投入的做法，但又结合工业部门的特点，在指标选取上作了一些变化。各指标及数据来源具体如下：

产出：以典型省份规模以上工业企业的工业总产值来衡量，基础数据来源于中国统计年鉴（2005—2007）①。

投入：①资本投入，以典型省份规模以上工业企业的固定资本年均余额和流动资本年均余额来表示；②劳动力投入，以典型省份规模以上工业企业的从业人员的年平均数来表示；③能源投入，以典型省份规模以上工业企业能耗来表示。以上投入基础数据来源于中国统计年鉴（2005—2007）。

3.3　模型的相关性检验

为验证所建立的能源效率评价模型是否合理，特对 2005—2007 年间我国 30 个典型省份工业部门的投入产出数据进行相关性检验，并运用 SPSS13.0 对数据进行处理。结果显示，在显著性水平为 0.1 的情况下，产出、能源投入、资本投入、劳动力投入各指标间的相关性都通过了 F 检验，且相关系数均在 0.6 以上，如表 1 所示。可见，此模型具有一定程度的相关性，可以用来做进一步的数据分析。

---

①　鉴于目前 2008 年的相关数据还未公布，而 2005 年以前的《中国统计年鉴》中没有关于各地能源消耗的统计数据，同时从各省年鉴及其他渠道收集来的数据口径又不统一。因此，为保证研究的科学性而又不失一般性，本论文只对我国 2005—2007 年各省的能源效率情况进行了研究。

表 1　投入产出数据的相关性分析

	产出	能源投入	资本投入	劳动力投入
产出	1.000	0.684	0.986	0.956
能源投入	0.708	1.000	0.682	0.662
资本投入	0.986	0.682	1.000	0.952
劳动力投入	0.956	0.662	0.952	1.000

注：根据 SPSS13.0 软件数据处理结果整理；(2) α=0.1。

4　实证结果

4.1　能源效率分析

运用 DEAP2.1 软件包对以上投入产出数据进行处理，可计算得到我国 30 个典型省份工业部门的全要素能源效率，如表 2 所示。

表 2　我国典型省份工业部门全要素能源效率

地区	2005 年			2006 年			2007 年			平均		
	综合效率	纯技术效率	规模效率	综合效率	纯技术效率	规模效率	综合效率	纯技术效率	规模效率	综合效率	纯技术效率	规模效率
北京	0.978	0.999	0.979	1.000	1.000	1.000	1.000	1.000	1.000	0.993	1.000	0.993
天津	1.000	1.000	1.000	1.000	1.000	1.000	1.000	1.000	1.000	1.000	1.000	1.000
河北	0.871	0.884	0.984	0.853	0.868	0.983	0.878	0.883	0.995	0.867	0.878	0.987
山西	0.531	0.565	0.939	0.502	0.534	0.940	0.536	0.547	0.981	0.523	0.549	0.953
内蒙古	0.666	0.708	0.941	0.643	0.685	0.938	0.747	0.749	0.998	0.685	0.714	0.959
辽宁	0.775	0.776	0.999	0.765	0.775	0.987	0.792	0.800	0.990	0.777	0.784	0.992
吉林	0.747	0.787	0.949	0.731	0.779	0.939	0.837	0.856	0.978	0.772	0.807	0.955
黑龙江	0.718	0.749	0.958	0.668	0.708	0.944	0.625	0.642	0.974	0.670	0.700	0.959
上海	1.000	1.000	1.000	1.000	1.000	1.000	1.000	1.000	1.000	1.000	1.000	1.000
江苏	1.000	1.000	1.000	1.000	1.000	1.000	1.000	1.000	1.000	1.000	1.000	1.000
浙江	0.942	0.945	0.997	0.960	0.960	1.000	0.930	0.930	0.940	0.943	0.945	0.999
安徽	0.695	0.755	0.921	0.708	0.772	0.917	0.719	0.750	0.959	0.707	0.759	0.932
福建	0.890	0.938	0.949	0.908	0.956	0.949	0.886	0.920	0.963	0.895	0.938	0.954
江西	0.708	0.837	0.846	0.791	0.921	0.859	0.863	0.948	0.910	0.787	0.902	0.872
山东	1.000	1.000	1.000	1.000	1.000	1.000	1.000	1.000	1.000	1.000	1.000	1.000

地区	2005年			2006年			2007年			平均		
	综合效率	纯技术效率	规模效率	综合效率	纯技术效率	规模效率	综合效率	纯技术效率	规模效率	综合效率	纯技术效率	规模效率
河南	0.809	0.840	0.963	0.849	0.879	0.965	0.971	0.991	0.980	0.876	0.903	0.969
湖北	0.631	0.642	0.982	0.618	0.632	0.977	0.648	0.653	0.992	0.632	0.642	0.984
湖南	0.758	0.840	0.902	0.781	0.865	0.903	0.847	0.905	0.936	0.795	0.870	0.914
广东	1.000	1.000	1.000	1.000	1.000	1.000	1.000	1.000	1.000	1.000	1.000	1.000
广西	0.650	0.761	0.854	0.698	0.812	0.860	0.705	0.742	0.949	0.684	0.772	0.888
海南	0.644	1.000	0.644	0.716	1.000	0.716	0.975	1.000	0.975	0.778	1.000	0.778
重庆	0.657	0.779	0.844	0.673	0.800	0.841	0.680	0.765	0.889	0.670	0.781	0.858
四川	0.630	0.653	0.965	0.639	0.665	0.960	0.679	0.689	0.986	0.649	0.669	0.970
贵州	0.534	0.636	0.839	0.541	0.676	0.802	0.549	0.616	0.891	0.541	0.643	0.844
云南	0.679	0.728	0.932	0.647	0.701	0.923	0.658	0.681	0.965	0.661	0.703	0.940
陕西	0.579	0.617	0.939	0.575	0.615	0.934	0.651	0.670	0.972	0.602	0.634	0.948
甘肃	0.631	0.731	0.863	0.609	0.712	0.855	0.668	0.709	0.943	0.636	0.717	0.887
青海	0.571	0.878	0.651	0.597	0.834	0.716	0.634	0.792	0.800	0.601	0.835	0.722
宁夏	0.546	0.887	0.616	0.542	0.886	0.612	0.562	0.772	0.728	0.550	0.848	0.652
新疆	0.743	0.828	0.898	0.764	0.817	0.934	0.735	0.739	0.994	0.747	0.795	0.942

注：(1) 根据DEAP2.1软件数据处理结果整理；(2) 综合效率＝纯技术效率×规模效率。

从综合效率来看，天津、上海、江苏、山东和广东五个省市工业部门的能源效率在2005—2007年间都为DEA有效，构成了我国典型省份工业部门能源效率的前沿。北京工业部门于2006年综合能源效率上升为1，也开始位于前沿面上。至此，综合效率达到DEA有效的省份占据了全部典型省份的20%。浙江、河北、福建及河南几省工业部门三年间综合能源效率均在0.8以上，但这几省仅占总数的13%左右。其余省份综合能源效率相对而言比较低，其中又以山西最低，得分只有0.523。从以上分析也可看出，我国工业部门能源效率较高的主要分布在东部地区，而中西部地区的工业部门能源效率相对较低。

对综合效率非DEA有效的省份进一步从技术和规模两方面进行分析可发现（如表2所示），海南工业部门达到了纯技术有效但不是规模有效，这说明技术进步对其产出的作用已充分显现，但规模收益尚未形成，也就是说按照现在的产出计算，其投入已不可能再减少。此外，浙江、福建、河南、江西四省工业部门纯技术效率也都达到了0.9，河北、湖南、宁夏、青海、吉林几省也在0.8～0.9，因此，纯技术效率达到0.8以上的非DEA有效省市数目占到了30%左右。相对而言，规模效率就要高得多，仅有海南、宁夏、青海三省工业部门的规模效率位于0.8以下，也就是说，规模效率达到0.8以上的非DEA有效省份数目已达到了70%。由此可看出，我国工业部门还普遍依赖大量资源投入的规模生产，技术方面相对落后。

4.2 规模收益分析

DEAP2.1 软件包的数据处理结果还可考察规模收益，如表 3 所示。

表 3 我国典型省份工业部门规模收益

地区	2005 年	2006 年	2007 年	地区	2005 年	2006 年	2007 年
北京	irs	—	—	河南	irs	irs	irs
天津	—	—	—	湖北	irs	irs	irs
河北	irs	irs	irs	湖南	irs	irs	irs
山西	irs	irs	irs	广东	—	—	—
内蒙古	irs	irs	irs	广西	irs	irs	irs
辽宁	irs	drs	drs	海南	irs	irs	irs
吉林	irs	irs	irs	重庆	irs	irs	irs
黑龙江	irs	irs	irs	四川	irs	irs	irs
上海	—	—	—	贵州	irs	irs	irs
江苏	—	—	—	云南	irs	irs	irs
浙江	irs	—	irs	陕西	irs	irs	irs
安徽	irs	irs	irs	甘肃	irs	irs	irs
福建	irs	irs	irs	青海	irs	irs	irs
江西	irs	irs	irs	宁夏	irs	irs	irs
山东	—	—	—	新疆	irs	irs	irs

注：(1) 根据 DEAP2.1 软件包的数据处理结果整理；(2) irs 表示收益递增，—表示收益不变，drs 表示收益递减。

从表 3 可看出，在我国 30 个典型省份的工业部门中，综合效率达到 DEA 有效的北京（2006 年、2007 年）、天津、上海、江苏、山东和广东六省市的工业部门处于规模收益不变阶段，即投入、产出增加的比例相同，此外，浙江工业部门 2006 年也达到了规模收益不变。呈现规模收益递减的只有辽宁工业部门，其 2006 年规模收益由递增转向递减，并延续至 2007 年，这说明在增加投入后，其产出的增长比例会小于投入的增加比例，即增加投入的产出效率比较低。其余省份的工业部门皆处于规模收益递增阶段，也就是说这些区域的工业部门如果将所有投入品的数量都以相同比例增加，将获得更大比例的回报。从此分析可看出，我国大部分地区的工业部门还未达到规模经济，继续增加投入将带来更大规模的产出。

4.3 投入冗余和产出不足分析

非 DEA 技术有效是因为投入冗余或产出不足。本文只对 2007 年我国典型省份工业部门的投入冗余和产出不足情况进行分析。将 2007 年非 DEA 技术有效的各个典型省份工业部门关于投入冗余及产出不足的数据处理结果进行整理，如表 4 所示。

表 4　2007 年我国典型省份工业部门投入冗余及产出不足分析

	能源投入冗余/Mtce	能源投入冗余率	资本投入冗余/亿元	资本投入冗余率	劳动力投入冗余/万人	劳动力投入冗余率	工业总产出不足/亿元
河北	7 468.674	0.400	0.000	0.000	0.000	0.000	0.000
山西	4 186.744	0.275	0.000	0.000	0.000	0.000	0.000
内蒙古	6 986.177	0.565	172.093	0.030	0.000	0.000	0.000
辽宁	3 237.324	0.227	0.000	0.000	0.000	0.000	0.000
吉林	944.805	0.192	0.000	0.000	0.000	0.000	0.000
黑龙江	553.338	0.093	0.000	0.000	0.000	0.000	0.000
安徽	437.920	0.065	0.000	0.000	5.044	0.028	0.000
福建	0.000	0.000	0.000	0.000	62.120	0.173	0.000
江西	330.453	0.079	0.000	0.000	34.192	0.243	0.000
河南	13 626.064	0.536	0.000	0.000	40.858	0.107	0.000
湖北	2 180.499	0.221	0.000	0.000	0.000	0.000	0.000
湖南	1 576.776	0.220	0.000	0.000	39.693	0.203	0.000
广西	194.298	0.049	0.000	0.000	1.535	0.015	0.000
重庆	0.000	0.000	0.000	0.000	12.620	0.117	0.000
四川	1 069.634	0.102	0.000	0.000	0.000	0.000	0.000
贵州	1 079.307	0.248	0.000	0.000	3.293	0.049	0.000
云南	1 362.548	0.276	0.000	0.000	0.000	0.000	0.000
陕西	647.022	0.120	0.000	0.000	0.000	0.000	0.000
甘肃	925.770	0.234	0.000	0.000	0.000	0.000	0.000
青海	183.598	0.154	92.813	0.113	0.000	0.000	180.060
宁夏	1 539.543	0.509	0.000	0.000	6.180	0.243	0.000
新疆	1 389.137	0.358	86.313	0.026	0.000	0.000	0.000

注：根据 DEAP2.1 软件数据处理结果及原始数据整理。

由表 4 可看出，在现有产出水平下，非 DEA 技术有效的典型省份工业部门均存在不同程度的投入冗余，即资源浪费情况，尤其是能源投入冗余。其中，又以内蒙古为最高，能源投入冗余率高达 0.565，也就是说，其工业部门能源投入还可以在目前基础上减少 56.5%；其次为河南、宁夏、河北，能源投入冗余率分别为 0.536、0.509 和 0.400，此外，新疆、云南、山西、贵州也都达到了 0.25 以上。相比较而言，劳动力投入冗余和资本投入冗余情况要好一些。劳动力投入方面，以江西、宁夏最高，冗余率达到 0.243，即它们的工业部门劳动投入可以再减小 24.3%。往下较高的依次为湖南、福建、重庆、河南，冗余率分别为 0.203、0.173、0.117 和 0.107。资本投入冗余状况还要好，只有青海、内蒙古、新疆三省出现冗余，分别为 0.113、0.030 和 0.026。这也从侧面说明了目前我国工业部门能源投入浪费情况比较严重，且劳动力投入也需优化，而资本投入基本合适。

此外，表 4 还可显示，如果在投入一定的情况下，各典型省份工业部门的产出基本都能达到目标，只有青海出现了 180.060 万元的不足，产出不足率达 0.219，也就是说，其工业部门在现投入不变的情况下，产出还有 21.9%的增长潜力。

5 结论与建议

本文运用DEA方法，构建了以我国典型省份规模以上工业企业的工业总产值为产出，规模以上工业企业能耗、固定资本年均余额和流动资本年均余额、从业人员的年平均数为投入的能源评价模型，并对2005—2007年间我国30个典型省份工业部门的全要素能源效率进行了实证分析。结果显示：

(1) 三年来，工业部门能源效率达到DEA有效的省份主要集中于东部沿海的天津、上海、江苏、山东、广东等地。而中西部地区工业部门的能源效率相对较低，且规模效率要优于纯技术效率，这说明这些地区的工业部门还大多处于依靠资源大量投入的粗放型阶段，技术应用有待加强。

(2) 东部能源效率达到DEA有效的几个省份的工业部门已处于规模收益不变阶段，即投入、产出增加的比例相同，可见其发展已接近饱和。而非DEA有效的中西部地区的工业部门仍处于规模收益递增阶段，即增加投入将带来更大规模的产出，这也意味着与东部相比，中西部地区工业发展空间更大，但前提是其能源效率必须能够与东部地区看齐。

(3) 非DEA有效的中西部地区工业部门普遍存在着投入冗余较高的现象，尤以能源投入为最，浪费现象颇为严重，不过这也从侧面反映了这些地区节能潜力巨大，而且鉴于工业在我国经济中所处的重要地位，如果中西部地区能够有效地减少其工业部门的能源投入冗余，则我国总体能耗将能极大降低。

针对以上结论，本文提出如下建议：

(1) 对于纯技术效率较低的山西、陕西、贵州、四川等地工业部门，今后要注意发挥技术改进对提高能源效率的作用，鼓励技术创新，加快发展高新技术产业，并运用先进适用技术对传统产业进行改造，同时大力推广节能技术在工业生产中的应用。

(2) 对于已处于规模收益递减的辽宁工业部门，要注意控制资源投入规模，而处于规模收益递增的各省工业部门则要继续加大投入，但要科学合理地安排各资源之间的配置比例，切勿再以粗放型的模式继续扩张。

(3) 对于能源投入冗余率较高的内蒙古、河南、宁夏、河北等地工业部门，要进一步淘汰高耗能、低产出的落后产业，并且要严格控制生产中高耗能设备的使用，鼓励采用高效、节能的终端用能产品，以减少能源的无谓浪费。

总之，非DEA有效的中西部地区工业部门要加速发展模式由粗放型向集约型的转变，以期在即将来临的“十二五”期间形成后发优势，在降低自身能耗的同时带动我国能源效率的整体提高。

参考文献

[1] Jinli Hu, Shichuan Wang. Total-factor Energy Efficiency of Regions in China [J]. Energy Policy, 2006(34):3206—3217.

[2] 魏楚，沈满洪．能源效率及其影响因素：基于DEA的实证分析[J]．管理世界，2007(8):66—76.

[3] 徐国泉，刘则渊．1998—2005年中国八大经济区域全要素能源效率[J]．中国科技论坛，2007(7):68—72.

[4] 师博，沈坤荣．市场分割下的中国全要素能源效率：基于超效率 DEA 方法的经验分析[J]. 世界经济，2008(9)：49－59.
[5] 吴琦，武春友．基于 DEA 的能源效率评价模型研究[J]. 管理科学，2009(1)：103－112.
[6] 李世祥，成金华．中国能源效率评价及其影响因素分析[J]. 统计研究，2008(10)：18－27.
[7] 郝海，踪家峰．系统分析与评价方法[M]. 北京：经济科学出版社，2007：208－209.
[8] 郑畅．长江流域七省二市能源效率比较研究[J]. 统计与决策，2008(24)：79－81.
[9] 李廉水，周勇．技术进步能提高能源效率吗[J]. 管理世界，2006(10)：82－89.

中国区域产业终端能源消费变化的实证分析*

马晓微　魏一鸣

北京理工大学能源与环境政策研究中心　北京　100081

中国科学院科技政策与管理科学研究所　北京　100190

北京理工大学管理与经济学院　北京　100081

摘　要：本研究利用LMDI分解方法，建立区域能源消费分解模型，分析中国区域产业终端能源消费变化、主要影响因素及各因素的贡献程度。结果表明：(1) 1995—2004年，产业的经济发展、结构变化和能源强度变化是影响中国产业终端能源消费变化的主要原因。(2) 在中国除吉林、黑龙江、湖南三省外，其他27个省市产业终端能源消费量都出现不同程度的上升。且变化幅度比较大的省份主要分布在东部地区，中西部省市能源消费量变化幅度整体较小，东北地区终端能源消费增加很少，甚至出现了减少。(3) 1995—2004年，影响区域终端能源消费变化的主要因素及其贡献有所不同。其中，产业经济发展增加了所有区域产业终端能源消费量；且其整体上对东部地区的影响大于西部地区（四川省例外）。能源消费结构和产业结构变化对区域产业终端能源消费量变化影响份额相对较小，且对不同的区域其影响的方向和程度不同。

关键词：中国，产业终端能源消费，影响因素，LMDI

1　引言

随着中国经济的快速发展，中国的化石能源消费量也在迅速增加，1980—2005年，中国化石能源的消费量增加了2.7倍。虽然中国人均能源消费量不足世界平均水平的一半，但由于中国是人口大国，能源消费总量大。长期以来，中国能源消费变化及其相关问题引起了国内外学者的极大关注。他们力图从定量的角度分析得到哪些因素能够对中国能源消费产生影响，并且这些影响有多大。这对于未来的中长期能源战略的制定及其实施具有十分重要的意义。

其中，Lin and Polenske (1995) 利用SDA (Structural Decomposition Analysis) 方法，根据1981年和1987年的投入产出表分析了中国1981—1987年能源消费的变化，研究发现相对于1981年，1987年节能主要是由于能源效率改进引起的。Garbaccio et al. (1999) 利用SDA方法，根据1987年和1992年投入—产出表分析了中国1987—1992年能源消费的变化，研究结果认为其中的能源消费下降主要是真实能源强度下降引起的。Sti-ton and Levine (1994) 利用Laspeyres方法，研究了1980—1990年结构变化和强度变化对中国工业的影响，他们认为工业部门的经济强度是20世纪80年代中国工业部门能源强度下降的主要原因。Zhang (2003) 利用没有残差的Laspeyres方法分析了中国工业部门

* 本文受北京市自然科学基金项目：No. 9092016和“十一五”国家科技支持计划项目（2006BAB16B02）的支持。

1990—1997 年能源消费的变化，研究结果表明 1990—1997 年工业部门所节约能源的 87.8%是由于真实能源强度下降引起的，能源强度的下降主要体现在黑色金属、化学非金属矿物、机械制造四个部门。Fisher-Vanden et al.（2004）利用 Divisia 方法，根据中国 2 582个大中型能源密集型企业的情况，分析了能源价格、R&D 投入、所有制形式、产业结构变化对 1997—1999 年能源消费下降的影响，他们认为几乎能源消费和强度变化的 50%都是企业能源效率提高带来的，而相对价格变化以及 R&D 投入则是企业能源强度下降的重要因素。Fan et al.（in press）利用 AWD 方法分析了中国 1980—2003 年中国初级能源利用的碳排放强度和物质生产部门终端能源利用碳排放强度变化的原因。

但这些研究都是针对中国能源消费总量、工业部门或者企业层面的，而中国是一个区域间差别很大的国家。因此，本文利用 LMDI 分解方法分析 1995—2004 年，我国不同区域产业终端能源消费的变化特征，影响区域产业终端能源消费变化的主要因素及贡献程度，为区域能源政策及发展战略制定提供科学决策的依据。

2 LMDI 方法和数据来源

2.1 LMDI 方法

现在被研究人员和政策决策者采用的分解分析方法很多，但是哪一种分解方法是最好的方法，目前还没有达成一致意见。Ang（2004）收集了一些常用的方法，通过对比后认为不论是从理论背景、实用性、可操作性还是结果表达的角度，LMDI 都是一种极好的分解方法。Ang（2005）利用 LMDI 方法分析了加拿大能源消费及相应的二氧化碳排放变化，且 LMDI 方法还可以用于子地区的工业变化行为分析，而且没有残差，能够处理出现零值的情况。因此，我们利用 LMDI 方法，研究 1995—2004 年，中国区域三大产业终端能源消费变化特征及主要影响因素。

根据 LMDI 方法，把中国能源消费（E）分解到不同省市、不同产业、各种一次能源终端消费量上（具体变量说明如表 1 所示）。

能源消费具体可以分解为如下形式：

$$E = \sum_{ijk} E_{ijk} = \sum_{ijk} Q \frac{Q_{ij}}{Q} \frac{E_{ij}}{Q_{ij}} \frac{E_{ijk}}{E_{ij}} = \sum_{ij} QS_{ij} I_{ij} e_{ijk} \tag{1}$$

其中，终端能源消费变化可以表示为：

$$\Delta E_{tot} = E^T - E^0 = \Delta E_{act} + \Delta E_{str} + \Delta E_{\text{int}} + \Delta E_{mix} \tag{2}$$

经济活动规模变化导致的终端能源消费变化分解公式：

$$\Delta E_{act} = \sum_{ijk} \frac{E_{ijk}^T - E_{ijk}^0}{InE_{ijk}^T - InE_{ijk}^0} In\left(\frac{Q^T}{Q^0}\right) \tag{3}$$

产业结构变化导致的终端能源消费变化分解公式：

$$\Delta E_{str} = \sum_{ijk} \frac{E_{ijk}^T - E_{ijk}^0}{InE_{ijk}^T - InE_{ijk}^0} In\left(\frac{S_{ij}^T}{S_{ij}^0}\right) \tag{4}$$

能源强度变化导致的终端能源消费变化分解公式：

$$\Delta E_{\text{int}} = \sum_{ijk} \frac{E_{ijk}^T - E_{ijk}^0}{InE_{ijk}^T - InE_{ijk}^0} In\left(\frac{I_{ij}^T}{I_{ij}^0}\right) \tag{5}$$

终端能源结构变化导致的终端能源消费变化分解公式：

$$\Delta E_{mix} = \sum_{ijk} \frac{E_{ijk}^{T} - E_{ijk}^{0}}{InE_{ijk}^{T} - InE_{ijk}^{0}} In\left(\frac{M_{ijk}^{T}}{M_{ijk}^{0}}\right) \tag{6}$$

表 1　不同省市、不同产业、各种一次能源终端消费量具体变量说明

变量	变量说明	变量	变量说明
i	本文指的是不同省份，$i=1$，2，3，…，28	j	本文指的是三大产业，$j=1$，2，3
k	$k=1$，2，3，4，指的是终端能源煤炭、石油、天然气和电力	E_{ij}	i 省 j 产业的终端能源消费量
E_{ijk}	i 省 j 产业燃料 k 的消费量	M_{ijk}	i 省 j 产业燃料 k 的消费量占 i 省 j 部门终端能源消费量的比例，$e_{ijk}=E_{ijk}/E_{ij}$
Q	28 个省三大产业的产值总和，$Q=\sum_{ij} Q_{ij}$	Q_{ij}	i 省 j 产业的生产总值
S_{ij}	i 省 j 产业的国民生产总值占总国民生产总值的比例，$S_{ij}=Q_{ij}/Q$	I_{ij}	i 省 j 产业的能源强度，$I_{ij}=E_{ij}/Q_{ij}$
ΔE_{tot}	终端能源消费 0～t 年的变化	ΔE_{act}	0～t 年经济活动规模变化对终端能源消费的影响
ΔE_{int}	0～t 年能源强度变化对终端能源消费的影响	ΔE_{str}	0～t 年产业结构变化对终端能源消费的影响
ΔE_{mix}	0～t 年终端能源结构变化对终端能源消费的影响		

2.2　数据来源

本文选取 1995—2004 年中国各省、市、自治区的三大产业的终端能源消费量、各产业产值数据来分析区域三大产业终端能源消费的变化情况。其中 1995—2004 年的各产业的总产值数据是根据各省不同产业的增长指数计算得到的，来源于中国统计年鉴 2001 年、2002 年、2003 年、2004 年、2005 年，以 1995 年不变价格表示。各省三大产业的终端能源消费量煤炭、石油、天然气、电力数据来源于《中国能源统计年鉴 1996》、《中国能源统计年鉴 2005》；第一产业终端能源消费量是农林牧渔业终端能源消费量；第二产业终端能源消费量为工业终端能源消费量减去用于原材料的量，再加上建筑行业终端能源消费量；第三产业能源消费量为终端能源消费总量减去第一、第二产业终端能源消费量。由于《中国能源统计年鉴 2005》没有统计我国台湾地区和香港、澳门地区的能源消费，所以本研究中没有包括台湾地区和港澳地区。

3　实证结果分析与讨论

采用上述公式计算得到我国 1995—2004 年我国及各省、市、自治区三大产业终端能源消费变化，能源消费变化的主要影响因素及其贡献份额数，并结合区域能源消费和产业现状进行分析。

3.1　1995—2004 年中国三大产业终端能源消费的变化

由表 2 可以看出，相对于 1995 年，2004 年中国三大产业终端能源消费量增加了 39 410.67百万吨标准煤。造成中国产业终端能源消费量变化的主要因素有产业的经济发展、终端能源消费结构变化、终端能源强度和产业结构变化等。其中，三大产业的经济发展、结构变化和终端能源消费结构的变化，导致产业终端能源消费量的增加，而产业终端能源强度的下降，使产业终端能源消费量减少。

三大产业的经济发展和结构变化使产业终端能源消费量分别增加了 80 731.26 百万吨标准煤和8 164.86百万吨标准煤，三大产业终端能源消费结构变化增加了 835.49 百万吨标准煤；而产业终端能源强度下降所导致的中国产业终端能源消费量减少的份额为 50 321.6百万吨标准煤。

因此可以看出，三大产业的经济发展和能源强度变化是影响中国产业终端能源消费变化的主要原因，其中三大产业经济发展对能源消费增长的贡献率为 89.97%，产业能源强度变化对能源消费下降的贡献率为 100%。

表 2　1995—2004 年中国（30 个省、市、自治区）三大产业终端能源消费的变化　　单位：Mtce

ΔE_{tot}	ΔE_{act}	ΔE_{str}	ΔE_{int}	ΔE_{mix}
39 410.67	80 731.26	8 164.86	−50 321.6	835.49

1995—2004 年，中国三大产业终端能源消费增加了 39 410.67 百万吨标准煤；影响其能源消费变化的主要因素是产业的经济发展和能源强度变化，其中，经济发展对能源消费变化的影响是正向的，能源强度变化的影响是负向的。那么中国各区域产业终端能源消费变化是不是也符合这个规律呢？研究发现，由于中国区域之间经济发展水平、资源状况等因素的不同，导致不同区域无论在经济发展水平，还是能源消费和产业结构都存在着较大的差别，因而产业终端能源消费变化主要影响因素也存在着区域差异。

3.2　1995—2004 年中国区域三大产业终端能源消费的变化

表 3　1995—2004 年不同影响因素对中国 30 个省、市、自治区产业终端能源消费变化的影响

单位：Mtce

	能源消费变化	经济增长	产业结构	能源强度	终端能源消费结构
北京	390.93	1 636.07	−23.76	−1 230.85	9.07
天津	632.49	1 586.94	360.85	−1 324.95	10.94
河北	3 939.87	6 081.53	926.17	−3 105.5	37.39
山西	2 312.39	3 861.37	401.66	−1 988.76	37.1
内蒙古自治区	1 852.21	2 238.03	799.88	−1 228.21	42.51
辽宁	495.22	4 983.2	−230.95	−4 281.77	24.75
吉林	−151.8	2 192.92	156.62	−2 500.14	−1.21
黑龙江	−102.37	2 638.58	−145.96	−2 591.78	−3.2
上海	2 040.23	3 015.27	302.42	−1 299.95	22.49
江苏	2 753.6	5 771.26	1 164.07	−4 224.61	42.88
浙江	3 127.01	3 711.88	686.28	−1 330.06	58.91
安徽	1 422.32	2 786.91	220.57	−1 589.8	4.63
福建	1 375.08	1 583.14	392.05	−616.14	16.03
江西	500.64	1 444.38	391.53	−1 349.87	14.6

	能源消费变化	经济增长	产业结构	能源强度	终端能源消费结构
山东	5 320.25	6 042.64	1 575.13	−2 409.2	111.68
河南	1 009.11	3 286.23	357.23	−2 663.79	29.21
湖北	1 780.88	4 185.21	545.46	−2 963.51	13.72
湖南	−215.71	2 908.83	312.92	−3 432.38	−5.08
广东	3 494.74	5 136.35	841.65	−2 535.13	51.87
广西	764.8	1 781.1	−2.18	−1 022.96	8.84
海南	305.25	221.74	−34.47	92.62	25.36
重庆	368.51	1 705.53	−325.85	−1 015.78	4.6
四川	1 516.72	3 391.04	−456.36	−1 431.97	14
云南	210.7	1 260.11	−176.42	−876.74	3.76
贵州	1 134.05	1 811.33	87.17	−771.09	6.64
陕西	502.35	1 560.72	121.84	−1 233.73	53.52
甘肃	504.49	1 453.3	−9.65	−949.25	10.09
青海	310.25	354.29	64.76	−125.38	16.59
宁夏	691.6	429.47	32.88	88.07	141.17
新疆	1 124.86	1 671.89	−170.68	−408.99	32.63

从表3中我们发现，和中国终端能源消费变化规律相反的是，2004年吉林省、黑龙江省、湖南省三大产业的终端能源消费相对于1995年的产业终端能源消费量出现不同程度的减少，分别下降了151.8万吨标准煤、102.37万吨标准煤、215.71万吨标准煤，共469.88万吨标准煤。

而其他的27个省、市、自治区三大产业的终端能源消费量都具有不同程度的增长。其中山东、河北、广东、浙江、江苏、山西、上海等省、市三大产业的终端能源消费增幅较大，分别为5 320.25万吨标准煤、3 939.87万吨标准煤、3 493.74万吨标准煤、3 127.01万吨标准煤、2 753.6万吨标准煤、2 312.39万吨标准煤、2 040.23万吨标准煤；且这七省产业终端能源消费的增长量占27个省、市、自治区三大产业终端能源消费增长量的59%。且终端能源消费量变化幅度比较大的省份主要分布在东部地区，而中西部省、市能源消费量变化幅度整体较小，东北地区终端能源消费增加很少，甚至出现了减少。

3.3 1995—2004年影响中国区域三大产业终端能源消费变化的因素分析

由表3我们发现，对中国不同区域整体来说，经济发展水平、能源强度、产业结构、能源结构变化是决定区域能源消费变化的主要因素；按照各因素对能源消费变化影响贡献程度，可大致归纳为经济发展水平＞能源强度＞产业结构＞能源消费结构。不同因素对不同区域终端能源消费变化的影响有所不同。

三大产业的终端能源消费结构变化对所有区域产业终端能源消费的影响都比较小；产业终端能源消费强度变化对区域产业终端能源消费的影响总体是导致消费量减小，但宁夏回族自治区和海南省却例外。

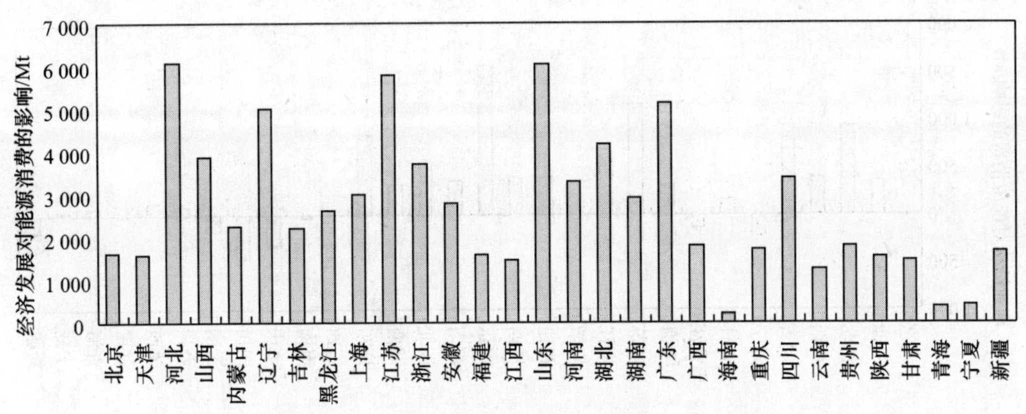

图 1　1995—2004 年经济发展对区域产业终端能源消费变化的影响

（1）经济发展对区域产业终端能源消费变化影响：产业经济发展导致区域产业终端能源消费量增加，且经济发展对能源消费影响的程度是东部大于西部（四川省例外）。

由图 1 可以看出：三大产业的经济发展对区域产业终端能源消费影响是相同的，都增加了产业终端能源消费量；但各省、市、自治区的地区间的经济发展对产业终端能源消费变化的影响程度是不同的。总体来说，经济发展对能源消费影响是东部大于西部，但西部四川省例外。其中，河北、山东、江苏、广东和辽宁省三大产业的经济发展对能源消费的影响最大，分别增加了 6 081.53 万吨标准煤、6 042.6 万吨标准煤、5 771.26 万吨标准煤、5 136.35 万吨标准煤、4 983.2 万吨标准煤，共28 014.98万吨标准煤。这五个省的增长量就占到了全国 30 个省市经济发展对能源消费增长量的 34.7%。

结合区域产业产值数据进行分析，发现 1995—2004 年各省市自治区的产业产值变化差别很大，东部地区经济发展速度大于西部地区。相对于 1995 年，2004 年河北、山东、江苏、广东和辽宁省产业产值增长量就占到了全国 30 个省市产业增加值的 42.45%。因此，各省、市、自治区的政策制定者面临的任务就是要协调好经济增长和减缓能源消费增长速度之间的关系。

（2）产业结构对区域产业终端能源消费变化影响：产业结构变化对不同区域终端能源消费的影响方向和贡献程度不同，对大部分省市能源消费变化量影响不大。

由图 2 可以看出：三大产业结构变化对不同区域终端能源消费的影响是不同的，如随着产业结构的变化，大部分省市的产业终端能源消费量变化不大，但是山东、江苏、河北、广东、内蒙古自治区、浙江、湖北等省、市、自治区的产业终端能源消费变化出现大幅度的增加，四川、重庆、辽宁、云南、新疆、黑龙江等地区产业终端能源消费出现了一定幅度的下降。具体来说，四川、重庆、辽宁、云南、新疆、黑龙江、海南、北京、甘肃、广西等省、市、自治区三大产业结构变化降低了对能源的消费，共降低了 1 576.28 万吨标准煤的消费；其他的 20 个省市自治区的三大产业变化都增加了能源消费量，共增加了 9 741.74 万吨标准煤。其中山东、江苏、河北、广东、内蒙古自治区、浙江、湖北、山西等省、市、自治区的三大产业结构变化对能源消费的影响最大，分别增加了 1 575.13 万吨标准煤、1 164.07 万吨标准煤、926.17 万吨标准煤、841.65 万吨标准煤、799.88 万吨标准煤、686.28 万吨标准煤、545.46 万吨标准煤、401.66 万吨标准煤的能源消费，占到全国产业结构变化对能源消费增加量的 71.24%；而四川省三大产业变化对能源消费的减少最多，为 456.38 万吨标准煤，占到全国产业结构变化对能源消费减少量的 28.95%。

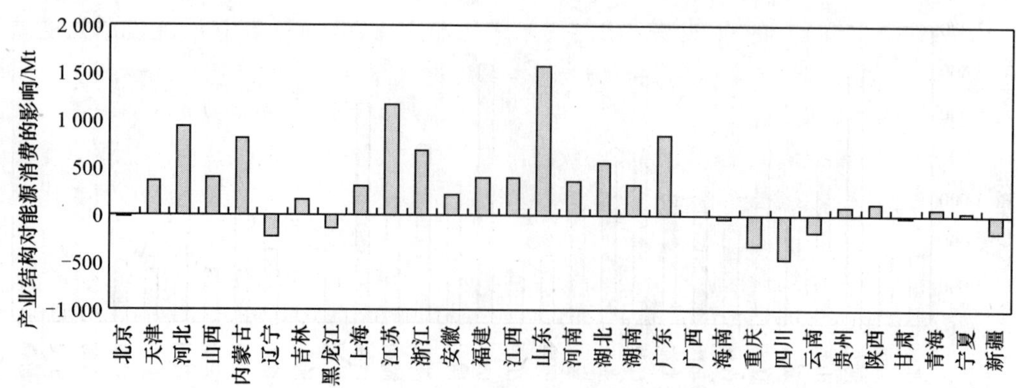

图 2　1995—2004 年产业结构变化对区域产业终端能源消费变化的影响

结合区域产业结构变化数据进行分析，发现 1995—2004 年各省、市、自治区的产业结构变化差别很大。总体来说，除北京、上海外，其他 28 个省市自治区的产业结构中工业产值比重都处于增长状态，相对于 1995 年，2004 年山东、江苏、河北、广东、内蒙古、浙江、湖北等东部省区工业增加值在产业总增加值中的份额增大，而辽宁、云南、新疆、黑龙江、海南、北京、甘肃、广西等区域第三产业增加值在产业结构中的份额增加。因此，调整产业结构，减低能源消耗，尤其是一些能源消费大省（工业大省）在工业经济发展中应控制能源密集型产业的发展、重点发展非能源密集型产业，提高能源利用效率，减缓对能源消费的增长速度将是政府在产业结构调整时要重点考虑的问题。

（3）能源强度对区域产业终端能源消费变化影响：终端能源强度变化是绝大多数省、市、自治区产业终端能源消费减少的最主要因素。

除宁夏和海南省外，随着产业终端能源消费强度的变化，其余 28 个省、市、自治区的区域产业终端能源消费都降低了，共减少了 50 502.3 万吨标准煤。因此，终端能源强度变化是减缓产业终端能源消费增长速度的最主要因素。

图 3 是 1995—2004 年 30 个省、市、自治区产业终端能源强度变化对能源消费变化的影响。由图 3 可以看出：辽宁、江苏、湖南、河北、湖北、河南、黑龙江、广东、吉林、山东等省三大产业的终端能源强度对能源消费的影响较大，分别减少了4 281.77 万吨标准煤、4 224.61 万吨标准煤、3 432.38 万吨标准煤、3 105.5 万吨标准煤、2 963.51 万吨标准煤、2 663.79万吨标准煤、2 591.78 万吨标准煤、2 535.13 万吨标准煤、2 500.14 万吨标准煤、2 409.2万吨标准煤，共 30 707.8 万吨标准煤，对总能源消费下降的贡献率为 60%。

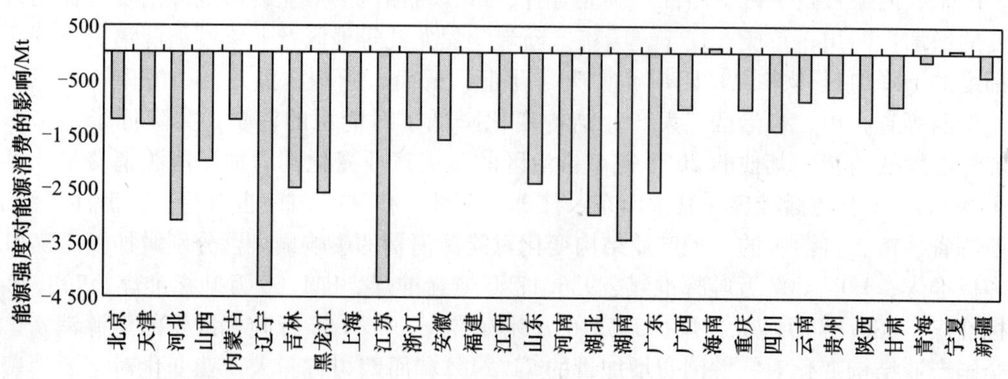

图 3　1995—2004 年能源强度变化对区域产业终端能源消费变化的影响

结合区域1995—2004年能源强度的变化情况，发现各省市自治区产业能源强度差别很大，这是由于各省的工业结构、能源效率以及能源资源、消费分布等不同造成的。东部经济发达地区，如江苏、广东等省市虽然在1995—2004年能源强度变化对减少终端能源消费变化的作用较大，但是由于这些区域能源强度相对较低，未来这些地区能源强度下降的潜力有限；西部地区虽然在1995—2004年能源强度变化对减少终端能源消费变化的作用相对较小，但是由于西部地区能源强度较高的现状，未来能源强度降低的空间更大。

(4) 能源消费结构对区域产业终端能源消费变化影响：能源消费结构变化对不同区域终端能源消费影响方向和程度不同，且能源消费结构变化对区域能源消费量变化贡献整体较小。

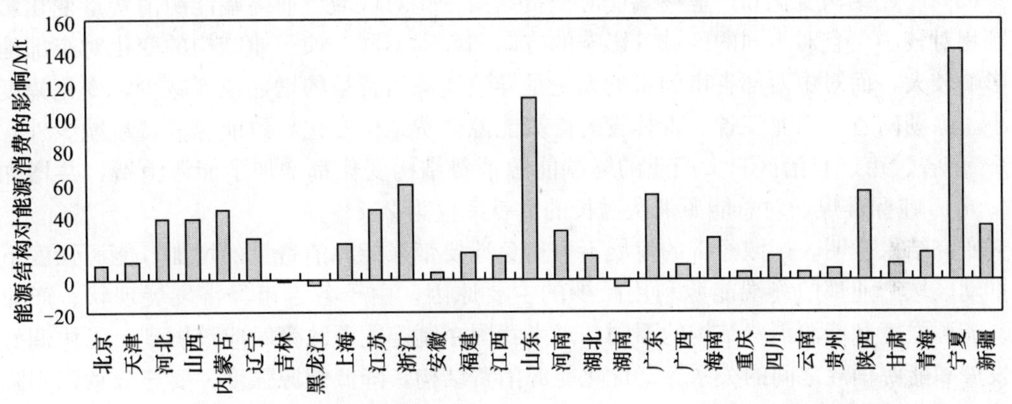

图4　1995—2004年能源消费结构变化对区域产业终端能源消费变化的影响

产业终端能源消费结构变化对中国各区域能源消费的影响都比较小；除湖南省、黑龙江、吉林省的终端能源消费结构变化减少了能源消费外，其他27个省、市、自治区三大产业的终端能源消费变化都增加了能源消费，共增加了844.98万吨标准煤，对总能源消费增长的贡献率仅为2.1%。其中宁夏回族自治区和山东省的终端能源消费结构变化对能源消费的影响相对较大，分别为141.17百万吨标准煤、111.68万吨标准煤。

结合区域1995—2004年能源消费结构的变化情况，发现各省市自治区能源结构变化总体上具有能源消费结构中煤炭比例减小、石油比例略有增加、电力比例增加的特点。一般而言，随着能源结构中煤炭消费比例的减少、其他能源比例的增加，能源结构向更好的方向演化，将会降低能源消费量。究其原因，是不是在能源消费结构中虽然煤炭比例有所减少，但由于电力比例增加，由于许多地区是以火电为主，电力生产过程中消耗大量的煤炭反而导致能源消耗量增加。

4　结论及政策建议

通过LMDI分解方法，建立区域能源消费分解模型，分析中国区域产业终端能源消费变化、主要影响因素及各因素的贡献程度，主要结论和政策建议如下：

(1) 产业的经济发展、结构变化和能源强度变化是影响中国产业终端能源消费变化的主要原因。相对于1995年，2004年中国三大产业终端能源消费量增加了39 410.67百万吨标准煤，其中三大产业经济发展对能源消费增长的贡献率为89.97%，而能源消费下降部分主要是产业能源强度变化带来的。从区域角度来看，1995—2004 年，除吉林、黑龙江、湖南三省外，其他 27 个省市产业终端能源消费量都出现不同程度的上升；且终端能源消费变化幅度比较大的省份主要分布在东部地区，而中西部省市能源消费量变化幅度整体较小，东北地区终端能源消费增加很少，甚至出现了减少。

（2）1995—2004 年间，影响区域终端能源消费变化的主要因素及其贡献有所不同。其中，产业经济发展增加了所有区域产业终端能源消费量，且其整体上对东部地区的影响大于西部地区（四川省例外）。能源强度下降是导致产业终端能源消费减少的主要因素，其中辽宁、江苏、湖南、河北、湖北、河南、黑龙江、广东、吉林、山东等省三大产业的终端能源强度变化对能源消费的影响较大，对总能源消费下降的贡献率为 60%。

（3）产业结构变化和产业终端能源消费结构变化对区域产业终端能源消费量变化影响份额相对较小，且对不同的区域其影响的方向和程度不同。如产业结构的变化对东部地区的影响较大，而对中西部省市的影响无论是导致能源消费量的增加或者减少，变化幅度都很小。除湖南省、黑龙江省、吉林省的终端能源消费结构变化导致能源消费量减少外，其他 27 个省、市、自治区三大产业的终端能源消费结构变化都增加了能源消费，共增加了 844.98 万吨标准煤，对总能源消费增长的贡献率仅为 2.1%。

研究结果表明，区域经济的发展不可避免地要带来能源消费量的增加；能源强度下降是推动区域产业部门终端能源利用减少的主要原因。由于各省市经济发展现状、产业结构、能源强度和能源消费结构的不同，未来我国在制定能源政策时应该做到：①协调好经济发展和能源消耗之间的关系。②优化能源消费结构，降低能源强度。要充分意识到降低西部和东北地区能源强度将对未来减缓能源消费的重要作用；在调整能源消费结构中电力比例时，要同时考虑降低发电煤耗。③调整产业结构，减低能源消耗。尤其是一些能源消费大省（工业大省）在工业经济发展中应控制能源密集型产业的发展、重点发展非能源密集型产业，提高能源利用效率，减缓对能源消费的增长速度将是政府在产业结构调整时要重点考虑的问题。

参考文献

[1] Ang B W. Decomposition of industrial energy decomposition: the energy intensity approach. Energy Economics, 1994, 16, 163－174.

[2] Ang B W. Decomposition analysis for policymaking in energy: which is the preferred method? . Energy Policy, 2004, 32, 1131－1139.

[3] Ang B W. The LMDI approach to decomposition analysis: a practical guide. Energy Policy, 2005, 33, 867－871.

[4] Ang B W. Lee S Y. Decomposition of industrial energy consumption: some methodological and application issues. Energy Economics, 1994, 16:83－92.

[5] Fisher-Vanden Karen, Jefferson G H, Liu H, Tao Q. What is driving China's decline in energy intensity? Resource and Energy Economics, 2004, 26:77－97.

[6] Garbaccio R F, Ho M S, Jorgenson D W. Why has the energy-output ratio fallen in China. Energy Journal, 1999, 20:63－91.

[7] Lin X, Polenske K R.. Input-output anatomy of China's energy use changes in the 1980s. Economic Systems Research, 1995, 7:67－84.

[8] Stiton J E, Levine M D.. Changing energy intensity in Chinese industry: the relative importance of structural shift and intensity change. Energy Policy, 1994, 22:239－255.

[9] Ying Fan, Lan-Cui Liu, Gang Wu, Yi-Ming Wei. Changes in carbon intensity in China: Empirical findings from 1980－2003. Ecological Economics, 2006.

[10] Zhang Z X. Why did the energy intensity fall in China's industrial sector in the 1990s? The relative importance of structural change and intensity change. Energy Economics, 2003, 25:625－638.

[11] 国家统计局.1997. 中国能源统计年鉴 1996. 北京:中国统计出版社.

[12] 国家统计局.2006. 中国能源统计年鉴 2005. 北京:中国统计出版社.

[13] 国家统计局.2005. 中国统计年鉴 2004. 北京:中国统计出版社.

[14] 国家统计局.1997. 中国统计年鉴 1996. 北京:中国统计出版社.

风险社会的能源问题与政策

马彦彬

台湾逢甲大学公共政策研究所

摘　要：面对当代能源短缺以及导致环境破坏的问题，本文采取德国社会学者 Ulrich Beck 所提风险社会的理论立场，反省检视我国台湾的能源问题与能源政策。本文指出当前能源问题的风险特质，以及能源政策囿限于技术思维，从而面临的定义难题、分配难题与课责难题。唯有经由彻底的政策再造，才能追求一个更理性的、民主的、公义的、负责的能源政策。

关键词：能源问题，能源政策，风险社会

当代的能源短缺问题，以及能源使用所导致的环境破坏问题，引发普世的焦虑感，促使各政府的能源新政策纷纷出炉，成为施政的重点，也形成当代公共政策讨论的焦点议题之一。本文采取德国社会学者 Ulrich Beck 所提风险社会（ Risk Society ）的理论立场，反省检视我国台湾的能源问题与能源政策的内容，希望为能源问题提供更多面向的重新定位，进而解析能源政策面临的内在困境，作为重新思考、找寻更多出路的基础。

1　能源问题的传统定性

公共政策是政府为解决公共问题的作为或不作为，而公共问题的存在，不仅是客观的事实，还涉及对这些事实的主观察觉与评价。因此，形成能源政策的首要前提是能源成为问题，并为公众与政府所感知与重视，才能进入政策的议程设定（agenda setting）。当今，能源的问题所在，主要表现于短缺与危害两方面，前者是指地球的可用能源存量逐渐枯竭（最主要是石油），将使建立在能源基础上的现代工业文明无以为继，或造成能源价格的上扬，影响市场经济的发展与国计民生的需求；后者是指能源的使用造成环境的污染与破坏，导致惨重的灾变（最严重的是地球暖化），危及全人类甚至后世子孙。在这两个负面问题亟待解决的需求之下，衍生出第三个问题：收益，亦即解决能源短缺与危害时，衍生关联的产业与产值（例如碳交易、新能源），成为对正面收益的一份期待。换言之，危机成为转机，进而成为商机。

如果以上述短缺、危害、收益三个面向来衡量，我国台湾的能源问题在世界上属于高度严重的地区。台湾地区在二氧化碳的排放量方面，1990—2006 年 CO_2 排放累积成长 137.38%，排放量占世界 0.96%，排第 22 名；人均排放量更高居世界第 16 名。近年我国台湾的年平均经济成长率虽然由 1996—1999 年的 5.40%降为 1999—2006 年的 3.8%，但 CO_2 排放的年平均成长率（4.53%）却高于经济成长率，且居高不下。我国台湾在能源消耗量方面，2006 年平均每人消耗的能量是全世界平均值的 2.6 倍，已超过瑞士、丹麦、英国、德国、法国、日本与韩国，且直逼澳洲（3.3 倍）、美国（4.3 倍）与加拿大（4.8

倍）这三个为人诟病的榜样。在能源生产力（国内生产毛额/能源使用量）方面，我国台湾比欧盟及日本分别低了47%及65%（梁启源，2009）。

无论是基本的短缺、危害问题，或衍生的收益问题，都源自促使能源成为问题，以及影响问题严重（或收益预期）程度的因素。综合向来的一般看法，这些因素大略可以分为以下来源：

1.1 能源问题是科技问题

某一项能源是否枯竭，不仅在于大自然界的绝对存量，更多来自开采与使用的科学技术；随着科技的变迁，能源问题的存在与否、严重程度、解决方案都会随之改变。然而，技术之间会有竞争、科学界未必有统一共识（例如地球暖化的成因），因此，随科技变迁而造成能源问题的变动，往往处于经常波动的不稳定状态。

1.2 能源问题是市场问题

能源的市场价格起伏，也会影响人们（政府、产业界、一般百姓）对于能源问题存在与否、严重程度的感知（当能源跌价时，倡导节约能源的呼声可能随之变弱）。而且，旧能源是否值得继续开发（涉及开发成本）、新能源是否足以取代旧能源（涉及替代成本），市场的价格因素经常扮演高度重要的角色①。

1.3 能源问题是产业问题

能源是产业主要的成本之一，能源问题因而直接涉及产业的主动利益与被动利益，前者是产业争取因能源问题带来的获利，后者是产业因能源问题所导致市场变动的利益。对单一社会而言，既有的总体产业结构与能源之间的关系（例如对旧能源的依赖程度），影响了业界（以及利害相关的政府、劳工）对于能源问题的认知与判断。

1.4 能源问题是政治问题

在传统地缘政治或当代全球化的竞争压力之下，国家基于国防安全、外交角力与经济发展需求，必须追求能源的战略安全（例如分散来源、确保通路、维持储备），或以手中的能源作为政治、外交或经济的武器，这些政治的考虑，都会影响能源的问题形成与程度。

1.5 能源问题是道德问题

当能源的短缺或危害被认为将会损及广大的地区、人群甚至后世子孙时，能源问题就被赋予道德的色彩（例如，排碳导致地球暖化，造成某些岛国因海平面上升而淹没——可能家破人亡）。然而，道德所涉及的价值判准，包括公平与正义的衡量（例如，中国人均能源使用量是否应该享有发达国家的相同水平，还是应该将目前的增长视为对世界的伤害），却可能具有矛盾与冲突，亦即能源问题具有价值的相对性。

---

① 有学者指出，只有石油价格长期保持在每桶200美元以上时，新能源技术才有规模化、市场化的空间（陈宇峰，2009）。

1.6 能源问题是文化问题

一个社会的人民之教育、所得与消费水平，以及长期养成的集体生活习惯与价值观，对于能源问题的界定与感知，进而对于解决问题手段的态度，势必有所影响。即使在普世价值的道德要求之下（所谓全球责任），特定社会文化所形成的长期钝性（inertia），仍将对能源问题的界定与解决态度，发挥相当程度的影响力，亦即能源问题具有文化的相对性。

由以上的分析不难看出，能源问题的多面性、相对性与不稳定性，不能化约为单纯的科技问题或市场问题，因而难以单由管理的角度寻求解决。多面向的能源问题既然是一个总体问题，势必需要寻求总体的解决方案；但能源问题的价值与文化相对性，却可能导致解决方案的多重标准之间的对立；所有解决方案的可行性与预期效益，又都随科技、市场或产业的因素而波动，加重了方案评估的复杂与困难。

除了上述的定性方式之外，如果援引德国社会学者 Ulrich Beck 的风险理论，我们将会注意到能源问题的另一层含义：能源问题也是风险问题，因此具有风险社会的特质，不能单以工业社会的思维方式进行判断与解决。

2 能源问题的风险性质

风险社会的概念，自 Ulrich Beck 于 1986 年提出之后，引起横跨诸多知识领域的广泛回响，不仅成为批判当代现代性（ modernity ）的重要参照，更成为环境危机等公共议题论辩的理论源泉，激发许多典范转移（ paradigm shift ）的学术创意。

Beck 认为，当代社会随着生产力不断提升，以及社会福利制度的建立，物质的匮乏(scarcity) 问题大致得到解决或减轻，匮乏问题逐渐让位给由科技所衍生的风险问题；财富的生产分配逻辑则逐渐转型为风险的生产分配逻辑。在一个以风险为主导逻辑的当代社会中，人们最在意的不再是“我饿”(匮乏感)，而是“我怕”(不安全感)（ Beck，1992：49)，恐惧居于上位，逐渐优先于，甚至主导着匮乏的解决（亦即生产或发展的内容与模式）。

以下归纳解析 Beck 关于风险的概念内涵，并用以说明当前能源问题所内含的风险性质：

2.1 风险的知识依赖

风险不是实际发生的灾害或毁坏，而是存在于安全与灾难的中间状态，属于一种不再(觉得安全)，但还未（发生灾难）（ no-longer-but-not-yet ）的形式，无法由感官来直接获知，必须经由其他的媒介（例如数字、几率、因果解释、预测、谣言），人们才能确知(确信) 风险的存在。因此，风险和对风险的定义是同一件事（ Beck，2002：175，2000：212－220 ；周桂田，2001)。例如，要等科学家通过媒体告诉我们：国际能源总署（ International Energy Agency ）于 2007 年 7 月提出警告：全球石油储量，未来数十年内即将枯竭，或地球暖化会导致海平面上升，将淹没大部分的沿海城市，我们才会知道世上有此风险，进而产生恐惧。然而，这些忧虑几乎都无法以感官来直接证实，必须依赖知识来再现（ representation ）这些真实，Beck 称之为风险的知识依赖（ knowledge dependence ）。进而言之，不同种类的风险（例如核能外泄风险与排碳暖化风险）之间可能产生互斥或冲突，或争议不同的权重与优先性，都只能依赖（经常是无法依赖）知识上的解答（经常是暂时而又多变的解答）。

2.2 风险使未来宰制现在

过去（传统、经验）已经不是决定现在的力量，反而是对于尚未发生、不一定会发生的未来（风险、恐怖）的恐惧，威迫并决定了我们现在的思想与行为。Beck 以意识决定存在一词[①]，凸显未来的虚构想象对于现今世界的真实作用。例如，一个在科学上仍然争议不休的地球暖化，无论真相如何[②]，对于未来的恐惧（想象），已经开始以能源枯竭、节能减碳之名，深深影响我们的法律内容、道德判断与生活方式。我们不再是自己命运的主人，即使是短期，亦然，我们的生存不再有保证，而这却是人类集体自作自受的后果（Beck et al.，1997：vii）。

2.3 风险既是事实也是道德

风险不仅是几率数字的建构，也隐含对于伦理的价值抉择，包括对于人命的评价，例如，地球暖化的速度，或多高的排碳量是可以接受的？这个标准可能涉及某些岛国被淹没的程度与速度，但却不是科学或技术本身可以直接回答的。因此，专家对于风险的定义，不仅是对于事实的界定与测量，同时也替其他人做了伦理的决定；然而，伦理价值的相对性却经常被彼此所遗忘（ Beck，2002：178－179；孙治本，2001a）。

2.4 风险无法预测与绝对控制

风险不是预期的结果，而是非预期的副作用；风险的无处不在，使我们活在一个副作用的时代（ an age of side-effects ）。风险的诊断具有高度的不确定性与模糊性，解释的因果链可以无限延伸，因而其后果无法真正预测与绝对控制。新的不可预测领域的出现，往往是由企图控制这些领域的努力所造成的（Beck et al.，1997：vii）。各种专家理性（例如地球暖化的成因、石油究竟是否在短期内会枯竭[③]）之间始终无法得到统一的解答，Beck 称之为人为的不确定性（ fabricated uncertainty ），往往使许多企图控制风险的努力未见明确的效果（例如，已由部分国家实施的减碳，似乎并未减缓地球的暖化），反而造成不确定性与风险感的扩大，人们逐渐对于专家的预测失去信心，但又无能为力。

2.5 风险是知识与无知的综合

在风险社会里，知识越多、越完善，我们感知的风险就越多、越大（例如，以前不被认为是疾病的忧郁症，现在成为普遍的风险；以前不知道车辆废气除了毒害肺部还会导致地球暖化）；另一方面，风险的几率并不保证一定会发生，于是，风险使我们越来越感到无知与无力，Beck 说“日常生活变成一张厄运彩票”，我们永远不知何时、何人会因何种行为而中奖（例如，吃进三聚氰胺毒奶粉或别的毒物，或因为地球暖化的气候变迁而身陷

---

① Beck 直接挑战马克思主义的根本预设：存在决定意识。

② 对于地球是否暖化以及暖化的成因，科学界仍众说纷纭，只是肯定暖化并以人类排碳作为暖化主要成因的说法，明显得到官方的认同。

③ 英国石油公司（BP）2009 年 9 月 2 日宣布在墨西哥湾发现巨型油田。媒体上经常有石油公司探勘新油田的好消息，但也经常出现对于石油即将枯竭的警告，前者与后者之间似乎并无关联。

水患与土石流）。

2.6 风险难以归咎责任

犹如地球的每一个地方都一起暖化，风险越来越被感知为无处不在、无处不起作用。风险是全球的，也是地方的，一则随全球化而跨越国界，并循环于世界各地，难以指责于特定的国家或人群；二则在国境之内横跨各项制度与生活层面，难以指责于特定的机构、政策或团体。例如，谁过度消耗能源？谁因此要为地球暖化负责？就是难以确定的问题，应该追究使用能源的本国或外国制造商？还是购买这些产品的本国或外国消费者？还是批准生产许可的本国或外国政府？还是授权政府拥有批准生产权力的民意机构？Beck（1995：58—70）称这种难以指责的现象为有组织的不负责任（organized irresponsibility）。

2.7 风险是大灾难也是大生意

风险社会的各种风险可以经由科学的解释或重新解释，转化为经济风险、市场风险、健康风险或政治风险，但也同时创造了相对应的经济利益与政治利益的可能性。例如，越多的风险，促生越多的保险业务；越多的罹癌来源，增长了越多的防癌保健食品与药品市场；越多对于能源枯竭的焦虑，促进了越多对新能源的投资与投机；随着越来越多对地球暖化的危机意识，兴起了越来越蓬勃的碳权交易市场，以及北极融冰后的新航运。不过，各种利益之间未必共赢，更可能形成竞争关系（例如各种新能源都要争夺能源市场的份额）。除了经济利益，风险也能造就英雄、指控罪人（或代罪羔羊），成为国际政治（例如指控中国的经济及基本建设需求是能源不足的因素之一）或国内政治（例如我国台湾地区非核家园的政治争议或斗争[①]）的筹码，或成为权力角力的战场。

2.8 风险既是自然的又是文化的

风险消融了国界、阶级、种族之间的界限，甚至瓦解了人类与其他生物之间的差别，所有的一切都笼罩在风险之下。例如，人类导致的地球暖化会同时影响人类的政治（领土、疆界）、经济（工商业、农业）以及北极熊（生物界）的生存。在这个“人造的混合社会”之中，人们不只是单单面对自然环境或是单单面对经济问题，而是同时要面对、理解、处理所有混合在一起的问题。因此，举凡政治学、伦理学、数学、社会学、媒体、科技、文化等，都是在理解、描述、评价、解决能源问题时所必须同时结合的能力。

2.9 风险的回力棒效应

风险在社会中并不是均匀分布的。弱势的团体、地区、阶级、国家，往往受害较深或较早，Beck 称之为具有阶级特殊性的风险（ class-specific risk ）。就能源问题而言，富人较能支付稀有能源的高昂价格，也比较能够经由迁居来回避地球暖化带来的灾变。然而，Beck 却也提醒：贫困是层级的，污染是民主的，风险社会具有回力棒效应（ boomerang effect ），使所有人（包括风险的制造者、受益者）都无法逃脱风险的灾害，例如，能源完全耗竭之后是每个人都无能源可用，地球暖化终究影响每个人的生存。因此，现代文明的

---

① 随 2008 年政党轮替，我国台湾原本订于环境基本法中的“非核家园”政策，已有一些团体或人士主张暂缓或删除。

风险都是全球风险，全人类都必须视为利害关系人（stakeholder），也必须通过全球的合作努力（例如，全球治理 global governance）才有希望解决。

将能源问题定位为风险问题，可以透析出不同的认知与判断，掌握能源问题更多的复杂局面，进而在相关政策制订上有更周全的考虑。Beck 风险社会理论提供了一个超越性的思考角度，提醒我们在面对能源问题时，目前可能仍旧依循工业社会的生产逻辑与社会前提，企图界定、解释、解决（看似的）旧问题，而忽略其属于风险的各种特殊性质，以致政策陷在越努力却越严重的恶性循环。循此思维，我们可以局部检视我国台湾的能源政策。

3 能源政策的技术思维

面对危机感日益扩散的能源问题，也有鉴于能源经济的潜力与前景，许多政府近来纷纷推出有关能源的新政策。在全球化的竞争压力之下，这些政策的规模与企图都颇为可观；而在全球化的媒体传播，以及政府之间的相互影响模仿之下，各国的能源政策也有趋同的态势。

以美国为例，一反过去采取巩固石油的能源战略，美国奥巴马总统 2009 年初就职后即宣示将朝向新能源科技发展，以洁净能源和再生能源来确保国家的经济与政治安全。他推出有史以来最大手笔的政府投资绿能方案，预算超过 800 亿美元（占其振兴经济方案总预算约 11%），显著增加洁净能源的研发和应用的投资，三年内要倍增再生能源的供应量，并预期为美国“借此创造更多工作机会、省下更多的钱，营造一个更干净、更安全的地球”，使“再生能源经济不再是遥不可及的梦想”。此政策也隐含着权力的意志（will to power），指向维持美国的霸权地位——奥巴马说：“掌握洁净、可再生能源动力的国家，将处于 21 世纪的领先地位。”①

能源对外依赖度极高，同时也是京都议定书签约国之一的日本，早从 1990 年即已开始推动新能源政策，对国家或个人层面的利用者、事业团体及地方公共团体提供补助金或融资，以促进对新能源之利用；无论在立法（新能源基本法等）、奖励与补助的促进措施，以及与民间非政府组织的合作上，日本都有领先各国的经验（徐杰辉）。除美、日之外，欧盟委员会于 2009 年 1 月提出总额 35 亿欧元的能源投资计划，以减少对俄罗斯天然气的依赖。韩国，近期也制定“绿色增长国家策略及五年计划”，预计于 2009—2013 年在能源环境相关产业投资超过 800 亿美元，争取在 2020 年底前跻身全球七大“绿色大国”之列②。

由各国能源政策的走向，可以看出随全球能源需求的迅速增长和石油价格的大幅提升，越来越多的国家逐步改变单纯依赖石油的传统能源思路，开始将能源政策的重心转向新能源的开发与利用。然而，在新能源技术研发和产业化的过程中，对于传统能源行业的改造升级也受到重视。因为这些传统能源产业仍具有效率提升和技术改进的空间，而且先

---

① 美国众议院在 2009 年 6 月 26 日通过“美国干净能源安全法案”，这是美国首度立法限制温室气体排放，建立减少排放的标准，堪称是奥巴马绿能政策迈向胜利的一大步。

② 依据中新社报道，中国国家能源局副局长孙勤 2009 年 8 月在广州举行的亚洲能源论坛上透露，中国新能源产业发展规划将在今年公布，推动新兴能源快速发展，另对传统能源进行技术改造升级，亦符合其他国家能源政策的走向。

期投入的技术和资金的沉淀成本，往往阻止人们骤然放弃传统的能源使用形式。再者，传统的能源产业中吸纳了大量劳动力，从传统能源向新能源的转型过程中，可能会造成大量的结构性失业，需要一段长时间予以调适（陈宇峰，2009）。

同样，新能源的开发、传统能源的改善，正是我国台湾能源政策的主要重心。我国台湾于 2008 年 5 月政党轮替之后，行政院随即在一个月内就通过永续能源政策纲领①，并于同年 9 月通过永续能源政策纲领——节能减碳行动方案，复于翌年召开能源会议②，展现能源与气候变迁议题在施政目标中的优先性。其中，永续能源政策纲领可视为现阶段我国台湾最新的能源总政策，其要点摘述归纳如下：

3.1 政策目标：能源安全、环境保护与经济发展的“三赢”

提高能源效率：未来 8 年每年提高能源效率 2%以上，使能源密集度于 2015 年较 2005 年下降 20%以上；并借由技术突破及配套措施，预计 2025 年下降 50%以上。

（1）发展洁净能源：二氧化碳排放减量，于 2016—2020 年回到 2008 年的排放量，于 2025 年回到 2000 年的排放量。发电系统中低碳能源的占比由 40%增加至 2025 年的 55%以上。

（2）确保能源供应稳定：建立满足未来 4 年经济成长 6%，以及 2015 年每人年均所得达 3 万美元经济发展目标的能源安全供应系统。

3.2 政策原则：二高与二低

（1）高效率：提高能源使用与生产效率。

（2）高价值：增加能源利用的附加价值。

（3）低排放：追求低碳与低污染能源供给与消费方式。

（4）低依赖：降低对石化能源与进口能源的依存度。

3.3 政策纲领：能源供应面的净源、能源需求面的节流

（1）净源：推动能源结构改造与效率提升，二氧化碳排放量在 2016—2020 年回到 2008 年的排放量，在 2025 年回归到 2000 年的减量目标。手段包括：积极发展无碳再生能源，增加低碳天然气使用，促进能源多元化（核能作为无碳能源的选项），加速电厂的以旧换新并提升发电转换效率水平。引进净煤技术及发展碳捕捉与封存，促使能源价格合理化。

（2）节流：推动各部门的实质节能减碳措施，未来 8 年每年提高能源效率 2%以上，使能源密集度（每千元的 GDP 能源使用量）于 2015 年能较 2005 年下降 20%以上；并借由技术突破及配套措施，于 2025 年下降 50%以上。

①产业部门。促使产业结构朝高附加价值及低耗能方向调整，核配企业碳排放额度，辅导中小企业提高节能减碳能力，奖励推广节能减碳及再生能源等绿色能源产业等。

②运输部门。建构以便捷大众运输网、智能型运输系统、绿色运具为主之都市交通环

---

① 参见经济部（2008）。永续能源政策纲要。http：//www.moeaboe.gov.tw/Policy/files/永续能源政策纲要.pdf.

② 参见经济部（2009）。1998 年度能源会议总结报告。http：//www.moeaboe.gov.tw/Policy/98EnergyMeeting/default.html.

境，提升私人运具新车效率水平等。

③住商部门。推动都市绿化造林、低碳节能绿建筑，提升各类用电器具能源效率，推动节能照明革命等。

④政府部门。推动政府机关学校用电用油负成长，政策规划应具有碳中和（Carbon Neutral）概念，以预防、预警和筛选原则进行碳管理等。

⑤社会大众。推动全民节能减碳运动，倡导全民“一人一天减少一公斤碳足迹”，推动无碳消费习惯，建构低碳及循环型社会。

3.4 建构完整的法规基础与相关机制

（1）法规基础：推动立法温室气体减量法、再生能源发展条例①、能源税条例，修正能源管理法。

（2）配套机制：建立公平、效率及自由开放的能源市场，规划碳权交易及设置减碳基金，推动参与国际减碳机制，增拨能源相关研究经费，扎根节能减碳的环境教育。

除永续能源政策纲领之外，在行政院推动的六大新兴产业中，绿色能源产业名列其一②，具体而言即是绿色能源产业旭升方案，其要点归纳如下：

1）政策目标：节能社会低碳经济；

2）发展策略：

①发展洁净能源。包括太阳能、风能、生质能、氢能与燃料电池、水力、海洋能、地热。

②积极节约能源。包括节能照明、效能空调、省能运具、高效能能源管理。

3）绿色能源重点产业：

①主力产业。太阳光电、LED 照明（所谓能源光电双雄）。

②一般具潜力产业。风力发电、生质燃料、氢能与燃料电池、能源资通信、电动车辆。

由以上的政策范围与内容观之，我国台湾的能源政策所欲解决的问题或认定有待解决的问题，与各国能源政策的目标类似，不脱离短缺、危害、收益三个主轴，亦即增加能源的多元供给、减少能源使用的破坏、拓展能源产业的发展。至于所采取的政策工具，则涵盖了管制（例如政府机关用电量）、购买（例如电厂汰旧）、强制（例如能源税）、分配（例如碳配额）、奖励（例如研发经费）、补贴（例如购买绿色产品）、倡导（例如节碳教育）等传统手段，具有多管齐下的全面性特征。此外，因为大多有明确的量化目标，能源政策的成效评估似乎并不复杂或困难。因此，单就政策的规划质量而言，堪称周全。然而，这种技术专家的工程式规划思维，却可能轻忽（漠视）了风险社会所隐含的权力关系与潜在冲突，甚至导致科技专制（ technocracy ），削弱政策本身的民主与公义，进而影响最终目标（永续发展）的达成。

---

① 我国台湾地区的“再生能源发展条例”已于 2009 年 6 月正式完成立法。

② 参见经济部（2009）。绿色能源发展布局。http：//www.ey.gov.tw/policy/3/index.html。不过，在 2009—2013 年预计投入 5 000 亿新台币的振兴经济扩大公共建设特别条例中，未见有关能源相关的措施，似乎在面对金融海啸的风险之下，能源风险并非最急迫的问题。由此也凸显了各种风险之间可能有的竞争或排挤关系。

4 能源政策的风险难题

若在思维上进行风险社会的观念转换，不囿于政治与行政的不当切分，则可发现当今能源政策至少面临以下的难题，而且并未在目前的政策取向与内容中得到处理或解决，甚至正面面对：

4.1 能源政策的定义难题

目前的能源政策中，政策目标往往都是给定（ given ）的，甚少考虑这些目标的来源与形成过程，而是将注意力放在如何达成目标的工具手段上。然而，基于风险的特性，Beck（ 2002：5—6 ）指出风险定义最为重要。风险已经成为政治动员的主要力量，逐渐取代阶级、种族、性别因素，形成新的权力博弈（ power game ），这场赛局的基本规则是“谁来定义风险？基于什么证据来定义？如何确保这些证据是充分的？”亦即，由公共政策制定过程的角度来引申，在风险社会中，问题定义（ problem definition ）居于决定性的地位，因此，政策目标的前提——能源风险的定义，应该是能源政策的核心。

然而，由于能源风险在根本上无法确定定义（究竟石油何时枯竭？地球暖化与人类排碳究竟是否有关联?），反而产生了无限大的定义空间，所以成为政治、经济、学术、伦理价值进行角力的主战场。争得或拥有定义权力的团体（政府、政党、媒体、企业、公民团体、学术团体），将可在相当程度上影响整个社会对于能源风险的认知（是否需要恐惧?应该恐惧什么？不必恐惧什么？例如核电），进而推衍出相对应的行动方案、制度机关与资源分配。因此，每一个利害相关团体都会经由能源风险的定义来保护自己或牟利，例如，掩饰自己造成的风险之危害程度、夸大对手产品的风险等（ Beck，1992 ）。

于是，掌握知识生产与传播的团体（通常是企业与媒体）或个人（通常是所谓专家），在风险社会中拥有更大的影响力。然而，风险社会所依赖的知识，却是极不可靠、难以确定因果关系的知识，经常处于分裂、冲突与不确定状态，而且隐含着伦理的主观判断（或武断 arbitrariness），不是单纯的数据比较或仿真测试的技术问题，而是利益、意识形态、权力的斗争，以致造成政府制订风险标准与规范时的窘境。亦即，能源政策如何处理能源风险的定义问题，包括如何开放引进各种不同的能源风险的定义、并制订（或协商出）仲裁与取舍这些定义的游戏规则，不仅具有优先性，而且具有高度复杂的政治性。而今，最大的问题还不是这些问题的难度，而是这些问题都不在能源政策的考虑之列，形同放任权力与利益的丛林竞逐，缺乏真正的开放性：一种足以鼓励怀疑、自我怀疑、承认矛盾、容纳不确定性（包括无知、错误）的开放性（Beck et al.，1997：10—13，29—30 ）。

4.2 能源政策的分配难题

风险具有阶级与地区分配的不均性质，因此接受风险的定义而感受到安全威胁的人们，越来越会起而对抗他们所认为的风险制造者。Beck 即认为 21 世纪人类最大的冲突将不再是种族或阶级冲突，而是生态的冲突（ 1995，1991 ）。然而，几乎所有的能源政策却都预设了一个和谐的整体（ harmony whole ），缺乏解决冲突的机制，甚至缺乏对（潜在或公开）生态冲突的承认。

Beck 曾指出，风险的扩散与市场化，并不违反资本主义的市场逻辑；风险可以转变为财货与服务的生产、流通与消费，用以满足人们对于安全的需求（例如，对水污染的恐惧转变为对净水器的需求或对排毒医疗的需求）。而且，对比于匮乏需求、风险（安全）需求的特征在于永远无法满足；饥饿可以填满以满足欲望，但安全却是自我再生的、无底的欲望深渊（Beck，1992：23）。因此，能源产业作为一种风险产业，具有潜在的无穷利益，可以由无休止的恐惧中不断得到发展的动能，荣景必然可期。

犹如风险具有的阶级分配性，风险带来的利益也可能有阶级与地区的不均分配。然而，目前的能源政策几乎仅仅关注于这些利益的生产，唯一的考虑是在预期荣景中致力争取自己国家或自己产业的份额，采取强势干预市场的种种手段，包括补贴、管制以及对市场外部性的惩罚或奖励，以强化竞争力。至于这些利益的分配，似乎都交由看不见的手（市场）来主宰，仿佛这些利益因为拥有道德的光环（为了洁净的环境、可居的地球、后世子孙的福祉），便不需考虑可能造成的财富重分配（例如产业的重新洗牌）、就业冲击（例如因生产技术的能源标准改变而失去技术资格的工人）、生活改变（例如某些能源消费形式遭到禁止或处罚），因而，能源政策仿佛便不需要对这些后果进行评估与补偿。

更经常却又更复杂的情景，往往是风险威胁的分配与风险利益的分配交叠在一起，造成某些人在能源问题中享受大部分的利益，而几乎不付出任何代价；另一些人则几乎未能分沾利益，却承受大部分的危害或不利。这些牵涉到社会公平的问题，不在以技术思维自居（自限）的能源政策之中，却不会在社会生活以及大众的意识之中消失，反而积累着未来社会冲突的可能性。

4.3 能源政策的课责难题

Beck非常强调风险在本质上无法归因、预测、判断，因而无法归咎责任（亦即缺乏政治学上所谓的课责性accountability）。在当代生活中，各种风险的威胁越来越明显，它们却越来越无法通过科学的、法律的、行政的、政治的手段来确定证据、原因和赔偿，因此不会有任何一个人或一个机构明确地为任何事负起责任；最终，只能以一种有组织的不负责任作为暂时的落幕（2002：190－193）。然而，如果无从课责，政策执行的监督与考核便无从进行。

能源问题与政策也同样具有这种人人都有责任，因此人人都不需要负责任，也无法负责任的困境。面对地球暖化的大风险、能源枯竭的可能性，对政策提供专业判断的专家、执行政策的官僚、受到政策影响的厂商、消费者，都有共同的责任，却也都极其容易卸责，因为，这些责任几乎无法确认到个别的个人或团体层次，因而实际上无从课责。因此，目前能源政策缺乏明确的课责机制，并非政策规划的疏漏，而是源自风险社会的本质问题。

诚然，当前的能源政策项目繁多、投入资源庞大、目标的量化指标相当明确；然而，如果不能达成这些目标或指标，由谁来负责（学者估算有误？官员执行不力？预算投入不足？产业界转型失败？环境教育不当？人民生活习惯不良？）？如何确定这些责任的归属（而不是替罪羔羊）？如何衡量这些责任的大小与影响（可以量化比较）？如何要应该负责的个人或机构提出弥补或赔偿（可以补偿全地球、全人类、后世子孙的损失！）？几乎可以预见，大家都会很遗憾能源政策效果不彰（也可能相互指责）、更焦虑于能源问题的恶化，却都不需要负责任。唯一的可能就是再度召开能源会议，订定新的目标与方案，编列新的预算与补助项目，全面推动遍及社会各层面的新能源政策。

课责问题还是一个全球问题。在全球化之下，各地区人们的行动都会造成在其他地区发生的后果；这些交互作用对于能源问题的影响，将使能源政策的课责问题更加复杂难解（例如，某些国家或地区在世界能源问题上的“搭便车”行为）。而且，全球共同责任的目标（例如要恢复到哪一年的排碳量）与摊派（例如排碳配额），深刻影响每一个国家或地区能源政策的内容以及难易度，却几乎无从在政策执行上予以归咎与课责。明显地，能源政策需要建立全球/区域/国家/地方各个层次的课责机制，其中至少某些层次必须经由跨国的协议与合作，但在能源的全球治理体制中，目前能否提供充分自由平等的参与，则大有疑问。

5 结论

定义难题凸显了能源政策缺乏开放的怀疑机制，分配难题凸显了能源政策缺乏公平的分配机制，课责难题凸显了能源政策缺乏有效的课责机制。就风险社会的基本逻辑而言，以上所指出的三项难题，并不是当前能源政策缺少的部分，而且只需要补足即可；而是能源政策缺少的关键核心，不仅影响政策的执行与效益，更影响政策的民主参与、社会公义以及责任政治等当代文明的核心价值。因此，能源政策需要整体的政策再造，甚至是科学的、理性的、政治的再造①。

这些难题对于民主政治的根本挑战是：决定谁有风险定义权力的规则是什么？如何确保这些规则是民主的？另一方面，对于公共政策的根本挑战则是：在无法预测与控制的不确定性之下，决策如何形成？如何进行方案抉择？如何评估方案的成效？如何确认责任的归属？而且，如何保证或促进决策的合理性（马彦彬，2009）？能源政策如果自外于这些挑战，偏又挟其庞大的投入资源、广泛的执行项目以及对社会的全面介入，恐怕不仅未必能够解决能源问题，而更可能导致民主、理性与公义的倒退。

总之，在风险社会中，能源问题不能化约为技术问题，能源政策不能化约成工程政策，我们必须正视风险社会的新问题与新逻辑，才可能追求一个更理性的、民主的、公义的、负责的能源政策。

参考文献

[1] 周桂田．风险社会中结构与行动的转折．台大社会学刊，1998，26：99－150.

[2] 周桂田．科学风险．多元共识之风险建构．载于顾忠华编，第二现代——风险社会的出路．台湾台北：巨流出版社，2001：47－76.

[3] 周桂田．在地化风险之实践与理论缺口——迟滞型高科技风险社会．台湾社会研究季刊，2002，45：69－122.

[4] 胡正光．风险社会中的正义问题．对风险与风险社会之批判．哲学与文化，2003，30(11)：147－163.

[5] 陈宇峰．新能源政策勿蹈日本覆辙．中国网财经评论．2009，http://big5.china.com.cn/economic/txt/2009－06/05/content_17894914.htm.

① Beck（1997：28－33）曾提出建立协商机制取代决策机制以及理性改革，以解决这些难题。但囿于篇幅以及为了行文聚焦，本文仅止于能源政策的风险难题，至于这些难题的超越，则有待来日或来者的后续讨论。

[6] 梁启源．因应地球暖化之台湾能源政策规划建议．国政研究报告，永续（研）（2009）098－007号，财团法人国家政策研究基金会．

[7] 孙治本．风险抉择与形上伦理学//顾忠华．第二现代——风险社会的出路．台湾台北：巨流出版社，2001a：77－98.

[8] 孙治本．个人主义化与第二现代//顾忠华．第二现代——风险社会的出路．台湾台北：巨流出版社．2001b：99－126.

[9] 马彦彬．风险理论对公共政策的启发．第五届两岸四地公共管理学术研讨会．香港：城市大学．（2009）.

[10] 徐杰辉．日本新能源政策及发展之介绍．工研院再生能源电子报．http://energy. ie. ntnu. edu. tw/file_download. asp? KeyID＝1178&file_path＝Periodical_Paper.

[11] 刘维公．第二现代理论．介绍贝克与季登斯的现代性分析//顾忠华．第二现代——风险社会的出路．台湾台北：巨流出版社，2001：1－16.

[12] 顾忠华．风险、社会与伦理//顾忠华．第二现代——风险社会的出路．台湾台北：巨流出版社，2001：17－46.

[13] Beck，Ulrich. 世界风险社会（原著于1999年出版）．吴英姿，孙淑敏，译．南京：南京大学出版社，2002.

[14] Beck，Ulrich. 汪浩译．风险社会——通往另一个现代的路上（原著于1986年出版）．台湾台北：巨流出版社，（2003）.

[15] Beck，Ulrich（2004）．何博文译．风险社会（原著于1992年出版）．南京：译林出版社．

[16] Beck，Ulrich（1992）．Risk Society：Towards a New Modernity. trans. by Mark Ritter. London：SAGE.

[17] Beck，Ulrich（1995a）．Ecological Enlightenment：Essays on the Politics of the Risk Society. trans. by Mark Ritter. New York：Humanity Books.

[18] Beck，Ulrich（1995b）．Ecological Politics in an Age of Risk. trans. by Amos Weisz. Polity Press.

[19] Beck，Ulrich（2000）．Risk Society Revisited：Theory，Politics and Research Programmes. In Adam，Barbara，Ulrich Beck and Joost Van Loon eds. The Risk Society and Beyond：Critical Issues for Social Theory. London：SAGE.

[20] Beck，Ulrich，Anthony Giddens and Scott Lash（1997）．Reflexive Modernization：Politics，Tradition and Aesthetics in the Modern Social Order. Polity Press.

基于动态规划模型的中国战略石油储备策略研究*

吴　刚　魏一鸣

中国科学院科技政策与管理科学研究所　北京　100190

北京理工大学能源与环境政策研究中心　北京　100081

北京理工大学管理与经济学院　北京　100081

摘　要： 为了保障能源供应安全，中国正在建设国家战略石油储备。如何实现总的储备成本最小，我们建立了一个动态规划模型，模型中的油价是外生给定的，与以往的研究不同，各期的时间跨度我们用月代替了年，以期更真实地模拟各年的最优补仓和释放策略，同时模型还考虑了石油供应短缺对经济的间接影响。研究结果表明，不同油价情景下，最优补仓策略有很大差异。虽然模型中做了一些假设，但是我们的研究为出现供应短缺时，定量模拟战略石油储备的补仓和释放策略，提供了新的尝试。

关键词： 动态规划模型，战略石油储备，补仓策略，释放策略

1　引言

国际原油价格周期性的暴涨暴跌，给战略石油储备低位补仓提供了机会。近年来，随着中国经济的持续快速发展，石油消费和进口依存度也增长迅速，2008 年中国原油进口依存度为 49.67%。为了保障石油供应安全，2004 年开始中国正式建立国家战略石油储备，2008 年底一期工程的四个储备基地已全部投入使用，总储备能力约为 0.879 6 亿桶。同时，新疆鄯善等第二期储备工程也陆续开工，总储备能力约为 2 680 万立方米（相当于 1.7 亿桶）。因此，在保障国家石油供应安全的前提下，如何制定科学的补仓和释放策略，实现总成本最小化，成为中国战略石油储备亟待解决的科学问题。

美国是最早建立战略石油储备的国家之一，自 20 世纪 70 年代开始已逐步形成了一套比较完善的战略石油储备决策管理体系。EIA 的统计数据表明，美国战略石油储备的几次释放和补仓时机都把握得很好，充分发挥了战略石油储备保障国家石油供应安全、平抑国际原油价格的作用。美国战略石油储备的释放有着严格的法律程序，必须总统授权才能生效。自 1977 年 10 月美国首次补充战略石油储备以来，大规模地释放战略石油储备总计有五次（如表 1 和图 1 所示），主要是针对武装冲突、金融危机、突发自然灾害等严重影响石油供需和价格的事件。美国战略石油储备的释放主要可以概括为四种类型，即紧急释放（Emergency Drawdowns）、出售（Sales）、协议交换（Exchange Agreements）、非紧急出售（Non-Emergency Sales）。需要特别说明的就是协议交换，指能源部从石油储备库中提取陈年原油借给获得批准的商业石油公司，后者要根据协议要求在规定期限内，从国际市

* 本文受国家自然科学基金项目 No. 70733005，70701032，北京市自然科学基金项目 No. 9082015，中科院知识创新人才项目 No. 0801141601 和“十一五”国家科技支持计划项目（2006BAB08B01）的支持。

场采购等量或多出的高质量原油返还能源部。

表1　美国战略石油储备的释放信息

释放时间	释放类型	规模（万桶）	释放原因
1990.10.26—1991.04.05	紧急释放	2 114.1	海湾战争期间，补充美军石油供应的短缺
1995.10.13—1998.11.06	非紧急出售	2 825.7	为减少财政预算赤字，降低储备成本，采用高抛策略
2000.09.22—2001.03.30	协议交换	2 907.4	缓解美国东北部冬季取暖油的需求，建立取暖油储备，同时更换储备库中的陈年原油
2005.09.02—2006.01.06	紧急释放	1 620.0	缓解飓风卡特里娜造成的石油供应短缺
2008.08.08—2008.12.26	出售	539.1	美国次贷危机引发全球金融危机导致油价暴跌，为降低储备成本，采用高抛策略

数据来源：美国能源部能源信息署（EIA/DOE）。

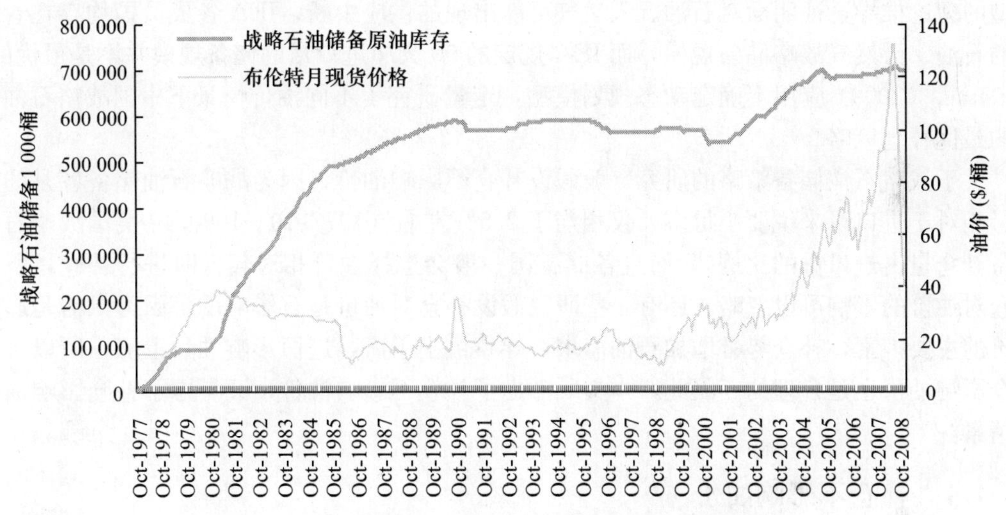

图1　美国战略石油储备库存和国际原油价格的变化

数据来源：美国能源部能源信息署（EIA/DOE）（1977.10—1987.12的油价数据是美国原油进口成本价）。

国内外一些学者建立了一系列的模型，研究分析各国石油战略储备的补充和释放策略以及最优的关税和配额政策，代表性的研究工作主要有：Teisberg（1981）应用随机动态规划模型研究美国石油储备买进和售出的最优策略，模型采取与储备政策相关联的一体化的配额或税收政策，虽然主要是研究美国的石油战略储备政策，模型也考虑了相关联的石油消费国的储备政策，分析表明，石油供应对价格的响应程度对储备政策的效果发挥着重要作用。Oren and Wan（1986）通过仿真模型研究了复杂供需条件下，美国石油战略储备的最优规模为1 570百万桶，最佳补充速度为0.6百万桶。Murphy et al.（1987）应用动态Nash博弈模型研究了石油进口国战略石油储备和关税政策的相互作用，模型中储备规模是石油中断概率、关税税率、石油进口国之间的合作与非合作关系变量的函数，通过调整各石油进口国的战略储备政策和关税政策来实现其社会财富的最大化。Chao and Manne（1983）利用动态规划模型研究了美国石油进口需求对OPEC油价的影响和OPEC局势动荡导致的石油供应中断的持续时间和严重程度对美国储备政策（调整库存和关税）的影响。Wright and Williams（1982）利用最优储备模型研究了在不同关税政策和储备规则情景下，国家储备和民间私人储备对宏观经济和市场行为的影响。Greene et al.（1998）在综合比较前人定量研究不同战略石油储备规模对GDP影响的前提下，依据世界石油市场和石油价格的仿真模型，来预测油价波动对美国经济的影响，并分析不同战略储备规模对GDP和能源政策的影响。Wei et al.（2008）应用决策树模型定量研究了不同情景下，2010年和2020年适合中国经济发展和安全的最优战略石油储备规模。Murphy et al.（1989）面对民间战略石油储备对中断风险和储备政策的不同反应，应用动态Nash博弈模型再现并分析了国家战略石油储备和民间储备在动荡的国际能源市场中的相互作用，以期获得最优的石油战略储备规模和动用策略。Samouilidis and Berahas（1982）建立了一个包括储备获得成本、维护成本、短缺成本的成本函数，基于该成本函数，定量分析了不同情景下的最优战略储备规模。Samouilidis and Magirou（1985）基于Samouilidis and Berahas（1982）的研究，分析了小国战略石油储备的最优规模问题。Zweifel and Bonomo（1995）运用运筹学的线性规划理论研究处理复杂供应风险的最优石油、天然气战略储备问题，通过数学模型的理论推导，证明面对石油、天然气可能出现的供应中断，IEA各成员国均存在着最优的石油、天然气战略储备规模，而IEA规定的90天净进口量的储备规模并不是最优的。Wu et al.（2009）应用不确定动态规划模型，定量研究了不同油价情景下中国战略石油储备的最优补仓策略。

关于战略石油储备策略的研究一般假设补仓不影响油价，因为战略石油储备各月的补仓量相对于进口量来说要小得多，仅相当于2.5%左右（1977.10—1990.10美国战略石油储备补仓量占进口量的比例），而且各储备国一般会选择油价相对较低时进行补仓，所以补仓对油价的影响可以忽略。还有一些研究假设补仓对油价是有影响的，因为供需是影响油价的主要因素，补仓势必增加石油需求，导致供小于需，进而影响油价上涨，所以考虑补仓影响油价也是合理的。因此，本文既考虑了补仓不影响油价，又考虑了补仓影响油价的情景。

1.1 补仓不影响油价

美国从1980年8月—1985年12月采取持续快速补仓策略，战略石油储备库存从9 119.1万桶迅速增加到4.933 16亿桶，平均每月补仓量为628.3万桶。期间国际原油价格呈平稳下降趋势，所以美国战略石油储备的快速补仓并未导致油价上涨。因此，我们假设中国战略石油储备每月以不高于600万桶的速率进行补仓，也不会影响国际原油价格。

1.2 补仓影响油价

战略石油储备补仓导致油价上涨，进而造成石油消费的额外成本，同时，不同的补仓速率其造成的额外成本也不同。

2 动态规划模型

在石油供应出现重大短缺、中断以及原油价格暴涨的情况下，战略石油储备的释放能够在短期内填补市场短缺、平抑油价，从而缓和或化解可能发生的石油危机，降低石油供应短缺对宏观经济的影响。然而，一旦发生石油危机，迅速、大量投放战略石油储备将有效减小危机造成的经济损失，遏制危机的蔓延，为制定解决危机的办法争取宝贵的时间。由于战略石油储备成本昂贵，各主要石油进口国的储备规模都相当有限，而在危机初期，决策者并不知道危机将会持续多久，所以如何利用有限的储备规模，科学合理地选择和分配战略石油储备的释放时机和释放规模，以期最大限度发挥战略石油储备的作用，减小危机的负面影响，成为决策者和研究人员共同关注的核心科学问题之一。

本文建立了中国战略石油储备最优策略的动态规划模型，模型的基本要素是石油市场的不安全成本函数和GDP损失，它依赖于时间 t、t 时期石油市场的状态、t 时期的石油战略储备规模。

接下来要讨论的就是石油市场的不安全成本函数。石油消费者的不安全成本简单概括为消费者需求的盈余损失，一是储备量的净盈余流，当 A 是正值时，为成本，A 为负值时，为盈余（利润）；二是出现石油供应短缺或中断造成的GDP损失；三是补仓和释放对油价冲击造成的额外盈余（Case B）；最后是储备成本，假设每年的单位储备成本为 v，则全部的储备成本为 $v[E(t)+A]$。

中国战略石油储备Case A的成本函数为：

$$C[E(t),A(t),I,t]=A(t)\times P[A(t),I,t]+v\times[E(t)+A(t)] \tag{1}$$

中国战略石油储备Case B的成本函数为：

$$C[E(t),A(t),I,t]=\mu\int_{P_0(t)}^{P(A(t),I,t)}D(P,t)dp+A(t)\times P[A(t),I,t]+EGL_{(t)}+v\times[E(t)+A(t)] \tag{2}$$

出现石油供应短缺或中断造成的GDP损失：

$$EGL_{(t)}=b\times GDP_{(t)}\times R^{e}_{(I)} \tag{3}$$

$$P[A(t),I,t]=P_{(t)}+A(t)\times\beta \tag{4}$$

因为对战略石油储备的补仓和释放是一个多阶段的动态过程，所以最优的补仓和释放策略实际上是一个动态的成本最小化问题：

$$M[E(t),I,t]=\min_{A}\left\{C[E(t),A(t),I,t]+\frac{1}{1+r}\left(\sum_{n-t}^{n}M[E(t)+A(t),I,t+1]\right)\right\} \tag{5}$$

动态规划起始于时间终点 n，逆推至时间起点，根据 $E(t)$，I，t 求出最优的石油战略储备补仓量 $A\times[E(t), I, t]$。

出现石油供应短缺或中断时的短缺量 R_i：

$$R_i=\left[\left(\sum_{j=1}^{m}(\mathrm{Pro}_{i-1,j}-\mathrm{Pro}_{i,j})+\sum_{j=1}^{m}(\mathrm{Im}_{i-1,j}-\mathrm{Im}_{i,j})\right)\right]/C_i \tag{6}$$

3 数据来源与预处理

美国战略石油储备补仓数据、Brent原油月平均价格数据、2010—2020年的国际原油价格预测数据来源于美国能源部能源信息署，由于EIA的油价预测数据是年度数据，而我们模型中用的是月度数据，所以我们把2010—2020年的数据分为两段（2010—2015和2016—2020），应用小波模式匹配理论，从油价历史数据中分别找出波动趋势与预测结果相匹配的时间段，再按这个时期历史数据各月的变换规律来匹配预测数据各月的变换趋势，进而得到2010—2020年各月的国际原油价格的预测数据，结果如表2所示。2010—2020年中国原油消费量和世界原油消费量数据来源于IEA（WEO，2008），2010—2020年中国GDP数据是假设在2008年的水平上按7.0%的速率增长。

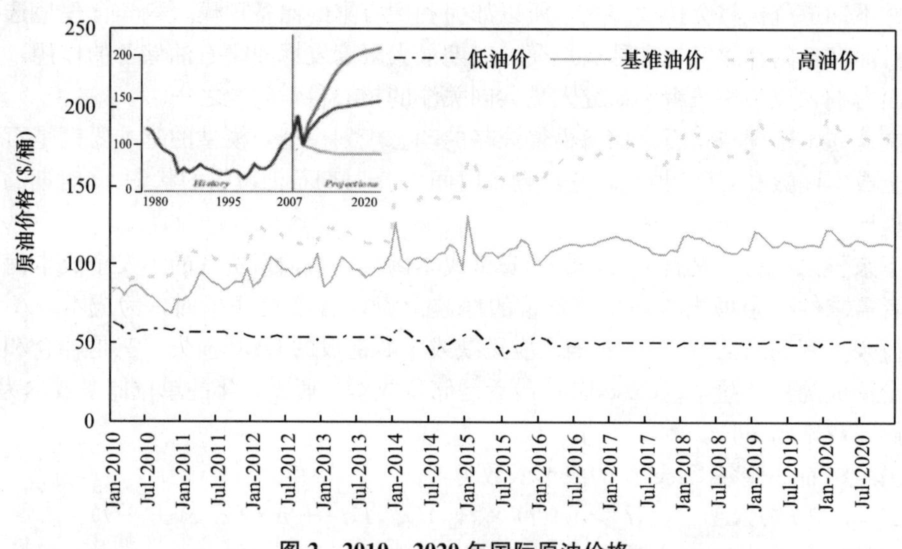

图 2　2010—2020 年国际原油价格

Note：年数据来源于（EIA，2009），月数据是我们根据年数据应用小波模式匹配处理得到的。

表 2　2010—2020 年国际原油价格的小波模式匹配结果

情景	2010—2015 年			2016—2020 年		
	起始年份	年份变换系数	油价变换系数	起始年份	年份变换系数	油价变换系数
高油价	1980	1.993 8	1.435 9	1980	1.999 9	2.077 5
基准油价	1988	1.633 8	3.0	1980	2.0	1.366 7
低油价	1983	1.664 7	1.047	1983	1.998 1	0.909 49

4　结果讨论与分析

4.1　补仓不影响油价（Case A）情景下的战略石油储备最优策略

补仓不影响油价情景下，战略石油储备的成本主要是购买成本和运营维护成本，在没有出现石油供应短缺或中断情况下，最优储备策略由未来油价、每月的补仓量和维护成本决定。

（1）当未来油价处于低位，且变化较为平稳时，最优补仓策略是先尽可能保持储备规模不变或小幅低位补仓，以降低其运营维护成本；在接近目标年份时，以每月约 600 万桶的最大速率持续补仓。因为如果补仓速率超过 600 万桶/月，则需支付补仓引发油价上涨带来的额外成本，所以各月的最大补仓速率都是 600 万桶，如图 3 和表 3 低油价情景所示。

（2）当未来油价呈小幅上涨的趋势时，由于接近目标年份的油价相对较高，所以最优补仓策略是前期（2010—2012）应在油价相对低位时适当补仓，由于受补仓运营维护成本的约束，前期的补仓量很有限（2 900 万桶），总储备规模控制在 35%左右，而且呈阶梯上升的趋势，确保最小的购买成本和最低的运营维护费用；因为后期的油价相对较高，所以在接近目标年份时，战略石油储备已达到一定规模（60%左右），以降低后期的购买成本，如图 3 和表 3 基准油价情景所示。

(3) 当未来油价呈快速上升的趋势时，由于仅在补仓初期油价处于低位，所以最优补仓策略是前期趁油价低位时，以 600 万桶/月的最大速率快速补仓，前期就达到总储备规模的 70%左右，即使要承受运营维护费用，相对于后期高油价的购买成本来说，运营维护成本就小了很多，如图 3 和表 3 高油价情景所示。

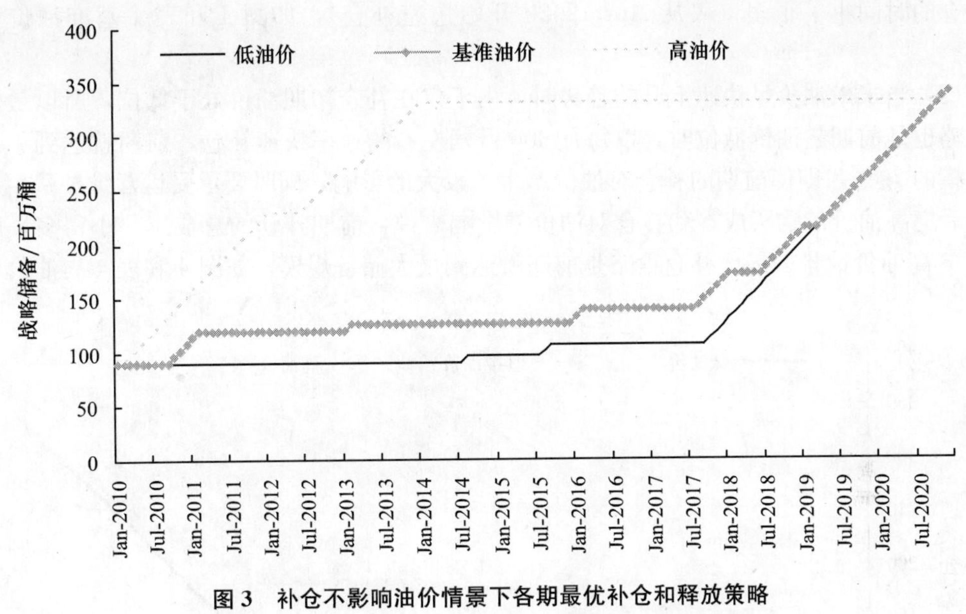

图 3　补仓不影响油价情景下各期最优补仓和释放策略

表 3　补仓不影响油价情景下不同阶段的战略石油储备最优规模　　单位：百万桶

低油价	Jan. 10—Jul. 14 90	Aug. 14—Jul. 15 96	Aug. 15—Sep. 17 106	Oct. 17—Dec. 20 340		
基准油价	Jan. 10—Sep. 10 90	Oct. 10—Jan. 13 120	Feb. 13—Dec. 15 126	Jan. 16—Jul. 17 138	Aug. —Jun. 18 172	Jul. 18—Dec. 20 340
高油价	Jan. 10—Feb. 10 90	Mar. 10—Jun. 12 228	Jul. 12—Mar. 13 270	Apr. 13—Jan. 14 330	Feb. 14—Dec. 20 340	

4.2　补仓影响油价（Case B）情景下的战略石油储备最优策略

补仓影响油价情景下，战略石油储备的成本主要是购买成本、额外成本和运营维护成本，在没有出现石油供应短缺或中断情况下，最优储备策略由未来油价、每月的补仓速率和维护成本决定。

(1) 当未来油价较为平稳时，最优补仓策略也是先尽可能保持储备规模不变或小幅低位补仓，以降低其运营维护成本；在接近目标年份时，每月以接近 600 万桶的最大速率持续补仓。因为补仓速率影响油价，所以各月的最优补仓速率与 Case A 略有不同，最优速率并不都是 600 万桶/月，各月之间的补仓速率有一定的波动，而且与 Case A 相比，因为补仓影响油价的缘故，同一储备规模达到的时间提前了，如图 4 和表 4 低油价情景所示。

(2) 当未来油价呈小幅上涨的趋势时，由于接近目标年份的油价相对较高，所以最优补仓策略也是前期应在油价相对低位时适当补仓（使总储备规模达到 46%左右），由于受补仓运营维护成本和补仓影响油价的共同约束，前期的补仓量也呈阶梯上升的趋势，不过持续的时间和规模都要高于 Case A 情景，2015 年底 Case A 的储备规模为 37%，Case B 的储备规模为 52%；2018 年底 Case A 的储备规模为 61%，Case B 的储备规模为 67%；因为后期（2018—2020）的油价相对较高，而且持续以最大速率补仓的话，对油价产生较大冲击，会造成较高的额外成本，所以 Case B 情景下在接近目标年份时，以最大速率持续补仓的时间小了很多（仅从 Apr. 2020 开始快速补仓），如图 4 和表 4 基准油价情景所示。

（3）当未来油价呈快速上升的趋势时，由于仅在补仓初期油价处于低位，所以最优补仓策略也是前期趁油价低位时，以每月 600 万桶左右的速率快速补仓，前期就达到了总储备规模的 79%，即使前期的补仓对油价产生了较大的影响，同时要承受运营维护费用，相对于后期高油价的购买成本和补仓对油价的影响来说，前期补仓的总成本要小得多，所以 Case B 高油价情景的最优补仓策略是前期就达到最大储备规模，如图 4 和表 4 高油价情景所示。

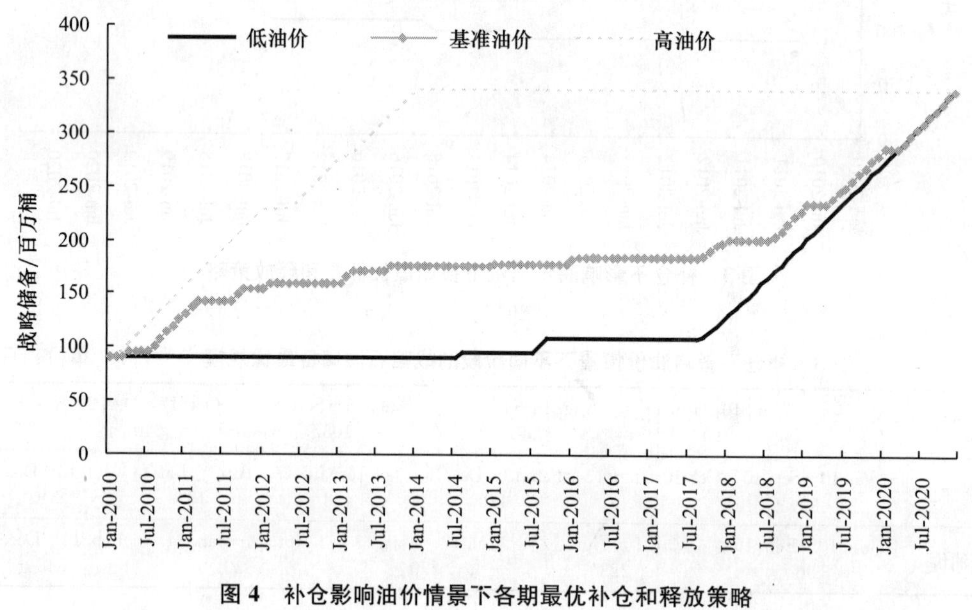

图 4 补仓影响油价情景下各期最优补仓和释放策略

表 4 补仓影响油价情景下不同阶段的战略石油储备最优规模 单位：百万桶

低油价	Jan. 10—Jul. 14 90	Aug. 14—Jul. 15 96	Aug. 15—Jul. 17 108	Aug. 17—Dec. 20 340		
基准油价	Jan. —Mar. 10 90	Apr. —Jul. 10 95	Aug. 10—Aug. 11 143	Sep. 11—Aug. 17 184	Sep. 17—Mar. 20 286	Apr. —Dec. 20 340
高油价	Jan. —Feb. 10 90	Mar. 10—Dec. 11 222	Jan. —Apr. 12 228	May. 12—Dec. 13 334	Jan. 14—Dec. 20 340	

4.3 完全市场条件下的战略石油储备最优补仓和释放策略

完全市场条件下，战略石油储备的最优策略由未来油价、每月的补仓和释放速率，以及运营维护成本共同决定。此情景下，战略石油储备可以根据市场供需变化自由补仓和释放，所以其补仓和释放总体上呈现了“高抛低吸”策略，同时为了减少运营维护成本，储备前期的规模一直保持在相对较低的水平。由于前期油价相对较低，所以前期策略主要以快速补仓为主，总储备规模控制在55%左右，同时由于各月油价的剧烈波动，补仓的同时也兼顾了高油价的抛售。中间阶段（2013—2017），由于油价处于相对高位，而且波动不是很剧烈（如图2所示），受运营维护成本的约束，这一时期的最优策略主要是以高价释放为主，总储备规模维持在45%左右，出售的同时也兼顾了低油价的补仓。由于要实现储备目标，后期主要以快速补仓为主，不过补仓过程中，还是伴随着一些小规模的抛售（如图5所示）。

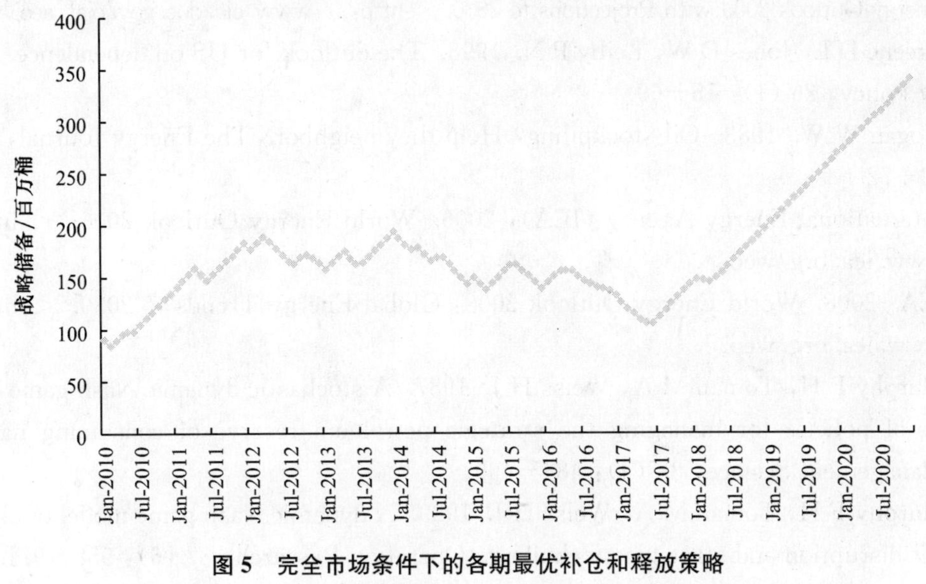

图5 完全市场条件下的各期最优补仓和释放策略

5 主要结论

（1）针对国际原油价格的剧烈波动，与以往的研究不同，我们的模型中，各期的时间跨度用月代替了年，以期更真实地模拟各年的最优补仓和释放策略。在储备的成本函数中，我们加入了发生石油供应短缺造成的GDP损失，进而更真实地模拟发生石油供应短缺时的最优补仓和释放策略。

（2）模型中，我们把未来各期的国际原油价格作为外生变量来处理，使研究结果更具说服力。因为油价是影响最优储备策略的关键因素，由于油价受很多因素的影响，如果只是简单地用供需变化来决定油价，那么很难准确刻画未来的油价走势。因此，我们引用油价预测的国际权威机构发布的预测结果，作为模型中的参考油价，然后应用小波的模式匹配方法，把年度数据处理成我们需要的各月价格，使模拟结果更贴近实际。

（3）模型的仿真结果表明，如果未来油价在低位小幅震荡，中国战略石油储备的最优策略是前期保持较小的补仓速率和规模，以降低储备的运营维护成本，后期以较大速率快速补仓，实现规划目标；如果未来油价呈小幅上涨趋势，前期采取逐步补仓的策略，储备规模应控制在不高于总储备能力的46%；中期的规模应控制在不高于总储备能力的52%；后期的规模应控制在不高于总储备能力的67%；如果未来油价呈快速上升趋势，前期补仓水平不高于总储备能力的79%。

参考文献

[1] Balas E. 1981. The strategic petroleum reserve: How large should it be? in B. A. Bayraktar et al. (Eds.). Energy Policy Planning, Plenum Press, New York.

[2] Chao H P, Manne A S. 1983. Oil stockpiles and import reductions: A dynamic programming approach. Operations Research, 31 (4): 632—651.

[3] Energy Information Administration (EIA) of the U. S. Department of Energy, 2009. Annual Energy Outlook 2009 with Projections to 2030. <http:// www. eia. doe. gov/oiaf/aeo>.

[4] Greene D L, Jones D W, Leiby P N. 1998. The outlook for US oil dependence. Energy Policy, 26 (1): 55—69.

[5] Hogan W W. 1983. Oil stockpiling: Help they neighbor. The Energy Journal, 4(3): 49—72.

[6] International Energy Agency (IEA), 2006. World Energy Outlook 2006. < http://www. iea. org/weo>.

[7] IEA. 2008. World Energy Outlook 2008: Global Energy Trends to 2030. < http://www. iea. org/weo>.

[8] Murphy F H, Toman M A, Weiss H J. 1987. A stochastic dynamic Nash game analysis of policies for managing the strategic petroleum reserve of consuming nations. Management Science, 33 (4): 484—499.

[9] Murphy F H, Toman M A, Weiss H J. 1989. A dynamic Nash game model of oil market disruption and strategic stockpiling. Operation Research, 37 (6): 958—971.

[10] Oren S S, Wan S H. 1986. Optimal strategic petroleum reserve policies: A steady state analysis. Management Science, 32 (1): 14—29.

[11] Samouilidis J E, Berahas S A. 1982. A methodological approach to strategic petroleum reserves. The International Journal of Management Science, 10: 565—574.

[12] Samouilidis J E, Magirou V F. 1985. On the optimal level of a small country's strategic petroleum reserve. European Journal of Operational Research, 20: 190—197.

[13] Teisberg T J. 1981. A dynamic programming model of the U. S. strategic petroleum reserve. The Bell Journal of Economics, 12 (2): 526—546.

[14] Wei Y M, Wu G, Fan Y, Liu L C. 2008. Empirical analysis of optimal strategic petroleum reserve in China. Energy Economics, 30: 290—302.

[15] Wright B D, Williams J C. 1982. The roles of public and private storage in managing oil import disruptions. The Bell Journal of Economics, 13 (2): 341—353.

[16] Wu G, Liu L C, Wei Y M. 2008. An empirical analysis of the dynamic programming model of stockpile acquisition strategies for China's strategic petroleum reserve. Energy Policy, 36: 1470—1478.

[17] Zweifel P, Bonomo S. 1995. Energy security coping with multiple supply risks. Energy Economics, 17 (3): 179—183.

WTI原油价格动力学的多重分形谱分析

何凌云　魏一鸣

中国农业大学经管学院　北京　100083

北京理工大学经管学院　北京　100080

摘　要：本文基于配分函数方法和多重分形谱分析，研究了WTI原油价格的多重分形的非线性动力学机制。本文发现WTI原油价格具有多重分形特征；通过打乱时间序列以破坏序列自相关，发现打乱后序列多重分形特征显著减弱但依然存在，从而发现多重分形特征的内在动力学机制主要来源于长程相关性，同时也受到胖尾概率分布的影响；通过跟踪多重分形谱左半谱和右半谱在不同时延下的演化轨迹，发现短期投资者较长期投资者面临更大的大幅波动风险，而长期投资者则面临较大的小幅波动风险。两个市场的大幅波动均显著不同于小幅波动，表明大幅价格涨落形成与小幅价格涨落形成具有不同的非线性动力学机制。

关键词：WTI原油价格，多重分形特征，配分函数，分形谱强度，长程相关性，胖尾分布

1　引言

现有研究结果表明：作为一个复杂系统，石油价格具有一些典型现象和特征，如长程相关性和长期记忆机制[1,2]、分形特征[3,4]、混沌特征[5]等。在分形和多重分形研究领域，很多研究者发现石油市场呈现出分形特征。Serletis和Andreadis发现北美能源市场，包括West Texas Intermediate (WTI) 原油价格，具有分形特征，Tabak和Cajueiro利用R/S方法分析了Brent和WTI市场的有效性，发现随着时间增加，该两个市场逐渐变得更有效[6]，但是鉴于单分形研究无法描述分形系统的精细结构，许多测度方法被应用于多重分形的研究，如高－高相关函数[7]、多重分形Hurst分析[3]、多重分形去除趋势波动分析(MF－DFA)[1,8]、Zipf方法[9]等。

尽管目前已有一些对石油价格的单分形研究，但是对相关市场的多重分形及其动力学机制的报道依然较少。何凌云等讨论了非同质的投资者的预期和投资时间选择策略对原油价格行为的影响，从市场参与者的角度探讨了原油市场分形现象的可能来源[10]。Bernabe等设计了一种随机多模型方法以描述原油价格动力学[11]，然而上述重要的尝试不能解释为什么在原油市场上存在多重分形现象。一般而言，多重分形现象产生的动力学机制主要有两种：长程相关性和肥尾分布[12,13]。那么，是哪种机制导致了市场的多重分形特征？该问题亟待得到解答。

由此，本文选择了国际主要的原油价格定价基准之一、WTI原油价格进行了研究：首先利用配分函数方法[14~16]，提供了多重分形特征存在性的实证证据，在此基础上打乱了原始序列以破坏系统的长程相关性，探讨了多重分形特征的动力学来源；此外，应用多重分形谱分析，定量分析了多次分形谱的左半谱和右半谱的演化特征，由此探讨了随着时延的增加，价格的大幅波动和小幅波动对价格行为不同影响及其对不同类别投资者产生的不

同价格风险。这些结果有助于深入了解 WTI 原油价格系统的动力学特征和价格波动机理。

2 模型

设时间序列 $T(i)$，$i=1, 2, \cdots, L$，L 为时间序列的长度，定义其 τ一收益率[17]为：

$$r(i)=\log[T(i+\tau)/T(i)] \tag{1}$$

取长度 s，将时间序列分为 N 等份，若假设整个序列为单位长度 1，那么每等份的长度为 $1/N$，将其记为 δ（$\delta=1/N$）。对于第 j 个盒子，定义质量概率 P_j（δ）：

$$P_j(\delta)=\frac{\sum_{i=1}^{s}|r[(j-1)s+i]|}{\sum_{i=1}^{L}|r(i)|} \tag{2}$$

如果时间序列具有多重分形特征，那么其应服从幂定律：

$$P(\delta):\delta^{\alpha}(\delta\to 0) \tag{3}$$

若所有 α 值均相同，则为单分形；若存在不同的 α，那么将具有相同 α 值的区间记为一个集合，集合中的数目记为 N_α（δ），那么

$$N_\alpha(\delta):\delta^{-f(\alpha)}(\delta\to 0) \tag{4}$$

f（α）随 α 变化的曲线即称为多重分形谱。由于直接得出多重分型谱存在困难，实际通常通过配分函数间接求出。定义配分函数：

$$S_q(\delta)=\sum_{i=1}^{N}P_i(\delta)^q \tag{5}$$

其中 q 的理论取值可以从$-\infty$到$+\infty$。当 q 为正数时，S_q（δ）主要体现为较大的 P 值，因此可以反映出收益率大幅变化的情况；当 q 为负数时，S_q（δ）主要反映了较小的 P 值，从而可以研究收益率小幅变化的情况。如果时间序列具有分形特征，则 S_q（δ）在一个较小的标度 δ 应满足幂律：

$$S_q(\delta):\delta^{\tau(q)}(\delta\to 0) \tag{6}$$

或者写为：

$$\tau(q)=\lim_{\delta\to 0}\frac{\ln S_q(\delta)}{\ln\delta} \tag{7}$$

根据式（6），通过 $\ln S_q$（δ）：$\ln\delta$ 曲线，得到的斜率即为 τ（q）。若 τ（q）是关于 q 的一条直线，即是单分形；若 τ（q）是关于 q 的非线性函数，那么序列即为多重分形。f（α）：α 与 τ（q）：q 这两套参数之间存在勒让德变换：

$$\alpha=\frac{\mathrm{d}\tau(q)}{\mathrm{d}q} \tag{8}$$

$$f(\alpha)=\alpha q-\tau(q) \tag{9}$$

通过式（5）、式（7）和式（8）可以得到：

$$\alpha=\lim_{\delta\to 0}\frac{\sum_{i=1}^{N}P_i(\delta)^q\ln P}{\sum_{i=1}^{N}P_i(\delta)^q\ln\delta}=\lim_{\delta\to 0}\frac{\lambda_i}{\ln\delta} \tag{10}$$

根据式（10），如果 λ_i 与 $\ln\delta$ 之间存在线性关系，通过最小二乘法，得到斜率即为 α，然后根据式（9）求出 f（α），即得多重分形谱。

3 实证分析

3.1 数据及预处理

本文数据时间从 1987 年 5 月 20 日—2009 年 7 月 21 日的 WTI 原油市场日价格，包含了 5 596 个数据点（数据来源：美国能源信息署，http：//www. tonto. eia. doe. gov/dnav/pet/xls/PET _ PRI _ SPT _ S1 _ D. xls），本文的时延定义为 $t=1$，5，21，63，125，250，分别表示交易日、周、月、季度、半年和年收益率。分段长度 s 的取值从 10 到 $[L/2]$，步长为 10；配分函数中的 q 取值从 −60 到 60，步长为 1。以下如无特殊说明，均以 Matlab 编程计算完成。

3.2 多重分形动力学机制研究

本文研究了不同时延下 $\ln S_q$（δ）：$\ln\delta$ 关系（见图 1）。由图 1 可知，$\ln S_q$（δ）与 $\ln\delta$ 为线性关系，S_q（δ）与 δ 满足幂律关系［式（6）］，当 $t=5$，21，63，125，250 时结果也类似。这表明上述市场的日收益率至少存在分形特征。

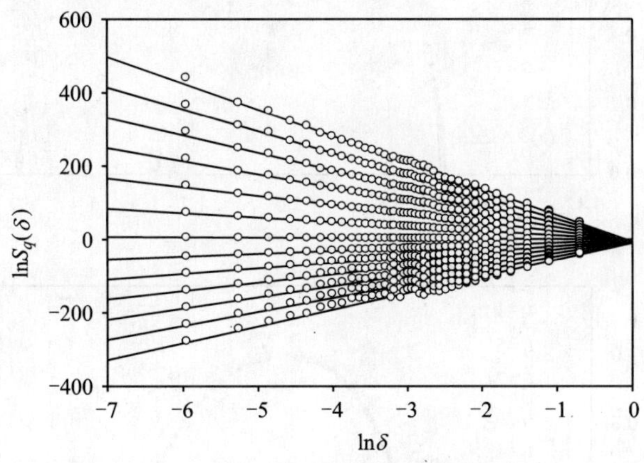

图 1　特征时延为 1 时 WTI 原油价格日收益率的 $\ln S_q$（δ）：$\ln\delta$ 曲线

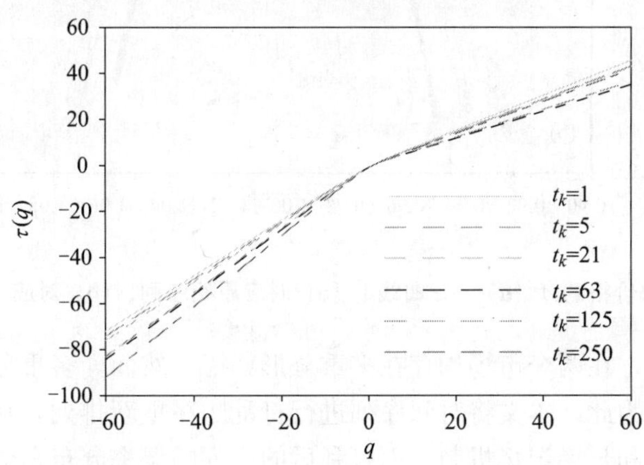

图 2　WTI 原油价格的 τ（q）：q 曲线

为进一步研究多重分形特征，本文研究了 WTI 原油价格系统的 $\tau(q)$：q 曲线（如图 2 所示），发现在不同的时延 t 下，$\tau(q)$ 均为 q 的非线性函数，表明市场存在多重分形特征。同时，本文根据式（9）和式（10）求得了多重分形谱（图 3）。由式（9）对 α 求导可得 $\frac{df(\alpha)}{d\alpha}=q$，因此以 $f(\alpha)$ 的最大极值点为界，多重分形谱可分为左右两半部分，其中左半部分对应的是 $q>0$，反映了市场价格大幅波动情况；右半部分对应的是 $q<0$，反映了市场价格小幅波动的情况。为进一步描述序列的分形程度，定义多重分形谱宽度：

$$\Delta\alpha=\alpha_{\max}-\alpha_{\min}=\lim_{\delta\to 0}\left(\frac{\ln P_{\min}}{\ln\delta}-\frac{\ln P_{\max}}{\ln\delta}\right)=\lim_{\delta\to 0}\frac{\ln(P_{\min}/P_{\max})}{\ln\delta} \tag{11}$$

可见，$\Delta\alpha$ 反映了大幅变化的最小概率与小幅变化的最大概率之间的差别。

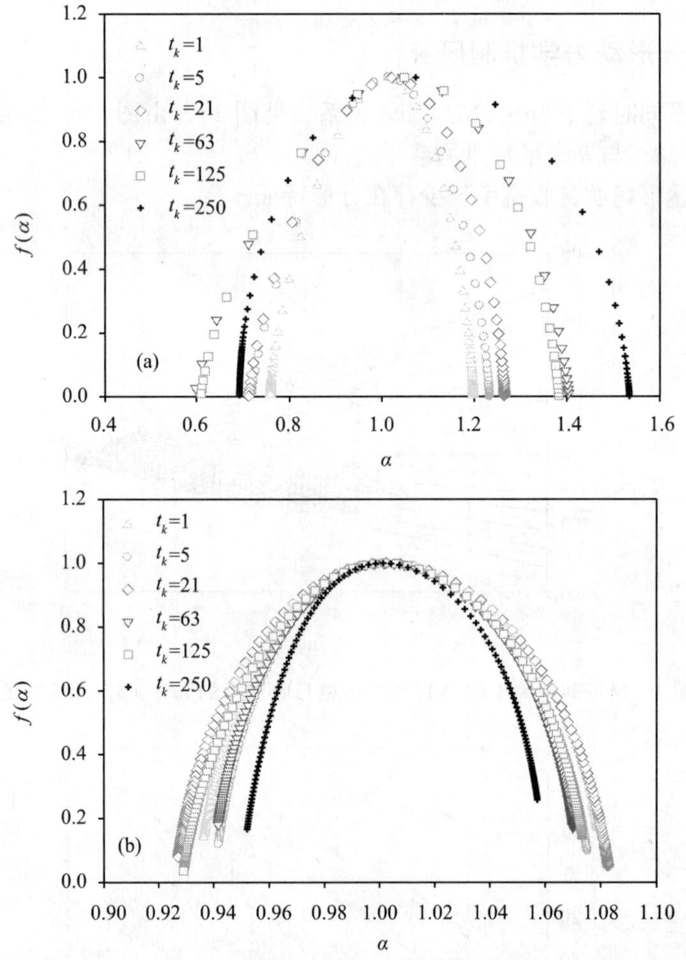

图 3 WTI 原油价格的 $f(\alpha)\sim\alpha$ 曲线［（a）对应原始序列、（b）对应打乱后的序列］

从上述分析可知，在两个市场均存在多重分形特征。然而，多重分形的动力学来源是什么依然有待研究。为此，本文将时间序列进行打乱顺序重新排列，从而完全破坏序列自身的非线性相关特征和长期记忆机制，而打乱后的序列的概率分布完全与原始序列相同。

打乱步骤[12]如下：

（1）随机生成一对正整数 m，n（m，$n\leqslant L$）；

(2) 将时间序列第 m 个与第 n 个数据交换；

(3) 重复上述过程（$20L$）次，以确保序列能被充分打乱；

(4) 由于电脑生成的为伪随机数，为避免影响，每次重复之前都改变随机数种子。

由此，如果打乱后的序列不再具有多重分形特征，则说明序列的长程相关性完全是多重分形的动力学原因；如果打乱后序列的多重分形谱宽度与原始序列结果相同，则说明胖尾分布完全是多重分形的动力学原因；如果多重分形谱宽度变窄，但依然存在非平凡的多重分形特征，则说明上述两个原因在多重分形生成机制中均有影响，它们的共同作用造成了市场的多重分形几何特征。

在采用上述方法打乱原始序列后，本文得到打乱序列的多重分形谱（如图 4 所示），并计算得到分形谱宽度 $\Delta\alpha$ ，如表 1 所示。

表 1　多重分形谱的宽度 $\Delta\alpha$

特征时延	多重分形谱宽度	
	原始序列	打乱后
$t_k=1$	0.371 0	0.159 0
$t_k=5$	0.422 1	0.164 8
$t_k=21$	0.492 9	0.134 5
$t_k=63$	0.762 8	0.135 3
$t_k=125$	0.789 5	0.118 4
$t_k=250$	0.889 5	0.133 8

从表 1 可以看出，当序列被打乱之后，分形谱宽度在所有的特征时延下均显著变窄，谱宽度 $\Delta\alpha$ 在（0.371 0，0.889 5）（原始序列）和（0.118 4，0.164 8）（打乱后）之间。一般地，对于单分形系统，其分形谱为一个点，也即其谱宽度 $\Delta\alpha=0$，打乱序列的谱宽度趋向于 0，表明系统多重分形内在机制主要来源于长程相关性；同时，虽然分形强度减弱，但多重分形特征依然存在，表明也受到了肥尾分布影响。

3.3　多重分形谱分析

为了进一步探讨不同尺度的价格涨落对于市场非线性动力学的影响，本文将分形谱顶点所对应的 α 值记为 α_0，把多重分形谱划分为左右两半部分，其中左半谱（$\alpha_0-\alpha_{min}$）对应于 $q>0$，反映了序列大幅波动的情况；右半谱（$\alpha_{max}-\alpha_0$）对应于 $q<0$，反映了序列小幅波动的情况。由此，分别讨论左半谱与右半谱随时延 t 的变化情况，对于我们深入认识市场动力学行为有重要意义。

由于 α 是 q 的减函数，因此计算分形谱 $\Delta\alpha$ 只需要计算首尾两点即可，本文中的 $|q|$ 取到 60 主要基于两点原因：

(1) $f(\alpha)$ 的斜率为 q，当 $|q|$ 取到 60，也即分形谱两端点的斜率的绝对值为 60，其切线与 x 轴所成夹角为 $\arctan 60=1.554\,1\approx\pi/2$，接近于垂直，α 已基本上收敛于常数；

(2) q 作为配分函数的指数，取值过大，可能会造成计算溢出，实际计算中也没有必要。

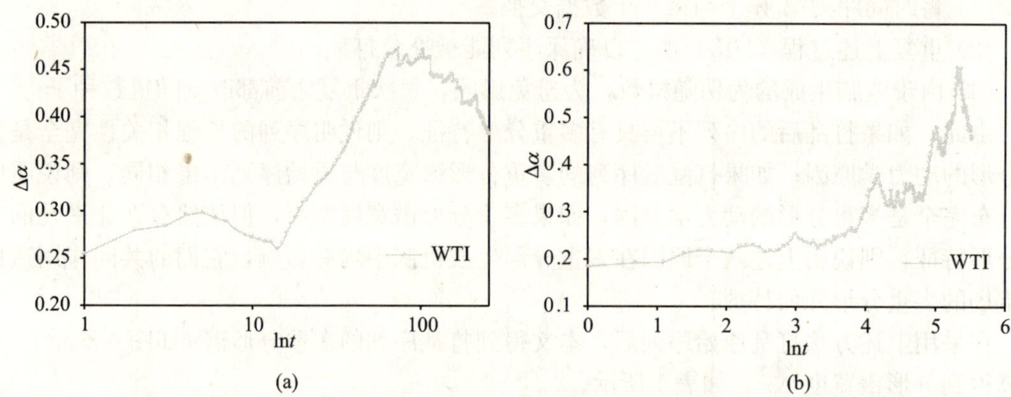

图 4 左半谱与右半谱随时延（t）的变化

（a）左半谱；（b）右半谱

基于上述原因，本文取 $q=\pm60$ 以及 $q=0$ 三点计算分形谱，以简化计算量，所得结果如图 5 所示。对左半谱和右半谱随不同时延变化情况进行研究发现：

（1）对价格大幅波动而言：当 $1\leqslant t\leqslant73$ 时，WTI 价格系统多重分形不断增强；当 $t>73$ 之后，分形程度随时延 t 的增加而以较快的趋势减弱。上述结果表明：对于 WTI 原油市场，中期投资者较长期投资者而言面临着更大的大幅波动的风险。

（2）对于市场小幅价格波动而言：分形强度则以较缓慢的速度震荡上升。这表明：长期投资者可能面临着更大的小幅波动风险。

（3）左半谱随 τ 的变化更加平滑，而右半谱的变化则更显得带有明显的震荡，从左右两幅图之间可以看出二者的显著差异。因此，WTI 价格系统的小幅价格涨落与大幅价格涨落形成具有不同非线性动力学机制。

4 结论

本文研究了 WTI 原油价格的多重分形特征及其动力学来源，发现：

（1）WTI 原油价格系统存在多重分形特征；

（2）通过打乱原始序列破坏长程相关性，发现多重分形动力学机制主要来源于长程相关性，同时也受到胖尾分布的影响；

（3）中期投资者较长期投资者而言面临着更大的大幅价格波动风险，而长期投资者则可能面临着更大的小幅波动风险；

（4）大幅价格变化形成与小幅价格变化形成具有不同的非线性动力学机制。

参考文献

[1] Alvarez-Ramirez Jose, Alvarez Jesus, Rodriguez Eduardo. Short-term predictability of crude oil markets: A detrended fluctuation analysis approach [J]. Energy Economics, 2008, 30 (5): 2645－2656.

[2] Serletis Apostolos, Rosenberg Aryeh Adam. The Hurst exponent in energy futures prices [J]. Physica A: Statistical Mechanics and its Applications, 2007, 380: 325－332.

[3] Alvarez-Ramirez Jose, Cisneros Myriam, Ibarra-Valdez Carlos, Soriano Angel. Multifractal Hurst analysis of crude oil prices [J]. Physica A: Statistical Mechanics and its Applications, 2002, 313 (3—4): 651—670.

[4] He Ling-Yun, Fan Ying, Wei Yi-Ming. The empirical analysis for fractal features and long-run memory mechanism in petroleum pricing systems [J]. Int. J. Global Energy Issues, 2007, 27 (4): 492—502.

[5] Adrangi Bahram, Chatrath Arjun, Dhanda Kanwalroop Kathy, Raffiee Kambiz. Chaos in oil prices? Evidence from futures markets [J]. Energy Economics, 2001, 23 (4): 405—425.

[6] Tabak Benjamin M, Cajueiro Daniel O. Are the crude oil markets becoming weakly efficient over time? A test for time-varying long-range dependence in prices and volatility [J]. Energy Economics, 2007, 29 (1): 28—36.

[7] He Ling-Yun, Zheng Feng. Empirical Evidence of Some Stylized Facts in International Crude Oil Markets [J]. Complex Systems, 2008, 17 (4): 413—425.

[8] Koçak Kasım. Examination of persistence properties of wind speed records using detrended fluctuation analysis [J]. Energy, In Press.

[9] Alvarez-Ramirez Jose, Soriano Angel, Cisneros Myriam, Suarez Rodolfo. Symmetry/anti-symmetry phase transitions in crude oil markets [J]. Physica A: Statistical Mechanics and its Applications, 2003, 322: 583—596.

[10] He Ling-Yun, Fan Ying, Wei Yi-Ming. Impact of speculator's expectations of returns and time scales of investment on crude oil price behaviors [J]. Energy Economics, 2009, 31 (1): 77—84.

[11] Bernabe Araceli, Martina Esteban, Alvarez-Ramirez Jose, Ibarra-Valdez Carlos. A multi-model approach for describing crude oil price dynamics [J]. Physica A: Statistical Mechanics and its Applications, 2004, 338 (3—4): 567—584.

[12] Norouzzadeh P, Rahmani B. A multifractal detrended fluctuation description of Iranian rial-US dollar exchange rate [J]. Physica A: Statistical Mechanics and its Applications, 2006, 367: 328—336.

[13] Kwapien J, Oswiecimka P, Drozdz S. Components of multifractality in high-frequency stock returns [J]. Physica A: Statistical and Theoretical Physics, 2005, 350 (2—4): 466—474.

[14] Du Guoxiong, Ning Xuanxi. Multifractal properties of Chinese stock market in Shanghai [J]. Physica A: Statistical Mechanics and its Applications, 2008, 387 (1): 261—269.

[15] Jiang Zhi-Qiang, Zhou Wei-Xing. Multifractal analysis of Chinese stock volatilities based on the partition function approach [J]. Physica A: Statistical Mechanics and its Applications, 2008, 387 (19—20): 4881—4888.

[16] Jiang Zhi-Qiang, Zhou Wei-Xing. Multifractality in stock indexes: Fact or Fiction? [J]. Physica A: Statistical Mechanics and its Applications, 2008, 387 (14): 3605-3614.
[17] 何凌云，周曙东，徐才华．中国农产品期货价格的分形和多重分形特征 [J]. 中国农学通报，2008，24 (3)：481-485.

中国海外油气资源供给渠道多元保障体系研究*

赵　旭

中国石油大学博士后科研流动站

中国石油化工股份有限公司石油勘探开发研究院战略规划所

摘　要：随着不确定外部环境的无序演化，油气安全的影响因素日益复杂。海外油气资源的争夺和中国海外油气资源供给渠道的稳定，在政府宏观层面上，亟须构建以政治、经济、军事和科技为主的多元系统保障体系，外部实现产油国—消费国—途经国油气合作共赢机制，内部组建宏观层面的海外油气资源决策中心，系统化调控海外油气资源资产，改革财政金融政策和能源法律体系，为海外油气资产运作提供支撑环境，通过科技创新推动中国跨国石油公司的发展与壮大。

关键词：油气安全，多元保障体系，合作机制，外部策略，内部策略

随着油气安全问题成为全球关注的新视角，油气资源已经演化为各国政治、经济、军事及外交斗争的特殊武器和直接目的。国际油气地缘政治角逐、油气供需矛盾及价格走势、国际油气中心地带的发展动向以及美国对外油气战略变化等问题，对中国海外油气供应安全的影响日益明显。因此，中国油气供给安全的保障需要国家角色的战略协调和配套支撑，在宏观层面构建包含政治、经济、军事和外交配套支撑策略的海外油气资源供给渠道支撑体系。

1　海外油气资源供给渠道支撑体系的外国借鉴

在未来的油气供求格局中，传统的“大中亚”地区依然是集中而重要的来源地，油气消费国会趋于平衡，来源地的大部分油气资源仍将运往北美、欧洲和亚太地区，其中亚太地区的油气需求量会有明显增加。

目前各国的油气安全保障绝大程度依靠能源区域合作和各国双边或多边对话[1]。基于各自的战略立场和经济目标，产油国和消费国宏观层面的油气配套策略差异明显。产油国通过维持长期有效的油价，加强对全球油气资源的供应和控制，采取许多立足于本国公司和经济利益的策略，同时吸引外资和跨国石油公司投资和开发，确保长期出口对象。消费国则关注油气供应量和国际价格，着重通过政治、外交、经济、军事等手段来保证多元化的油气供应渠道和国际油价的稳定，同时注重通过各种区域合作和综合战略联盟谋求互利共赢。

* 基金资助：国家社会科学基金项目《建立海外稳定的油气资源供给渠道研究》(06BJY042)。

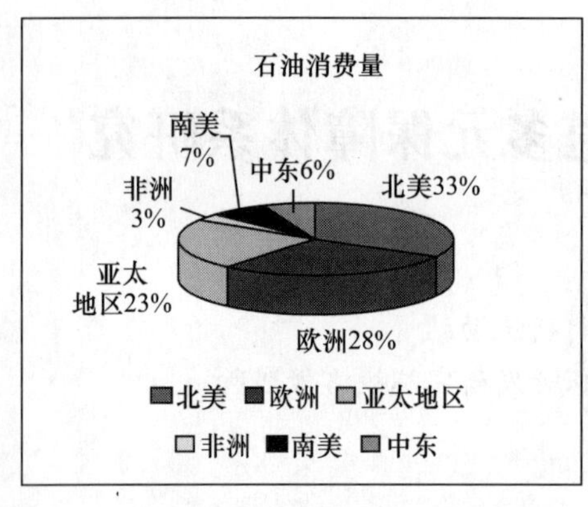

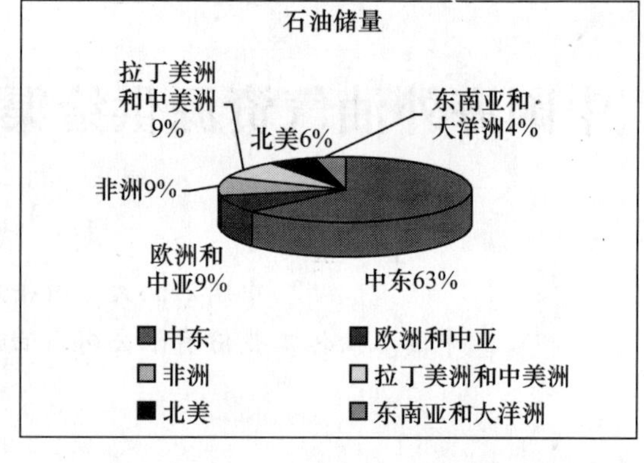

图1　2007年世界石油资源分布情况　　　　**图2　2007年世界石油消费情况**

立足我国实际，对产油国油气安全配套支撑策略的研究应该立足中国油气消费市场“极其重要”的角度，探究如何迎合其利益诉求并达到互利共赢；对消费国油气安全配套支撑策略的研究应该立足中国“第二大油气消费国”的现实，探究如何加强高层对话平抑争端和与石油公司联盟规避风险。

2　政治—经济—军事—科技多元系统保障体系描述

2.1　多元系统保障体系内涵

中国海外油气资源供给渠道配套保障体系的构建要基于油气资源全球共享和国际合作，以协同机制和配套支撑为主线，从国家战略安全的高度，综合考虑政治、经济、外交以及军事因素，对外联合产油国、途经国和消费国，优选长期稳定的油气贸易伙伴，针对不同的国际对象采取相应的政策和态度；对内通过石油工业体制改革，为跨国石油公司的海外战略进行金融、法律、技术等方面的配套支持，保障中国海外油气资源的安全供应（如图3所示）。

该体系的核心内容是基于决策协调支撑的多方利益联合平衡机制。在对外层面上，从宏观决策协调出发，通过政治、外交、经济和军事手段紧密构建有利的能源国际交流合作平台。通过构建海外政治性风险应对体系，利用合适的政治策略开展与消费国、产油国和途经国的能源外交；通过海外油气资源信息系统支持经济上的贸易沟通，特别是与产油国的经济关系；提高海陆空军事能力保障途经国中的能源海运通道安全。在对内层面上，通过建立决策协调支撑构建符合国际化要求的油气工业管理体制。通过改善金融财政体系更好地支撑国内公司的海外拓展；通过借鉴和研究充实完善能源法律体系，为海外油气资产运作提供法律保障；同时加大科技创新力度，以提高跨国油气公司的核心竞争力。

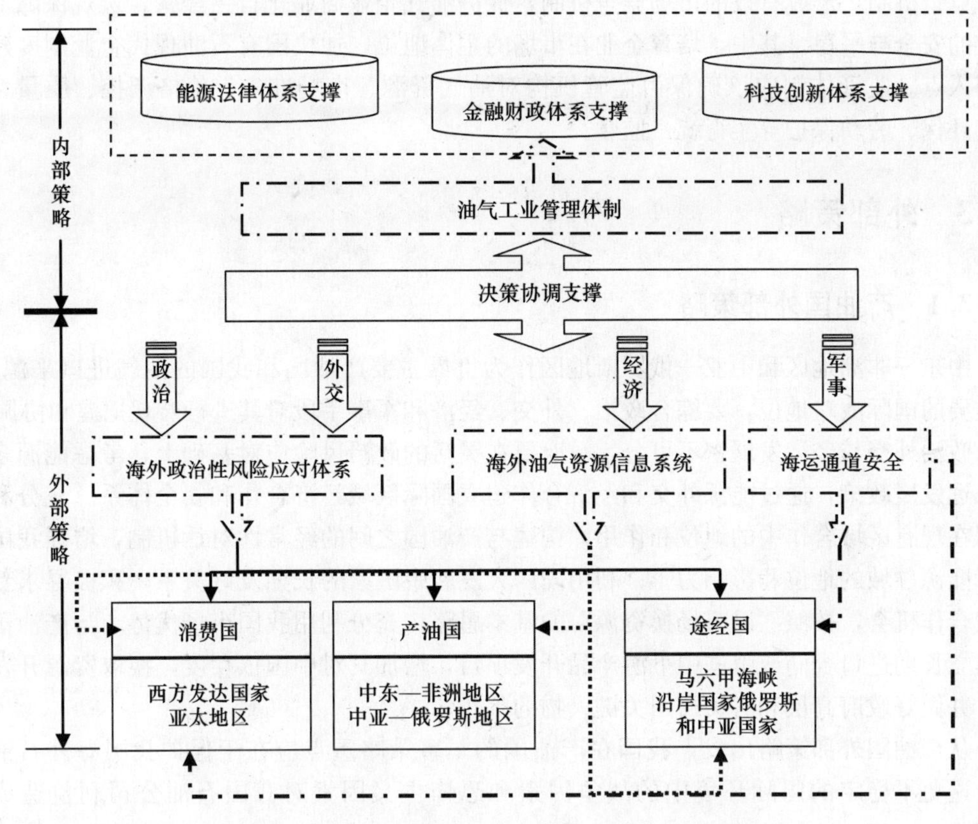

图3 政治—经济—军事—科技多元配套保障体系

2.2 决策协调支撑层

决策协调支撑是支持公共操作的协同机制与并发控制体系。包括海外政治风险应对体系，符合国际惯例的高效管理制度体系和统筹协调机制，健全和完善政府决策支持和保障体系，统筹协调、拓展和巩固海外油气资源供给渠道的战略实施。

海外政治性风险应对体系主要包含油气跨国经营和国际贸易的政治风险预估和规避策略，涉及海外油气业务产业链首尾和贸易流通各环节。针对多变的国际政治环境，以及不同国家有差别的政策倾向与突发性事件影响，应对体系应该突出体现静态全局性策略集合和动态快速反应机制，为我国海外油气资源供给渠道的稳定提供政治安全保障[2]。

海外油气资源信息系统主要包括资源情报中心和油气企业信用评价系统。资源情报中心部分首先通过专门的数据库、咨询服务中心，及时提供国际油气市场的投资情报，一定程度上的油气项目可行性研究分析和海外市场分析；其次在相关国家的重点城市建立油气市场行情信息中心，与国外大型信息中心和数据库联网，及时反馈国际油气贸易、技术突破等信息，进而形成全球范围的油气市场行情和管理信息网络控制系统。油气企业信用评价系统部分，通过设立行业操作标准和信用评价体系，规范我国跨国油气公司的运作，简略冗余手续和程序，更有效地规避和分散风险，以增大国内公司在海外项目的竞争优势。

国内油气工业管理体系的完善，要依据“需求导向，政府协调，企业实施”的原则。国家综合管理部门侧重战略规划和落实行业监管职能，建立平等的市场准入制度和公平的企业竞争机制，形成有效的市场竞争机制，促进油气企业商业化自主经营，宏观保障油品供应的安全与平稳。其中，培育企业在市场的主体地位，加快国有石油现代企业制度建设是切入点。监管体制应该确保由监管机构对油气资源、市场准入、价格调控、质量、安全、环保、劳动保护等实行统一监管。

3 外部策略

3.1 产油国外部策略

中东—非洲地区和中亚—俄罗斯地区作为世界主要产油国和我国的油气进口来源国，有重要的国际战略地位，要综合政治、外交、经济和军事手段对其进行宏观把握和协调。

政治外交与经济发展密不可分，政府要在灵活的政治风险应对基础上，考虑能源多元化长远发展政策，通过能源外交和经济合作建立国际区域经济合作和安全体系。充分利用我国在现有区域合作中的地位和作用，构建与产油国之间的经常性对话机制，增强我国在国际能源领域的地位和影响力[3]；利用同广大发展中国家的长期友好关系，积极寻求新的区域合作机会，按照“以市场换资源”的基本思路，充分利用我国市场优势，与产油国通过建立长期进口合同或引进中下游产品开发项目，增加其对中国依存度，换取资源开发权益，并做好政府高层和有关财团关键人物的工作。

从产油国外部策略出发，我国在产油国的军事策略重点应在于保护我国海外石油公司，避免不稳定的国际环境中的战争因素和恐怖主义因素对我国石油公司利益造成的损害。

3.2 消费国外部策略

在对西方发达国家和亚太地区这两部分主要消费国的外部策略中，侧重政治外交与经济手段的实施。我国的经济实力和发达程度基本介于西方发达国家和亚太地区之间，因此在政治外交上，要对两部分消费国分别采取借鉴沟通和领导区域一体化两方面策略，同时紧密联系能源外交，大力推动经济合作：把握与西方发达国家的能源关系尺度，促进油源共享，利益共赢的南北局面，建立和加强相对稳定的联盟关系，缓解国际石油市场基本由产油国主导的局面；加强以“上海合作组织”为核心的区域经济合作，促成亚太能源安全多边合作体系的建立。军事方面，从避免消费国间不良竞争上应加强我国海军的海运通道安全保护能力。

3.3 途经国外部策略

由于马六甲海峡沿岸国家、俄罗斯和中亚国家这两部分途经国的地理位置和国际政治情况不同，因此在政治、外交、经济和军事手段上的实施侧重点有所不同。

对于马六甲海峡沿岸国家，由于其在世界油气市场中的重要地位，各国政府都对其采取谨慎性政策，因此政府应重视与沿岸国家的政治外交关系的协调，加强同我国石油战略运输通道沿线国家的友好关系，探讨开辟新的能源运输通道的可能性。积极开展海上安全国际合作，支持相关区域机制建设。同时由于各国的相对重视，马六甲海峡的整体情况在一段时间内会维持相对稳定，所以要在稳定时期抓紧提高我国海军军事水平，提高航道保护能力。

对于俄罗斯和中亚国家，应充分利用地缘政治优势，与俄罗斯和中亚国家进行区域经济协调合作，促进油气运输网络的形成，并开拓新的海上油气供给渠道，加大陆上和海上油气管道的军事保护力度。

4 内部策略

4.1 金融财政体系支撑

(1) 确立海外油气投资规划

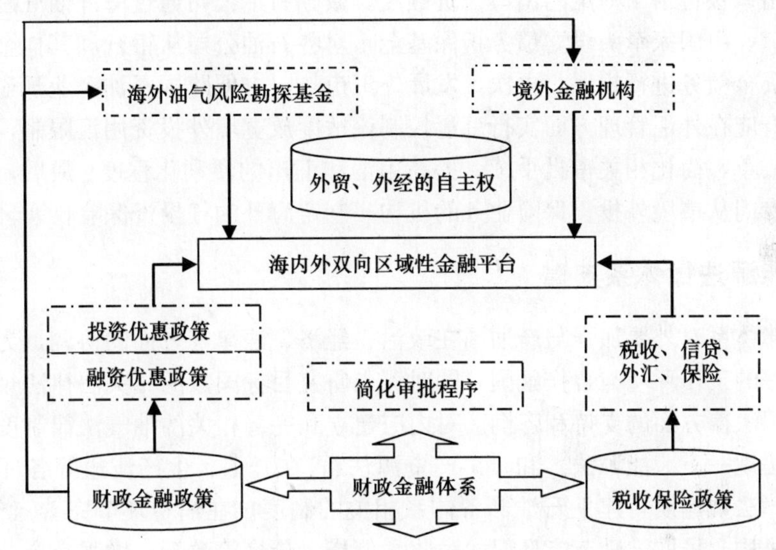

图 4 海外油气投资规划体系

海外油气资源勘探开发和国际贸易都是以国内石油公司为主体开展的，中国应借鉴发达国家经验，从金融财政政策方面给予全方位的支持和辅助。在财政金融体系中，应该以财政金融政策和税收保险政策为两大辅助分支，配合简化审批程序等提高效率的措施，来构建以跨国石油公司自主海外贸易、海外经营为核心的海外区域性金融平台（如图 4 所示），并充分利用该平台，对外加强区域间良好的对话关系，加强石油企业参与国际经济合作，对内建立以财政资金为导向、政策性金融为杠杆、商业性金融为主渠道、资本市场为必要补充的金融支持平台，来加强海外企业国有资产管理。从而为石油企业“走出去”提供全面、有效、稳定的金融服务支撑体系。

(2) 财政金融政策改善

首先，政府要鼓励有条件的国内金融机构设立和发展境外机构。建立以商业银行为主导的对外投资配套体系，或以并购等方式参与境外其他金融机构，来为石油企业跨国经营提供客户信息咨询及股权投资等方面的配套服务。其次，给予投资优惠政策。放宽对国内石油公司的境外投资限制并加强监督，着手建立海外勘探开发储备金制度、油气投资损失准备金制度和勘查风险费用特别扣减制度等。再次，给予融资优惠政策。融资方式可采用石油/石化公司信用担保，也可采用国际上通行的以项目资产（包括探明的原油和天然气储量）和收益作抵押的项目融资，对在国外采购的技术和设备，也可能需要使用所在国的出口信贷。最后，建立海外油气风险勘探基金。基金来源可提取国内石油和石化税收和从海外返销的份额油缴纳的增值税，用来鼓励国内公司积极参与海外油气勘探开发。

（3）税收保险政策改善

首先，为跨国石油公司制定优惠的税收政策。包括与合作国签订避免双重税收协议；对国外收入实行阶段性免税，减免营业税，允许延期支付公司所得税等；运回国内的份额油气、由份额油气串换、份额油气销售收入再购买的油气要视同国内生产，纳入国内原油总量平衡计划，免进口配额和进口许可证，免征进口关税。其次，给予灵活的信贷政策。国家通过进出口银行给予一定的出口信贷额度，鼓励石油公司通过海外油气勘探开发投资带动国内出口；由国家牵头设立债务担保基金，对各石油公司从银行和其他金融机构借入的勘探开发资金债务进行担保。再次，发展外汇市场，方便跨国石油企业规避汇率、利率等风险。政府应在外汇管理方面实行总量控制，适度放宽境外投资用汇限制，继续深化外汇管理体制改革，简化相关审批手续，提高用汇和汇出的便利化程度。最后，可通过在商业银行建立专门从事境外投资保险业务的机构，制定海外油气投资保险政策。

4.2 能源法律体系支撑

能源法律体系对外要加强与产油国在政治、经济、法律等方面的协调，为国内公司在海外营造良好的工作环境与合作氛围，同时深入研究目标国家的相关法律法规，为国内公司提供所在国法律方面的支持和咨询。对内应建立和完善相关的油气法律制度，调整能源方面的核心法规——《能源法》和《矿产资源法》，在开采、生产流通等各环节加快推行石油安全法律法规建设，建立石油储备体系相关的制度。在消费环节完善《节能法》，建立节能管理机构，采取鼓励节能环保的税收、信贷、价格等政策，增强社会节能意识，完善能源安全机制，促进可代替能源的发展[3]。

4.3 科技创新体系支撑

国家应提倡和引导国内石油企业注重科技创新，逐步培养适应市场经济和国际竞争的拥有高效创新能力的科研队伍。具体包括加大油气科研资金投入力度，提倡和鼓励深化油气科技战略研究，科学评价和鼓励科研机构创新，推进科技管理工作的科学化、制度化和法制化，加强油气工业技术领域的技术评估，建立科学的评价体系和人才聘用制度和激励机制，充分调动科技人员的创新积极性，吸引海外优秀人才。

参考文献

[1] 史丹妮，王骏，张艳秋，谢波．论新形势下海外油气勘探开发方向[J]．石油实验地质，2002(5).

[2] 胡长乐，王亮，罗建冬．国际化石油决策支持机构人才队伍建设初探[J]．石油规划设计，2007(5).

[3] 张士运，袁怀雨．中国石油海外投资现状、问题及对策[J]．中国国土资源经济，2005(11).

[4] 朱怀念,孔雪．中国石油储备法律制度的建立与能源安全[J]. 上海财经大学学报:哲学社会科学版,2007(5).
[5] 赵旭,董秀成．我国石油企业跨国经营竞争策略多层次系统化集成模型初探[J]. 经济问题探索,2008(4).

不同视角下的我国石油对外依存度问题研究

王建良　冯连勇　赵　林

中国石油大学（北京）工商管理学院　102249

摘　要：本文首先提出了研究石油对外依存度问题的两种视角，并通过对国内石油供需形势和世界石油出口能力的分析，指出应从外部进口角度来思考我国石油对外依存度，同时通过对欧美等发达国家的工业化发展之路和我国现实状况的比较，指出欧美之路中国走不通，我国解决石油短缺的重点应放在抑制需求和石油替代能源发展上，提出了中国自己的发展道路：短期内以增加石油供给为主，过渡期内以抑制石油需求为主，长期内以石油替代能源为主。

关键词：石油对外依存度，石油出口能力，替代能源

随着中国经济的快速发展，中国的石油进口也不断增加，2008 年的石油净进口量已超过 2 亿吨，石油对外依存度达到 51.3%，未来还将进一步上升。石油对外依存度的快速提高已引起我国有关方面的高度关注，石油安全问题凸显，油价冲击对国民经济的影响十分显著，因此，开展石油对外依存度研究具有重要意义。

1　石油对外依存度概述

1.1　石油对外依存度概念

石油对外依存度是指一国石油消费对进口石油的依赖程度，以一国的石油净进口量在本国石油消费量中的比重来表示。即：

石油对外依存度＝石油净进口量/石油消费总量

一般来说，一种商品的对外依存度越高，则表明该种商品对国外进口的依赖程度越大，与世界的关系也就越密切，这样受世界市场价格波动以及供应安全等因素的影响也就越大[1]。

1.2　石油对外依存度的两种视角

（1）内部需求角度下的石油对外依存度

内部需求角度即在考虑石油对外依存度问题时，站在国内需求的角度，以此为出发点来分析我国的石油对外依存度，据此采取措施来加以应对。通常做法是，首先根据我国的经济发展状况预测我国未来的石油需求量，其次预测国内的石油产量，二者之间的差额即为所需外部石油的进口量。在这种情况下，解决石油缺口的主要措施自然集中于对资源的外部获取，而一定程度上弱化了抑制需求、发展石油替代能源等措施。

（2）外部进口角度下的石油对外依存度

外部进口角度即在考虑石油对外依存度问题时，站在外部资源可供进口量的角度，以此为出发点来分析我国的石油对外依存度，据此采取措施来应对。做法是，首先预测出世界未来的石油出口能力，结合估算的可进口份额，确定出我国未来可进口石油量，再考虑我国未来石油产量，进而得到我国未来可供消费的石油量。在这种情况下，由于获得的外部资源有可能是有限的（这种状况完全有可能出现），所以应对此情形的着眼点应是抑制国内需求、发展石油替代能源等。两种视角下的对外依存度对比如表1所示。

表1　石油对外依存度思考的两种角度对比

目标问题	思考角度	类比项目	具体表现
石油对外依存度	内部需求	考虑思路	国内石油需求和国内石油产量决定需要从外部进口的石油数量
		缺口解决重点	以增加外部进口量为主
		适应性条件	国内缺口能完全由外部进口资源满足
	外部进口	考虑思路	可供进口石油量和国内石油产量决定国内可消费石油数量
		缺口解决重点	抑制需求、发展石油替代能源为主
		适应性条件	外部进口难以满足国内缺口，或外部资源获取难度巨大

石油对外依存度具体应站在哪种角度来考虑，应首先分析国内的石油缺口能否从外部得到充分的满足，如果能够得到满足，那么站在内部需求的角度来考虑对外依存度问题是可行的，这样可以充分保障国内经济发展对石油资源的需求；如果国内的石油缺口很大，而依靠进口外部资源难以满足需求或增加进口的难度非常大时，那么就应该站在外部进口的角度来考虑，这虽然会在一定程度上影响国内的经济发展，但却是必由之路，因为一国对内部的可控性总大于对外部的可控性，在资源有限的情况下，能源战略和政策的重点应该是立足于对内部可控的发展模式和消费方式的调整，以抑制快速膨胀的需求，大力发展石油替代能源，而将不可控的外部进口资源作为重要补充。

2　我国石油供需形势与世界未来石油出口能力分析

2.1　我国石油供需形势分析

对于我国石油未来供给的预测，本文采用Hubbert、广义翁氏和HCZ三种典型峰值模型进行预测，然后将预测结果进行组合得到最终的预测产量，如图1所示。预测结果显示，我国未来石油产量增长空间有限，2010年和2020年产量分别为1.91亿吨和1.92亿吨，峰值年份为2015年，峰值产量为1.94亿吨。可以看出，2020年我国的石油产量基本维持在1.8亿～2亿吨。对于我国石油未来需求的预测，采用国际能源署（IEA）[2]对我国2015年和2030年石油需求的预测结果（参考情景），然后对其进行指数平滑，得到其他年份的石油需求数据，结果如图1中黑色曲线所示。从预测结果来看，我国未来石油需求量将快速增长，2010年和2020年的石油需求量将分别达到4.31亿吨和6.39亿吨。可以明显地看出，国内产量难以满足国内需求，且二者之间的缺口自1993年以来一直在扩大，2010年和2020年的石油缺口将分别达到2.40亿吨和4.47亿吨。如果从内部需求的角度来看，2010年我国的石油对外依存度将达到55.68%，2020年达到69.95%，接近70%，将与现在的印度对外依存度水平相当，但影响程度却要比印度严重得多，因为印度的石油净进口量不足 9 000 万吨，而我国 2020 年的石油净进口却需要 4.47 亿吨。

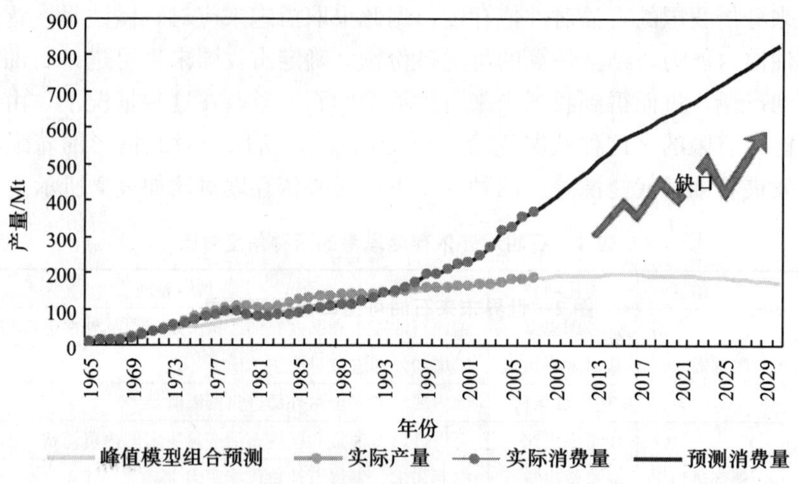

图 1　我国石油未来供需预测结果

数据来源：实际产量和消费量数据均来自 BP Statistical Review of World Energy June 2008[3].

2.2　世界未来石油出口能力分析

通过对我国石油供需形势的分析，可以看出，由于我国资源的相对有限性和需求的快速膨胀性，石油缺口正在不断扩大。从内部需求的角度分析，我国的石油对外依存度到 2020 年将接近 70%，需进口石油 4.47 亿吨，那么外部资源是否能够完全弥补这种快速膨胀的石油缺口呢？对这一问题的回答重点在于分析世界未来的石油出口能力。

对世界石油出口能力的分析，首先选取主要的石油出口国作为分析对象，通过对这些国家石油产量和消费量的预测，确定出这些国家的石油出口量，然后根据其占世界总出口量的比例，预测出世界总的石油可出口量。与对我国的供需分析方法相同，产量的预测采取三种典型的峰值模型进行预测，最后通过组合得到最终的石油预测产量；需求量的预测，依然参考的是国际能源署（IEA）的结果，然后对时点消费量数据进行指数平滑得到消费量的序列数据。通过分析，选取世界 11 个主要石油出口国：沙特、俄罗斯、尼日利亚、委内瑞拉、伊朗、阿联酋、墨西哥、加拿大、科威特、利比亚、伊拉克。2006 年这 11 个出口国的石油出口量占到世界石油总出口量的 85.6%，并假设这些国家占世界石油总出口量的比例不变，即可估算出世界总的石油出口能力。

世界未来的石油出口能力预测结果如图 2 所示，从预测结果来看，未来世界石油出口能力是不断减小的，主要有两方面原因：一方面，从世界石油产量的角度来看，2004 年之后，世界石油产量年均增速仅为 0.41%，小于 1%，可以认为世界石油产量已进入峰值平台期，这意味世界石油产量增长幅度将越来越小。另一方面，从生产国的消费增长来看，主要生产国的消费在预测期内均呈现快速增长之势，这意味着本国生产的石油将更多地用于国内消费，这势必使得可出口石油量减小。根据图 2 的预测结果，2020 年的世界石油总可出口量为 18.67 亿吨。

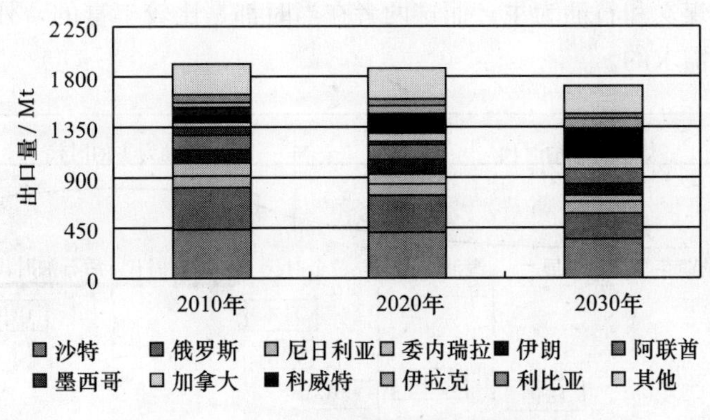

图 2 世界未来石油可出口量预测结果

数据来源：计算所用数据来自 BP Statistical Review of World Energy June 2008.

2007 年我国石油净进口量为 1.83 亿吨，世界石油总贸易量 40.7 百万桶/天（国际能源署《国际能源展望 2008》），即 20.267 亿吨/年（按 1 年=365 天，1 吨=7.33 桶），则 2007 年我国的石油净进口占世界贸易的比例为 9.05%，假设这一比例在 2020 年能翻一番，达到 18.1%，届时我国可进口石油量为 3.38 亿吨，与我国的供需缺口 4.47 亿吨还差 1.09 亿吨。可以看出，在 2020 年依靠外部资源已不能满足国内石油需求，即使是可进口的 3.38 亿吨，也未必能完全进口到，因为我国进口份额的增加意味着其他国家进口份额的减小，在石油战略地位日益抬升的今天难度也是相当大的。

可以看出，如果从外部进口的角度来看，2020 年我国可进口石油量按 3.38 亿吨，国内石油产量按 1.92 亿吨计算，我国可消费石油量仅为 5.3 亿吨，石油对外依存度为 63.78%，如果可进口的石油达不到 3.38 亿吨，则石油对外依存度将比 63.78%还要小。从石油对外依存度的计算结果来看，外部进口角度下的对外依存度要小于内部需求下的对外依存度，这反映未来进口的外部石油资源已经难以完全满足国内石油缺口。在这种情况下，根据内部需求得出的对外依存度已经失去了意义，对石油对外依存度问题的思考应站在外部进口角度，解决国内石油供需缺口的重点应放在抑制需求、发展石油替代能源上来。

3 欧美等发达国家工业化对能源的消费道路中国走不通

我国正处于重工业化阶段，工业化最早也要到 2030 年完成，这意味着未来我国的经济发展还要在很大程度上依赖于能源，特别是石油。而未来外部进口的石油资源已不能弥补国内石油供需的缺口，在这种情况下，我国是否还要走欧美等发达国家工业化的老路子呢?

众所周知，工业化阶段对能源的需求很大。能源是一国工业化顺利完成的必备资源保障，英国是世界上第一个完成工业化的国家（如图 3 所示）。工业化过程中对能源的需求主要通过自产和殖民掠夺来满足，且能源消耗以煤炭为主；美国作为目前世界第一大经济体，其工业化进程仅次于英国，凭借其丰富的国内资源，美国顺利地完成了工业化，且能源消耗仍以煤炭为主；对于其他的国家如法国、德国、瑞典、俄罗斯、日本等，其工业化过程中能源的需求要么是依靠本国资源，要么是依靠外部进口，且从其工业化过程所用的能源种类来看，以煤炭和石油为主，而这两者在当时都是比较丰富的，外部资源是能够满足这些国家工业化需求的。

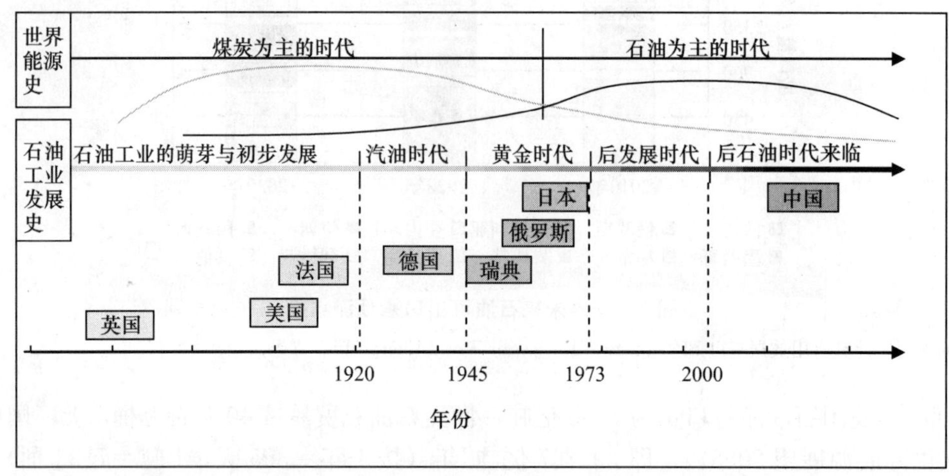

图 3　主要国家工业化完成时期对比

注：国家颜色越深表示其工业化对石油的依赖程度越来越大。

资料来源：根据水平井产能分析理论与方法研究（于国栋，2006）[4]、互联网资料等绘制。

从上述的分析可以看出，欧美等发达国家的工业化是一个大量依赖和消耗外部能源的过程，而 21 世纪的世界能源工业不同以往，表现出以下特征：

（1）从世界能源的发展历程来看，20 世纪 60 年代末世界进入石油时代，石油在世界能源消费结构中的比例超过煤炭成为世界第一大能源，石油已经成为最重要的能源。

（2）经过长期的发展，石油已经取代煤炭成为工业发展必备的基础能源，任何一个国家的工业化都难以离开石油，单纯依靠煤炭来发展工业化的时代已经不复存在。

（3）预计世界石油峰值在 2015 年左右来临[5]，且产量已于 2004 年进入峰值平台期，石油峰值的到来标志着石油工业进入后石油时代。

（4）后石油时代预示着新储量的发现并投产所带来的产量增长难以弥补现有油区产量的下降，从而导致世界石油产量下降。

（5）随着石油战略地位的进一步提升和产量的减小，各国对石油资源的争夺将异常激烈，使得外部可持续进口面临挑战，石油进口难度进一步加大。

21 世纪世界能源工业的新特点决定了我国难以像欧美等发达国家工业化那样大量依赖和消耗外部能源，未来外部进口石油的难度和风险都将大大加大。在此情况下，我国必须寻求自己的特色之路。

4　走中国特色之道，保障经济社会平稳健康发展

经过上述的分析，内部需求角度下的石油对外依存度思考方式在当前已经与现实状况不符，也就是说这种通过想法设法增加供给的战略和相应的配套措施是行不通的，这种方式是西方工业化国家的老路子，这种路子在新时期的中国是走不通的，必须转变视角，站在外部进口的角度审视我国的石油对外依存度，重点考虑通过抑制石油需求、发展石油替

代能源的战略和配套措施来保障在外部进口资源不足或难度相当大的情况下中国经济社会的平稳健康发展。中国必须走自己的特色之路，即短期内以增加石油供给为主；过度期内以抑制石油需求为主；长期内则以石油替代能源为主的道路。我国未来石油发展模式如图4所示。

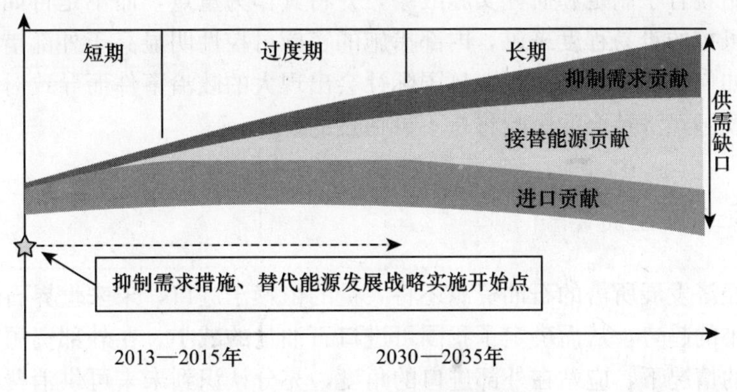

图4 我国未来石油发展模式

4.1 短期内增加供给是解决石油不足问题的有效途径

由于抑制需求措施、发展石油替代能源发挥作用需要一定的时间，这决定了短期内的石油供需缺口必须依赖于供给的增加。短期内增加供给的措施主要有以下三种：一是继续加大力度挖掘国内资源，延长国内石油产量的高峰平台期；二是石油公司进一步深化“走出去”步伐，获得更多海外权益油；三是通过政府间的博弈，加强与资源国的对话，努力提升进口份额，增加外部进口量。最终达到立足国内，开拓海外，充分利用国内外两个市场、两种资源的战略举措，实现短期内的石油稳定供应，同时为抑制需求措施、发展石油替代能源战略提供更多的时间。

4.2 过度期内石油供需缺口的弥补必然依赖于抑制需求措施的有效实施

所谓过渡期，指在对石油供需缺口的解决中，主要贡献率从外部资源进口向石油替代能源的转变，当然过渡期内供需缺口的解决依然以进口为主，石油替代能源对供需缺口的贡献逐渐增大，然而这两者之和可能还不能解决供需缺口问题，这种情况下，就必须依赖于抑制需求措施的有效实施。抑制需求的措施主要包括三方面：一是节能[6]，节能的主要措施是通过提高石油消费效率，增加单位石油消耗的产出率；二是适当的高价格，价格是市场经济中重要的调节供需的杠杆，应充分发挥价格的杠杆作用，抑制急速膨胀的需求；三是经济增长方式的转变，目前我国正在大力发展传统汽车工业，原因在于其能在短期内推动经济上涨，而传统汽车业大发展的必然结果是石油需求的迅猛上升，所带来的环境代价更是无法估量，这种经济增长方式有待改进。

4.3 长期内石油替代能源应成为解决石油短缺问题的重要途径

经济发展意味着能源消费不可避免，因此不能一味地抑制需求，在长期内，石油替代能源应成为解决石油短缺问题的重要途径。这些替代能源包括天然气、核能、太阳能、水能、地热能、生物质能等。在长期内，虽然外部进口依然对石油短缺有较大贡献，但其贡献率已经不及替代能源的贡献，并且随着外部资源的不断消耗，外部进口贡献率将越来越小。

需要强调的是，要想抑制石油需求措施和发展石油替代能源在中长期发挥大的效用，必须从现在开始就着手制定和研究实施战略，并将其作为重点，而不是将如何增加供给作为重点。且从可控的难易程度来讲，内部措施的实施可控性明显高于外部措施，如果把全部精力都放在如何获取外部资源，一旦国际社会出现大的政治事件而导致对我国出口石油的中断，那对我国经济社会的影响将是不可估量的。

5 结论

我国未来经济发展所需的石油资源还将大量的依赖于进口，未来世界石油出口能力却呈现出不断减小的趋势，从而决定了我国可进口石油量的减小。在外部资源难以弥补国内石油供需缺口的情况下，应站在外部进口的角度，充分认识到未来可供消费石油资源的有限性，及时调整国家能源战略和相关配套措施，将中长期工作的重点转移到抑制石油需求措施的制定及石油替代能源发展规划和利用上来，摒弃传统的经济发展对能源的消耗模式，走新时期中国特色之路，保障国民经济在可供消费石油量受限情况下的平稳健康发展。

参考文献

[1] 张麦花，张亚芬．我国石油依存度现状与发展趋势分析[J]. 辽宁经济，2006 (3).

[2] IEA. World energy outlook 2008 [EB/OL]. http//www. iea. org.

[3] bp. BP Statistical Review of World Energy June 2008[EB/OL]. http//www. bp. com .

[4] 于国栋．水平井产能分析理论与方法研究[D]. 中国地质大学(北京)，2006.

[5] Laherrere, 2007 Laherrere, J. , 2007. Limits to Growth Updated[C]. ASPO-Ireland, July. http://www. aspo-ireland. org/index. cfm? page=speakerArticles&rbId=9.

[6] 童晓光，赵林，汪如朗．对中国石油对外依存度问题的思考[J]. 经济与管理研究，2009 (1).

由容量因子看台湾风力发电瓶颈与展望

葛复光　陈中舜

核能研究所

摘　要：2001 年迄今因国际能源价格波动剧烈（原油年均价由 2001 年的 24 美元/桶涨至 2008 年的 98 美元/桶）及全球暖化效应日渐扩大之故，世界各国对于再生能源的投资、开发已更形积极，特别是在大型风力发电机的商转与并网更被寄予厚望。我国台湾地区由 2004 年起开始迅速增建各处新式风力电厂（风机总发电容量由原本的 2.40 MW 到 2008 年时达到 252.1MW），但容量因子（Capacity Factor，CF）却反而逐年递减（由 2005 年的 0.43 降至 2008 年的 0.27）且部分电厂故障率偏高，显示出相关推动 1.5 MW 以上的大型风力机组装置计划，在技术与政策上皆有再检讨的必要。（1）在技术方面，台湾西部年平均风速在 5～6 米/秒，低于欧美国家的 7～8 米/秒，导致外购风机无法稳定维持在最佳设计条件下运转，所增设之新式大型风机更放大了此问题的严重性。（2）法令方面：过去仅规定再生能源在发电设备中的装置容量占比，而对于相对应之发电量比例并无任何规范。本文建议台湾地区应针对本身之风场特性与 CO_2 减量需求发展合宜的风电技术，如开发大型低速风机、高效率中小型风机及分布式垂直风机等，并配合制订适当的再生能源政策及法令，积极培养本土的风电产业与提升风电效益。

关键词：大型风力发电机，容量因子，风场特性，台湾地区

1　绪论

2001 年迄今因国际能源价格波动剧烈［原油年均价由 2001 年的 24 美元/桶涨至 2008 年的 98 美元/桶（BP，2009）］及全球暖化效应日渐扩大之故，世界各国对于再生能源的投资、开发已更形积极，特别是在大型风力发电机的商转与并网更被寄予厚望。台湾地区风力发电设备的装置起源甚早，1959 年时台湾电力公司即从丹麦引进 50kW 风机技术、1963 年完成设计改良后、1965 年时则于澎湖白沙进行组装测试并投入发电（朱瑞墉，2009）。之后 20 世纪 80 年代时，由经济部出资委托工业研究院开始进行台湾地区有系统的风能调查与技术研制工作，并自力开发出 4kW、40kW 与 150kW 等风力发电设备，同时期市场上也仅有美国、丹麦具有类似产品。但因当时国际燃料价格持续走弱、风力发电成本仍居高不下，而在缺乏市场有力支持的条件，国产计划宣告终止。

在迟滞 10 年之后，为解决离岛发电成本持续偏高的问题，1996 年台电再次提出“澎湖风力发电计划可行性研究”报告，1998 年选定中屯村作为设置场所，并配合政府公告的“风力发电示范系统设置补助办法”于 2000 年执行相关作业，向德国 Enercon 购置 4 部 600kW 风力机组，2001 年时正式并联供电。之后的二期扩建计划亦于 2004 年再完成新增 5～8 号机的装设商转，共计于澎湖地区已完成 4.8 MW 的风力机装置容量。也由于中屯风力电厂实机操作成效卓著（满发时数接近 4 000 小时/年），并兼具环保宣示、观光休闲作用，因此台湾风力电厂开始如雨后春笋般地在各地设立。台电公司更拟定了“风力发电 10 年发展计划”，规划从 2002—2011 年再装置 200 部风机，使发电容量达 300 MW 以上。

如图1所示，在2004年之前，台湾风力发电装置多为示范、自用性质，容量总计12.5 MW；自2005年起，风厂所发的电力已能并入台电电网，此时开始有大型风机的迅速加入投产。截至2008年年底，台湾地区风力发电累计装置容量已达到252.1 MW，五年内平均年成长率高达80.2%（能源局，2009）（注：2009/7时装置容量已达316.9 MW）。

台湾地区现有的风机主要来自德国Enercon和丹麦Vestas两大品牌。其中又因境内主要民营之风场开发公司为德商英华威，该公司所有设备皆来自Enercon产品，故若含2009年施工中的机组，在台湾共安装了213.3 MW，市占率为54%。Vestas风机则是以台电、台塑风厂使用居多；现已安装86.1 MW，市占率22%（马利艳，2009）。剩余的部分又再由GE、Harakosan及Gamesa等国际风力大厂分蚀，限制了本地厂商在大型风力机（MW等级）方面参与的可能。

而当诸多国外新式大型机组（MW级）的相继引进后，机组频繁的故障事故（如台塑风机烧毁、英华威叶片断裂、中火及香山风厂停机）与容量因子（Capacity Factor，CF）由2005年最高时的0.43降至2008年的0.27，使一些原本易被轻忽问题却随着机组容量与数目的增加而更加显著。本文即是从容量因子的观点，针对台湾风场特性与风机大型化后的适用性进行讨论。

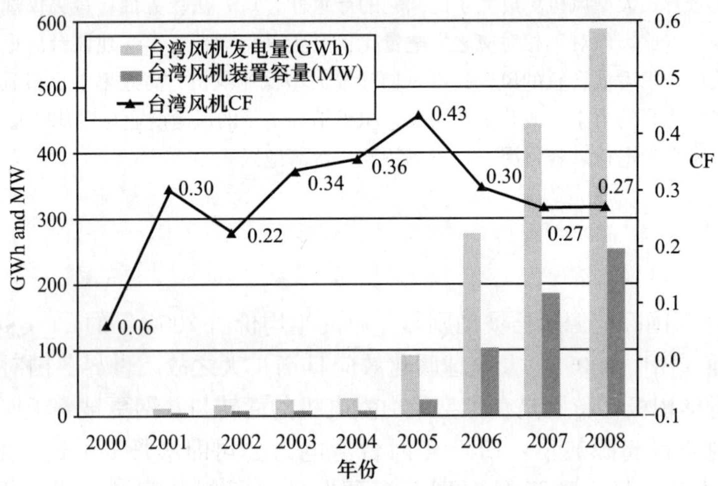

图1　台湾风机发电量、装置容量与容量因子变化

表1　台电风力电厂2008年6月运转情况（台电公司，2008）

台电风力各场址商运转状况 2008年6月23日									
场址	石门	观园	大潭	香山	中港	中火	彰工	恒春	中屯
装置容量机组数/MW	0.6×6	1.5×20	1.5×3	2.0×6	2.0×18	2.0×4	2.0×23	1.5×3	0.6×8
生产国	丹麦	美国	美国	西班牙	日本	日本	丹麦	美国	德国
厂牌	Vestas	GE	GE	Gamesa	Harakosan	Harakosan	Vestas	GE	Enercon
商转机组数	6	20	3	2	13	4	23	3	8
运转机组数	5	8	2	0	10	0	23	3	7
当日故障机组数	1	12	1	2	3	4	0	0	1
总装置容量/MW	3.96	30.00	4.50	12.00	36.00	8.00	46.00	4.50	4.80
故障率/%	16.7	60.0	33.3	100.0	23.1	100.0	0.0	0.0	12.5
累计发电量/GWh	34	228	38	4	30	14	214	36	96

2 台湾地区风力发电现况分析

由于民营厂商的风机详细运转数据取得不易，因此本文仅就公营的台电公司所整理 2001 年 9 月—2008 年 5 月数据进行分析，如表 1 所示。文中引用之各项重要风机性能指针定义分别如下（张晓东，2008）：

$$容量系数：CF=\frac{年发电量（GWh）\times 1\,000}{装置容量（MW）\times 365\times 24}$$

$$月容量系数：CFm=\frac{月发电量（GWh）\times 1\,000}{装置容量（MW）\times 月天数\times 24}$$

$$风能利用系数：Cp=\frac{风力机输出功率}{风力机输入功率}$$

$$年满发时数（h）：年满发时数=\frac{风力机年发电量}{风力机装置容量}$$

2.1 机组故障分析

根据该公司风力机组的历年统计数据，其中在 2004 年 9 月之前为澎湖中屯风力示范厂所建立之操作数据。该区域在冬季时（10 月至次年 1 月）因有东北季风吹拂每月可稳定产出电力超过百万千瓦以上；夏季时（6～8 月）因南风风力不足、台风或检修停机等缘故，每月电力产出仍维持在 20 万千瓦上下，CF 值高达 0.43、年满发时数为 3 767 小时（以 2001 年 9 月～2004 年 8 月平均）。值得注意的是澎湖具有台湾最佳风场环境：5 年平均风速高达 9m/s 以上（高国元，2009）、风向稳定、地势平坦（地表最高处仅 80m），并选用技术成熟之风机等（Enercon，2009），综合以上诸多优势促成了该示范厂的成功。

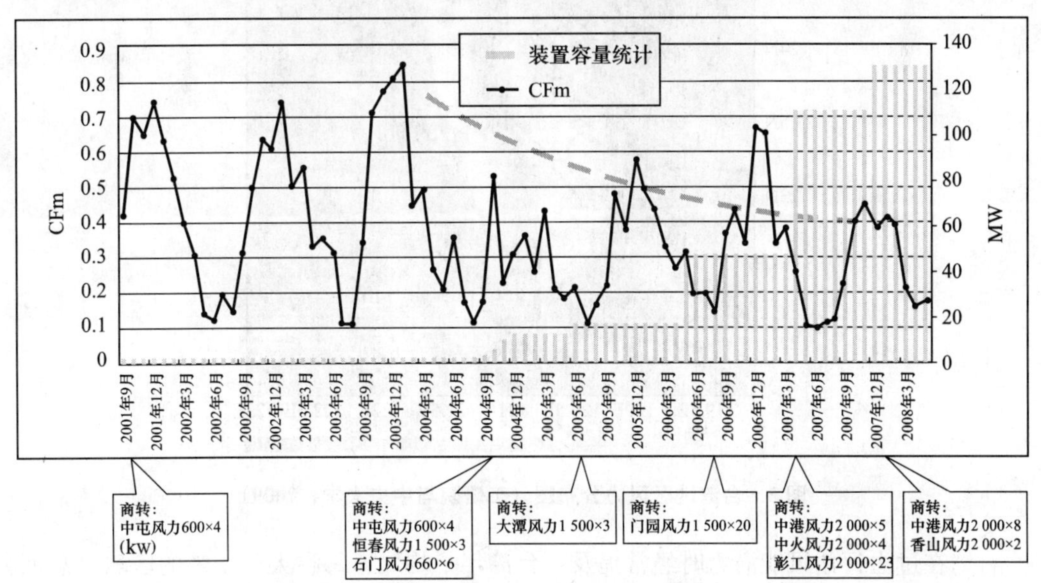

图 2　台电风力发电月 CFm 与装置容量变化

然而 2004 年 9 月以降，当台电公司开始将澎湖风力机经验引进台湾西海岸时，却遇到了不少困难。整体来看随着装置容量的增加与机组的大型化，发电量反而渐趋不稳，而系统月容量因子（CFm）与 2004 年 9 月前相比亦产生了明显的差异（图 2），年度峰值则由过去最高时的 0.85 降至 0.45。初探肇因，新增 MW 级机组可靠度不佳则是主因。根据台电数据显示：2008 年 6 月时风电系统故障率为 29.3%，其中香山（Gamesa）及中火电厂（Harakosan）共计 10 支 2 MW 机组完全处于停机状态。Gamesa 机组主要故障问题为联轴器折断、发电机故障等；Harakosan 机组则是转换器（converter）温度过高、叶片不同步及转向液压低等，皆已告知原厂修复。而占最大故障容量的则是观园场址的 GE 1.5 MW 机组，因其保护装置较为灵敏致使故障率偏高，同时又涉及原厂保固年限已过致使复原工期延滞的问题（台电，2008）。

总的来说，台电公司风电机组维修上所遭遇到最大问题在于：机种来源众多但单一机种却数量不足，无法吸引国外厂商在本地建立维修能量，导致料源取得不易且旷日废时。另外，国外厂商挟现有技术与成本优势大举抢占台湾电力设备市场，压缩了本土产业发展空间，也埋下了后续维护的困难。

2.2 整体风场特性

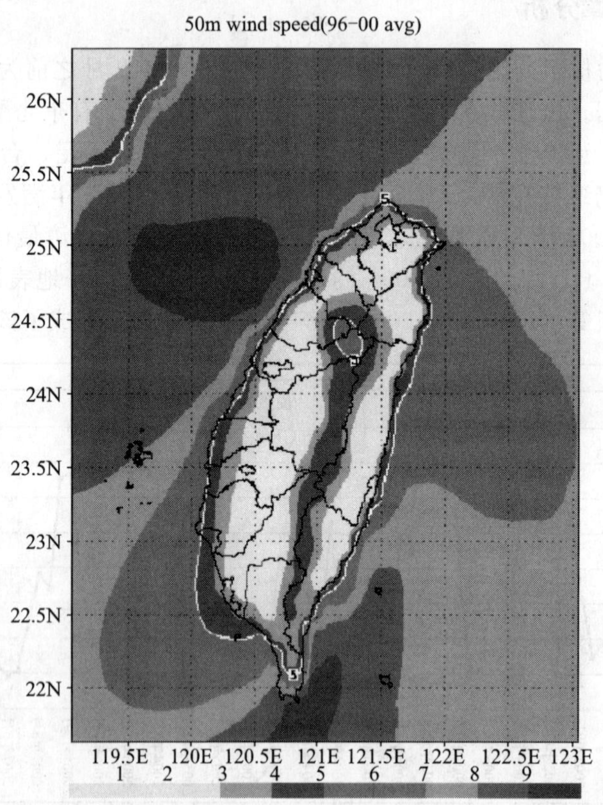

图 3　台湾地区风力分布图（工研院与中央大学，2009）

台湾在过去评估风能潜力时经常提及：台湾年平均风速每秒大于 4 米的区域，总面积约达 2 000 平方公里，保守估计有 3 000 MW 蕴藏量。根据实测资料台湾西部沿岸满发时数为 2 500～3 000 小时，较之德国、丹麦每年满发时数仅为 1 500 小时多出不少，系属于世界级强风区（马利艳，2009）。而根据世界风能协会资料换算（WWEA，2009），于

2007 年时，各国风机满发时数：德国为 1 726 小时、丹麦 2 304 小时、英国 2 470 小时；相对于台湾地区（能源局，2009）则为 2 365 小时、台电系统 2 128 小时，年满发时数已低于过去之统计。

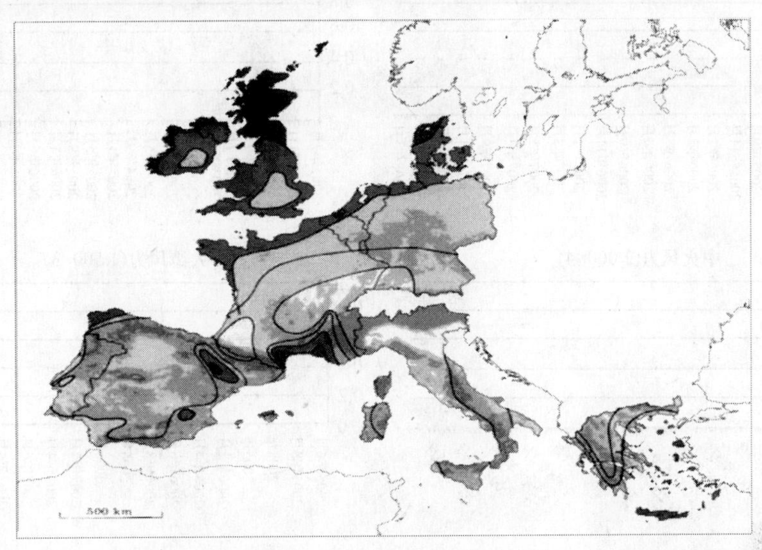

Wind resources[1] at 50 metres above ground level for five different topographic conditions										
	sheltered terrain[2]		open plain[2]		At a sea coast[4]		Open sea[5]		Hills and ridges[6]	
	ma^{-2}	Wm^{-2}	ma^{-2}	Wm^{-2}			ma^{-2}	Wm^{-2}	ma^{-2}	Wm^{-2}
	＞6.0	＞250	＞7.5	＞500	＞8.5	＞700	＞9.0	＞800	＞11.5	＞1800
	5.0－6.0	150－250	5.5－7.5	300－500	7.0－8.5	400－700	8.0－9.0	600－800	10.0－11.5	1200－1800
	4.5－5.0	100－150	5.5－6.5	200－300	6.0－7.0	250－400	7.0－8.0	400－600	8.5－10.0	700－1200
	3.5－4.5	50－100	4.5－5.5	100－200	5.0－6.0	150－250	5.5－7.0	200－400	7.0－8.5	400－700
	＜3.5	＜50	＜4.5	＜100	＜5.0	＜150	＜5.5	＜200	＜7.0	＜400

Source：Rlso DTU National Laboratory，Denmark.

图 4　西欧地区风力分布图

比较欧洲沿岸与台湾沿岸高 50 公尺处之平均风速图（如图 3、图 4 所示）可发现，欧洲北海沿岸风力国家（如丹麦、英国等）在 7.0～8.0m/s，台湾中北部沿岸则是 5.0～7.0 m/s，南部地区甚至降为 5m/s 以下，全区仅有澎湖可达到北海沿岸风力的水平，整体来看台湾本岛风场虽已达装置标准（＞3.5m/s 启动风速）但是否具开发的经济效益仍需依照各地局部风场实际情况进行评估。更进一步比较台湾陆域风场与欧洲的不同，由于本区域复杂的地形、气候因素，对于欧美大厂所设计制造的风电机组在运转上产生了显著影响，导致如前所述的故障频传、机械寿限锐减以及发电效益降低等，尤其冲击到大型风机的建置部署及操作。另外相对于欧洲国家长年有稳定且快速的西风吹拂，台湾风能则仰赖多变的季节风（风季与非风季发电量差异明显），同时必须预防夏季台风侵袭时对设施的破坏，故限制了台湾在风电上的利用与供电稳定。

再就系统 CFm 的观点来检视台电现有各风力电厂表现（如图 5 所示）：

(1) 600kW 级：中屯电厂由于风场特性优越（平均风速 7.5～8 m/s）故可获得极佳的 CFm（max≥0.8，CF＝0.45）；相较于单机容量相仿的石门电厂（平均风速 5.0～5.1 m/s），其最大 CFm 则为 0.4（CF＝0.28），由此可知风速对于风力电厂发电效益的影响。

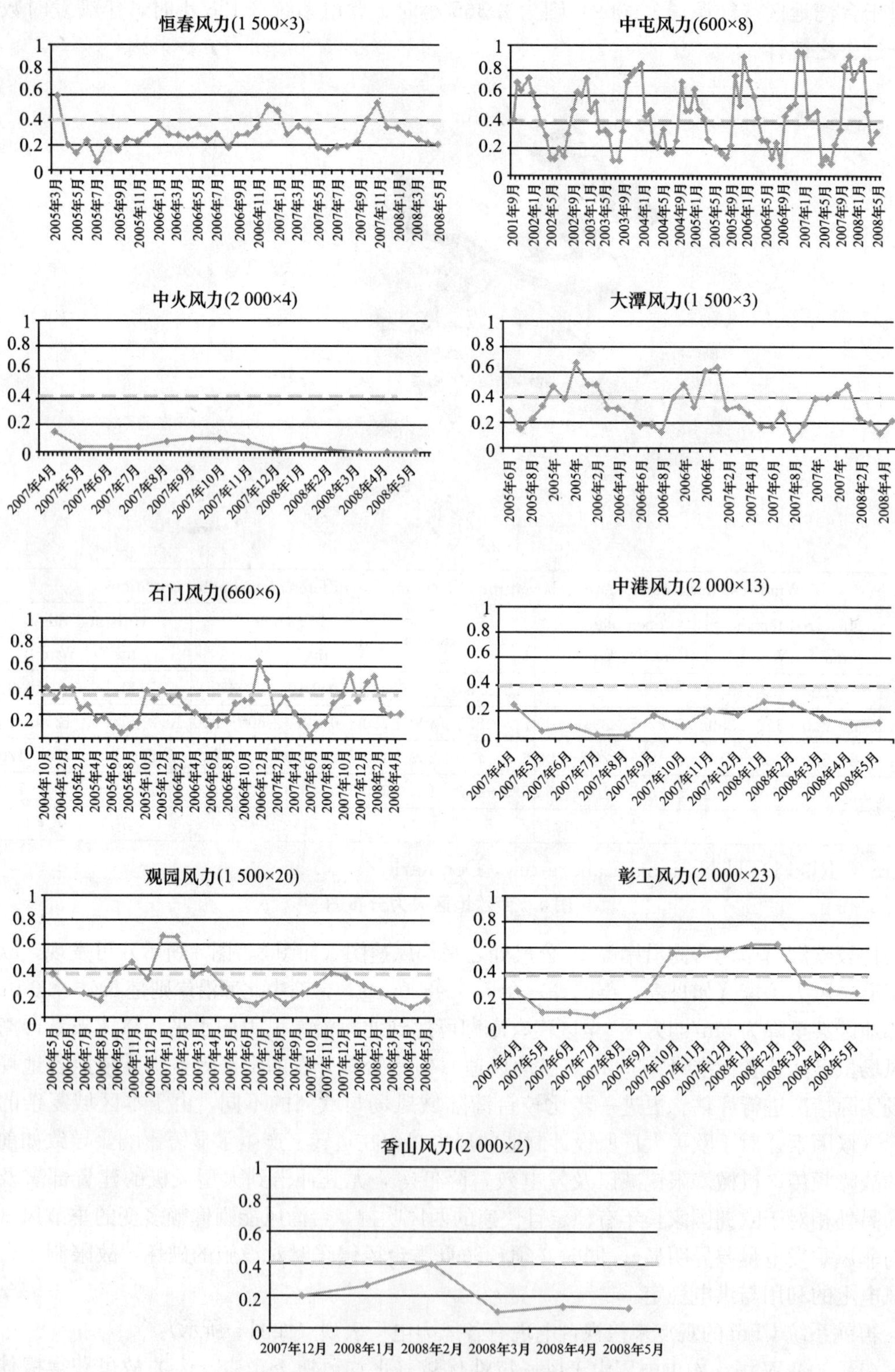

图5　台电各风力电厂 CFm（台电公司，2008）

(2) 1 500kW 级：该系列为台湾风机中故障率最高之机组。以观园与大潭电厂为例，所购置之风力机组原设计是适用于欧洲大陆型气候的寒带机型，对于台湾北部夏季高温、冬季潮湿及沙滩地区的沙尘与盐分无法适应，常因风机保护条件动作而频频跳机，或因机件遭沙尘侵入产生故障，使得许多风力机组，都需要进行现场维修工作（张立宇，2009）。该区风力条件尚可（平均风速 5.5～6.0m/s），最大 CFm 曾达到 0.7，CF＝0.32，但因故障机组偏多已显著影响电厂整体表现。恒春电厂则是利用当地特有的落山风弥补了南部季节风力不足之窘境，最大 CFm 为 0.5，CF＝0.28。

(3) 2 000kW 级：彰工风力为目前台电公司所管理最大装置容量的风力电厂，由 23 支 2 MW 的 Vestas 风机组成。由于风机数目众多而形成聚落，使得整厂电力供应相对其他电厂平稳许多，且该区域风场位置优异（平均风速 5.8～6.3m/s），故最大 CFm 达到 0.6（CF＝0.34），说明了风力聚落对于风电稳定的重要性。反观其他 2 MW 的机组，在平均风速 4.7～5.3 m/s 下，最高 CFm 皆低于 0.4，CF＝0.04～0.21。

整体来看，大型风机在台湾的表现不如预期，除高故障率外，区域风场限制与机组适用性亦需检讨，特别如中港、中火等电厂运转年余仍无法达到应有水平，其原因值得探究。[上述台湾各区域风力数据可见工研院报告（颜文治，2009）与（工研院与中央大学，2009）]

2.3 风机性能说明

除上述局部风场特性外，再针对不同容量之风机特性进行比较。基于维持研究中立的缘故，本文选用两组台电公司目前尚未采用的 Nordex 机组 S77（1.5 MW）与 N80（2.5 MW）进行说明（如图 6、表 2 所示）。于额定输出下 N80 为 S77 的 1.67 倍，额定风速亦由 13m/s 提高至 15m/s，风能利用系数（Power coefficient，Cp）则略增 0.8%。再考虑低风速区，两者虽皆可在风速 4m/s 下启动，但性能表现差异甚大，无论在输出功率及风能利用系数上 S77 皆超越 N80 近 2 倍。而在最佳风能利用效率时，N80 的输出功率与风能利用系数都较 S77 为高，但所需风速亦高，输出功率占额定功率比为 N80：S77＝38.9%：40.0%。最后考虑台湾西部沿岸平均风速 6m/s 时，S77 输出功率虽低于 N80，但最佳风能利用效率 S77 却较 N80 为高，输出功率占额定功率比则为 N80：S77＝10.0%：16.3%。

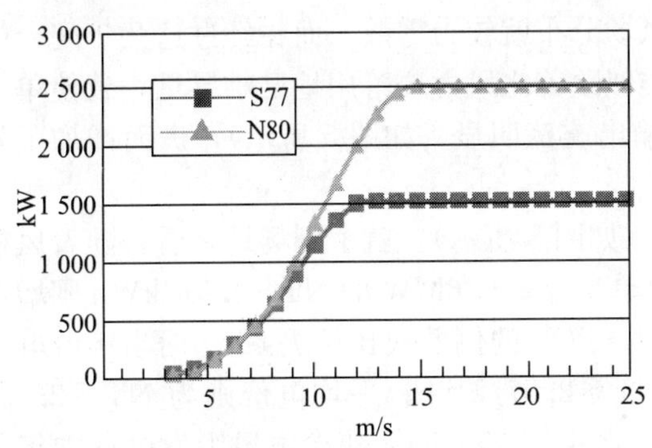

图 6 Nordex 机组 S77 与 N80 性能曲线系数比较

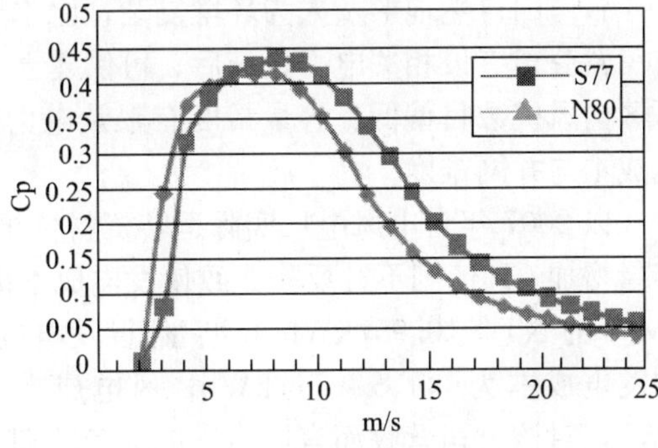

图 7 Nordex 机组 S77 与 N80 风能利用比较

表 2　S77 与 N80 操作特性比较（Nordex，2007、2009）

风机型号	操作条件	风速/（m/s）	输出功率/kW	风能利用系数/Cp	输出比/%
S77	启动状态	4	44	0.241	2.9
	台湾代表值	6	244	0.396	16.3
	最佳效率	8	600	0.411	40.0
	额定输出	13	1 500	0.239	1
N80	启动状态	4	15	0.076	0.6
	台湾代表值	6	251	0.377	10.0
	最佳效率	9	974	0.434	38.9
	额定输出	15	2 500	0.241	1

资料来源：Nordex。

由上面比较得出以下几点：

(1) 风机容量越大，低风速性能越差（如表 2 所示）。在相同设计考虑下，风机容量越大低速性能越差，输出功率与风能利用率皆会骤减，甚至会低于较小容量之风机。

(2) 风机容量越大，最佳风能利用效率越晚达到，但效率值越高（如图 7 所示）。风机特性与尺寸明显相依，容量越大者所需风速越大才能表现出应有之性能，即使风速相差仅 1～2m/s,利用率的差异亦不容忽视。

(3) 风机容量越大，越晚达到额定输出，同时功率占比随风速衰减亦趋明显（如图 6 所示）。此特性对于台湾大型风机的部署与 CF 表现有关键性影响。

一般而言，大型风机的单位装置成本与发电成本皆优于中小型风机，故为现今国际发展主力。但根据操作数据显示台电公司之风机随着容量放大，最大 CFm 与 CF 皆有减少的趋势(如图 5 所示)。深究原因可发觉该公司现有风力机多由国外输入，其中又以欧、美产品为大宗，这些机组在开发时皆是以当地操作条件为依据，其最佳 Cp 通常设计在风速 7～9m/s，额定输出则发生在风速 10～15m/s，两项指标亦随着机组的大型化而后移（因需克服叶片本身的重量惯性与齿轮箱摩擦力之故）。此设计特性使大型风机用于平均风速较低（约 6.0 m/s)的台湾常导致性能受到限制。换言之，目前除中屯风厂外，后续台电新增的风机几乎长期在低于最佳风能利用效率下运转，机组大型化后更加剧了功率因风速不足的衰减程度，也对台湾未来风场的持续开发增加了困难。

2.4　台湾风电效益

台湾因自然地形及人为环境复杂，原本风场分布就较为零散，而在经过这几年间台电与民营公司广设相关电力设施后，可供建立类似欧美之风力聚落用地已难寻觅，致使单一厂区内风机数目偏低、容量裕度有限及电力输出震荡明显（如图 5 所示），进而增加了发电成本与并网难度。

以 2007 年台电风电厂实际运转资料分析（如图 8 所示）。就个别场址来看，随着风机容量增加 CF 值则不升反降，致使发电成本由单支容量 0.6MW 的 NT＄1.57/kWh 骤增至 2MW 的 NT＄10.95/kWh（注：假设发电成本与 CF 的倒数成比例关系）。而当年台电平均发电成本为 NT＄1.71/kWh；风电成本 NT＄2.57/kWh；平均电价则为 NT＄2.15/kWh，对该公司营收而言风力发电为负贡献。此外 2005—2008 年台电风力发电成本年平均增率为 17.1%，甚至已接近 NGCC 发电价格（如图 9 所示），并远高于核能与燃煤发电成本；风电单位营运维护成本更由 NT＄0.18/kWh 增至 NT＄0.46/kWh，显示出因机组高故障率所导致的运维成本大幅提高。再比较台湾各主要类型电厂的土地利用率，可发觉风力的功率密度（W/m^2）最低，此意味风机需要较大的装置面积，故难形成高容量电厂，特别如我国台湾地区中北部沿岸地区，尽管风力条件合适，却多为人口密集的区域，更限制了风场可供利用的范围。

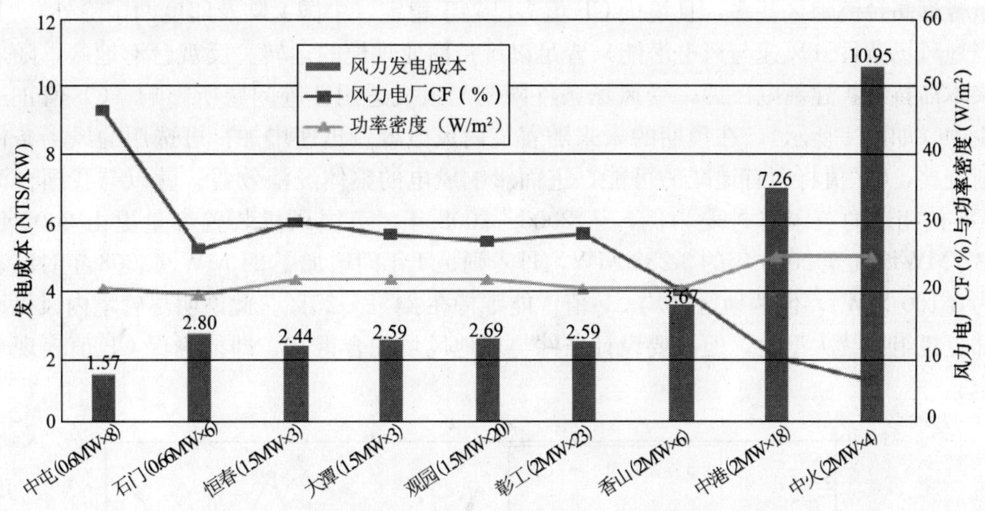

图 8　台湾各风力电厂发电成本、CF 与功率密度比较

普遍而言风机容量的增加会使功率密度随之提高，参阅图 5 及图 8，2007 年时台湾高功率密度之机组（中火、中港）CF 则明显偏低，除该机型故障率偏高外，其部分原因是其直径较其他同规格的风机直径为小，不适合在该风场下使用。

反之为配合彰工区域风场所装置之 2MW 机组，因直径较前述机型加大了 8 公尺（D=80m），使其 CF 值提高不少，但其功率密度则衰减至 20.8W/m²，几与中屯电厂 0.6MW 的机组相当，此反映出风场条件与风机特性的搭配对于整厂发电效益之重要性。

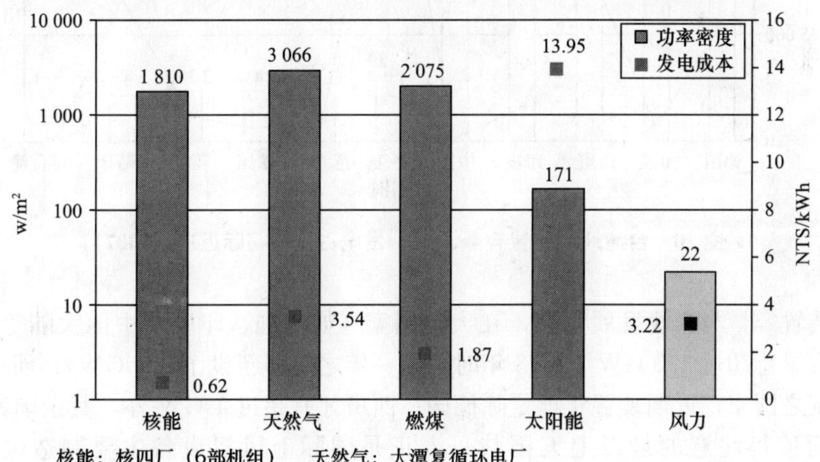

图 9　我国台湾地区各类型电厂 2008 年发电成本与功率密度比较

注：若考虑风机容量与功率密度的关系，在实际设置时风机排列需视现地情况调整，以避免风机间彼此尾流及翼尖紊流所可能造成的运转效率降低。就以风机直径 D 为基准（张晓东，2008），一般可分为单排模式（水平间隔 3D×垂直间隔 5D）、双排模式（水平间隔 4.5D×垂直间隔 6D）及多排数组（水平间隔 4.5D×垂直间隔 7D），借由单排模式可推估台电各风力电厂功率密度的变化。

进一步观察台湾地区与前10大风力国家的差异性（GWEC，2009）。如图10所示，与他国相比台湾地区目前CF值虽名列前茅，但从供电的角度来看，以上国家现有容量与发电量皆远高台湾地区甚多，且境内CF值多已趋于稳定（中国大陆及印度两国除外），其证明当地风场条件（风速与风电潜能）皆足以维持商业规模的运转。反观台湾地区，随着近年来本岛持续扩建新电厂后，受风场条件限制与风机适用性等问题所影响，CF值正逐年减少中（如图1所示），在预期的未来随着境内风电容量迅速增加，可选用的风场条件则越渐变差，CF值将会有递减的可能，进而影响风电的整体经济效益。就以与我国台湾地区CF值相近的英国与丹麦为例，于2005—2008年，英国风机装置容量更由2005年的1 332 MW增加至2008年的3 288 MW，丹麦则是4年间增加了24 MW（2008年时已装置量为3 160 MW），但两地区平均CF值皆能维持在24%～25%。此说明尽管境内风机设备增加且机组持续大型化，但只要设计条件与现地风场配合得宜，即能确保CF值表现上的稳定。

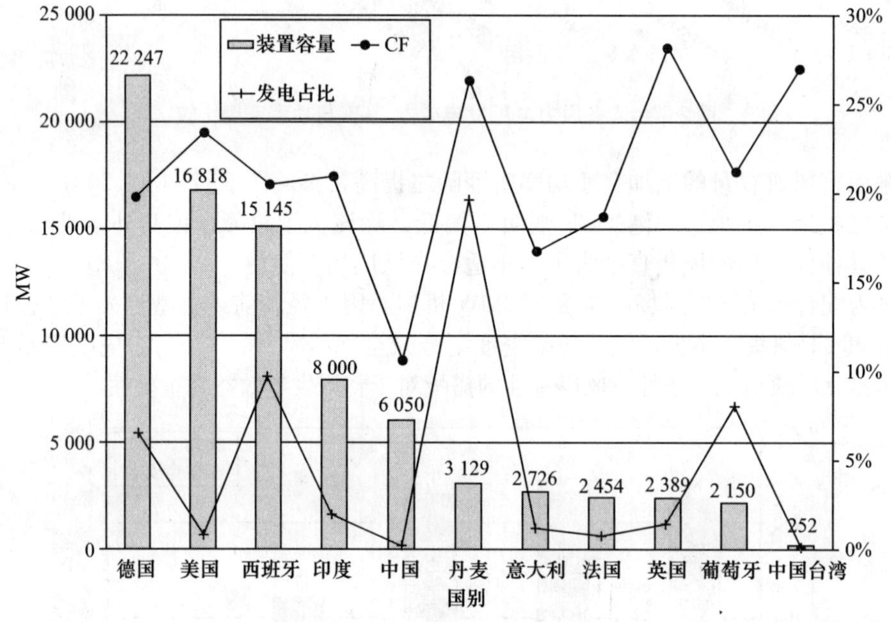

图10　台湾风电装置容量、CF、发电占比与国际近况（2007）

另就装置容量与产业发展而言，在大陆国家（如美国、印度及中国大陆等），其每年新增装置容量皆超过1.5 GW（2008年时美国一年之内即新设了8.4 GW）；而一般国土面积有所限制之国家，近期装置年增量除德国、西班牙有超过1 GW外，其余国家多在此范围以下，而值得注意的是以上五国与丹麦正是国际上风机设备主要制造国（EWEA，2009）。故这些国家在推动境内风力电厂建设时，也多考虑用内需市场来培养技术再进军国际，甚至如丹麦大厂Vestas近年所生产风机几乎全部供应外销之用；法国近期则在中小风机市场上取得了一定斩获；美国正致力于机组性能的改善以提高CF值（DOE，2007）。而中国大陆的发展方式则最受到瞩目，其利用国内庞大的市场需求，要求外商提供技转与投资国内相关风能产业，尽管现阶段自产设备在效率与质量皆不如国外，亦导致CF与风力发电量占比有限，但借由此学习过程将使风能技术深耕并培养国内产业（D. Cyranoski，2009）。于2008年国际10大风能公司排名中，中国大陆的华锐与金风现已分别占据第七与第九的位置（马利艳，2009）。反观台湾地区多年来一直期望风能产业可在本土发展茁壮，但现有风机设备却多依赖国外提供，甚至部分境内风电事业、风场开发亦交由外商进行，因此无论在装置容量与发电量方面皆受制于人的情况下，对于扶持自主风能产业所可提供实质帮助与经营环境仍有待改善。

3　台湾地区风电规划

根据永续能源政策纲领所公布的台湾省减量目标：（1）台湾地区二氧化碳排放减量，于2016—2020年将回到2008年排放量，于2025年回到2000年排放量。（2）发电系统中低碳能源占比由40％增加至2025年的55％以上。核研所（葛复光等，2008a）以MARKAL-MACRO能源经济模型了进行2000—2050年台湾省境内CO_2减量情景评估

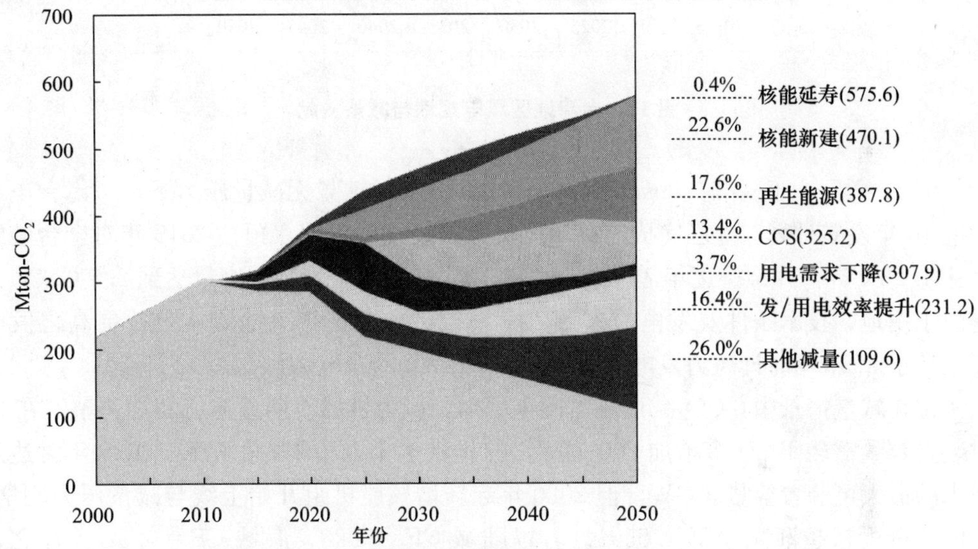

注：（1）依据台电公司9802电源开发方案下修经济成长率；
（2）参考“核研所MARKAL-MACRO模型能力之建立——我国BAU情景之能源分析及工业部门模型之验证分析”专家审查意见下修部分住商部门能源服务需求。

图11　台湾地区CO_2减量情景棱镜分析

（如图11所示）。由结果显示台湾省未来将十分倚重核能、再生能源与火力电厂加装二氧化碳捕捉与封存设备（Carbon capture and storage，CCS）三类技术作为发电的主要来源，其中再生能源较无争议性且可提高台湾的能源自主比例。

在模型中已考虑实际环境限制与技术发展进程，预估各式再生能源的装置容量上限分别为：风力发电7 GW，小水力发电2.04 GW，大水力发电3 GW，太阳光电12 GW，地热发电7.15 GW（含深层地热发电），海洋温差0.8 GW，换言之，风力未来将占再生能源（不含水力部分）发电装置容量的1/4以上。而若以时程来看，新建核能机组最快也要到2020年后才能并网发电，商用CCS设备更将到2025年后才能完成设置，但这两项技术目前在国际上都仍具有争议性，至于台湾省境内是否有合适厂址则是另一项尚待解决之问题。而相对于核能、CCS争议及其他再生能源发电技术尚未成熟之际，将有部分的CO_2减量压力须由风力发电所承担。

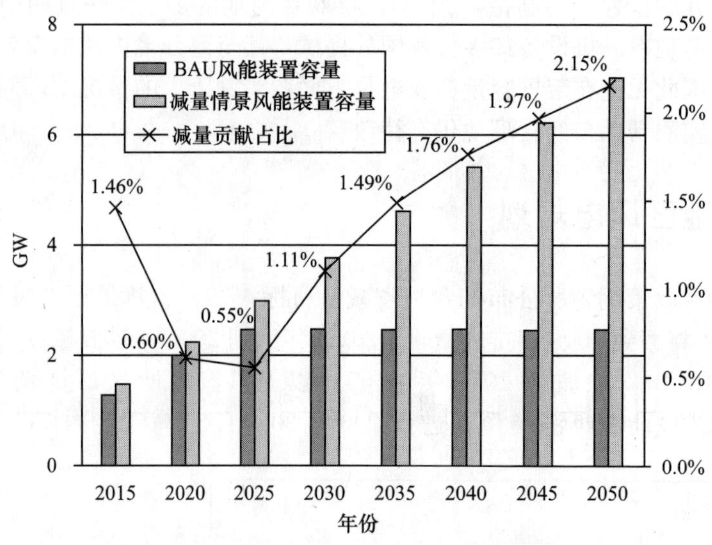

图 12　台湾地区风电规划与减量贡献

如图 12 所示，于基准（business-as-usual，BAU）情景无减量压力下，考虑台电“风力发电 10 年发展计划”业已完成与离岸风机开始装设等条件，预估 2015 年时全台装置容量可达 1.28 GW，并维持逐年 7%的成长率，至 2025 年全境装置容量达到 2.5 GW，此后因受限于用地、技术条件及发电成本等因素，模型亦会选用其他成本效益更高之发电技术，预计于 2050 年时计风力发电可提供 6 373 GWh 的净电力。

考虑在减量情景中，CO_2减量压力逐年增加，风力机的使用量亦将随之调整，在 2015 年时装置容量需较 BAU 多增加 200 MW，并提供了 1.5%的减量贡献。2025 年时达到现有技术的最大可装置容量 3 GW，但 2020 年起新增核能机组开始上线与减量压力剧增下，风力的减量贡献越渐减少至 0.55%。若以陆域 CF＝0.28、海域 CF＝0.32 计算之，其 2025 年时风力发电量达 7 917 GWh，可较 BAU 情景减少 1.21 百万吨 CO_2。此后则需引进如大型低速风机、高效率中小型风机及分布式垂直风机等新式风力机技术，用以满足 2050 年时风力所需负担额外 4 GW 的装置容量，并可提供 2.15%的 CO_2减量贡献。

预期将来若能确实依台湾风场特性来选择适当风电机型，甚或针对本土需求开展新式风机技术并建立本土维修能量，整体风电系统的 CF 表现也将获得一定程度提升。图 13 即为相同装置容量（7 GW）不同 CF 条件时，台湾地区风力系统减量贡献的变化。受到 CF 提升的影响，发电成本将随之降低，也会有更多电力可由风能提供，因此扩大了减量贡献。根据模型分析结果，若 CF 表现大幅精进，风力减量贡献甚至可达到 7%左右。2025 年后，借由推广新式风机技术并配合 CF 的持续进步，则可维持国内风能市场与扩大 CO_2 减量方面的贡献。此说明了对于风场用地有限的区域，透过风机选择、技术掌握来提高 CF 值将有利于风电的应用及系统的整体效益。

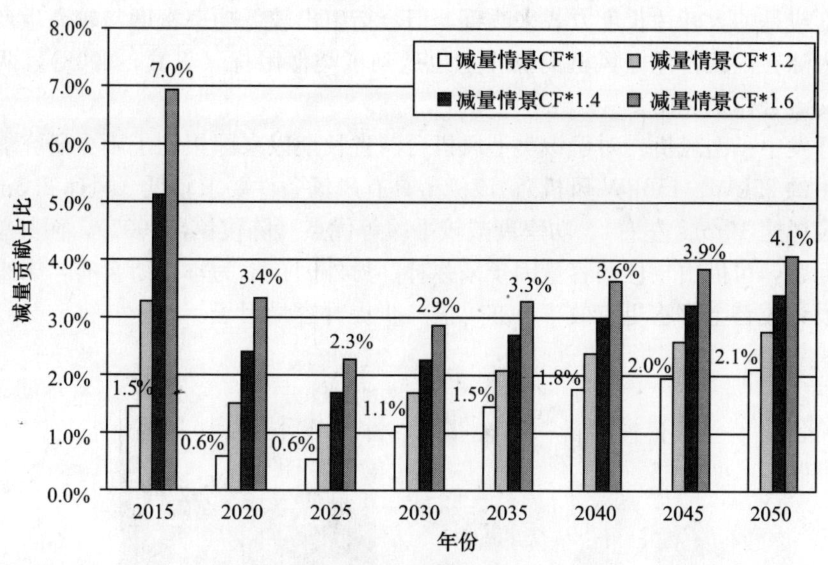

图 13　台湾风力系统发减量贡献占比预估

注：陆域 CF＝0.27 为台湾地区 2007 年电厂实际运转的平均值。

海域 CF＝0.32J 为 MARKAL 的模型假设（葛复光等，2009b）。

4　结论与建议

在产业政策方面，台湾省为鼓励再生能源的使用，过去多在传统火力或核能电厂设置时一并要求业主设置相对比例的再生能源装置容量，同时在能源政策中也仅有对装置容量有所要求（2025 年需达 15％以上），然对于实际发电量并无明确规范。故基于配合政策规定，传统电力业者多采最有利标方式，选择引进大型化风机以在最小单位装置成本下满足需求。

而于 2009 年所通过的再生能源条例中，为推动发展再生能源，除明列奖励总量为发电装置容量 6.5～10 GW 外，对于设置有非再生能源发电设备之业主（含自用），规定每年按其不含再生能源发电部分之总发电量，缴交一定金额充作再生能源发展基金，首先作为补贴再生能源电价之用。再生能源所产生之电能，在当地电网业者衡量电网稳定性后，应以连接并联、趸购及提供该设备停机维修期间所需之电力。此外主管机关考虑再生能源不同类别之平均装置成本、运转年限、运转维护费、年发电量及相关因素，分别订定电能之趸购费率及其计算公式，且趸购费率不得低于国内电业化石燃料发电平均成本。对于公司法人进口供其兴建或营运再生能源发电所需设备与零组件，若经证实国内尚未有制造供货商可免进口关税。以上诸点都说明了台湾当局想在发展再生能源上有所具体作为。

综观而言，台湾省风力发电现阶段所面临的主要瓶颈计有：①本区域虽有市场需求却缺乏自产能力，技术受限于人；②本区域风场特性与国外风机设计条件并不一致；③本区域可利用土地、可装置容量皆与国外环境不同。换言之，完全复制国外开发经验和追求大型化趋势并不皆利于本土相关产业的生根发展，台湾省应考虑自身风场与区域市场，以提升风电效益并建立自主的风机产业为目的。故本文建议以下诸点循序推动：

（1）开发大型低速风机：为解决欧美大厂风机在台湾的低效率运转，可以借由重新设计扇叶角度或是加大叶片长度方式来改善，但会衍生出较低功率密度与较高生产成本等问题。目前大陆在内蒙古地区风机的操作上也遇到了类似困扰（巩真，2008），两岸应可经由相互的交流合作来克服。

（2）开发中小型风机：对于该类型风机台湾省长期以来即累积了不少研究能量（如核研所研制中的 25kW、150kW 风机），该机型具有风场条件要求较低（风速 2.5m/s 时即可启动、额定风速 10m/s 左右）、功率衰减较平缓等优点（陈俊铭，2007），而其单位设置成本较高的问题，可借由较佳的容量因子来弥补。另外因技术为本土所自有，未来无论在设备维修或设计改善上都将更有效率，亦可进一步提升容量因子。

图 14　25kW 水平轴式风机（核研所自制）及各种形式的垂直风机

（3）开发分布式垂直风机：考虑台湾对于 MW 级风机装置容量有限且风场零散等限制，若为符合 2050 年的 CO_2 减量目标，未来势必要扩大风力使用，其中许多部分必须借由新技术的研制来解决。而分布式垂直型风机（Vertical-axis wind turbines，VAWT）对于地狭人多、高度城市化的台湾省西部沿岸极具发展潜力。尽管发电效率较低，但却具有小尺寸、低噪声、低成本及维护容易等优势，而无迎风转向需求（EcoBusinessLinks，2009）特别适用于风向多变的台湾地区。

（4）营造风电发展环境：再生能源条例现已纳入电力保证收购与固定电价之概念，再辅以设备进口免税优惠等，对于再生能源发电营造了极佳的投资环境。尤其是风力发电业者，相对其他新能源技术发展较为成熟，但设备技术门坎高致使国内厂家参与不易；而其供电风险、高成本特性亦可转嫁给区域电网及传统电力业者。若未来缺乏扶植本土设备产业之配套，台湾省风力市场将完全被国外厂商所垄断。故建议台湾省可省参考大陆模式，要求风电设备引进时需有一定比例的技术转移与本土合资比，并在设备招标过程中纳入台湾低速风场及防台设计需求。借由资本累积与经验培养，并依区域风场特性发展出符合本土使用及具国际竞争力的产品。

5　致谢

本文所以能顺利需特别感谢郑柏彦先生在风能规划分析方面相关的协助、林忠汉先生于报告撰写过程中所提供的宝贵意见。

参考文献

[1] BP (2009), Statistical Review of World Energy.

[2] DOE (2007), "Annual Report on U. S. Wind Power Installation, Cost, and Performance Trends: 2006".

[3] EcoBusinessLinks (2009), http://www.ecobusinesslinks.com/vertical_axis_wind_turbines.htm.

[4] Enercon (2009), Enercon Wind Turbines Product Overview.

[5] EWEA (2009), "Wind Energy-The Facts".

[6] GWEC (2009), "Global Wind Energy Outlook 2008".

[7] D. Cyranoski (2009), "Renewable energy: Beijing's windy bet", Nature.

[8] Nordex (2009), "N80/2500 kW".

[9] Nordex (2007), "S70/1500 kW".

[10] WWEA (2009), "World Wind Energy Report 2008".

[11] 工研院与中央大学,"台湾地区平均基本风速与风能密度",http://140.96.175.37/map/landmap/landmap.htm.

[12] 朱瑞墉．澎湖的离岛发电厂,澎湖的故事．(2009).

[13] 台湾电力公司．新闻稿:"台湾电力公司风力机组台湾地区概况".(2008).

[14] 台电公司．1997 台电电源开发方案．(2008).

[15] 张晓东,杜云贵,郑永刚．核能及新能源发电技术．中国电力,(2008).

[16] 陈俊铭,张钦然,张永瑞．核能研究所中小型风机的技术发展．核研所,(2007).

[17] 葛复光,曾姵茵,邱秀玫,黄彰斌,郑柏彦,林忠汉,陈中舜．1997 年科发基金计划结案报告．MARKAL-MACRO 能源经济整合模型评估——我国 BAU 情景之能源分析及工业部门模型之验证分析．核研所．(2009a).

[18] 葛复光,曾姵茵,邱秀玫,黄彰斌,郑柏彦,林忠汉．1997 年科发基金计划结案报告．核研所 MARKAL-MACRO 模型数据库．核研所．(2009b).

[19] 马利艳．2009 年风力发电产业现况与趋势．(2009).

[20] 张立宇．大潭发电厂低碳能源旗舰厂．台电月刊,(2009).

[21] 能源局．能源统计手册 2008.(2009).

[22] 颜文治．风资源量测、评估与风场开发,IEK 绿色能源产业研讨会．(2009).

[23] 高国元．澎湖地区离岛风电开发之产业契机,IEK 绿色能源产业研讨会．(2009).

[24] 巩真,刘志璋,冯国英．低风速离网型风力发电机的叶片设计,能源工程．(2008).

台湾太阳能热水系统需求潜力推估

林师模　林郁炘

中原大学国贸系

摘　要： 台湾地属亚热带，并拥有良好的太阳照射条件，因此，发展太阳能应用于民生用水加热与发电一直是政府积极推广再生能源政策的重点之一。截至2009年第一季度，台湾使用太阳能热水系统已达约17万户，累计安装面积达83万平方公尺。本文的目的是在探讨影响台湾太阳能热水系统使用普及率之可能因素为何，同时利用分析所得结果推估未来逐年可能的安装量，作为检视政府所订定之安装面积目标是否可行之依据。本文依据过去文献将可能之影响因素归为四类：气候因素、经济因素、政策因素及建筑因素。经确认变量、数据收集与处理及复回归模型设定与估计后，本文发现政府补助之政策诱因、实质每人平均国民生产毛额或家庭消费能力、家庭在家用民生设备或教育文化之支出比重及电价等经济因素，是影响太阳能热水系统安装量之关键变量。其中，太阳能热水系统安装面积显著受政府政策及实质平均每人国民生产毛额之正向影响，而受电价的负向影响。在未来安装量的推估方面，本文利用估计之复回归模型，搭配对解释变量的推估结果，推估得到未来逐年之安装量。此一结果与政府在2020年起，每年新增安装量14万平方公尺之政策目标之间有一定之差距，这样的结果显示，政策诱因的内容及相关之配套措施应有强化的必要，否则目标将不易达成。

关键词： 太阳能热水系统，再生能源，政策诱因

1　前言

太阳能热水系统（Solar Heating System，SHS）系利用太阳能集热器将照射在建筑物的部分太阳能传送到热交换器中的媒体上，热能因而可以被收集起来，并以传统的加热系统分配①。目前太阳能热水系统主要用途是供应家庭民生、学校、机关及工厂等所需之热水，为重要之热水来源。

近年来，地球气候的变迁和部分生物逐渐灭种之现象被发现与温室效应存有密切的关联，导致减少大气中碳含量比例成为全球各国的当务之急，而各国也因此相继提出能源政策及投入相关的能源技术与政策研究。在各国所提出的技术发展重点中，基于太阳能是人类居住环境中应用最广也最容易取得的再生能源，且太阳能相关的应用技术也日新月异，因此，均将太阳能用于民生用水加热及发电作为其能源政策中最重要的一环。中国台湾地处亚热带，是一个接受大量阳光照射的地区，且拥有许多高科技人才及相关产业，具备发展太阳能资源的优异条件，然而，或许是基于成本、便利性、美观及生活习惯的考虑，台湾大多数家庭目前仍多选择使用电能或燃气热水器，对太阳能热水系统的接受度还有不小的成长空间。

① 在经济部“太阳能热水系统推广奖励要点”中，太阳能热水系统系指以集热器吸收太阳能，并将之应用于热水或干燥等之相关设备。

根据官方的数据，太阳能热水系统在台湾发展已有 20 余年的历史，从 2000 年 9 月—2009 年 3 月底，台湾安装家庭共计约 17 万户，累计安装面积达到 83 万平方公尺，这使得我国台湾地区成为世界上第十大太阳能热水系统市场，安装密度更位居全球第三，仅次于以色列及塞浦路斯。而经济部为提升太阳能热水系统安装的普及率，分别于 1986 年及 2000 年实施两次太阳能热水系统推广奖励措施①，且为加速提升太阳能热水系统装置量，降低家庭瓦斯消费量，经济部自 2009 年 1 月 1 日起更提高太阳能热水器设置补助费 50%，每平方公尺补助费用由新台币 1 500 元提高至新台币 2 250 元，预估每年新增之装置面积可较目前约 11 万平方公尺提高 10%以上（如图 1 所示）。目前我国台湾省太阳能热水系统之普及率已由推动奖励前的 3.3%提升至 5%，并预定在 2020 年推广安装太阳能热水系统达每年新增安装面积 14 万平方公尺。而按照补助安装太阳能热水系统所设定的目标，若可以顺利达成则每年可节省 530 万桶 20 公斤之家用液化石油气，计可减少 35 万吨二氧化碳排放。

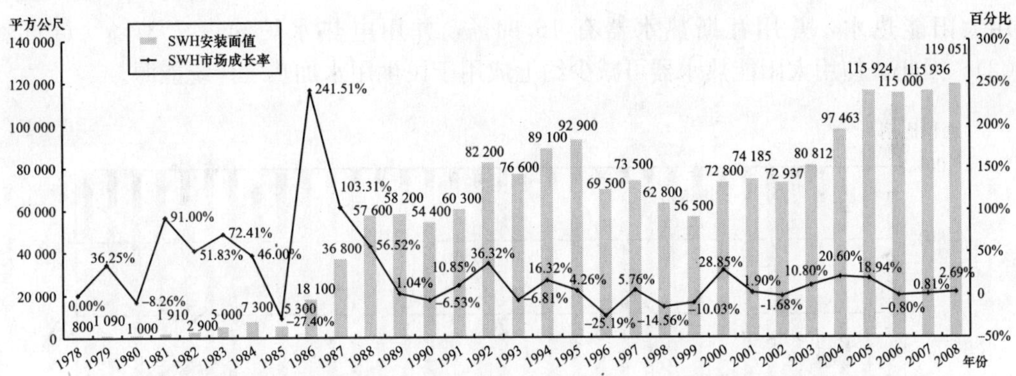

图 1　台湾地区历年新增太阳能热水系统安装面积及成长率

资料来源：台湾经济部能源局；本研究整理。

基于发展再生能源技术已经是国际上的趋势，有效利用太阳热能也是台湾省的既定政策，本文希望能深入探讨影响台湾省家用太阳能热水系统普及的关键因素为何，并据以推估国内太阳能热水系统未来可能的应用趋势，以供政府政策、相关产业发展及一般民众选择安装使用之参考。

本文先由相关文献之探讨与分析，初步确认可能影响太阳能热水器使用之因素为何，接着收集与气候条件、经济状况、政策措施及建筑特性等相关资料，之后再利用经济理论及实证计量方法，估计并分析影响一般民众安装太阳能热水系统意愿之关键原因究竟有哪些。此一估计得到之装置量决定模式，搭配关键影响因素之未来推估结果，可用于推估未来几年台湾可能的太阳能热水系统安装量；而此一推估量可进一步与以 Gompertz 成长模型，并搭配政府最新设定之政策目标所推估得到之装置面积成长路径比较②，以观察未来可能的实际安装量是否可以达到政府所希望达到的目标，进而引申出重要之政策意涵及建议。

---

① 经济部两次实施太阳能热水系统推广奖励，第一次实施期间为 1986—1991 年；第二次实施期间为 2000 年 1 月 26 日至今。奖励作业目前由财团法人成大研究发展基金会受托承办。

② 即自 2020 年起，每年新增之装置量为 14 万平方公尺。

本文全文除前言外，第二节简要说明太阳能热水系统的产业特性及各国及台湾地区针对推动太阳能热水系统的政策；第三节汇整相关文献所提到影响太阳能热水系统安装意愿的关键因素；第四节介绍实证模型及变量定义；第五节说明估计分析及推估的结果，以及相关之政策意涵；第六节则为结论与建议。

2　太阳能热水系统产业概况与政策

2.1　太阳能热水系统产业概况

太阳能热水系统最重要的部分是太阳能集热板，或称太阳热能收集器①，为吸收太阳辐射能并将太阳能转换成热能再传送至热交换媒体的一种装置。四片集热面积 8 平方公尺之太阳能集热器及 600 公升储热水槽，可供应给 7 人至 8 人家庭生活热水使用（谢镇州等，2007）。在台湾，一项有关装设太阳能热水系统之家庭问卷调查中，发现约 70.53%完全只使用太阳能热水，并用瓦斯热水器有 16.84%，并用电热水炉约占 7.37%（黄重魁，2002）。因此，使用太阳能热水器可减少约七成用于民生用水加热之传统能源。

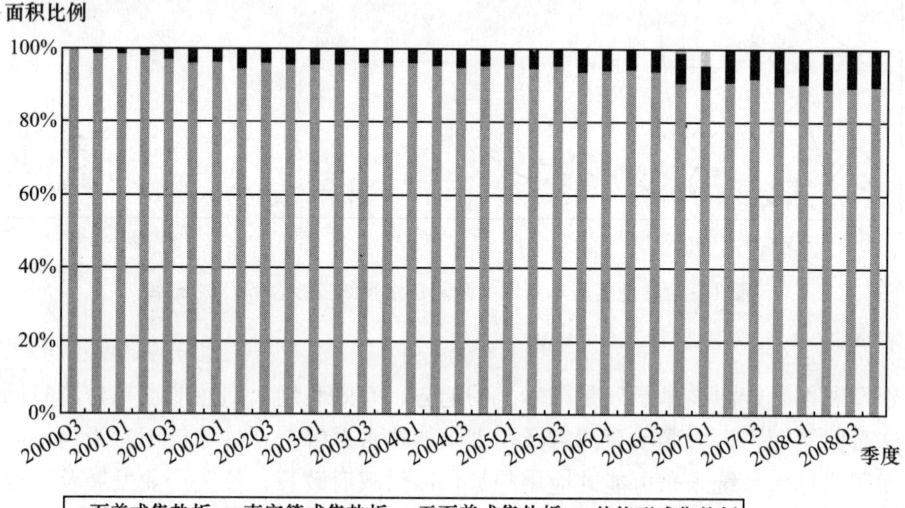

图 2　台湾地区历年太阳能热水系统安装之集热板类型

资料来源：成大研究发展基金会；本研究整理。

太阳能热水系统从最初的闷晒型与平板型，到近期玻璃真空管与玻璃金属真空管型，在技术上已有了飞跃式的发展。目前台湾太阳能热水系统供货商约有 40 家，为一个相当竞争的市场。使用的集热板形式分为：面盖式平板集热板、无面盖式平板集热板、真空管式集热板及其他形式集热板四种，而此四种集热器的占比如图 2 所示。由于太阳能的应用发展日益广泛且技术逐渐成熟，强调环保的绿建筑逐渐利用太阳能来加热或冷却系统，以控制水温及室内空气温度。在台湾，2007 年工研院能环所完成在台南县麻豆镇大地庄园小区 70 套示范建筑物整合化太阳能热水系统，将太阳能集热板放置于住宅倾斜屋顶上，

---

① 部分文献中，收集器专指接收太阳辐射的组件，整套设备称为光热转换器（Helio-thermal converter）。

其他如储水桶、控制器及辅助加热装置等则放置于住宅电机间内，以强制循环方式收集太阳辐射热能，化解了太阳能热水器于顶楼安装凌乱不美观的问题（谢镇州等，2007）。

至于在大陆方面，使用的太阳能集热器类型主要有：平板集热器、真空管集热器、热管集热器及U形管集热器。平板集热器适合在环境温度高且不结冰的地区使用；真空管集热器具有比普通平板集热器更优良的热性能，在高温和低温环境下均有较高的集热效率。其中，全玻璃真空管太阳能集热管具有穿透力和较高的吸收率、热反射率低、对流热损小，以及全年使用时间长等特性。热管集热器和U形管集热器可在－50℃的气温下使用，抗冻性佳、可靠稳定且成本高，适合寒冷和严寒地区使用（唐敏，2008）。2007年中国大陆太阳能热水系统累积总装置量约10 800万平方公尺，每年销售量已经达到1 200万平方公尺，行业产值超过130亿元人民币，并以每年20%～30%的速度成长，是目前全球发展太阳能热水系统最快速的国家。

2007年，应用太阳能热水系统最为普遍的地区主要分布在山东、江苏、北京、天津、云南、河北、浙江、广东及安徽等省市；其中经济发达的沿海区域，如山东、江苏、浙江和广东销售量达37%；太阳能资源丰富区域，如云南省销售量占到12%；生产销售集中区域，如北京、天津及河北等省市销售量占到15%；其他省市销售量占到25%（张启元，2007）。

2.2 太阳能热水系统政策

近几年世界太阳能热水系统安装量以每年超过20%的比率成长，主要归因于很多国家政府已制定促使消费者购置太阳能热水系统的诱因政策及措施。根据2007年世界能源委员会的调查，全球有超过20余个国家针对太阳能应用在民生加热水已制定有明确的政策措施（World Energy Council，2007）。其中，阿尔巴尼亚政府为鼓励再生能源研发，主动与厂商共同筹措资金，并立法要求新建建筑物装设太阳能热系统等；阿根廷则于1995年制定项目以建立太阳能家用热水系统商品的标准化，以普及使用并降低成本；加拿大政府也透过包含TEAM（Technology Early Action Measures）在内的措施，以增加进口太阳能热水或暖气系统供工业使用。

在中国大陆方面，江苏省近年通过江苏城镇区域内所有12层以下的新建住宅建筑都要配置太阳能热水系统，否则将无法通过完工验收及取得执照；法国也在2005年发布将在2010年达到每年装置200 000组太阳能热水系统及50 000间太阳能屋的目标，且自2006年1月1日起，所有安装太阳能相关设备能享有50%的抵扣税额。至于印度的太阳热能发展计划（The Solar Thermal Development Programme）内容主要也以太阳能热水系统为主，在该计划推动下，印度太阳能热水系统装置量估计已有140百万平方公尺的集热板面积。

以色列于1980年制定太阳能法，强制装置太阳能热水系统且所有设计需符合国家标准与规章，成效非常显著。另外，其城市规划与建筑法强制所有新建建筑必须安装太阳能热水系统，并规定部分建筑物的安装规格，而土地法则监督现有复合式公寓大楼建筑的太阳能装置；此外，尚有商品标准与服务法用于管理太阳能热水系统的安装质量。日本太阳能热水系统的生产与应用已超过50年，20世纪70年代因石油危机而有将近30年的蓬勃发展，唯于20世纪90年代末期因为经济开始衰退，且政府终止低利贷款而使得成长减缓。荷兰的太阳能集热板市场发展也始于20世纪70年代中期，由于政府长期以补助金的形式补助太阳能热水系统安装，结果成效相当良好。土耳其的市场亦始于20世纪70年代，主要系因应运观光业兴起需大量热水所致，而 20 世纪 80 年代更因国家能源供给上的困难及政治不稳定性，刺激了其市场的进一步发展。

中国台湾分别于 1986 年及 2000 年两度实施太阳能热水系统推广奖励措施，有效地刺激了系统的安装量，近年更为加速提升系统的装置数量，以降低对家庭瓦斯的依赖，自 2009 年 1 月 1 日起提高太阳能热水系统安装补助费 50%，每平方公尺补助费用由新台币 1 500元提高至新台币 2 250 元。

3 影响太阳能热水系统普及之关键因素

根据学者于 2002 年的调查研究发现，中国台湾家用太阳能热水系统使用者的职业分布中，商、公及自由业者即占 56%，其中又以商占 23%最多；另外，在台湾省县市地区的分布方面，则因台湾地形与气候关系，中南部地区气候炎热，日照较多，且透天住宅相对比北部多，使得安装太阳能热水系统之用户较多分布于中南部县市（黄重魁，2002）。2000—2009 年 3 月台湾各区申请太阳能热水系统安装补助比例整理如表 1 所示。由表 1 可知，台湾南部及中部是安装太阳能热水系统的主要地区，两个地区合计占了将近 85%。

表 1 2000—2009 年 3 月台湾省各地区申请太阳能热水系统安装补助比例

	中部地区	东部地区	北部地区	南部地区	离岛地区
申请量	50 300	1 909	19 907	93 001	617
比例	30.35%	1.15%	12.01%	56.11%	0.37%
户数	1 570 627	345 505	3 547 607	2 149 799	68 261
面积	263 494.3	11 886.49	122 080	423 661.2	4 370.5
面积比例	31.92%	1.44%	14.79%	51.32%	0.53%

资料来源：成大研究发展基金会。

除了上述两个因素之外，建筑楼层的高低也会影响安装太阳能热水系统的意愿，因为高楼层建筑需要的系统面积较大，一般可能无法提供足够的楼顶空间以装置系统，致使装置的建筑楼层多以低楼层为主。另外，与建筑外观是否能够配合，也会是考虑因素之一。至于其他的考虑因素则可能还有系统是否省电，以及是否防台抗震等。

本文综合相关文献所提及影响太阳能系统安装意愿的因素，初步可以筛选出 20 个因素，并将其分为五类，概述如下。

3.1 气候因素类

（1）日照率：日照时数的多寡是集热板接收太阳热能转换效率的主要关键之一，而所谓日照率即实际日照比率，即当日实际日照时数占当日天文日照时数之比例。

（2）台风：台风挟带的狂风豪雨有可能破坏安置于户外之太阳能热水系统设备，因而降低居家安装意愿或减少安装面积。

3.2 太阳能热水系统之使用特性类

太阳能热水系统属科技性家庭设备，因此，家庭的消费能力或生活喜好有可能决定家庭安装太阳能热水系统的意愿。本文考虑的变数有以下几个次分类：

（1）家庭消费能力，包含以下几项：

(a) 历年平均每户所得总额；

(b) 历年实质平均每人国民生产毛额；

(c) 吉尼系数，用于反映家庭贫富差距大小。

(2) 家庭消费支出比例之自变量，包含以下几项：

(a) 历年家庭支出在房地租水费燃料和动力之比例；

(b) 历年家庭支出在家庭器具、设备与管理之比例；

(c) 历年家庭支出在娱乐教育及文化服务费用之比例。

(3) 消费者物价指数之家庭消费之自变量，包含以下几项：

(a) 历年台湾住宅修理费之消费者物价指数；

(b) 历年台湾家庭用品之消费者物价指数。

3.3 太阳能热水系统之取代性

纵然再生能源的使用能够减少化石能源耗竭，但再生能源之取得局限于地理环境或季节的循环，因此，化石能源的可取得性有可能影响使用再生能源的普及率，本文撷取的变量如下：

(1) 传统能源价格：本文以实质原油价格代表传统能源价格，以探讨传统能源与新能源间是否存在替代关系；

(2) 民生能源费用。

3.4 政府能源政策

台湾实施太阳能热水系统安装补助政策已多年，政策实施是否有效推动太阳能热水系统产业发展也是本研究探讨的主题之一。因此，政策变量在模型设定中视为必要变量，所有回归式均放入政策变量。

3.5 建筑物特性类

(1) 建筑物楼地板面积；

(2) 建筑物使用用途；

(3) 建筑物是否置于都市计划区。

4 实证方法

本文之实证方式及步骤，系先透过文献探讨筛选并汇整出影响太阳能热水器装置因素后，再收集实证估计所需资料，并以逐步回归（step-wise regression）的方式归纳出关键的影响因素，并建立决定太阳能热水系统装置量之实证模型，再对其估计结果进行检定、分析及解释。此一装置量决定模式估计所得结果，搭配各解释变量的个别预测结果，即可以预测台湾未来太阳能热水系统之装置量，而此一结果也可与以其他方式（如 Gompertz 成长模式）预测所得结果作比较。最后，则是根据估计分析及预测结果，对台湾太阳能热水系统政策提出建议。

本文之实证模型如下式所示：

$$Y_t = \beta_0 + \beta_1 X_{1t} + \beta_2 X_{2t} + \beta_3 X_{3t} + \cdots + \beta_n X_{nt} + \beta_{n+1} D_t + \varepsilon_t \tag{1}$$

式中　Y_t——应变量，第 t 期台湾太阳能热水系统之安装总面积，m^2；

β_0——截距项，为常数；

$\beta_1 X_{1t}+\beta_2 X_{2t}+\beta_3 X_{3t}+\cdots+\beta_n X_{nt}$——第 t 期自变数值；$X_{1,2,3,\cdots,n}$表示共有 n 种自变量；$\beta_{1,2,3,\cdots,n}$为自变数之系数；

D_t——虚拟变量（Dummy Variable），第 t 期虚拟变数值；$D=1$ 是当期政府有实施补贴政策；$D=0$ 是当期政府无实施补贴政策；β_{n+1}为虚拟变数之系数；

ε_t——第 t 期残差项。

式（1）中的解释变量也视需要加入虚拟变量与其他解释变量之交叉项，以捕捉解释变量与应变量间关系可能存在之结构性变化。

本文在未来装置量的推估方面，除了以上述估计得到之回归模型推估外，也同时以其他成长模式推估在特定政策目标下之装置量变化路径，以作为分析政策目标是否可能达到之依据。以下简要介绍本文采用之 Gompertz 成长模式及其估计方式。

Gompertz 成长模式

本文采用 Gompertz 成长模式的原因，主要是台湾太阳能热水系统每年新增装置量的变化趋势呈现不对称的 S 形成长趋势，且应该有一个装置的可能上限（或政策目标）。Gompertz 成长模式属于时间序列的数学模型，其图形用于解释一段缓和的开始与结尾之成长（growth）、渗透（saturation）或替代（substitution）曲线，是现代科技生命周期（technology life cycles）重要的预测工具。Gompertz 模式之方程式如式（2）所示：

$$Y_t = Le^{-ae^{-bt}} \tag{2}$$

式中　L——Y_t 之上限；

e——欧拉数（Euler's number，e=2.718282…）；

a，b——描述曲线之系数。

在 t 由 $-\infty$ 变化至 $+\infty$ 时，Gompertz 曲线范围由 0 转为 L。当 $t=\ln$（a）$/L$ 时，Gompertz 曲线发生了反曲点，也就是 $Y_t=L/e$ 之处，如图 3 所示。另外，由于 Gompertz 曲线是不对称，方程式中的 a 值决定曲线的所在，b 值决定曲线的形状，如图 4 和图 5 所示。

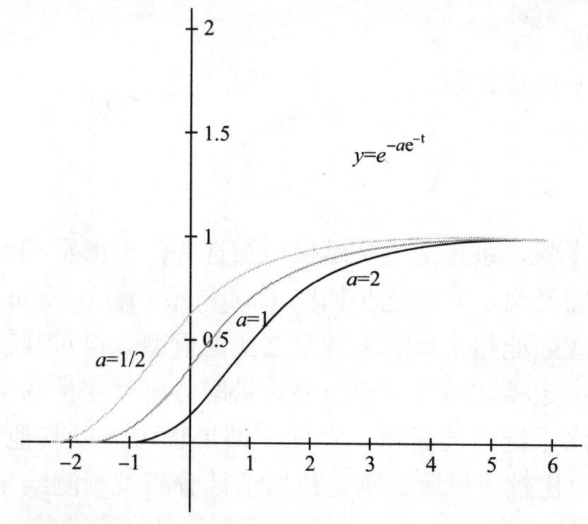

图 3　Gompertz 曲线，当 $L=1$、$b=1$ 及 $a=1$，2，1/2 时之图形

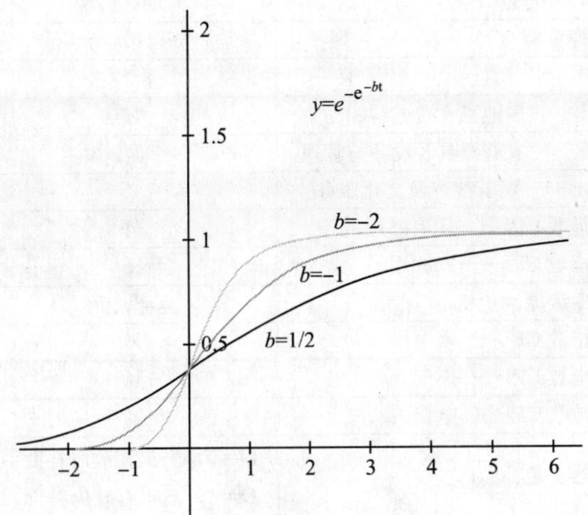

图 4 Gompertz 曲线，当 $L=1$、$a=1$ 及 $b=-1/2$，-1，-2 时之图形

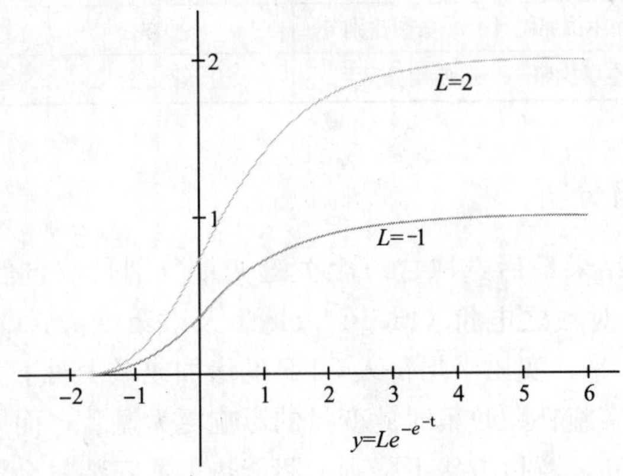

图 5 Gompertz 曲线，当 $a=1$、$b=1$ 及 $L=1$，2 时之图形

Gompertz 的预测步骤系在先决定 Y_t 的最大值 L 之后，即可经过简单的转换后以 OLS进行估计及预测。

5 结果与分析

5.1 实证变量及数据来源

本研究之实证数据为年数据，应变量数据期间为 1978—2008 年，总共 31 年；自变量依数据来源不同或是否限制公开，期间未必一致，如表 2 所示。

表 2 本文之实证变数

项次	变数	单位	资料期间
1	历年安装太阳能热水系统面积	平方公尺	1978—2008 年
2	日照率	%	1995—2008 年
3	历年台风侵台次数	次数	1978—2008 年
4	历年实质每人国民生产毛额	新台币，元	1978—2008 年

项次	变数	单位	资料期间
5	历年平均每户所得总额	新台币，元	1978—2007/年
6	历年吉尼系数	指数	1978—2007/年
7	历年家庭消费支出——房地租水费燃料和动力	%	1978—2007/年
8	历年家庭消费支出——家庭器具及设备与管理	%	1978—2007/年
9	历年家庭消费支出——娱乐教育及文化服务	%	1978—2007/年
10	历年消费者物价指数 CPI——住宅修理费	%	1981—2008/年
11	历年消费者物价指数 CPI——家庭用品	%	1981—2008/年
12	历年实质西德州中级原油价格	美金，元	1978—2007/年
13	历年消费者物价指数 CPI——水电燃气	%	1981—2008/年
14	历年消费者物价指数 CPI——燃气	%	1981—2008/年
15	历年消费者物价指数 CPI——电费	%	1981—2008/年
16	历年太阳能热水器安装补助	$D=0$，当年无政府补助； $D=1$，当年有政府补助。	1978—2008/年
17	历年核发建筑物使用执照——按层楼别分	平方公尺	1992—2007/年
18	历年核发建筑物使用执照——按累积层楼别分	平方公尺	1992—2007/年
19	历年核发建筑物使用执照统计——按用途别分	平方公尺	1984—2001/年
20	历年核发建筑物使用执照——按使用分区别	平方公尺	1991—2007/年

5.2 实证结果与分析

本文根据逐步回归结果最后选取之三个关键变量分别是取自然对数之实质平均每人 GDP（lnGDP）、取自然对数之电价（lnCPI _ elec）及政策变数（D）。回归结果如表 3 所示。综合而言，近 27 年来，实质平均每人 GDP 的增加或减少对于太阳能热水器的安装量有正向影响，尤以政府实施补贴政策时此变量的影响更为显著；而电费的波动与太阳能热水器安装量则呈反向变动，意指电费下降则太阳能热水器安装量会增加，原因应是太阳能热水系统需辅助以电能加热，而一般民众会考虑电价的成本来决定是否安装系统的关系。

表 3 关键变量回归估计结果

	1981—2007 年	
	关键变数	关键变数及政策实施交叉项
lnGDP	0.329 (1.24)	−0.749 (−1.29)
lnCPI _ elec	−14.417 (−8.88)***	−20.864 (−7.25)***
D	0.166 (1.38)	−84.904 (−3.63)***
lnGDP* *D*		1.434 (2.33)**
lnCPI _ elec* *D*		14.440 (4.13)***
截距	73.342 (6.96)***	116.927 (5.69)***
样本数	27	
Adj R^2	0.943	0.971

得到上述之估计结果后，为使预测更适切反映事实，本文做了以下两项修正：一为考虑全球气候变迁议题在联合国京都议定书于 2005 年 2 月生效之际逐渐受到世界之全面性关注，故另设虚拟变数（*D*2）于回归式中反映。另外，由于应变量之历史起始值接近 0，因此，将不考虑回归式之截距项。此外，也剔除关键回归式中的 lnCPI _ elec* *D* 变量，原因是其估计结果并不显著，且 lnCPI _ elec 与 lnCPI _ elec* *D* 之系数总和仍为负数，表示电价水平与太阳能热水系统安装面积为负相关，与预期不合。经调整后之估计结果如表 4 所示。

表 4　调整后关键回归估计结果

	1981—2007 年
	调整后关键变数及政策实施交叉项
*D*2	0.297 (1.297)
D	23.934 (6.039)***
lnGDP	2.526 (18.982)***
lnCPI _ elec	−4.590 (−12.906)***
lnGDP* D	−1.875 (−5.972)***
截距	—
样本数	27
Adj R^2	0.956

5.3　需求预测

利用表 4 之回归式估计结果，代入自变量历史数值，可得到太阳能热水器安装面积估计值，结果发现与实际值之历史趋势大致相符，如图 6 所示。至于在预测未来的装置量方面，预测走势下降之可能原因是近年来太阳能热水系统之互补品电费逐渐调涨，而根据估计结果将导致装置意愿降低①。

有鉴于上述之预测结果，我们尝试修正未来电价之预测，假设 2009 年起国内电费维持不变，如此一来，预测结果显示太阳能热水系统之未来成长趋势将会逐年上升，如图 7 所示。在维持目前台湾总体环境情况下，实质每人平均国民生产毛额及国民生活质量将逐年提升，且太阳能热水系统补贴政策持续实施，若要使太阳能热水系统安装量持续成长，则民生用电价似乎须有一些政策性的考虑，才能刺激市场。

① 根据能源统计月报，2009 年 1 月至 4 月再生能源供给量为 709 530 公升油当量，较去年同期减少6.44%，其中，太阳能热水器占 5.28%。

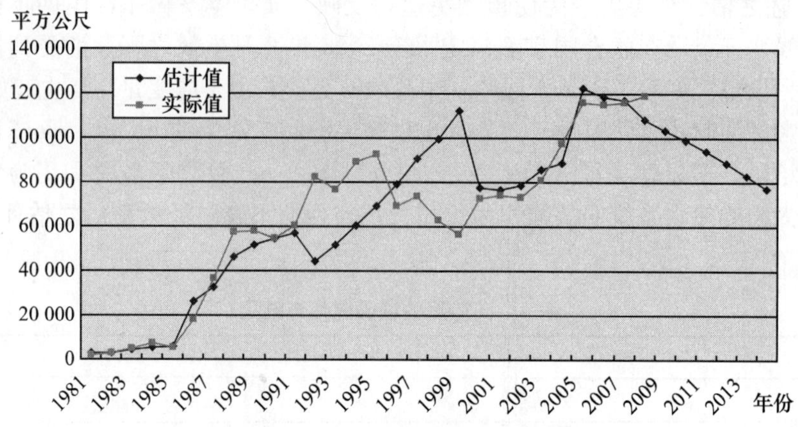

图 6 关键回归式推估得到之装置量估计值

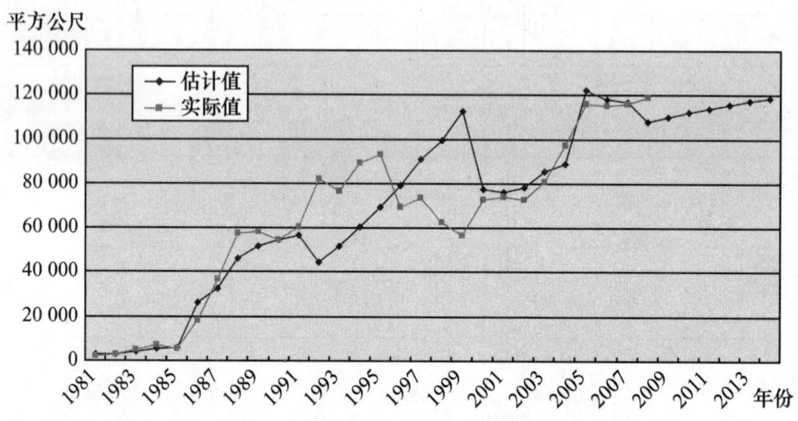

图 7 电价持平下之预测之太阳能热水系统安装面积趋势

利用上述之回归估计结果，我们事实上仅能就台湾是否实施太阳能热水系统补助政策作预测，然对补助之实际内容（如补贴的金额）对装置量可能的影响却无法做推估。基于此，本文另根据经济部“2007 年能源科技研究发展白皮书”中预定 2020 年太阳能热水器安装面积每年十四万平方公尺之目标，以 Gompertz 成长模式推估太阳能热水系统未来 12 年成长趋势，以检视我们之前之估计结果与目标值之差距。Gompertz 曲线系数估计结果如下：

$$y_t = e^{-1.583} - 0.094t^{(12.131)}(-13.149) \tag{3}$$

Adj R^2	标准误	样本
0.851	0.355	31

估计结果如式（3）所示。以此依估计式推估至 2020 年，台湾地区太阳能热水系统新增安装面积约可达 14.2 万平方公尺，年平均成长率为 6.26%。相对于前述回归预测的结果，在民生用电价格自由化下，太阳能热水系统新增安装成长之长期趋势不升反降，民生用电价政策性持平下新增安装缓慢成长的情况，Gompertz 成长模式估计的结果显示，需要有更高的成长动能才能够达成政府所设定的目标。

2008 年台湾地区实质每人平均 GDP 约新台币 56.8 万元，估计未来三年内应可达新台币

60 万元左右，国民生活水平的提升将有助于太阳能热水系统之推展。而在政府积极落实节能减碳政策下，促进太阳能热水系统于城乡或离岛地区的装置也已成为重要的政策之一，基于此，经济部于 2009 年开始增额补助，预期此一政策将具有显著效果。不过，依赖所得提升及奖励政策，是否能够确实达成既定之政策目标，仍有待观察。

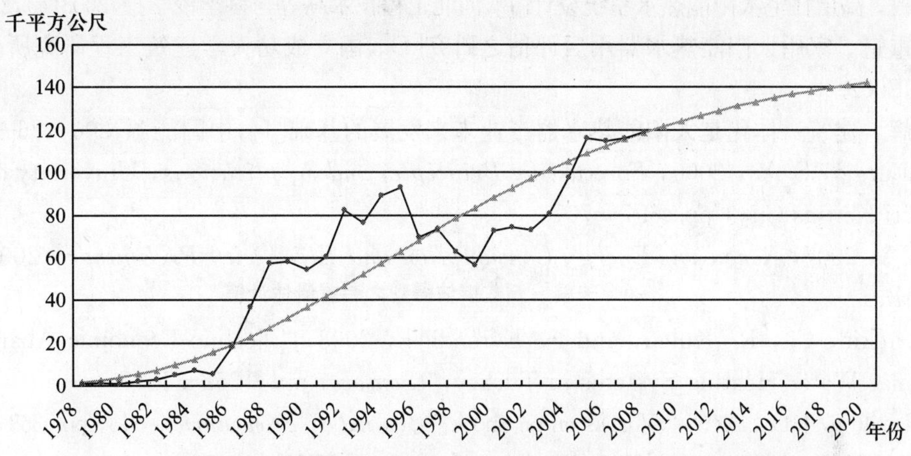

图 8　以 Gompertz 模式预测台湾至 2020 年太阳能热水系统安装面积趋势

6　结论

台湾地区的太阳能热水系统市场发展至今已有 20 余年，然而在使用的普及率方面仍有南北地域之分，整个台湾地区的普及率也还不是很高。基本上，太阳能照射时数之多寡及气候条件应是装设太阳能热水系统的基本决定要素，然而，从过去安装使用经验及调查中，发现气候条件并非是决定太阳能热水系统发展之主因。本文尝试从各种角度探讨影响一般家庭决定安装太阳能热水系统之因素为何，以进一步探讨在政府提供购买补助及国民水平稳定发展情况下，在中长期是否有机会提升台湾地区家用太阳能热水系统之使用普及率。

从本文之实证结果得知，台湾地区之经济环境、国民所得水平与教育观念等因素是能够影响太阳能热水系统的使用，借由政府补助推广政策更使得国人更容易购买。另外，近年来，台湾地区民生用电价逐年增高，对于使用电加热辅助器之太阳能热水系统之安装多少有一些负面的影响。除此之外，从模型预测安装量的结果来看，若台湾民生用电价可以维持不变，则太阳能热水系统的装设量将可望提升，甚至能够提前达到政府预计于 2020 年每年新增 14 万平方公尺之安装面积之目标。因此，民生用电价及其他相关之配套措施将是台湾是否可以达到安装太阳能热水器政策目标之重要决定因素。

参考文献

[1] 李华东．高技术生态建筑[M]．天津：天津大学出版社，2002．

[2] 宋晔皓．结合自然整体设计[M]．北京：中国建筑工业出版社，2001．

[3] 经济部能源局．能源科技研究发展白皮书．2007．

[4] 谢镇州，林礽柏，陈文杰．建筑物整合化太阳能热水系统于国内应用案例介绍[J]．太阳能及新能源学刊，2007.

[5] 张启元．太阳能热水系统与住宅建筑一体化设计对策研究[D]．哈尔滨工业大学工学硕士论文，2007.

[6] 唐敏．高层住宅太阳能热水系统设计[J]，河北工程技术高等与科学校学报，2008(4)，26－32.

[7] 黄重魁．家用太阳能热水器用后评估之研究[D]，国立成功大学建筑工程研究所硕士论文，2002.

[8] 高辉．建筑一体化是太阳能热水器产业未来发展的基础[J]，中国能源，2004，26—28.

[9] DeLurgio, S. A., 2000, *Forecasting Principles and Applications*, University of Missouri-Kansas City, pp. 697－707.

[10] EIA, 2007, *Renewable Energy Consumption and Electricity Preliminary* 2007 *Statistics.*

[11] Ertekin, C., R. Kulcu, and F. Evrendilek, 2008, "Techno-Economic Analysis of Solar Water Heating Systems in Turkey," *Sensors*, pp. 1252－1277.

[12] Hamilton, J. D., 2003, "What is an oil shock?" *Journal of Econometrics*, 113, pp. 363－398.

[13] IEA-SHC, 2008, Solar Heat Worldwide 2008, *ESTIF*, p. 32.

[14] Maxoulis, C. N., H. Charalampous, and S. Kalogirou, 2007, "Cyprus solar water heating cluster: A missed opportunity?" *Energy Policy*, 35, pp. 3302－3315.

[15] Weiss, W., I. Bergmann, and G. Faninger, 2008, Solar Heat Worldwide Markets and Contribution to the Energy Supply, *Solar Heating & Cooling Programme International Energy Agency*, p. 32.

[16] World Energy Council, 2007, 2007 *Survey of Energy Resources*, *Solar Energy*. pp. 381－426.

台湾地区自产生质酒精之能源、环境与经济效益评估

左峻德　苏美惠

台湾经济研究院

摘　要：为了解台湾地区推广酒精能源作物之环境效益、能源使用效率与经济性，本研究团队委托专业代耕业者实际种植与记录，并访谈台湾农试所、农业改良场、专业代耕业者与台糖公司，从生命周期观点完整记录玉米、甘薯、甘蔗及甜高粱等能源作物，2007年与2008年之种植、采收、搬运、仓储等种植过程资源投入与成本投入；透过酒精生产试验数据仿真商业化量产规模之生产效率，完整建立台湾酒精能源作物之能源投入、温室气体排放与生产成本评估模式，以作为台湾生质酒精推动及相关研究重要基础资料。此外，本文亦根据台湾自产生质酒精之能源、环境与经济效益分析，提出台湾发展生质酒精之推动策略与政策措施建议。

关键词：生质酒精，能源投入产出比，二氧化碳减量，成本效益分析，生命周期评估法

2008年受全球金融风暴影响，全球经济衰退、油价大幅回档修正之影响，车用燃料市场成长明显趋缓。虽然2009年全球燃料酒精产量在美国及欧盟强制使用酒精添加于汽油之政策支持下，仍呈现成长趋势，但F. O. Licht公司（F. O. Licht，2009a）评估预期未来5年燃料酒精市场将明显成长趋缓。2008年全球燃料酒精产量6 555万公升，与2007年相较成长32%；2009年美国与巴西两大主要生产国燃料酒精产量预估仅6 763万公升，市场需求约6 690万公升，市场超额供给仅73万公升为2008年（140公升）的一半，显示整体产业面临挑战。

然而，虽然2008年全球面临油价与粮价高涨，及全球金融风暴冲击下，生质能源短期发展受到压抑，但各国发展生质能源之中长期目标不但并未修正，同时逐步透过温室气体减量推动生质燃料使用。美国2007年能源自主及安全法修订可再生燃料标准(Renewable Fuel Standard，RFS)，要求可再生燃料使用量2022年达360亿加仑。欧盟2008年12月17日通过再生能源指令（Renewable Energy Directive，RED）与燃料质量指令（Fuel Quality Directive，FQD），以达成2020年再生能源在交通运输燃料比重需达10%以上目标。此外，欧盟国家亦将温室气体减量精神纳入再生能源法令中；例如欧盟RED指令已提出提出永续性指标，要求生质燃料温室气体排放需比石化燃料减少35%，至2017年更需减少50%；至于欧盟FQD指令则要求供货商以生命周期法计算需降低市售燃料温室气体排放量，2014年强制降低2%，2017年与2020年强制减量4%与6%；德国生质燃料配额义务2015年起将由能源含量改为温室气体减量比例。

至于台湾地区亦于2009年6月通过再生能源发展条例，同意利用休耕地或其他闲置之农林牧土地栽种能源作物供产制生质能燃料之奖励经费，由农业发展基金支应。台湾自

加入 WTO 之后，休耕面积从 2001 年的 6.8 万公顷增加至 2006 年的 22 万公顷，政府每年投入超过 100 亿元补贴休耕，造成农村愈加萧条，年轻人前往都市谋生，老农成为农业活动的主要参与者，农村经济活动几乎停滞。因此，在政府愿意提供奖励经费支持能源作物推广下，发展生质能对于农村而言，成为农村活化重要契机。

为了解台湾地区推广酒精能源作物之环境效益、能源使用效率与经济性，本研究团队委托专业代耕业者实际种植与记录，并访谈台湾地区农试所、农业改良场、专业代耕业者与台糖公司，从生命周期观点完整记录 2007 年与 2008 年玉米、甘薯、甘蔗及甜高粱等能源作物之种植、采收、搬运、仓储等种植过程资源投入与成本投入；并透过酒精生产试验数据仿真商业化量产规模之生产效率，完整建立台湾地区酒精能源作物之能源投入、温室气体排放与生产成本评估模式。

有关本研究的研究方法说明如下：

（1）在料源种植面能源投入部分，2007 年针对甘蔗、甜高粱、玉米与甘薯四种料源，访谈台糖公司、农试所、农改场与代耕业者；2008 年委托专业代耕业者实际种植与记录，取得国内能源作物种植面投入资源数据。

（2）玉米、甘薯一年可两获，2007 年、2008 年皆为秋作数据；甜高粱在台湾地区仍处于试种阶段，2007 年为秋作数据，2008 年为夏作数据。

（3）甘蔗在台湾采一新植一宿根，新植需一年半时间，宿根则需一年时间，总计两年半；2007 年数据系指 2006/2007 年期数据；2008 年数据则为 2007/2008 年期数据。

（4）料源品种选定玉米为台农 1 号、湿甘薯为台农 17 号、甘蔗为 ROC 10、甜高粱为 MSC 01。

（5）本研究以台糖自营农场甘蔗数据代表大规模经营之农企业经营效率，以台糖公司契约耕作蔗农种蔗资源投入代表小农种蔗之生产投入。

（6）依生命周期评估法（Life Cycle Assessment，LCA），计算作物在种植过程中，农业操作、化学肥料、化学药剂、采收、运输、干燥与种子的能源投入；在酒精生产资源投入部分，由于运用发酵技术生产酒精国外已达商业化量产规模、具备标准化生产程序，因此本研究团队同时引用国外文献针对酒精生产所需之资源投入数据及台湾经济研究院委托台糖研究所生产试验仿真商业化量产规模之数据，配合本文所估算料源种植面资源投入，建立完整台湾自产生质酒精之能源投入、二氧化碳排放与生产成本投入。

（7）为建立台湾发展自产酒精之总体经济效益分析模式，本文从政府与民间之投入经费，估算发展台湾自产酒精之总投资金额，结合本研究对于自产与进口酒精成本分析及政策补贴变化一并纳入分析。同时运用投入产出分析及台湾经济研究院所开发之“新 3E 模型”，分析发展自产酒精对于岛内整体 GDP 之贡献，及对农业 GDP 与就业等总体指标影响。并参考国际碳交易市场行情，将外部效益中相当重要之 CO_2 减量效益予以估算。

本文首先将从欧美国家生质能推动政策措施进行分析，提出可供台湾研拟相关政策之参考方向，在逐一说明台湾本土生质酒精料源之能源投入产出转换效率、温室气体减量效益及生产投入与成本分析，最后提出台湾发展生质酒精之推动策略与政策措施建议，并模拟分析总体经济效益。

1 欧美国家生质能政策措施

各国发展生质能皆有其政策规划考虑，早期以国家安全为着眼点、目前以农民收益为政策目标之巴西，从20世纪70年代开始推动国家酒精计划，为全球唯一不贩卖纯汽油国家，成功运用酒精工业创造农业就业。以环保为诉求之欧盟27国也于2007年3月宣布在2020年之前，总能源使用量中之20%必须为再生能源，其中运输系统燃料至少10%为生质能源；瑞典政府更宣布2020年要停止使用化石燃料。

2003年5月欧盟公布生质燃料指令2003/30/EC，规定运输部门生质燃料使用目标2005年至少2%，2010年与2020年生质燃料在运输燃料所占比例分别为5.75%及10%；并于2003年修订共同农业政策，鼓励农民种植非食用与能源作物，于可耕地种植能源作物可获得45欧元/公顷补助，同时于休耕地种植能源作物可获得之补助将高于休耕补助(Bernard and Prieur，2007)。

为达成2020年再生能源在交通运输燃料比重需达10%以上目标，2008年12月17日欧盟通过再生能源指令（RED）与燃料质量指令（FQD），并将温室气体减量精神纳入再生能源法令中（F. O. Lichts，2009b）。RED指令于2009年5月开始生效，会员国18个月内需转换为各国法令，届时2003/30指令将于2010年4月失效；RED指令提出永续性指针，生质燃料温室气体排放需比石化燃料减少35%，2017年需减少50%；且不可利用主要林地、生物多样性草地、湿地、泥炭地种植能源作物，使用退化土地种植能源作物，则可获得温室气体减量点数。且RED指令也提出避免导入非关税壁垒，对于前瞻生质燃料亦给予鼓励，计算前瞻生质燃料使用量为一般生质燃料2倍。

FQD指令则要求2010年底前会员国需转换为各国法令，该指令要求供货商需降低市售燃料以生命周期评估之温室气体排放，2014年强制减少2%，2017年与2020年强制减少4%与6%。此外，汽油中可添加酒精比例由5%增加为10%，但2013年以前仍须提供E5供老旧车辆使用①。

另外，若以着眼于国家能源供应安全的美国为例，为扶植自产生质能产业，积极投入相关资源推动产业链发展，以期达成所设定之中长期发展目标，相关措施包括对于上游能源作物提出直接给付与采搬储运成本补贴，为鼓励生产对于中游生质燃料厂商则提供税赋减免与贷款补贴，至于下游油品与通路业者则设定可再生燃料的使用量目标，并提供税赋诱因；此外，并透过关税保护自产酒精，成立示范车队建立早期市场，补助前瞻技术研发掌握关键技术。以下将分别就其重要政策措施进行说明，以供国内规划生质能政策参考。

(1) 2004年美国工作产生法

提出至2010年底酒精汽油混合业者可获得酒精货物税扣抵额（VEETC）每加仑减免0.51美元（Yacobucci，2007a，2007b），但进口酒精部分则无法获得货物税扣抵减免(Schafer，2007)。至2008年底前混掺业者每混合源自植物油或动物油脂的生质柴油减征

---

① 依据欧盟1997年公布之汽车燃料质量指令（1998/70/EC）要求生质燃料混合比率最大为5%。

能源税每加仑 1 美元，源自回收油生质柴油 0.5 美元（Carriquiry，2007）。

（2）2005 年能源政策法

小型（产能 6 000 万加仑以下）生质燃料生产业者，可抵减所得税每加仑 10 美分，免税上限为 150 万美元；其中生质柴油减免期限至 2008 年底，生质酒精至 2010 年底（Promar International，2005）。2010 年底前设置 E85 加油站设置成本可扣抵 30%所得税，但最高不得超过 3 万美元。纤维酒精生产设施可获得加倍折旧，新纤维酒精业者所得税扣抵额为每加仑 0.5 美元，有效期间至 2010 年底或纤维酒精生产量达到 10 亿加仑（Schafer，2007）。

（3）2006 年减税与健康保健法

依据“2006 年减税与健康保健法”，采用生物化学路径的纤维酒精工厂，至 2012 年底前第一年运转允许 50%折旧摊提（Yacobucci，2007a，2007b）。

（4）可再生燃料标准（RFS）计划

2007 年 1 月布什总统发表国情咨文，主张实施 Twenty in Ten 计划，即 10 年内全美减少汽油消耗量 20%，其中 3/4 削减量将透过强制使用生质酒精和其他替代能源达成。依据 2005 年能源政策法授权，2007 年 9 月“再生燃料标准（RFS）”计划正式生效，强制要求 2012 年可再生燃料使用量需达到 75 亿加仑，增加替代燃料使用及提高汽车燃料效率①。2007 年 12 月布什总统签署“2007 年能源自主及安全法”修订可再生燃料标准，要求可再生燃料使用量 2022 年达 360 亿加仑，传统生质燃料于 2015 年达到 150 亿加仑后不再增加，将以前瞻生质燃料取代，其中纤维酒精 2022 年使用量目标 160 亿加仑②。此外，RFS 计划亦规定美国炼制业者、混合业者及进口商在 2007 年至 2012 年间使用可再生燃料数量③。

（5）2008 年食物、保育与能源法（或称为 2008 年农业法）

2008 年农业法将燃料酒精进口关税（每加仑 0.54 美元）延长至 2011 年底；并提供 3.2 亿美元贷款保证供商业化或商业化前生质精炼，贷款额度可达成本 80%或最高额度为 2.5 亿美元。2008 年农业法亦授权补助示范规模生质精炼，额度最高可达计划成本 30%。为鼓励前瞻生质燃料技术开发，2012 年底前纤维生质燃料业者税扣抵额为每加仑 1.01 美元；并透过建立生质物作物协助计划鼓励料源开发，位于该计划区域内之农业生产者可与农业部签约，接受能源作物建立支付，以补偿损失机会成本直至作物推广成功，额度可达成本的 75%再加上每年支付（每年支付由农业部决定）。同时，该法亦提供能源作物收割、储存与运输至生产工厂的成本分摊支付，使能源作物售价可降至每公吨 45 美元④。

---

① http://www.epa.gov/oms/renewablefuels.

② http://www.ethanol.org/index.php?id=78&parentid=26.

③ http://www.epa.gov/oms/renewablefuels.

④ http://www.greencarcongress.com/2008/05/biofuels-provis.html.

2 台湾地区自产生质酒精能源投入产出转换效率分析

本研究团队于2007年与2008年持续针对甘蔗、甜高粱、玉米与甘薯四种料源之资源投入进行研究，2007年访谈台糖公司、农试所与农改场，2008年更于不同地区直接委托代耕业者实际种植及记录，例如玉米分别于台南佳里及嘉义朴子种植，甘薯则分别于云林虎尾与水林地区种植，取得台湾能源作物种植面第一手之资源投入数据，并依生命周期评估法，计算作物在种植过程包含农业操作、采收、运输、干燥及原物料（如种子、化学肥料、化学药剂）之能源投入（如图1所示）。

至于酒精生产端之能源投入，本研究团队同时引用国外文献针对酒精生产所需之能源投入数据及台湾经济研究院委托台糖研究所生产试验仿真商业化量产规模之数据，若有副产品利用，亦于制程中能源消耗予以分摊或扣除。在考虑作物种植及酒精生产之能源消耗后，建立出完整台湾自产生质酒精之能源投入。至于能源产出部分，则计算酒精热含量，以每公升21.1千焦耳，每焦耳239卡计算，取得酒精能源产出为每公升5 043千卡。

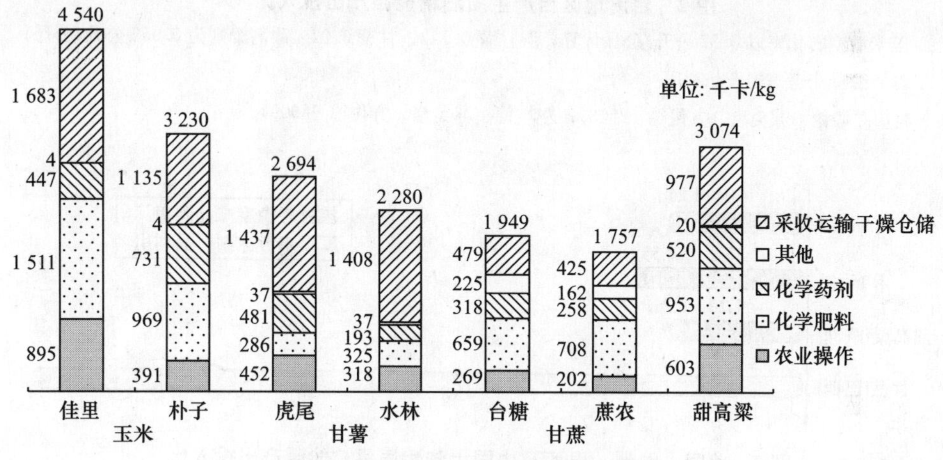

图1 台湾地区能源作物种植能源投入

注：1. 其他是指种苗能源投入与所使用农机设备之间接能源投入；

2. 玉米酒精转化率以0.37公升/公斤计算，湿甘薯0.123、甘蔗0.07、甜高粱则为0.055公升/公斤。

资料来源：左峻德、苏美惠、方俊德（2009）。

研究结果如图2所示，在模拟商业化量产厂之生产模式下，采生命周期法评估台湾自产酒精能源转换效率，以2008年数据为例，除湿甘薯因尚未考虑副产品的使用而不具能源转换效率外，其他料源能源产出投入比皆大于1，显示能源使用效率具经济性；尤其以蔗农甘蔗酒精能源使用效率最高为1.55，台糖自营甘蔗酒精为1.47次之，玉米与甜高粱酒精则分别为1.10与1.04，最差则为未考虑副产品利用之湿甘薯酒精为0.79。若酒精生产引用国外标准化生产数据，则蔗农甘蔗酒精能源产出投入比将达2.97，台糖自营甘蔗酒精为2.69，玉米酒精则为1.28；至于甜高粱，由于本研究假设甜高粱发酵残渣可用于汽电共生，国外相关文献并未做此利用之探讨，因此若酒精生产引用国外标准化生产数据，则甜高粱能源产出投入比将仅达0.84。但整体来说糖质作物之能源产出投入比较淀粉质作物高，此结论与国外相关研究结论相同。

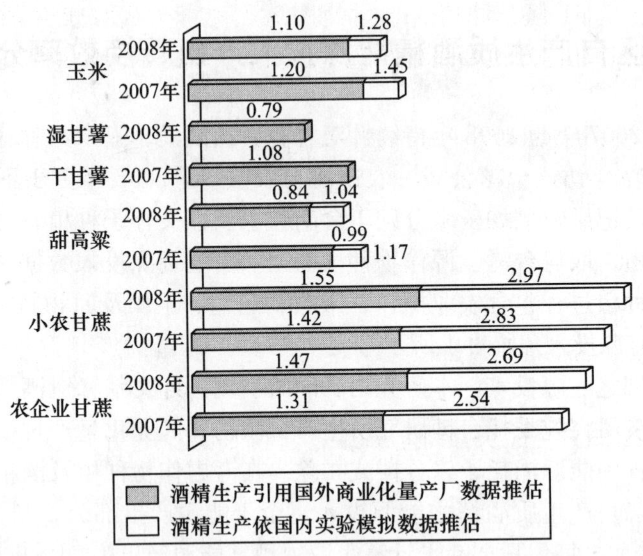

图 2　台湾地区自产生质酒精能源产出投入比

注：1. 玉米酒精转化率以 0.37 公升/公斤计算，湿甘薯 0.123、甘蔗 0.07、甜高粱则为 0.055 公升/公斤；

2. 湿甘薯尚未考虑副产品利用。

资料来源：左峻德、苏美惠、方俊德（2008）；左峻德、苏美惠、方俊德（2009）。

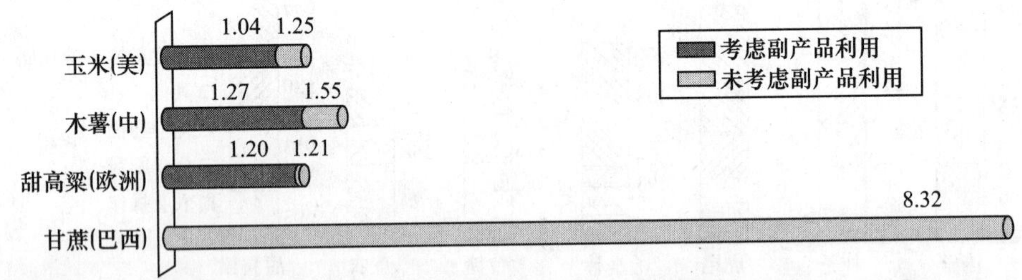

图 3　美国、欧洲、巴西及中国大陆生质酒精能源产出投入比

资料来源：Hill et al.（2006）；Zhao（2008）；Dai Du et al.（2006）；Macedo（2004）；左峻德、苏美惠、方俊德（2009）。

比较 2007 年与 2008 年研究数据，由于 2008 年能源投入额外考虑间接设备与仓储的能源投入，而且农民种植观念与农试所推广之省工栽培方式有所差异，因此在种植过程中使用较多肥料与农药导致能源投入增加，因此在不考虑副产品利用下，使得四种料源之能源产出投入比皆较 2007 年降低。

参考国外生质酒精能源产出投入比（如图 3 所示），在考虑副产品利用下，美国玉米酒精能源产出投入比约为 1.25、中国大陆木薯约为 1.55、欧洲甜高粱约为 1.21，至于巴西甘蔗酒精则高达 8.32。虽然台湾本土料源之能源转换效率比国外文献呈现较差，但总体而言在考虑副产品利用下，已具备能源使用之经济性。

酒精生产已进入标准化制程，因此台湾地区未来兴建之酒精工厂能源投入将与国外制程差异不大；然而作物种植受气候条件及土壤条件影响甚大。因此，欲了解国内外生质酒精能源使用效率之差异，本研究进一步分析台湾地区本土能源作物种植面之能源使用效率与国外之差异。发现台湾地区在氮肥使用上相对于其他国家高，台湾地区种植甘蔗氮肥投入量约为巴西 3.48～3.61 倍、种植玉米所使用氮肥料量也相对较美国高，约为美国的 1.44 倍；另外，甘蔗使用除草剂用量也相较于巴西多约 2.2 倍，此举皆进一步提高种植面之能源投入。

此外，台湾地区单位面积酒精产量远低于国外，巴西甘蔗种植为采取一新植四宿根，6 年时间共可收获 5 次，平均而言每公顷年产量约为 68.7 公吨；至于台湾地区甘蔗种植为采取一新植一宿根，2 年半约可收获 2 次，使得台湾地区甘蔗每公顷年平均产量为 4 092～5 432 公升远低于巴西 5 908 公升；台湾地区试种甜高粱酒精平均产量每公顷只有 2 420 公升，亦相较于欧洲甜高粱酒精产量每公顷 3 390 公升为低；至于玉米，台湾地区产量平均每公顷仅 6 公吨，但美国玉米则高达 8.7 公吨。

3 台湾地区自产生质酒精温室气体减量分析

本研究团队利用 2008 年甘蔗、甜高粱、玉米与甘薯四种料源之资源投入及运用实验室生产试验所得数据，进行台湾本土生质酒精温室气体排放分析。首先发现在作物种植过程之碳排放结构中，以化学肥料与化学药剂占整体碳排放比例最高，而湿甘薯则以仓储过程中所耗用电力较高。

另外，依据料源种植过程所投入资源推估其碳排放量，在尚未考虑副产品利用下，发现单位温室气体排放量由高至低依序为：玉米、甜高粱、湿甘薯、农企业甘蔗、小农甘蔗。种植玉米所排放之温室气体每千焦耳为 75.3 公克二氧化碳当量（CO_2e），甘蔗为 42.0～42.1公克 CO_2e，甘薯则为 56.8 公克 CO_2e。台湾地区甜高粱因尚处于试种阶段，单位面积产量较少（每公顷约 44 公吨），故每单位能源投入相对提高，使得种植甜高粱所排放之温室气体每千焦耳高达 72.8 公克 CO_2e。

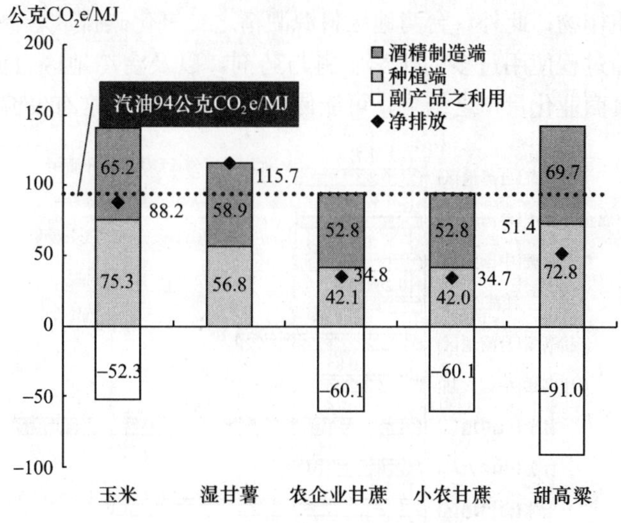

图 4 台湾地区自产酒精碳排放量分析

注：1. 玉米酒精转化率以 0.37 公升/公斤计算，湿甘薯 0.123、甘蔗 0.07、甜高粱则为 0.055 公升/公斤；

2. 湿甘薯尚未考虑副产品利用。

资料来源：左峻德、苏美惠、方俊德（2009）。

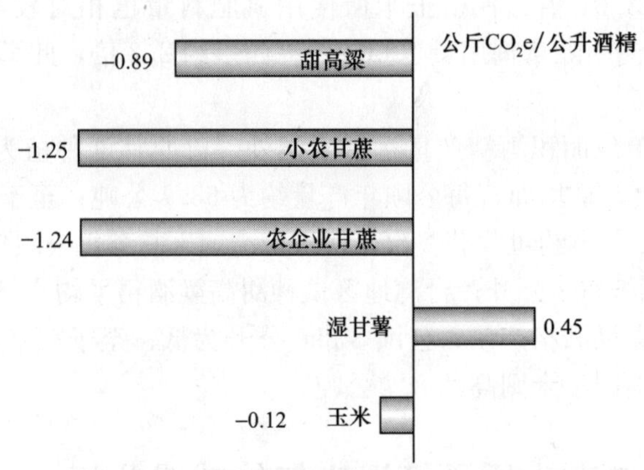

图 5　台湾地区自产酒精替代汽油之减碳效益

注：1. 玉米酒精转化率以 0.37 公升/公斤计算，湿甘薯 0.123、甘蔗 0.07、甜高粱则为 0.055 公升/公斤；
　　2. 湿甘薯尚未考虑副产品利用。

资料来源：左峻德、苏美惠、方俊德（2009）。

从图 4 可以看出玉米、甘薯和甘蔗此三种料源之二氧化碳排放量皆低于汽油之排放量（94 公克 CO_2e/MJ），但未考虑副产品之湿甘薯则高于汽油，显示并未具备温室气体减量效益。若进一步估算使用酒精替代汽油之温室气体减量效益（如图 5 所示），以甘蔗酒精温室气体减量效益最佳，每公升可减少 1.24～1.25 公斤二氧化碳当量（CO_2e）；其次为甜高粱酒精（0.89 公斤）、玉米酒精（0.12 公斤），湿甘薯酒精在未考虑副产品作用利用下，温室气体排放每公升较汽油高出 0.45 公斤。

综合整理 Hu et al.（2008）、Shapouri（2004）及 Macèdo（2004）对于生质酒精温室气体排放之研究及本研究团队之分析结果（如图 6 所示），发现利用糖质作物为料源的酒精，其二氧化碳排放低于淀粉质作物；此外，台湾地区料源酒精之二氧化碳排放皆高于国外研究，分析其原因包含料源种植过程使用过多的化学肥料与药剂，以及台湾地区目前尚未有酒精工厂，仅能以实验数据仿真商业化量产之结果，可能使得数据比较的基准有失偏颇。

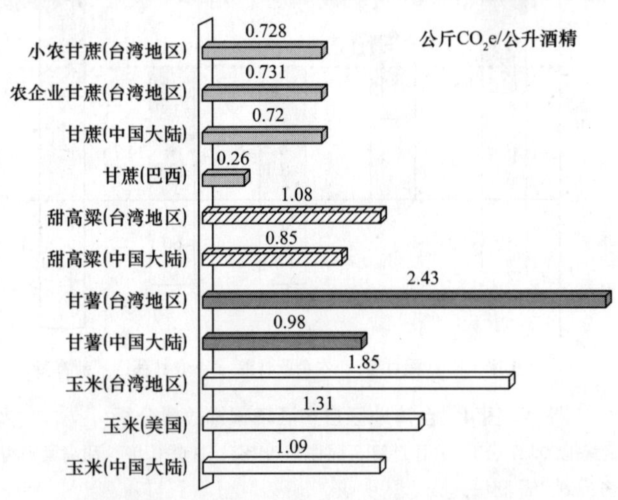

图 6　台湾地区生质酒精碳排放量与国外比较图

资料来源：Hu et al.（2008）；Shapouri（2004）；Macedo（2004）；左峻德、苏美惠、方俊德（2009）。

4　台湾地区自产生质酒精生产投入与生产成本分析

本研究以2008年玉米、甜高粱、甘薯、甘蔗资源投入为例，将作物种植过程生产投入包含种植、采收、搬运与仓储成本等皆纳入分析，取得台湾地区能源作物生产投入数据（如表1所示），玉米每公斤种植成本新台币9.13～9.32元（本文中元均指新台币），甘薯与甜高粱分别为3.54元与1.55元，小农种蔗每公斤1.40元，农企业种蔗则约需1.62元；其中农企业种蔗因参考台糖公司种蔗成本结构，而台糖自营甘蔗因农场人事成本过高，且采取大面积粗耕经营产量较小农种蔗之精耕为低，因此使得甘蔗种植成本明显高于一般蔗农种植成本。

表1　2008年台湾地区酒精能源作物种植成本分析

项目 料源别	作物产量/ (kg/公顷)	酒精转化率/ (公升/kg)	单位面积生产成本/ (元/公顷/期)	种植成本/ (元/kg)
干玉米	6 300～69 000	0.370	57 489～64 288	9.13～9.32
湿甘薯	40 000	0.123	141 415	3.54
农企业甘蔗	146 130	0.070	236 033	1.62
小农甘蔗	194 000	0.070	272 003	1.40
甜高粱	44 000	0.055	68 270	1.55

注：1. 甘蔗每期作是指一新植一宿根（约2.5年），其他作物为半年期。

2. 以上成本尚未考虑能源作物推广种植费用。

资料来源：左峻德、苏美惠、方俊德（2009）。

进一步分析台湾地区自产酒精生产投入（如表2所示），在仅考虑农民种植面之投入成本及酒精工厂加工制造成本，不考虑任何补贴措施及利润下，以利用小农甘蔗作为料源生产酒精之生产投入最低每公升约新台币25.6元，其次为玉米酒精为28.17～28.69元，利用农企业甘蔗作为料源生产酒精之生产投入则约28.74元，甜高粱酒精则约为33.78元，至于甘薯酒精因尚未考虑副产品利用方式，使得生产投入最高约为39.30元。

表2　台湾地区自产酒精总生产投入分析　　新台币元/公升

项目	玉米	甘薯	农企业甘蔗	小农甘蔗	甜高粱
种植成本 （含种、采、搬、储）	24.68～28.69	28.78	23.14	20.00	28.18
操作成本	6.28	7.45	3.60	3.60	3.60
副产品价值	－5.85	—	残渣发电收益已于操作成本中扣除		
固定成本	3.07	3.07	2.00	2.00	2.00
总生产成本	28.17～28.69	39.30	28.74	25.60	33.78

注：1. 参考USDA每周公布Eastern Cornbelt、South Dakota、Nebraska、Minnesota及lowa州之玉米及DDGS价格①，估算2008.01.01～2009.05.15期间DDGS占玉米价格比重，平均值约分别为78.97%、82.40%、87.54%、87.38%及81.87%。故本研究玉米副产品（DDGS）价值以玉米市价（8元/公斤）之85%估算，产量则以3.14公斤玉米可生产1公斤DDGS计算；

2. 玉米酒精转化率以0.37公升/公斤计算，湿甘薯0.123、甘蔗0.07、甜高粱则为0.055公升/公斤；

3. 甘薯酒精尚未考虑副产品价值；甘蔗及甜高粱残渣发电收益已于操作成本中扣除；

4. 玉米及甘薯酒精操作及固定成本系参考台肥投资计划估算；甘蔗及甜高粱酒精操作及固定成本系参考台糖公司投资计划估算；

5. 总生产成本仅考虑农民种植面之投入成本（包含种植、采收、搬运及仓储）与酒精工厂加工制造成本，尚未考虑契作推广费用及任何补贴措施或利润。

资料来源：左峻德、苏美惠、方俊德（2009）。

---

① USDA "National Weekly Ethanol Summary"（http：//www.ams.usda.gov）.

为评估台湾地区未来生质酒精生产成本，在不考虑任何补贴情况下，能源作物成本以2008年成本结构分析，考虑农民与酒精工厂皆有利可图、具备经济性投入诱因下，设定农民净收益不超过种植水稻净收益（以每期作每公顷50 000元为上限），以避免影响台湾水稻供应市场；至于酒精工厂部分，则假设利润率为5%进行台湾本土生质酒精生产成本推估。

研究结果如表3所示，其中成本最低者为利用玉米生产酒精，但其生产成本仍高达每公升45.14元（此时玉米收购价为每公斤17.07元），使用小农甘蔗生产酒精成本次之为46.21元（此时甘蔗收购价为每公斤2.69元），其次为甘薯酒精51.94元，使用农企业甘蔗生产酒精之成本约每公升55.84元，甜高粱酒精成本最高约为57.17元。以此成本观之，台湾自产酒精并无价格竞争力。

表3　无能源作物环境补贴下之台湾地区自产酒精生产成本分析

成本项目 \ 料源	干玉米	湿甘薯	甘蔗		甜高粱
			农企业	小农	
料源收购价（元/kg）	17.07	4.79	3.33	2.69	2.69
料源成本（元/kL）	46.13	38.94	47.58	38.41	48.84
加工制造成本（元/kL）	9.35	10.52	5.60	5.60	5.60
副产品价值（元/kL）	−12.49	—	残渣发电收益已于操作成本中扣除		
酒精工厂利润（5%）（元/kL）	2.15	2.47	2.66	2.20	2.72
总生产成本（元/kL）	45.14	51.94	55.84	46.21	57.17

注：1. 料源收购价以农民出售作物净收益不超过种稻净收益每期作50 000元/公顷进行推估；
2. 玉米酒精转化率以0.37公升/公斤计算，湿甘薯0.123、甘蔗0.07、甜高粱则为0.055公升/公斤；
3. 能源作物成本以2008年成本结构分析；
4. 除甘薯外，其他料源成本皆已将副产品价值纳入考虑。

资料来源：本研究估算。

一方面，假设政府对于能源作物比照目前休耕种植绿肥给予每公顷45 000元环境补贴，在不影响水稻供需生产考虑下，设定农民总净收益（包含出售作物净收益及能源作物补贴）不超过种稻净收益每期作每公顷50 000元进行推估。结果显示（如表4所示），显示台湾自产酒精生产成本将大幅下降，利用小农甘蔗进行酒精生产之成本最低为每公升28.81元（此时甘蔗收购价为每公斤1.53元），其次为玉米酒精30.26元，使用农企业甘蔗生产酒精成本每公升约32.75元，甜高粱酒精约37.64，甘薯酒精则因尚未考虑副产品价值生产成本最高约为42.33元。

另一方面，为推估台湾进口酒精市场价格，本研究团队运用近3年巴西无水酒精报价与西德州原油周价格，透过回归分析建立油价与酒精价格联动模型，再加上海运、保险、关税（以20%计算）、贸易推广服务费（0.0415%）、营业税（5%）及汇率（美元兑新台币以33元计算）及进口商利润（假设为5%）等，据以推估进口酒精成本。回归模型为：

巴西酒精报价＝156.0927×美元兑巴西币汇率 ＋ 3.5236×国际原油价格

结果显示，当国际油价达每桶70美元时，进口酒精成本约每公升新台币24.2元；当油价达100美元时，进口酒精成本每公升将达29.1元；若油价回到2008年高价每桶147美元，进口酒精成本将高达36.8元。因此，若政府提供能源作物环境补贴每期作每公顷4.5万元，在考虑农民与酒精工厂合理利润下，当国际油价超过每桶100美元时，进口酒精成本将高于使用小农甘蔗作为料源之生产成本（28.8元/公升）。

表4　含能源作物环境补贴下之台湾地区自产酒精生产成本

成本项目＼料源	干玉米	湿甘薯	甘蔗		甜高粱
			农企业	小农	
料源收购价（元/kg）	9.92	3.67	1.79	1.53	1.66
料源成本（元/kL）	20.97	29.80	25.59	21.84	30.25
加工制造成本（元/kL）	9.35	10.52	5.60	5.60	5.60
副产品价值（元/kL）	－7.26	—	残渣发电收益已于操作成本中扣除		
酒精工厂利润（5%）（元/kL）	1.45	2.02	1.56	1.37	1.79
总生产成本（元/kL）	30.26	42.33	32.75	28.81	37.64

注：1. 料源收购价以农民总净收益（包含出售作物净收益及能源作物补贴）不超过种稻净收益每期作50 000元/公顷进行推估；

2. 能源作物成本以2008年成本结构分析；

3. 除甘薯外，其他料源成本皆已将副产品价值纳入考虑；

4. 玉米酒精转化率以0.37公升/公斤计算，湿甘薯0.123、甘蔗0.07、甜高粱则为0.055公升/公斤。

资料来源：本研究估算。

5　台湾发展生质酒精之推动策略与总体经济效益

发展生质燃料的驱动力包含降低对国外原油的依赖及降低温室气体排放，虽然受全球金融风暴导致经济发展趋缓、降低对原油需求，使得国际油价大幅回档修正；然而，随着全球暖化议题持续受到关注，虽然现阶段发展生质燃料有与民争食之争议，使得各国对于生质燃料所提供的诱因措施或有所缩减，然而各国中长期发展生质燃料之推动目标与时程并未修正。

经由本研究分析，台湾地区发展自产生质酒精在考虑副产品利用下，能源产出投入比皆大于一显示具备能源转换效益，在温室气体检量方面，使用自产酒精替代汽油亦具备减碳效益。此外，在经济性部分，虽然在考虑农民与工厂利润下，目前生产成本与国外相较仍然偏高，但若政府对于休耕地转做能源作物给予等同休耕绿肥之补助，则当油价达每桶100美元时，台湾地区自产酒精将较进口酒精具备价格竞争力，且农民亦将可保留10%利润，将成为活化农村经济重要发展契机。

观察油价、粮价及酒精过去3年价格走势变化（如图7所示）可以发现，西德州原油、玉米报价及巴西无水酒精之价格变异系数分别为0.34、0.20与0.16，以酒精价格变异系数最低，表示酒精价格投资风险相对油价与粮价为低；并且当生质能发展以内需市场为考虑下，将提供长期稳定之供需市场，相对于种植粮食作物，农民投入生质酒精之契作经营，可使农民大幅降低价格波动风险。

因此，建议台湾地区生质酒精政策规划应以活化农村经济为首要考虑，同时兼顾能源、经济、环境永续发展。随着高油价时代来临，保留粮食供应所需耕地后，休耕地建议用于糖质酒精作物生产。若能将部分休耕地投入能源作物契作种植，不但能分散经营风险，在国际酒精价格走势相对于粮食作物平稳下，对农民而言其收益相较于种植粮食作物收益之稳定性会较高。因此，若农业部门能于休耕地规划一区块进行能源作物契作推广，则不但可创造农村就业、使农民保有固定收益降低产销失衡风险，亦可使政府休耕给付产生更大综效。

整体推动目标建议以 2020 年强制添加 E10 为发展愿景，提出永续发展及具备经济规模之生质酒精推动方案及政策辅助机制，方可使投入业者降低经营风险，增加投资意愿。并应积极投入纤维料源开发与纤维酒精生产技术研究；在前瞻技术成熟前，应优先建置成熟商业化量产工厂，以建立产销供应体系，供未来可顺利过渡至前瞻技术。

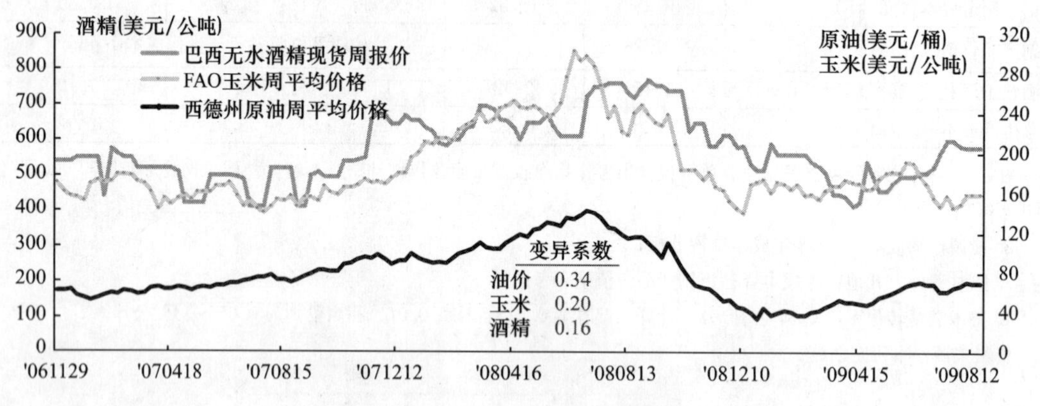

图 7　粮价、油价与酒精价格波动图

注：变异系数系指风险（标准差）相对于报酬（平均数）的百分比，变异系数愈小，表示投资风险愈小。

资料来源：ICIS pricing（2006.12.13～2009.08.19）；经济部能源局“油价信息管理与分析系统”（2006.12.16～2009.08.21）；International Commodity Prices，FOA（2006.12.01～2009.08.21）。

当生质能源产业长期发展政策确立之后，相关配套措施即可参考欧、美国家之做法。首先应鼓励优先使用国产料源，辅导自产酒精逐步建立产销体系及竞争力，在未能充分运用 22 万公顷休耕地生产国产酒精（约有 100 万公升供应量）前，不宜开放进口；同时，应调整现行休耕补助办法，鼓励休耕地与一般农地结合，组成规模经济农场种植能源作物。考虑台湾地区自产酒精同时具备能源转换效益及温室气体减量效益，建议休耕地转作能源作物应提供环境补贴，以每期每公顷 4.5 万元为限。

此外，建议提供酒精工厂投资抵减与租税奖励，由自产能源作物提炼之酒精免征货物税与空污费，若开征能源税酒精汽油应随着酒精含量依比例减免。未来若开放进口酒精，关税应依照目前工业酒精关税课征 20%以上，并且比照进口石油课征石油管理基金。另外，为使长期可全面顺利推动高比例酒精于汽油中，政府应制订不适用酒精汽油车辆之落日条款，在考虑车辆开发时程下，宣布新上市车辆可适用 E10 酒精汽油之时程。同时，透过政策补助与奖励，加速老旧车辆更换，在考虑不适用酒精汽油未全面更换前，应同时供应一般汽油与酒精汽油；长期则全面推动强制添加 E10 酒精汽油。

根据本研究团队之评估，以甘蔗酒精为例，若仅推动 E3 酒精汽油自产 30 万公升甘蔗酒精，即可创造 1.1 万人农业就业（左峻德、苏美惠，2008a）。但若政府规划于 2020 年全面强制使用 E10 酒精汽油，并采用国产料源建置国产酒精产业链，其中一半采用甘蔗作为料源，另一半采用稻秆运用纤维酒精技术生产，从能源自主发展的角度来看，将可替代原油进口 1.16%、替代汽油进口 2.4%；就环境保护的角度而言，可减少 238 万吨二氧化碳排放。在经济发展效益上，推动生质酒精产业累计将可创造 419 亿元投资（左峻德等，2006；左峻德、苏美惠，2008b），新增直接就业人数 2.4 万，其中新增农业就业人数为

2.3万（左峻德等，2009），占台湾2007年农业就业人数4.23%。

根据美国EIA（2009）在2009年度能源展望报告中预估，2020年国际油价在低油价情景约为每桶50美元，高油价情景则可达200美元，至于一般情景约为115美元。当2020年国际油价达EIA预估之每桶115美元时，台湾地区酒精交易价格若参照国际行情则将达每公升31.7元，此时台湾推动自产生质酒精将可创造农业产值新台币149亿元、酒精工业产值316亿元、碳交易产值24亿元。

6 结论

生质燃料受国际争议之焦点除了与人争粮外，尚包含开垦雨林破坏生态，然而这两项议题在台湾地区都不存在。台湾地区在加入WTO之后，休耕面积已成长至22万公顷，政府每年投入超过100亿元补贴休耕，造成农村愈加萧条，因此活化休耕地利用成为农业部门重要课题。然而，台湾地区自2008年起积极推动利用休耕地种植饲料玉米，其实亦存在高度市场风险；从国际油价、粮价与酒精走势分析，可以发现酒精价格波动之风险相对于玉米为低。若国际谷物价格持续下跌，台湾地区所大量推广之饲料玉米收购价无法与进口玉米竞争时，势必将使农民面临高度风险。但若能将部分休耕地投入能源作物契作种植，不但能分散经营风险，在国际酒精价格走势相对于粮食作物平稳下，对农民而言其收益相较于种植粮食作物收益之稳定性会较高。

由于台湾地区运用能源作物生产生质柴油成本居高不下，根据左峻德等（2007）研究，即使是最便宜之大豆生质柴油自产价格仍高达49元/公升以上，并不具备经济效益，故生质柴油应以同时可以解决环保问题之废食用油作为料源，休耕地应充分利用于生产生质酒精。因此，建议政府顺应世界潮流，拟订长期生质能源产业发展政策与目标，如此，农业部门方能据以规划大规模农场，也才有降低生产成本可能性；考虑台湾现有农地扣除因粮食安全所保留用途之外，应有多余农地释放，并与现有22万公顷休耕地搭配，采用农企业耕作方式，将农地所有权与使用权分开处理，组成大规模农场采用机械化操作方式，这才有机会降低作物之生产成本。

根据本研究分析，台湾地区自产生质酒精在考虑副产品利用下，皆已具备能源转换效率及温室气体减量效益，尤其以甘蔗酒精最具备推动价值。至于生产成本方面，在不考虑利润与补贴下，生产投入部分小农种蔗每公升约25.6元，虽然目前生产成本与国外相较仍然偏高，但若政府对于休耕地转做能源作物给予等同休耕绿肥之补助，则当油价达每桶100美元时，台湾地区自产酒精生产成本（每公升约28.8元）将较进口酒精（每公升29.1元）具备价格竞争力，且农民亦将可保留10%利润，将成为活化农村经济重要发展契机。

另外，生质酒精的技术发展与日增进，从传统淀粉与糖质作物转化成生质能源之技术，逐渐提升至以纤维素转化成生质能源之技术，将可使能源作物因而将摆脱与人类争食之争议，让农业部门转化成粮食与能源并重之产业，这种发展趋势已渐成国际共识，值得台湾当局政府参考。总而言之，无论是已开发国家或是开发中国家，皆积极推动生质酒精，初期市场以内需为主，纵使生产成本缺乏国际竞争力，但各国政府仍强力补贴，希望在短期内快速达到规模经济，以降低成本负担。台湾是一个能源短缺之地区，也面临国际环保压力，同时农业部门呈现长期衰退之局面。生质能源产业的出现，将提供农业、能源与环境等多重政策目标大幅改善之机会，实值得台湾地区全力投入。

参考文献

[1] 左峻德,苏美惠,朱浩．我国发展酒精汽油之推动策略探讨,中华民国能源经济学会1995 年年会学术研讨会,(2006).

[2] 左峻德,苏美惠,杨纯欣．发展能源作物内部经济效益分析计划期末报告．农委会农粮署委托科技计划．台湾经济研究院,(2007).

[3] 左峻德,苏美惠．我国农业生质能之经济性与产业政策研析．第九届全国实证经济学论文研讨会．(2008a).

[4] 左峻德,苏美惠．农业发展之新思维——粮食安全与生质能源供应．海峡两岸农村科技发展研讨会．(2008b).

[5] 左峻德,苏美惠,方俊德．国产酒精料源生产力与能源及经济性指标研析计划期末报告．农委会农粮署委托科技计划,台湾经济研究院,(2008).

[6] 左峻德,苏美惠,方俊德．国产酒精料源生产力与能源及经济性指标研析计划(2)期末报告．农委会农粮署委托科技计划．台湾经济研究院,(2009).

[7] 经济部能源局．油价信息管理与分析系统．http://www.moeaboe.gov.tw/oil102.

[8] Bernard, F. and A. Prieur (2007), "Biofuel Market and Carbon Modeling to Analyse French Biofuel Policy", Journée Jeunes Chercheurs, INRA, Toulouse.

[9] Carriquiry, M. (2007), "U. S. Biodiesel Production: Recent Developments and Prospects", Iowa Ag Review, Center for Agricultural and Rural Development, Vol. 13, No. 2, pp. 8—9 &11.

[10] Dai, Du; Hu, Zhiyuan; Pu, Gengqiang; Li, He and Wang, Chengtao. (2006), "Energy efficiency and potentials of cassava fuel ethanol in Guangxi region of China", Energy Conversion and Management, v 47, n 13—14.

[11] DOE/EIA—0383 (2009), " Annual Energy Outlook 2009".

[12] F. O. Lichts (2009a), "New Legislation Heralds Next Era For EU Biofuels", World Ethanol and Biofuel Report, Vol. 7, No. 10.

[13] F. O. Lichts (2009b), "World Biofuels Market In More Turbulent Times", World Ethanol and Biofuel Report, Vol. 7, No. 20.

[14] Hill, J., Nelson, E., Tilman, D., Polasky, S., & Tiffany, D. (2006), "Environmental, Economic, and Energetic Costs and Benefits of Biodiesel and Ethanol Biofuels".

[15] Hu, X., & Hu, S. (2008), "Analysis of Life-cycle Carbon Emission of Bioethanol Process", China Lifecycle Management Conference.

[16] Macedo, I. C., Leal, M. R. L. V and Silva, J. E. A. R. (2004), "Assessment of Greenhouse Gas Emissions in the Production and Use of Fuel Ethanol in Brazil", Government of the State of Sao Paulo.

[17] Promar International (2005), "Evaluation and Analysis of Vegetable Oil Markets: The Implications of Increased Demand for Industrial Uses on Markets &USB Strategy. ", Report prepared for the United Soybean Board. Cheshire, UK.

[18] Schafer, L. (2007), "Today's U. S. Biofuels Industry-Biofuels in the Future Balan-

cing Food and Fuel", 24th International Sweetener Symposium, Nappa Valley, California.

[19] Shapouri, H., Duffield, J., & Wang, M. (2004), "The 2001 Net Energy Balance of Corn-ethanol", 2004.

[20] Yacobucci, B. D. (2007a), "Biofuels Incentives: A Summary of Federal Programs", CRS Report RL33572, CRS Report for Congress.

[21] Yacobucci, B. D. (2007b), "Fuel Ethanol: Background and Public Policy Issues", CRS Report RL33290, CRS Report for Congress.

[22] Zhao, L. (2008), "Life Cycle Assessment on Biofuel Derived from Sweet Sorghum", International Conference on Sorghum for Biofuel.

[23] ICIS pricing, http://www.icispricing.com.

[24] International Commodity Prices, FOA, http://www.fao.org.

[25] http://www.epa.gov/oms/renewablefuels.

[26] http://www.ethanol.org/index.php? id=78&parentid=26.

[27] http://www.greencarcongress.com/2008/05/biofuels-provis.html.

[28] USDA, "National Weekly Ethanol Summary", http://www.ams.usda.gov.

台湾发展自愿型绿色电力制度之可行性探讨

陈起凤　柳中明　柏云昌

中国文化大学土地资源学系

台湾大学全球变迁研究中心

中国文化大学经济学系

摘　要： 绿色电力为再生能源发电之电力。欧美国家将绿色电力与一般系统电力分开销售，消费者可自由选择电力来源。由于绿色电力的发电成本较高，且具有环境保护价值，因此以较高的电价在市场上销售。有鉴于气候变迁议题受到全世界重视，零碳排放的再生能源成为新时代产业发展重点，各国的能源政策里，常以提高再生能源发电比例为目标，而自愿型绿色电力制度即为达成此目标的方法之一。台湾地区电力属于国营事业，目前并无额外销售绿色电力。本文分析美国、荷兰、澳洲等国绿色电力发展经验，以及台湾地区电力再生能源发展现况，探讨台湾地区实施自愿型绿色电力制度的可行性，包括绿色电价设计原则。最后评析绿色电力制度对于台湾地区能源政策的影响以及环境效益贡献。

关键词： 绿色电力，自愿性销售，再生能源，制度比较

1　前言

绿色电力为再生能源发电所产生的电力。在全球暖化日趋严重的新世纪里，再生能源可减少使用化石燃料，降低温室气体排放，因此成为各国能源政策发展重点项目，而提高再生能源电力（绿色电力）所占的发电比例为新能源政策推动的具体目标。由于绿色电力发电成本高，且具有其温室气体减量的特性，在自由化电力市场里，绿色电力被作为一种不同于常规电力的商品，以较高的价格（高于5%～75%），由用户自愿购买（尹春涛，2004；台湾电力公司，2007；王京明，2005）。目前全世界实行绿色电力销售制度的国家计有美国、加拿大、欧盟多数国家、澳洲、日本等。中国上海市于2005年亦开始试办上海市绿色电力认购与营销（张瑞、高阳，2007），北京市则承诺在2008年奥运会之后，开放部分绿色电力提供认购，但目前尚未有具体做法。虽然绿色电力的销售与电力市场是否自由化相关，但从中国上海市的经验可知，电力市场是否自由化并不阻碍绿色电力制度的发展。

绿色电力的发展，除了以民众自愿购买为机制外，另一种则是政府强制配额机制。前者以用户自愿从供电商购买经由认证的再生能源发电电力，但后者则是政府强制性规定电力公司必须在电力结构中包含一定的可再生能源电力。前者的绿色电力发电成本由购买的用户负担，而后者的高出成本则由全电网用户负担。本研究探讨前者绿色电力市场机制，也是多数国家实行的方式。自愿性绿色电力市场也较符合经济效益的发展，在市场的自然竞争下，政府为了发展再生能源，通常做法为补贴再生能源发电产业，但政府补贴很可能造成投资过度或不足，缺乏经济效益，所以利用具有市场竞争力的交易制度来推广绿色电力较符合竞争市场趋势。

我国台湾电力属于公营事业，目前尚未有自愿购买的绿色电力制度。在能源政策的推动上，以再生能源发展条例（草案）为主要法源依归，但其中并无绿色电力销售的相关支持条文。然而在今年（2009）的全国能源会议上，绿色电力发展为该会议结论共识，预期未来通过可行性分析后，可能实际进行推动。因此本文综合国际绿色电力发展经验，理清绿色电力制度发展的必要元素，分析在现有制度与法规下，台湾地区发展自愿型绿色电力制度的困难，提出相关建议供未来政策参考。

2 国际绿色电力发展

2.1 美国

美国在1978年通过公用事业管制政策法（Public Utilities Regulatory Policy Act），规定电业购买再生能源之义务，开始发展再生能源计划。在2005年能源政策法（Energy Policy Act）修正中，提供更多的财政援助以及更新再生能源设备等，并宣示2013年再生能源需达总能源7.5%目标（2004年的再生能源占6%）。美国能源政策法实施于1992年，在1992年法令中以规定对于再生能源如太阳光电、地热、风力发电以及生质能发电各有不同的减免税金规定，对于1993年10月1日后商转的再生能源系统也给予10年减税优惠，每度再生能源发电可减税1.5美分。2005年的修正版，包括再次奖励再生能源设备计划，并提供能源税负减免。而能源政策中推动绿色电力发展的主要法令则是再生能源配比标准（Renewable Portfolio Standard，RPS）的规定。RPS为美国州层级最普遍的再生能源政策。RPS以法律强制规定再生能源发电比例，要求电力供货商必须包括特定比例的再生能源来源。因为受到这样的要求，电力公司必须付出更高的成本达到再生能源发电比例规定，为了把高成本做分摊，同时维持市场竞争力（价格必须压低），因此电力公司将绿色电力包装成商品，向消费者推销，促进消费者自愿购买的意愿，共同承担电力公司本身所需负担的较高成本。

1990年初期，美国少数电力事业者开始向消费者提供绿色电力选择，而目前美国境内超过600个电力供应事业都有提供绿色电力（李凯等，2006）。美国政府采用提供研发经费、示范补贴、减免税款、贷款等方式激励发电企业利用风能、太阳能、地热等设备生产绿色电力，使得绿色电力产业发展迅速。全美国50个州中有44个州的居民可在当地直接选择是否购买绿色电力。即使消费者在当地的电力市场不能直接购买，也可以透过绿色凭证RECs（Renewable Energy Certificates）方式，作绿色电力的交易，不需要更换电力供货商（Bird，et al.，2002，2006）。

为加强民间购买绿色电力，美国环保署建立绿色伙伴制度（Green Power Partnership）（USEPA，2007），并要求地方政府必须加入，其他企业个人若达到该制度的要求，就可成为伙伴。政府每季公布最新排名，表示该组织、企业或小区等在减轻环境冲击的关心与实际行动，增加企业环保责任形象。

2.2 荷兰

荷兰鼓励再生能源发展的政策，主要依据1997年的荷兰经济部出版的再生能源白皮书1997 White Paper Renewable Energy-Advancing Power，白皮书内设定政策目标为2020

年前再生能源来源比例应达到10%。荷兰的绿色电力销售于1995年开始，1999年有积极化的发展，由于世界自然基金会（WWF）帮助荷兰政府进行市场分析以及推广“不要让北极融化，请使用绿色电力”的活动，使得绿色电力使用者从1999年9月的10万户，在2000年1月剧增至14万户，至2004年荷兰的绿色电力消费者已达300万户（Bird，et al.，2002，2006）。

荷兰是推行自愿购买绿色电力最成功的国家（Rio，P. and Gual，M.，2004）。在荷兰绿色电力费用仅略高于一般电力，电力来源的选择自由化，民众可选择价格相当的水力电力来源或者较昂贵的太阳能电力，或者有多种组合性绿色电力产品，因此消费者更愿意转换电力为绿色电力。且荷兰四个联邦政府部门，包括环境部、经济部、教育部以及外交部都要求购买绿色电力，作为推动绿电购买的榜样。荷兰的绿色电力政策可分为四个阶段（van Rooijen and van Wees，2006），从1973年开始出现相关研究以及计划，但政策真正开始从1990年初期，1990年后的三阶段政策包括：推动政府与电力供货商之间的自愿性协议、促进绿色电力需求、提升绿色电力生产。荷兰绿色电力销售已经超过国内可供应的绿色电力，必须从国外进口绿色电力。

2.3 澳洲

澳洲联邦法令再生能源目标（The Federal Mandatory Renewable Energy Target，MRET）是再生能源法（Renewable Energy Act）的子法，于2001年4月公告。该法令的最主要目标为在2010年前，新增再生能源9 500GWh，并由所有的电力供应者以及所有的电力购买者，共同负担此目标。所以在这法令下，澳洲所有的电力供货商都被分配特定的再生能源额配量［Renewable Energy Certificates’（1 REC = 1 MWh）］。澳洲的2020年目标是将再生能源发电比例提高到至少20%。

澳洲的绿色电力计划由GreenPower负责管理与稽核，所有的电力公司要买卖绿色电力，都须经过政府两年一次的查核，以确保消费者确实买到绿色电力产品。根据2008年统计，澳洲GreenPower共约有78万消费者，主要的绿色电力供应公司为EnergyAustralia，Jackgreen，Origin Energy与TRUenergy。

GreenPower最早是由澳洲新南韦尔士地方政府（NSW）在1997年成立，成立的目的在于发展澳洲的再生能源，促进新的绿色电力发电容量设置，并增加消费者对绿色电力的需求以及负责绿色电力产品的质量认证。因为这个计划的成功，所以GreenPower变成全国性的合作计划，各地方政府加入，并更名为全国性绿色电力发展计划（National GreenPower Accreditation Program）。2000年成立正式的管理单位，目前由新南韦尔士政府的水与能源部（The NSW Department of Water and Energy，DWE）担任主管机关。

3 中国台湾地区与上海市绿色电力发展

3.1 上海市绿色电力制度

上海市发展绿色电力是实现申请世博会的承诺“城市，让生活更美好”的重要项目之一。2003年9月，上海“绿色电力”机制示范工作正式启动。通过广泛调查研究后，2005年完成上海绿色电力市场机制的初步框架设计，绿色电力的购买才正式进入启动。于是上海成为中国以及发展中国家中首个实施“绿色电力”机制的城市。在建设过程中，上海绿色电力机制项目在技术和资金上得到了世界银行亚洲再生能源项目部（ASTAE）的帮助，以及能源部门管理援助计划（ESMAP）、世界自然基金会（WWF）、能源基金会（EF）和上海市经济委员会也给予实际支持。

2005年6月，上海市经济委员会、上海市发展和改革委员会制定并公布《上海市绿色电力认购营销试行办法》。上海绿色电力费用通过原来的电费支付管道进入独立的账户，并将这部分资金完全转移给发电厂。而对绿色电力用户的激励主要在于增加他们的荣誉感和提升公众形象，主要手段有：一是购买绿色电力的用户可获得市政府有关部门颁发的荣誉证书和奖牌；二是认购量较大的用户可按规定使用绿色电力标志，提升企业或产品的形象；三是绿色电力用户将有机会通过媒体进行公益宣传，由上海市节能监察中心定期向社会公布绿色电力用户名单。

目前上海市电力公司、崇明电力公司是上海市绿色电力的营销单位。上海市节能监察中心负责绿色电力认购、营销的日常监管工作。上海市发展和改革委、上海市经委根据各自的职责，负责绿色电力认购、营销的监督管理。上海市质量技监部门负责绿色电力贸易结算的计量工具监管，并依法对计量违法行为进行查处。普华永道公司对绿色电力费用进入独立账户并完全转移给发电厂进行审计。这些单位定期或不定期、联合或独立向外界公布各自掌握的信息。

但是，由于缺乏良好的宣传以及高估企业对绿色电力的需求，试办计划的购买率不到预计电量的一半。分析原因，可能有：绿色电力规模小但成本与价格皆高、绿色发电运行不够稳定、现有电价形成机制不利于绿色电力成本的合理分摊、绿色电力的绿色属性不易为消费者所理解等（张瑞、高阳，2006）。

3.2 台湾地区再生能源发展情势

台湾地区电力发电来源，主要为火力发电，约占71.3%，核能发电次之为19.3%，水力发电占1.7 %，再生能源发电占2.4 %。台湾行政主管部门2008年6月，通过永续能源政策纲领，为台湾的新能源政策方向的目标之一，即积极发展无碳再生能源，有效运用再生能源开发潜力，于2025年占发电系统的8%以上。此一政策纲领的落实与执行，则有赖于四项法案的立法与修订：温室气体减量法（建构温室气体减量能力并进行实质减量）；再生能源发展条例（发展洁净能源）；能源税条例（反映能源外部成本）；能源管理法（有效推动节能措施）。其中，再生能源发展条例为再生能源发电规定的主要法规。该条例于今年（2009）“立法院”三读通过，规定每两年订定再生能源推广目标及各类别所占比率。而再生能源发电设备奖励总量为总装置容量650万～1 000万千瓦（6～10GW）。电业及设置自用发电设备达一定装置容量以上者，应每年按其不含再生能源发电部分的总发电量，缴交一定金额充作基金，且得附加于其售电价格上。该条例通过后，电业被要求在非再生能源电量上缴交一定金额，该金额依法得反映在售电价上，未来电价势必上涨。这种做法将使全民强制分摊发展再生能源的费用。与自愿型绿色电力制度的做法大不相同。

3.3 台湾地区绿色电力发展可行性评估

台湾地区未来发展绿色电力，首要工作必须理清与再生能源发展条例的关系，例如在该条例外，国营电力事业是否有销售绿色电力的空间，以及绿色电力制度是否能帮助国家再生能源发展？

(1) 强制型与自愿型绿色电力制度

图1显示两种制度的基本差异，在再生能源发展条例中，电业必须按不含再生能源发电（也就是灰色电力）部分的发电量缴交基金，以强制收取基金的方式，促使电业者促进再生能源发展，而自愿选择型绿色电力市场则是以绿色电力部分为产品来源，除性质差异外，两项制度的基本目标对象并不相同。另外，除价格考虑外，绿色电力的价格还代表并反映再生能源发电的减碳效益、污染量减少的环境效益，以及民众自愿绿色捐献的意愿等，虽然这些效益目前并无良好的方法进行量化，但属于绿色电力产品的价值之一。

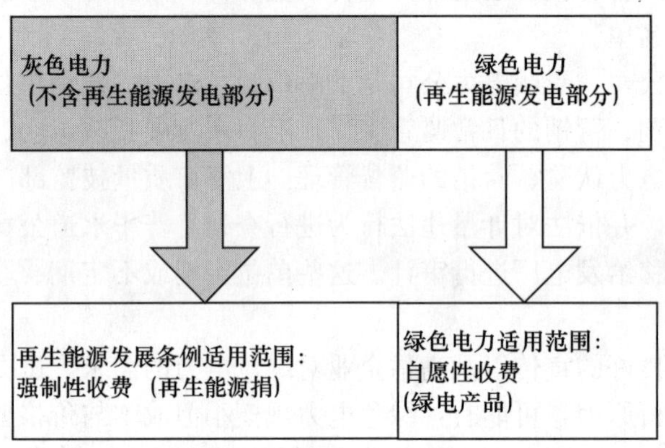

图1　法规制度与自愿型绿色电力制度适用范围

(2) 再生能源电力成本分摊关系

绿色电力发展的关键因素在于该如何负担较高的再生能源发电成本，成本分摊方式影响电价制度的实行（陈荣等，2008）。再生能源发展条例属于固定电价制度或强制购电制，它具有强制上网、优先购买、固定上网电价、电价分摊四个特点（罗鑫等，2006）。虽然固定电价给开发商以确定的价格激励，能快速增加投资，刺激各种可再生能源技术的发展。但其缺点则是对市场机制的摒弃，难以保证开发成本最低，不利于降低电价和优选电源专案。绿色电价则由市场机制决定再生能源电力的价格。在开放的自由电力市场中，电力公司可发展绿色电价项目，依不同绿色电力产品，制定不同价格提供用电户选择。绿色电价制度的优点在于它具有环境效益，容易被理解，用户购买绿色电力亦有助于提高其公众形象。但绿色价格的局限性在于配网的地区，且自愿购买不具有法律约束，是否能够成功推动与公民的素质、社会文化等相关性很大。

然而，两种电力成本分摊方式事实上可同时存在。当自愿型绿色电价制度加入成为成本分摊的方式之一，在总成本不变的假设下，强制型的再生能源发展条例所加收的再生能源捐，可能因为自愿型电价制度的加入而减少，产生杠杆效应。若自愿型电价制度的销售良好，再生能源发电成本借由自愿型电价制度被吸收，就可减轻一般用电户被强制征收的再生能源捐负担。但必须有一前提假设存在：假设绿色电力与一般电力有所区隔，而且从绿色电力制度所征收的绿色电价，其用途需能补偿再生能源基金。换句话说，在再生能源发展条例规定的应负担再生能源基金总金额下，而这金额可从一般电价加计征收（强制性)，也可从绿色电力制度所征收的费用中提拨（自愿型）。如图2所示。

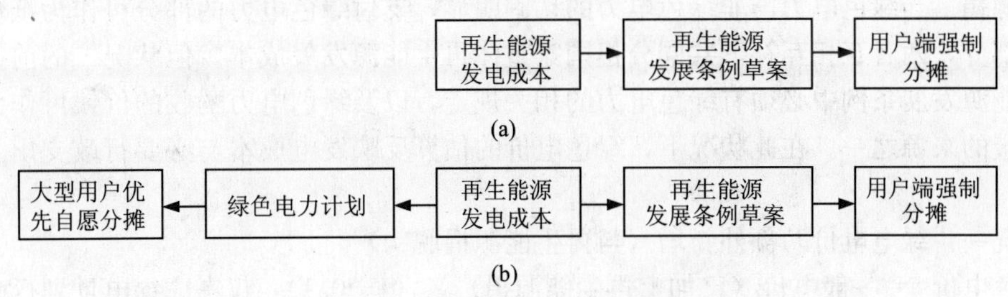

图2　再生能源发电成本分摊关系图

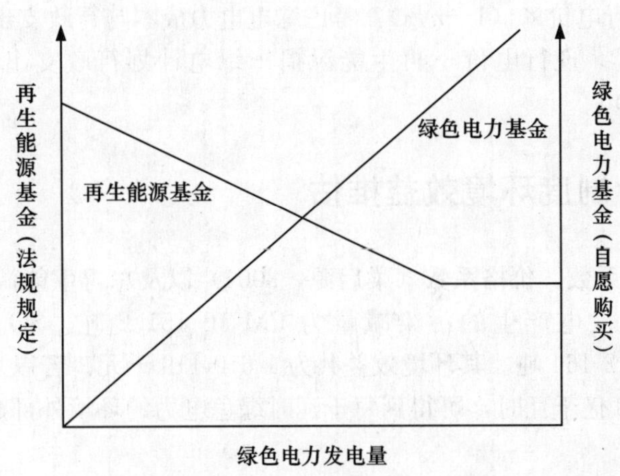

图3　绿色电力发电量与再生能源基金、绿色电力销售关系图

假设绿色电力制度销售所得到的金额为绿色基金，条例规定应缴的金额为再生能源基金。当绿色电力发电量越来越高时，依法规定应缴交非再生能源电力的再生能源基金将可逐渐减少，至达到条例目标为止。而绿色电力基金则因为绿色电力发电量提升，而增加可销售量，若能全数售出，则绿色电力基金将呈线性增长。长期下来，总基金量将增加，如图3所示。

(3) 绿色电价制定

绿色电价的计算，主要在于反映较高的发电成本，以及计划本身所需要的行政成本，包括行政、营销、认证、监督等。而再生能源发展条例的设计，有所谓“再生能源捐”的差价，将附加于一般电价上。若单纯以电力成本计算绿色电价，而其中可再分为两种状况，状况一：以电力成本计算电价；状况二：除电力成本外，再加上绿电计划行政成本。其中行政成本指执行绿色计划的必要支出，包括人力、宣传、执行、认证等。除了执行绿电计划所需的必要支出外，其他额外的利润、未来再投资等都不加入考虑。

考虑绿色电价制度与再生能源发展条例同时存在的情况，有两种可能状况发生，状况一：绿色电价与再生能源脱钩，属于额外新增。由于条例中的再生能源捐已经负担再生能源发电成本，即再生能源发电成本已经借由条例的实施，而由全民（所有用电户）共同分摊。此时的自愿型绿色电价制度不得把发电成本加入电价计算，绿色电价仅能反映绿电计划的必要支出，假设为总成本的10%。因此绿色电价为一般电价加上10%差价。状况二则是考虑再生能源发展条例中，绿色电力的部分可另外计算，即购买绿色电力部分可免缴再生能源捐。当绿色电力与非绿色电力的切割明显，支付绿色电力的部分可作为抵免再生能源捐部分，两者互相互补，共同分担国家整体再生能源发展成本。但状况二的前提条件在再生能源发展条例中必须有绿色电力的相关规定，以及绿色电力酌收的价钱可作为再生能源基金的来源之一。在此状况下，绿色电价的估算反映发电成本与必要行政支出。如下公式：

状况一：绿电电价乃额外新增（与再生能源捐脱钩）

绿色电价 = 一般电价（已加上再生能源捐）×（1+0.1）：仅考虑绿电计划行政支出（10%）

状况二：付绿电电价可免付再生能源捐

绿色电价 = 现行电价×（1+n%）：考虑绿电电力成本与行政支出

此时的绿色电价≥ 现行电价＋再生能源捐＋绿电计划行政支出（10%）[其中 n=11.3～43.3（参考值）]

4 绿色电价制度环境效益推估

利用污染物排放系数、价格系数（梁启源，2004）以及总再生能源发电量，可推得因为2007年再生能源发电产生的污染减量为 PM 10 151.2 吨、SO_x 2 404.8 吨、NO_x 2 175.6吨、CO_2 3 112 164 吨，其环境效益共为 1 610 119 千元。若以总效益 1 610 119 千元除以总发电量 48.8 亿千瓦时，可得到每千瓦时绿色电力的环境外部成本为 0.33 元。

5 结论与建议

自愿型绿色电价制度立意良好，可考虑作为促进我国再生能源发展的方式之一。绿色电价制度与再生能源发展制度同时存在时，两者可产生杠杆效应。若自愿型绿色电价制度销售情况佳，可减少再生能源发展条例中应加收的再生能源捐，将绿色电力制度所收的部分作为再生能源基金的来源之一，同样达到政府的政策目标。但杠杆效应是否能够发挥，前提在于绿色电力可与一般电力区隔贩卖，以及绿色电力制度所得金额可作为再生能源发展基金来源，才得以成形。

绿色电价制度以自愿购买为基础，目前仅能以环保责任等道德规范作为民众购买意愿，其经济诱因可能不足。未来应考虑加入经济诱因，提高购买意愿。由于绿色电力在其特性上属于减少温室气体排放的方式，将来绿色电价制度将面临碳权归属问题。建议在电价设计中，不应把碳权转移到消费者，避免增加制度的复杂度。

参考文献

[1] 台湾电力公司．台湾电力公司推动绿色电价制度之研究，2007.

[2] 王京明．中国大陆电业改革下推行绿色电力交易计划[J]，经济前瞻，2005：119－121.

[3] 李凯，王秋菲，许波．美国、欧盟、中国绿色电力产业政策比较分析[J]．中国软科学，2006，2：54－60.

[4] 尹春涛．绿色电力营销——可再生能源发展的市场动力[J]．中国能源，2004，26

(1):8—15.
[5] 张瑞,高阳．上海市绿色电力发展现状及对策思考[J]. 电力需求侧管理,2006,8(4):47—50.
[6] 张瑞,高阳．上海市绿色电力营销策略研究[J]. 电力需求侧管理,2007,9(4):47—49.
[7] 陈荣,张希良,何建坤,岳立．可再生能源购电法成本分摊机制的国际经验比较[J]. 环境保护,2008,388:66—68.
[8] 梁启源．台湾地区发电之污染排放及造成之社会外部成本研究．台湾电力公司,2004.
[9] Bird, L., Wustenhagen R., and Aabakken, J., 2002. *Green Power Marketing Abroad: Recent Experience and Trends*. National Renewable Energy Laboratory.
[10] Bird L. and Swezey B. *Green Power Marketing in the United States: A Status Report* (Ninth Edition), National renewable energy laboratory, Technical Report NREL/TP-640-40904,2006.
[11] Rio, P. and Gual, M. "The promotion of green electricity in Europe: present and future", European Environment, 2004,14: 219—234.
[12] USEPA *EPA's Green Power Partnership Requirements*. Washington, DC 20460,2007.
[13] 台湾电力公司,http://www. taipower. com. tw.
[14] 上海绿色电力网站,http://www. sh-greenpower. org.
[15] The Green Power Network, http://www. eere. energy. gov/greenpower.
[16] USEPA green power partnership, http://www. epa. gov/greenpower.
[17] Green Power Market Development Group, http://www. thegreenpowergroup. org.
[18] Green Electricity Marketplace, http://www. greenelectricity. org/index. html.
[19] Green Electricity Watch 2007. http://www. greenelectricitywatch. org. au//index. php.

氢能与燃料电池产业经济分析

——以燃料电池电动机车为例

左峻德　朱　浩　张行直

财团法人台湾经济研究院

摘　要：国际间发展燃料电池车辆，现阶段多以汽车示范运行为主，仅欧盟与日本有小型功能车与机车实车验证计划持续推动。唯不论何种车辆示范运行，皆为当地政府与民间企业共同推动，借以取得性能与安规之验证信息，作为研订该项产品技术标准之参考依据，从而提供业界标准平台以开发产品。由于受到经济规模的限制，台湾地区在汽车方面并不具发展潜力，但在传统机车产业链方面却相当健全，亦为东亚地区主要生产机车及其零件之重要经济体。此一产业环境相当适合发展燃料电池电动机车。因此本研究将搜集分析国外燃料电池车辆实证情况，以作为台湾地区推动燃料电池电动机车之参考；同时利用台湾经济研究院所发展的经济、环境与能源（3E）政策评估模型，分析其未来发展燃料电池电动机车时，对台湾地区实质 GDP、贸易条件、进出口等整体经济、相关产业产出及二氧化碳减量之效益，以及对发展燃料电池机车产业进行全面的效益评估。

关键词：燃料电池机车，产业效益分析，产业关联

1　前言

尽管现在燃料电池的市场需求刚萌芽，预计在未来的 10 年间，随着技术进步与规模经济效益，燃料电池的生产成本与使用成本将下降，竞争力提高，燃料电池潜在的市场将会逐步发展。目前便携式燃料电池的应用多元，将是从现在到 2011 年甚至更长时间增长最快的市场。同时应用于消费电子产品的燃料电池系统在最近几年亦将快速商品化。无可避免的，如果燃料电池快速进入市场，则会对传统的能源体系与使用方式产生巨大的改变，现有能源体系以化石燃料为主体，在受到燃料电池的冲击后，将会逐渐转变为氢能时代，也将逐渐脱离对于石油与煤炭等化石燃料的依赖。

台湾地区燃料电池产业链完整，近期更掌握关键材料自制能力，燃料电池产品市场极具爆发力。检视发展条件，燃料电池机车具有技术领先与产品独特的优势，是台湾地区发展氢能燃料电池应用产品的利基产业。同时台湾地区拥有 3C 电子产品强大的设计研发能力与完整成熟产业链，亦非常适合发展 3C 应用微小型燃料电池。微小型燃料电池虽可与其他类型电池搭配成电动机车混合电力系统，但非本文探讨范围。

全球温室气体排放总量持续攀升，其中，交通载具排放的污染已成为城市大气污染的重要因素；使用洁净能源车辆，将大大减少有害气体排放，促进人、车自然和谐，构建绿色交通以成就绿色城市。基于汽油引擎机车仍为台湾都会区民众主要交通工具，其排放废气造成空气污染。因此如何以洁净能源替代化石燃料，发展燃料电池机车应是正确的选项，同时对于积极推动的节能减碳也有正面积极的效益。是以如能利用氢能燃料电池技术以提升电动机车的新能源与清洁环境附加价值，极有机会建立领先全球的标准与规范。

2009年经济部能源局开始推动燃料电池示范运转计，以进行燃料电池产品性能验证，建制技术标准，带动台湾地区燃料电池技术与产业发展。唯长期而言，除环境方面的贡献之外，其对于发展台湾地区经济的实质效益，将借助3E经济模型予以有效地评估，以提供主管机关研拟推动政策参考。

2 台湾地区机车产业发展分析

台湾地区人口稠密，地区性移动最适合机车与电动机车的使用。根据调查，机车具有机动性高、迅速便捷、停车容易等特性，是人们主要的代步工具，50%以上的机车每天骑乘距离平均小于10公里，因此续航力在30公里以上的轻型电动车可满足使用者需求。以电力为行驶动力来源的轻型电动车辆，没有空气污染、噪声等问题，适合应用在定点交通代步，如住家与捷运系统、住家与办公室间的接驳，购物、访友等。此外观光旅游地区也适合电动车的应用。

台湾地区机车技术与产能发展成熟，具有完整的设计、制造、系统整合之产业架构，国际营销能力强，零组件供应体系完整，如能借由电动机车之整车研究，透过示范运行计划的实施，以建立各项标准，极有机会领导国际品牌，且在市场具有举足轻重的地位。机车产业早期以亚洲市场为主，尤其是台湾地区内需市场，且以排气量150cc以下的产品为主。近年来，由于大众捷运系统建设日趋完善，台湾市场逐步饱和，骑乘机车人数与持有率遂见下滑，厂商亦将重心转移至海外市场如中国大陆、东南亚等地以寻求产业发展空间。海外市场如中国大陆及东南亚等区域因经济成长迅速，人民消费力提高，机车需求亦大幅增加，是以台湾机车厂商一光阳、三阳基于看好新兴市场潜力并追求更具竞争力之生产要素之原因，率先于当地设立生产据点。这些海外据点虽可能受到当地市场政治、文化、环境和厂商本身之营销策略等各种因素影响，市场发展情况不一，但总体而言海外生产据点对各家厂商的重要性逐渐增加。

以全球机车市场来看，2006年全球主要机车生产国家前三名依序为中国、印度、印度尼西亚，中国台湾地区产量与居第五位的巴西相当，市场占有率为全球之3.2%。对于开发中国家来说，机车向为其民众之主要代步工具，所以如中国、印度、印度尼西亚等国家均为世界机车主要生产国，尤以中国大陆之外资投入、内需市场快速扩张成长最为显著，表1为1998—2007年全球主要机车生产国产量。

反观台湾地区机车产业受到内需市场饱和、厂商外移影响，产量逐年递减。面对中国大陆机车厂及东南亚等低价竞销之强大压力，台湾地区机车厂商若要在国际市场上占有一席之地，除了开拓新兴市场外，更需朝向高附加价值产品发展，以差异化策略维持既有之市场占有率，燃料电池机车的研发投入，便是一个机会。

表1 1998—2007年全球主要机车生产国产量 单位：千辆/%

年份 地区	1998	1999	2000	2001	2002	2003	2004	2005	2006	2007
中国大陆	8 404	10 734	11 083	11 922	12 383	14 158	16 609	17 237	21 035	24 232
印度	3 294	3 599	2 943	4 324	5 109	5 625	6 527	7 601	8 385	8 097
印度尼西亚	519	572	982	1 645	2 318	2 814	3 897	5 113	4 459	4 676
日本	2 636	2 252	2 415	2 328	2 115	1 831	1 740	1 792	1 771	1 676

年份 地区	1998	1999	2000	2001	2002	2003	2004	2005	2006	2007
巴西	476	474	635	753	861	955	1 057	1 214	1 413	—
中国台湾	1 310	1 182	1 121	995	1 123	1 341	1 603	1 449	1 413	1 509
泰国	534	634	853	687	978	1 299	1 453	1 478	1 335	1 647
合计	20 368	22 578	23 354	25 698	28 193	31 972	37 072	39 334	43 745	—
台湾地区市占率	6.4	5.2	4.8	3.9	4.0	4.2	4.4	3.7	3.2	—

资料来源：1. Fourin；2. 世界二轮车概况；3. 2008—2009 年汽机车产业年鉴。

3 台湾氢能燃料电池产业现况

台湾地区燃料电池产业链从上游到下游包括贵金属触媒、质子交换膜、燃料电池组及其零组件、控制系统与周边零组件、定置型发电系统、可携式电源产品、小型车辆等大抵完备（张行直，2009）。原先上游原材料薄膜 Membrane 技术受国外掌控，目前台湾地区业界已可近乎完全掌握原材料自主供应，加上丰富的设计制造工艺水平与成本优势，切入系统产品市场具有相对优势，且台湾地区在发电机、电子信息与机车等产业已有良好基础，导入燃料电池技术后，具有绿色能源与环保的特色，产品将更具国际竞争力，产业供应链如表 2 所示（左峻德、张行直，2008）。

表 2 燃料电池产业供应链

<table>
<tr><th>供应链</th><th>原材料（上游）</th><th>电池组件（中游）</th><th>系统应用（下游）</th><th>周边产品</th></tr>
<tr><td rowspan="6">主要厂商</td><td>Membrane
安矩科技
南亚电路板</td><td>Stack
台达电
南亚电路板
大同世界科技
光腾光电
博研燃料电池</td><td rowspan="6">FC 系统
思柏科技
奇鋐
大同世界科技
能硕科技
台达电
光腾光电
扬光绿能
亚太燃料电池
工研院
核研所
真敏国际</td><td>氢气供应
三福气体
联华
亚东
中油</td></tr>
<tr><td>MEA
南亚电路板
远茂光电
光腾光电</td><td rowspan="5">重组器
大同世界科技
碧氢科技</td><td>甲醇供应
……</td></tr>
<tr><td>触媒
安矩科技</td><td>甲醇燃料罐</td></tr>
<tr><td>GDL
碳能科技</td><td rowspan="3">储氢合金罐
汉氢科技
亚太燃料电池
川飞能源</td></tr>
<tr><td>双极板
盛英</td></tr>
<tr><td>空气极
异能科技</td></tr>
</table>

资料来源：工研院 IEK，96.08；台湾燃料电池伙联伴联盟，98.2。

3.1 燃料电池发电机

为维持燃料电池机车高质量的电源供应，燃料电池发电应用值得大力推动。由于地球温暖化的影响，近年台风、地震与气候异常等天灾，时有造成电力中断，原有不断电系统无法长时间供电，造成通信、网络的中断，对于紧急灾害的救援无法提供适当电力，影响救灾。另一情况为军事指挥与通信所需的移动式电源供应，由于受到体积与重量的限制，在执行任务时无法携带大量的电池，因此也需要能量密度高的电力系统。再者，医院为维持良好医疗质量，对于能量密度高、具高可靠度的燃料电池供电也愿意付出较高的成本，这些都是燃料电池发电机的初期利基市场。目前主要进行的技术开发可分为 SOFC 与 PEMFC 两种，台湾地区燃料电池机车目前采用 PEMFC 做电源供应，日本 YAMAHA 燃料电池机车则采用 DMFC 技术。

燃料电池发电机产品的开发，除少数厂商有产品试销，大多数仍致力于关键零组件的研发与测试。定置型燃料电池发电机的部分，已有真敏国际公司开发完成的 10kW 发电系统（5kW AC、5kW DC）预定 2009 年中进入市场。

3.2 燃料电池电动车辆

在交通工具应用方面，国际汽车大厂如通用、福特、戴姆勒－克莱斯勒、丰田、本田等，均投入巨资开发氢燃料电池汽车。宝马、福特、马自达等也投入巨资开发氢内燃机汽车。汽车界投入氢燃料汽车的资金已超过 100 亿美元。在欧、美、加、日等国进行燃料电池汽车示范计划支持下，目前试验中之燃料电池车辆是以小汽车及巴士为主［The Freedonia Group，Inc.（2008）］；但近年来一些利基产品，如以燃料电池作为运输工具之辅助动力单元（APUs）产品，已逐渐受到重视，预期未来应用于产业用叉动车（Fork Lift Trucks）、巴士、机车及自行车、代步车、轮椅、甚至机器人等利基产品市场会急剧增加。

由于台湾地区汽车产业链不具国际优势，以及有鉴于传统汽油引擎机车造成严重的空气污染，台湾地区对于电动机车曾采取补贴政策以加速推广。然以传统电池为动力的电动机车由于充电时间长、续航力低、电池寿命短等缺点，以及都会区充电环境不易改善，即使经过多年的推动，仍无法满足消费者的需求。

表 3　各型动力机车特性之比较

项目	汽油引擎机车	铅酸电池电动机车	锂电池电动机车	燃料电池电动机车
重量	110kg	115kg	90kg	105kg
极速	85km/h	60km/h	55km/h	55km/h
续航力	180km	63km	80km	80km
引擎/电池	50 cc	48V/26Ah	43V/44Ah	2kW PEMFC
加油/充电/储氢罐	2min	6～8h	4～6h	2min
寿命	7 年	完全充放电 400 次	完全充放电 600 次	4 000h

资料来源：台湾燃料电池伙伴联盟整理，2008.7。

目前业者开发的新一代燃料电池电动机车，均已完成性能与安全骑乘试验，无论充电（更换燃料罐）时间、续航力与燃料供应系统均有显著的进步。表 3 更进一步比较了汽油引擎机车、各型电池电动机车以及现阶段先进燃料电池电动机车之性能诸元，可以清楚地发现燃料电池具有成为新型电动机车动力源之潜力，也为电动机车产业开启了新的选择空间。

相较美国、加拿大、日本与欧盟推动燃料电池产品商业化进程，台湾地区在燃料电池电动机车技术上已经完成技术开发与验证（Technology Development and Validation）的阶段，而要进入所谓的初期市场阶段。

台湾地区经济部能源局于2009年推动一系列示范运转计划，有机会验证燃料电池电动机车质量并建立性能技术标准。

台湾地区投入公司：亚电、台全、博研

国际投入公司：
Masterflex (德)
Veloform (德)
PowerAvenue(德)
Valeswood(英)
Cidetec(西班牙)
攀业氢能源(中国大陆)
Honda(日)
Yamaha(日)
Piaggio(欧)
Aprilia(欧)
Vectrix(美)
GR Grafica(义)

图1　国际上投入燃料电池机车厂商

3.3　可携式电源

台湾地区拥有成熟的IT供应链，研发人才与技术以及成本制造的特性与优势，非常适合发展燃料电池这个产业，尤其是与IT应用相关的可携式3C应用燃料电池。

在可携式3C燃料电池领域的开发，台湾地区也是分成DMFC与PEMFC两技术领域，其中工研院材化所与核能研究所选择DMFC，而工研院能环所与中科院材化所一直都是从事PEMFC的研发。南亚电路板也开始进入此项领域，新普公司则是最近才投入。大同世界科技公司原本为开发3 kW级PEMFC发电机组的厂商，但是2006年开始自行研发小型重组器与高温型PEMFC电池组，因而加入开发RMFC的行列。

台湾地区具有开发可携式电池组能力的厂家包括思柏科技、南亚电路板、大同世界科技、扬光绿能、核研所、能硕科技、亚太等，但开发可携式合金储氢罐的厂商目前主要是汉氢公司。在化学储氢方面，虽然有一两家公司宣称正在研发硼氢化钠储氢技术，但是正式展示雏形机组者仍然只有工研院能环所。由于燃料电池的关键材料——薄膜（Membrane）台湾地区已可自制，且周边组件与控制系统技术也可完全掌控，如果市场复苏，台湾地区的燃料电池产业可谓处于蓄势待发的状态，由于上中下游产业链完整，其市场爆发力将极为惊人。

4　燃料电池机车是我国台湾具有发展利基的产业

国外汽车工业发达，车厂易与政府建构合作关系。因此燃料电池电动汽车验证计划在日本、欧盟、美国、加拿大都受到政府支持，对于所需要的加氢站等基础设施亦陆续配合兴建。依据目前相关技术与推广使用发展的情势，燃料电池汽车的商业化一般预估在2015年［Fuel Cell Development Information Center（2008）］。在各种利基型载具的开发与应用，美、加偏重燃料电池堆高机与小型搬运车，在政府无补助下，已具应用市场。亚洲国家则偏向电动机车与代步车等，其他方面尚包括搬运车、游园车与高尔夫球车等。

台湾机车数量将近 1 400 万辆（详见图 2），每年近 100 万辆市场需求，对于空气污染的影响重大。基于产业发展考虑，台湾地区发展燃料电池汽车并不具可行性；相对地，燃料电池机车则具有明显市场区隔性，因为机车产业技术与市场利基完全符合台湾地区发展现况。

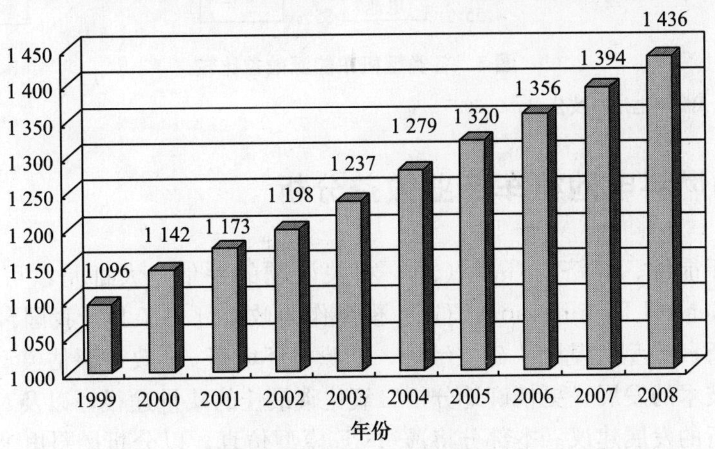

图 2　台湾地区机车数量

台湾地区早期对于电动机车的推动开发相当积极，曾采取补贴政策加速推广，然以其他因素于 2002 年中止补贴政策，发展因而减缓［工研院机械所（2006）］。目前，全球鼓励开发新能源，燃料电池机车绝对具有技术领先与产品独特的优势。况且在能源的利用方面使用洁净能源投入，在能源效益上相较于其他类型机车亦占优势，如图 3 所示。毕竟机车产业技术与市场为台湾地区完全熟悉与掌握，因此如能在技术标准与国际接轨有所突破，或建立两岸共通标准，燃料电池机车极有机会布局全球。

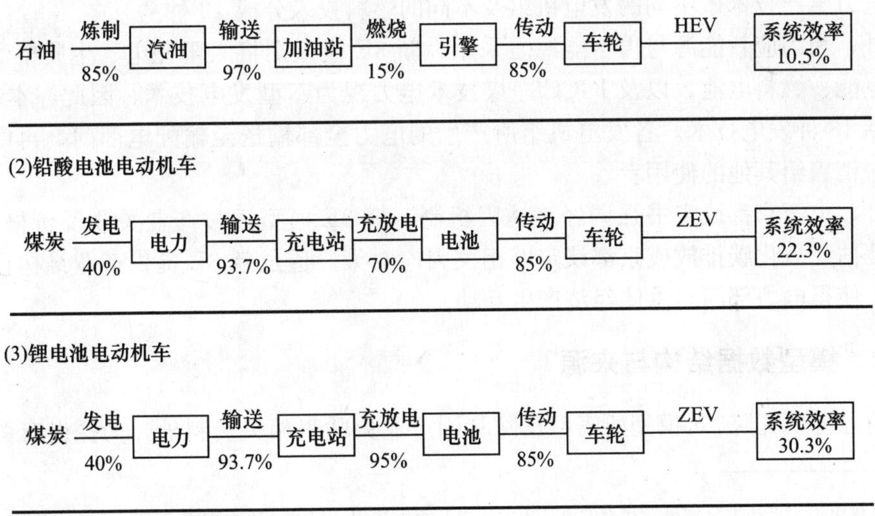

(4)燃料电池电动机车

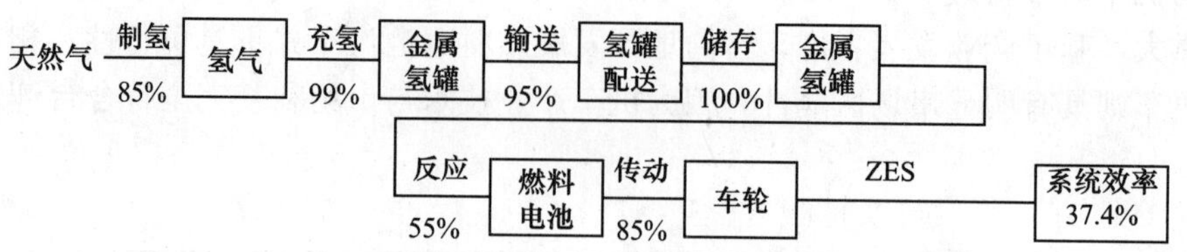

图 3　各类型机车能源效益比较

资料来源：亚太燃料电池科技公司，2009.5。

5　推动燃料电池机车产业效益分析

国际间对于能源、经济与环境（3E）相关议题的评估，大都是以可计算一般均衡（Computable General Equilibrium，CGE）模型作为政策评估工具。我国台湾经济研究院以澳洲 MONASH 模型为基础，建立经济、能源与环境新 3E 政策评估模型，透过纳入再生能源产业及技术的发展，更精确地分析二氧化碳最佳的减量途径，以及对产业的发展方向提供具体可行的发展建议。本部分将透过 3E 模型仿真，以分析燃料电池机车推动之产业效益，因此先针对台湾经济研究院 3E 模型进行简要说明，再针对模拟情景的设定进行说明，最后再提出模拟结果。

5.1　3E 模型特色

台湾经济研究院经济、能源与环境 3E 政策评估模型是以澳洲 MONASH 模型为基础所发展之动态 TAIGEM-E 模型进行修正，为一结合由上而下（top-down）与部分由下而上（bottom-up）方式之重要模型。此外，为凸显电力部门在温室气体减量议题中的重要性，台经院 3E 模型引进技术配套（Technology Bundle）法来刻画电力部门的生产结构，在由上而下模型中加入部分由下而上之特色。以电力部门为例，在 TAIGEM-E 模型中，已经将电力生产技术依不同的发电机组及不同的燃料投入分成 12 种①。

此外，为因应新能源与再生能源之采用，新 3E 模型则将太阳光电、生质柴油、生质酒精、氢能、燃料电池，以及 IGCC 净煤技术电力视为新型发电技术，因此，本新 3E 模型共包括 18 种发电技术。各发电机组所产生的电力全部输送至输配电部门，再由输配电部门统一销售给其他的使用者。

此外，由于京都议定书强调经济诱因机制，新 3E 模型透过产业关联及价格内生化，可用来评估二氧化碳排放或京都议定书相关因应对策。透过新 3E 提供产业结构预测及价格信息，使得电力部门与总体经济产生互动。

5.2　模型数据结构与来源

台湾经济研究院 3E 模型所需数据除利用产业关联表相关资料外，为探讨有关发展再

① 12 种电力生产技术分别是：水力发电、火力发电—汽力机组—燃油、火力发电—汽力机组—燃煤、火力发电—汽力机组—燃气、火力发电—复循环机组—燃油、火力发电—复循环机组—燃气、火力发电—气涡轮机组—燃油、火力发电—气涡轮机组—燃气、火力发电—柴油机机组、核能发电、风力发电与汽电共生。

生能源产业等相关政策模拟，特别依照不同再生能源产业技术形态，透过对省内正发展中各再生能源产业主要代表性厂商，进行生产成本结构、产品销售对象、整体产业产值调查，将调查资料加以汇整及估算后，新增再生能源产业部门，合计整体新 3E 模型数据库共新增 10 个再生能源产业部门。

因此，在原有 2001 年主计处所编制台湾地区产业关联表的 162 个产业及产品部门分类下，新增细分 10 个发电及输配电产业部门，新增 10 个再生能源产业部门，总计有 182 个产业部门，以及新增细分 13 个能源产品部门及 10 个发电及输配电产品部门，新增 10 个再生能源产品部门，总计有 195 个产品部门。

因此，总的来说，目前 3E 模型所需之数据来源为“行政院”主计处所编制之 2004 年台湾地区产业关联表及 2004 年台闽地区工商普查工业部门抽样调查资料、2004 年台湾电力公司各类发电成本分析表及售电成本分析表以及台湾经济研究院与核能研究所等之再生能源产业主要代表性厂商生产成本结构、产品销售对象、整体产业产值调查结果。

5.3 情景设定

本研究依据目前台湾燃料电池机车厂商预测技术突破与相关产业发展蓝图，本文将利用经济、能源与环境新 3E 政策评估模型，进行燃料电池机车产业发展规划之情景模拟分析。

模拟情景分为两个阶段，首先为研发阶段，台湾将会投入新台币 8 亿元的经费用以针对燃料电池机车进行研发、建立验证平台、实车验证、基础设施建设与示范运行等工作，以期在燃料电池机车正式进入市场之前，将台湾燃料电池机车之相关标准及重要基础建设建制完成。之后为生产阶段，燃料电池机车开始量产，并建立小规摸之市场占有率，本文设定燃料电池机车以每年 1 万辆的速度逐渐渗透市场，以汰换传统轻型汽油引擎机车（排气量小于 50cc）。因此会增加对于燃料电池机车的支出新台币 8 亿元，而减少对传统机车的支出约新台币 5 亿元。此外，由于燃料电池机车与传统机车所使用的燃料不同，因此对于燃料的支出也会有所变动。本研究参考李秀璇（2007）的推估结果，估算每年一台轻型机车平均耗油量为 148.8 公升，以车用汽油市价新台币 30 元估算，可减少新台币 4.37 亿元的汽油费用支出。而行驶里程数与传统轻型机车相同的一辆燃料电池机车之使氢气使用量约为 70 立方公尺，若以新台币 100 元/立方公尺的价格估算，10 000 万燃料电池机车需增加新台币 7 亿元的氢气支出（关于模型外生冲击变量之设定，请参见表 4）。

表 4 本模拟外生冲击

变数	研发阶段	生产阶段	备注
燃料电池机车研发支出			包括建立验证平台、实车验证与示范运行费用
替换传统机车所节省之费用		－500	－10 000 辆 * 5 万元＝500 000 000
购买燃料电池机车的支出	800	800	＋10 000 辆 * 8 万元＝800 000 000
传统机车使用汽油支出		－43.7	－10 000 辆 * 148.8L * 30 元＝43 740 000
燃料电池机车使用氢能支出		70.0	＋10 000 辆 * 70m³ * 100 元/m³＝70 000 000

注：单位为新台币百万元。

5.4 燃料电池机车产业经济效益模拟结果

表 5 显示发展燃料电池机车产业在研发阶段与生产阶段对整体经济所带来经济效益之模拟结果。在研发阶段，由于属于短期，因此并不会影响实质民间消费与政府消费。投资会因此增加 0.019 9%，约为新台币 2.87 亿元；出口量会减少 0.001 5%，约为新台币 7 千 3 百万元；而进口量会增加 0.004 9%，约为新台币 2.03 亿元。在研发阶段对实质 GDP 会提升 0.000 6%，约为新台币 6 120 万元；另外会带动就业 0.000 7%。

表 5　总体经济变量的影响

变数	研发阶段		生产阶段	
	%	新台币百万元	%	新台币百万元
实质民间消费	0.000 0	0.0	−0.002 9	−172.3
实质政府消费	0.000 0	0.0	−0.002 9	−35.5
实质投资	0.019 9	287.2	0.005 2	106.4
出口量	−0.001 5	−73.0	0.001 6	79.2
进口量	0.004 9	203.6	−0.001 4	−57.3
实质 GDP	0.000 6	61.2	0.003 4	338.6
就业	0.000 7	38.0	0.000 0	0.0
资本形成	0.000 0	0.0	−0.002 6	−66.0
贸易条件	0.000 7		0.002 6	0.0
消费者价格指数	0.000 0		0.000 0	0.0

资料来源：本研究模拟结果。

在生产阶段，由于属于长期，实质民间消费与政府消费均会因此而变动。此时实质民间消费减少 0.002 9%，约为新台币 1.72 亿元；政府消费亦减少 0.002 9%，约为新台币 3 550 万元。实质投资将增加 0.005 2%，约为 1.06 亿元。此时出口会增加 0.001 6%，而进口则会减少 0.001 4%。此时实质 GDP 将会增加 0.003 4%，约为 3.4 亿元。

若是考虑相关产业的影响，则在研发阶段与生产阶段有截然不同的情况。表 6 显示燃料电池机车产业在研发阶段对相关产业所产生的影响。在产出变动方面，以非住宅建筑所带来的正面影响最大，其产出增加 0.016 8%，其次依序为金属加工业、机械维护、工业机械与水泥产品，其产出增幅分别为 0.016 0%、0.007 6%、0.006 3% 与 0.005 0%。可发现上述产业均与基础建设与燃料电池机车周边金属加工产业有关，因此在发展燃料电池机车的研发阶段，上述产业所获得之产出效益最大。而在脚踏车产业、其他运输工具与零件、家用产品、棉纺及服饰等产业其产出减少最多。其原因并非发展燃料电池机车直接对上述产业造成不利的影响，而是由于研发阶段，进口品需求增加，造成汇率上升，不利传统出口的产业，因此上述产业的产出将会因此减少。

表 6　相关产业产出影响——研发阶段

产业	%	新台币百万元
非住宅建筑	0.016 8	39.89
金属加工设备	0.016 0	13.68
机械维护	0.007 6	6.05
工业机械	0.006 3	9.65

产业	%	新台币百万元
水泥产品	0.005 0	3.17
传统服饰	−0.002 6	−1.30
棉花纤维	−0.002 6	−1.87
家用产品	−0.003 0	−1.15
其他运输工具与零件	−0.003 0	−1.30
脚踏车	−0.003 7	−2.16

资料来源：本研究模拟结果。

表7显示燃料电池机车产业在生产阶段对相关产业所产生的影响。在产出变动方面，以燃料电池机车与零件所带来的正面影响最大，其产出增加20.22%，其次依序为氢能、工业化工、电子机械与其他产品产业，其产出增幅分别为4.035 3%、0.123 8%、0.035 2%与0.009 8%。可发现上述产业均与燃料电池机车与氢能的生产有关，因此在燃料电池机车进入市场之后，自然会带动相关产业的产出。而在机车与零件产业、维修、铝制品、动力机械之相关金属产品与金属表面处理产业之产出减少最多。其原因是因为燃料电池机车逐渐渗透市场，造成传统机车产出减少，连带影响相关产业之产出。

表7　相关产业产出影响——生产阶段

产业	%	新台币百万元
燃料电池机车与机械	20.222 6	418.99
氢能	4.035 3	22.21
工业化工	0.123 8	65.02
电子机械	0.035 2	34.34
其他产品	0.009 8	21.00
金属表面处理产业	−0.015 2	−5.80
动力机械相关之金属产品	−0.015 8	−0.70
铝制品	−0.019 3	−10.03
其他维修	−0.019 6	−7.37
机车与其零件	−0.680 2	−377.35

资料来源：本研究模拟结果。

6　结论

从节约能源及环境保护的观点观之，电动车辆无疑是新一代交通工具的最佳选择；但由价格及性能表现的角度来看，燃料电池电动车辆要能广为市场与消费者所接纳，仍有赖政府与企业的共同投入与加速示范运行推广。在目前国际节能议题盛行、环保意识抬头，绿色产业风潮蔓延盛行在各种工业产品设计与开发。强调低耗能、零污染排放的车辆，已是各国车辆大厂努力的目标，随着燃料电池电动机车技术的进展，轻型电动车辆将是未来个人化交通工具（Personal Mobility）的重要发展方向。

台湾地区由于机车技术与产能发展成熟，具有完整的设计、制造、系统整合之产业架构，国际营销能力强，零组件供应体系完整，如能借由燃料电池电动机车之整车研究，透过示范运行计划的实施，以建立各项标准，极有机会领导国际品牌，且在市场具有举足轻重的地位。

在本文模拟分析台湾地区推动燃料电池机车之产业效益方面，由模拟结果可以发现：在燃料电池机车研发阶段，由于资金投入研发及相关基础设施建设，而引发实质GDP的增加，并带动燃料电池机车、氢能及相关产业产出的提升。在燃料电池机车的生产阶段则持续提高有产业关联之相关产业产出的提升，但对传统机车与相关零件及维修产业则会有负面的影响。

此外，由于燃料电池机车为新兴产业，在发展初期售价仍高，若经由政府扶植与补助，可快速达到经济规模更可快速提升相关经济效益。

参考文献

[1] 工研院机械所．电动机车维修服务项目工作计划．行政院环境保护署，2006.

[2] 左峻德,张行直．氢能燃料电池产业．2009台湾各产业景气趋势调查报告．台湾经济研究院,2008,12.

[3] 李秀璇．台湾地区汽油车辆 CO_2 排放推估方法之研究．成功大学环境工程研究所硕士论文,2007.

[4] 张行直．台湾氢能燃料电池产业推动展望．台经月刊.

[5] Fuel Cell Today (2009)，"Fuel Cells：Emerging Markets，"FuelCellToday Industry Review.

[6] Fuel Cell Development Information Center (2008)，Fuel Cell R&D in Japan.

[7] The Freedonia Group，Inc. April (2008)，Industry Study 2328：FUEL CELLS。

新洁净能源之技术预测
——以氢能源为例

陈育珩　陈家荣

成功大学资源工程系

摘　要：近年来，由于能源短缺与全球暖化的问题，3E（能源安全、经济成长与环境保护）如何均衡发展成为一大课题，同时，也使得如何改善传统能源使用效率、洁净能源开发与再生能源技术进步三种议题逐渐受到重视。新洁净能源种类繁多，氢能源为发展前景看好的其中一项能源科技科，相关科技技术的涵盖范围广泛，包含产氢、储氢以及应用端，且氢能源应用的领域繁多，有燃料电池、内燃机等。然而，每一种新科技或新技术在发展初期，往往充满着许多不确定性与风险，造成未来发展性与适用性不易确认，而新能源技术更是如此。本研究运用 Logistic 技术成长曲线之技术预测分析方法预测氢能源技术未来发展路径与时间，首先透过专家意见归纳出氢能源的关键技术并借此取得专利技术关键词，根据 Patent bibliometric 专利计量学针对专利数据库美国专利商标局（USPTO）进行专利量与质的筛选，以取得有用的专利数据，并利用技术生命周期评估的概念，预测出氢能源科技未来发展的路径与时间，期望能捕捉出氢能源科技发展时程表，并从中建议政府与产业可发展之方向。研究结果显示，技术端之产氢技术与储氢技术须于 2030 年后才会进入技术生命周期之饱和期的时间点，而应用端之燃料电池技术则以 PEMFC 技术发展最为迅速，约在 2011 年即进入技术生命周期的饱和期时间点。因此，本研究认为氢能源科技的发展上，产氢技术与储氢技术尚未达到成熟阶段，需要更多的 R&D 资金以强化技术发展，同时，政府应采取适当的补助措施，以加速其技术发展时程。

关键词：氢能源，技术预测，生命周期评估，专家意见，发展政策

1　前言

化石燃料（Fossil Fuels，如石油、天然气等）随着使用量的快速成长，目前已知的可开采蕴藏将可能在半个世纪内或更早告罄，国际能源需求年成长率预测至 2015 年平均约 2.5%，根据美国能源信息管理中心（Energy Information Administration，EIA）推估，石油蕴藏量约 2.7 兆桶（含未发现蕴藏预估），可再持续供应 30～50 年，天然气蕴藏量约 5 450兆立方英尺，可再供应 40～60 年，而煤炭蕴藏量约 1.1 兆短吨（Short Ton），可供应 180～200 年。除化石燃料的枯竭外，大规模使用化石燃料，使大量的二氧化碳进入大气层，造成温室效应引发全球性气候变迁，增加极端气候现象发生的频率。有鉴于此，各国皆积极投入于研发新能源的替代。

由于氢能源具有无污染、安全性高等优点，早已被 IEA 规划为未来主要的能源利用型态，预期于 2050 年时氢能源将占最终使用能源（Final Energy Consumption）的 50%。氢能源相关技术涵盖产氢、储氢等技术端，应用端则涵括燃料电池及内燃机等产品，但当今氢能源工业的重点着重在化学品、石化工业、金属冶炼及电子制程等，而生产氢气应用

在能源上仍处在实验及萌芽阶段。国际上已有许多厂商投入氢能源产业中，供给端应用产品种类繁多，但都尚未达到量产规模，加上氢能源科技的应用端几乎皆为替代产品，消费者对于该替代品的需求型态尚不明确，在成本尚未降低前，大规模需求并不易显现，因此了解目前整体氢能源的技术发展并预测其未来趋势将有助于规划氢能源的发展策略。

台湾基于此能源发展趋势，在 1998 年 5 月召开之能源会议即做出应积极推动新能源开发与提升洁净能源容量之结论，并随即于 1999 年 5 月纳入燃料电池与氢能利用技术发展规划，并于 2001 年台湾科学技术会议及 2003 年行政院科技顾问会议中，确定燃料电池与氢能利用列为中、长期发展重点项目。2007 年底，行政主管部门于产业科技策略会议中，重新规划了第二次能源会议中所建议之目标，同时以地热、燃料电池及海洋能为长期推动方向，全面有效运用再生能源，达成 2025 年之累积发电装置容量为 845 万千瓦，其中，燃料电池占 20 万千瓦。2009 年能源会议之结论，建议应选定重点产业并依产业特性与技术潜力加以扶持，故经济主管部门提出第三波新兴产业发展计划绿色能源产业旭升方案，选定氢能与燃料电池等数种绿色能源作为重点产业，未来 5 年内，将投入 250 亿元推动再生能源与节约能源之设置及补助，并投入技术研发经费 200 亿元新台币，提升绿能产业和关键技术效率，建立自主化技术，以产值规模估计，将可望带动民间投资 2 000 亿元新台币以上，每年度创造 11.58 万个工作机会，预计到 2015 年，让绿能产业的产值达到 1 兆 1 580 亿元（2008 年绿能产业为 1 603 亿元）。截至 2008 年底前，再生能源推广实绩，除水力及生质能已达 2010 年之设定目标外，其余皆距甚远，可见对再生能源之推广，除了需借助政府的强力推动外，也需要由民众、企业一同努力，方可达到 2025 年之目标。

就全球现况而言，因化石燃料的有限性、对能源需求的持续成长性与环境保护的迫切性，正为促使氢能源与燃料电池发展的主要动力，其目前正处于即将进入商用化阶段，然而，氢为一种新能源，除了必须对其他既有存在能源的竞争外，尚必须克服许多障碍，如技术供给面与市场需求面等相关的不确定性与风险，造成未来发展性与适用性不易确认。

因此，本文主要目的为针对氢能源科技之相关技术，进行技术预测与相关的产业因应策略，研究中首先由专家访谈以取得专利技术关键词，根据 Patent bibliometric 专利计量学针对美国专利商标局（USPTO）专利数据库以统计方法探讨专利信息，并运用 Logistic 成长曲线模型预测氢能源技术未来的发展情况，预测出氢能源科技未来发展的路径与时间，期望能捕捉出氢能源科技发展时程表，并从中建议政府与产业可发展之方向。

2　氢能源发展情势简介

氢能整体系统包括自上游氢之生产、储存、运输，以至于下游之最终使用，通常以燃料电池、内燃引擎、气涡轮机等载具将氢燃料转化为能源。其整体经济产业部门分类，如表 1 所示。

表 1　氢能整体经济产业部门

氢能产业部门	说明
生产	从化石燃料、生物质、水中制造氢气，包含热能、电解质、分解过程
输送	将氢气由制造至除藏站的过程，包含管线、卡车、船舶和燃料站
储藏	将氢气储藏起来，以防止其变化，包括加压气态、液态除藏金属氧化物储氢
转换	产生电或热能，包括气涡轮机、引擎、燃料电池

2.1 产氢

目前全球产氢量约为5千万公吨，其中48%来自于天然气的生产，另有30%为石油生产，18%来自于煤炭产氢，而电解水部分仅占4%，如表2所述。而目前世界上所产氢气，有95%来自于工业生产的过程所产生，仅有5%是为了零售而生产的。石化燃料制氢已经是一个商业化制造程序，其发展与使用已有多年历史，目前水电解的生产力可达1μmol/min，若能将膜的电压加大，可加快反应，这种产氢法成本不高，相当具有发展潜力。再生能源产氢，则主要以太阳能源为主，另可配合风力、水力、地热、太阳光电等技术产生电力来裂解水制氢。目前着重于能提升效率的各种技术研发。热化学法制氢技术是热将水分解以产生氢气。理论上，在1 000～3 000℃的超高温下，就能直接将水分解。

表2 产氢来源

	10亿 m^3	百万吨/Mt	%
天然气	240	24	48
石油	150	15	30
煤	90	9	18
电解	20	2	4
总和	500	50	100

资料来源：Energy Research，2007。

然而，在能源领域的应用上，若利用石化燃料燃烧产生高温以进行热催化反应，在经济上十分不理想，且1 000～3 000℃高温反应下，危险性与制程设计困难度甚高。为避免上述问题，目前发展方向是利用太阳能或核能废热回收方式，同时搭配适当的触媒，可望于800℃以内启动化学反应。生质能应用可分为Biomass与Biological Method等方式。Biomass主要来源以废弃的农作物残渣为主，乃是采用裂解方式进行产氢，目前着重于气化器设计、蒸气重组、部分氧化、煤炭气化等技术的开发，或利用热裂解制造生质油，再结合蒸气重组技术来产氢。而Biological Method乃是使用特殊之生物菌类反应以产生氢气，目前尚处于研究阶段，但这种产氢方法被认为具有非常大的经济潜力。

目前全球最大的氢气生产国家为美国和中国，分别为18%、16%，两国家的产量已占全球产量的1/3。其次为德国，约占6%，紧接着为英国与法国，各占3%、2%，如表3所示。

表3 产氢国家分布

国家	百万吨/Mt	%
美国	9.00	18
中国	8.00	16
欧洲	7.10	14
德国	2.98	6
英国	1.35	3
法国	0.78	2
意大利	0.64	1
西班牙	0.28	1
澳洲	0.21	0
欧洲	0.92	2
日本	1.55	3
其他	17	34
总和	50	100

资料来源：Energy Research，2007。

2.2 产氢主要国家产氢进程

(1) 美国

美国规划氢气生产依规模不同分为两种：在大型炼油厂、综合氢气厂、再生能源与核能电厂设施集中生产；或是在电力园区（Power Park）、燃料添加站、小区、乡村地区、消费者家中等场址分散生产。

生产方法将使用热能、电解与光分解等方法，原料则可采用化石燃料、生物质或水，且规定仅排放少量或完全不排放二氧化碳至大气中。

生产技术进程大致可分为短、中、长期三个进程，内容如下：短期为使用先进天然气处理程序；中期为使用碳固定之煤/生质物气化程序、使用再生能源与核能之电解程序、碳固定技术、核能热一化学水裂解程序；长期为生物程序与光化学水裂解程序。

(2) 日本

日本对于产氢技术的设定，主要以配合各式燃料电池导入目标的达成所需供给的氢总量来主导，初期以现有技术为利用目标，例如制铁厂的副生氢产品，同时鉴于长期目标尚不可能脱离化石燃料的利用。因此，从2005—2030年，必须持续不断地利用天然气/化石燃料改质、重组等技术并配合水电解技术作为主要氢气生产技术。同时期内，积极平行开发研究新技术，预计在2010年起，逐步开展再生能源产氢技术，以支应燃料电池普及化阶段所需的大量氢能源。

当2020—2030年所预计的全面普及燃料电池/氢经济社会的到来，继之而起的煤炭汽化、核废热产氢等技术也必须整备，所有可以大量产氢的技术在日本发展的架构下，皆以同时并行的方式持续应用。

(3) 欧洲

欧洲委员会（EC）于规划欧洲氢能整合计划（European Integrated Hydrogen Project，EIHP）中，对于产氢之时程规划为：2010—2020年间发展石化燃料制氢（配合CO_2捕捉技术），加氢站群聚及于加氢站内使用重组设备及电解水产氢；2020—2030年间广布氢气管线，并以再生能源（含生质物气化）制氢。2030—2040年间增加再生能源产氢比例，并配合核能等技术大量生产氢。2040－2050年间则全面直接由再生能源产制氢气。

2.3 储氢

在储氢的部分，氢能源工业对于储氢的要求为安全、容量大、成本低、使用方便，但对于氢能源的用户不同又有很大的差别。其中，氢能的终端用户可分为两类：一是供应民用和工业的气源；二是交通工具的气源。对于前者，要求特大的储存容量，几十万立方公尺，就如储存天然气的巨大储槽。对于后者，则要求较大的储氢密度通常容量推算，储氢材料的储氢容量达到6.5%以上才能满足实际应用的要求。

目前储氢技术，可分为加压气态储存、液化储存、金属氢化物储氢、非金属氢化物储存。而目前的技术还不能满足消费者的需求，尤其是在氢燃料汽车的续航里程与其携氢量成正比，故对其储氢量有很高的要求。利用高压将氢气压缩在钢瓶里为目前储氢技术应用上最为成熟者，以高压方式储存氢气，需要耐高压之储存容器，依其材质不同，系统可储存不同储氢重量密度的氢气；目前在70MPa下，已可以储存12wt%。若将具高表面积的多孔性碳材放入高压容器内，可稍微增加其储氢量。以高压压缩氢气，估计需消耗压缩氢气所含能量的20%～40%。液化储氢以大量生产液化氢气极度耗能为其最大缺点，此外，低温液化储氢量虽多，但对于储存设备的重量、尺寸与安全性考虑较高，比较适合大量储存在人烟稀少的地方，使得以储存槽储存氢能的应用受到相当的限制。储氢合金的储氢体积密度远高于液化氢气储存槽或是高压气体储存槽，且由于金属氢化物不具爆炸性，安全性高，因此近年于车辆上的应用受到国际研究的重视。各种储氢方法之优缺点如表4所示。

表4　储氢方法的优、缺点

储氢方法	优点	缺点
压缩储氢	成本低，应用广泛 充放气速度快，且在常温下就可进行运输和使用方法方便	能量密度低，压力高，消耗较多的压缩功 氢气易泄漏和容器爆破等不安全因素，使用和运输有危险
液化储氢	能量密度最大	能量损失大，成本高 液氢储存需要极好的绝热装置来隔热贮存容器庞大
金属氢化物储氢	压力平稳，充气简单、方便 单位体积的储氢密度大运输和使用安全	储氢量小 金属氢化物重量高且易破裂材料成本高
吸附储氢	碳纳米管的储氢能力可达10%以上	生产纳米碳管技术不成熟，价格昂贵

资料来源：氢能技术发展与我国燃料电池产业契机之研究，2006。

若以市场用途不同，则可分为以下四种系统，如表5所示。

表5　储氢市场系统类别

系统类别	简介
固定式大型储存系统	此种储存系统适用于氢气生产工厂的管线末端，用于储存大量氢气，通常使用高压及低温法储存，因此储存系统包含压缩机以及冷却系统等设备
固定式小型储存系统	此种储存系统适用于需要氢气为进料的工厂，它的规模视工厂的需求而定
可移动式储存系统	包含大型的可移动式储氢槽、小型的储氢卡车及轻便型储氢容器
燃料用储存系统	此种储氢方式是要供给氢气作为公车或汽车或机车等交通工具作为燃料用，常用的方式有储氢高压钢瓶，或低压的储氢合金刚瓶等

2.4　输氢

按照输运氢时所处的状态不同，可以分为气氢输送，液氢输送和固氢输送。其中，前两者是目前大规模使用的两种方式。

根据氢的输送距离、用氢要求及用户的分布情况，气氢可以用管线，或透过储氢容器装在车、船等运输工具上进行输送。管线输送一般较适合于用量大的场所，而车、船运输则适合于用户数量比较分散的场合。液氢输运方法一般是采用车船运送。

而目前输氢的问题皆来自于成本太高，例如高压氢气输送用的长管拖车（16支，460kg）造价US＄220 000，车头另加US＄110 000～140 000，除外是车辆的维修，人员费用等。液氢输送除了设备折旧，人员的费用，一般性挥发损失及切换设备时的损失。

2.5 应用面

根据IEA估计，无论现在或未来，氢能均以间接能源型式之需求量最大，约占市场八成，而其中又以燃料电池因能源转换率高且应用市场广泛最受瞩目，因此一般认为未来氢能经济的体现要靠燃料电池的商业化普及。

氢为燃料电池之进料（Feedstock），燃料电池利用氢和氧进行化学反应来产生电力，在经过电池内部的化学作用后，利用还原后的氢气作为动力并排出水蒸气，因此燃料电池是一种简单、洁净、效率高及运转安静之发电装置，其应用范围相当广泛，涵盖分布式发电系统、运输工具、可携式电子等产品，为当前各国积极发展的科技之一，以下简介数种燃料电池技术。

(1) 燃料电池PEMFC技术

质子交换膜燃料电池（Proton Exchange Membrane Fuel Cell，PEMFC）技术可应用之产品范围相当广，若以瓦数区分，约略可分为住宅用电（3～7 kW）、小型商业用电（50～500 kW）、交通信号（150 W）、可携式3C产品（1～30 W）、偏远村庄电力（1 MW～10 MW）、汽车动力系统（50～200 kW）、电动机车（～2 kW）、船舶设施（～1 MW）。主流产品技术已确立，是以小型定置型发电系统及汽、机车动力系统为主。

根据工研院产业前瞻报告指出，截至2005年，全球小型定置型燃料电池系统累计已达3 000台以上，应用产品包括家用热电共生系统及备用电源UPS等。前者主要市场在日本，多为1kW系统，目前系统制造成本高达800万～1 000万日元，但由于日本政府的大力补助推广，2005年装置量已约480台，世界市场占有率约50%；后者则主要在北美市场，其中尤以2～10kW UPS系统占80%最多。美国市场因新能源法案通过，自2006年起提供家用及工商用燃料电池系统使用者税赋减免优惠，每千瓦有1 000美元减税额。

目前PEMFC定置型发电系统设计容量多为10kW以下，目前国外已有些许案例，兹述如下。

美国：Plug Power公司所发展之GenCore与GenSys 5kW级备用电力系统应用较为成熟，并已在市场上公开贩卖。

德国：European Fuel Cell，已发展3 kW天然气进料之燃料电池发电系统。另外Viessmann公司则已发展2 kW级之定置型发电系统。

意大利：与美国合资Nuvera Fuel Cells发展4 kW天然气进料之燃料电池发电系统。

法国：Axane公司所发展之Comm Pac Base 10 kW级备用电力系统应用。

英国：Intelligent Energy公司发展10 kW级定置型发电系统。

丹麦：IRD Fuel Cells公司已发展2.5kW与6kW级的定置型热电共生系统。

荷兰：NedStack公司目前已发展之定置型发电系统有NedStack PS6（6 kW级）、NedStack PS50（50 kW级）、NedStack PS100（100 kW级）三种。

日本：主要以开发住宅用燃料电池热电共生系统为主，投入的厂商主要有松下电器、东芝、丰田汽车、三洋电机及荏原制作所（Ebara Ballard）等。

而在应用面上，虽然目前尚无燃料电池小客车在汽车市场中贩卖，但在欧、美、加、日等国进行燃料电池汽车示范计划支持下，目前试验中之燃料电池车辆是以小汽车及巴士为主；而近年来一些利基产品，如以燃料电池作为运输工具之辅助动力单元（APUs）产品，已逐渐受到重视，预期未来应用于产业用叉举车（Fork Lift Trucks）、火车、航空器、潜水艇、大卡车、机车及自行车、代步车、轮椅甚至机器人等利基产品市场会急遽增加。特别是燃料电池机车，最近陆续有许多新产品发表，如英国 Intelligent Energy、我国台湾亚太燃料电池公司及日本机车大厂 HONDA、YAMAHA 等，后者之燃料电池机车已进入道路测试阶段。

至于在轻型汽车方面，目前国际汽车大厂均有投入燃料电池汽车之开发，主要研发厂商包括 DaimlerChrysler、Ford、Ballard、GM、Ford、Toyota、Honda、Nissan 等；其中，DaimlerChrysler、GM、Honda 与 Toyota 等国际汽车大厂，以垂直整合方式企图掌握燃料电池汽车产业之重要价值链。日本政府部门致力于燃料电池车辆的研发推动与推广，规划能于 2010 年时有 50 000 辆燃料电池车实际进行运转。

在燃料电池公交车方面，于 2000 年由德国 DaimlerChrysler AG 首先推出。而加拿大于卑诗省（British Columbia）建立第一个燃料电池巴士实际商业化运转车队。美国田纳西州的研发人员自 2006 年起即开始在测试跑道上进行燃料电池公交车实际运转测试的计划，以借此提升美国能源取得的独立性。

厂商分布上，图 1 为 PEMFC 厂商的分布图（此图不包含汽车厂商），由图 1 中可知，美洲的厂商最多，占 53%，其中又以美国为主。在欧洲方面，则是以德国为大宗，亚洲国家是以日本厂商所占比例最高。由此观之，政府越大力支持与发展的国家，其厂商的发展活动亦越趋活络。

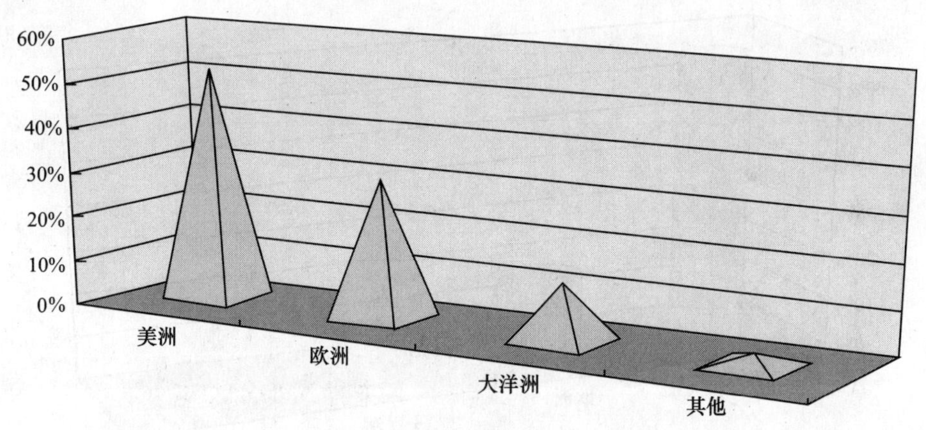

图 1　PEMFC 厂商区域分布图

(2) 燃料电池 SOFC 技术

固态氧化物燃料电池（Solid Oxide Fuel Cell，SOFC）技术最初的发展目标系提供发电站发电使用，美国西屋电气公司最早从 1962 年起，投入管状结构 SOFC 的研制并不断精进，已发展出管状型 SOFC 电池之构装技术，解决了 SOFC 高温密封问题。1997 年，西屋公司在荷兰建制 100 kW 的 SOFC 试验电站，其使用天然气作为燃料，电效率 43%，整体燃料使用率达 80%。2002 年，在加州安装了第一套 220 kW SOFC 与燃气涡轮机合并发电系统，进行长时效的耐久性测试，转化效率 58%。20 世纪 80 年代中期，平板型 SOFC 电池堆之装密封技获得突破，以其较低之内电阻，可在较低之操作温度下得较高之功率密度，能量密度高且生产成本较低，故较具竞争力。自 1990 年起 SOFC 的技术研发，概以平板型 SOFC 电池堆为主，美国及日本皆由政府主导，整合研究机构、学术界以及工业界之研发能量，积极推动 SOFC 产品之商业化。

SOFC 技术其产品商业化所面临之挑战包括：高制造成本、复杂的制造技术、零组件产业之投资、产品效能的衰减、使用期限的延长及可靠度。第一代的 SOFC 操作温度在 800～1 000℃，使得材料之选择、电池组的封装技术、产品价格降低等均受限制。目前全球均积极研发操作温度 500～800℃高效能及低价格的 SOFC 产品。

目前 SOFC 是中大型定置型（分布式供电力系统）高温（约 800℃）运转电力供应的主要技术，产业内厂商发展简述如下：

①如 Siemens-Westinghouse 开发 MW 级 Tubular SOFC 之集中型大型电厂，未来将和 Steam turbine and Gas turbine 并联发电。

②美国 Ztek 发展出 100kW 分散型 SOFC 发电系统，可和气涡轮机（GT）合并发电，而 SOFC 和 GT 合并之好处除了发电之外，可提升效率，其二氧化碳分离，并可制氢。

③SECA 执行 DOE 计划，研发 5kW 以下之 SOFC 系统。

SOFC 厂商分布，如图 2 所示。图中显示仍以美国为最主要，而亚洲部分从事厂商尚未被列入，极为稀少。此亦显示，美国由政府主导，整合研究机构、学术界以及工业界之研发能量，整体产业亦积极推动 SOFC 产品之商业化。而整体 SOFC 之厂商比 PEMFC 较少，可见出市场规模亦不及 PEMFC 技术。

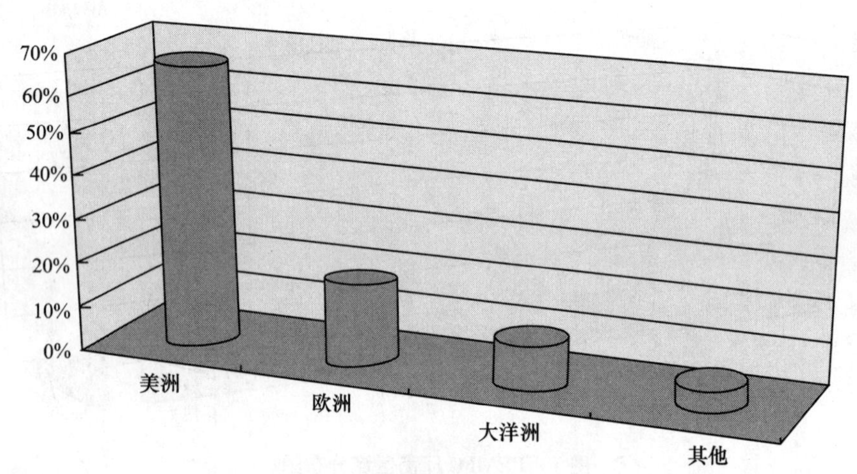

图 2　SOFC 厂商区域分布图

(3) 燃料电池 DMFC 技术

直接甲醇燃料电池（Direct Methanol Fuel Cell，DMFC）的工作原理与 PEMFC 相似，差别只是其燃料使用甲醇与水的混合溶液，因为使用液态燃料，所以在燃料的运送，补充及携带上非常方便，作为携带式电源而言是最恰当的选择，而其缺点为发电效率差，所以对定置型发电设施的应用方面难以和其他技术竞争。因此，直接甲醇燃料电池主要是以可携式/移动电源为主，应用范围包括携带式备用电源，小型车辆之混成电源，3C 可携式电子组件的是用电源，其中又以在 3C 领域较为蓬勃发展。

自从行动信息产品蓬勃发展以来，蓝牙、GPRS、多媒体等功能化之电子产品相继推陈出新，造就了多媒体随身娱乐影音及掌上型个人计算机之蓬勃发展，产品功能性强且彩色画面分辨率高的系统平台，运作时所需之耗电量也越加庞大，为满足此系统平台能维持长时间稳定工作，预估未来供电电容量将超过 600Wh/L 以上，对目前锂电池电容量成长的速度而言，将无法独立提供系统长时效操作，所以寻找适合的可携式电源系统将刻不容缓，也是未来电子产品标榜之最佳卖点。

DMFC 具有 4 800Wh/L 之高输出功率，燃料携带方便及安全性佳之特点，提供未来行动信息系统运用，为可携式电源系统开发之最佳切入点，并受到包括 Intel、Nokia、Motorola、Dell 等系统厂之关注，期待成为未来取代锂电池之电源系统。而就全球 notebook PC 生产量而言，我国台湾是全球第一大制造产地，出货量达每年 1 000 万台，所搭载之电池系统数量相当可观。以下就目前厂商发展现况，整理描述。

目前 DMFC 应用范围主要以军事用途占绝大部分，作为供应军人携带型武器所需之移动式电源。其中东芝以占 90%销售额领先其他公司。德国 Smart Fuel Cell 与英国 Voller Energy 针对休闲娱乐及工业用途推出利基型 DMFC 发电机，为现阶段可携式燃料电池应用市场中销售最成功者。

在甲醇燃料流通性与微型燃料电池产品安规方面，2005 年国际民航协会已建议取消携带甲醇燃料上客机之禁令，且 2006 年 IEC 亦公布 DMFC 产品安全规范，希望各国政府将陆续实施，才可将直接甲醇燃料电池顺利导入市场，于 3C 产品之应用市场规模亦能迅速成长。

国内外厂商虽积极投入研发，但整体而言，除了 Smart Fuel Cell 拥有较佳的系统整合能力，并发展出特殊之应用载具开始商品化外，其他在 3C 电子领域之应用，因为甲醇安全性及相关使用认证法规尚未建立，预计要等到法规完备，商品化时才会到来。

虽然美国在 DMFC 技术上，厂商亦为最多，但日本亦在携带性电子产品上积极投入，且都为世界上著名的品牌大厂，而欧洲虽然所占比例较少，但德国 Smart Fuel Cell 为目前系统整合能力最佳之厂商（图 3 为 DMFC 厂商区域分布）。

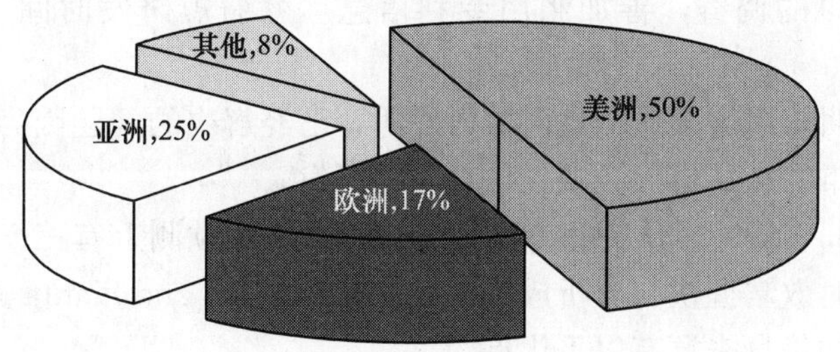

图 3 DMFC 厂商区域分布图

3 研究方法

本研究主要借由成长曲线法中的曲线趋势模型一罗吉斯成长模型（logistic growth model），并运用 Loglet Lab 2 软件分析氢能源产业的技术状况。Loglet Lab 2 为 The Rockefeller University 依照罗吉斯成长模型所开发出来的分析工具，此模型最早是由 Verhulst 于 1838 年所提出的（Stone，1980），认为技术进步路径并非随机的，而是具有某一特定轨迹可寻，大多类似于S形曲线，透过影响技术的参数利用数量方法加以预测并模拟其成长轨迹，由于技术通常如同一生命周期，因此，借以宏观的角度将技术分为数个不同的生命周期阶段，包括萌芽期、成长期、成熟期与衰退期，因此以此做研究方法。

而在专利分析资料库方面，以美国专利局（United States Patent and Trademark Office，USPTO）专利检索之专利指针作为估计技术生命周期曲线发展趋势的数据来源，进一步推估技术生命周期各阶段发生的时间点，并使用专家意见设定关键词，日期从初始专利至2008年12月31日止。此外，关于专利搜寻部分，以现在而言厂商因对于智慧财产权等专利相当重视，因此往往为避免其他厂商以专利搜寻了解竞争对手的技术能量，所以在专利申请时可能避免以直接名称做专利的申请。因此在本研究部分的专利搜寻仅以关键词做搜寻可能会有漏损资料之处。另外关于专利分析日期方面，以公告日为主，因限定分析至2008年12月31日止，因此以后情形未能予以分析。以下即针对专利分析、技术预测、专利与技术生命周期、技术成长曲线做一概略性的介绍。

3.1 专利分析

依世界智能财产权组织（World Intellectual Property Organization，WIPO）解释，专利是用以保护技术的法律文件、是公司普遍用以保护其发明与创造的一种方式。专利是由政府所发给的文件，其上载明某特定发明，并创设出一种法律状态，使该发明仅得在文件上所载发明权人之授权下，方得利用之。公司或组织、个人得向政府申请专利，禁止非权利所有人在一定年限内于国境内制造、使用、贩卖，或为上述目的而进口的权利。专利长久以来被认为是发明、创新、研发成果的代理指针。专利的重要性，如以下几点：

（1）据WIPO的报道，在各种期刊、杂志、百科全书等有关技术发展的资料中，唯一能够全盘公开技术核心者仅有专利信息。

（2）在专利说明中含有90%～95%之研发成果，且其中80%并未记载在其他的杂志期刊中。

（3）根据WIPO的调查，善加利用专利信息，可缩短研发时间60%，节省研发经费40%。

（4）现有的发明却因为缺乏信息而被再发明，已经解决的问题因为缺乏信息而再一次地被解决，已经上市的产品也因为缺乏信息而再研发。

Brockhoff et al.（1999）认为将专利信息应用在技术预测上有三个主要的优点，分别是资料可信度高、时效掌握快与分析成本低，而Archibugi and Pianta（1996）认为利用专利来作为产业创新的信息来源有以下优点：

（1）专利是发明程序的直接产出，是技术改变的良好指标；

（2）专利所载发明所能带来的价值至少超过专利申请的成本；

（3）专利经过良好分类，可了解发明活动内容与方向；

（4）专利统计资料的数量庞大、涵盖时间长；

（5）专利是公开文件，提供许多数据。

专利指标在经济相关文献中被视为较创新绩效之适当指标，也被大量地应用，甚至有学者更是全面应用专利作为绩效指标，如Arundel and Kabla（1998）与Mansfield（1986），将专利认为是高科技产业部门最适合的创新绩效指标。Campell（1983）认为在进行技术发展趋势探索时，专利指标是非常重要的工具，且能够提供技术变革中最丰富的价值情报。

3.2 技术预测

技术预测（Technology Forecasting）意指对技术创新、科技改良以及可能的科技发明等所做的描述与预测（吴丰祥，2002），一语贯之，即降低不确定性。由于未来是不确定的，所有预测方法的发展在为提升竞争力，管理者要有能力对于技术的变化进行预测与评估，且在管理者所必须面对之人（men）、材料（material）、资金（money）及设备（machines），即4Ms管理，为达成以上四项之任一目标，必须将技术视为最主要的驱动关键，借此帮助处理不确定性（Porter et al.，1991）。而在企业竞争环境日益艰困与技术的形态也快速的变迁之下，更造就了许多以新科技为主的应用型产品的产生，在此同时也孕育出新的产业类型，甚至改变了企业经营的模式，所以，技术预测已经不是单纯地寻找技术发展的轨迹，以及技术未来的发展性，而是须配合企业经营、技术的转换、评估对整个产业的发展与冲击。技术预测是以系统化、科学的方法，观察科技、技术、产业、经济与社会的长期发展，以找出能带来经济和社会利益的技术。技术预测可以帮助企业了解技术发展的趋势与展望，分析新产品或新技术的市场占有率与扩散情况，或新旧技术间的替换分析，评估技术发展对社会、经济的冲击。

技术预测的程序，可能以文字或数字的形式陈述机械、实体程序以及应用科学的潜能与运用（Millett and Honton，1991）。Bright（1972）对技术预测的定义则为："是一种逻辑分析系统，透过技术相关属性、变量及技术经济属性皆能导引出一些共通的计量结论。如此的预测不同于一般的计量关系及假设的组合，乃是可以产出相对一致性结果的逻辑而来。"Porter et al.（1991）则认为，技术预测的活动是将研究的焦点放在描述技术的功能变迁上，因此技术预测者应将研究重点置于技术在该功能上的变迁，或者创新的显著性及实现的时间点。至于预测内容则包括技术能力的成长、新旧技术的替代比率、技术的扩散情形、市场的渗透程度，以及重大技术突破的时间及可能性。

3.3 技术预测方法

技术预测有很多种，依据技术的种类、取得的资料的性质、使用的预测法的不同而有所差异。Martino（1975）将预测方法依据方法论分为四大类，分别为外插法、趋势相关法、分析法以及类比法。另外根据应用的方式则可以分成规范性方法与探索性方法。Porter et al.（1991）将技术预测方法分成三大类型，分别为直接预测型、相关预测型、结构预测型，如表6所示。各技术预测方法所适合投入资数之数量多寡、不确定性，以及该技术所处的生命周期阶段有一定的范围，如表7所示。

表6 技术预测的类型

类型	定义	可运用的预测方法
直接型	直接预测衡量技术发展在功能上的参数	专家意见（德尔菲法、调查法、名义群体法）、趋势插补法（成长曲线法、替代法、生命周期法）、延续时间序列分析法
相关型	衡量该项技术和其他技术或预测基础的相关参数关系	类推法、情景分析法、领先落后指标法、相互冲击分析法、技术进步函数
结构型	考虑因果关系对技术成长的影响	回归分析、相关事件树分析法、因果模式、仿真分析法（确定型、随机型、赛局型）、形态分析法

资料来源：Potrer et al.，1991。

表 7　技术预测方法适用的范围

方法	资料数	不确定性	技术发展期
德尔菲法	少	高	早期
类推法	少	高	早期
成长曲线法	中	中	中期
趋势外插法	少	中	中期
技术的衡量	多	低	晚期
因果模式	多	高	中期
概率法	多	中	中期
规范法	中	低	中期
情景法	中	高	早期

资料来源：Porter et al.，1991。

3.4　专利与技术生命周期

所谓生命周期，是指一项新技术的使用或产业的形成，必定是从基础科学或应用科学衍生而来，将之应用于产品开发、设计以及该产品导入市场、直到退出整个市场的整段时间称之。在此阶段时间内，技术历经萌芽（emerging）、成长（growth）、成熟（maturity）以及饱和（saturation）四个阶段，由于一技术生命周期所描绘出来的曲线形状与英文字母 S 相似，故又称为 S 曲线（Foster，1986）。

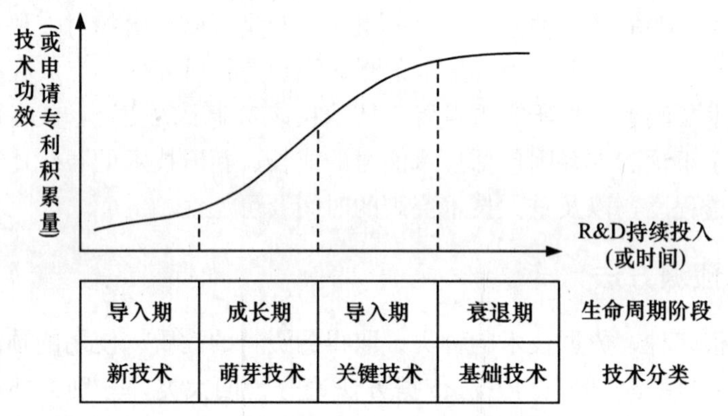

图 4　技术生命周期的 S 曲线

资料来源：Ernst，1997。

而 Ernst（1997）指出专利活动也会随着生命周期的不同，而呈现不同的态势，如图 4 所示，在描绘技术生命周期时，以技术绩效或专利申请数为纵轴，时间或 R&D 投入金额为横轴来衡量技术发展趋势，其将会遵守如图 4 的形式演化，一般称为技术扩散或技术采用过程（Ernst，1997）。

由图 5 可说明技术生命周期中每一阶段的专利活动（Ernst，1997）。

（1）导入阶段

1）早期稳定的专利申请产生中断现象；

2）专利申请的公司仍占少数；

3）会根据新的技术，生产新产品上市。

（2）重整阶段

1）低成长阶段，成长速度会比第一阶段低；

2）R&D的焦点会根据第一阶段的经验着重新的重点。

（3）市场渗透阶段

1）专利的活动会开始增加；

2）专利的活动会达到最高峰。

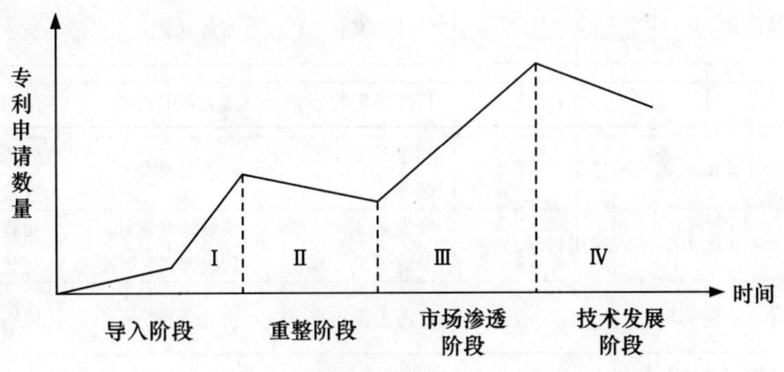

图5　技术生命周期的专利活动

资料来源：Ernst，1997。

专利管理及产业发展策略必须配合技术生命周期作适当的规划，如表8所示，在技术导入期时，宜尽量申请专利，以专利来卡位；在技术成长期时，则着重在发展或改良核心技术的应用，做好专利布局；在技术成熟期时，则着重于避免侵害他人之专利，熟悉各种专利纠纷处理，积极进行专利信息管理以及寻求专利授权；最后，在技术衰退期时，应着重周边技术与替代技术之申请，并将已过时的技术授权出去。

表8　技术生命周期

期别	萌芽期	起步期	成长期	成熟期	衰退期
技术生命周期					
市场特色	先驱厂商出现，市场需求不明	厂商逐渐增加，需求大于供给	需求大量增加，厂商数趋稳定	需求量饱和，厂商数减少	需求量减少
产业特色	垂直整合	垂直整合	垂直分工与水平整合	垂直分工与水平整合	垂直分工与水平整合
企业关系	合作	合作与竞争	竞争	购并	—
策略	建立技术能力	与大公司合作培养专业经验	选择主流产业扩大事业版图	击倒各竞争者，拉大竞争差距	退出或转型

期别	萌芽期	起步期	成长期	成熟期	衰退期
核心能力	发展信息技术，寻求可以合作之产业，建立技术能力	强化信息技术，寻求主流产业合作，完成进入市场之准备	信息技术多元化，与主流产业和产业领导者合作	信息技术多元化，开发各种产业与中小企业市场	—
技术面临课题	技术发展与应用，潜在市场开发		供给超过需求，替代技术产生或服务进入市场之考虑	技术与服务质量的要求，技术与服务呈现多样性	价格竞争新类型，技术或服务产生
产品变化	功能基础化		设计标准化	附加功能	技术差异极小化
研发策略	创新导向		功能导向	多元改良导向	价格导向
专利策略	卡位，专利申请质重于量		利基选择，专利部署	授权与改良	外形或外围功能之发展
创新方法	个人思考、脑力激荡、应用科学结合		研发经验，问题矛盾解决，模仿	质量稳健设计，制程改善，专利回避	功能合并，替代材料与技术
营销策略	观念导入，局部攻占		抢占主流市场	市场区隔	价格竞争

资料来源：陈佳麟、刘尚志与曾锦焕（1999）、本研究整理。

3.5 技术成长曲线

此模型是由 Verhulst 在 1838 年所提出的（Stone，1978），而 Pearl et al.（1940）首先利用此一曲线于人口成长之分析研究，而见知于世，因一项技术的出现和发展过程，有其规则轨迹可依循，其出现的状况如同人类的生命周期现象，亦即会经历萌芽期、成长期、成熟期、衰退期，故又有成长曲线之称（Pearl-Reed Growth Curve）或生命周期曲线之称（林建山，1984），而其近似 S 形状，固又有 S 曲线之称。成长曲线是指技术效能的成长与人口的成长间的松散类推比较关系，其原理是来自于技术的变化过程与人口的成长曲线很类似。此预测方法为利用所想预测的技术的过去效能数据，适配一线性回归模式，找出其成长曲线，并以外推法去推估未来。成长曲线的用途主要包括两方面：一方面为预测单一技术解决问题的绩效；另一方面则为预测此技术如何及何时达到上限。依 Meade and Islam（1998）的分类方式，成长曲线可分为四种类型，如表 9 所示。

表 9 成长曲线类型

类型	模型	代表学者
曲线趋势模型	Logistic model Gompertz model	Verhulst（1838） Gompertz（1820）
线性趋势模型	Mansfield model Linear Gompertz model	Mansfield (1961) Fisher and Pry（1971） Young（1991）
非线性自我回归模型	Logistic / Mansfield model Floyd model	Mahajan（1993） Floyd（1968）
混合模型	Extended Riocati model	Reuter（1976）

在描绘技术生命周期时，以技术功效或专利累积数量为纵轴，时间或研发投入金额为

横轴来衡量技术发展趋势。一般常用的曲线趋势模型包括 Logistic Curve 与 Compertz Curve，Cheng and Chen（2008）将专利信息应用在前述两种模型中，比较结果发现以 Logistic Curve 来解释是较适当的选择，产业的成长情况会依对称形 S 曲线来发展，在开始缓慢增加，反曲点附近增加迅速，最后缓慢渐增接近一水平渐近线。

自 Logistic Model 所衍生出来的模型众多，Fildes and Howell（1979）；Fildes（1983）；Makridakis et al.（1984）皆曾提出“最佳的模型配适并无法提供最佳的预测模型”的看法，Meade and Islam（1998）亦提出用直接的方式找出合适的模型，并运用该模型进行预测是困难的，但就实际操作而言，也不是不可能的，理由为没有显著的证据显示以时间序列数据推导出模式的正确性。此外 Meade and Islam（1995）利用 15 个国家的 25 笔电话普及数据，比较 17 种成长曲线模型后，其结论为：“愈是直接的模式愈能提供较佳的整体预测的成果”。故本研究假设氢能源技术的成长方式趋向于 S 形曲线方式成长，因此，在配适模型中，以 Logistic Model 作为成长模型研究的基础，进行技术预测分析。

由此模型计算来得到产业生命周期，而生命周期的各个时点，则以美国 Rockefeller University 所开发的 Loglet Lab 2 软件来计算 Logistic 成长模式，其操作定义如下所示：

$$P(t)=\beta e^{\alpha t} \tag{1}$$

$$\frac{dp(t)}{dt}=\alpha p(t)\left[1-\frac{P(t)}{k}\right] \tag{2}$$

$$P(t)=\frac{k}{1+e^{-\alpha(t-\beta)}} \tag{3}$$

式（3）中，$P(t)$ 代表专利累积数；α 代表 S 曲线斜率，也就是 S 曲线的成长率，β 代表成长中之转折点（midpoint）。α、β 可由回归方程式求出，t 为时间，k 代表成长的饱和水平，并定义［$k\times10\%$，$k\times90\%$］为成长区间，也就是技术发展趋势之成长期转为成熟期所需之时间，而所需的时间长度如式（4）所示：

$$dt=\frac{\ln(81)}{\alpha} \tag{4}$$

dt 为技术发展成长期与成熟期所需的时间长度，将式（4）代入式（3），得式（5）：

$$P(t)=\frac{k}{1+e^{-\frac{\ln(81)}{dt}(t-t_m)}} \tag{5}$$

式（3）中之 β 于式（5）中将之表示为 t_m，式（5）即为修正后之 Logistic Model，亦为 Loglet Lab 2 软件之主要理论模式。

4 实证分析

本研究分为三部分：专利资料检索及统计分析、技术生命周期分析。由于大部分厂商都在美国申请专利，本研究利用美国专利商标局（United States Patent and Trademark Office，USPTO）专利资料库检索相关专利，通过 USPTO 所提供之专利进阶检索功能，针对出现在专利摘要（abstract）、专利范围（claim）部分之关键词，以布林运算方式（AND/OR）获得相关专利，再经由专利内文判读，并排除与本研究不相关之专利后以进行分析。

从专利资料根据技术生命周期理论，专利活动反映技术发展情况（萌芽期、成长期、成熟期、衰退期），而呈现不同的态势。本研究以专利取得件数为样本资料，并将样本类型分为产氢、储氢、PEMFC、SOFC、DMFC/DAFC 五大类，运用成长曲线法进行技术预测，软件部分则运用 Loglet Lab 软件仿真，各参数取得定义如下：

（1）本研究利用该技术关键词群与主要专利，搜寻美国专利数据库，以获得所须之专利信息样本群。

（2）技术起始时间：样本群当中最早出现的专利之公布日。

（3）技术转折时间：确认成长、成熟期之分界，以 Loglet Lab 软件仿真出。

（4）以技术极限时间：曲线成长的时间，以 Loglet Lab 软件仿真出。

（5）技术极限值：曲线极限的最大量，以 Loglet Lab 软件仿真出。

4.1 产氢

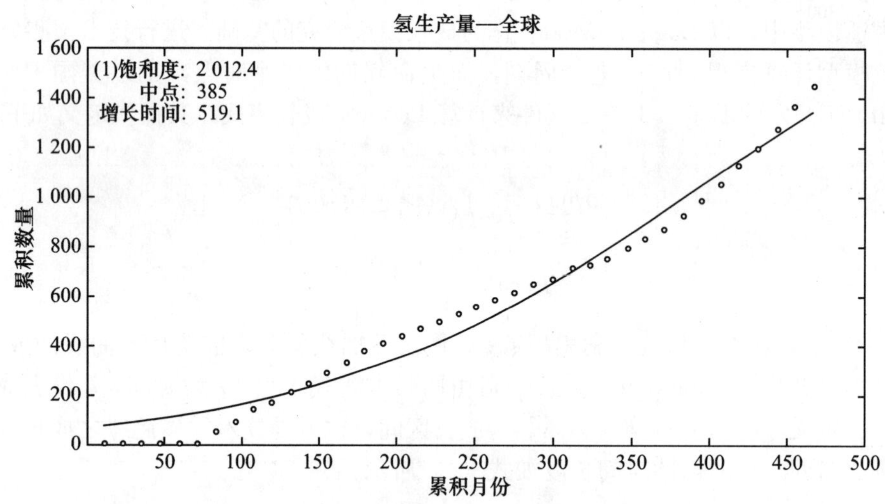

图 6　产氢技术的 Logistic Curve

将所检索到的专利统计其每年公告数量，以专利累积件数为纵轴、第一件专利产出起的月数累积为横轴，利用 Loglet Lab 软件绘出 Logistic Curve 如图 6 所示。由图 6 可观察到全球产氢技术之发展趋势符合 S 曲线形态，在萌芽期部分，以专利数据库或检索到的第一笔数据 1969 年 1 月开始起算；在成长期部分，技术饱和点 k 为累积2 012.4个专利数，根据 k 之定义 [k×10%，k×90%]，决定在累积月数至 264 个月的时候开始成长，即为 1990 年 1 月开始；根据 t_m 之定义为由成长期转和成熟期之相加所需的时间，分析结果为累积月数的第 385 个月，因此决定饱和期为 2031 年 4 月；dt 为技术发展成长期转为成熟期所需的时间长度，分析结果为 519.1 个月，因此，成熟期的时间决定为 2002 年 2 月开始。根据分析结果可知现阶段氢技术位于成熟期阶段，至饱和期尚需 20 年左右的期间。

4.2 储氢

由图 7 可观察到全球产氢技术的发展趋势符合 S 曲线形态，在萌芽期部分，以专利数据库或检索到的第一笔数据 1975 年 1 月开始起算；在成长期部分，技术饱和点 k 为累积 2 056.4个专利数，决定在累积月数至 300 个月的时候开始成长，即为 1999 年 1 月开始；t_m 之分析结果为累积月数的第 486 个月，因此决定饱和期为 2034 年 4 月；dt 分析结果为

446.6 个月，因此，成熟期的时间决定为 2015 年 7 月开始。根据分析结果可知目前氢能储氢的技术领域位于成长期中段，并且还有六年左右的期间将可陆续达到成熟期。

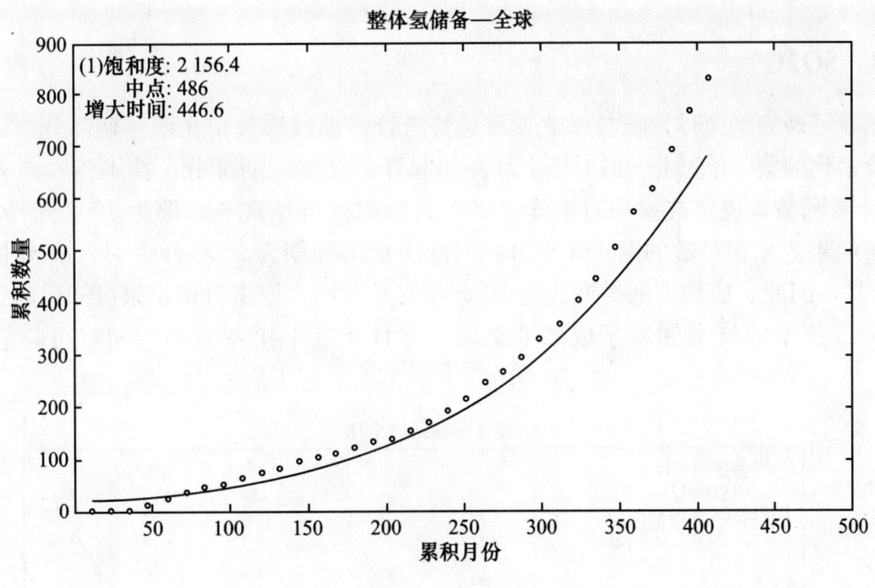

图 7 储氢技术之 Logistic Curve

4.3 PEMFC

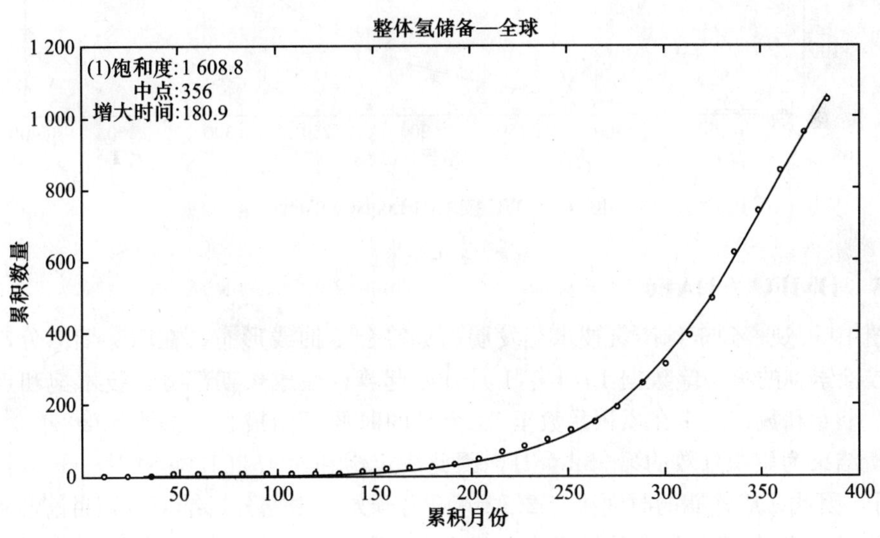

图 8 PEMFC 技术之 Logistic Curve

由图 8 可观察到全球产氢技术之发展趋势符合 S 曲线形态，在萌芽期部分，以专利数据库或检索到的第一笔数据 1976 年 1 月开始起算；在成长期部分，技术饱和点 k 为累积 1 608.8个专利数，决定在累积月数至 240 个月的时候开始成长，即为 1995 年 1 月开始；t_m 之分析结果为累积月数的第 356 个月，因此决定饱和期为 2011 年 2 月；dt 分析结果为

180.9 个月，因此，成熟期的时间决定为 2005 年 9 月开始。根据分析结果可知目前燃料电池产业 PEMFC 技术的技术领域已进入成熟期，并且还有两年左右的期间将可陆续达到饱和点。

4.4 SOFC

由图 9 可观察到全球产氢技术之发展趋势符合 S 曲线形态，在萌芽期部分，以专利数据库或检索到的第一笔数据 1974 年 1 月开始起算；在成长期部分，技术饱和点 k 为累积 1 541.8个专利数，决定在累积月数至 228 个月的时候开始成长，即为 1992 年 1 月开始；t_m 之分析结果为累积月数的第 413 个月，因此决定饱和期为 2018 年 9 月；dt 分析结果为 320.1 个月，因此，成熟期的时间决定 2008 年 6 月开始。根据分析结果可知目前燃料电池产业 SOFC 技术的技术领域于成熟期之间，并且还有十年左右的期间将可陆续达到饱和点。

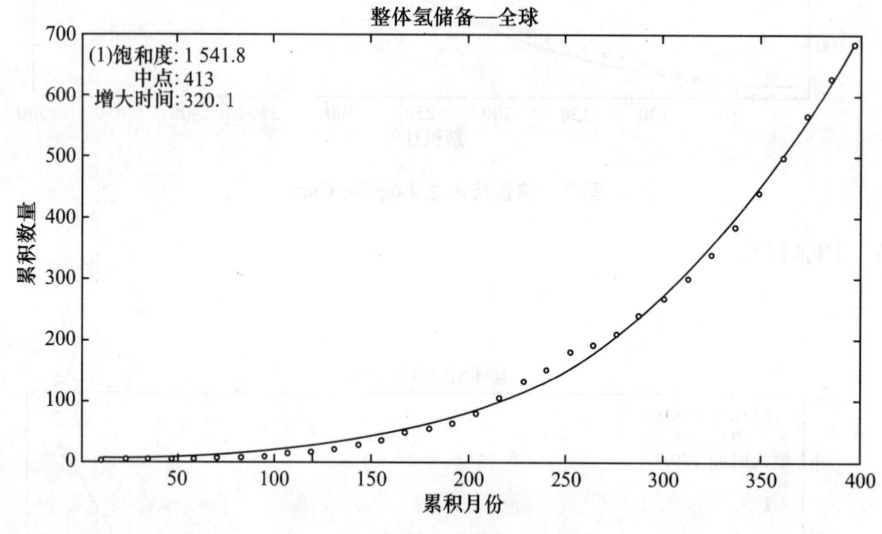

图 9 SOFC 技术的 Logistic Curve

4.5 DMFC / DAFC

由图 10 可观察到全球产氢技术之发展趋势符合 S 曲线形态，在萌芽期部分，以专利数据库或检索到的第一笔数据 1974 年 1 月开始起算；在成长期部分，技术饱和点 k 为累积 609.2 个专利数，决定在累积月数至 84 个月的时候开始成长，即为 1980 年 1 月开始；t_m 之分析结果为累积月数的第 382 个月，因此决定饱和期为 2012 年 9 月；dt 分析结果为 391 个月，因此，成熟期的时间决定 2012 年 9 月开始。根据分析结果可知目前燃料电池产业 DMFC/DAFC 技术的技术领域已进入成熟期，并且还有三年左右的期间将可陆续达到饱和点。

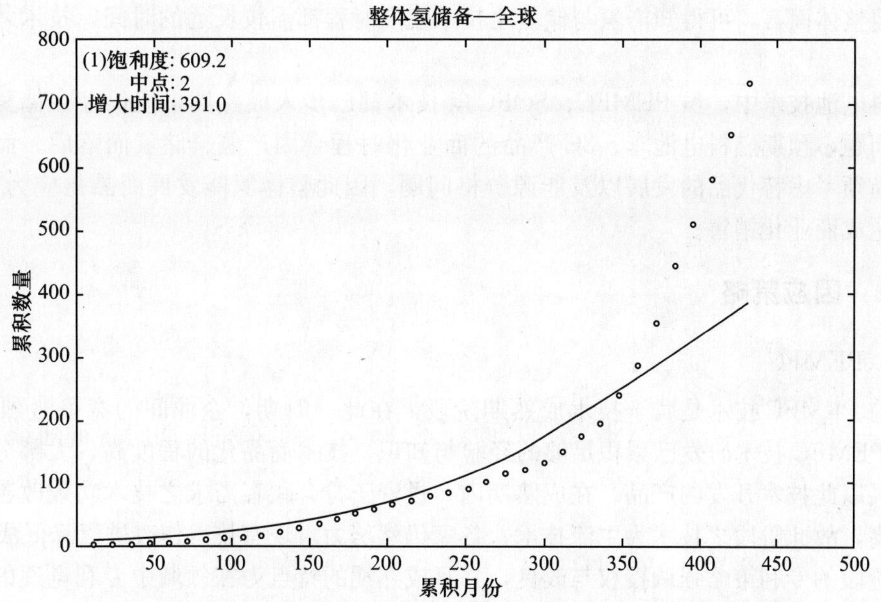

图 10 DMFC/DAFC 技术之 Logistic Curve

兹将五种技术之各生命周期阶段，如表 10 所示。

表 10 氢能源技术之生命周期时程汇总表

		生命周期阶段			
		萌芽期	成长期	成熟期	饱和期
技术种类	产氢	1969/1	1990/1	2002/2	2031/4
	储氢	1975/1	1999/1	2015/7	2034/4
	PEMFC	1976/1	1995/1	2005/9	2011/2
	SOFC	1974/1	1992/1	2008/6	2018/9
	DMFC/DAFC	1974/1	1980/1	2004/6	2012/9

5 结语

本研究运用 Logistic 技术成长曲线之技术预测分析方法预测氢能源技术未来发展的路径与时间，通过专家意见归纳出氢能源的关键技术并借此取得专利技术关键词，根据 Patent bibliometric 专利计量学针对专利数据库美国专利商标局（USPTO）进行五种氢能源产业中较主要之技术进行专利量与质的筛选，借此规划出氢能源科技未来发展的路径与时间，以捕捉出氢能源科技发展时程表。

5.1 综合分析

由模拟结果可观察出，目前产氢技术与三项燃料电池技术皆位于成熟期阶段，但却与三项燃料电池技术进入饱和期之时间差异较大，主要原因为产氢分析是以水分解、光分解和重组反应作为分析，专利数量庞大且内容种类繁多，亦即此专利检索时包含发展最完善与刚起步之产氢技术，因而造成此种分析结果。储氢技术则尚未达到成熟期且看似发展缓慢，其主要原因储氢系统要求严格，且目前发展亦有所“瓶颈”，造成分析结果为成长期阶段。但整体而言，可得知产氢与储氢之技术发展时程都需较长远的时间，技术才能达到成熟。

燃料电池技术中，虽 PEMFC、SOFC 等技术都已步入成熟期，但仍存在储氢、产氢等技术问题，预期燃料电池车、3C 产品的商业化时程会因产氢、储氢而落后。而除技术之外，尚须考虑替代品的发展以及能源价格问题，因此整体氢能发展商品化应为 2030 年后才能达成商业化销售。

5.2 因应策略

(1) PEMFC

目前 PEMFC 技术是属于技术成熟期阶段，在此一时期，企业间的竞争激烈，R&D 人员对 PEMFC 技术研发已累积足够的经验与知识，技术商品化的程度高，大部分的顾客已可购买以此技术开发的产品。在成熟期内，投资于符合顾客需求之技术功效改善的边际效益仍高，故此阶段之技术为主流技术，各家仍然努力对现有技术作改进以降低成本。

现阶段的专利策略强调授权与改良，并且成熟期的特点为在领域中专利竞逐的状况拥挤、领域变化的速度缓慢，因此依 Berkowitz（1993）提出之策略矩阵，企业应采取回避设计、利基发明、授权、避开专利限制取得发展空间等策略。此外，目前产业所处的阶段为全面市场阶段，此阶段中由于主导性技术产品的地位已被慢慢建立，以 PEMFC 而言，将在定置型系统、燃料电池电动车两方面发展为主，在这一阶段，产业中新增厂商，均以此两种主流技术产品为生产目标，而非主流地位产品的厂商，仅能在少数区隔的利基市场存活。因此阶段对于产品需求十分明确，发展重点即在于如何快速的扩张市场满足需求，将此技术产品营销给消费者与提高生产能力以降低售价成本，成为最关键的功能，产业中少数几家主要厂商占有大部分的市场，其余为大量的中小型厂商填充剩余的市场。

(2) PEMFC

目前 SOFC 与 PEMFC 技术相同，都是属于技术成熟期阶段，亦即在此一时期投资于符合顾客需求之技术功效改善的边际效益仍高，故此阶段之技术为主流技术，各家仍然努力对现有技术作改进以降低成本。因此现阶段的专利策略依然是强调授权与改良。现阶段该产业所处的环境为全面市场阶段，但 SOFC 之技术由成熟期成为饱和期的时程，明显比 PEMFC 技术来得长，意即表示目前虽已确立主导性技术产品发展方向，但其产业内厂商尚未能有效控制产品成本，因此需要较长时间的发展，才能使得 SOFC 产品市场规模扩大稳定。

(3) DMFC/DAFC

目前 DMFC/DAFC 技术之发展进入全面市场后，由于主导性技术产品的地位已被建立，朝向 3C 技术产品方向发展，因此进一步转向以降低成本为主轴，且希望市场销售规模呈快速成长。根据 ABI 公司的推估，预测 2010 年时，燃料电池行动电话及笔记型计算机用产品的销售台数将成长到 5 000 万台，达到全面普及，预期价格为每个 20 000～45 000日元，个人计算机上使用燃料电池的比率将增加到整体的 10%～15%。长期直接甲醇燃料电池市场规模预测，估计至 2008 年市场仍以军事用途为主，2013 年时市场规模约 110 亿美元，民生用途则会大幅领先军事用途，且其中以多功能无线通信产品及笔记型计算机为主，此与本模型所预估目前市场仍为全面市场，2012 年后将进入技术饱和期的成熟市场相吻合。

目前三种主要燃料电池 PEMFC、SOFC、DMFC/DAFC，虽然每种技术其所适用之产品不尽相同，且所需完全商品化时间亦不同，但其目前技术程度皆位于成熟期阶段，离商品成熟，完全市场化，皆还有一段时间，而这段时间内对于市场上厂商而言，最重要的即为选定发展技术，降低成本，专利策略强调授权与改良。并且成熟期的特点为在领域中专利竞逐的状况拥挤、领域变化的速度缓慢，因此厂商之策略矩阵，应采取回避设计、利基发明、授权、避开专利限制取得发展空间等策略，才能在竞争市场中取得利基。

参考文献

[1] ABS energy research (2007), The hydrogen economy.

[2] Archibugi, D. and M. Pianta. (1996), "Measuring technological change through patents and innovation surveys," *Technovation*, Vol. 16, No. 9, pp. 451—468.

[3] Arundel, A. and J. Kabla. (1998), "What percentage of innovation are patented? Experimental estimates in European firms," *Research Policy*, Vol. 27, pp. 127—141.

[4] Bright, J. R. (1972), A Brief Introduction to Technological Forecasting, Pergamon Press, New York.

[5] Brockhoff. K. K. ,H. Ernst, and E. Hundhausen. (1999), "Gains and pains from licensing-patent-portfolios as strategic weapons in the cardiac rhythm management industry," *Technovation*, Vol. 19, No. 10, pp. 605—614.

[6] Campball, R. S. (1983), "Patent Trends as a Technological Forecasting Tool," *World Patent Information*, Vol. 3, pp. 137—143.

[7] Cheng, A. C. and C. Y. Chen. (2008), "The Technology Forecasting of New Materials: The Example of Nanosized Ceramic Powders," *Romanian Journal of Economic Forecasting*, Vol. 5, No. 4, pp. 88—110.

[8] Ernst, H. (1997), "The Use of Patent Data for Technological Forecasting-The Diffusion of CNC-Technology in the Machine Tool Industry," *Small Business Economics*, Vol. 9, No. 4, pp. 361—381.

[9] Fildes, R. (1983), "An evaluation of Bayesian Forecasting," *Journal of Forecasting*, Vol. 2, pp. 137—150.

[10] Fildes, R and S. Howell. (1979), "On selecting a forecasting model," *TIMS Studies in the Management Sciences*, Vol. 12, pp. 297—312.

[11] Foster, R. N. (1986), "Assessing technological threats," *Research Management*, July-August, pp. 17—20.

[12] Mansfield, E. (1986), "Patents and Innovation: an empirical study," *Management Science*, Vol. 32, pp. 173 —181.

[13] Mariano. N. , L. Franciso, and C. Fernando. (1998), "Performance analysis of technology using the S curve model: the case of digital signal processing (DSP) technologies," *Technovation*, Vol. 18, No. 6, pp. 439—457.

[14] Makridakis, S. , A. Anderson, R. Carbone, R. Fildes, M. Hibon, R. Lewandowski, J. Newton, E. Parzen, and R. Winkler. (1984), The forecasting accuracy of ma-

jor time series methods, Chichester: Wiley.

[15] Meade, N. and T. Islam. (1995), "Forecasting with growth curves: an Empirical Comparison," *International Journal of Forecasting*, Vol. 11, pp. 199—215.

[16] Meade, N. and T. Islam. (1998), "Technological Forecasting-Model Selection-Model Stability, and Combining Models," *Management Science*, Vol. 44, pp. 1115—1130.

[17] Millett, S. M. and E. J. Honton. (1991), A Manager's Guide to Technology Forecasting and Strategy Analysis Methods, Ohio, Battelle Press.

[18] Pearl, R. , Reed, J. and Kish. J. (1940), "The logistic curve and the census count of 1940," *Science*, Vol. 92, pp. 486—488.

[19] Porter, A. , A. Roper, T. Mason, F. Rossini, J. Banks, and B. Wiederholt. (1991), Forecasting and Management of Technology, New York: John Wiley and Sons, Inc.

[20] Stone, R. (1978), "Sigmoid," *Bias*, Vol. 7, pp. 59—119.

[21] Verhulst, P. E. (1838), "Notice sur la loi que la population suit dans son accroissement," *Correspondence Mathematique et. Physique*, Vol. 10, pp. 113—121.

[22] 尤如瑾．全球燃料电池市场概况．工业技术研究院 IEK-ITIS 产业观察，2005.

[23] 尤如瑾．燃料电池产业环境发展障碍．工业技术研究院 IEK-ITIS 产业观察，2005.

[24] 尤如瑾．氢能源技术发展与我国燃料电池产业契机．工业技术研究院 IEK-ITIS 产业观察，2005.

[25] 尤如瑾．燃料电池产业关联分析(二)．工业技术研究院 IEK-ITIS 产业观察，2006.

[26] 尤如瑾．燃料电池产业关联分析(三)．工业技术研究院 IEK-ITIS 产业观察，2006.

[27] 尤如瑾．燃料电池市场发展趋势．工业技术研究院 IEK-ITIS 产业观察，2006.

[28] 林建山．商情预测：技术与实务．北京：商务印书馆，1984.

[29] 吴丰祥．谈技术预测与评估．就业情报杂志，2002(327)：138—139.

[30] 张志立．以技术生命周期作为技术预测模式之比较[D]．中原大学企业管理学系硕士学位论文，2004.

[31] 张婉婷，颜上咏，赖文祥，刘岱峰．以技术生命周期观点来分析 FLASH memory 产业的发展状况．2006 工研院创新与科技管理研讨会，2006.

[32] 陈定翔，郑玉龙．氢能源经济之探讨．资源与环境学术研讨会，2007.

[33] 陈佳麟，刘尚志，曾锦焕．产品生命周期之技术与策略创新．一九九九科技管理研讨会论文集．新竹交通大学，1999.

[34] 经济部能源局．能源局推动氢能与燃料电池产业与技术．2008.

[35] The Rockefeller University, http://www. phe. rockefeller. edu.

[36] United Stated Patent and Trademark Office, http://www. uspto. gov.

因应永续能源发展之洁净能源策略评估

林达荣　李坚明　郑清宗　柯娟娟　李丽雯

东华大学　台北大学　台湾大学/财团法人中技社

交通大学　台湾大学

摘　要：本文旨在以结合动态规划与二项式选择权定价模式特性，改良序列复合选择权之二项式评价模式，以作为评估适当之永续能源发展各项洁净能源策略价值。全文以 2010 年台湾地区预估生产毛额（GDP）为基数，评估至 2025 年为止，面临不确定 GDP 变动情景下，探讨不同洁净能源配比机制建立之策略选择议题。本文导入改良式二阶段序列复合选择权评价模式，在 2015 年时满足 2020 年二氧化碳密集度与否之洁净能源机制为第一阶段选择权及在 2020 年时满足 2025 年二氧化碳密集度与否之洁净能源机制为第二阶段选择权，依照改良式序列复合选择权，推导各阶段之项目价值与决定合适之能源配比方案。预期研究贡献为以台湾地区预估资料进行分析，评估选择权项目价值，提供政策制定时，可行且合适洁净能源策略参考，以作为符合政府长期洁净能源政策之参考依据。

关键词：洁净能源，国内生产毛额，二氧化碳密集度，复合选择权

1　前言

能源部门为台湾地区最主要温室气体排放源，在 1990—2006 年能源部门之温室气体排放量增加约 144.72%。依据环保署推估，2006 年台湾地区总温室气体排放量为 297.4MtCO_2当量，其中 75%来自能源供给与使用部门。2007 年台湾地区能源总供给量为 1.46 亿公升，最终能源消耗为 1.15 亿公升油当量，其中 99.3%依赖进口。而能源消费利用形式分别为电力 50.8%、石油 38.8%、煤炭 8.0%、天然气及液化天然气 2.4%[①]。由此显见，台湾地区电力业为化石能源最直接消费者。目前台湾地区发电装置主要以燃煤、燃油及燃气为主，占总发电量的 61.7%。依据能源局预测及规划，电力部门于 2006—2025 年，需新增发电容量 5 363 万千瓦，其发电装置配比为燃煤 48.7%、燃气 31.3%、燃油 2.7%、抽蓄水力 4.1%、核能 14.1%、再生能源 9.0%及其他 0.1%。行政主管部门于 2008 年 6 月 5 日通过永续能源政策纲领，将以高效率、高价值、低排放、低依赖四项原则作为未来台湾地区能源政策的核心，立下发展洁净能源之目标：二氧化碳排放减量于 2016—2020 年回到 2008 年排放量，于 2025 年回到 2000 年排放量；发电系统中低碳能源占比由 40%增加至 2025 年的 55%以上。为配合永续能源政策纲领，在 2009 年 6 月 9 日通过能源管理法部分条文修正案，增（修）订多项预防性、全面性及市场性的强化能源效率与使用管理措施，引导厂商、能源用户及消费大众全面节约能源及提升能源使用效率。此外，台湾地区再生能源发展条例也在 2009 年 6 月 12 日经立法通过，为台湾地区能源发展利用的重大政策变革，关系台湾地区电力产业未来发展。

① 经济部能源局，电力长期负载预测及长期电源开发规划。研究报告，2006。

一项气候政策其未来所产生效益与所需承担成本，存在高度不确定性，Anda，et al.（2009）提出以实质选择权法（实物期权，real options approach，ROA）决定气候政策的法则，亦即二氧化碳（CO_2）排放目标值，以及估计在过渡时期所产生潜在未来经济价值，有助于不确定造成评估价值失真之影响，研究结果显示 ROA 计算弹性经济价值较净现值（ net present value，NPV）法计算经济价值为高。Fuss，et al.（2009）应用 ROA 分析政府气候政策对于电力部门三种发电方式——燃油、燃油＋CCS、风力发电选择上的决策影响。研究显示，随着 CO_2 价格不确定性增大，预期未来信息之价值亦随之增加，且未来在大气中累积 CO_2 量亦增加，其原因为由 CO_2 密集度高发电方式转变为密集度低发电方式，受到延迟之故。Fuss，et al.（2009）由此测试 CO_2 价格变化过程依循几何布朗运动（geometric brownian motion，GBM）及不同的 jump process 情况下，建议政府气候政策维持在一段长时期内为稳定的，然后再进行改变，而非频繁地在短期内加以修改，以免导致电力业者拖延采取 CO_2 密集度低发电方式。Kiriyama 和 Suzuki（2004）利用 ROA 评估在面临未来 CO_2 排放价各不确定下核能电厂投资决策。结论显示，为确保日本因应地球暖化措施的有效性，必须重新考虑核能电厂角色，同时验证 ROA 是一种支持能源环境政策的良好决策工具。Jaccard 和 Rivers（2007）指出许多研究因忽视或低估社会资本（society's capital stocks）周转率的异质性（heterogeneity），而导致延迟投资于 CO_2 减量设施是对整体社会较有利，而经由其模型实证结果显示，在不同假设条件下，利用长期的社会资本投资于 CO_2 减量设施，是有利于社会经济的。Abadie 和 Chamorro（2008）探讨燃煤发电厂风险因素是 CO_2 排放量限制和电价，其中 CO_2 排放量限制（2008—2012 年京都议定书之欧洲市场 CO_2 排放量限制）和电价（依西班牙趸售物价市场标准），运用二维二项式决策树（two-dimensional binomial lattice）推导投资策略，假设 CO_2 排放量变动依循 GBM，电价变动依循平均恢复过程（mean-reverting process）变动，评估是否设置碳开采封存设备进行分析。Fuss，et al.（2009）针对石化燃料、碳燃料和再生能源三种能源产品，运用 ROA 分析不确定 CO_2 排放所产生之 CO_2 密集度，选择最佳电力生产之能源配比。Szolgayova，et al.（2008）对于不确定的 CO_2 排放成本，运用 ROA 评估 CO_2 排放成本上限或安全价值，研究结果显示：在渐进税制下生质能源发电厂（biomass fired power plant）比化石能源发电厂有利；面对 CO_2 排放成本波动下，石化燃料发电并不比再生能源差，而生质能源发电厂比化石能源发电厂对于 CO_2 排放成本波动更为敏感；碳开采封存模块投资时机，不受 CO_2 排放成本上限的影响。

水力发电为一种传统的洁净能源，但是受限于可利用水资源的量及开发可能对环境造成的冲击，因此近期除长江三峡水力发电为最具代表性外，许多地区对水力发电的开发并不积极。Kjærland（2007）利用 ROA 评估为何在挪威虽然有许多计划中的小型水力电厂及既有水力电厂的扩建计划但是却迟迟不执行，主要为受到在电力自由化市场机制下，电价受到未来许多因素影响，使得投资获利的不确定性增高，导致投资延缓。该研究利用 ROA 评估投资水力电厂机会价值，并找出电价与计划最适投资时点（optimal investment timing）的关系。Lin，et al.（2007）探讨环境污染防治政策之投资决策评估过程中，面临环境生态的不确定性与经济的不确定性之下，运用 ROA 建立连续模型下之最适改善污染源的环境决策评估，文中阐述有别于传统成本利益法，扩展 Pindyck（2002）连续期间评价模式之环境污染防治决策探讨，找出采用环境污染防治政策之污染储存量的门槛值以及最适进行污染防治之时点。Bøckman，et al.（2008）在电力价格不确定下评估水利发电项目，运用 ROA 决定兴建小水力发电厂之电力价格门槛值，且决定水力发电厂最适的大小。Ansar and Sparks（2009）假设节能所产生收益依 GBM 变动，运用 ROA 及运用经验曲线（experience curve），推导出 Hurdle rate（障碍率）以评估节省能源技术最适投资分析。Ohyama and Tsujimura（2008）扩展 Pindyck（2002）模型，假设存在两个代理人（有一个国家为 Leader 较早执行环境政策；另一国家为最后或与 Leader 同时执行环境政策为 Follower）考虑技术创新的影响下存在竞争行为下以建构最适执行环境政策模型。

本文旨在以结合动态规划（Dynamic Programming）与二项式选择权定价模式（Binomial Options Pricing Model）的原理与洁净能源（Clean Energy）政策考虑下所衍生之改良式序列复合选择权（Sequential Compound Options）之改良型二项式评价模式，以评估台湾地区永续能源发展之各项洁净能源之策略价值。全文以 2010 年台湾地区预估生产毛额（Gross Domestic Product，GDP）为基数，评估至 2025 年为止，面临不确定 GDP 变动情景下，探讨不同洁净能源配比机制建立之策略选择议题。本文导入改良型二阶段序列复合选择权评价模式，在 2015 年时满足 2020 年二氧化碳密集度与否之洁净能源机制为第一阶段选择权；与在 2020 年时满足 2025 年二氧化碳密集度与否之洁净能源机制为第二阶段选择权，依照序列复合选择权之原理，推导各阶段之项目价值与决定合适之能源配比方案。改良式模型特性为结合动态规划及二项式选择权定价模式，针对一般政府政策决定具有前置期之特性，面临不确定 GDP 环境下所开发之数理模型以提供此等具有前置决策类似特性之决策评估参考依据。一般动态规划求取最佳路径（最小成本或最大收益）均为可确定之选择路径或期望随机路径，其所选取之最佳路径往往无法描绘具有决策前置期必须事先决定其选择路径，而非依据不确定过程之期望未来路径可依循之决策；此外实质选择权评价模式虽可处理不确定的未来路径，但针对前置期的决策评估判断则无法有效描绘其可行之策略选择。是故，本模型改良两者之缺点并取其优点后所建立之评价模式，以提供政策规划所需前置期考虑时之决策准则进行分析时可用之决策评估工具。

2 模型建构

本文假设 2010 年台湾地区预估之 GDP 为基数下，依过去历史数据分析其至 2025 年生产毛额可能产生变动情形下，可能对二氧化碳密集度高低产生影响时，如何在能源密集度为适度控制下，建立满足第一阶段于 2020 年二氧化碳密集度恢复至 2008 年标准，第二阶段于 2025 年二氧化碳密集度恢复至 2000 年标准之洁净能源政策选择之改良型两阶段序列复合选择权评价模式之最适能源配比方案进行模型建构。

2.1 模型假设

模型建构相关假设条件如下：2010 年台湾地区预估生产毛额为基数，每五年之平均成长比率为 u，平均衰退比率为 d，并满足 $u\times d=1$ 之关系式，其所对应无风险利率（或风险修正后折现率）以 r_f 代表，符合 $u>1+r_f>d$ 之自然限制条件，以免套利行为发生。参考 Copeland 和 Antikavro（2001）介绍 ROA 模型之风险中概率法（risk neutral probabilistic method），则可产生上升路径分配比率 $p=\frac{(1+r_f)-d}{u-d}$ 及下降路径分配比率 $1-p=\frac{u-(1+r_f)}{u-d}$，且 $0\leqslant p\leqslant 1$。亦即其生产毛额之变动路径图与相关路径比率分配与各时间点所对应结点之国内生产毛额，如图 1 所示。

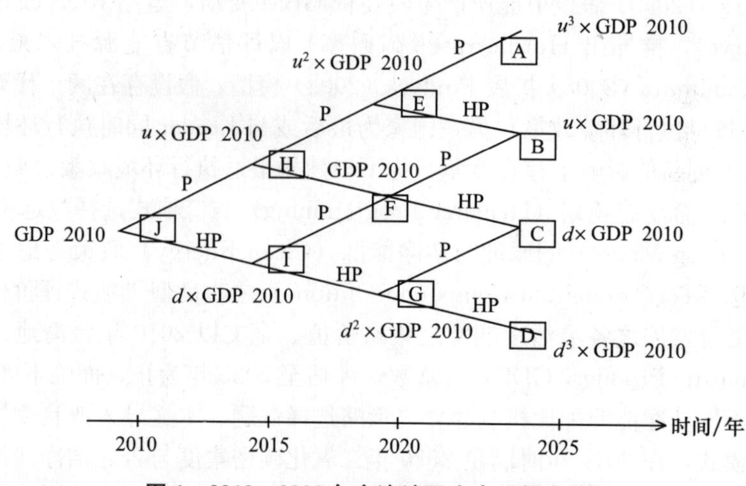

图 1 2010—2025 年台湾地区生产毛额变动图

假设必须于 2015 年时决定 2020 年符合二氧化碳密集度恢复至 2008 年之规模限制下能源配比的净洁策略，并于 2020 年时决定 2025 年符合二氧化碳密集度恢复至 2000 年之规模限制下能源配比的洁净策略之二阶段能源洁净策略之选择。在 2015 年之任一结点上均有三种洁净策略可选择，第一种方案维持在 2015 年所在结点所对应生产毛额之能源洁净配比策略不变；第二种方案则以 2015 年所在结点所对应生产毛额上升至 2020 年所在结点所对应生产毛额之能源洁净配比策略；第三种方案则以 2015 年所在结点所对应生产毛额下降至 2020 年所在结点所对应生产毛额之能源洁净配比策略。同理在 2020 年亦可以选择三种方案如下：第一种方案维持在 2020 年所在结点所对应生产毛额之能源洁净配比策略不变；第二种方案则以 2020 年所在结点所对应生产毛额上升至 2025 年所在结点所对应生产毛额之能源洁净配比策略；第三种方案则以 2020 年所在结点所对应生产毛额下降至 2025 年所在结点所对应生产毛额之能源洁净配比策略。在此可行方案选择下，在 2020 年各结点面对 2025 年决定第二阶段能源洁净策略选择结果产生。

在 2025 年时，结点 A 所产生之平均发电成本为在 2020 年之结点 E 所实行的三种方案下所产生之平均发电成本组合 $C_A=\{C_{EN}^{A}, C_{EU}^{A}, C_{ED}^{A}\}$，在此 C_{EN}^{A} 为在 2020 年结点 E 实行维持现状（不调配新的能源配比方式）下在 2025 年结点 A 所产生之平均发电成本（含能源洁净不足所反映成本）；C_{EU}^{A} 为在 2020 年结点 E 实行调配新的能源配比方式符合在 2025 年结点 A 所产生之平均发电成本；C_{ED}^{A} 为在 2020 年结点 E 实行符合在 2025 年结点 B 调配新的能源配比方式但实际在结点 A 所产生之平均发电成本（含能源洁净不足所反映成本）。

在 2025 年时，结点 B 所产生之平均发电成本为在 2020 年之结点 E 所实行的三种方案下所产生之平均发电成本组合 $C_B^E=\{C_{EN}^{B}, C_{EU}^{B}, C_{ED}^{B}\}$，或结点 F 所实行的三种方案下所产生之平均发电成本组合 $C_B^F=\{C_{FN}^{B}, C_{FU}^{B}, C_{FD}^{B}\}$，在此 C_{EN}^{B} 为在 2020 年结点 E 实行维持现状（不调配新的能源配比方式）下在 2025 年结点 B 所产生之平均发电成本（含能源洁净过剩所反映成本）；C_{EU}^{A} 为在 2020 年结点 E 实行调配新的能源配比方式符合在 2025 年结点 A 所产生之平均发电成本（含能源洁净过剩所反映成本）；C_{ED}^{A} 为在 2020 年结点 E 实行符合在 2025 年结点 B 调配新的能源配比方式所产生之平均发电成本；C_{FN}^{B} 为在 2020 年结点

F 实行维持现状（不调配新的能源配比方式）下在 2025 年结点 B 所产生之平均发电成本（含能源洁净不足所反映成本）；C_{FU}^{B} 为在 2020 年结点 F 实行调配新的能源配比方式符合在 2025 年结点 B 所产生之平均发电成本；C_{FD}^{B} 为在 2020 年结点 F 实行符合在 2025 年结点 B 调配新的能源配比方式所产生之平均发电成本（含能源洁净不足所反映成本）。在 2025 年时，结点 C 所产生之平均发电成本为在 2020 年之结点 F 所实行的三种方案下所产生之平均发电成本组合 $C_{C}^{F}=\{C_{FN}^{C}, C_{FU}^{C}, C_{FD}^{C}\}$，或结点 G 所实行的三种方案下所产生之平均发电成本组合 $C_{C}^{G}=\{C_{GN}^{C}, C_{GU}^{C}, C_{GD}^{C}\}$，在 2025 年时，结点 D 所产生之平均发电成本为在 2020 年之结点 G 所实行的三种方案下所产生之平均发电成本组合 $C_{D}=\{C_{GN}^{D}, C_{GU}^{D}, C_{GD}^{D}\}$，相关说明同前所述，不再赘述。

在 2020 年时，结点 E 所产生之平均发电成本为在 2015 年之结点 H 所实行的三种方案下所产生之平均发电成本组合 $C_{E}=\{C_{HN}^{E}, C_{HU}^{E}, C_{HD}^{E}\}$，在此 C_{HN}^{E} 为在 2015 年结点 H 实行维持现状（不调配新的能源配比方式）下在 2020 年结点 E 所产生之平均发电成本（含能源洁净不足所反映成本）；C_{HU}^{E} 为在 2015 年结点 H 实行调配新的能源配比方式符合在 2020 年结点 E 所产生之平均发电成本；C_{HD}^{E} 为在 2015 年结点 H 实行符合在 2020 年结点 E 调配新的能源配比方式但实际在结点 E 所产生之平均发电成本（含能源洁净不足所反映成本）。在 2020 年时，结点 F 所产生之平均发电成本为在 2015 年之结点 H 所实行的三种方案下所产生之平均发电成本组合 $C_{F}^{H}=\{C_{HN}^{F}, C_{HU}^{F}, C_{HD}^{F}\}$，或结点 I 所实行的三种方案下所产生之平均发电成本组合 $C_{F}^{I}=\{C_{IN}^{F}, C_{IU}^{F}, C_{ID}^{F}\}$。相关说明同前所述，不再赘述。在 2020 年时，结点 G 所产生之平均发电成本为在 2015 年之结点 I 所实行的三种方案下所产生之平均发电成本组合 $C_{G}=\{C_{IN}^{G}, C_{IU}^{G}, C_{ID}^{G}\}$，相关说明亦同前所述，不再赘述。

2.2 改良型序列复合选择权

本模型以改良型序列复合选择权评价方法作为洁净能源策略选择之参考依据，在第二阶段结点 E, F, G 所面临之项目成本为其在 2020 年所产生之 2025 年期望对应成本与第一阶段在 2020 年所产生之期望对应成本，亦即：

$$C_{E}^{II}=\frac{p\times C_{A}+(1-p)\times C_{B}^{E}}{1+r_{f}}+C_{E} \tag{1}$$

在此，C_{E}^{II} 表第二阶段于 2025 年结点 A 与结点 B 时，在 2020 年结点 E 所产生之期望发电成本之评估成本 $\frac{p\times C_{A}+(1-p)\times C_{B}^{E}}{1+r_{f}}$ 与 2020 年于结点 E 之期望发电成本 C_{E} 总和。本模型评估准则的特性与一般选择权定价模式有别。配合策略提前决定之特性所产生之改良型之评价模式。亦即在第二阶段策略决定结点上衡量第一阶段策略选择结果所产生当结点之平均发电成本与本阶段各结点所实行之策略于下阶段所对应预期结果之期望平均发电成本之现值。因此，本阶段各结点的总平均发电成本如式（1）所示。

$$C_{F}^{II}=\frac{p\times C_{B}^{F}+(1-p)\times C_{C}^{F}}{1+r_{f}}+C_{F} \tag{2}$$

同理，C_{F}^{II} 表第二阶段于 2025 年结点 B 与结点 C 时，在 2020 年结点 F 所产生之期望发电成本之评估成本 $\frac{p\times C_{B}^{F}+(1-p)\times C_{C}^{F}}{1+r_{f}}$ 与 2020 年于结点 F 之期望发电成本 C_{F} 总和。

$$C_{G}^{II}=\frac{p\times C_{C}^{G}+(1-p)\times C_{D}^{G}}{1+r_{f}}+C_{G} \tag{3}$$

再者，C_G^{II}表第二阶段于2025年结点C与结点D时，在2020年结点G所产生之期望发电成本之评估成本$\frac{p\times C_C^G+(1-p)\times C_D^G}{1+r_f}$与2020年于结点$G$之期望发电成本$C_F$总和。

在第一阶段结点H，I所面临之项目成本为其在2015年所产生之2020年期望对应成本与第一阶段在2020年所产生之期望对应成本，亦即：

$$C_H^I=\min\left\{\frac{p\times C_E^{II}+(1-p)\times C_F^{II}}{1+r_f}\right\} \tag{4}$$

在此，C_H^I表第二阶段于2020年结点E与结点F时，在2015年结点H所产生之期望最小发电成本组合之评估成本，如式（5）所示：

$$C_I^I=\min\left\{\frac{p\times C_F^{II}+(1-p)\times C_G^{II}}{1+r_f}\right\} \tag{5}$$

同理，C_I^I表第二阶段于2020年结点F与结点G时，在2015年结点I所产生之期望最小发电成本之评估成本。

再者，将2015年结点H与结点I之期望总发电成本C_H^I与C_I^I折回至2010年估算其总期望成本如式（6）所列。

$$C_J^0=\frac{p\times C_H^I+(1-p)\times C_I^I}{1+r_f} \tag{6}$$

据此，能源洁净策略可以在第二阶段结点E，F，G决定其合适之能源洁净方案及在第一阶段结点H，I决定其合适之能源洁净方案，同时于结点J估算其总期望发电成本。

3 数值例

以下以数值例说明序列复合选择权评估法在本模型之应用，假设$u=\frac{3}{2}$，$d=\frac{1}{u}=\frac{2}{3}$，$r_f=10\%$，所以$p=\frac{(1+r_f)-d}{u-d}=\frac{1.1-2/3}{3/2-2/3}=52\%$，$1-p=48\%$。各结点之平均发电成本假设如下：结点$A$之平均发电成本$C_A=\{C_{EN}^A，C_{EU}^A，C_{ED}^A\}=\{5，4，6\}$；

结点B之平均发电成本$C_B^E=\{C_{EN}^B，C_{EU}^B，C_{ED}^B\}=\{4，5，3\}$或$C_B^F=\{C_{FN}^B，C_{FU}^B，C_{FD}^B\}=\{4，3.5，4.5\}$；

结点C之平均发电成本$C_C^F=\{C_{FN}^C，C_{FU}^C，C_{FD}^C\}=\{3，4，2.5\}$或$C_C^G=\{C_{GN}^C，C_{GU}^C，C_{GD}^C\}=\{3.5，3，4\}$；

结点D之平均发电成本$C_D=\{C_{GN}^D，C_{GU}^D，C_{GD}^D\}=\{3，4，2.5\}$；

结点E之平均发电成本$C_E=\{C_{HN}^E，C_{HU}^E，C_{HD}^E\}=\{6，4，8\}$；

结点F之平均发电成本$C_F^H=\{C_{HN}^F，C_{HU}^F，C_{HD}^F\}=\{5，6，4\}$或$C_F^I=\{C_{IN}^F，C_{IU}^F，C_{ID}^F\}=\{4.5，4，6\}$；

结点G之平均发电成本$C_G=\{C_{IN}^G，C_{IU}^G，C_{ID}^G\}=\{3.5，4.5，3.5\}$；

各结点成本估算相关树形图如图2所示。

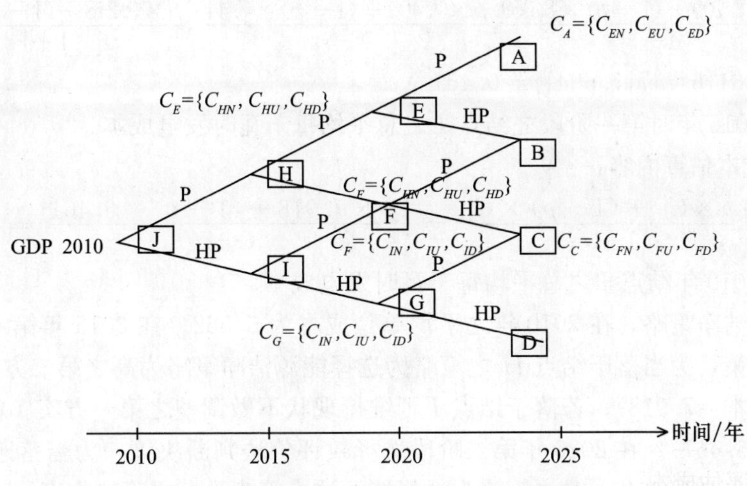

图 2　两阶段序列复合选择权之树形图

以下为 2020 年第二阶段之成本估算内容：

$$C_E^{II}=\left\{\frac{p\times5+(1-p)\times4}{1+r_f}+6,\frac{p\times4+(1-p)\times5}{1+r_f}+4,\frac{p\times6+(1-p)\times3}{1+r_f}+8\right\}$$

$$=\{10.109,8.073,12.145\}\tag{7}$$

C_E^{II} 为于 2020 年时第二阶段之结点 E 之总平均每千瓦时发电成本。

$$C_F^{II}(H)=\left\{\frac{p\times4+(1-p)\times3}{1+r_f}+5,\frac{p\times3.5+(1-p)\times4}{1+r_f}+6,\frac{p\times4.5+(1-p)\times2.5}{1+r_f}+4\right\}$$

$$=\{8.200,9.400,7.218\}\tag{8}$$

C_F^{II}（H）为于 2020 年时第二阶段之结点 F 下由结点 H 所产生成本估算路径之总平均每千瓦时发电成本。

$$C_F^{II}(I)=\left\{\frac{p\times4+(1-p)\times3}{1+r_f}+4.5,\frac{p\times3.5+(1-p)\times4}{1+r_f}+4,\frac{p\times4.5+(1-p)\times2.5}{1+r_f}+6\right\}$$

$$=\{7.700,7.400,9.218\}\tag{9}$$

C_F^{II}（I）为于 2020 年时第二阶段之结点 F 下由结点 I 所产生成本估算路径之总平均每千瓦时发电成本。

$$C_G^{II}=\left\{\frac{p\times3.5+(1-p)\times3}{1+r_f}+3.5,\frac{p\times3+(1-p)\times3.5}{1+r_f}+4.5,\frac{p\times4+(1-p)\times2}{1+r_f}+3.5\right\}$$

$$=\{6.464,7.445,7.645\}\tag{10}$$

C_G^{II} 为于 2020 年时第二阶段之结点 G 之总平均每千瓦时发电成本。

2015 年第一阶段之成本估算内容：

$$C_H^{I}=\min\left\{\frac{p\times C_E^{II}+(1-p)\times C_F^{II}(H)}{1+r_f}\right\}$$

$$=\min\left\{\frac{p\times10.109+(1-p)\times8.200}{1+r_f},\frac{p\times8.073+(1-p)\times9.400}{1+r_f},\frac{p\times12.145+(1-p)\times7.218}{1+r_f}\right\}$$

$$=\min\{8.359,7.918,8.891\}=7.918\tag{11}$$

C_H^{I} 为于 2015 年时第一阶段之结点 H 之总平均每千瓦时发电成本。

$$C_I^{I}=\min\left\{\frac{p\times C_F^{II}(I)+(1-p)\times C_G^{II}}{1+r_f}\right\}$$

$$= \min\left\{\frac{p\times7.700+(1-p)\times8.359}{1+r_f},\frac{p\times7.400+(1-p)\times7.445}{1+r_f},\frac{p\times9.218+(1-p)\times7.645}{1+r_f}\right\}$$

$$= \min\{6.461,6.747,7.694\} = 6.461 \quad (12)$$

C_I^I 为于 2015 年时第一阶段之结点 I 之总平均每千瓦时发电成本。

2010 年成本估算内容：

$$C_J = \left\{\frac{p\times C_H^I + (1-p)\times C_I^I}{1+r_f}\right\} = \left\{\frac{p\times7.918+(1-p)\times6.461}{1+r_f}\right\} = 6.562 \quad (13)$$

C_J 为于 2010 年结点 I 之总平均每千瓦时发电成本。

整体能源洁净策略，在 2010 年之平均单位成本为 6.562。在 2015 年第一阶段选择权评价法判断决策，为当落于结点 H 之策略为选择能源洁净策略为高之第二方案（总平均每千瓦时发电成本=7.918）；若落于结点 I 则维持现状不做调整之第一方案（总平均每千瓦时发电成本=6.461）。在 2020 年第二阶段选择权评价法判断决策，为当落于结点 E 或结点 F（由结点 H 路径产生）时之策略为选择能源洁净策略为高之第二方案（总平均每千瓦时发电成本分别为 8.073 与 9.4）；当落于结点 F（由结点 I 路径产生）或结点 G 则维持现状不做调整之第一方案（总平均每千瓦时发电成本分别为 7.7 与 6.464）。此时所对应之结点 A、B（含结点 E、F 路径）、C（含结点 F、G 路径）、D 之总平均每千瓦时发电成本分别为 4、5（结点 E 之路径）、3.5（结点 F 之路径）、4（结点 F 之路径）、3.5（结点 G 之路径）、3。相关数值例分析结果，如图 3 所示。

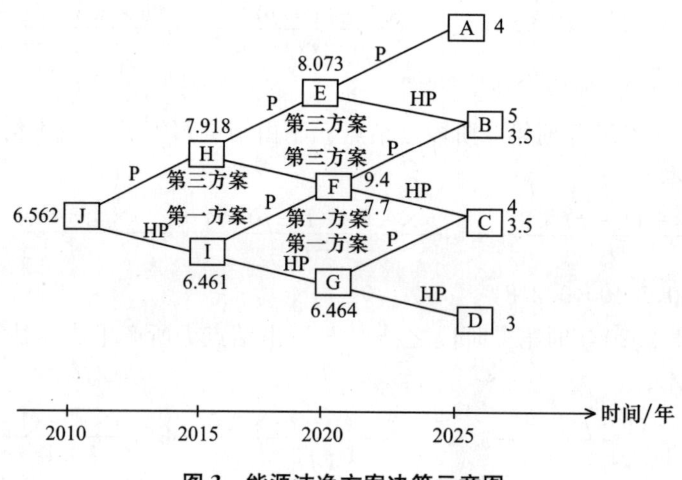

图 3 能源洁净方案决策示意图

4 结论

本文研究特点为以弹性策略管理的角度，针对政府面临未来 GDP 为不确定环境下，在洁净能源策略选择时，如何面临 GDP 外在环境不可控制时提供可行的对应政策，以作为未来政府规划政策时参考之依据。基于动态规划的原则下，利用实质选择权评估准则的特性结合简单的二项式树状决策数方法，配合本文探讨能源洁净策略议题，建构改良式序列复合选择权之二项式评价模式，为本文模型建构之一大特色。此外，本文除可以提供较其他趋势预测准则更为弹性的决策思考模式为本文提供弹性策略管理的思考主要特色外，研究结果可以提供政府在相关能源策略制定时，除考虑绿色经济议题外，亦需当面临能源经济与国家利益、产业经济综合思考下，政府如何提供更为可行的能源政策时，本研究导入之研究方法进而提供更符合不确定环境时所需考虑的风险政策与管理思维，是为本文针对理论结合实务与政策面联系之研究宗旨所在。

参考文献

[1] Abadie，L. M.，and J. M.，Chamorro，*European CO_2 prices and carbon capture investments*. Energy Economics，2008. 30：p. 2992—3015.

[2] Anda，J.，Golub，A.，and E.，Strukova，*Economics of climate change under uncertainty：Benefits of flexibility*. Energy Policy，2009. 37：p. 1345—1355.

[3] Ansar，J.，and R.，Sparks，*The experience curve，option value，and the energy paradox*. Energy Policy，2009. 37：p. 1012—1020.

[4] Bøckman，T.，Fleten，S. E.，Juliussen，E.，and H.，Langhammer，*Investment timing and optimal capacity choice for small hydropower projects*. European Journal of Operational Research，2008. 190 (2)：p. 55—267.

[5] Copeland，T.，and V.，Antikarov，*Real Options：A Practitioner's* Guide，NY：Texere，2001.

[6] Fuss，S.，Johansson，D. J. A.，Szolgayova，J.，and M.，Obersteiner，*Impact of climate policy uncertainty on the adoption of electricity generating technologies*. Energy Policy，2009. 37：p. 733—743.

[7] Jaccard，M.，and N.，Rivers，*Heterogeneous capital stocks and the optimal timing for CO_2 abatement*. Resource and Energy Economics，2007. 29：p. 1—16.

[8] Kiriyama，E.，and A.，Suzuki A.，*Use of real options in nuclear power plant valuation in the presence of uncertainty with CO_2 emission credit*. Journal of Nuclear Science and Technology，2004. 41(7)：756—764.

[9] Kjaerland，F.，*A real option analysis of investments in hydropower-The case of Norway*. Energy Policy，2007. 35：p. 5901—5908.

[10] Lin，T.，Ko，C. C.，and H. N.，Yeh，H. N.，*Applying Real Options in Investment Decisions Relating to Environmental Pollution*，2007. 35 (4)：p. 2426—2432.

[11] Ohyama，A.，and M.，Tsujimura，*Induced effects and technological innovation with strategic environmental policy*. European Journal of Operational Research，2008. 190：p. 834—854.

[12] Pindyck，R. S.，*Optimal Timing Problems in Environmental Economics*，Journal of Economic Dynamics and Control，2002. 26 (9—10)：p. 1677—1697.

[13] Szlogayova，J.，Fuss，S.，and M.，Obersteiner，*Assessing the effects of CO_2 price caps on electricity investments-A real options analysis*. Energy Policy，2008. 36：p. 3974—3981.

调和能源、环境与经济之永续能源政策研析

林唐裕　蔡欣欣

台湾综合研究院研一所

摘　要：永续能源政策应以充分满足各世代追求永续发展之能源供给型态及能源消费行为核心，在能源安全确保前提之下，兼顾经济发展与环境保护，以创造跨世代能源、环保与经济“三赢”。此外，除了净源与节流措施之外，法规机制相当重要，目前能源管理法及再生能源发展条例虽已三读通过立法，但据有实质温室气体减量法规之温室气体减量法（草案）及能源税条例（草案）应尽速完成立法，方能确实达成节能减碳之规划目标。有鉴于此，本文运用归纳法分析比较台湾地区能源政策与温室气体减量政策措施，理清相关法规间之竞合问题，并研提能源与温室气体减量整合推动策略，仅供各界参酌运用。

1　前言

能源是经济发展与社会进步的原动力，在国家经济建设过程中，虽扮演着关键性的角色，但能源开发与使用将大量排放温室气体，造成全球暖化现象。因此，如何兼顾环境保护目标永续能源发展已成为各国之主要政策方向。

台湾地区虽为非气候变化框架公约（UNFCCC）会员，并未负担实质减量责任，然因能源政策规划系以调合能源、环境与经济（以下简称 3E）发展为目标，实与国际发展趋势相吻合。为善尽地球村一分子之责任，行政院已于 2008 年 6 月 5 日第 3095 次院会通过永续能源政策纲领，透过推动各项节能减碳措施及因应策略，期能于未来建立永续发展之低碳经济社会。

现阶段台湾地区能源政策以稳定能源供应（能源安全）、提升能源效率、发展能源市场、加强能源科技研发及推广教育宣导为主轴；而温室气体减量政策则以减缓温室效应，降低温室气体排放为主，政策间偶有冲突与竞合之关系，尚待进一步整合。虽然目前能源管理法及再生能源发展条例已三读通过，但具有实质规范温室气体减量法规之温室气体减量法（草案）及能源税条例（草案）亦应尽速完成立法，方能达成节能减碳目标。有鉴于此，本文拟运用归纳法分析比较能源政策与温室气体减量政策措施之关联性，并参酌主要国家之永续能源政策之推动成效，撷精取华借以研提能源与温室气体减量整合推动策略，仅供各界参酌，期能迈向 21 世纪低碳经济社会。

2　能源与温室气体减量政策现况

由于能源与经济及环境三者（简称 3E）间具密不可分之关联性，气候变化框架公约与京都议定书之规范，将直接冲击到能源使用与经济发展。因此，永续能源发展必须兼顾

能源面（如能源多元化及能源稳定供给）、经济面（经济活动水准、能源安全与效率及能源价格）与环境层面（如全球变迁与环境污染）等均衡发展与公平原则，以收最大成效。

台湾地区自然资源不足，永续能源政策应由能源供应面的净源与能源需求面的节流做起，透过确保持续稳定的能源供应、开发对环境友善的洁净能源，以及有限资源做有效率的使用，以创造跨世代能源、环保与经济“三赢”愿景。兹将台湾地区能源政策制定过程及能源供需情势说明如下：

2.1 能源政策制定过程

台湾地区能源政策制定演进情形可分为下列三阶段（如图1所示）：

（1）经济发展型能源政阶段：1998年以前可称为经济发展型能源政阶段，其特点为能源支持经济成长，以稳定能源供应、提高能源效率、发展能源事业、重视永续发展、加强研究发展及推动教育宣导六大政策方针为主轴。

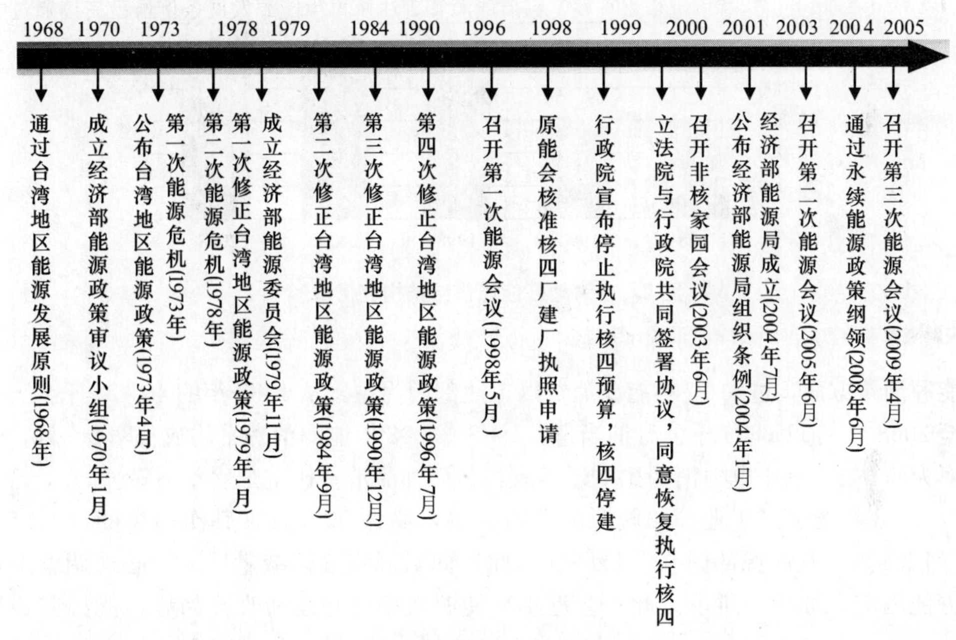

图1 台湾地区能源政策演进过程

资料来源：台湾综合研究院整理（2009）。

（2）偏向永续发展型能源政策阶段：1998—2004年属于偏向永续发展型能源政策阶段，除稳定能源供应、提高能源效率等六大政策方针之外，增加兼顾环境永续能源政策。

（3）永续能源政策阶段：2005年以后称为永续能源政策阶段，自2005年能源会议具体行动方案推展以来，已迈向永续能源政策阶段，尤其自2008年6月5日起积极推动兼顾3E之永续能源政策纲领目标（稳定、效率、洁净）更为明确。

总之，永续能源政策纲领需兼顾经济成长、环境承载及能源安全等3E理念，未来有赖政府各部门与全民积极推动永续能源政策纲领——节能减碳行动方案（永续能源政策纲领内容详见附表），落实滚动式管理机制（Rolling Management），方能达成此一目标。

2.2 能源供需情势分析

台湾地区能源供给结构以化石能源为主，过去 20 年，能源总供给量由 1988 年的51 640 千公升油当量增至 2008 年的 142 475 千公升油当量，其中石油比重占 49.5%，煤炭占 32.4%，核能发电占 9.4%，液化天然气占 8.3%，再生能源占 0.4%，如图 2 所示。由于碳排放量较高之煤炭与石油占 81.9%，低碳能源仅占 18.1%；因此，面对世界温室气体减量压力，以高碳能源结构而言，达成永续能源政策纲领之二氧化碳减量目标颇为困难。

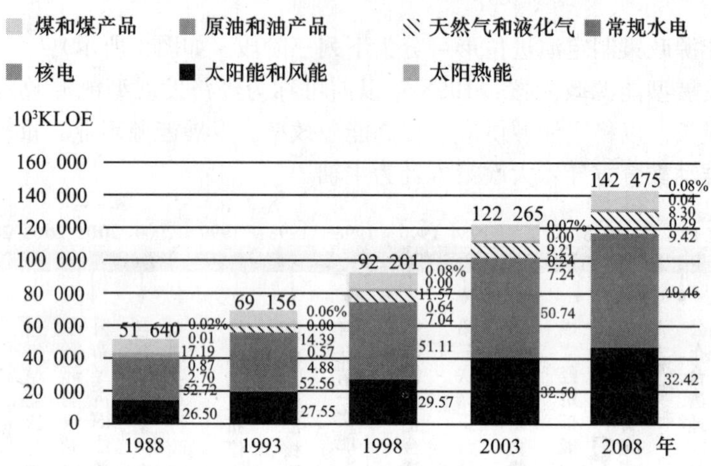

图 2　台湾地区能源供给结构变化情形

资料来源：能源局（2008），能源统计手册。

能源消费方面，过去 20 年能源消费以工业部门为主，从 1988 年的 46 424 千公升油当量增至 2008 年的 117 686 千公升油当量；1988—2008 年能源消费平均成长率 5.5%，GDP 成长率为 6.0%，其中电力消费比重逐年成长，而油品消费比重则逐年下降。

以 2008 年为例，工业部门能源消费占大宗，高达 52.6%；其次为住商（24.5%）、运输（12.8%）及能源部门（8.1%）。因此，面对温室气体减量压力，必须调整产业结构，方能因应，如图 3 所示。此外，近年来能源效率已有逐渐改善趋势，能源密集度自

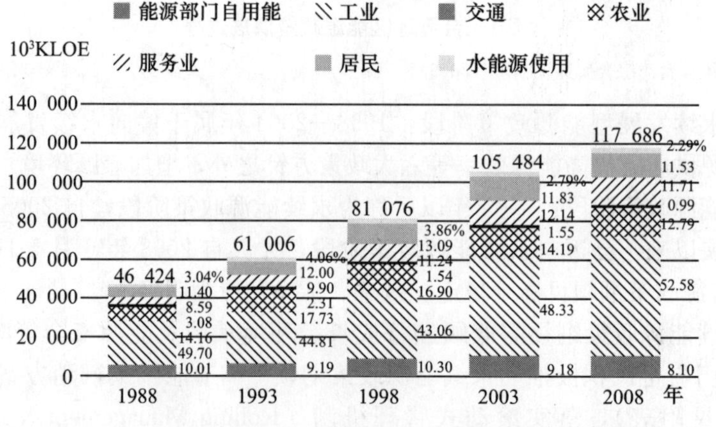

图 3　台湾地区能源消费结构变化情形

资料来源：能源局（2008），能源统计手册。

2001 年 9.25 公升油当量/千元下降到 2007 年 8.76 公升油当量/千元，改善幅度达 5.6%。此一能源密集度与已开发国家（如日本）相比较，仍有相当大的差距，未来必须依赖全民齐心推动节能措施与产业结构调整，方能达成能源密集度规划目标。

3　主要国家能源与温室气体政策法规研析

为了解主要国家能源与温室气体减量政策法规制度之特色与差异性，本文选定具代表性之国家，如欧盟、英国、日本、韩国之做法进行分析比较，提供参考。在比较方法上，以 IEA 之政策措施分类方式[①]，分析法规政策工具与措施之相互关联性，以及执行成效与优缺点，作为研提国内能源政策与温室气体减量政策整合规划之参考。

3.1　主要国家能源政策目标与策略

	欧盟 2007年欧盟能源政策	日本 2006年新国家能源策略	韩国 2008年第一次国家能源基本计划	英国 2007年能源白皮书
目标	以确保能源永续、供应安全及竞争力作为政策核心目标	•确立国民信赖之能源安全保障 •同时解决能源与环境问题 •对亚洲与世界能源问题积极贡献	•建立的20年其长期能源计划 •规划至2030年提升能源效率40%、再生能源比例增加4.6倍	运用能源政策达成2050年排放较1990年减少80%之目标
策略	1. 2013年前建立欧盟能源架构 2. 建立能源观测中心，以进行能源供需预测 3. 2020年能源消费减少20%，纳入能源效率行动计划 4. 规划2020年前再生能源消费量达20%目标，其中生质能至少占10%，纳入2007年的新能源规范之国家行动计划	1. 节能领先计划(30%以上的消费效率改善) 2. 运输能源的次世代计划(石油依存度80%左右) 3. 新能源革新计划 4. 核能立国计划(发电量的比率30%～40%以上) 5. 确保综合性资源策略(自主开发比率40%) 6. 亚洲能源合作策略 7. 紧急时对应之强化 8. 能源技术策略 9. 其他环境整备	1. 单位能源密集度由现在的0.341（千美元GDP消费的能源量）降至2030年的0.185，提升能源效率46% 2. 化石能源依存度由83%降至2030年的61% 3. 提升再生能源（至2030年的11%）及核能（至2030年的27.8%）等低碳能源比例，降低对化石能源依赖 4. 石油、天然气自主率扩大至2030年的40% 5. 绿色能源技术由现在的60%提升至2030年的世界最高水平，并积极培育绿色能源产业作为新成长动力	1. 建立国际合作体系 2. 温室气体减量立法 3. 促进国际能源市场之公开化及透明化 4. 增强节能诱因 5. 奖励低碳科技研发 6. 确保合理投资条件

资料来源：台湾综合研究院整理(2009)。

图 4　主要国家能源政策目标与策略

---

① 为因应全球气候变迁，IEA 针对能源密集（energy intensive）部门采取组合式（portfolio）的政策与措施，将各执行措施分类成六种不同属性的政策工具；分别为财政工具、管制工具、市场工具、自愿性协议、研究发展、政策程序。

（1）欧盟

以2007年欧盟能源政策为主，其政策目标如下：

①确保能源具永续性；

②间接维持产业具竞争力；

③确保能源供应安全。

（主要策略如图4所示）

（2）日本

以2006年新国家能源策略为主，其政策目标如下：

①确立国民信赖之能源安全保障；

②同时解决能源与环境问题；

③对亚洲与世界能源问题积极贡献。

（3）韩国

以2008年第一次国家能源基本计划为主，其政策目标如下：

①建立的20年其长期能源计划；

②规划至2030年提升能源效率40%，再生能源比例增加4.6倍。

（4）英国

以2007年能源白皮书为主，其政策目标如下：

①确保能源供应安全；

②提高英国能源市场竞争力；

③2050年达1990年温室气体排放量再减60%。

3.2 主要国家温室气体减量情形分析

京都议定书于2005年2月16日正式生效，截至2008年12月共183个气候变化框架公约缔约国签署京都议定书，规范38个工业国家及欧盟（附件一国家），须在2008—2012年，将其温室气体排放量降至1990年排放水准平均再减5.2%。

目前签署京都议定书国家中，英国、德国已提前达成京都目标，日本则期盼透过森林碳汇及京都机制协助达成京都目标，详见表1。此外，近期英、德、日亦提出至2050年长期减量目标，至少较当前排放量再减少50%为目标。

表1 主要国家之温室气体排放量统计

国家	1990年排放量（CO_2）/Mt	京都目标/%	京都目标（CO_2）/Mt	2006年排放量（CO_2）/Mt	尚需减量额度（CO_2）/Mt
英国	771.9	−8	709.3	665.7	已达成目标
德国	1 227.6	−8	1 129.4	1 004.8	已达成目标
日本	1 272.1	−6	1 195.7	1 340.1	144.3
美国	6 135.2	−7	5 705.7	7 017.3	1 311.5

资料来源：UNFCCC（2008）。

3.3 主要欧盟能源与温室气体减量法制评析

(1) 欧盟

经分析欧盟 2006 年绿皮书、2007 年欧盟能源政策、2005 年第二阶段欧盟气候变迁计划及 2008 年气候行动与再生能源配套计划等内容发现：各法规与政策所使用之政策工具措施颇有差异，但法规与政策间却存在相辅相成之关系。以再生能源指令为例，为减少温室气体排放，2005 年第二阶段气候变迁计划与 2008 年气候行动与再生能源配套计划均使用再生能源指令，而为兼顾能源供应稳定，2006 年绿皮书与 2007 年欧盟能源政策亦使用此项指令；两项政策因使用同一指令而相互联结，详见表 2。

表 2 主要国家能源与温室气体减量法规比较

国家	能源与温室气体减量相关法规
欧盟	2005 年第二阶段欧盟气候变迁计划 2006 年能源绿皮书 2007 年欧盟能源政策 2008 年气候行动与再生能源计划
英国	2006 年气候变迁计划 2007 年能源政策白皮书 2008 年能源法案与气候变迁法案
日本	2001 年新能源法（1997 年颁布，2001 年修订） 2002 年能源基本法 2005 年地球温暖化对策推进法（1998 年颁布，2005 年修订） 2006 年能源使用合理法（1997 年颁布，2006 年修订） 2008 年冷却地球推进计划
韩国	1979 年能源使用合理化法 2002 年新能源及再生能源发展促进法（1997 年颁布，2002 年修订） 2008 年第一次国家能源基本计划 2008 年低碳绿色成长基本法 2008 年气候变迁对策架构法

资料来源：台湾综合研究院整理（2009）。

(2) 英国

英国能源政策与温室气体减量法规包括 2007 年能源政策白皮书、2006 年气候变迁计划、2008 年能源法案及气候变迁法案均订有一致性目标（温室气体减量目标与再生能源推广目标），但由于政策、法规研订时间先后不同，因此目标内容亦有所差异。整体观之，英国在温室气体减量方面，制定严格减量目标，由原先规划的减少 60％提高到减少 80％（相当于 1990 年温室气体排放量）。

参酌英国能源与温室气体减量法规，可供我参采处如下：

①英国 2008 年能源法案之碳捕捉与封存规范、再生能源义务制度，以及借由公众意见咨询决定是否开发新核能电厂，评估核能发电之可行性、智能型电表或天然气表导入之规定。

②英国 2008 年气候变迁法案提出 3 个五年为一期的碳预算机制、成立气候变迁委员

会，以及政府须向国会回报温室气体减量与调适计划之执行成效之良性互动机制。

③成立能源与气候变迁部，专责处理能源与温室气体相关事务，进行能源与温室气体政策协调与整合。

(3) 日本

分析日本 2001 年能源基本法、1979 年能源合理化使用法、2005 年地球暖化对策推进法及 2008 年冷却地球推进计划所提出之政策工具措施虽有差异，但法规与政策间具有密切的关联性。

参酌日本能源与温室气体减量法规，可供我参采处如下：

①日本 2002 年制颁能源基本法，可作为未来研议永续能源基本法之参考。

②日本 2006 年能源使用合理化法节能教育活动及宣导机制。

③日本根据 2005 年地球温暖化对策推进法提出京都议定书目标达成计划，以行政计划方式制定减量目标而不入法，维持目标弹性调整机制。

(4) 韩国

分析韩国 1979 年能源利用合理化法、2002 年新能源及再生能源发展促进法、2008 年气候变迁对策架构法（草案）及低碳绿色成长基本法之政策工具与措施后得知，法规与政策间具有密切的关联性。但 2008 年低碳绿色成长基本法系所有能源与温室气体减量法规制定之基本原则，强调扶植具国际竞争力之再生能源产业为未来高科技产业主要发展方向。

韩国能源与温室气体减量法规，可供我参采处如下：

① 韩国 1979 年能源使用合理化法规定，各中央目的事业主管机关（商业部、企业部、能源部）每五年与州议会（相当于台湾之县议会）共同协商建立一套 10 年的国家基本能源计划之中央与地方政府之互动机制。

② 可参采韩国 2008 年低碳绿色成长基本法之立法原则，作为未来国内研议永续能源基本法之蓝本，将温室气体减量法、再生能源发展条例、能源管理法、能源税条例等能源与温减相关法规加以整合，作为未来规范能源相关法规之基本法。

综观各国（欧盟、英国、日本及韩国）之能源与温室气体减量政策内容得知，欧盟、英国、日本、韩国之能源与温室气体减量政策，大多以节约能源、发展再生能源及核能为主，以达成兼顾温室气体减量及稳定能源安全之目标。唯不同处在于，英国因邻近北海故拥有丰富的天然气资源，因此将提高天然气使用列为净源策略，详见表 3。

表 3　推动节能减碳策略比较

国家及地区	净源					节流
	推广再生能源	总量管制与排放交易	发展核能	提高使用天然气占比	碳捕捉与封存	提高能源使用效率
欧盟	ˇ	ˇ	ˇ		ˇ	ˇ
英国	ˇ	ˇ	ˇ	ˇ	ˇ	ˇ
日本	ˇ	ˇ	ˇ		ˇ	ˇ
韩国	ˇ	ˇ	ˇ		ˇ	ˇ
中国台湾	ˇ	ˇ	ˇ		ˇ	ˇ

注：ˇ表示有该项策略。

资料来源：台湾综合研究院整理（2009）。

3.4 主要国家能源与温室气体政策法规之启示

由于能源法规管制对象为能源，而温室气体减量法规管制对象为温室气体，不同政策措施与工具，存在优劣势，利用政策配套方式截长补短，乃先进国家之主要永续能源发展策略。

温室气体减量法规中，仅欧盟及英国之温室气体减量法规明订温室气体减量目标；而日本、韩国则无。究其缘由，在于日、韩之能源自给率较低，需以稳定能源供应安全为首务前提下，进行温室气体减量行动，为使减量目标具有弹性，故未明订于法规。

至于主要国家所采行温减政策工具，大都以经济工具为主，如欧盟与英国采行课征能源税、气候变迁税以刺激产业能源技术提升，同时以租税减免方式奖励节能及低碳技术的发展，详见表4和表5。日本与韩国则以透过补贴方式，提升住宅部门之能源效率，并搭配管制工具，以强制方式推动各部门节能减碳行动。

表4　主要国家在能源法规政策工具差异性分析

政策工具	项目/国别	能源法规			
		欧盟	英国	日本	韩国
目标	再生能源推广目标	○	×	×	×
经济工具	课征财税机制	○	○	○	○
	奖励补助机制	○	○	○	○
管制工具	再生运输燃料义务	○	○	×	×
	再生能源发电义务	○	○	○	○
	电器机械产品、建筑效率标准并标示耗能量	○	○	○	○
	产品环境化设计	○	×	×	×
	装设智能型仪表	×	○	×	×
政策程序	教育宣导	×	×	○	○
研究发展与示范	碳捕捉与封存	×	○	○	○
	发展低碳/再生能源技术	○	○	○	○
	发展节能技术	×	×	○	○

注：1. 仅比较欧盟指令及能源法规的部分（不包含行政计划）。

2. “○”表示有此种政策工具，“×”表示无此种政策工具。

资料来源：台湾综合研究院整理（2009）。

表5　主要国家在温室气体减量法规政策工具差异性分析

政策工具	项目/国别	温室气体减量法规			
		欧盟	英国	日本	韩国
目标	温室气体减量目标	○	○	×	×
经济工具	总量管制与排放交易	○	○	×	○
	财税机制	○	○	×	○
	奖励补助机制	○	○	×	○
管制工具	再生运输燃料义务	×	○	×	×
	装设智能型仪表	×	○	×	×
	标示新车之二氧化碳排放量	○	×	×	×
政策程序	教育宣导	×	×	○	×

注：1. 仅比较欧盟指令及能源法规的部分（不包含行政计划）；而税则包括汽车税、气候变迁税、燃料税等。

2. “○”表示有此种政策工具，“×”表示无此种政策工具。

资料来源：台湾综合研究院整理（2009）。

进一步分析主要国家节能减碳策略与永续能源政策纲领之策略比较，实有异曲同工之妙。大都以提升能源效率、发展再生能源、使用核能、进行排放交易及碳捕捉与封存技术等作为节能减碳策略。此外，值得一提的是，台湾地区天然气资源蕴藏并不丰富，但政策却期望由提高天然气使用占比，以达到温室气体减量之目的。

4 能源与温室气体减量政策整合推动策略

台湾地区现有温室气体减量法（草案）、再生能源发展条例、能源税条例（草案），以及能源管理法等相关法案，均是主要的节能减碳法案，条文包含总量管制与排放交易、补贴及租税等不同政策工具，法规间可能出现冲突与竞合情形。因此，为提高日后整合性政策之有效性，本文将深入分析各项法规间之关联性及其竞合关系，仅供政府施政之参考。

首先，将探讨永续能源政策纲领及能源与温室气体减量相关法规之关联性；其次，参考 IEA 政策工具分类方式①，分析比较相关法规架构之政策工具及措施；最后，综合论述相关法规个别立法可能造成之竞合关系②，研析永续能源政策纲领—节能减碳行动方案之具体计划及可能之减量成效，研提能源与温室气体减量整合推动策略。

4.1 永续能源政策与温室气体减量政策关联分析

台湾地区之永续能源政策与温室气体减量政策，主要与温室气体减量目标具关联性，如图 5 所示。

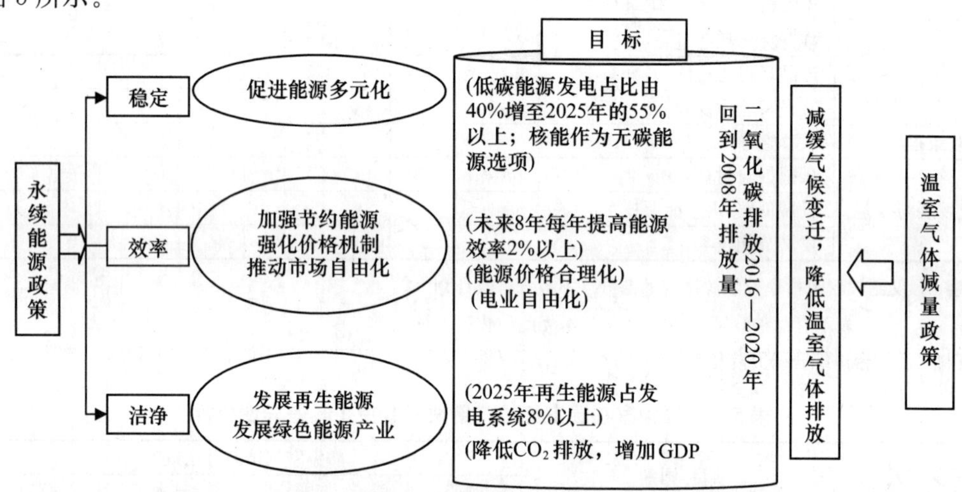

图 5 永续能源政策与温室气体减量政策的关联

资料来源：台湾综合研究院汇整（2008）。

4.2 能源与温室气体减量法规比较

比较温室气体减量法（草案）、再生能源发展条例、能源税条例（草案）及能源管理法之法规架构可知，主要架构内容包括立法目的、政府权责、施政措施、罚则与附则，详

① IEA 所出版之 Dealing with Climate Change— Policies and measures in IEA member Countries 一书所做的政策工具分类方式；其主要分为财政工具、市场工具、管制工具、自愿性协议、研究发展与示范、政策程序，共六大项。

② 竞合：即当针对一个事情，若有两种的法规可用时；一旦使用一种法规，则另一法规便不能使用之互斥情形。

见表6。但在配套措施方面，仍可看出其差异性。兹分述如下：

表6　能源与温室气体减量法规架构比较

法规名称	立法架构与内容
温室气体减量法（草案）《6章30条》	总则（立法目的、主管机关、名词定义） 政府机关权责 成立温室气体减量调适基金 减量对策（盘查制度、效能标准、总量管制、排放交易、自愿性减量） 教育宣导 罚则及附则
再生能源发展条例《23条》	总则（立法目的、主管机关、名词定义） 推广目标 成立再生能源发展基金 奖励补助再生能源设备设置 发电收购及补助 行政协助（用地取得权利依据、再生能源产销查核制度） 罚则及附则
能源税条例（草案）《5章22条》	总则（课税范围与对象、名词定义、免税与退税条件） 课税项目与税额 稽征程序 罚则与附则 配套措施
能源管理法《5章32条》	总则（立法目的、主管机关、名词定义） 订定能源发展纲领之规定 成立能源研究发展基金 能源查核制度之建立 汽电共生设备装置与强制收购规定 能源产品、车辆、器具、新建物之能源效率标准 能源开发及使用评估准则 罚则与附则

资料来源：台湾综合研究院整理（2009）。

（1）立法目的及功能

就上述法规之立法目的而言，温室气体减量法（草案）系为减缓全球气候变迁，降低温室气体排放量而立法；再生能源发展条例则以推广再生能源利用，增进能源多元化为立法目的；能源税（草案）则以促进能源价格合理化为立法目的；能源管理法则立基于加强管理能源，促进能源合理与有效使用之目的而订定。由此可知，就立法目的而言，各相关法案之间并不存在竞合问题。

就立法功能而言，温室气体减量法（草案）具建构温室气体减量能力，并进行实质减量之功能；再生能源发展条例之功能系发展洁净能源与保证再生能源电能收购；而能源税（草案）之功能则为反映能源外部成本及提升能源使用效率。至于能源管理法则具有推动节能措施之功能，详见表7。由此可知，就立法功能而言，各相关法案间亦不存在竞合问题。

表 7　能源与温室气体相关法规之立法目的与功能

法规名称	温室气体减量法	再生能源发展	能源税条例	能源管理法
立法目的	为减缓全球气候变迁，降低温室气体排放，善尽共同保护地球环境之责任，并确保国家永续发展	推广再生能源利用，增进能源多元化，改善环境品质，带动相关产业发展	促使能源价格合理化，合理反映使用能源之生产成本与社会成本	加强管理能源，促进能源合理与有效使用
功能	建构温室气体减量能力，进行实质减量	发展洁净能源 绿色电能收购之保证	反映能源外部成本 提升能源使用效率	推动节能措施 能源开发及使用评估规范

资料来源：台湾综合研究院整理（2009）。

（2）政策目标

政策目标方面，温室气体减量法（草案）是否应明订减量目标，立法院审查版（2008.12.31）及目前部会协商版（2009.04）的内容不同，前者有明订减量目标，后者并未明订减量目标；再生能源发展条例则依 2005 年全国能源会议之再生能源推广目标订定鼓励再生能源发电设备总装置容量目标；其他法规均未明订发展目标，详见表 8。

表 8　能源与温室气体减量法之节能减碳责任与政策工具比较

目标/权责/政策工具	项目	温室气体减量法	再生能源发展条例	能源税条例	能源管理法
目标	减量目标	△[a]	×	×	×
	推广目标	×	○	×	×
权责	政府责任	○	○	○	○
	产业部门责任	○	○	○	○
经济工具	奖励补贴	○	○	×	○
	收费	○	○	×	○
	课税	×	×	○	×
	总量管制与排放交易	○	×	×	×
管制工具	绿色电能收购	×	○	×	○
	制定标准	○	×	×	○
自愿性协议	自愿性减量	○	×	×	×
政策程序	教育宣导	○	×	×	×
研究发展与示范	研究发展	○	○	×	○
	示范计划	○	○	×	×
配套措施	—	○	×	○	○

注：× 表示无此项目；△表示不确定；○ 表示有此项目。

a. 虽然目前立法院已完成温室气体减量法（草案）之行政院版、颜清标委员版、黄淑英委员版及徐少萍委员版本条文之整合，并送审已一读通过，但未来于草案进行二读时才能确定温减法是否有减量目标（此为黄淑英版本）。

资料来源：台湾综合研究院整理（2009）。

4.3 能源与温室气体减量相关法规之法制面竞合分析

本文经由分析各能源与温室气体相关法规之条文内容，汇整各法规间之竞合关系如表9所示。以下针对同一事务进行温减法与各能源相关法规之竞合分析，兹分述如下：

表9 能源与温室气体相关法规法制面竞合分析一览表

项目	竞合	不竞合
立法目的及功能		✓
减量目标		✓
再生能源推广目标		✓
效能标准与效率标准		✓
排放交易与能源税		✓
基金收费用于奖励补助能源研发及替代能源研究	✓	

资料来源：台湾综合研究院整理（2009）。

（1）减量目标

虽然永续能源政策纲领明订温室气体减量目标以2016—2020年达到2008年基准年为努力目标，长期则以2025年回到2000年基准年之目标；但温室气体减量法（草案）2008.12.31审查版则由黄淑英委员版本提出将温室气体减量目标分成三阶段：第一阶段自本法施行日起至2015年之温室气体排放量年平均成长率不超过2007年之年平均成长率；第二阶段则订定2015年达成2005年温室气体排放量；第三阶段2050年则需达成2000年之温室气体排放量，两者看似具有竞合问题①。然而，依法规标准法第2条对法律名词之定义，系指法、律、条例或通则，而永续能源政策纲领则系对行政机关内部宣告之行政计划②，系属法治体系位阶最低的一层；规定法律不得抵触宪法，命令不得抵触宪法或法律，下级机关订定之命令不得抵触上级机关之命令，故永续能源政策纲领不得抵触温室气体减量法。由此可知，待温室气体减量法（草案）立法通过后，则以温室气体减量法（草案）为减量目标与期程为准，故无竞合问题。

（2）再生能源推广目标

再生能源发展条例第6条第2项订定以再生能源发电设备奖励总量为总装置容量650万千瓦至1 000万千瓦，以符合2005年全国能源会议结论推动再生能源之具体目标（至2010年发电装置容量500万千瓦，占全国总装置容量的10%）；而永续能源政策纲领则订定未来于2025年再生能源发电量占比能够达至8%以上，占全国总装置容量15%之目标。

由于永续能源政策纲领提及以再生能源发展条例达成再生能源推广目标之法规基础，可

---

① 若以最高行政院版本为主，则无目标设定，因此无竞合问题。

② 根据行政程序法第五章第163条定义，系指行政机关为将来一定期限内达成特定之目的或实现一定之构想，事前就达成该目的或实现该构想有关之方法、步骤或措施等所为之设计与规划。

见两者间实为相辅相成之关系，故建议未来两者需进一步作整合，并于再生能源发展条例立法通过生效后，以再生能源发展条例之推广目标为准，两者亦无竞合问题。

(3) 效率标准与效能标准

温室气体减量法（草案）之效能标准主要是为管控新设或既设排放源、业别、设施、产品或其他单位产出或单位消耗之温室气体年平均排放量之目的而定；能源管理法则以节能角度制定各产品之能源效率标准为主要出发点，因此两者标准订定之目的不同。简言之，两者法规并非作用于同一标的、同一事务上，故并无竞合问题。然而，由于能源效率标准与效能标准仅是排放系数转换之关系，因此，在订定的标准不同之情况下，业者可能无法同时符合温室气体减量法（草案）之效能标准及能源管理法规定之能源效率标准，因此未来仍需进行整合。

(4) 排放交易与能源税

虽然温室气体减量法（草案）之排放交易与课征能源税往往针对同一标的上，尤其以电业特别明显，但两项法规之处置方式不同；亦即排放交易目的系在总量管制基础下，进行温室气体减量工作；而课征能源税则是为合理反映能源之生产与社会成本，间接提升能源使用效率，故两项法规对于电业者系属累加性质，并无竞合问题。

(5) 基金收费用于奖励补助能源研发及替代能源研究

根据再生能源发展条例第 7 条规定课征再生能源发展基金将用于再生能源电价补贴、再生能源设备补贴、再生能源示范补助及推广利用，以及再生能源发展之用途；而能源管理法之能源研究发展基金则用于能源开发技术之研究及替代能源之研究、能源合理有效使用及节约技术、方法之研究发展等工作。由于再生能源为替代能源之一种，对于两者基金收费用途均有用于能源研发及替代能源研究之工作，因此，再生能源发展条例与能源管理法有关基金收费用于奖励补助能源研发及替代能源研究事项上，存在着竞合关系必须明确区分，避免重复征收，如图 6 所示。

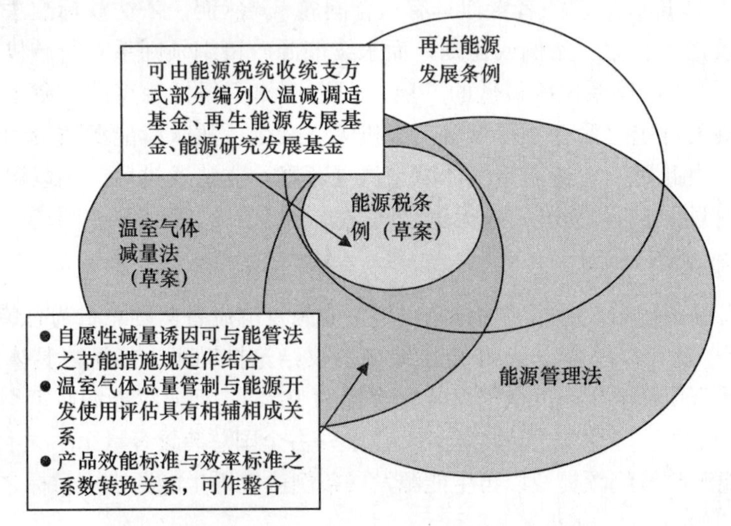

图 6　能源与温室气体减量法规关联性示意图

资料来源：台湾综合研究院绘制（2009）。

此外，就政治学观点而言，上述四项法规在政府内部之间因再生能源推广目标与温室气体总量管制目标、产品效率标准与温室气体总量管制目标、核配权拍卖与能源税、效能标准与效率标准、温室气体总量管制与能源开发使用评估准则等均存在竞合关系。而府际之间在温室气体管制执行方案与总体减量推动方案，则有竞合关系。至于非政府之间，自愿性减量与 Cap and Trade 制度间亦有竞合关系，详见表 10。

表 10　能源与温室气体减量法规竞合分析一览表

政治学观点	权责	竞合关系	
		冲突	合作
政府内部组织间	经济部与环保署	—	再生能源推广目标（再生能源发展条例）与温室气体总量管制目标（温室气体减量法）
	经济部与环保署	—	产品效率标准（能源管理法）与温室气体总量管制目标（温室气体减量法）
	环保署与财政部	—	核配权拍卖（温室气体减量法）与能源税（能源税条例）
	环保署与经济部	效能标准（温室气体减量法）与效率标准（能源管理法）	—
	环保署与经济部	—	温室气体总量管制（温室气体减量法）与能源开发及使用评估准则（能源管理法）
府际之间	地方政府与环保署	—	（温室气体减量法）温室气体管制执行方案与总量减量推动方案
非政府间	企业与环保署	—	（温室气体减量法）自愿性减量与 Cap and Trade

资料来源：台湾综合研究院绘制（2009）。

4.4　能源与温室气体减量政策之整合策略规划

为有效达成永续能源政策纲领制定之各项目标，温室气体减量法（草案）、再生能源发展条例、能源税条例（草案），以及能源管理法四项法案，均是落实政策规划目标之法律基础与相关政策工具。其中，温室气体减量法（草案）为此四项法规中，结构最完整之法规，该法所牵涉之政府相关权责部门最广，且所使用之政策工具最为多样化。然而，就温室气体减量法（草案）之架构而言，大部分法条仅是原则性之规定，未来应搭配其他相关法规，方能落实政策规划目标。

目前除能源管理法为唯一现行法之外，其余法规仍在立法院审议中，通过时程无法确定，故建议短期应优先加强落实能源管理法作为政策管制措施，以达节能减碳之效果；中、长期则应以温室气体减量法（草案）为主轴，再整合再生能源发展条例、能源税条例（草案）及能源管理法等相关法规，充分发挥达成 3E 整合政策；诸如整并能源税与温室气体减量之财税诱因机制、整合温室气体减量法（草案）之效能标准与能源管理法之效率标准加以制定，以及再生能源发展条例与能源管理法之奖励补助科技研究等机制，如图 7 所示。

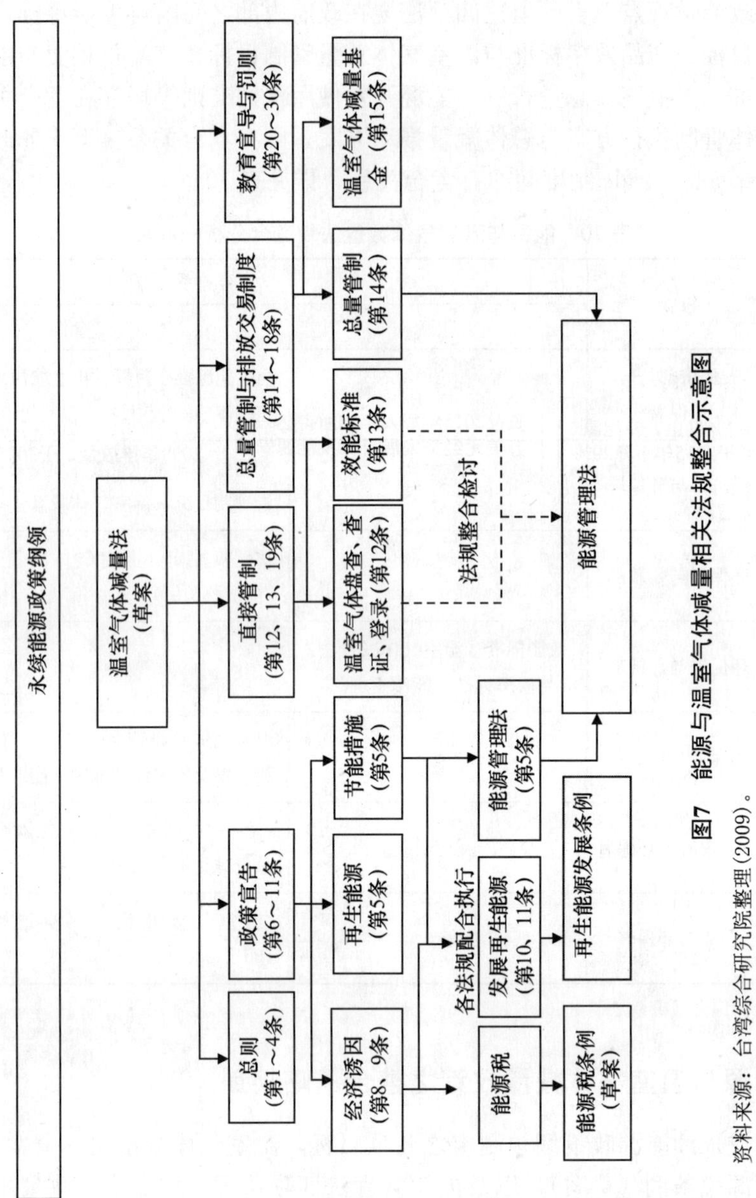

图7　能源与温室气体减量相关法规整合示意图

资料来源：台湾综合研究院整理(2009)。

最后，有关整合推动策略方面，建议短期内以促进能源合理有效使用及绿色能源产业发展之能源相关法规为主，并落实永续能源政策纲领—节能减碳行动方案定期管考机制，以达成节能减碳之规划目标，如图 8 所示。

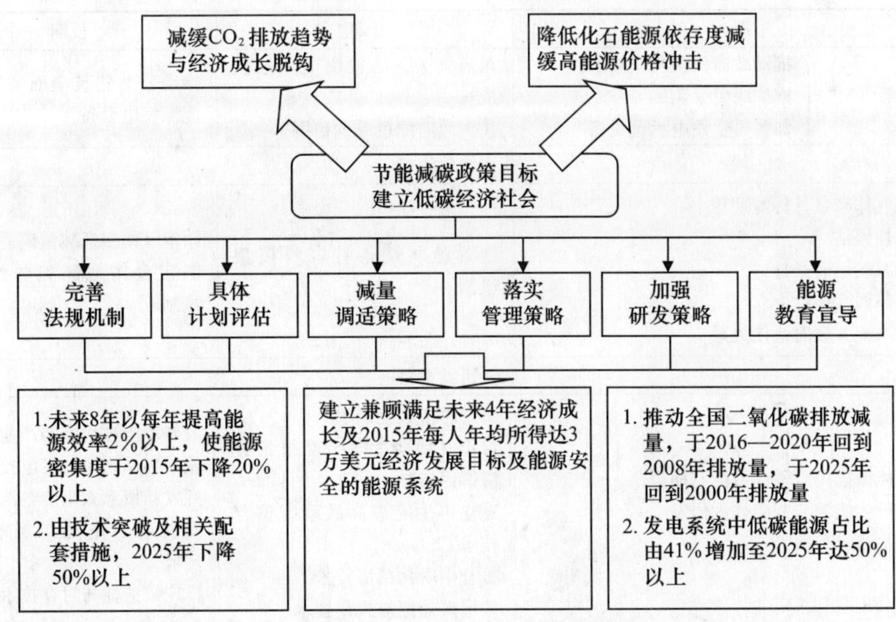

图8　能源与温室气体减量整合推动策略架构

资料来源：台湾综合研究院整理（2009）。

中长期则应整合温室气体减量法（草案）与能源相关法规，并依据我国节能减碳政策建立低碳经济社会目标，参酌欧盟、英国、日本政府因应温室气体减量策略规划，研提能源与温室气体减量整合发展策略暨相关配套措施加以落实，仅供各界参考，详见表11。

表11　能源与温室气体减量政策之整合推动策略规划

短期		中期	长期
完善法规机制			
修正能源管理法 推动温室气体减量法立法通过		推动能源税条例立法通过	法规间彼此辅助整合
具体计划评估			
评估温室气体减量对整体经济冲击评估 检讨现行能源、工业、商业、中小企业与技术研发政策		拟订部门减量行动计划 建立碳中立之政策概念原则	持续检讨减量行动计划
减量调适策略			
产业部门	落实盘查制度 进行自愿性减量 提高生产设备效率标准 规范产业重大投资 引进能源服务业	制定温室气体效能标准 总量管制与排放交易 命令新设或变更之排放源采行最佳可行技术	推动产业技术提升
住商部门	提升电器能源效率标准 推动节能照明革命 加强能源标章制度 引进能源服务业	推动住商建筑节能效率验证制度 推广智能型电表	扩大节能标章制度范围 推动智能型节能网络 扩大时间电价适用对象
运输部门	提升私人新车运具效率水准 推动运具能源标章制度	推广低碳省能运具 推动改革汽车税税制	舒缓汽(机)车使用量与持有率 建立大众运输服务网 普及都市脚踏车环境

短期		中期	长期
政府部门	推动政府机关与学校节能 推广绿色采购 加装再生发电示范设备	政府机关、学校用电用油负成长 扩大政府绿色采购范围	推动公共建筑全面装置再生能源发电设备
落实管理策略			
订定温室气体减量目标与期程 加强科学性评估 建立节能减碳绩效指针 建立长期脆弱性指针 建立中央与地方政府伙伴关系		建置脆弱性指针资料搜集机制	制定气候变迁减量调适计划 制定台湾地区脆弱性发布机制
加强研发策略			
订定再生能源推广阶段性目标与期程 加强新及再生能源与节能技术研发 引进碳捕捉与封存技术		慎重思考核能选项 订定发展净能与节能技术经济诱因机制 建立再生能源商品系统整合技术 整合生质物精炼技术 发展碳捕捉与封存技术	发展本土再生能源产业 发展离岸式风力发电技术 开发新概念太阳能电池技术 建构燃料电池与氢能发展环境 推广碳捕捉与封存技术
能源教育宣导			
传媒与网络传播能源信息 举办能源展览会与研讨会 规划各级学校能源教育课程		鼓励学术与民间企业进行能源相关研究 培养学校能源教育师资	社区参与 发展能源教育教材设计 培养能源相关人才

资料来源：台湾综合研究院整理（2009）。

5　结论与政策建议

台湾地区自然资源不足，环境承载有限，能源部门兼具能源供应安全与温室气体减量之重责大任。面对当前国际间严峻之京都议定书减量目标，以及接踵而至的高能源价格时代节能减碳推动措施，身为地球村一分子，近年已举办两次能源会议，研提具体行动方案，每季定期检讨执行成效，积极推动温室气体减量事宜。

能源与温室气体减量整合政策主要以达成能源供应稳定、提升能源效率、发展净洁能源及温室气体减量为目标，相关政策与法规间可能产生相互冲突或竞合问题，而永续能源政策兼顾经济、环境（温室气体减量）之发展，已融入温室气体减量政策，未来尚待能源四法协调整合，方能规避冲突或争议情事发生。

适逢行政当局于 2008 年 6 月通过永续能源政策纲领，透过推动各项节能减碳措施，调和 3E 永续发展为目标，实为能源与温室气体减量最有效之整合发展策略。为追求永续发展之目标，中长期推动措施，需将永续能源政策纲领一节能减碳具体行动方案深化到政府施政各层面，以达成减缓 CO_2 排放趋势与经济成长脱钩、降低化石能源依存度、减缓高能源价格冲击等目标，期能建立低碳经济及环境永续发展的社会。

本文认为选择适当的政策工具不但可以降低执行成本，更可提高政策绩效。目前能源管理法及再生能源发展条例为现行法，而能源税条例（草案）及温室气体减量法（草案）仍在立法院审议中，何时通过实施尚无法掌握。因此，建议优先加强落实能源管理法修正案及再生能源发展条例相关管制措施，以落实节能减碳之具体成效。

附表　永续能源政策纲领目标及净源节流策略

<table>
<tr><th>主轴</th><th colspan="2">行动策略</th></tr>
<tr><td>目标</td><td colspan="2">二氧化碳排放减量目标：于2016—2020年回到2008年排放量，2025年回到2000年排放量
提高能源效率：期望未来8年每年提高能源效率2%以上，使能源密集度于2015年较2005年下降20%以上；并由技术突破及配套措施，2025年下降50%以上
发展洁净能源：发电系统中之低碳能源占比由40%增加至2025年的55%以上
确保能源供应稳定：建立满足未来4年经济成长6%及2015年每人年均所得达3万美元经济发展目标的能源安全供应系统</td></tr>
<tr><td>净源：推动能源结构改造与效率提升</td><td colspan="2">积极发展无碳再生能源：有效运用再生能源开发潜力，于2025年占总发电量8%（装置容量15%）以上
增加低碳天然气使用：于2025年占发电系统之装置容量25%以上
促进能源多元化：将核能作为无碳能源的选项
加速电厂的汰旧换新，订定电厂整体效率提升计划，并要求新电厂达全球最佳可行发电转换效率水准
透过国际共同研发，引进净煤技术及发展碳捕捉与封存，降低发电系统的碳排放
促使能源价格合理化：短期能源价格反映内部成本，中长期以渐进方式合理反映外部成本</td></tr>
<tr><td rowspan="5">节流：推动各部门的实际之节能减碳措施</td><td>产业部门</td><td>促使产业结构朝高附加价值及低耗能方向调整，使单位产值碳排放密集度于2025年下降30%以上
核配企业碳排放额度，赋予减碳责任，促使企业加强推动节能减碳产销系统
辅导中小企业提高节能减碳能力，建立诱因措施及管理机制，鼓励清洁生产应用
奖励推广节能减碳及再生能源等绿色能源产业，创造新的能源经济</td></tr>
<tr><td>运输部门</td><td>建构便捷大众运输网，减缓汽机车使用与成长
建构智能型运输系统，提供实时交通信息，强化交通管理功能
建立人本导向，绿色运具为主之都市交通环境
提升私人运具新车耗能水准，于2015年提高25%</td></tr>
<tr><td>住商部门</td><td>强化都市整体规划，推动都市绿化造林，建构低碳城市
推动低碳节能绿建筑，全面推行新建建筑物之外壳与空调系统节能设计与管理
提升各类用电器具能源效率，于2011年提高10%～70%，2015年再进一步提高标准，并推广高效率产品
推动节能照明革命，推广各类传统照明器具汰换为省能20%～90%之高效率产品</td></tr>
<tr><td>政府部门</td><td>推动政府机关学校未来一年用电用油负成长，并以2015年累计节约7%为目标
政策规划应具有碳中立（Carbon Neutral）概念，以预防、预警和筛选原则进行碳管理</td></tr>
<tr><td>社会大众</td><td>推动全民节能减碳运动，宣导全民向一人一天减少一公斤碳足迹努力
从政府机关到乡镇村庄，自机关学校到企业及民间团体，发挥组织动员能量，推动无碳消费习惯，建构低碳及循环型社会</td></tr>
<tr><td>法规基础</td><td colspan="2">推动温室气体减量法完成立法，建构温室气体减量能力并进行实质减量
推动再生能源发展条例完成立法，发展洁净能源
研拟能源税条例并推动立法，反映能源外部成本
修正能源管理法，有效推动节能措施</td></tr>
<tr><td>配套机制</td><td colspan="2">建立公平、效率及开放的能源市场，促使能源市场逐步自由化，消除市场进入障碍，提供更优质的能源服务
规划碳权交易及设置减碳基金，辅导产业以造林植草或其他减碳节能方案取得减量额度；推动参与国际减碳机制，透过国际合作加强我国减量能量
能源相关研究经费四年内，由每年50亿元倍增至100亿元，提升科技研发能量
扎根节能减碳环境教育，推动全民教育宣导及永续绿校园</td></tr>
<tr><td colspan="3">后续推动：
各部门依据此纲领项目，拟订具体行动计划，并订定各工作项目量化目标据以推动
各部门行动计划绩效，须符合各部门规划分配之节能减碳额度，以达成全国二氧化碳排放减量目标
订定追踪管考机制，定期检讨执行成果与做法，以实现整体节能减碳目标</td></tr>
</table>

资料来源：行政院（2008）。

参考文献

[1] 行政院主计处．1990 年台湾地区产业关联表编制报告．2004.
[2] 行政院财政部．能源税条例草案．2006.
[3] 行政院经建会．永续能源政策纲领—节能减碳行动方案．2008.
[4] 行政院经济部．能源管理法．2009.
[5] 行政院经济部．再生能源发展条例．2009.
[6] 行政院环保署．温室气体减量法(草案)．2009.
[7] 吴再益,李坚明,等．推动温室气体减量法对我国经济发展与产业竞争力之影响与对策．经建会委托计划,台湾综合研究院,2008.
[8] 吴再益,林唐裕,等．全面检讨与修正能源政策暨办理相关推动事宜之研究．经济部能源局委托计划,台湾综合研究院,2004.
[9] 吴再益,林唐裕,等．整体能源政策配套措施可行性之研究．经济部能源局委托计划,台湾综合研究院,2005.
[10] 吴再益,林唐裕,等．全国能源会议后续措施规划及推动．经济部能源局委托计划,台湾综合研究院,2006.
[11] 李坚明,吴再益,等．因应气候变化框架公约我国减潜力评估与永续能源策略之研究．经济部能源会项目研究计划,台湾综合研究院,2003.
[12] 李坚明,吴再益,等．永续发展与能源使用之温室气体减量策略及成本研究,经济部能源会项目研究计划,台湾综合研究院, 2004.
[13] 李坚明,吴再益,等．能源使用之二氧化碳排放减量策略规划与机制建立,经济部能源局委托计划,台湾综合研究院, 2005.
[14] 李坚明,等．近 10 年来温室气体减量经验及相关政策成效之检讨,行政院经建会委托计划, 2006.
[15] 林唐裕,侯仁义,等．因应国际情势之整体能源政策分析及推动,经济部能源局委托计划,台湾综合研究院, 2007.
[16] 林唐裕,侯仁义,等．能源政策规划及策略支持中心,经济部能源局委托计划,台湾综合研究院, 2008.
[17] 林唐裕,侯仁义,陈玟如．节能减碳策略与永续能源政策探讨,2008 年环境资源经济、管理暨系统分析学术研讨会论文集, 2008.
[18] 张四立．因应温室气体减量与产业永续发展之最适再生能源发展策略研究,国科会补助研究计划报告, 2005.
[19] 梁启源．因应京都议定书台湾能源政策刍议．海峡两岸能源经济学术研讨会．台北, 2005.
[20] 经济部能源局．台湾地区能源政策及执行措施．1997.
[21] 经济部能源局．1994 年全国能源会议结论具体行动方案．2005a.
[22] 经济部能源局．能源会议大会资料．2005b.
[23] 经济部能源局．能源政策白皮书．2005c.
[24] 经济部能源局．2008 年能源统计手册。经济部能源局,2009a.
[25] 经济部能源局．2008 年能源统计年报。经济部能源局,2008b.

[26] 台湾电力公司.1997年统计年报,台湾电力公司企划处,2009.
[27] BERR (2008), *Energy Act* 2008. 取自 http://www.berr.gov.uk/whatwedo/energy/act/page40931.html.
[28] Defta (2008a), *Climate Change Act* 2008. 取自 http://www.opsi.gov.uk/acts/acts2008/pdf/ukpga_20080027_en.pdf.
[29] Defta (2008b), *Climate Change-The UK Programme* 2006. 取自 http://www.defra.gov.uk/environment/climatechange/uk/ukccp/pdf/ukccp-ann-report-july08.pdf.
[30] DTI (2007), *Meeting the Energy Challenge-A White Paper on Energy* 2007. 取自 http://www.tsoshop.co.uk.
[31] European Commission (2008), *The Climate action and renewable energy package*. 取自 http://ec.europa.eu/environment/climat/climate_action.htm.
[32] European Communities (2006),. *Green Paper-A European Strategy for Sustainable, Competitive and Secure Energy*. European Commission.
[33] Helm D. (2002), " Energy Policy: Security of Supply, Sustainability and Competition", *Energy Policy* , 30, 173—184.
[34] Hoon Lee (2008), *Framework Act on Climate Change Soon to be Enacted*. 摘自韩国法规网,http://www.korealaw.com/node/118.
[35] IEA (2001), *Dealing with Climate Change-Policies and measures in IEA member Countries*. Paris : IEA.
[36] IEA (2006), CO_2 *Emissions From Fuel Combustion* 1971—2004. Paris : IEA.
[37] IEA (2007a), *Energy Balances of Non OECD Countries* 2004—2005. Paris: IEA.
[38] IEA (2007b), *Energy Balances of OECD Countries* 2004—2005. Paris: IEA.
[39] IEA (2007c), *Energy Policies of IEA Countries Germany* 2006 *Review*. France: IEA.
[40] IEA (2008d), *Enegy Policies of IEA Coountries-Japan* 2008 *Review*. Paris: IEA.
[41] IEA (2008e), *Energy Balances of OECD Countries*. Paris: IEA.
[42] IEA (2008f), *key world energy statistics*. Paris : IEA.
[43] IEA (2008g), *Renewables information*. Paris: IEA.
[44] IEA (2008h), *World Energy Outlook* 2008. Paris: IEA
[45] Ministry of Knowledge Economy (2008), *The First Basic Plan of National Energy*. Ministry of Knowledge Economy.
[46] Pew Center on Global Climate Change (2008), *European Commission's Proposed "Climate Action and Renewable Energy Package"*. 取自 http://www.pewclimate.org.
[47] 立法院议事系统,http://lis.ly.gov.tw/ttscgi/ttsweb? @0:0:1:/disk1/lg/lgmeet:%A6%5E%AD%BA%AD%B6://npl.ly.gov.tw@@0.5156348785478084.
[48] 日本气候变迁行动中心,http://www.jccca.org.
[49] 全国法规资料网,http://law.moj.gov.tw.
[50] 联合国气候变化框架公约网温室气体排放数据库,http://unfccc.int/ghg_emissions_

data.

[51] 欧盟统计数据库，http://epp. eurostat. ec. europa. eu/portal/page? _pageid = 0，1136239，0_45571447&_dad=portal&_schema=PORTAL.

为什么中国电力改革进展缓慢

彭武元　付振仪

中国地质大学（武汉）经济管理学院

摘　要：自1985—2002年，中国电力部门进行了扩大投资权、电价改革、公司化改组、厂网分离等一系列改革。但是此后改革进展缓慢，竞争性的电力市场还没有建立起来。本文探讨中国电力部门市场化改革进展缓慢的原因及其含义。本文认为，中国电力改革目前处于一种纳什均衡状态，各利益相关方都缺少打破这种均衡状态的激励。中国金融部门改革滞后是造成电力部门改革停滞的原因之一。电力属于资本密集型产业。国有商业银行和股票市场在金融市场上处于支配地位。中央政府通过影响国有商业银行的信贷和股票的发行业务实施了偏向中央发电企业的融资政策。其后果是：第一，中央发电企业近年来获得了快速发展，市场地位得到加强并有使用市场势力的潜在风险；第二，较低的融资成本意味着中央发电企业可以获得价格竞争优势。这些都妨碍着竞争性电力市场的建立。本文的政策含义是，中国金融部门市场化改革是电力部门市场化改革的先决条件之一。

关键词：电力改革，纳什均衡，金融市场

1　引言

自1985—2002年，中国电力部门进行了扩大投资权、电价改革、公司化改组、厂网分离等一系列改革，如图1所示。但是此后改革进展缓慢，竞争性的电力市场还没有建立起来。2003年电力监管委员会（以下简称电监会）成立后，积极推进区域电力市场建设，并启动了趸售电力库的试点工作。2003年国务院办公厅62号文提出了电价改革方案，明确了电价改革的市场化方向。但是，2002年以后电力改革没有取得实质性的进展，竞价上网至今还没有实现。

中国电力改革距离标准的教科书模式也相距甚远，如表1所示。这一模式是建立在英格兰和威尔士的成功的电力改革经验上的。对于中国电力改革进展缓慢的原因，国内外学

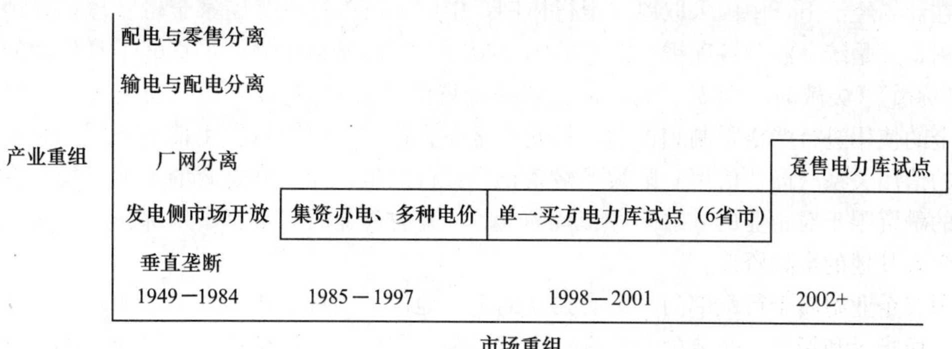

图1　中国电力改革的进展

者们提出了不同的看法。第一种观点认为，中国电力改革进展缓慢是因为中国电监会权力不充分，（例如，Victor & Heller，2007；中国电监会，中国财政部和世界银行，2007等）；第二种观点认为，中国电力改革难以推动是因为相关配套改革不到位，例如国有企业改革、煤价改革、能源机构改革等（林伯强，2005）；第三种观点认为，电力改革受电力市场供需形势的影响（Zhang & Heller，2007；史丹，2008）；第四种观点认为，电力改革可能受资本市场的影响，例如（Victor & Heller，2007），但是他们并没有提供电力改革受资本市场影响的经验证据，也没有研究中国电力改革如何受到中国资本市场的影响。

表 1　电力改革的教科书模式

1. 业务分拆	将发电、输电、配电和售点业务相分离
2. 私有化或民营化	将电力系统中的适于竞争的部分卖给私人企业
3. 建立监管机构	建立独立的监管机构，对竞争性环节和垄断环节分别进行监管
4. 创立电力市场	在电力系统中的竞争性环节允许市场发挥功能

本文认为，中国电力改革目前处于一种纳什均衡状态，各利益相关方都缺少打破这种均衡状态的激励。中国金融部门改革滞后是造成电力部门改革停滞的原因之一。电力属于资本密集型产业。国有商业银行和股票市场在金融市场上处于支配地位。中央政府通过影响国有商业银行的信贷和股票的发行业务实施了偏向中央发电集团的融资政策。其后果是：第一，中央发电集团近年来获得了快速发展，市场地位得到加强并有使用市场势力的潜在风险；第二，较低的融资成本意味着中央发电集团可以获得价格竞争优势。这些都妨碍着竞争性电力市场的建立。

由于在改革开放以后，中国金融和电力部门都采取了行政性分权的改革措施，但是此后金融和电力部门中央集中化趋势明显。因此，本文采用按时间阶段的研究方法。文章的结构如下：第二部分论述计划经济体制下的金融部门和电力发展，这是后来市场化改革的初始条件；第三部分论述改革开放后中国金融部门的分权化改革，以及金融部门改革对电力部门的影响；第四部分探讨中国金融部门的中央集中化对电力部门的影响。这一部分是文章的重点。最后是文章的结论。

2　计划经济体制下的金融和电力部门（1949—1978）

在计划经济下，中国采取单一银行体制。中国人民银行既是国家金融管理和货币发行的机构，又是统一经营各项银行业务的国家银行。货币只是作为计价算账工具作用的所谓"消极货币"（吴敬琏，2003）。为了防止资源配置的"自发性"，采用"现金管理"等手段对现金的使用进行严格限制和控制；只允许工商企业与国家银行发生信用关系，企业相互之间的信用关系（商业信用）则被严格禁止。银行只是作为国家财政的出纳机构存在，对企业的融资限于对企业的"非定额流动资金"（流动资金的非常年占用部分）信贷。除货币外没有其他的金融资产。

国有企业附属于行政部门，没有独立的企业地位。国有企业的基本任务是贯彻执行上级的一切指示和指令。企业生产什么、生产多少，用什么办法生产，原材料从哪里进，产品销给谁，都由政府机关通过计划指令决定。国有企业既没有动因也不可能根据自己的利益和市场变动作出资源最优配置的决策，而是纵向从属于既掌握所有权，又作为社会经济调节者的行政机关。

为适应集中计划体制，中国建立了国家高度垄断的对外经济贸易体制。进出口贸易的功能被定位在“互通有无”上，只起到与外国“调剂余缺”的作用。对外贸易基本上处于停顿不前的状态，中国对外贸易总额占世界贸易总额的比重不到2%（Lardy，1994）。

1949年新中国成立后采取了中央垂直管理的电力体制。电力工业部负责发电、输电和配电的统一管理。国有经济以外的部门不允许经营电力业务①。电力投资依靠国家预算拨款。由于在计划经济体制下重工业被置于优先发展地位，因此中央政府安排了大量的资金用于发展电力工业，以便为工业化提供电力支持。值得指出的是，在前苏联援建中国的156个重点项目中，有31个电力项目。从1953—1978年，中央共投入了4 577亿元用于发展电力工业；电力装机容量也由1949年的1.85GW增加到1978年的约70GW。在电力产业组织方面，采取纵向垂直垄断的组织形式，由中央国有企业经营。电力价格采取较低的统一计划价格以支持重工业的发展。电力价格既不反映发电成本，也不反映资源的稀缺程度。较低的电力价格和有限的国家财力导致电力供应长期落后于电力需求的增长。到20世纪70年代中期，电力短缺达到5GW，占当时装机容量的10%②。

3 计划与市场相结合时期的金融与电力部门（1979—1993）

中国的改革采取的是渐进式的方式。在引入市场机制的同时并没有抛弃计划，而是采取计划与市场有机结合的方式。为了调动地方政府和国有企业的积极性，中央政府采取了向地方政府行政放权和向国有企业放权让利的方式。

20世纪70年代末期改革开放开始后，中国的金融体系发生了重大变化。第一，中国的银行体系从前苏联的单一银行体制转向专业化和分权化。1979年，根据国务院的决定恢复了中国农业银行作为主管农村金融业务的专业银行。中国银行从中国人民银行分离出来，成为独立的外汇专业银行。重新组建的中国人民建设银行成为办理固定资产投资贷款的专业银行。1983年，国务院决定中国人民银行专门行使中央银行的职能，同时成立中国工商银行承担原来由人民银行办理的工商信贷和城市储蓄业务。除全国性的专业银行外，我国还开始建立多种形式的银行和非银行金融机构。随着商业性金融机构从中央银行逐步分离出来，中国人民银行也开始改变对银行资金实行“统存统贷”的旧管理体制。1979年改为“统一计划，多级调控”，即统一信贷资金规模，货币政策由中央和地方政府共同调控。地方政府能够对中国人民银行地方分行的信贷业务施加影响。从1979—1993年，中国人民银行信贷总量的70%是通过其地方分行作出的，贷款对象是地方专业银行（Qian & Wu，2003）。这对发展地方经济起到了非常大的促进作用。

第二，证券融资成为企业融资的新的来源。在改革开放前的几十年，证券市场在我国几乎是完全不存在的。只是在20世纪70年代末期市场化改革全面启动以后，我国证券市场才开始萌生和逐步发展起来。20世纪80年代，我国证券市场以实物券柜台市场为代表，属于不成熟的场外债券市场；到20世纪90年代初期，以上海和深圳证券交易所的场内债券市场开始发展。股权融资成为企业融资中的重要组成部分。

---

① 农电是一个例外，见Peng & Pan，2006。

② 国务院1975年发布的“加快电力工业的发展”。

第三，企业扩权让利的改革使企业能将利润用于投资。1979 年 7 月，国务院颁布《关于扩大国营工业企业经营管理自主权的若干规定》、《关于国营企业实行利润留成的规定》等 5 个相关文件，向全国企业推广扩大企业自主权和实行利润留成的改革措施。利润留成允许国有企业保留其利润的一定部分自主支配，而不必像改革前那样全部上缴国家财政。留成的利润可以作为企业生产发展基金。

第四，自 20 世纪 70 年代末改革开放以来，中国政府采取了一系列优惠措施大力引进外资。外商直接投资成为国内资本的有力补充。改革开放初期，利用外资以对外借款为主。1979—1984 年对外实际借款 130.41 亿美元，外商实际直接投资 41.04 亿美元。但是到 20 世纪 90 年代以后，外商直接投资增长迅速，远远超过对外借款，如图 2 所示。

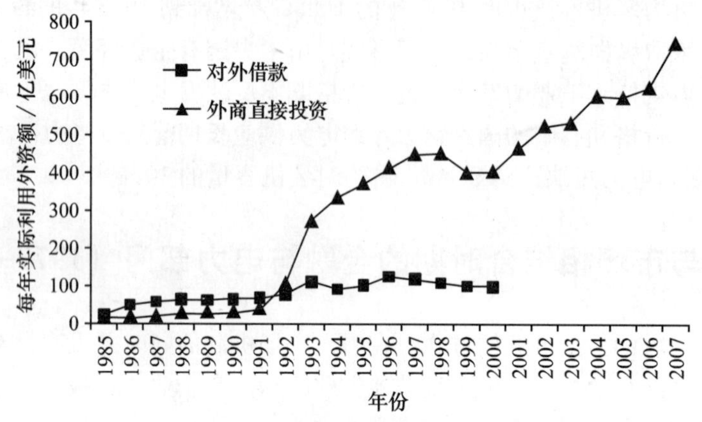

图 2　中国实际利用外资额

注：从 2000 年起，不含对外借款数。

数据来源：商务部。

金融部门的分权化改革为电力部门的分权化改革提供了可能性。在 1985 年之前，电力工业一直实行中央纵向管理体制，政企合一，电力工业的投资和运营费用由中央财政拨款，收入上缴国家。由于中央财政投资有限，生产建设资金不足是中国电力严重短缺的主要原因。1985 年电力工业在管理体制上实行以省为主体的经营模式，中央政府逐步放松对电力工业的进入管制和价格管制，同时给地方政府放权，实行以中央政府和多个部门为主的各级地方共同管理的模式。

在电力投融资方面，金融体制改革为电力投资多元化提供了可能性。1985 年以后，中国出台了一系列有关鼓励电力建设投资的政策措施。例如，1985 年国务院批转了《关于鼓励集资办电和实行多种电价的暂行规定》，确定了“电厂大家办，电网国家管”的集资办电方针。由此推动了我国电力体制改革及多家办电、多渠道投资办电新格局的形成。电力投资、融资体制改革吸引了地方政府和非政府的投资主体进行投资，由集资搞电厂扩建、改建发展到新建火电厂、水电厂、送变电工程，形成了一批独立发电厂商。在电力产权方面，由于中国电力改革采取的策略是开放发电侧，因此发电产权实现了多元化。到 20 世纪 90 年代中期时，中央以外发电量已达到 54%，其中外资发电量达到 14.5%。但是，输电和配电资产除广东省外仍然属于中央所有，如图 3 所示。这一时期的电力产业组织属于中心—外围模式。

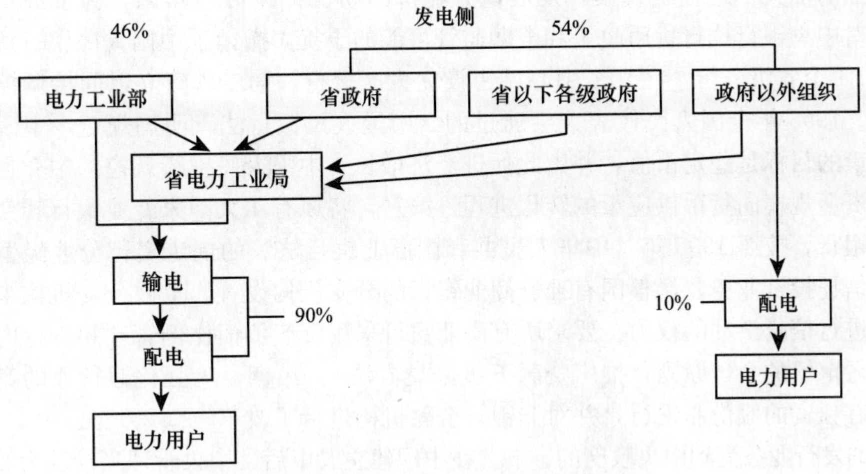

图 3　20 世纪 90 年代中期的中国电力产业组织

注：10%的输电资产主要指广东省。

为鼓励集资办电，中央出台了多种电价的改革措施。电力采取双轨制定价，即计划内的指令性电价和计划外的指导性电价。指导性电价包括还本付息电价、来料加工电价和小水电小火电代售电价，以还本付息电价所占比例最高。还本付息电价主要针对电力系统外的集资。对于 1985 年之前建立的电厂，由于建设资金属于国家拨款，因此电价沿用传统模式，价格较低，仅能补偿经营成本；对于 1985 年后新建的电厂，价格较高，除了能补偿投资成本外，在规定的折旧期（通常只有 10 年）内还包含 12%～15%的回报率。在实际操作过程中，新建电厂几乎是一厂一价。

金融体制改革为电力投资多元化提供了条件并促进了电力工业的发展。电力装机容量由 1979 年的 80GW 增长到 1993 年的 160GW，1995 年达到 200GW。

4　建立社会主义市场经济时期的金融和电力部门（1994—　）

计划与市场相结合的经济体制对调动地方政府和国有企业的生产积极性，扩大生产，增加供给起到了一定的激励作用。但是，同一种产品两种配置渠道并不符合经济规律。这种体制的弊端很快就暴露出来：一是价格混乱，影响经济秩序；二是贪污腐化，“寻租”盛行。1992 年 10 月中共第十四次代表大会确定了建立社会主义市场经济的改革目标。1993 年 11 月的十四届三中全会又作出了《关于建立社会主义市场经济体制若干问题的决定》。从 1994 年初开始，中国政府在财税、金融、企业制度等方面采取了一系列重大的改革措施。由此，中国改革进入了一个整体推进的新阶段。

与 20 世纪 80 年代中期银行分权化改革相反，1994 年开始的银行体系改革又出现了中央集中化的趋势，以对抗通货膨胀压力①。第一，建立中央银行制度。银行体系改革的首要任务是把中央银行改造成真正的中央银行。为实现这一目标，货币政策调控由多级调控改为中央一级调控。中央和地方多级调控货币政策的做法不利于保持物价稳定，因为地方

① 1992 年 CPI 增长率是 6.4%、1993 年达到 14.7%、1994 年高达 24.1%。

政府有很强的加大本地信贷规模，发展地方经济的动机。1998 年年末，为了进一步消除地方政府对中央银行执行货币政策和金融监管可能的干扰，撤销了中国人民银行按行政区划设置的 31 个省级分行，在 9 个中心城市设立大区分行。第二，建立以间接调控为主的调控体系。1995 年全国人民代表大会通过的《中国人民银行法》明确规定，中国人民银行货币政策的目标是稳定币值，并由此促进经济增长。中国人民银行调控的中介目标开始了由信贷资金规模向货币供应量的转化进程。第三，将原有 4 大国家专业银行转变为国有独资商业银行，按照 1995 年《中华人民共和国商业银行法》的规定实行分业经营，停止了他们的信托投资业务。调整国有独资商业银行的分支机构设置，上收分支机构未经总行授权自行进行信贷活动的权力。要求所有商业银行采用资产负债比例管理和进行内部风险控制，推行审慎的会计原则，推广贷款五级分类方法①。第四，为强化银行业的竞争，增设了非国有独资的股份制银行，并对非银行金融机构进行了改革②。

股票的发行业务受到中央政府的影响。在中国建立股市后，中央管理当局认为股票市场的基本功能是为国有企业融资，采取了“证券市场要为国企服务”的方针（吴敬琏，2003）。为了实现这一方针，证券管理当局主要从两个方面采取措施。第一，在发行和上市审批中“向国有企业倾斜”，以便国有企业筹资“脱困”。第二，抬升股价，使得到上市权的公司能够筹集到更多的资金。这种“政府托市、国企圈钱”的做法造成了严重的后果：一些绩效很差的公司只要得到行政机关的批准上市，就可以通过高溢价发行，获得一二级市场的无风险高收益，还可以在上市后继续高溢价融资圈钱，这使股市变成了一个巨大的“寻租场”。鉴于证券市场的混乱状况，政府对证券市场采取了一些改革措施。1999 年 7 月 1 日开始生效的《中华人民共和国证券法》规定，我国股票发行实行核准制。从 2001 年 4 月开始，正式用核准制取代了资格审批制。但是，证券监管部门继续保留了不少行政性控制的权力，例如由监管部门首先对某些证券能否在一级市场发行作出价值判断。

在国有企业公司化改组的过程中，中央政府加强了对重点行业的控制。从 1993 年年底开始，国有企业改革的思路由放权让利转向了企业制度创新，即建立现代企业制度。1997 年的中共十五大进一步明确了公司化改制的要求。1999 年的中共十五大四中全会《关于国有企业改革和发展若干重大问题的决定》对于国有大中型企业的公司化改制提出了一些新的要求。第一，强调改制后公司的治理。在所有者和经营者之间建立起制衡关系的法人治理结构是公司制的核心。此后，国有资产监督管理委员会成立并代表国家行使所有者的权力。第二，除极少数必须由国家垄断经营的企业外，积极发展多元投资主体的公司，要引入非国有股权投资；国有大中型企业尤其是优势企业，宜于实行股份制的，要通过规范上市、中外合资和企业互相参股等形式，改为股份制企业，发展混合所有制经济，重要的企业由国家控股。

在中国明确改革的目标是建立社会主义市场经济体制后，利用外资的政策也相应作出了必要的调整。吸引外资政策的重点由“优惠”向“公平”转移，着力于营造良好的投资环境，逐步实现给予外商投资企业国民待遇。1995 年，国家计划委员会、国家经济贸易委员会和对外经济贸易部联合发布了《指导外商投资方向暂行规定》和《外商投资产业指导目录》，将外商投资项目分为“鼓励”、“限制”、“禁止”和“允许”四类。“鼓励”和

---

① 贷款五级分类是指商业银行按照贷款的风险程度，将贷款分为正常、关注、次级、可疑和损失五类。

② 详细内容见吴敬琏，2003。

“允许”类外商投资项目依照法律和行政法规享受对外商的优惠待遇。限制类外商投资项目，要分别由国务院所属部委或省、自治区、直辖市和计划单列市政府审批。

虽然1994年及以后中国的金融体制改革是以市场化为导向，但是国有商业银行占主导的状况并没有改变。第一，银行贷款规模在金融市场上所占的比重在70%以上，如表2所示；第二，在银行业机构的资产构成中，国有商业银行的资产占到50%以上，如表3所示；第三，在中国企业的融资结构中，银行贷款占到80%以上，如表4所示。

表2 国内金融市场上的融资来源 单位：%

年份	银行贷款	国库券	公司债券	股票融资
2000	72.8	14.4	0.5	12.3
2001	75.9	15.7	0.9	7.6
2002	80.2	14.4	1.4	4.0
2003	85.2	10.0	1.0	3.9
2004	82.9	10.8	1.1	5.2
2005	78.1	9.5	6.4	6.0

资料来源：Naughton，2007。

表3 银行业机构的资产构成

	2003年		2005年	
	单位：10亿元人民币	%	单位：10亿元人民币	%
1. 国有商业银行	15 194	55.0	19 657	52.5
2. 股份制商业银行	3 817	13.8	5 812	15.5
3. 城市商业银行	1 462	5.3	2 036	5.4
4. 其他	7 166	25.9	9 962	26.6
国有政策性银行	2 125	7.7		
农村信用合作社	2 651	9.6	3 721	9.9
农村商业银行	38	0.1		
城市信用合作社	147	0.5		
非银行金融机构	910	3.3		
邮政储蓄	898	3.3		
外资金融机构	397	1.4		
总计	27 639	100.0	35 964	100.0

资料来源：Naughton，2007。

表4 中国企业的融资结构 单位：亿元，%

年份	融资总额	本外币贷款		股票融资		票据融资		债券融资	
		新增额	比重	新增额	比重	新增额	比重	新增额	比重
1996	11 580	11 140	96.2	425	3.7	64	0.5	−49	−0.4
1997	12 583	11 400	90.6	1 285	10.2	−25	−0.2	−77	−0.6
1998	12 814	11 520	89.9	840	6.5	294	2.3	160	1.3
1999	12 076	10 721	88.8	941	7.8	294	2.4	102	1.0
2000	15 872	12 887	81.2	2 104	13.3	798	5.0	83	0.5
2001	14 016	12 524	89.4	1 169	8.3	176	1.3	147	1.0

资料来源：吴敬琏，2003。

中国金融市场化改革并没有消除金融抑制（financial repression）状态。我国金融体系受到中央银行严格的行政控制，带有明显的金融抑制的特征。官方利率经常处在实际负利率的状态之下（吴敬琏，2003），资本资源难以通过市场得到有效配置，而是由行政计划决定其分配。在这种条件下，中央采取了偏向国有企业的融资安排。例如，2004 年国有企业仅创造了 45%的 GDP，却占用了 84%的银行贷款（Campbell & Darsie，2007）。国有企业发展中面临的诸多问题，尤其是低效率，导致了大量的不良贷款。亚洲金融危机发生以后，中国政府采取了一系列措施来降低银行的不良债权所占比重和提高他们的资本充足率。1998 年发行了 2 700 亿元特别国债，用于充实国有银行的资本金。1999 年陆续成立了信达等四家资产管理公司，承接了四家国有商业银行的 14 000 亿元的银行不良债权。但是，到 2002 年年中，四大国有商业银行的不良债权又高达 17 000 亿元；而且除中国银行外，都没有达到巴塞尔协议所要求的资本充足率。2004 年年底，建设银行和中国银行又分别得到了 450 亿美元的注资。

国有企业的大量亏损和缺乏创新导致中央政府于 1997 年在全国范围内启动了政企分离的改革措施。1998 年电力工业部被撤销，其生产性资产划给了国家电力公司，行政管理职能转移给了新成立的国家经贸委的电力局。国家电力公司被给予了更大的经营自主权，要求按照商业化的模式运营。

1997 年亚洲金融危机后，电力过剩的状况开始出现。在这种条件下，1999 年国家电力公司在 6 个省份（东北 3 省、浙江、上海和山东）启动了单一买方电力库的试点。单一买方电力库的试点没有取得实质上的突破，暴露了以省为实体的经营模式的许多问题。例如，不利于电力的经济调度。一方面，竞争强度有限；另一方面，省电力公司有很强的激励照顾其直属电厂。

2002 年，中央政府实施了全面的电力改革计划（国务院［2002］年第 5 号文），主要内容是“厂网分离，竞价上网”。国家电力公司被撤销，发电资产分给了新成立的 5 大国有发电集团（华能、大唐、国电、华电和中电投），输电和配电部分转给了国家电网公司和南方电网公司①。2003 年成立了隶属于国务院的国家电监会。但是，电监会的权力受到一定程度的限制。

尽管中央政府不再直接控制电厂的具体运营，但是它保留了对新建电厂的审批权和定价权。这使得中央发电集团对电力投资风险的评价与市场经济条件下的企业有所不同。例如，虽然天然气发电在我国还不具有市场竞争性，国有发电公司仍然进口了天然气发电机组。

在电力投资方面，中央政府通过影响国有商业银行的信贷和股票的发行业务实施了偏向中央发电集团的融资政策。1996—2000 年，中央政府提供的资金占电源建设的 44.6%，企业自筹（主要是股票和债券融资）占 13.1%，两者之和占 57.7%（见表 5）。1997 年电力工业部发行了 10 亿元 3 年期年利率为 11%的债券；1998 年作为电力工业部继任者的国家电力公司发行了约 30 亿元 3 年期年利率为 8%的企业债券。

---

① 南方电网公司负责广东、广西、云南、贵州和海南 5 省。其余 26 省由国家电网公司负责。

表 5　电源建设资本融资（1996—2000）

	单位：10 亿美元	%
按来源分：		
中央政府	31.4	44.6
地方政府	13.6	19.4
企业自筹（含股票）	9.2	13.1
外资	12.2	17.4
其他来源	4.0	5.6
总建设投资	70.4	100.0
按类型分：		
银行贷款	29.5	42.0
政府特别基金	9.6	13.7
企业自筹（含股票）	9.2	13.1
债券	0.8	1.1
外资	12.2	17.4
其他	9.1	12.9
总建设投资	70.4	100.0

数据来源：Zhang & Heller，2007。

在发电侧电力产权方面，中央发电企业在电力装机中所占比例不降反升，从 20 世纪 90 年代中期的 46%提高到 2007 年的 52.95%。2007 年，全国 6 000kW 及以上各类发电企业共 4 000 余家，国有及国有控股企业占 90%左右，其中华能集团公司、大唐、国电、华电、中电投中央直属 5 大发电集团公司约占全国装机容量的 41.98%，国家开发投资公司、神华集团、长江三峡工程开发公司、华润电力股份公司、中核集团、中广核 6 个中央发电企业约占全国总装机的 10.97%。地方发电企业占全国总装机的 41%，民营及外资企业占总装机容量的 6.05%。在外资电厂方面，由于国家 1999 年以后取消了对外资电厂的优惠政策，外资撤资现象开始出现。2004 年外资仅占 3.2%。在输配电电力产权方面，由中央政府独资或控股。国家电网公司由中央政府独资所有；南方电网公司由中央政府和广东省政府共同控股。

在电力产业组织方面，中心—外围模式开始向区域竞争型电力市场结构过渡，但是中央发电企业有使用市场势力的潜在风险。2004 年电监会分别在东北和华东开展区域电力市场的试点工作。目前已投入运行的东北电力市场模型强调了区域电网公司的作用，并推行大的电力用户直购电的试点。但是，在发电侧，中央发电企业发展非常快，市场集中度不降反升，有使用市场势力的潜在风险。2007 年，华能集团公司、大唐、国电、华电、中电投 5 大发电集团公司装机容量分别为 7 158 万 kW、6 482 万 kW、6 002 万 kW、6 015 万 kW、4 300 万 kW，占全国装机容量的 41.98%，比 2006 年增长了 3.46 个百分点。地方发电企业占全国总装机的 41%，比 2006 年下降了 4 个百分点。民营及外资企业占总装机容量的 6.05%，比 2006 年下降了 0.16 个百分点。5 大发电集团市场集中度的上升，增加了其使用市场势力的潜在风险①。

在竞价上网方面，中央电力企业发电成本较低，使得竞价上网难以推进。改革之初的

① 在近几年的全国煤炭订货会上，5 大发电集团和华润集团默契合谋，采取相同的价格策略，压低煤炭价格。

上网电价是一厂一价，不利于电力的经济调度。1997 年电力过剩局面出现之后，调度电价作出了一些调整，出台了经营期电价政策。将按电力项目还贷期还本付息需要定价改为按项目经济寿命周期定价，将按项目个别成本定价改为按社会平均先进成本定价，同时明确了投资收益水平。电厂上网电价主要取决于建设时期和技术指标，如表 6 所示。由于 1985 年及之前建设的机组都属于中央发电企业，因此，中央发电企业的平均上网电价要低于地方、民营和外资电力企业。2005 年国家发改委出台了《上网电价管理暂行办法》、《输配电价管理暂行办法》和《销售电价管理暂行办法》。但是，新的电价改革和管理办法仍然延续了多种定价机制并存的局面，统一的定价机制还没有形成。新的方案把上网电价区分为竞价上网前电价和竞价上网后电价。竞价上网后电价实行两部制，容量电价由政府制定，电量电价由市场竞争决定。竞价上网前上网电价由政府按一定规则制定，包括多种定价形式：原国家电力公司系统直属并已从电网分离的发电企业，暂执行由政府价格主管部门按补偿成本原则核定的上网电价，并逐步按独立发电厂的规定执行；独立发电企业的上网电价，由政府价格主管部门根据发电项目经济寿命周期，按照合理补偿成本、合理确定收益和依法计入税金的原则核定。在新的定价方案下，原国家电力公司系统直属的发电企业上网电价要低于独立发电企业。2007 年，5 大发电集团平均上网电价为 0.327 元/(kW·h)，低于全国平均上网电价 0.374 元/kWh。

表 6　2002 年全国发电企业平均上网电价　　单位：$/(kW·h)

项目	上网电价
行业平均	0.035
1985 年及之前建设机组	0.029
1985 年以后建设机组	0.040
1997 年建设机组（62 家电厂）	0.050
1999—2000 年建设机组（70 家电厂）	0.043

数据来源：Zhang & Heller，2007。

5　结论

中国金融部门的改革对电力部门有显著的影响，如表 7 所示。在 20 世纪 80 年代中期，金融部门的行政分权式改革促进了地方电厂的快速发展。但是，90 年代金融部门中央集中化趋势明显。中央政府加强了对银行信贷业务的控制，并保留了对股票发行的行政性干预。这有利于中央发电企业的发展。一方面，中央发电企业市场地位得到加强，市场集中度不降反升；另一方面，中央发电企业发电成本和上网电价比独立电厂要低。这都妨碍着竞价上网的实现。目前，中国电力改革处于一种纳什均衡状态，各利益相关方都缺少打破这种均衡状态的激励。中央发电企业是电力改革滞后的受益者，自然不愿意改变现状；地方和民营、外资发电企业因为发电成本和上网电价都高于中央发电企业，缺少推动竞价上网的激励；中央政府通过控制电价可以抑制通货膨胀，也不愿意放开对价格的行政性干预；电力用户因为人数众多，难以组织起来给电力改革施加影响。本文的政策含义是，中国金融改革是电力部门改革为先决条件之一。中国金融改革要为各发电企业创造平等的竞争环境。

表 7　中国金融部门的改革对电力部门的影响

		1949—1978	1979—1993	1994+
金融部门	银行	单一银行体制	统一计划、多级调控	中央银行体制
	证券市场	无	债券、股票	股票为主
	企业融资	附属于行政部门	扩权让利	建立现代企业制度
	外资	闭关自守	FDI 优惠政策	FDI 国民待遇
电力部门	电力管理体制	中央垂直管理	省为实体	公司化
	电力投融资	国家预算拨款	集资办电	拨改贷；自筹
	电力装机	1.85GW (1949) 51.5 GW (1977)	150GW (1993)	713.3GW (2007)
	电力产权	中央所有	发电领域多元化	发电领域多元化
	电力产业组织	垂直垄断	中心外围	厂网分离
	电力价格	统一计划价格	多种电价	经营期电价

在中国电力价格市场化改革滞后的条件下，中国煤炭价格却已经推向市场。市场煤、计划电的模式加大了上下游协调的难度。在中国，煤炭和电力是唇齿相依的上下游行业。煤炭的 50%以上用于发电，而发电量的 80%左右来自烧煤。煤炭和电力价格的市场化改革不同步影响了电煤的正常交易，进而威胁到电力供应安全（Peng，2009）。在解决煤电矛盾的可能方案中，电力部门的市场化改革才是根本出路。

参考文献

[1] Campbell，K.，& Darsie，W. (2007). *China's March at the 21 Century*. Washington，D.C.：The Aspen Institute.

[2] Lardy，N. (1994). *China in the World Economy*. Washington，D.C.：Institute of International Economics.

[3] Naughton，B. (2007). *The Chinese Economy-Transitions and Growth*. Cambridge：The MIT Press.

[4] Peng，W. (2009). *Evolution of China's Coal institution*. Stanford：Program on Energy and Sustainable Development，Stanford University.

[5] Peng，W.，& Pan，J. (2006,1). Rural Electrification in China—History and Institution. *China and World Economy*，71—84.

[6] Qian，Y.，& Wu，J. (2003). China's Transition to a Market Economy：How Far Across the River? In N. Hope，D. T. Yang，& M. Y. li，*How far Across the River? Chinese Policy Reform at the Millennium* (pp. 31—63). Stanford：Stanford University Press.

[7] Victor，D.，& Heller，T. (2007). *The Political Economy of Power Sector Reform*. New York：Cambridge University Press.

[8] Zhang，C.，& Heller，T. (2007). Reform of the Chinese Electric Power Market--Economics and Institution. In D. Victor，& T. Heller，*The Political Economy of Power Sector Reform* (pp. 76—108). New York：Cambridge University Press.

[9] 中国电监会，中国财政部和世界银行．中国电力监管机构能力建设研究报告．北京：中

国水利水电出版社，2007.
[10] 史丹．能源工业改革开放 30 年回顾与评述．中国能源，2008(6)：5－11.
[11] 吴敬琏．当代中国经济改革．上海：上海远东出版社，2003.
[12] 林伯强．中国电力工业发展——改革进程与配套改革．管理世界，2005(8)：65－79.

陕北资源富集型贫困的制度成因与对策探讨*

赵 京 张金锁

西安科技大学能源经济与管理研究中心 陕西西安 710054

摘 要：能源资源开发与利用中的制度缺陷和政策性排斥造成陕北资源富集区区域性贫困。陕北资源富集型贫困问题的长期存在对陕北能源经济可持续发展和国家的能源安全构成深层制约，也在一定程度上影响到社会主义和谐社会建设。基于贫困经济学和制度经济学的一般理论，从陕北贫困的现状出发，构建陕北资源型贫困问题的制度分析框架，从我国资源经济运行中的不合理的自然资源产权制度、财政税收体制、资源产品的价格形成制度、资源和生态补偿机制以及能源企业社会责任制度等方面系统分析陕北城乡居民致贫的制度性原因，提出有利于陕北减贫与和谐社会建设的具体对策建议。

关键词：能源，富集，贫困，制度，和谐社会

陕北是我国罕见、世界少有的能源资源富集区，被誉为中国的“科威特”。1998 年经原国家计委批准，陕北成为规划建设的唯一国家级能源化工基地。在陕北能源化工基地建设的带动下，陕北经济总量和财政收入快速增长，2008 年两市实现生产总值达 1 721 亿元，完成财政收入 420 亿元，占陕西全省比重分别达到 26％和 40％，成为陕西省经济增长和财政收入增长最快的地区。但由于自然资源产权制度和税收制度缺陷以及分配环节的畸形扭曲等原因，当地多数百姓不仅无法从中获益，反而受累于因开发导致的各种生态灾难而日益贫困。陕北资源富集型贫困问题的长期存在对陕北能源化工基地的可持续发展和国家的能源供给构成深层制约，也在一定程度上影响到社会主义和谐社会建设，从理论和实践上亟待探讨。

1 陕北资源富集型贫困状况

陕北资源富集，延安地区已探明地下矿藏 10 多种，其中石油储量 13.8 亿吨，煤炭储量近百亿吨，天然气预测储量 2 000 亿～3 000 亿立方米，紫砂陶土 5 000 多万吨；榆林地区目前已发现 8 大类 48 种矿产，以煤、气、油、盐最为丰富。煤炭预测资源量2 720亿吨，探明储量 1 460 亿吨。天然气预测资源量 4.2 万亿立方米，已探明气田 4 个，探明储量 6 933 亿立方米。石油预测资源量 6 亿吨，探明储量 1 亿吨。岩盐预测资源量 6 万亿吨，探明储量 8 857 亿吨，约占全国岩盐总量的 26％，湖盐探明储量 1 794 万吨。此外，还有比较丰富的煤层气、高岭土、铝土矿、石灰岩、石英砂等资源。榆林每平方公里土地拥有 10 亿元的地下财富，矿产资源潜在价值达 43 万亿元人民币，约占陕西省矿产资源总价值的 95％。

虽然陕北两市（延安市、榆林市）资源优势明显，但由于自然、历史的原因，陕北又

* 国家软科学计划项目（2006GXQ3D160），陕西省软科学研究项目（2007KR17、2008KR84），陕西省教育厅专项科研计划项目（09JK149）。

是一个长期经济贫困的地区。近年来，区域能源化工产业的发展壮大促进了城乡基础设施建设，增强了地方财政实力，两市市委、市政府坚持开发式扶贫方针，整合资源、板块推进，区域扶贫开发工作也取得明显成效，但仍存在贫困面积大，贫困人口多，资源富集型贫困特征明显的问题。

2000年年底，延安13个区县中，6个是国家扶贫开发重点县，7个省级扶贫开发重点县，共60万贫困人口，且28.1万人未解决温饱，经过7年的扶贫开发，仍有4.31万贫困人口未解决温饱问题，28.43万贫困人口未能脱贫。就延安贫困人口分布而言，黄河沿岸和白于山区8县最为贫困，有重点村928个、贫困人口46万人，分别占全市的69.7%和76.6%，从2003年至2007年底，虽然延安地区、榆林地区贫困人口从16.22万人减少到8.76万人，但仍有46%的贫困人口尚未脱贫。2006年低保人数为18.71万人，其中城镇为5.92万人，2007年低保人数为20.4万人，其中城镇2007年为6.5万人。目前，就城市贫困治理来看，有限的救助资金与贫困群体生活需求的矛盾比较突出。延安市社会保障支出虽已占到财政总支出的20%左右，2007年筹集城市低保资金5 700多万元，低保对象月人均金额也由130元提高到160元，人均补差88元。但现有城市低保户有2.4万户，共62 495人，贫困群体的生活水平和困难程度在加剧，用于食品消费的支出比例很大，营养成分不高，衣着和日用品简陋，住房条件差[1]。城乡困难群众和弱势群体的生产生活、扶贫开发、社会保障体系建设、就业再就业、救灾救济救助工作任务艰巨。特别是以黄河沿岸和白于山区为重点的扶贫开发任务依然相当繁重[2]。

2000年以来，榆林市委、市政府着力改善农村贫困状况，累计解决了38万人、62万头牲畜的饮水问题；新修乡村道路5 984公里，贫困乡村交通状况得到改善；新增基本农田15.4万亩，贫困区域人均基本农田达到1.8亩；"草、羊、枣、薯"四大主导产业初具规模，目前全市有人工草地480万亩，羊羔存栏382万只，红枣150万亩，洋芋种植面积280万亩；基本普及了九年制义务教育；医疗卫生机构发展到342个；广播电视覆盖率达到85%。1 192个扶贫开发工作重点村得到了扶持建设，1.6万户6.8万贫困人口实施了移民搬迁，贫困人口由2000年的108.77万人减少至2007年的50.24万人。但从农业、农村现状来看，与快速发展的能源工业、城市建设相比，农业、农村的发展明显滞后。2007年榆林地区农民人均纯收入2 621元，是全国农民人均纯收入4 140元的63%。全市12个县区中10个为国家扶贫开发工作重点县、2个为省级扶贫开发工作重点县；5 510个村中有1 378个扶贫开发工作重点村，占25%；人均纯收入在845元以下的贫困人口50.24万人，占292万农业人口的17.2%。据市民政局2006年对榆林市城乡各1 000户低收入贫困家庭的抽样调查分析，榆林人均纯收入水平十分低下。在1 000户农村贫困户中，年人均纯收入625元以上的仅占1.7%，500～625元的占11%，400～500元的占23%，300～400元的占38%，200～300元的占16%，200元以下的占10.3%。调查户人均全年食物支出比例高达67%，穿衣支出11%，医疗支出7.5%，基建支出5.5%，教育支出2%，婚丧支出3%，"人情门户"支出3%，其他支出1%，收入的绝大部分用来维持生存，基本上没有发展的余地。2008年虽经扶贫开发工作减少到38.7万人，但由于国家制定贫困人口标准相对较低，以农民人均纯收入1 196元为贫困线，就榆林市整体物价、消费水平来看，实际贫困人口数量仍然会有增加。贫困村、贫困人口主要分布在白于山区、黄河沿岸土石山区和资源开发区。由于生态环境和制度性因素制约，现有的贫困人口脱贫难度很大。贫困问题在今后相当长一段时间内仍然是困扰陕北经济社会全面发展的一个突出问题[3]。

2 陕北资源富集型贫困的制度成因

陕北资源富集型贫困的成因虽不能排除历史与自然条件因素，但关键在于体制和政策系统的公平性，主要表现在资源经济运行中的不合理的自然资源产权制度、财政税收体制、资源产品的价格形成制度、资源和生态补偿机制以及能源企业社会责任制度。

2.1 自然资源产权制度不合理

按照科斯定理，在交易费用存在的前提下，产权初始配置的合理化是实现经济帕累托最优的必要条件，资源经济发展也必然遵循这一规律。我国虽经过 30 多年的改革初步解决了企业资产和土地产权的改革问题，但仍没有按照市场经济发展需要完善地下资源的产权制度，基本沿袭计划经济条件下的资源初始矿权的完全国家所有制，现行矿产资源开发与管理体制造成资源矿权一元化与二元地权之间存在矛盾，导致资源地居民的自然主体地位和对资源的自然依赖关系被淡化，从而形成了中、省企业和外来资本为主体的开发模式，地方企业受制于体制、政策、资金、技术等因素而被边缘化，以榆林地区为例，目前已经明确的煤炭资源分配总量为 491.67 亿吨，榆林地方仅分得 84.72 亿吨，只占 17.23%，其油、气资源则主要集中于长庆油田公司。延安的石油资源开发主要由长庆油田公司和延长集团两个大中、省企业主导。这样，就使得陕北地方政府和企业在基地开发中缺少应有的参与和利益。在资源开发中出现了中央企业和当地群众、地方政府、地方长远发展的三大利益冲突，从而使为能源化工基地建设付出了生存环境成本的陕北居民未能充分享受到资源开发的巨大成果。

2.2 财政税收体制改革滞后

在财税体制实际运行中，资源开发的税费政策极不合理，使得陕北县域经济发展严重滞后于能源化工基地建设的步伐，资源开发中地方受惠程度较低。在中、省、市三级政府之间，市级政府可支配收入的比重逐步下降，2002—2007 年，榆林市上划中、省政收入占财政总收入的比重由 51.3% 上升到 68.5%，而留市县收入比重由 48.7% 下降到 31.5%。2007 年，全市财政总收入 158.6 亿元，上划中央收入 88.4 亿元，占 55.7%，上划省级收入 20.1 亿元，占 12.7%，留市县的地方财政收入 50.12 亿元，仅占 31.6%；在区域之间，税收与税源背离问题严重，造成区域间不合理的税收转移。由于占到开采量一半左右的大型的天然气和煤炭企业均为中央企业，其注册地在北京、上海等大型城市，根据现行税收政策，其所应交的地方税种大都交给了注册地。资源的转移导致了税收的转移，这使区域间的不合理利益分配进一步加剧。2007 年榆林仅煤炭、石油、天然气三大类矿产资源，因总分机构和跨区经营造成的税收转移 55.1 亿元，因资源产品的非市场定价造成税收转移 72.82 亿元，本应体现为资源输出地的税收，反而流到了资源输入地，陕北地方财政收入与对国家的能源贡献相比极不对等。

2.3 资源产品的价格形成制度不完备

陕北地区资源价格长期处于扭曲状态，既不反映资源真实价值，对资源市场供求关系的变动不敏感，也不反映资源外部成本。资源开采的安全成本、发展成本、退出成本特别是环境成本并没有从资源开发收益中得到有效补偿。资源开发过程中对陕北地区生态环境的破坏等外部成本并没有合理内部化，资源优化配置缺少体制机制保证。资源产品的价格形成制度不完备主要表现在资源价格市场化程度不高和资源价格构成不完整两个方面。一方面，受经济体制制约，陕北地区矿产资源的价格基本上是政府定价或政府指导价，没能真实反映市场供求关系和资源稀缺程度，致使资源价格偏低。另一方面，受煤炭资源税费制度不完善和环保制度不健全等多种因素影响，与资源开发直接相关的社会成本并没有被煤炭企业合理内化。首先，外部成本没有内部化或内部化不足，即煤炭资源开发的环境治理成本，特别是陕北地区生态功能恢复成本没有体现在煤炭资源价格中。其次，“代际成本”内部化有限，即煤炭资源如果开发过度，一定时期内都会耗竭，从而要求有体现代际公平的代际补偿成本。但这在煤炭资源价格中也是缺失的。再次，资源所有者收益内部化不充分，即国家作为资源所有者因垄断资源所应得到的“租值”部分，在煤炭资源价格中反映不够。

2.4 生态补偿机制不健全

目前，榆林能源化工基地每开采 1 吨原煤、原油，造成的生态资源环境损失分别是 52 元和 260 元，年总计损失达 98.8 亿元。随着煤炭、石油、天然气等矿产资源的大规模开发和能源化工产业的发展，环境污染渐趋严重，山体崩塌、地裂缝扩延等灾害日渐增多，导致空气质量下降，区域性地表水泄漏、地下水位下降、湿地面积萎缩、植被破坏、农田严重减产、人畜饮水困难。另据测算，延安全市每年因资源开发大约要破坏近 1 万亩退耕还林地。每年有近 100 多万吨废水未经处理而直接排放，致使延安境内主要流域均受到严重污染。但由于生态补偿机制不健全，“谁开发，谁保护；谁破坏，谁恢复；谁受益，谁补偿；谁污染，谁付费”的原则被悬空，资源的开发利用者没有承担环境成本，导致治理经费难以落实，经济发展与环境资源之间、中央企业和地方政府之间、能源企业和当地群众之间的矛盾日趋尖锐。虽然陕西从 2009 年 7 月开始，在全国率先由地税部门代征煤炭石油天然气资源开采水土流失补偿费，但补偿范围仍旧过窄，补偿标准仍然偏低。

2.5 能源企业社会责任履行不足

自 2007 年 3 月 29 日榆林府谷县委、县政府发布了《关于实施“双百”帮扶工程，推进新农村建设的安排意见》的文件后，府谷县 170 余家民营企业就积极参与到了全县扶贫开发、帮建新农村当中。短短两年，民营企业已累计投入扶贫资金近 5 亿元，完成帮扶项目 258 个，全县绝对贫困人口和低收入人口减少了 8 万多人，为我国新阶段扶贫工作机制创新提供了一个成功的“府谷现象”范例。而相比较中央企业，神东公司虽然原煤售价及企业利润增长了十几倍，但每吨 0.2 元的地表塌陷治理补偿费却十年没有改变，在新农村建设、“生态灾民”安置方面，中央企业神东公司远不及地方煤矿。

3 陕北资源富集型贫困的制度减贫思路

陕北资源富集型贫困的减缓和彻底消除需要创新除扶贫机制，但要真正消除“年年扶贫年年贫”的现象，只能诉诸于制度化途径，具体而言，必须逐渐健全市场化的资源产权制度，推进资源税收体制改革，完善采矿企业成本核算制度，健全生态补偿机制，强化资源企业社会责任管理。

3.1　健全市场化的资源产权制度

第一，建立现代资源产权制度，实行资源有偿使用，停止对陕北能矿资源的行政审批，通过市场运作，公开拍卖、挂牌出让。第二，规范采矿权价款评估办法，实现矿业权资产化管理。建立矿业权交易制度，健全矿产资源有偿占用制度，对能矿资源实行有限有序有偿开发。第三，建立矿权与地权相统一的矿权体制，赋予陕北地方政府一定的资源处置权，由中央政府和地方政府共同组建资源矿权管理委员会，统筹中央、地方、企业和当地居民四方面利益[4]，明晰矿业权的收益内容和各类矿业权人所得，构建使当地居民真正受益的资源共享机制，规范政府与企业的关系和行为，使陕北资源开发真正纳入市场经济的轨道。

3.2　推进资源税收体制改革

不合理的资源税收体制造成事权和财权的不统一，资源优势不能有效转变为榆林的经济优势和财政优势，严重挫伤地方发展经济的积极性，也对区域性减贫构成一定的影响。因而，必须按照“多予少取”或“只予不取”的原则进行财税体制改革，第一，要提高陕北榆林的资源税征收标准，原煤调整为5元/吨，原油调整为30元/吨，天然气调整为15元/千立方米，改变目前资源最优但资源税额标准全国最低的现状；第二，应按照向基层倾斜、向民生倾斜的原则，适当提高市、县两级财政在所得税上的分享比例；第三，应按照税收与税源一致原则解决能源输出企业营业税不合理转移问题。神华、长庆的计税起点应按当时当地的市场价计征，不应按内部调拨价起征，中、省企业按照实际生产经营情况在当地照章纳税，并协调将天然气管输营业税纳税地点确定在资源输出地；第四，应参照澳大利亚、加拿大等国做法，在陕北榆林能源化工基地进行改革试点，不管谁在矿区投资开发资源，除去各种税收，利润的20%左右留在资源所在地，用于改善当地群众的生产生活条件，充分考虑资源富集区群众对自然资源的自然依赖；第五，逐步完善按资源占有量征收资源税的制度；第六，基于榆林生态环境的巨大损失及其为国家经济发展的能源贡献，国家财政出资治理和改善榆林生态环境，维护榆林经济社会的可持续发展；第七，基于自然资源价格的长期扭曲和陕北资源输出地生态环境破坏，建立东中部受益区政府向陕北地方政府横向转移支付的利益补偿机制。

3.3　改革采矿企业成本核算制度

2008年10月27日我国首份煤炭外部成本综合性研究报告《煤炭的真实成本》显示，2007年我国煤炭造成的环境、社会和经济等外部损失超过17 000亿元，相当于年国内生产总值的7.1%。作为国家级能源化工基地，陕北资源开发的生态环境损失巨大，目前应尽快改变现有采矿企业成本核算制度，将生态环境治理与生态恢复费用列入企业的生产成本，按照完善的煤炭生产完全成本，在原生产成本基础上再包括五方面的外部成本，即安全成本、资源成本、环境成本、退出成本、发展成本，结合现行成本计算方法、按现行政策计算、按权威部门和专家预测三种不同的成本计算方法测算能源产品价格，把安全、环境、发展、生态损失转入到资源产品的成本，从资源产品中得到补偿，以实现能源化工行业的可持续发展及经济、生态和环境之间的协调发展[5]。

3.4 健全生态补偿机制

资源开发补偿力度不够，造成当地环境恶化、居民福利下降的困境，给当地的可持续发展带来严重问题，甚至威胁到当地的社会安定。为此，首先要建立采矿区群众利益补偿机制和生态修复机制。建议按照原国家环保总局《关于开展生态补偿试点工作的指导意见》，通过陕西省人大制定系统的陕北能源化工基地资源与环境管理条例，出台矿区沉陷、“三废”污染等治理补偿办法及细则，完善生态环境补偿与修复机制。建议提高资源开采级差收益留给地方的比重[5]，改变我国资源补偿与价格指数脱离，按产量定补偿款，能源价格水平上涨地方政府及居民不能受益的情况，借鉴科威特的做法，每年提成10%的利润，用于资源耗竭时的经济补偿。参照山西省的做法，开征20元/吨煤的能源基地可持续发展基金、10元/吨的矿山环境治理恢复保证金、5元/吨的煤矿转产发展基金。在补偿方面，积极探索矿区群众利益的补偿机制，结合社会主义新农村建设和城镇建设，出台具体方案，妥善安排矿区群众的生产生活，构建和谐的基地发展格局；完善失地农民的补偿机制。在给予土地补偿费的基础上，探索以土地参股、安置失地农民、设立最低生活保障基金等多元化补偿办法[6]。

3.5 强化资源企业社会责任管理

资源性企业往往是环境污染的主要产生者，资源开发引发的矿区生态环境破坏，必然造成群众利益损失问题。因此，必须建立包括地方政府和地方群众组织在内的多方参与的企业社会责任评价与管理制度，彻底改变资源企业片面追求经济效益而降低补偿费逃避责任的情况。规定无论是中央和陕西省国有企业，还是外来大企业和地方企业，从配置资源开采时就要明确自己的“社会关怀”责任，地方政府按照“属地管、管属地”的原则督促企业切实履行构建和谐矿区的责任。在企业内，要构造各个利益主体之间的和谐氛围，实行安全生产，节能减排；在企业外，要处理好周边地方政府和群众的关系，使企业主动承担污染源治理、生态恢复治理、资源综合利用和建立节约型矿区的责任；争取中央和省政府的支持，与中、省企业开展平等协商的对话机制，使中、省企业肩负起自己应尽的社会责任，消除和缓解与地方人民的利益纠纷，走合作“共赢”之路。

参考文献

[1] 政协延安市委员会．关注城镇贫困群体　加大社会保障力度．http://www.yazx.gov.cn/WeiYuanYiZheng/dysc200804.html.

[2] 延安市统计局．延安市培育接续产业促进可持续发展的思考. http://www.sei.gov.cn/ShowArticle.asp? ArticleID=154201.

[3] 榆林市政协．榆林市农村低收入人口贫困状况调查报告．http://www.ylzx.gov.cn/News/Show.asp? id=1172.

[4] 姚仲恺．能源经济发展战略中的利益分配问题探析——以山西为例．经济问题，2006(7)：15－16.

[5] 高山，郭文莹，张荔，郑佳丽．从煤炭完全成本看煤价．陕西煤炭，2008(4)：38－39.

[6] 榆林市政府调查研究室．榆林市县域经济发展研究报告．http://124.115.244.33/news_view.asp? newsid=915.

征税方式改变对可耗竭资源开采的影响研究

葛世龙　周德群　王群伟

南京航空航天大学能源软科学研究所　江苏南京　210016

南京航空航天大学经济与管理学院　江苏南京　210016

摘　要：针对资源税改革时间不确定，探讨了改变征税方式对资源开采的影响。在假定资源税改革过程服从泊松过程的基础上，利用动态思想把资源开采过程分为两个阶段，结合最优控制理论建立了资源动态优化开采模型，得到资源最优开采路径，通过算例分析了改变征税方式及不确定对资源开采的影响。结果表明：(1) 当不确定程度确定时，资源税率越高，资源耗竭时间越短；税率一定时，改革可能性越大，资源耗竭时间越短；(2) 不确定对资源最优开采行为的影响是显著的。

关键词：可耗竭资源，资源税改革，从价计征，动态优化

资源税改革是当前社会各界关注的热点问题。一方面，由于资源税改革涉及各方面的利益，其中包括中央政府与地方各级政府、资源生产地与消费地以及广大人民群众等，且这些利益主体对改革的认识存在差异，所以具体的改革方案仍未出台；另一方面，由于当前的从量定额计征方法无法反映价格与税收的联动作用，国家无法享受涨价收益，所以改变征税方式成为改革的重要议题。由此可见，资源税改革时间具有不确定性。

资源税在资源开采与利用研究领域中主要涉及影响分析与优化设计两类问题。影响分析不仅研究某种资源税对资源开采利用的影响，而且还比较不同税种对资源配置的有效性。早在 1931 年，Hotelling 就已分析了资源税对资源开采路径的影响[1]。Conrad & Hool 研究了三类常见的税种对资源储量边际品位及开采路径的影响[2]。Gamponia & Mendelsohn 比较了多种资源税的有效性[3]，Slade 从理论和实践两个方面，并结合资源生产的各个阶段研究了各类税种政策的影响[4,5]。Rowse 利用数值模拟方法研究了从价计征税对天然气开采的影响[6]。资源税优化设计的目的是确保资源有效配置或有效开采。Khalatbari 研究了市场不完全下资源优化开采率，指出“公共地”的过度开采不是因为不完全竞争，而是因为产权的定义不清晰，还给出“公共地”的最优资源税政策[7]。Dore 研究了垄断竞争下可耗竭资源的销售税和利润税设计问题[8]。Jeong-Bin Im 讨论了垄断市场下资源配置的非有效性，进而利用资源税纠正“市场失灵”，详细探讨各类税种的设计[9]。

然而，现有文献没有讨论资源税改革背景中的不确定问题。税收政策不确定集中在企业投资相关文献。如 Alvarez，Kanniainen & Södersten 利用最优控制研究了征税时间和税率不确定下企业的投资行为，发现不确定对投资行为有显著影响[10]。因此，文中针对改变征税方式的改革方案，并考虑改革时间不确定，研究可耗竭资源的优化开采路径及其变化情况。

1 可耗竭资源动态优化开采模型

1.1 变量说明

Q_t（P_t）、C_t（X_t）分别表示 t 时刻需求函数和成本函数；T，r 分别表示资源的耗竭时间和贴现率；X_t，S_t，Q_t，P_t，A，B 分别表示 t 时刻资源的开采量、剩余储量、资源需求量、资源价格、资源的初始储量（已知常数）和最终储量（资源耗竭或经济不可采，文中取为 0）。a 为需求函数中的待定正常数，为分析方便，取 $a=1$。b，c 为成本函数中的待定常数，为分析方便，取 $c=0$。

1.2 约束及假设条件

若资源满足如下条件[11]：①资源储量随资源的使用将不断减少；②储量永远都不会增加；③储量减少的速率是资源使用速率的单调递增函数；④一旦资源储量为零，将不会再使用该资源。则称该资源为可耗竭资源。在此基础上，可得资源耗竭的基本限制条件：

$$\begin{cases}\dot{S}_t=-X_t \\ S_0=A,\ S_T=B,\ S_t\geqslant 0\end{cases} \tag{1}$$

假设 1：资源企业是价格接受者，Q_t（P_t）、C_t（X_t）为连续可导函数。

假设 2：企业开采的资源均投入市场，当市场出清时，所有企业提供的资源量等于消费者的需求量：

$$Q_t=X_t \tag{2}$$

假设 3：成本函数与时间 t 和开采量 X_t 有关，且具有弱凸性。即有：$\dfrac{\partial C_t}{\partial X_t}>0$，$\dfrac{\partial^2 C_t}{\partial {X_t}^2}\geqslant 0$。根据这些要求，可选取二次成本函数进行研究：

$$C_t(X_t)=\frac{bX_t^2}{2}+c \tag{3}$$

假设 4：需求函数具有凹性，即 $dQ_t/dP_t<0$。为研究方便，本文取线性形式，记为：

$$Q_t=a(\bar{P}-P_t)=\bar{P}-P_t \tag{4}$$

其中，资源价格的上限（$\bar{P}$）和下限（$\underline{P}$）可由生产与需求两方来确定：当 P_t 高于 $\bar{P}$ 时，消费者对资源的需求减少为零，此时资源开采和消费都将停止，需求被资源替代品挤出了市场；当 P_t 低于 $\underline{P}$ 时，生产者无法弥补成本，将无利可图则会停止生产，使得产量减少为零。

1.3 资源税改革时间不确定

把资源税改革时间 t^* 视为随机变量，记 λ_t 为 t 时刻首次提出改变征税方式的比率，当 $t\geqslant 0$ 时，λ_t 为连续的，Π_t 表示直到 t 时刻才提出改变征税方式的条件概率密度，Ω_t 表示 t 时刻征税方式已改变的概率。可得关系：

$$\Omega_t=\int_0^t \Pi_t\,\mathrm{d}t \tag{5}$$

$$\lambda_t = \frac{\Pi_t}{1-\Omega_t} \tag{6}$$

便于分析，作如下假设：

假设 5：征税方式改变过程服从 Poisson 过程，则 $\lambda_t = \lambda > 0$，$\Pi_t = \lambda e^{-\lambda t}$。

1.4 目标函数

企业以追求利润最大化为目标，这里以生产者剩余表示，即出售一种物品得到的量减去卖者的成本和税收。资源税改革前是从量计征（文中指产出税，即对每单位资源产出征收一定比率的税），税率取为固定的 γ_0，资源税改革后是从价计征，税率为 β。则资源税改革前后的目标分别为：

$$\max: V_1 = P_t Q_t - C_t(X_t) - \gamma_0 X_t \tag{7}$$

$$\max: V_2 = (1-\beta) P_t Q_t - C_t(X_t) \tag{8}$$

可见，开采过程被资源税改革时间 t^* 分为两个时段。结合假设 5，可用动态思想来考虑整个开采过程。在时刻 τ（$\tau \geqslant t^*$）所面临的问题就是如何求解如下的优化问题：

$$\begin{aligned} &\max: V(S_t) = \int_{t^*}^{T} V_2 e^{-r(\tau - t^*)} d\tau \\ &s.t.: \begin{cases} \int_t^{T^*} X_\tau d\tau \leqslant S_{t^*} \\ X_\tau \geqslant 0,\ S_T = 0 \end{cases} \end{aligned} \tag{9}$$

因此，整个开采过程的目标函数可表示为：

$$\max: \int_0^T [V_1(1-\Omega_t) + \Pi_t V(S_t)] e^{-rt} dt \tag{10}$$

1.5 动态优化开采模型

联立式（1），式（10），可得资源的动态优化开采模型为：

$$\begin{aligned} &W_t = \max_{(X_t)} \int_0^T [V_1(1-\Omega_t) + \Pi_t V(S_t)] e^{-rt} dt \\ &s.t.: \begin{cases} \dot{S}_t = -X_t \\ S_0 = A, S_T = 0, S_t \geqslant 0 \end{cases} \end{aligned} \tag{11}$$

2 最优开采路径的确定

2.1 优化问题（9）的求解

根据前面假设，可知该优化满足凸性，则保证了最优解的存在性。然后将式（2）、式（3）、式（4）、式（8）代入式（9），可得该优化问题的 Hamilton-Jacobi-Bellman 方程[12]：

$$rV(S_t) = \max\left[(1-\beta)(\bar{P} - X_t) X_t - \frac{bX_t^2}{2} - \frac{\partial V(S_t)}{\partial S_t} X_t\right] \tag{12}$$

要满足（12），只需对其关于 X_t 求偏导，并令其等于 0，则得：

$$\frac{\partial V(S_t)}{\partial S_t} = (1-\beta)\bar{P} - (2-2\beta+b) X_t \tag{13}$$

2.2 动态优化模型的解

根据假设5和式（13），可利用最优控制理论，对优化问题式（11）进行求解。构造现值哈密尔顿函数[13]为：

$$H_c=\left[(\bar{P}-X_t-\gamma_0)X_t\frac{bX_t^2}{2}\right]e^{-\lambda t}+\lambda e^{-\lambda t}V(S_t)-m_tX_t \tag{14}$$

其中，m_t 为现值拉格郎日乘子，$m_t=m_0e^{rt}$，m_0 为初期资源的影子价格。则一阶条件和横截条件分别为：

$$\dot{S}_t\frac{\partial H_c}{\partial m_t}=-X_t \tag{15}$$

$$\dot{m}_t=-\frac{\partial H_c}{\partial S_t}+rm_t=-\lambda e^{-\lambda t}\frac{\partial V(S_t)}{\partial S_t}+rm_t \tag{16}$$

$$\frac{\partial H_c}{\partial X_t}=\left[\bar{P}-\gamma_0-(2+b)X_t\right]e^{\lambda t}-m_t=0 \tag{17}$$

$$\left[H_c\right]_{t=T}=0 \tag{18}$$

其中，式（15），式（16）分别表示资源储量和资源影子价格的运动方程。式由（17）则是最优解存在的一阶条件。式（18）是终端时间自由的横截条件。

由式（17）得：

$$m_t=\left[\bar{P}-\gamma_0-(2+b)X_t\right]e^{-\lambda t} \tag{19}$$

先对式（19）两边关于 t 求导，然后将（13），（19）代入式（16），可得：

$$(2+b)\ddot{S}_t-\left[r(2+b)+2\lambda\beta\right]\dot{S}_t=(r+\lambda)(\bar{P}-\gamma_0)-\lambda(1-\beta)\bar{P} \tag{20}$$

求解式（20），并结合初始条件可得：

$$X_t=\frac{A-NT}{e^{r'T}-1}r'e^{r't}+N \tag{21}$$

其中，$r'=\frac{2r+rb+2\lambda\beta}{2+b}$，$N=\frac{(r+\lambda\beta)\bar{P}-(r+\lambda)\gamma_0}{2r+rb+2\lambda\beta}$，$T$ 由式（18）结合式（21）确定。

3 税收政策不确定的影响分析

3.1 结果分析

（1）由式（21）知：当 $\lambda=0$ 时，优化问题退化为不改变征税方式的情形；资源开采速度以增长率大于 r 的指数形式衰减。

（2）注意到式（21）中 λ，β 不仅出现在分母，而且出现在指数中，讨论税收政策不确定对资源开采的影响，难以直接对 X_t 关于 λ，β 求偏导。因此，难以得到解析的结论，文中通过数值算例进行分析。

3.2 算例分析

为了说明税收不确定对资源开采的影响，首先确定低、中和高税率三种情景，对应的 β 分别取0.2、0.5和0.8，其他参数取值为：$r=0.1$，$A=10^4$，$b=5$，$\bar{P}=500$，$\gamma_0=10$。

将以上数值代入式（21），可得最优开采路径为：

$$X_t=\frac{10^4-TN'}{e^{Tr''}-1}r''e^{r''t}+N' \tag{22}$$

其中，$r''=\frac{0.7+2\lambda\beta}{7}$，$N'=\frac{49+500\lambda\beta-10\lambda}{0.7+2\lambda\beta}$，$T$ 由 $X_T=0$ 确定，各参数随 λ 的变化情况，如表 1 所示。

表 1　不同税率情景下不确定对各参数的影响

λ 的取值	低税率（β=0.2）			中税率（β=0.5）			高税率（β=0.8）		
	γ''	N'	T	r''	N'	T	γ''	N'	T
0.1	0.106	78.38	136	0.114	91.25	118	0.123	102.33	105
0.2	0.111	85.9	125	0.129	107.78	100	0.146	124.51	87
0.3	0.117	92.68	116	0.143	121	89	0.169	140.68	76
0.4	0.123	98.84	109	0.157	131.82	82	0.191	152.99	70
0.5	0.129	104.44	103	0.171	140.83	76	0.214	162.67	66
0.6	0.134	109.57	98	0.186	148.46	72	0.237	170.48	62
0.7	0.14	114.29	94	0.2	155	69	0.26	176.92	60
0.8	0.146	118.63	91	0.214	160.67	66	0.283	182.32	58
0.9	0.151	122.64	88	0.229	165.63	64	0.306	186.92	56

由表 1 可见：（1）开采量的递减速率 r'' 随 λ、β 取值增大而提高。（2）当 λ 取值相同时，即改变征税方式的不确定程度相同。资源税税率定得越高，资源最佳耗竭时间 T 越小，这说明了高税率导致资源的快速耗竭。（3）当税率一定时，资源耗竭时间随改革不确定值提高而缩短，这反映了当改革方案确定推出的可能性越大，企业等待开采的耐心越小，从而加快资源开采。（4）根据 λ 值的大小，在它变化相同比率时，由资源耗竭时间的变化大小可以推知不确定对资源开采的影响是显著的。

表 2　不同情景下资源的最优开采路径与初始开采量

λ 的取值	低税率（β=0.2）		中税率（β=0.5）		高税率（β=0.8）	
	X_t	X_0	X_t	X_0	X_t	X_0
0.1	$-3.8\times10^{-5}\times e^{0.106t}+78.38$	78.38	$-1.3\times10^{-4}\times e^{0.114t}+91.25$	91.25	$-2.3\times10^{-4}\times e^{0.123t}+102.33$	102.33
0.2	$-7.7\times10^{-5}\times e^{0.111t}+85.9$	85.9	$-2.5\times10^{-4}\times e^{0.129t}+107.78$	107.78	$-3.7\times10^{-4}\times e^{0.146t}+124.51$	124.51
0.3	$-1.1\times10^{-4}\times e^{0.117t}+92.68$	92.68	$-3.3\times10^{-4}\times e^{0.143t}+121$	121	$-3.1\times10^{-4}\times e^{0.169t}+140.68$	140.68
0.4	$-1.4\times10^{-4}\times e^{0.123t}+98.84$	98.84	$-3.3\times10^{-4}\times e^{0.157t}+131.82$	131.82	$-2.1\times10^{-4}\times e^{0.191t}+152.99$	152.99
0.5	$-1.7\times10^{-4}\times e^{0.129t}+104.44$	104.44	$-2.7\times10^{-4}\times e^{0.171t}+140.83$	140.83	$-1.2\times10^{-4}\times e^{0.214t}+162.67$	162.67
0.6	$-2.0\times10^{-4}\times e^{0.134t}+109.57$	109.57	$-2.0\times10^{-4}\times e^{0.186t}+148.46$	148.46	$-5.6\times10^{-5}\times e^{0.237t}+170.48$	170.48
0.7	$-2.0\times10^{-4}\times e^{0.14t}+114.29$	114.29	$-1.4\times10^{-4}\times e^{0.2t}+155$	155	$-2.7\times10^{-5}\times e^{0.26t}+176.92$	176.92
0.8	$-2.0\times10^{-4}\times e^{0.146t}+118.63$	118.63	$-9.5\times10^{-5}\times e^{0.214t}+160.67$	160.67	$-1.2\times10^{-5}\times e^{0.283t}+182.32$	182.32
0.9	$-2.0\times10^{-4}\times e^{0.151t}+122.64$	122.64	$-5.9\times10^{-5}\times e^{0.229t}+165.63$	165.63	$-5.2\times10^{-6}\times e^{0.306t}+186.92$	186.92

此外，根据参数的取值，结合式（22）可以分析资源的初始开采量（$t=0$ 时）的变化情况及相应地最优开采路径，如表 2 所示。由于本文给出的参数值，使得初始开采基本与参数 N' 的值大小一致。对于任何一种情形都有一个初始开采量，它可能比最大生产能力大，此时企业的最优开采路径将先按最大生产能力生产，然后依照文中给出的最优路径开采，最终耗尽。

4 结语

本文研究表明，税收改革不确定对资源最优开采行为的影响是显著的，由于文中只以简单的价格税和产出税进行分析，且在特定假设和函数设定下分析了征税方式改变的最优开采行为。由于难以解析地分析资源税及不确定对资源开采的影响，文中借助算例作了初步讨论。发现资源开采行为可以由政府引导，可以通过征收适度的资源税或改变政策制定前景制造不确定，达到保护资源的目的。

文中没有对资源税改革时间不确定的内在规律进行探讨，使得分析不具一般性，这将是未来研究的一个重要方面。

参考文献

[1] H. Hotelling. The Economics of Exhaustible Resources[J]. Journal of Political Economy,1931,39(2): 137－175.

[2] Robert F. Conrad & R. Bryce Hool. Intertemporal Extraction of Mineral Resources under Variable Rate Taxes[J]. Land Economics,1984,60(4):319－327.

[3] V. Gamponia & R. Mendelsohn. The Taxation of Exhaustible Resources [J]. Quarterly Journal if Economics, 1985, 100(1):165－181.

[4] Slade M. E.. Tax Policy and the Supply of Exhaustible Resources: Theory and Practice [J]. Land Economics,1984,60(2):133－147.

[5] Slade M. E.. Taxation of Non-renewable Resources at Various Stages of Production [J]. Canadian Journal of Economics,1986,65(2):281－297.

[6] Rowse J.. On Ad Valorem Taxation of Nonrenewable Resource Production [J]. Resource and Energy Economics, 1997,19(3):221－239.

[7] F. Khalatbari. Market Imperfections and the Optimum Rate of Depletion of Natural Resources[J]. Economica,1977,44(176):409－414.

[8] Dore M. H. I.. On the Taxation of Exhaustible Resources under Monopolistic Competition[J]. Atlantic Economic Journal, 1992, 20(2):11－20.

[9] Jeong-bin Im. Optimal Taxation of Exhaustible Resource under Monoply [J]. Energy Economics, 2002,24(3):183－197.

[10] L. H. R. Alvarez, V. Kanniainen & J. Sö dersten. Tax Policy uncertainty and Corporate Investment a Theory of Tax-induced Investment Spurts[J]. Journal of Public Economics,1998,69(1):17－48.

[11] A. V. Kneese & J. L. Sweeney. Handbook of Natural Resource and Energy Economics (Volume Ⅲ)[M]. North-Holland: Elsevier Science Publishers B. V., 1993:761－762.

[12] 龚六堂．动态经济学方法[M]. 北京:北京大学出版社,2002,7:245－257.
[13] GONG Liu-tang. Methods of Dynamic Economics[M]. Beijing: Peking University Press, 2002,7:245－257.
[14] 蒋中一,王永宏,译．动态最优化基础[M]. 北京:商务印书馆,1999,11:252－255.
[15] Alpha C. Chiang. Elements of Dynamic Optimization[M]. WANG Yong-hong. Beijing: The Commercial Press, 1999, 11: 252－255.

服务业能源消耗的国际比较
——基于OECD多国投入产出表的分析

李鹏飞　汪德华
中国社会科学院工业经济研究所
中国社会科学院财贸经济研究所

摘　要：随着工业化进程的不断推进，中国所面临的资源和环境压力不断加大。推行产业结构调整，加快发展服务业已成为中国实现节能减排目标的重要手段。本文利用OECD提供的2006年版多国投入产出表，对服务业的能源消耗进行跨国比较分析，在国际比较中考察中国服务业的相对能耗水平。结果表明：(1)就服务业总体能耗水平而言，中国服务业的总体能耗水平比除韩国和波兰之外的OECD国家都要高；(2)就服务业各部门的能耗水平而言，中国的批发零售业、运输仓储业、邮政电信业和行政组织服务业的能源消耗系数超过了所有OECD国家。基于这一结论所揭示的中国服务业能耗特征，本文分析了中国节能减排政策调整的方向及措施。

关键词：服务业，能源消耗，国际比较，投入产出表

1　引言

随着工业化进程的不断推进，中国经济增长的能源保障压力不断加大，环境状况亦面临极大挑战。为缓解资源环境压力，近年来中国政府加大了节能减排工作力度。其中，优化和调整产业结构、促进服务业发展，是政府推动节能减排工作的重要举措。例如，《国务院关于加强节能工作的决定》(国发［2006］28号)提出的33条措施中，“大力调整产业结构”和“推动服务业加快发展”就是最先被提到的两条。

节能减排政策以结构调整为重点有其理论正当性。许多实证分析结果表明：结构变化是导致中国过去一段时期能源强度下降的主要原因（Kambara，1992；Hofman & Labar，2007；张宗成、周猛，2004；周勇、李廉水，2006；刘畅、崔艳红，2008等）。在此研究结论指导下，产业结构调整自然成了节能减排工作的重要突破口。实践证明，近几年的节能减排政策产生了较好的效果。根据国家统计局和环保部发布的数据，在污染物排放方面，2008年全国化学需氧量排放量1 320.7万吨，二氧化硫排放量2 321.2万吨，与2005年相比，化学需氧量和二氧化硫排放量分别下降6.61%和8.95%；在单位GDP能耗方面，2008年该指标值为1.102吨标准煤/万元，较2005年的1.226吨标准煤/万元降低了10.12%。

可以预见在结构调整力度加大，服务业快速发展的情况下，服务业节能减排将会成为下一阶段的重点工作。因此，从国际比较的角度分析中国服务业的能耗状况具有较强的现实性。此外，作为一个用排除法定义的大类行业，服务业的一个重要特点即是其性质非常复杂，各个具体服务业之间区别非常明显。在各国之间，服务业的统计定义和范围也差别

很大。这些都造成了对于服务业的国际比较研究的困难。迄今为止，很少有研究专门对服务业能耗进行跨国比较分析。

本文利用OECD提供的多国投入产出表，把中国和OECD国家的服务业总体能耗，以及服务业内部各子行业的能耗进行比较，以揭示中国服务业的能源消耗状况。

2 方法和数据来源

2.1 分析方法

本文采用的方法为投入—产出分析法。具体而言，在比较各国服务业整体能耗水平时，本文需要计算各产业的能源直接消耗系数。直接消耗系数又称为投入系数或技术系数，一般用 a_{ij} 表示，其定义是：每生产单位 j 产品直接消耗 i 产品的数量。直接消耗系数的计算公式是：

$$a_{ij}=\frac{q_{ij}}{Q_j} \qquad (i,\ j=1,\ 2,\ \cdots,\ n)$$

需要说明的是，由于本文关注的焦点是服务业的能耗水平。因此，在计算各产业直接消耗系数时，i 产品是指OECD多国投入产出表中能源采掘业［Mining and quarrying (energy)］，炼焦、石油加工及核燃料加工业（Coke，refined petroleum products and nuclear fuel），电力生产和输配业（Production，collection and distribution of electricity），天然气生产和输送业（Manufacture of gas；distribution of gaseous fuels through mains）四个能源行业的最终产品。先分别计算各产业对这四个能源行业的直接消耗系数，然后将其相加，得出各自按直接消耗系数计算的能源消耗系数。

在比较各国服务业内部诸子行业的能源消耗系数时，除了根据直接消耗系数法计算能耗系数外，还进一步考虑各产业间的关联，依据完全消耗系数法计算能耗系数。所谓完全消耗系数 a_{ij} 是指每生产单位 j 产品完全消耗 i 产品的数量。利用直接消耗系数矩阵 A 计算完全消耗系数矩阵 B 的公式为：

$$B=(I-A)^{-1}-I$$

其中，I 为 $n\times n$ 的单位矩阵。

2.2 数据来源

近年来，OECD致力于利用各国的统计数据，编制一个统一分类标准的投入产出表，以便为国际比较研究提供数据基础。本文数据来源即是建立在OECD近年来努力成果的基础上，采用其提供的多国投入产出表来对服务业能耗进行对比分析。本报告采用的投入产出表，其国家范围包括OECD成员国家，以及中国和巴西两个发展中国家，这是OECD组织所能提供数据的国家范围。名单如下：中国（2002)、巴西（2000)、日本（2000)、韩国（2000)、美国（2000)、加拿大（2000)、澳大利亚（1999)、匈牙利（2000)、波兰（2000)、捷克（2000)、芬兰（2000)、意大利（2000)、丹麦（2000)、挪威（2001)、希腊（1999)、英国（2000)、德国（2000)、法国（2000)、西班牙（2000)、荷兰（2000)，共20个国家。各国投入产出表计算的时间并不相同，范围为1999—2002年，各国括号内的数字即为OECD该国投入产出表的计算时间。考虑到建立投入产出表的基础是各国总体上所采用的生产技术，而这在一个短时间内不会发生过大的变化，因此比较的时间不一致并不会对分析结果的稳健性产生太大的影响。

3 跨国比较分析

本文以下所分析的主要是服务业对能源的消耗问题。国际比较的数据基础有两个，一是按直接消耗系数计算的能源消耗系数比较；二是按完全消耗系数计算的能源消耗系数比较。后者进一步考虑到了服务业能源消耗的间接效应。

从整体上对服务业的能源消耗情况进行国际比较，所得结果如图1所示。从图1可见，中国服务业的总体能源消耗较之其他国家相对较高。除韩国和波兰之外，中国的服务业总体能源消耗比重都要高于其他OECD国家的水平。韩国的服务业总体能源消耗系数为44.48%，波兰的服务业总体能源消耗系数为56.68%，都比中国的系数39.9%要高。其中波兰的服务业总体能源消耗系数很高，其原因在于房地产服务业的能源消耗系数非常高，而其他的服务行业能源消耗系数并不比中国高。韩国主要是其卫生和社会服务业的能源消耗系数高，而且其核算了家政和国际组织行业，受这两个行业的影响使其服务业能源消耗系数高于中国。

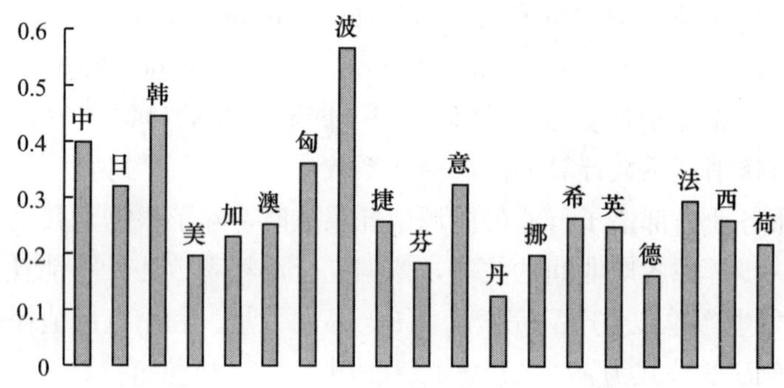

图1 服务业总体能源消耗跨国比较

资料来源：按OECD提供的各国投入产出总使用表计算所得。

表1显示的是按直接消耗系数计算出来的各服务业部门能源消耗系数的国际比较。首先要注意的是，与第二产业相比，各服务业对能源的消耗系数要低得多。这一点无论是以OECD国家的数据，还是以我国的数据来判断都是如此。如以OECD国家平均值计算，除了运输仓储业的能源消耗系数高于第二产业平均值之外，其他的服务行业的能源消耗系数都低于第二产业平均值。这一结论对于中国同样成立。其次，与OECD国家相比，中国的批发零售、运输仓储和行政组织服务的能源消耗系数非常高，超过了所有的样本OECD国家。其中，批发零售行业的资源直接消耗系数为8%，是将近OECD国家平均水平2%的4倍，而运输仓储的资源直接消耗系数19.3%也是将近OECD国家平均水平5.6%的4倍。

表 1　各个服务行业的能源消耗系数（按直接消耗系数比较）

	OECD 平均值	OECD 最大值	OECD 最小值	中国
批发零售	0.023 068	0.067 064 3	0.002 470 5	0.080 037
宾馆餐饮	0.031 902 1	0.090 016 9	0.012 477 4	0.014 975
运输仓储	0.055 584 5	0.125 368 5	0.006 937 7	0.192 942
邮政电信	0.014 204 6	0.043 184 4	0.003 614 2	0.016 483
金融保险	0.010 851 9	0.053 159 5	0.001 683 4	0.009 411
不动产	0.012 225 6	0.114 831 1	0.005 264 3	0.003 897
设备出租	0.013 398 9	0.024 509 7	0.003 870 1	0
计算机服务	0.012 908 9	0.035 598 1	0.003 385 1	0
研究与开发	0.019 900 1	0.044 781 1	0.006 514 9	0.009 253
其他商业	0.012 348 3	0.029 123 7	0.004 317 9	0.006 689
行政组织服务	0.019 462 2	0.031 612 4	0.006 879 1	0.086 233
教育	0.016 155 9	0.030 747 5	0.007 969 1	0.026 571
卫生和社会服务	0.016 338 5	0.033 705 2	0.006 580 2	0.008 486
其他社区个人服务	0.021 768 5	0.041 489 5	0.007 0699	0.011 28
第二产业平均	0.033 704			0.037 082

资料来源：按 OECD 组织提供的各国投入产出总使用表计算所得。

表 2 提供的是考虑到产业间的相互关联关系，即能源消耗的间接效应之后，以完全消耗系数为基础计算的各服务行业的能源消耗系数。从表 2 可以发现，与 OECD 国家相比，中国的批发零售、运输仓储、邮政电信和行政组织服务的资源完全消耗系数非常高，超过了所有的样本 OECD 国家的平均值。特别的，中国的行政组织服务的资源完全消耗系数 11.7%是 OECD 国家平均水平 4.3%的将近 3 倍。其中，中国的行政组织服务对煤、石油和核能的完全消耗系数为 6.3%，而对电力、天然气和水的供给业的完全消耗系数为 5.4%。

表 2　各个服务行业的能源消耗（按完全消耗系数比较）

	OECD 平均值	OECD 最大值	OECD 最小值	中国
批发零售	0.059 648	0.201 016	0.023 022	0.075 712
宾馆餐饮	0.068 095	0.154 102	0.033 842	0.067 103
运输仓储	0.111 242	0.264 944	0.030 455	0.183 829
邮政电信	0.033 24	0.095 485	0.009 626	0.086 344
金融保险	0.026 041	0.074 474	0.008 806	0.044 255
不动产	0.035 949	0.192 22	0.003 649	0.035 676
设备出租	0.027 69	0.092 851	0	0
计算机服务	0.030 326	0.087 148	0	0
研究与开发	0.041 982	0.145 226	0	0.071 347
其他商业	0.038 534	0.107 935	0.011 838	0.086 218
行政组织服务	0.042 88	0.098 836	0	0.116 928
教育	0.035 015	0.140 007	0	0.106 821
卫生和社会服务	0.042 106	0.155 577	0	0.086 97
其他社区个人服务	0.052 293	0.171 131	0	0.086 942

资料来源：按 OECD 组织提供的各国投入产出总使用表计算所得。

4 结论

综合以上结果可知，从总体上看，服务业具有能源消耗低、对环境和生态影响较轻的特点；但是中国服务业单位产出消耗的资源较 OECD 国家更高。尤其是中国的批发零售、运输仓储、邮政电信和行政组织服务的资源完全消耗系数非常高。由于批发零售、邮政电信和行政组织服务这三个行业的能源消耗主要是建筑能耗，而运输仓储业能耗主要是交通能耗，所以上述分析结果从另一个角度证实了中国建筑节能和交通节能水平有待进一步提高。实际上，相对于中国政府在工业节能方面所作出的努力而言，建筑和交通节能领域缺乏实质性的激励政策和约束措施。这在相当程度上导致了中国服务业能耗相对较高局面的出现。

从政策制定的角度看，结构调整总是会出现节能边际效应递减的时候。服务业的快速发展，或许会使这一天更早到来。在此条件下，应该未雨绸缪，尽早重视建筑和交通领域节能工作，以降低服务业能耗，取得更好的节能成效。

参考文献

[1] Kambara, Tatsu, 1992, " The Energy Situation in China," China Quarterly, No. 131, pp. 608—636.

[2] Hofman, B. , & K. Labar, 2007, "Structural Change and Energy Use: Evidence from China's Provinces", World Bank China Working Paper Series No. 6.

[3] 张宗成,周猛．中国经济增长与能源消费的异常关系分析．上海经济研究,2004(4).

[4] 周勇,李廉水．中国能源强度变化的结构与效率因素贡献——基于 AWD 的实证分析．产业经济研究,2006(4).

[5] 刘畅,崔艳红．中国能源消耗强度区域差异的动态关系比较研究——基于省(市)面板数据模型的实证分析．中国工业经济,2008(4).

以实质选择权观点探讨再生能源发展之政策规划

李珣琮　施励行

成功大学资源工程系

摘　要： 再生能源技术之发展具有研发金额庞大、规划时程长、投资风险高等多重计划特性，致使政府于规划发展政策时，常因不确定因素及风险的存在，而使政策制定时程漫长且易造成错误的决策产生。一般而言，当投资计划具有不可回复性与时间选择弹性时，运用传统资本投资评价模式作为投资决策的考虑依据，虽拥有简易的计算架构与直观的思考逻辑，但因分析架构是假设在已知未来情况的前提下做决策，当面对具高度不确定性的再生能源发展之政策规划时，便容易暴露出所制定的决策机制有单纯且僵化的缺陷，而无法正确衡量政策过程中面对环境变动与不确定情形下的管理弹性与时间价值，因而低估政策制定之决策价值。近年来，实质选择权理论的兴起，将选择权的观念应用在投资决策与策略规划之价值分析上，主要概念即在于认为除了基本之计划价值外，尚包含弹性与机会的管理价值，且提供策略制定者一种决策模式，进而将管理弹性予以量化。因此，本文主要目的为运用实质选择权之基本观念与理论架构，探讨政府对于再生能源发展政策规划时所需面临之不确定性与风险，借此归纳出影响政策制定的影响因素，并建构出再生能源发展之政策效益评估模式，希望由此观点能提供给政府与相关能源单位作为制定再生能源发展政策之参考依据，除能让再生能源做最有效率之应用外，亦能创造就业机会以及降低二氧化碳之排放量，赢得国际上减碳贡献度高的国家声誉。

关键词： 再生能源，实质选择权，管理弹性，政策规划，发展政策

1　前言

再生能源的利用技术存在已久，然而自石油危机之后，欧、美、日等国家才开始重视再生能源技术的开发，投入大量研究经费改良现有技术并开发新技术，再加上各类环境污染问题于世界各地浮现，民间环保意识萌起，对于能源利用所带来的污染排放，尤其是燃烧石化燃料产生的二氧化碳以及核能电厂的辐射污染多有共识应加以限制，使得对环境影响相对较低的再生能源在近十年来蓬勃发展，隐约逐渐成为世界潮流。台湾地区对于再生能源技术之利用与研发起步较晚，且由于低价能源政策使得价格较高的再生能源不易发展，虽陆续进行各项技术研发与推广计划，效果仍属有限；唯自 1998 年 5 月台湾地区能源会议以后，各界达成推广再生能源应用之共识，除持续进行技术研发外，并施行数项示范奖励措施，以鼓励民间使用再生能源。

综观未来全球的能源需求预期仍将持续成长，在民众对生活与环境质量要求逐渐提高与传统石化燃料蕴藏有限的危机下，提高再生能源的利用已是不可避免的趋势，只是尽管再生能源具备减轻环境负担、促进能源多元化、提高能源自主性等多重效益，在目前许多国家尚未将能源使用的外部成本内部化进而纳入能源价格时，再生能源仍因经济效益不足

而难以与传统能源竞争，大多必须依赖政府的财政支持，由额外的奖励措施以符合经济效益，直至利用方式的创新、技术的发展演进、量能扩大以达经济规模与能源利用之外部成本广泛内部化后，再生能源将可与传统发电方式在开放市场上竞争。

再生能源技术之发展具有研发金额庞大、规划时程长、投资风险高等多重计划特性，致使政府于规划发展政策时，常因不确定因素及风险的存在，而使政策制定时程漫长且易造成错误的决策产生，因此，如何科学化的衡量不确定性与风险并予以量化，而使政策制定时程缩短且避免错误的决策产生，同时预测未来可能发生的能源市场情景变化，以辅助再生能源发展之策略规划实为值得深入研究之课题。由于传统的投资效益评估模式假设投资是可回复且不可延迟的，但在现实环境中，投资成本是无法回收或无法完全回收且投资决策是可以延后的，因此在评估政府对于再生能源技术发展之政策效益时，只能对其当前所产生的政策效益做出适当评价，对于其未来成长机会及投资机会却很难做出适当的评价，无法捕捉管理者对于未预期的变化所做出因应的管理弹性，进而导致做出错误的决策、投资不足而造成竞争力的丧失。

近年来实质选择权理论开始被广泛应用于投资决策与策略规划上，其评价模式可以在衡量过程中推估出内外部环境改变所产生的弹性价值，且由于实质选择权的价值来自于投资计划的不确定性与风险，就再生能源发展而言，其不确定及风险来自于传统石化燃料电力成本的变动、再生能源发电的技术进步与成本等，以发电成本为例，一般而言，传统石化燃料电力成本受国际油价波动影响，再生能源电力成本则较受发电技术能力所影响，当传统石化燃料电力成本低于再生能源电力成本时，会造成发展再生能源之诱因大幅降低，因而不利其发展；反之则会使再生能源发展之诱因提升。换言之，预测未来传统石化燃料电力成本的波动性及模拟再生能源发电技术之进步情形，方为值得探讨之研究方向。

因此，本文主要目的为运用实质选择权之基本观念与理论架构，探讨政府对于再生能源发展政策规划时所需面临之不确定性与风险，由此归纳出影响政策制定的影响因素，建构出再生能源发展之政策效益评估模式，并将传统投资效益评估模式中所忽略的管理弹性加以量化，更真实的推估政府规划再生能源发展政策之效益价值，最后利用仿真及实证数据进行验证，以提供给政府与相关能源单位作为制定再生能源发展政策之参考依据。

2　文献探讨

本文主要目的为以实质选择权观点探讨再生能源发展之政策规划，因此，在文献探讨部分将分为两部分进行探讨。首先，针对台湾地区再生能源发展之历程、目标与推动措施作概要的介绍；其次，则着重于实质选择权与政策规划相关应用文献之回顾探讨，以辅助模式之建立。

2.1　台湾地区再生能源发展之历程、目标与推动措施

经济部能源局在经济竞争力、国家安全、环境保护“三赢”之原则下，考虑各项再生能源之潜在产能、技术成熟度、发电成本及开发量对电力价格上涨及经济发展之影

响，并在再生能源电力配比不影响目前电力稳定供应，同时希望带动国内再生能源产业发展等多重策略下，规划各项再生能源发展政策及目标，以营造再生能源发展之有利环境。

台湾地区再生能源发展政策之拟定，如表 1 所述，共历经能源会议、再生能源五年示范推广计划、台湾地区“行政院”挑战 2008——发展重点计划、再生能源发展条例草案、非核家园具体行动方案、“行政院”产业科技策略会议及 2008 全球产业科技高峰论坛等多次重要会议讨论后，政策方向与发展目标越来越明确，推动之架构也越趋于完备。

在规划设定再生能源发展目标方面，1998 年召开能源会议，拟定能源政策应兼顾经济发展、能源供应及环境保护之 3E 原则，此次会议的结论及拟采行措施中，提出台湾地区未来 2020 年能源结构及电力装置容量配比目标，其中希望推广再生能源使用占总能源供应的比重，至 2020 年为 1%～3%。2002 年 1 月“行政院”提出一份再生能源发展方案，自 2003 年起至 2020 年为止，规划分短、中、长期三阶段投入总成本 2 667 亿元（尚不含土地成本）于再生能源发展，累计年能源产量为 505 万公升油当量，约为 2020 年预估总能源供应量（1 亿 4 千 8 百万公升油当量）的 3.4%。同年（2002 年）经济部能源局 6 月提出再生能源发展条例草案，草案中提到至 2020 年再生能源发电装置容量之发展目标，订为 650 万千瓦。2005 年 6 月的第二次能源会议中，修改了之前的规划，重新提出一份规划建议，将再生能源奖励发电总装置容量上限，从本来的 650 万千瓦，修改为 2020 年为 700 万～800 万千瓦，2025 年为 800 万～900 万千瓦。

2007 年底，台湾地区“行政院”于产业科技策略会议中，大幅下调了风力发电的推广目标，并重新规划了第二次能源会议中所建议之目标，短期以太阳光电、生质能及风力发电为主要推动项目，致力技术研发降低成本及提高设置诱因，并辅以地热、燃料电池及海洋能为长期推动方向，全面有效运用再生能源，达成 2025 年之累积发电装置容量为 845 万千瓦，借此大致抵定了再生能源各阶段之推广目标，如表 2 所示，包含水力 250 万千瓦、风力 300 万千瓦、太阳光电 100 万千瓦、地热 15 万千瓦、生质能 140 万千瓦、燃料电池 20 万千瓦及海洋能发电 20 万千瓦，占全国总装置容量的 14.9%。截至 2008 年底前，再生能源推广实绩，除水力及生质能已达 2010 年之设定目标外，其余皆距甚远，可见台湾地区对再生能源之推广，除了需借助政府的强力推动外，也需要由民间企业一同努力，方可达到 2025 年之目标。

表 1　台湾地区再生能源政策发展历程

年份	政策	决议事项
1998	第一次能源会议	规划于 2020 年前，再生能源占能源总供给配比达 3%为目标
1999	新能源及洁净能源研究开发规划	完成再生能源，包括太阳热能、太阳光电、风能、地热、水力、生质与废弃物能（沼气、生质柴油、酒精汽油、废弃物固态、液态或气态之衍生燃料）等之发展目标、重点推动方向及策略整合规划
1999	电业法修正草案第七条	明列再生能源配比之义务，责成综合发电业及发电业需设置一定比例以上之天然气及再生能源发电机组
2000	再生能源五年示范推广计划	陆续发布太阳能热水系统推广奖励要点、风力发电示范系统设置补助要点及太阳光电发电示范系统设置补助要点。此外，依据促进产业升级条例提供投资抵减、加速折旧以及低利融资等相关奖励

年份	政策	决议事项
2001	经济发展会议	加速评估风力发电、太阳能发电等再生能源之开发，推动绿色建筑；并强调再生能源技术、能源新利用技术、节约能源新技术之研发、应用与推广
2002	“行政院”挑战2008——发展重点计划、再生能源发展方案	营造有利发展环境，达成再生能源发展目标；促进洁净能源开发利用，提升环保效益；带动再生能源相关产业发展；建立跨部会协调机制，有效排除推动障碍
2002	“行政院”第23次科技顾问会议	未来的能源科技政策，除应加速推动再生能源发展条例立法，并排除障碍，以建立再生能源发展环境外；亦应整合部会相关研发资源，逐年提高研发经费，除继续推动现有研发计划外，并以再生能源、能源效率、能源前瞻技术、氢能及燃料电池、高效率照明及其他新能源为重点
2002	再生能源发展条例草案	制定再生能源发电之趸售费率为每千瓦时电2元，奖励总量上限为650万千瓦
2003	非核家园具体行动方案	每年编列30亿元推动节约能源及再生能源产业发展
2004	台电公司再生能源电能收购作业要点	以2元/kWh收购再生能源电能，补助上限为60万千瓦或至再生能源发展条例正式通过
2005	第7次科学技术会议	加强再生能源前瞻科技应用研究，如燃料敏化太阳能电池、二氧化钛光触媒及纳米碳管等技术。加速开发高效率、高质量、低成本之燃料电池技术研发与开发混合动力洁净车辆之关键技术
2005	“行政院”第25次科技顾问会议	加速再生能源发展条例之立法，以建立再生能源之发展环境，并由再生能源市场之扩大，带动国内再生能源产业之发展。增加能源科技研发经费，配合国科会规划我国研发投资达GDP 3%的目标
2005	第二次能源会议	积极发展无碳之再生能源推广使用，预定2010年发电装置容量达到513万千瓦，2020年达到700万～800万千瓦，2025年达到800万～900万千瓦，未来以达成占总发电装置容量的12%为目标
2006	经济部绿色产业规划	五年内将绿色能源产业产值提高至1 610亿元
2007	“行政院”产业科技策略会议	大幅下调2010年风力发电推广装置容量，并规划太阳光电、生质能及风力发电为短期推动主要目标，长期辅以地热、燃料电池及海洋能为推动方向，达成2050年之累积装置容量至845万千瓦，占总发电装置容量的14.9%为目标
2008	2008年全球产业科技高峰论坛	经济部能源局局长叶惠青于2008年全球产业科技高峰论坛报告绿色能源产业发展现况与趋势时指出，台湾地区再生能源产业发展方向将以太阳光电、风力发电及生质能产业为主要推动对象，未来将致力于稳定料源供应、加强关键及前瞻技术研发，以利成本降低；并建构产业发展环境，建全上、中、下游产业链，以提高设置财务诱因，并结合产业力量，建立台湾地区利基能源产业
2009	2009年能源会议	以建构台湾地区永续能源为愿景，分别就永续发展与能源安全、能源管理与效率提升、能源价格与市场开放、能源科技与产业发展四个议题展开讨论，会议结论中提出政府低碳施政方向，在确保能源供应安全、善尽地球村公民责任及因应气候变迁危机，以及产业结构调整的共识下，确立台湾地区未来须朝积极建构低碳社会与低碳经济的方向发展，最终朝向低碳家园迈进。结论中并制定今年为再生能源条例启动元年，希望能尽速通再生能源发展条例、温室气体减量法、能源税条例、能源管理法修正案并研定永续能源基本法，以建构低碳社会与永续发展法制基石

年份	政策	决议事项
2009	绿色能源产业旭升方案	2009年能源会议结论中建议应选定重点产业并依产业特性与技术潜力加以扶持，故经济部提出第三波新兴产业发展计划绿色能源产业旭升方案，选定太阳光电、LED光电照明、风力发电、生质燃料、氢能与燃料电池、能源资通信及电动车辆等为重点产业，未来5年内，政府将投入250亿元推动再生能源与节约能源之设置及补助，并投入技术研发经费200亿元，提升7项绿能产业和关键技术效率，建立自主化技术，以产值规模估计，将可望带动民间投资2 000亿元以上，每年度创造11.58万个工作机会，预计到2015年，让绿能产业的产值达到1兆1 580亿元（2008年绿能产业为1 603亿元）。此方案于能源面能有效改善能源结构，朝低碳能源发展；于社会面能有助于建构低碳社会与低碳城市，塑造节能减碳新风貌；于产业面，将引领台湾地区成为能源技术及生产主力，创造绿色工作机会；于科技面能培养能源科技高级人才，并发展前瞻能源技术
2009	再生能源发展条例	台湾地区2009.06.12“立法院”第7届第3会期第17次会议通过： 1. 本条例再生能源发电设备奖励总量为总装置容量650万千瓦至1 000万千瓦 2. 补助对象包括：一、再生能源：指太阳能、生质能、地热能、海洋能、风力、非抽蓄式水力、台湾地区一般废弃物与一般事业废弃物等直接利用或经处理所产生之能源，或其他经主管机关认定可永续利用之能源。二、生质能。三、地热能。四、风力发电离岸系统。五、川流式水力。六、氢能。七、燃料电池。八、再生能源热利用。九、再生能源发电设备。十、回避成本 3. 主管机关应邀集相关各部会、学者专家、团体组成委员会，审定再生能源发电设备生产电能之趸购费率及其计算公式，必要时得依行政程序法举办听证会后公告之，每年并应视各类别再生能源发电技术进步、成本变动、目标达成及相关因素，检讨或修正之。前项费率计算公式由主管机关综合考虑各类别再生能源发电设备之平均装置成本、运转年限、运转维护费、年发电量及相关因素，依再生能源类别分别定之。为鼓励与推广无污染之绿色能源，提升再生能源设置者投资意愿，趸购费率不得低于国内电业化石燃料发电平均成本 4. 再生能源发电设备设置者自本条例施行之日起，依前条第三项规定与电业签订契约者，其设备生产之电能，依第一项主管机关所公告之费率趸购。本条例施行前，已与电业签订购售电契约者，其设备生产之再生能源电能，仍依原订费率趸购。再生能源发电设备属下列情形之一者，以回避成本或第一项公告费率取其较低者趸购：一、本条例施行前，已运转且未曾与电业签订购售电契约。二、运转超过二十年。三、全国再生能源发电总装置容量达第六条第二项所定奖励总量上限后设置者

资料来源：台湾地区经济部能源局、本研究整理。

表2　台湾地区再生能源各阶段发展目标

发展时程 / 推广项目	2008年		2010年		2015年		2025年	
	万千瓦—实绩	%	万千瓦	%	万千瓦	%	万千瓦	%
1. 惯常水力发电	193.9	5.0	216.8	5.7	226.1	5.1	250	4.4
2. 风力发电	25.21	0.6	98	2.5	148	3.4	300	5.3
3. 太阳光发电	0.56	0.1	3.1	0.1	32	0.7	100	1.8
4. 地热发电	—	—	—	—	1	0.0	15	0.3
5. 生质能发电	77.2	2.0	74.1	1.9	85	1.9	140	2.5
6. 燃料电池	—	—	—	—	5	0.1	20	0.3

推广项目 \ 发展时程	2008年		2010年		2015年		2025年	
	万千瓦—实绩	%	万千瓦	%	万千瓦	%	万千瓦	%
7. 海洋能发电	—	—	—	—	0.1	0.0	20	0.3
合计	296.76		391.0		497.2		845.0	
再生能源占台湾地区总发电装置容量目标	7.7%		10.2%		11.2%		14.9%	

注：台湾地区总发电装置容量（台电电厂＋民营发电厂＋汽电共生厂）

2010年3 828万千瓦；2015年4 418万千瓦；2025年5 664万千瓦。

资料来源：台湾地区经济部能源局、本研究整理。

台湾地区推动再生能源发展之措施大致上可分为设备补助、特殊补助、电价补助与财税奖励等补助措施，如表3所示，而技术研发经费来源则以台湾地区经济部能源局及台电公司收购再生能源电能之补助为主力，大部分以研发实用化技术开发与技术推广为重，对于较具创新前瞻性之再生能源技术的研发，因目前还尚未属于研发主力，因此也较缺乏大型研发计划的长期支持。由于台湾地区再生能源产业多属中小企业，今后政府宜增加对再生能源产业技术研发经费之补助，鼓励业者申请主导性新产品计划、业界科专或产学合作计划于再生能源相关技术之研发，以辅导业者建立本土的再生能源技术，并设法促成与国际大厂在先进技术之合作研发机会。另外，可效法日本，以长期编列预算补助之方式，整合产、学、研等力量筹组研发联盟，开发再生能源产业关键技术与利基产品项目。

发展再生能源具有多方面的效益，在能源方面，可促进能源多元化，而增强能源的安全保障，亦可利用本土的自产资源，提供长期具成本有效性且符合环保的永续发展所需的能源。在经济方面，可以创造投资机会，促进产业发展，并增加许多的就业机会。在环境方面，可以有效地减少全球及地区的温室气体排放与酸雨等环境污染程度。若能充分开发且利用这些取之不尽、用之不竭的非耗竭性能源，将可改变台湾地区能源结构集中于石化能源的现象，并且减少台湾地区能源高度依赖进口程度，提高能源供应的独立自主性及安全性。预期在各界的参与之下，在利用方式的创新、技术的发展演进、量能扩大达经济规模及能源利用之外部成本广泛内部化后，再生能源将可与传统能源在开放市场上竞争，而成为台湾地区重要的能源之一，为人类持续发展及自然环境保护之平衡尽一份力。

表 3　台湾地区推动再生能源产业之相关措施

	奖励措施	补助方式及标准	补助对象
设备补助	太阳能热水系统推广奖励要点 (92.02.06 公布)(93.12.31 修正)	按其所购置之集热器种类及有效集热面积予以补助(m^2) 本岛　离岛 面盖式平板集热器　1,500 元/ m^2　3,000 元/ m^2 真空管式集热器　1,500 元/ m^2　3,000 元/ m^2 无面盖平板集热器　1,000 元/ m^2　2,500 元/ m^2 其他型式之集热器　由主管机关核定	(台湾地区)购置合格产品。用户以新品为限
	太阳光电发电示范系统设施补助办法 (91.03.06 公布)(94.05.30 修订公布)	标准型:每千瓦补助:< 15 万元,占设置成本比例:< 50% 独立型:每千瓦补助:< 35 万元(偏远及离岛地区) 紧急防灾(混合型):每千瓦补助:< 40 万元(偏远及离岛地区)	台湾地区公民或法人于本办法施行后在台湾地区及离岛地区新设或扩增示范系统,且未曾获得补助者
	风力发电示范系统设置补助办法 (89.03.22 公布)(93.06.29 公告废止)	每千瓦之补助金额:< 1.6 万元 占设置成本比例:< 50%	考虑设备补助系初期之短期奖励手段,且已达示范引导阶段性任务,改以台电优惠收购电价接续鼓励设置
	沼气发电系统示范计划补助作业要点 (97.05.17 公布)	依沼气发电系统之装置容量计算,每千瓦以 32 300 为上限 沼气发电系统之总装置容量应达 300 千瓦以上,并可于 2009 年 11 月 30 日前建置完成	以新品设备为限,并应具有展示沼气发电应用示范之成效 补助项目:沼气发电系统;其包括沼气纯化、发电机组及其电力配置等
	燃料电池示范运转验证补助作业要点 (98.01.07 公布)	(一)申请示范运转验证之燃料电池发电系统补助金额以该系统设置费用之 50%为上限,补助标准如下: 1. 燃料电池发电系统本体: (1)纯氢型燃料电池发电系统:一、0 额定千瓦最高新台币一百万元;每增加一、0 额定千瓦得增加新台币七十万元 (2)重组气型燃料电池发电系统:一、0 额定千瓦最高新台币二百万元;每增加达一、0 额定千瓦得增加新台币一百五十万元 2. 燃料费应实报实销,如有剩余燃料费,受补助公司应缴回 (二) 示范运转验证期间燃料费用: 1. 每年燃料补助金额以该案系统设置费用总补助金额之百分之五为上限 2. 燃料费应实报实销,如有剩余燃料费,受补助公司应缴回 单一申请案之年度补助款总额,不得超过本局当年度补助总预算经费之 40%	依公司法设立登记、具备燃料电池研发人员及相关研发、生产设施之单一本国公司或一家主导多家合作之本国公司 可自行组装完成示范运转验证装置容量达一、0 额定千瓦以上之燃料电池发电系统新品,并优先采用国内可生产之各项关键组件及材料

续表

	奖励措施	补助方式及标准	补助对象
特殊补助	地热发电示范系统探勘补助要点（1994.08.02 公布）	地热探勘成本：< 50%（政府单位不在此限） 多目标应用规划费用不得逾补助款 10%	规划于公告示范区探勘之直辖市、县市政府，或于示范区取得电业筹设许可之电业
电价补助	一般废弃物掩埋场沼气发电奖励办法（1992.01.22 公布）（1997.12.31 公告废止）	每千瓦时电补助金额：0.5 元	与一般废弃物掩埋场所有人或管理人签订契约，约定在该掩埋场抽取沼气再利用于发电之业者
	台湾电力股份有限公司再生能源电能收购作业要点 （1992.11.11 公布））（1993.06.25 修正）	在电业法通过前或再生能源发展条例通过前，台电将以总签约容量 60 万千瓦为限（1993.07.13 公告），以每千瓦时新台币 2 元收购再生能源电能，超过 60 万千瓦部分之购电费率改依台电公司之回避成本（不含再生能源发购电之每千瓦时年平均成本）购电，唯不含都市垃圾焚化发电之生质能；签约一次 15 年为期，期满后若无异议，视同续约一年，最长以 20 年为限	本要点所称再生能源发电设备，系指利用太阳能、地热能、海洋能、风力、生质能（不含垃圾焚化发电）、2 万千瓦以下水力及其他经主管机关认定属天然资源发电之设备限于新设者，总量上限 60 万千瓦，但总装置容量 100 千瓦（含）以下者，不受前述百分之五十上限规定限制
	第一阶段设置离岸式风力发电厂方案（1996.08.24 公布）	考虑到经济规模开发、环保法令对环境冲击影响规范等因素，规定每一案申设容量需大于（含）5 万千瓦并小于（含）12 万千瓦 依台湾电力股份有限公司再生能源电能收购作业要点，以每千瓦时新台币 2 元收购再生能源电能，总装置容量达（含）30 万千瓦以上时，则申请筹设案不予受理	新申请设置者以股份有限公司为限，并应先成立发电业筹备处，据以提出筹设申请。现有已核准筹设之发电业则以新增发电机组申请筹设
	台湾地区再生能源发展条例（1998.06.12 立法院第 7 届第 3 会期第 17 次会议通过）	主管机关应邀集相关各部会、学者专家、团体组成委员会，审定再生能源发电设备生产电能之趸购费率及其计算公式，必要时得依行政程序法举办听证会后公告之，每年并应视各类别再生能源发电技术进步、成本变动、目标达成及相关因素，检讨或修正之 前项费率计算公式由主管机关综合考虑各类别再生能源发电设备之平均装置成本、运转年限、运转维护费、年发电量及相关因素，依再生能源类别分别定之 为鼓励与推广无污染之绿色能源，提升再生能源设置者投资意愿，趸购费率不得低于台湾地区电业化石燃料发电平均成本	1. 再生能源：指太阳能、生质能、地热能、海洋能、风力、非抽蓄式水力、一般废弃物与一般事业废弃物等直接利用或经处理所产生之能源，或其经主管机关认定可永续利用之能源。2. 生质能。3. 地热能。4. 风力发电离岸系统：指设置于低潮线以外海域，不超过领海范围之离岸海域风力发电系统。5. 川流式水力。6. 氢能。7. 燃料电池。8. 再生能源热利用。9. 再生能源发电设备。10. 回避成本

续表

	奖励措施	补助方式及标准	补助对象
财税奖励	促进产业升级条例 (80.04.24 公布)(94.02.02 修正)	公司投资新及洁净能源设备支出 5%～20%内,自当年度起 5 年内得抵减各年度应纳营利事业所得税	以公司为限
	公司购置节约能源或利用新及洁净能源设备或技术适用投资抵减办法 (84.08.30 公布)(93.12.22 修正)	投资新及洁净能源产业之股票价款 10%～20%内,得抵减所得税 2 年加速折旧	购置利用风力发电、地热、太阳光电、太阳热能、生质与废弃物能、海洋能及小水力发电
	促进产业研究发展贷款办法 (95.03.28 公布)	低利贷款:不超过邮政 2 年期储金年息机动利率加 2.45% 贷款额度为计划总经费的 80%为上限,最高金额 6 500 万、年息 1%、期限 7 年	

资料来源:台湾地区经济部能源局、本研究整理。

2.2 相关文献

传统评估投资方案价值的评价模型以现金流量折现法（Discounted Cash Flow Method，DCF Method）中的净现值法（Net Present Value，NPV）为主，此一模式的主要优点在于拥有简易的计算方式与直观的思考逻辑，但因本身的分析架构与投资方案所设定的基本假设（已知未来情况、投资可回复且无法递延、投资决策仅为接受及不接受），因此只适用于短期、不确定性低的投资方案评估，并无法满足现今变化迅速的投资环境（Dixit and Pindyck，1995；Herath and Park，1999），在实务应用上明显缺乏弹性。同时，现金流量折现法无法将投资后的不确定性信息纳入评估投资方案的评估考虑之中，也就是无法适时表达投资决策上的管理弹性，而使得现金流量折现法会低估投资方案的机会价值与实际价值（Hayes and Abernathy，1980；Hayes and Garvin，1982；Trigeorgis and Mason，1987；Trigeorgis，1997）。

实质选择权（Real Option）系 Myers（1977）提出的概念，认为一个投资案是由所产生的现金流量而创造出来的利润，乃来自于目前对其拥有资产的使用，再加上一个对于未来投资机会的选择，因此将 Black & Scholes（1973）所发展的选择权观念应用在投资计划或实质资产取得的应用上，依据履约日期的不同分为美式选择权与欧式选择权，两者差别在于决定执行选择权的时间，美式选择权可在到期日前的任何一天执行此权利，而欧式选择权仅可在到期日当天执行此权利，此外，若此权利为买进标的物，称为买入选择权，若为卖出标的物，称为卖出选择权。有别于传统的投资方案决策，实质选择权在于可衡量传统评价模式所无法评价的管理弹性，Trigeorgis and Mason（1987）称此含有管理弹性之选择权价值的投资方案价值为扩展或策略的净现值（Expanded or Strategic NPV），其价值为传统净现值与实质选择权价值之加总。继 Myers 之后，实质选择权的概念陆续被提出，大致上可分为 7 个形式（Brach，2003；Trigeorgis，1996）：递延选择权、阶段选择权、变更操作规模选择权、放弃选择权、转换选择权、成长选择权以及结合上述各种选择权所产生的多种互动选择权。

再生能源发展之政策规划与技术发展如同企业之 R&D 活动，具有短、中、长期等阶段性目标，期间长达数 10 年以上，在这期间内的能源市场、技术发展与政经情势的变化难以完全预测，若采用传统的评估模式，会产生错误的价值判断与策略规划，因此传统评价模式不适用于衡量能源项目的投资评价（Tseng and Barz，2002），更不利于价格大幅波动的能源市场中，反应再生能源技术的价值（Deng and Oren，2003；Awerbuch and Berger，2003）。通常 R&D 投资项目的价值并非立即可实现的报酬，而是在于研发成功后所产生之未来投资机会所创造出来的利润（Myers，1977；Kester，1984），所以在估算 R&D 投资项目的价值时，如何将投资机会转换为量化的价值是非常重要的，而运用实质选择权评价法则可精确的衡量出项目的价值（Herath and Park，1999；Benninga and Tolkowsky，2002）。Herath and Park（2002）也指出企业的 R&D 活动其实就是属于多阶段之企业投资决策，初期的投资会带来未来的投资机会，因此 R&D 活动其实就是一种实质选择权。

近年来，实质选择权评价法才开始应用于衡量再生能源投资计划的价值评估上，Venetasnos et al.（2002）以风力发电厂的投资计划案为例，评估当面对能源市场竞争的不确定时，风力发电厂的设置是否具有经济利润，文中指出影响该投资计划的不确定性因素来自于传统燃料价格的不确定性、环境法规的不确定性、能源供给的不确定性、技术不确定性以及能源市场结构的不确定性，此篇文献的主要目的在于估算该投资计划是否需执行，因此在模式的运用上，是以 Black-Scholes 评价模式来进行求解该计划案的投资价值。Kjaerland（2007）运用 Dixit and Pindyck（1994）所推导之选择权评价模式来分析水力发电与挪威的投资机会，模式中考虑电力价格与其波动率、水资源蕴藏量、无风险利率、投资成本与变动成本等因素，文末并运用此模式求出最佳的投资时点。其他如 Botterud and Korpås（2004）、Rothwell（2006）与 Wang and Min（2006）等学者同样运用连续型的实质选择权评价模式来评估再生能源电厂的投资决策制定上。

另一部分学者则将实质选择权法应用于评估整体再生能源的发展上，Davis and Owens（2003）以美国再生能源为例，在面对传统燃料价格的不确定性下，估计再生能源技术的价值，并利用敏感度分析求出再生能源的 R&D 最佳支出金额。文中首先建立一美国能源市场的经济模型，利用消费者成本节省（Consumer Cost Saving）的概念建构出 DCF 法评价模式并估计无管理弹性时的技术现值，之后，将再生能源电力成本的年递减率与其波动率和传统电力成本的年增率纳入原模式后，建构出实质选择权评价模式并估计出再生能源技术的实质选择权价值。文中利用变动年 R&D 支出金额进行敏感度分析，来找出当再生能源技术价值最大时的 R&D 支出金额，结论中提出 DCF 法会低估再生能源技术的现值，而若以实质选择权法来衡量，则可反映出真实再生能源技术现值。Kumbaroğlu et al.（2008）运用 Dixit and Pindyck（1994）的实质选择权观念并结合学习曲线，利用动态规划法建构一政策规划模型，模型中考虑发电成本、可利用率、容量因素、学习率与建造前置期等因素，案例是以土耳其能源供给市场为例，以情景分析的方式模拟 6 种不同的能源政策，探讨何种能源配比方式能对再生能源的发展与 CO_2 排放减量产生最好的效果。

总结来说，实质选择权评价法（Real Option Pricing Approach）的分析架构能将政策规划中的不确定性与风险纳入考虑，并可将决策者在面对未来不确定状况下之管理弹性价值融入投资计划方案的评价之中，正确衡量投资环境变动下的管理弹性，提供策略制定者一种决策机制，因应未来可能发生的情势变化而做出正确的策略规划。此外，离散型模式如二项式法相较于连续型模式有同时适用于欧式及美式选择权，不受标的产需遵循 Wiener 随机扩散行程并服从自然对数常态几率分配的限制，不受选择权存续期间标的资产的波动率需具有同质变异性之限制等三种优点（Brandão et al.，2005），因此，本文即以二项式实质选择权评价法作为本文之研究方法。

3　模式建构

本文透过财务金融与投资行为的角度，探讨政府对于再生能源发展的政策规划行为，结合各项对于政策效益价值会产生变化的影响因素以及再生能源发电成本效益曲线的设定，以二项式实质选择权评价模式建构再生能源发展之政策效益评估模式，借此规划我国再生能源之发展政策，其研究架构如图 1 所示：

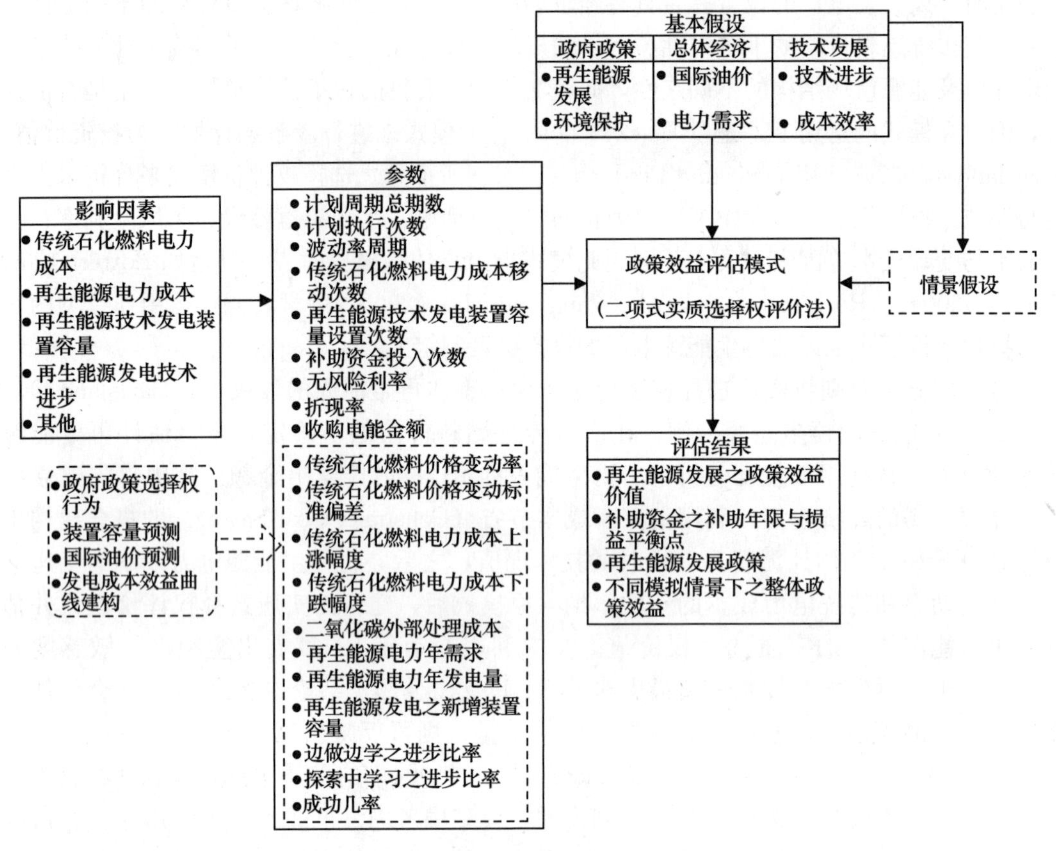

图1　研究架构图

3.1　传统石化燃料电力成本移动性

一般而言，当国际原油价格下降而联动传统石化燃料电力成本过低时，会造成发展再生能源的诱因大幅降低，因而不利发展；反之，当传统石化燃料电力成本趋于过高时，又使得发展再生能源发展的诱因提升，换言之，传统石化燃料电力成本的波动率可视为再生能源发展的成功失败几率。因此，本研究运用二项式随机过程来模拟石化燃料电力成本的移动性，以作为建构政策效益评估模式之基础，再由再生能源之发电成本效益曲线的建构来仿真再生能源电力成本的下降幅度，最后运用二项式实质选择权评价模式建构出我国再生能源发展之政策效益评估模式。

假设传统石化燃料电力成本的变化是服从对数常态分配（几何布朗运动），如此我们便可使用多期二项式过程来估计传统石化燃料电力成本的变动情形。如图 2 所述，假设 $S(k, i)$ 是表示在再生能源发展的计划周期中，传统石化燃料电力成本的变化情形是随着时间点 k 的变动以及特定节点 i 的增加所改变，因此，初期的传统石化燃料电力成本可表示为 $S(0, 0)$，而下一期的传统石化燃料电力成本变动是随机的，而且会产生两种价值：

$$\begin{cases} S(1, 1) = uS(0, 0), \text{ when probability is } p \\ S(1, 0) = dS(0, 0), \text{ when probability is } 1-p \end{cases}$$

若以一般式表示则为：

$$\begin{cases} S(k+1,\ i+1)=uS(k,\ i), \text{ when probability is } p,\ 0\leqslant k\leqslant T \text{ and } 0\leqslant i\leqslant k \\ S(k+1,\ i)=dS(k,\ i), \text{ when probability is } 1-p,\ 0\leqslant k\leqslant T \text{ and } 0\leqslant i\leqslant k \end{cases}$$

$$\Rightarrow S(k,\ i)=S(0,\ 0)\ u^i d^{(k-i)},\ 0\leqslant k\leqslant T \text{ and } 0\leqslant i\leqslant k$$

式中 S——传统石化燃料电力成本；

T——计划周期总期数；

n——波动率周期；

k——计划执行次数，$0\leqslant k\leqslant T$；

i——传统石化燃料电力成本移动次数，$0\leqslant i\leqslant k$；

u——上涨幅度，$u=e^{\sigma\sqrt{T/n}}$；

d——下跌幅度，$d=\frac{1}{u}=e^{-\sigma\sqrt{T/n}}$；

R_f——无风险利率；

p——风险中立几率，$p=\frac{(1+R_f)-d}{u-d}$；

σ——波动率。

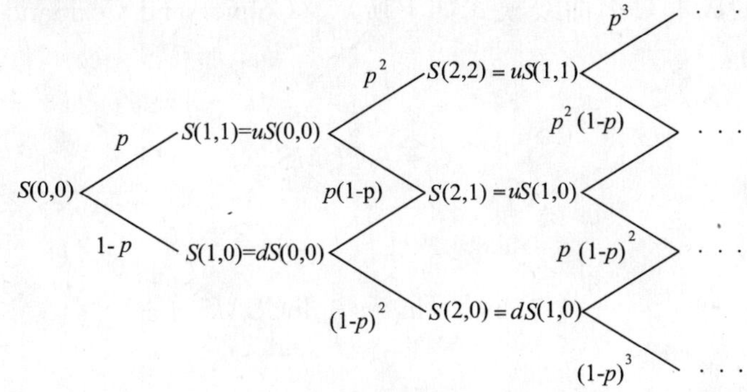

图 2　二项式随机过程

本研究将运用选择权法评价模式中的二项式评价模式，求解政府对于再生能源发展上的政策效益价值。模式中，假设政府在每一个政策制定点［$V(\cdot)_{k,j}$］时，须考虑持续发展政策与扩张发展政策之政策效益价值，当政策为持续发展政策时，于下一阶段的决策点仍必须考虑下下一阶段的发展政策为持续发展或为不持续发展。假若政策为扩张发展政策时，同样于下一阶段的决策点仍必须考虑下下一阶段的发展政策为扩张发展或为不扩张发展，其二项式决策树示意图如图 3 所示：

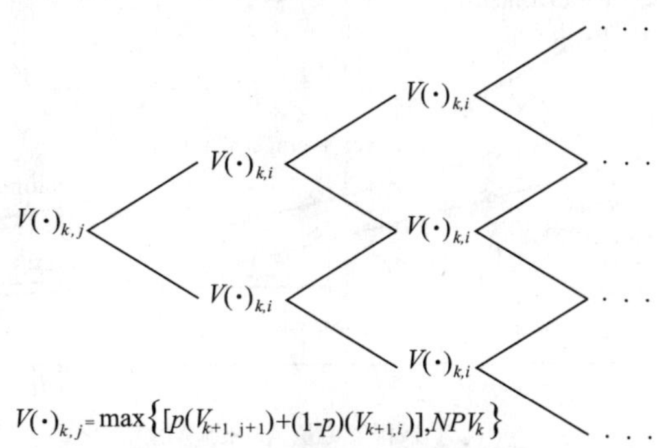

图 3　再生能源发展政策制定之二项式决策树

3.2 发电成本效率曲线

成本效率曲线的概念于1936年由Wright提出并予以公式化，当时Wright所阐述的现象称为进步曲线（progress curve）。Wright发现飞机机体的累积产量为2倍时，其单位平均成本成一等比例的下降，即直接人工成本与累积产量间存在某一特定的关系（Wright，1936）。Arrow在1962年也提出了边做边学的说法（learning by doing），指出可透过学习效果产生技术进步，所谓边做边学是指劳工或管理阶层在工作的过程中，不断累积经验，因而导致生产效率的提高，所形成的技术进步，用以描绘随着生产量不断的累积，劳工或管理阶层不断吸取经验，进而使得平均生产每单位产品所需的要素投入量减少，因此，又可被称作为改善曲线、制造进步函数、经验曲线、效率函数、绩效曲线、成本曲线、产品加速曲线、边做边学效应或学习曲线等（Argote and Epple，1990；Dutton and Thomas，1984）。

一般常使用的成本效率曲线模式如下所示（Colpier and Cornland，2002；Hamon，2000；Neij，1999）：

$$C_t = \delta_0 CUMS_t^{-\delta D} \tag{1}$$

取对数：

$$\ln C_t = \ln\delta_0 - \delta_D \ln CUMS_t + \varepsilon_t \tag{2}$$

式中 C_t——第t年的成本；

δ_0——累积产量为1单位时的成本；

δ_D——边做边学指数；

$CUMS_t$——第t年之累积装置容量；

ε_t——相加性干扰项，假设$\varepsilon_t \overset{i.i.d.}{\sim} N(0, \sigma^2)$。

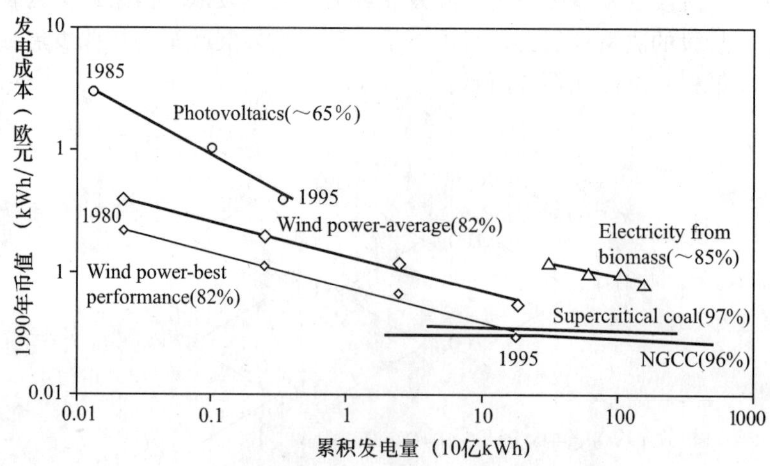

图4 各类再生能源发电技术之成本效率曲线（资料来源：IEA，2000）

在成本效率曲线中常使用进步比例（Progress Ratio，PR）以表示技术进步幅度，其定义为 $PR_D=2^{-\delta_D}$，δ_D 表示累积产量变为两倍时，相对成本之变化程度，而学习率（learning rate，LR）则为 $LR_D=1-PR_D$。举例而言，图 4 代表各种不同再生能源发电技术的单因子成本效率曲线，以风力发电为例，平均学习率为 18%，代表风力发电技术进步比例为 0.82，隐含着产量增加两倍时，成本将会下降至原有成本的 82%，即下降了 18%。

近年来，有学者指出在再生能源成本效率曲线的设定上，除了考虑累积产量来反映成本下降幅度外，R&D 的投入、经济规模、土地成本、薪资与利率等因素，也会影响成本下降率（Mcdonald and Schrattenholzer，2001），Barreto and Kypreos（2004）则认为由于单因子模式相当简化，且解释变量为单一，并不能真实反映出成本下降的比例，因此认为除了透过累积产量或装置容量外，累积的 R&D 支出亦会造成成本的下降，并将模式改写如式（3）所示。此模式亦称为两因子（two-factor）的成本效率曲线，如图 5 所示，除了边做边学的效果外，增添了一项探索中学习之效果（learning by searching），用以表示累积 R&D 的不断投入而使技术进步，进而使成本下降之关系。相关研究如 Klaassen et al.（2005）分析政府 R&D 支持与装置容量对风力发电成本下降之间的关系，案例是以丹麦、德国与英国为例，而 Söderholm and Sundqvist（2007）除了分析单因子与双因子的成本效率曲线外，更将数据收集程度、设备规模程度、收购价格与投资成本等因素纳入考虑，利用回归分析探讨不同考虑变量下之成本效率曲线与变量的显著程度与学习率的变化。

$$C_t=\delta_0 CUMS_t^{-\delta_D} CUMR_t^{-\delta_S} \tag{3}$$

取对数：

$$\ln C_t=\ln\delta_0-\delta_D \ln CUMS_t-\delta_S \ln CUMR_t+\varepsilon_t \tag{4}$$

式中　δ_S——探索中学习指数；

$CUMR_t$——第 t 年之累积补助资金存量。

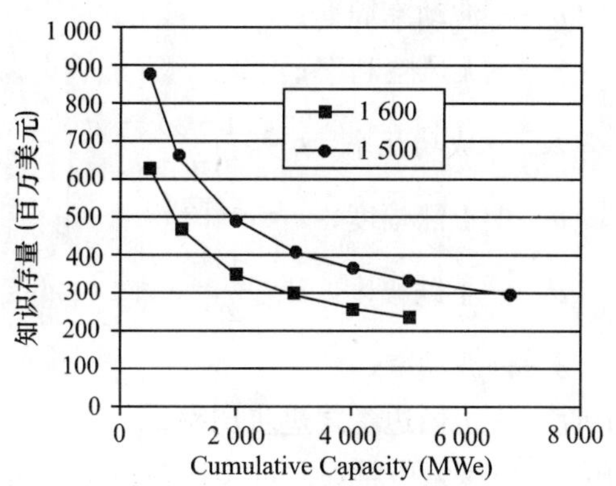

图 5　两因子成本效益曲线

资料来源：Klaassen et al.，2005。

3.3　政策效益评估模式建构

本文是由二项式实质选择权评价模式、传统石化燃料电力成本移动性、再生能源发电成本效益曲线、影响再生能源发展之影响因素与发展政策之选择权行为，建构再生能源发展之政策效益评估模式，根据再生能源发展政策制定之二项式决策树，以二项式评价模式之逆向反复程序即可求解出再生能源发展上的整体政策效益。

以持续发展政策为例，首先，$V(k,i,r,j)$ 代表当政策为持续发展政策下之政策效益价值函数，其中，k 为计划期数参数、i 为传统石化燃料电力成本变动的移动次数参数、r 为补助资金投入次数参数、j 为因投入行为为持续投资而使再生能源技术发电之装置容量得以进行设置的次数参数，举例来说，$V(1,1,1,1)$ 代表当政策为持续发展政策时，若再生能源技术发展计划的计划期数经过了1期、传统石化燃料电力成本随着计划期数增加了1期而相对应变动了1次、在这1期计划期数当中补助资金投入了1次，而再生能源技术因持续发展政策而进行1次的装置容量设置的情况下之政策效益价值，同理，$V(1,0,1,1)$ 即代表当政策为不持续发展政策时之政策效益价值，完整之政策效益评估模式如式（5）所示。

$$V(k,i,r,j)=\{[((S(k,i)+CCS_{cost})-(C(k,r)^{PR_{D,k}\times PR_{S,r}}))Q_{RE}(k,j)]-[(R_G-C(0,0))X_{RE}(k,j)]\}+\{pV(k+1,i+1,r+1,j+1)+(1-p)V(k+1,i,r+1,j+1)\} \tag{5}$$

式中 $V(k,i,r,j)$——二项式价值函数；

$S(k,i)$——传统石化燃料电力成本；

$C(k,r)$——再生能源电力成本；

$Q_{RE}(k,j)$——再生能源电力年需求量；

$X_{RE}(k,j)$——再生能源技术年发电量；

CCS_{cost}——二氧化碳外部处理成本；

R_G——收购电能金额；

T——计划周期总期数；

n——波动率周期；

α——无风险利率；

p——成功几率，$p=\frac{(1+\alpha)-d}{u-d}$；

u——上涨幅度，$u=e^{\sigma\sqrt{T/n}}$；

d——下跌幅度，$d=\frac{1}{u}=e^{-\sigma\sqrt{T/n}}$；

σ——波动率；

PR_D——边做边学之进步比率；

PR_S——探索中学习之进步比率；

k——计划执行次数，$0\leqslant k\leqslant T$；

i——传统石化燃料电力成本移动次数，$0\leqslant i\leqslant k$；

r——补助资金投入次数，$0\leqslant r\leqslant k$；

j——再生能源技术发电装置容量设置次数，$0\leqslant j\leqslant k$。

估计完所有决策点 $V(k,i,r,j)$ 后，便可利用逆向反复程序，由计划到期日向前逆推至计划期初日，最后可得我国再生能源技术发展之政策效益评估模式，其二项式价值函数如式（6）所示。

$$U(0,0,0)=\{[((S(0,0)+CCS_{cost})-(C(0,0)^{PR_{D,k}\times PR_{S,r}}))Q_{RE}(0,0)]-[R_G-C(0,0,))X_{RE}(0,0)]\}$$
$$+\{pV(1,1,1,1)+(1-p)V(1,0,1,1)\} \tag{6}$$

4 案例分析

2009 年能源会议结论中建议应选定重产业并依产业特性与技术潜力加以扶持，因此，本文按经济主管部门提出之绿色能源产业旭升方案与 2007 年 SRB 会议之结论，以风力发电技术作为本文所建构之政策效益评模式试算之案例，进行发展政策之效益评估与策略规划。此外，由于再生能源发展之政策规划受许多因素所影响，诸如传统石化燃料电力成本结构改变、环保法规的制定、再生能源发电技术改变，甚至于政策的临时改变，都会影响再生能源之发展，同时也会影响整体发展政策的效益，参考世界各国成功推动再生能源发展之经验，本文模拟两种假设情景来探讨不同情况下，对于再生能源发展之政策规划与效益价值有何影响，仿真情景简述如下，相关参数如表 4 所述。

（1）能源价格合理化

由于传统石化燃料发电未计温室气体污染排放之外部社会成本，使得再生能源发电成本相对偏高，当局为积极发展再生能源，于 1998 年能源会议结论中决议尽速推动温室气体减量法的立法，其主要目的为期望能使能源价格能充分反映其内外部成本，因此，此情景在于探讨当传统石化燃料电力成本纳入二氧化碳外部处理成本时，会对整体政策效益价值产生何种程度的影响。

（2）收购价格改变

2009 年 6 月通过再生能源发展条例，以鼓励民间参与低碳再生能源发电设施的设置，然其对于再生能源电能之收购价格尚无定案，在此过渡期，仅以台湾电力公司再生能源电能收购作业要点，以每千瓦时新台币 2 元收购再生能源电能借此提升民间投资再生能源之诱因，同时，亦是落实固定电价方式支持风电业者的具体做法。但一味提高收购金额之做法，虽能提供更多经济诱因使民间业者更积极投资风电事业，使整体政策价值提升外，而收购金额的提高，亦代表当局对于再生能源发展之补贴支出的增加，是为另一种财政支出，对整体政策价值会产生负向的影响，因此，本情景即在于讨论收购金额的提高，对于整体再生能源发展之政策效益是否具有正面的影响。

4.1 基本情景分析

将表 4 基本情景中之参数估计值代入本文所建构之政策效益评估模式，以二项式评价模式之逆向反复程序求得至 2015 年各年含选择权之风力发电发展政策效益值（扩展净现值），如表 5 所示：

表 4　模式参数一览表

变数	定义	基本情景	情景 1：能源价格合理化	情景 2：收购价格改变
$S(k, i)$	传统石化燃料电力成本/kWh	1.683 0 元	同基本情景	同基本情景
$C(k, r)$	再生能源电力成本/kWh	1.973 3 元	同基本情景	同基本情景
$Q_{RE}(k, j)$	再生能源电力需求量/GWh	2008 年：9 461 ～ 2015 年：11 763	同基本情景	同基本情景
$X_{RE}(k, j)$	再生能源技术年发电量/MW	2008 年：252.1 ～ 2015 年：1 480	同基本情景	同基本情景
CCS_{CO_2}	二氧化碳外部处理成本/kWh	0 元	0 元/kWhV. S. 1.860 3 元	2.0～8.0 元/度
R_G	收购电价金额/kWh	2.0 元	同基本情景	同基本情景
T	计划周期总期数	8	同基本情景	同基本情景
n	波动率周期	8	同基本情景	同基本情景
α	无风险利率	0.034 606	同基本情景	同基本情景
p	成功几率	0.410 88	同基本情景	同基本情景
u	传统石化燃料电力成本上涨幅度	1.647 997	同基本情景	同基本情景
d	传统石化燃料电力成本下跌幅度	0.606 797	同基本情景	同基本情景
σ	波动率	0.499 561	同基本情景	同基本情景
PR_D	边做边学之进步比率	0.945 4	同基本情景	同基本情景
PR_S	探索中学习之进步比率	0.967 3	同基本情景	同基本情景
k	计划执行次数	0～7	同基本情景	同基本情景
i	传统石化燃料电力成本移动次数			
r	补助资金投入次数			
j	再生能源技术发电装置容量设置次数			

表 5　基本情景下各年扩展净现值之树形图

各年含选择权之风力发电发展政策效益值/单位：百万元							
2008 年	2009 年	2010 年	2011 年	2012 年	2013 年	2014 年	2015 年
$k=0$	$k=1$	$k=2$	$k=3$	$k=4$	$k=5$	$k=6$	$k=7$
7 384	12 169	20 054	33 049	54 465	89 758	147 920	243 772
	4 481	7 384	12 169	20 054	33 049	54 465	89 758
		2 719	4 481	7 384	12 169	20 054	33 049
			1 650	2 719	4 481	7 384	12 169
				1 001	1 650	2 719	4 481
					607	1 001	1 650
						369	607
							224

国内目前针对风力发电发展之奖励措施为采取固定电价收购（目前采取台湾电力股份有限公司再生能源电能收购作业要点），由表 2 的结果可得知，当电价收购金额为每千瓦时 2 元、风力发电力年需求量占总电力需求量 4%时，直至 2015 年发展风力发电所带来的扩展净现值价值为 7 384 百万元，其中，传统净现值为−2 762 百万元，实质选择权价值（管理弹性价值）为 10 146 百万元，累积至 2015 年对风力发电技术所投入的补贴金额为 530 百万元。

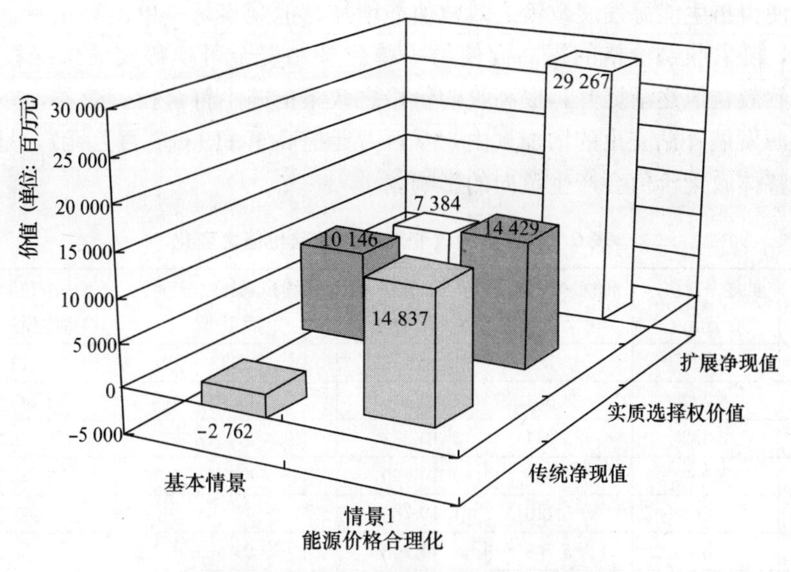

图 6　基本情景与情景 1 之扩展净现值

4.2　能源价格合理化

在能源价格合理化之情景方面，由于目前传统石化燃料发电并不符合使用者付费原则，造成使用者并未负担完全的使用成本（内部发电成本与外部污染排放成本），同时低估能源市场价值所导致的非再生能源的过度消费行为，因此，此情景假设能源价格能充分反映其内外部成本，亦即将非再生能源之发电成本包含内部的发电成本与外部的温室气体污染排放成本，探讨外部成本之加入对整体政策效益价值有何种影响。分析结果如图 6 所示，当传统石化燃料电力成本未包括二氧化碳外部处理成本时，扩展净现值价值由 7 384 百万元、传统净现值为－2 762 百万元、实质选择权价值为 10 146 百万元，当纳入二氧化碳外部处理成本时，扩展净现值价值由 29 267 百万元、传统净现值由为 14 837 百万元、实质选择权价值为 14 429 百万元。整体而言，扩展净现值增加 21 183 百万元、传统净现值为 17 599 百万元、实质选择权价值为 4 283 百万元，不论是净现值或是实质选择权价值，都可观察出当传统石化燃料发电成本纳入二氧化碳外部处理成本时，不仅可符合经济与环境利益，同时也能为整体政策价值带来正面的效益。

4.3　收购价格改变

考虑目前对于风力发电发展之奖励措施是否已提供足够之经济诱因，此情景将模式中之收购电能金额参数由每千瓦时 2 元逐渐提高至每千瓦时 8 元，探讨提高收购金额之做法对整体政策效益价值有何种影响。分析结果如表 6 所示，当收购电能金额由每千瓦时 2 元提高至每千瓦时 8 元时，扩展净现值价值由 7 384 百万元下降至 5 165 百万元、传统净现值由为－2 762 百万元下降至－6 298 百万元，实质选择权价值由 10 146 百万元提高至 11 463百万元，整体而言，随着收购电能金额的提高，对整体政策效益价值为负向的影响，代表收购金额的提高并不符合经济效益。虽以实质选择权价值之观点来分析是否符合投资效益时，当收购价格逐渐提高，实质选择权价值也随之增加，代表政府应将收购价格逐渐增加，使得再生能源发展政策之效益值能增加，但观察每一单位补贴资金可换得实质选择权价值，随着收购价格的提高而使每一单位补贴资金可换得实质选择权价值逐渐减少，表示虽然效益值逐渐提升，提高收购价格之政策措施不符合投资效益，亦即代表政府对于再生能源发展补贴支出的增加（由 530 百万元提高至 119 682 百万元），是为另一种财政支出，对整体政策价值会产生负向的影响。

表 6　收购金额改变对政策效益价值之变化

收购金额/kWh	扩展净现值/百万元	传统净现值/百万元	实质选择价值/百万元	持续积累补贴金额/百万元	每一单位补贴资金可换得实质选择价值
2	7 384	−2 762	10 146	530	19.14
3	6 782	−3 351	10 133	20 389	0.50
4	6 332	−3 941	10 273	40 247	0.26
5	5 969	−4 530	10 500	60 106	0.17
6	5 664	−5 119	10 783	79 964	0.13
7	5 399	−5 709	11 108	99 823	0.11
8	5 165	−6 298	11 463	119 682	0.10

总结而论，当再生能源发展之政策目标年以 2015 年为阶段发展目标，政策规划期间为 8 年、无风险利率为 3.46％、在初期时（2008）的传统石化燃料电力成本与风力发电成本分别为 1.683 0 元/千瓦时和 1.973 3 元/千瓦时、波动率为 49.96％、传统石化燃料电力成本上涨幅度与下跌幅度分别为 1.648 和 0.607、上涨几率与下跌几率分别为 0.410 9 和 0.589 1 时，若以传统净现值法来判断其政策规划是否具有可行性时，由于净现值＜0，即未来净现金流量之折现值总和小于期初支出，因此应拒绝发展风能发电，造成此种情形主要原因为传统净现值法的基本假设导致只能对其当前所产生的政策效益做出适当评价，并无法将管理者对于预期未来变化所做出因应的管理弹性加以量化，进而做出错误的决策。当运用实质选择权法作为判断政策可行性之依据时，由于其评价模式可衡量传统资本评价模式所忽略的管理弹性价值，并可将政府规划再生能源发展政策时所需考虑之不确定性与风险纳入评估模式中，因此所做出之决策会较为准确，由分析结果可显示发展风力发电是具有投资效益的，总计至 2015 年发展风力发电所带来的扩展净现值价值为 7 384 百万元。

而在情景分析方面，由分析结果可观察出，当传统石化燃料合理反映内外部发电成本时，不论是传统净现值或是实质选择权价值都能为整体政策价值带来极具正面的效益，此外，由于风力发电技术已逐渐成熟，其发电成本也越能与传统石化燃料发电成本相竞争，因此，提高收购电能金额来增加民间投资风力发电并不符合经济效益，因此现阶段针对风力发电仍应保持原收购金额，以使其政策规划符合投资效益原则外，并能节省台湾地区政府之财政支出。

5　结论

再生能源发展政策的制定受许多层面所影响，诸如总体经济面的国际油价波动与整体电力需求、技术发展面的技术进步与不确定性、政府政策面的推动措施与环保态度等，均会影响传统能源与再生能源发电成本之价差、再生能源发电成本下降幅度、政府以及民间对于使用再生能源发电的重视程度，而影响政府设定再生能源发电技术装置容量的配比大小与再生能源补助资金投入的多寡等，进而影响再生能源发展的政策制定。在传统的评估模式中，并无法将上述因素同时纳入考虑，亦无法衡量管理者对于预期未来变化所做出因应的管理弹性价值，因此不适合用于评估具有成长与 R&D 特性的再生能源发展之政策效益。

本文所提出的政策效益评估模式，同时考虑传统能源市场价格波动、温室气体排放的外部社会成本与再生能源发电技术进步之特性，相比较过去研究对于技术风险参数采取固定值之设定，或再生能源发电技术进步只考虑单因子之假设，更能符合现今政府面对再生能源技术投资环境的现实情况。

台湾地区发展风力发电与欧洲国家相比下，虽进入市场的时机较晚，造成尚未建构完整供应链体系与缺乏系统整合经验，使得目前风电厂相关厂商缺乏实绩测试机会，但借由行政当局对于再生能源投资的环境建构、推广计划与行政当局及民间对风电技术的研发，配合内需市场的拓展，即可让台湾地区风电产业发展更为茁壮，技术也越之成熟。因此，在再生能源电能收购机制上，建议行政当局参考德国、丹麦等发展再生能源成功之国家，尽速订定再生能源电能之趸购费率及计算公式，透过立法方式确保此益于环境的能源进入市场，并给予再生能源发电业者合理利润的奖励，以此鼓励民间投资再生能源发电，但由于风力发电技术趋于成熟，发电成本已极具经济效益，因此，对于风力发电之收购价格仍应保持每千瓦时提供 2 元之成本补贴，而将其补助资金运用于其他更具有发展潜力之再生能源发展上，除能减少对于风能技术的资金投入外，亦能让风能技术于市场竞争下自由发展。此外，也应加速通过温室气体减量法使能源价格能透过市场机制的运作，设计适当的能源价格结构，以反映内部成本（如燃料成本），并呈现非市场之外部成本（如二氧化碳处理成本），以使价格得以合理、充分、有效反映且公平运作，不仅可符合经济与环境利益，同时亦能为整体再生能源之政策规划带来正面的效益。

参考文献

[1] Argote, L. and D. Epple. (1990), "Learning curves in manufacturing," *Science*, Vol. 247, No. 4945, pp. 920—924.

[2] Arrow, K. J. (1962), "The Economic Implications of Learning by Doing," *Review of Economic Studies*, Vol. 29, pp. 155—173.

[3] Awerbuch, S. and M. Berger. (2003), "Energy Security in the EU: Applying Portfolio Theory To EU Electricity Planning And Policy-Making," International Energy Agency Report EET/2003/03, Paris, France.

[4] Barreto, L. (2001), Technological Learning in Energy Optimization Models and Deployment of Emerging Technologies, PhD dissertation, Swiss Federal Institute of Technology Zurich.

[5] Benninga, S. and E. Tolkowsky. (2002), "Real Options-An Introduction and an Application to R&D Valuation," *The Engineering Economist*, Vol. 47, No. 2, pp. 151—168.

[6] Black, F. and M. Scholes. (1973), "The pricing of options and corporate liabilities," *The Journal of Political Economy*, Vol. 81, No. 3, pp. 637—654.

[7] Botterud, A. and M. Korpås. (2004), "Modelling of power generation investment incentives under uncertainty in liberalised electricity markets," *6th IAEE European*

Conference, Zurich, Switzerland.

[8] Brach, M. A. (2003), "Real Option in Practice," *John Wiley & Sons.*

[9] Brandão, L. E. , J. S. Dyer, and W. J. Hahn. (2005), "Using Binomial Decision Trees to Solve Real-Option Valuation Problems," *Decision Analysis*, Vol. 2, No. 2, pp. 69—88.

[10] Colpier, C. U. and D. Cornland. (2002), "The economics of the combined cycle gas turbine-an experience curve analysis," *Energy Policy*, Vol. 30, No. 4, pp. 309—316.

[11] Cox, J. C. (1975), "Notes on Option Pricing I: Constant Elasticity of Variance Diffusion," *Working paper*, Stanford University.

[12] Cox, J. C. and S. A. Ross. (1976), "A Survey of Some New Results In Financial Option Pricing Theory," *The Journal of Finance*, Vol. 31, No. 2, pp. 383—402.

[13] Cox J. C. and S. A. Ross. (1976), "The Valuation of Options for Alternative Stochastic Processes," *Journal of Financial Economics*, Vol. 3, No. 1—2, pp. 145—166.

[14] Cox, J. C. , S. A. Ross, and M. Rubinstein. (1979), "Option Pricing: A Simplified Approach," *Journal of Financial Economics*, Vol. 7, No. 3, pp. 229—263.

[15] Cox, J. C. , J. E. Ingersoll, and S. A. Ross. (1985), "An Intertemporal General Equilibrium Model of Asset Prices," *Econometrica*, Vol. 53, No. 2, pp. 363—384.

[16] Davis, G. A. and B. Owens. (2003), "Optimizing the level of renewable electric R&D expenditures using real options analysis," *Energy Policy*, Vol. 31, No. 15, pp. 1589—1608.

[17] Deng, S. J. and S. S. Oren. (2003), "Incorporating Operational Characteristics and Start-Up Costs in Option-Based Valuation of Power Generation Capacity," *Probability in the Engineering and Informational Sciences*, Vol. 17, No. 2, pp. 155—181.

[18] Dixit, A. K. and R. S. Pindyck. (1994), "Investment Under Uncertainty," *Princeton University Press*, Princeton, NJ.

[19] Dixit, A. K. and R. S. Pindyck. (1995), "The Options Approach to Capital Investment," *Harvard Business Review*, Vol. 73, No. 3, May-June, pp. 105—115.

[20] Hamon, C. (2000), "Experience curves of photovoltaic technology," IIASA Interim Report IR-00-014, Laxenburg, Austria: International Institute for Applied Systems Analysis.

[21] Hayes, R. H. and W. J. Abernathy. (1980), "Managing Our Way to Economic Decline," *Harvard Business Review*, Vol. 58, No. 4, July-August, pp. 67—77.

[22] Hayes, R. H. and D. Garvin. (1982), "Managing as if Tomorrow Mattered," *Harvard Business Review*, Vol. 60, No. 3, May-June, pp. 70—79.

[23] Herath, H. S. B. and C. S. Park. (1999), "Economic analysis of R&D projects: An options approach," *The Engineering Economist*, Vol. 44, No. 1, pp. 1—35.

[24] Herath, H. S. B. and C. S. Park. (2002), "Multi-Stage Capital Investment Opportunities as Compound Real Option," *The Engineering Economist*, Vol. 47, No. 1, pp. 1—27.

[25] IEA. (2000), Experience Curves for Energy Technology Policy, OECD/IEA, Paris.

[26] Kester, W. C. (1984), "Today's Options for Tomorrow's Growth," *Harvard Business Reviews*, Vol. 62, No. 2, March-April, pp. 153—160.

[27] Kjaerland, F. (2007), "A real option analysis of investments in hydropower-The case of Norway," *Energy Policy*, Vol. 35, No. 11, pp. 5901—5908.

[28] Klaassen, G., A. Miketa., K. Larsen, and T. Sundqvist. (2005), "The impact of R&D on innovation for wind energy in Denmark, Germany and the United Kingdom," *Ecological Economics*, Vol. 54, No. 2—3, pp. 227—240.

[29] Kumbaroğlu, G., R. Madlener, and M. Demirel. (2008), "A real options evaluation model for the diffusion prospects of new renewable power generation technologies," *Energy Economics*, Vol. 30, No. 4, pp. 1882—1908.

[30] McDonald, A. and L. Schrattenholzer. (2001), "Learning rate for energy technologies," *Energy Policy*, Vol. 29, No. 4, pp. 255—261.

[31] Myers, S. C. (1977), "Determinants of corporate borrowing," *Journal of Financial Economics*, Vol. 5, No. 2, pp. 147—175.

[32] Neij, L. (1999), "Cost dynamics of wind power," *Energy*, Vol. 24, No. 5, pp. 375—389.

[33] Rothwell, G. (2006), "A Real Options Approach to Evaluating New Nuclear Power Plants," *The Energy Journal*, Vol. 27, No. 1, pp. 37—53.

[34] Siddiqui, A. S., C. Marnay, and R. H. Wiser. (2007), "Real options valuation of US federal renewable energy research, development, demonstration, and deployment," *Energy Policy*, Vol. 35, No. 1, pp. 265—279.

[35] Söderholm, P. and T. Sundqvist. (2007), "Empirical challenges in the use of learning curves for assessing the economic prospects of renewable energy technology," *Renewable Energy*, Vol. 32, No. 15, pp. 2559—2578.

[36] Trigeorgis, L. and S. P. Mason. (1987), "Valuing Managerial Flexibility and Strategy in Resource," *Midland Corporate Finance Journal*, Vol. 5, No. 1, pp. 14—21.

[37] Trigeorgis, L. (1996), "Real Options: Managerial Flexibility and Strategy in Resource Allocation," *Massachusetts Institute of Technology Press*, Vol. 11, No. 1, pp. 121—135.

[38] Trigeorgis, L. (1997), "Real Option: Managerial Flexibility and Strategy in Resource Allocation," 2nd Edition, Westport: Parager Publisher.

[39] Tseng, C. L. and G. Barz. (2002), "Short-Term Generation Asset Valuation: A Real Options Approach," *Operations Research*, Vol. 50, No. 2, pp. 297—310.

[40] Venetsanos, K., P. Angelopoulou, and T. Tsoutsos. (2002), "Renewable energy sources project appraisal under uncertainty-the case of wind energy exploitation within a changing energy market environment," *Energy Policy*, Vol. 30, No. 4, pp. 293—307.

[41] Wang, C. H. and K. J. Min. (2006), "Electric Power Generation Planning for Interrelated Projects-A Real Options Approach," *IEEE Transactions on Engineering Man-*

agement, Vol. 53, No. 2, pp. 312－322.

[42] Wright, T. P. (1936), "Factors Affecting the Costs of Airplanes," *Journal of the Aeronautical Sciences*, Vol. 3, pp. 122－128.

[43] 林伟凯．风力发电产业发展之策略与建议，能源报道，2006.

[44] 翁荣羡，吕威贤．全球风力发电应用现况与国内开发展望，台电工程月刊，2002，651：18－37.

[45] 经济部能源局．2007 年能源科技研究发展白皮书，2007.

[46] 蓝伟庭，风力发电设备产业发展透析，工研院 IEK 系统能源组，2007.

[47] 台湾地区能源会议网站．http://www.web2.moeaboe.gov.tw/ECW/Policy/EnergyMeeting/conclusion_1.htm.

[48] 再生能源网．http://www.re.org.tw/(uyqzwdaxtsqemtmwk3szvofu)/index.aspx.

[49] 经济部能源局．http://www.moeaec.gov.tw.

台湾地区能源供需长期预测——LEAP模型应用

黄耀辉　柏云昌　彭婕妤

国立台北商业技术学院

中国文化大学经济系

中华经济研究院

摘　要：有鉴于台湾地区能源进口依赖度高达99%以上，加上为追求能源永续发展，节能减碳已是全民的共识与政府的施政重点之一，因此能源供需长期预测是极为重要的基础研究工作。本文应用台湾LEAP（Long-range Energy Alternatives Planning System）模型从事能源供需的长期预测并模拟4种政经情景。首先，依2008年永续能源政策纲领，政府订定的节能目标主要为降低能源密集度，预计到2025年提升能源效率每年达2%以上，建立政府节能减碳政策（GOV，Government Policy）情景；因金融风暴造成经济成长率下降建立情景二（FIN，Financial Tsunami）；因核一厂、核二厂与核三厂等老旧核能电厂退役与核四厂两部机组未加入发电系统建立情景三（RET，Retirement of Nuclear）；最后总结全部假设均发生建立情景四（ALL）。使用LEAP能源模型，预测从2009—2030年能源之需求、供给、能源转换及CO_2排放。仿真结果显示，不考虑全部假设发生的情况，以政府节能政策的情景较能有效减碳。台湾地区在2030年的能源使用量在基本假设情景（BAU，Business As Usual）下，将会耗能1 313.5兆千卡（Trillion kcal）；依照2008年永续能源政策纲领之情景下，则总耗能为933.6兆千卡（Trillion kcal）；因为金融风暴造成经济衰退之情景，其能源耗用下降到1 204.2兆千卡（Trillion kcal）；核电厂除役并不影响能源需求，但在能源转换部分较基本情景减少约2.1兆千卡（Trillion kcal），二氧化碳排放量产出较基本情景增加56.1百万吨（Million Metric Tonnes）。

关键词：长期能源供需预测，能源政策，碳排放减量

1　台湾地区能源现况分析

1.1　台湾地区能源供给现况分析

依据能源局（2008）及台湾电力公司（2008）对能源现况的描述如下，台湾地区自产能源匮乏，能源需求随着经济成长而快速增加，能源供给量从1986年的41.61百万公升油当量（Million KLOE）成长至2006年的138.77百万公升油当量（Million KLOE），年平均成长率达6.21%。进口能源比例亦逐年提升，由1986年的89.6%增为1996年的96.0%，2007年更增加到99.3%。

政府从1980年起陆续自印度尼西亚、马来西亚进口液化天然气，至2007年，在能源总供给146.58百万公升油当量（Million KLOE）中，石油比重已降至51.20%，煤炭则上升至32.09%，核能发电占6.87%，液化天然气占8.15%，天然气占0.28%，水力发电占1.41%，再生能源占0.09%，详见表1、图1。

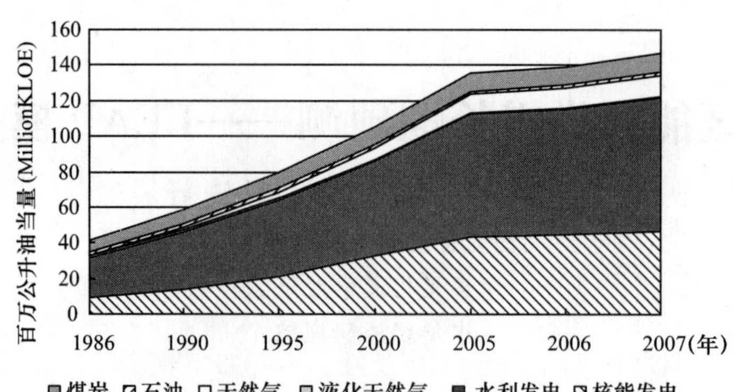

图 1　能源供给架构

表 1　能源供给（能源别）

单位：百万公升油当量（Million KLOE）；%

年份＼能源类型	煤炭	石油	天然气	液化天然气	水利发电	核能发电	能源总供给
1986	8.92	22.94	1.21	0.00	1.84	6.69	41.61[a]
	21.45	55.13	2.91	—	4.43	16.08	100.00[b]
1990	13.68	32.48	1.30	0.94	2.03	8.16	58.61
	23.35	55.42	2.23	1.61	3.47	13.93	100.00
1995	20.85	43.25	0.93	3.65	2.21	8.77	79.66
	26.18	54.3	1.17	4.58	2.77	11.01	100.00
2000	32.66	53.50	0.74	6.38	2.20	9.56	105.04
	31.09	50.93	0.7	6.08	2.1	9.1	100.00
2005	43.16	69.45	0.54	10.31	1.96	9.93	135.35
	31.89	51.31	0.4	7.62	1.45	7.34	100.00
2006	44.71	70.53	0.46	11.18	1.99	9.90	138.77
	32.22	50.83	0.33	8.06	1.43	7.14	100.00
2007	47.04	75.05	0.41	11.94	2.07	10.07	146.58
	32.09	51.2	0.28	8.15	1.41	6.87	100.00

注：1. 地热、太阳能及风力发电数值皆不满 5 千公升油当量（Thousand KLOE）。

2. a 单位为百万公升油当量（Million KLOE）；b 单位为%。

3. 再生能源系指地热、太阳能及风力发电与太阳热能。

资料来源：经济部能源局网站信息，2008 能源统计月报。

1.2　台湾地区能源最终消费现况分析

能源消费部门由 1986 年的 37.73 百万公升油当量（Million KLOE）增至 2007 年的 112.28 百万公升油当量（Million KLOE），年平均成长率达 5.49%。从最终能源消费结构（图 2）来看，约六成来自于石油消费，其次为电力。从各部门的能源需求来看（图 3），对能源需求最高的为工业部门，约占全部能源需求的五成，最低者为农业部门，占全体能源需求不到一成。1986—2007年各部门的能源最终消费量与消费结构中，工业部门为最主要之能源耗用者，以2007年为例，各部门能源消费结构比重以工业部门居首占52.85%、农业部门居末占0.93%。

工业部门的能源消费量始终为各部门能源消费量之冠，由1986年19.51百万公升油当量（Million KLOE）逐年增加至2007年60.64百万公升油当量（Million KLOE），年平均成长率为5.83%，能源消费结构比重则由1986年51.72%略升为2007年52.85%。就工业部门中各产业之能源消费结构比重看，也随着经济情势的变化而变更。近年来，以电力电子机械业及化学材料业的能源消费大幅上升，是导致工业部门能源消费增加的主因。

运输部门的能源消费则因民众所得提高、道路交通网完善、汽机车等运输工具普及等因素，使其占能源消费比重由1986年13.60%增至2007年14.03%。农业部门所耗用之能源随农业活动式微而逐渐减少，由1986年3.27%降至2007年0.93%。住宅部门及商业部门所消费之能源总量则分别随着生活水平提升，以及服务业等三级产业快速扩张而日渐增加，前者所占能源消费比重由1986年11.38%略增至2007年11.58%，后者则由2.55%增至5.93%，详见表2所示。

表2　能源最终消费

单位：百万公升油当量（Million KLOE）；%

年份	能源消费								非能源消费
	能源	运输	工业	农业	住宅	商业	其他	合计	
1986	3.54	5.13	19.51	1.23	4.29	0.96	2.50	37.73	0.55[a]
	9.39	13.60	51.72	3.27	11.38	2 055.00	6.62	98.53	1.47[b]
1990	3.72	8.07	24.14	1.45	5.93	1.95	3.33	48.60	1.07
	7.49	16.26	48.60	2.93	11.94	3.93	6.71	97.85	2.15
1995	4.65	12.33	31.03	1.49	8.28	3.44	4.14	65.35	1.28
	6.98	18.50	46.57	2.24	12.43	5.16	6.21	98.08	1.92
2000	6.11	14.74	40.51	1.46	11.27	5.30	5.53	84.92	2.35
	7.00	16.89	46.42	1.68	12.91	6.08	6.33	97.30	2.70
2005	7.26	16.55	54.07	1.62	13.16	6.68	6.75	106.08	1.86
	6.72	15.33	50.09	1.50	12.19	6.19	6.26	98.28	1.72
2006	7.30	16.67	55.71	1.28	13.16	6.80	6.94	109.80	1.94
	6.64	15.18	50.74	1.17	11.98	6.19	6.32	98.23	1.77
2007	7.19	16.11	60.64	1.07	13.29	6.81	7.17	112.28	2.47
	6.27	14.03	52.85	0.93	11.58	5.93	6.25	97.85	2.15

注：1.a单位为百万公升油当量；b单位为%。

2.因小数点统计误差，故约100%。

资料来源：经济部能源局网站信息，2008能源统计月报。

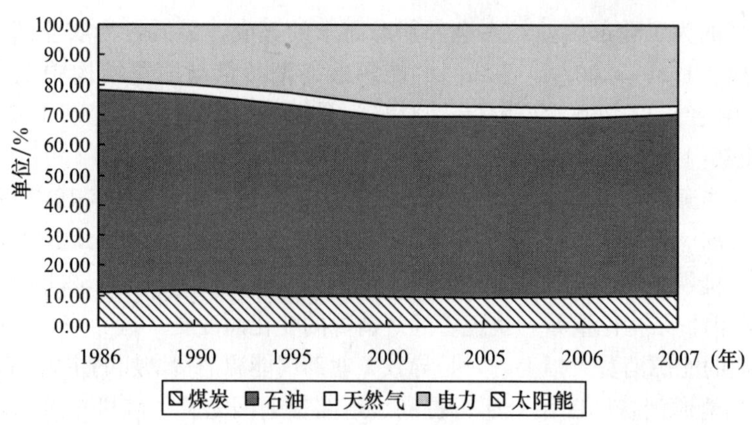

图 2 最终能源消费结构

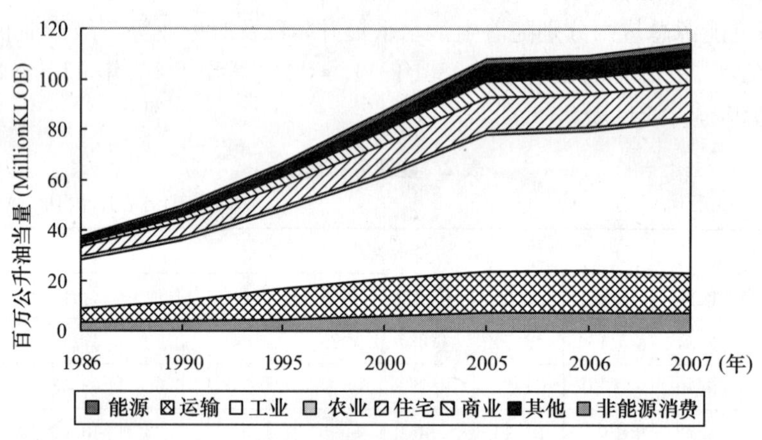

图 3 能源需求结构

1.3 CO_2排放

根据“世界因您而改变!”网站报道，“人类对大自然的影响不再局限于地表，而是扩张至大气，并借由大气的运动，将影响逐渐布及全球主题中对地球暖化现象有下列描述：西方工业革命以来，人类大量使用化石燃料、滥伐森林、使用含氯、氟的碳化物及热络的农工活动等，造成温室气体（Greenhouse Gas，GHG）大幅增加；使得地球表面如覆盖在一层玻璃罩之下（如温室一般），造成地球表面逐渐暖化，此现象即为温室效应。”《京都议定书》所定的温室气体，包括了最常听到的二氧化碳（CO_2）、氧化亚氮（N_2O）、甲烷（CH_4）、氢氟碳化物（HFCs）、全氟碳化物（PFCs）和六氟化硫（SF_6）等。

2007 年能源科技研究发展白皮书述及，于 2005 年台湾地区人均 CO_2 排放量已达 11.41 吨（Metric Tonnes），较世界人均排放 4.22 吨（Metric Tonnes）高，占世界人均排放排名第 16。分析目前排放量过量的主要原因为：以制造出口为经济发展导向，成为世界工厂的一部分，另亦发展了不少耗能产业，以支撑此制造业生产与经济发展，未来经济成长的规划与预估，亦大致依循过去模式。其次因为社会进步、生活水平提高，商业活动及交通需求增加等，能源价格与国际相比较偏低，无法有效引导全面节能。

目前国际上在计算 CO_2 的排放量，主要是依据 IPCC 的部门方法（Sectoral Approach）论来推估。温室气体统计初步准则（IPCC Draft Guidelines for National Greenhouse Gas Inventories）（以下简称 IPCC 方法）为参考基准。

根据国际能源总署（International Energy Agency，IEA）估计的资料，台湾地区的 CO_2 排放量在 1997 年为 170 百万公吨（Million Metric Tonnes），到 2007 年增为 270 百万公吨（Million Metric Tonnes），增加 58.82%。相对于 OECD 与全世界的人均 CO_2 排放量，台湾地区近年来的 CO_2 排放量增加速度相对偏高。这种增加速度若持续下去，未来势必造成台湾地区经济发展的潜在危机。

2 台湾地区 LEAP 模型架构

LEAP 模型为 1997 年，斯德哥尔摩环境研究院（SEI-Boston）与五家著名国际研究和培训机构在荷兰外交部的资助下，联合开发的一个综合能源环境分析工具 LEAP (Long-range Energy Alternative Planning System)，也就是长期能源替代规划系统。此模型可以作为一个数据库，提供了能源长期规划信息的综合系统；亦可以作为一个预测工具，进行长期能源供给和需求的预测；同时也是一个政策分析工具，可以模拟和评价能源政策的影响及替代能源计划，与能源投资活动对自然、经济和环境影响。LEAP 是一个基于情景分析的能源环境建模工具，所使用的各种情景是建构在人口、经济发展、技术、价格等假设基础上，对一个给定的地区或者经济体进行关于能源如何被消费、转换和生产的描述。图 4 为 LEAP 模型的系统架构。

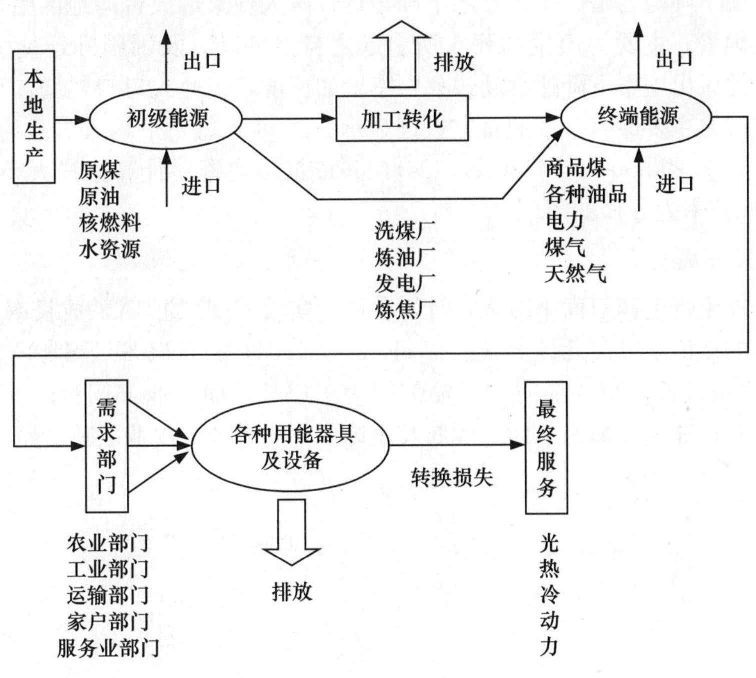

图 4 LEAP 模型的系统架构图

2.1 基本情景（BAU：Business As Usual）

依据台湾地区官方提供的能源平衡表、历史数据与人口、经济预测等数据，建立基本情景（BAU：Business As Usual），兹将建立过程与主要假设详述如下：

2.1.1 数据的基本架构

图 5 显示台湾地区需求面的架构。主要分成 5 大部门，分别为农业、工业、服务、运输与家户等部门。农业部门又细分成农林牧业及渔业；工业部门细分成 18 个产业，分别为矿业、食品饮料及烟草业、木制品业、纺织成衣及服饰业、皮毛及毛皮业、纸浆与纸及纸制品业、印刷业、化学材料制造业、化学制品制造业、橡胶制品制造业、塑料制品制造业、非金属矿物制品制造业、金属基本工业（另分成金属基本工业与金属制品制造业）、机械设备制造业、计算机通信及视听电子产品制造业（另分成电子零组件制造业与精密光学医疗器材及钟表制造业）、运输工具制造业与其他（另分成运输工具制造业与其他工业制品制造工业）、用水供应业与营造业。服务部门细分为 6 个产业，分别为商业（另分成批发及零售业与住宿及餐饮业）、金融保险及不动产业、公共行政业、通信业、仓储业与其他服务业（包含专业、科学及技术服务业，教育服务业，医疗保健及社会福利服务业，文化、运动及休闲服务业，其他生产者与其他服务业）。运输部门包含公路、航空与水运 3 部分。

2.1.2 人口趋势

根据台湾地区 2008—2056 年人口推计报告显示，台湾地区 2008 年总人口约 2 300 万人，至 2056 年，中推计之人口数将减少至 20.3 百万（Million）人。当前台湾地区人口趋势由于结婚意愿下降与迟婚、生育意愿下降与迟育两大现象造成台湾地区生育率下降，影响人口变动之因素，主要为出生和死亡所引起之自然变动，及因国际迁徙引起之社会变动。由于台湾地区出生率下降速度超过死亡率增加速度，因此人口自然增加率减缓，此为总人口成长减缓之主要原因。依照官方数据显示，2008 年每户平均人口数为 3.01 人，户数约为 7 656 千户（Thousand Households），并依据历史资料计算家户大小（Household size）的自然成长率为－1.33％。

2.1.3 经济成长率

根据各年度生产毛额双面平减表，计算各产业实质 GDP 的 BAU 成长率，结果如表 3 所示。各产业的产值系以美元计价（汇率 eRate＝31.517/1（NT＄/US＄））。其中，农业部门的 GDP 为负成长，服务部门与运输部门为正成长，而工业部门整体而言是正成长，且以化学制品制造业成长最快，纺织成衣及服饰业与皮毛及毛皮业成长最慢。

- Key Assumptions
- Demand
  - Household
  - Agriculture
    - Agriculture Forestry and Animal Husbandry
    - Fishing
  - Industry
    - Food Beverage Tobacoo Production and Processing
    - Mining
    - Textile Garments Accessories Products
    - Leather and Related Products
    - Wood and Wood Products
    - Papermaking and Paper Products
    - Printing and Related Products
    - Chemical Materials Products
    - Chemical Products
    - Plastics Products
    - Rubber Products
    - Nonmetal Mineral Products
    - Machinery Equipment Products
    - Transportation Equipment
    - Tap Water Production and Supply
    - Construction
    - Basic and Fabricated Metal Products
    - Electrical and Electronic Machinery
  - Services
    - Commercial
    - Financing Insurance Real Estate Business Services
    - Pubic Service and Administration
    - Communication
    - Others
    - Stortage Transportation Services
  - Transportation
    - Road
    - Railway
    - Internal Navigation
    - Internal Civil and Domestic Air

图 5　台湾地区能源需求面 一 LEAP 架构

表 3　各产业实质 GDP 成长率

<table>
<tr><th>部门</th><th colspan="2">子部门</th><th>BAU 成长率/%</th></tr>
<tr><td rowspan="2">农业</td><td colspan="2">农林牧业 Farming，Forestry and Animal Husbandry</td><td>−1.97</td></tr>
<tr><td colspan="2">渔业 Fishing</td><td>−0.67</td></tr>
<tr><td rowspan="20">工业</td><td colspan="2">矿业 Mining</td><td>−4.40</td></tr>
<tr><td colspan="2">食品饮料及烟草业 Food，Beverage，Tobacco Production and Processing</td><td>−1.41</td></tr>
<tr><td colspan="2">木制品业 Wood and Wood Products</td><td>−6.14</td></tr>
<tr><td colspan="2">纺织成衣及服饰业 Textile Garment Accessories Products</td><td>−9.16</td></tr>
<tr><td colspan="2">皮毛及毛皮业 Leather and Related product</td><td>−8.97</td></tr>
<tr><td colspan="2">纸浆、纸及纸制品业 Paper-marking and Paper Products</td><td>0.27</td></tr>
<tr><td colspan="2">印刷业 Printing and Related Products</td><td>1.92</td></tr>
<tr><td colspan="2">化学材料制造业 Chemical Materials Products</td><td>4.85</td></tr>
<tr><td colspan="2">化学制品制造业 Chemical Products</td><td>5.44</td></tr>
<tr><td colspan="2">橡胶制品制造业 Rubber Products</td><td>−0.21</td></tr>
<tr><td colspan="2">塑料制品制造业 Plastics Products</td><td>−0.17</td></tr>
<tr><td colspan="2">非金属矿物制品制造业 Nonmetal Mineral Products</td><td>0.99</td></tr>
<tr><td colspan="2">金属基本工业 Steel，Metal，and Metal Products</td><td>1.96</td></tr>
<tr><td colspan="2">机械设备制造业 Machinery Equipment Products</td><td>3.44</td></tr>
<tr><td colspan="2">计算机通信及视听电子产品制造业 Electrical and Electronic Machinery</td><td>3.04</td></tr>
<tr><td rowspan="2">运输工具制造业与其他
Transportation Equipment</td><td>运输工具制造业</td><td>1.02</td></tr>
<tr><td>其他工业制品制造业</td><td>−2.46</td></tr>
<tr><td colspan="2">用水供应业 Tap Water Production and Supply</td><td>1.17</td></tr>
<tr><td colspan="2">营造业 Construction</td><td>0.75</td></tr>
<tr style="display:none"></tr>
<tr><td rowspan="7">服务部门</td><td colspan="2">批发及零售业 Commercial/Wholesale and Retail Sale</td><td>5.30</td></tr>
<tr><td colspan="2">住宿及餐饮业 Commercial/Loging and Food Product</td><td>4.59</td></tr>
<tr><td colspan="2">金融保险及不动产业 Financing Insurance Real Estate Business Services</td><td>4.59</td></tr>
<tr><td colspan="2">公共行政业 Pubic Service and Administration</td><td>2.32</td></tr>
<tr><td colspan="2">通信业 Communication</td><td>11.10</td></tr>
<tr><td colspan="2">仓储业 Stortage Transportation Services</td><td>5.47</td></tr>
<tr><td colspan="2">其他 Others</td><td>5.89</td></tr>
<tr><td rowspan="3">运输部门</td><td colspan="2">公路 Road and Railway</td><td>1.53</td></tr>
<tr><td colspan="2">航空 Internal Civil and Domestic Air</td><td>4.32</td></tr>
<tr><td colspan="2">水运（台湾地区）Internal Navigation</td><td>3.92</td></tr>
</table>

2.1.4 能源转换

图6显示能源转换模组的架构。主要分成转换损耗、发电、炼油、炼焦与炼汽。其中发电模组，按照台湾电力公司2008年电源开发方案与2008年台湾电力公司统计年报，建立水力、再生能源、核能、煤、重油与轻柴油、液化天然气、汽电共生等发电机组。各机组装置容量之现况与发展如表4所示，其中核能发电因受政府政策影响，除核四计划外，未来并无新建机组，固容量占系统比重由2007年的13.3%，逐渐降至2008年的13.0%，其后随核四厂两部机分别于2009年与2010年加入系统后上升至17.4%，往后因无新机组而逐年下降至2018年的12.0%。

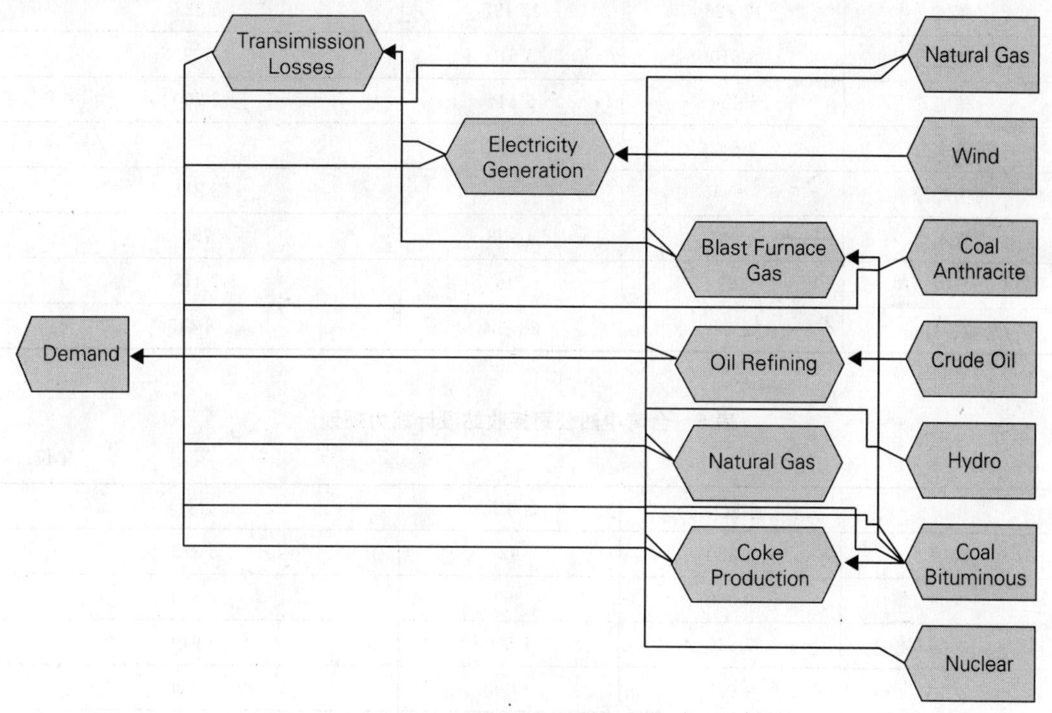

图6 能源转换模组架构

在炼油模组方面，2008年石油产量约为471兆千卡（Trillion kcal），并根据台湾塑料工业股份有限公司官方网页显示，六轻石油厂每年炼原油21百万吨（Million Metric Tonnes），每日炼油量450千桶（Thousand bbl），而台湾中油股份有限公司历经50年之发展其高雄厂、桃园厂及大林厂之合计炼油量770千桶（Thousand bbl），因年工作天设计为330日，所以石油每年炼量为402 600千桶（Thousand bbl）。

在天然气模组方面，2008年天然气产量约为120兆千卡（Trillion kcal），根据台湾扩大天然气使用方案，天然气之供应来源可分为进口液化天然气（LNG）及自产天然气两部分。因台湾地区自产天然气已日渐枯竭，近年来主要仰赖国外进口液化天然气（LNG），经由接收站卸收、气化后供应发电、工业、商业及家庭用户使用。目前天然气接收站之设计卸收能力为每年7 440千吨（Thousand Metric Tonnes），设有6座储气槽，容量合计为690千公升（Thousand KL），为强化天然气各项装备的处理能力，台湾中油公司拟定多项扩充方案，若扩充计划顺利进行，接收站年处理能力2010年达12 000千吨（Thousand Metric Tonnes）、2020 年达 16 000 千吨（Thousand Metric Tonnes）、2025 年达 20 000 千吨（Thousand Metric Tonnes），台湾中油公司未来将视天然气需求量之增长，持续推动液化天然气接收站扩建计划，该公司规划未来接收站设计能力如表 5 所示。

表 4　发电机组装置容量现况与电力系统年新增容量摘要

单位：kW

机组	2007 年	2008 年	2008—2017 年新增容量
燃煤	11 897	11 897	7 098
燃气	12 726	13 197	5 327
燃油	3 610	3 610	109
核能	5 144	5 144	2 700
抽蓄水力	2 602	2 602	—
再生能源	—	—	3 211
惯常水力	1 921	1 938	796
其他	182	246	2 415
总装置容量	38 082	38 634	18 445

表 5　台湾中油公司接收站设计能力规划

单位：kt

年份	永安厂	台中厂	合计
2007	8 280	42	8 322
2008	9 000	360	9 360
2009	7 440	1 500	8 940
2010	9 000	3 000	12 000
2015	9 000	4 000	13 000
2020	9 000	7 000	16 000
2025	10 000	10 000	20 000

2.2　其他模拟情景（GOV、FIN、RET、ALL）

在基本情景的假设下，分别依 2007 年能源政策白皮书，政府制定的节能目标主要为降低能源密集度（提高能源效率），预计到 2025 年提升能源效率每年达 2%以上，建立政府节能减碳政策情景（GOV：Government Policy）。

假设金融海啸对台湾地区经济成长将造成更深远的影响，建立金融海啸情景（FIN：Financial Tsunami）；由于台湾地区 GDP 的变动对国际贸易市场相当敏感，因此本研究参考台湾电力公司长期负载预测（2007 年至 2021 年）建立情景预测变量。长期预测 2016 年的经济成长率将降为 3.42%，2021 年的经济成长率再降为 2.59%。

台湾地区核能使用情形，依据能源政策白皮书，核四厂于 2008 年商转，核能装置容量由 5 144 千瓦（Thousand kW）增为 7 844 千瓦（Thousand kW）。其后不再新增核能机组，既有核能机组于运转 40 年后陆续除役，核能一、二、三厂共 6 部机组，于 2018—2025 年相继除役完毕。此情景（RET）的假设和基本情景（BAU）的假设的主要差异在于核能发电厂的设备容量是随着核能机组的除役而减少，并假设核四厂两部机组未加入发电系统。台湾地区核能发电厂的现况见表 6。

表 6　台湾地区核能发电厂现况

现有装置容量为 5 144kW（Thousand kW）			
厂别	装置容量	除役日期	最终的装置容量
核能一厂	1 272kW	2018 年	3 872kW
核能二厂	1 970kW	2021 年	1 092kW
核能三厂	1 902kW	2024 年	0kW

另假设政府节能减碳政策、金融海啸对台湾地区 GDP 造成的影响与核能除役均发生时，建立全部（ALL）情景，以模拟真实社会的状况。

3　基本情景（BAU）

3.1　需求面

在基本情景（BAU）之下，预测 2030 年的能源总需求约为 1 313.5 兆千卡（Trillion kcal），其中工业为主要能源需求部门，占 66.21%，其次为运输业，占 16.09%。在能源使用方面，由于工业部门中，石脑油（Naphtha）为化工业主要使用的中间能源，因此造成工业在能源需求方面大幅度的增加，在 2030 年时，石脑油（Naphtha）的需求量占全体需求量的 34.14%，其次为电力，占 27.07%。各部门需求图形如图 7 所示，按能源别需求如图 8 所示。

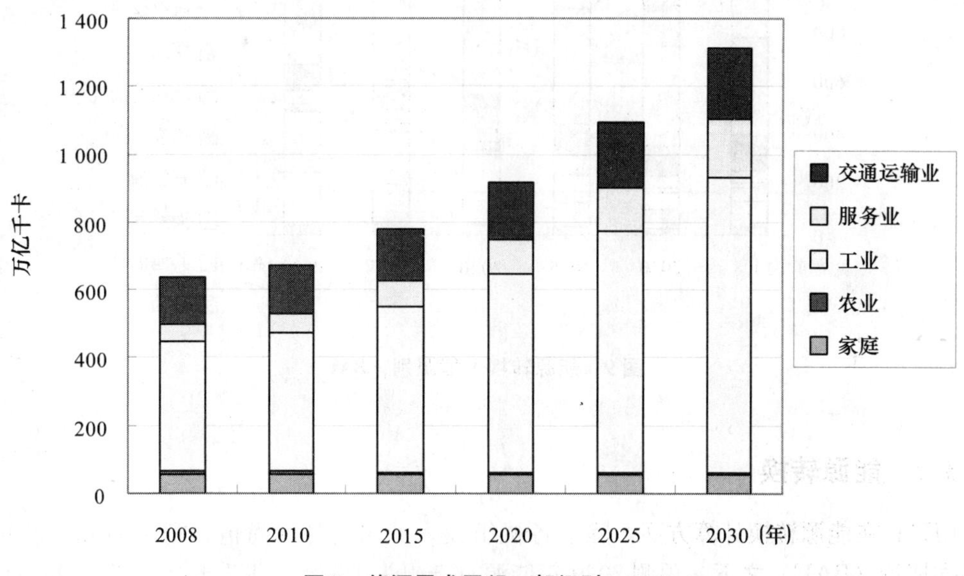

图 7　能源需求展望—部门别，BAU

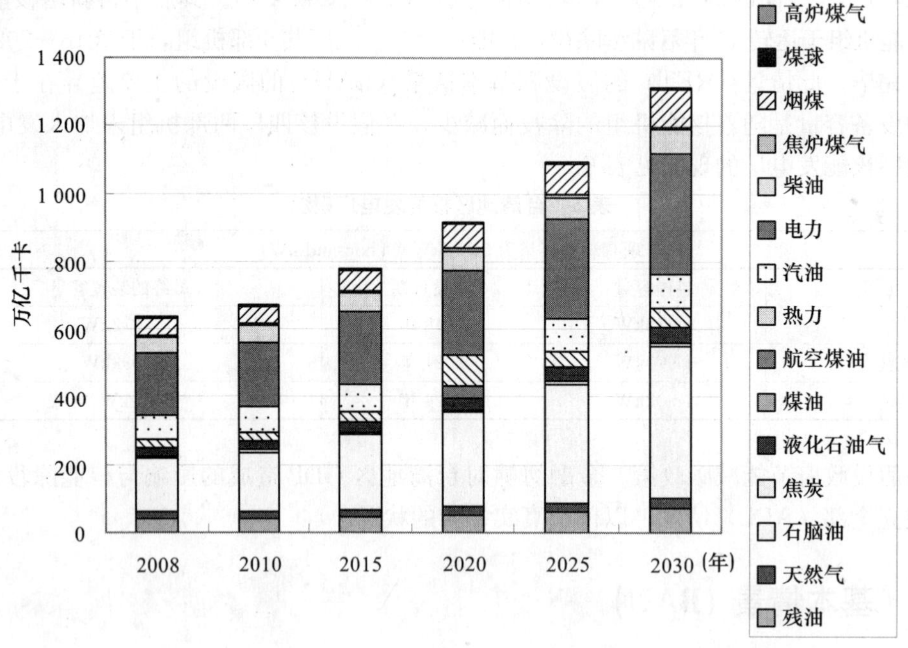

图 8　能源需求展望—能源别，BAU

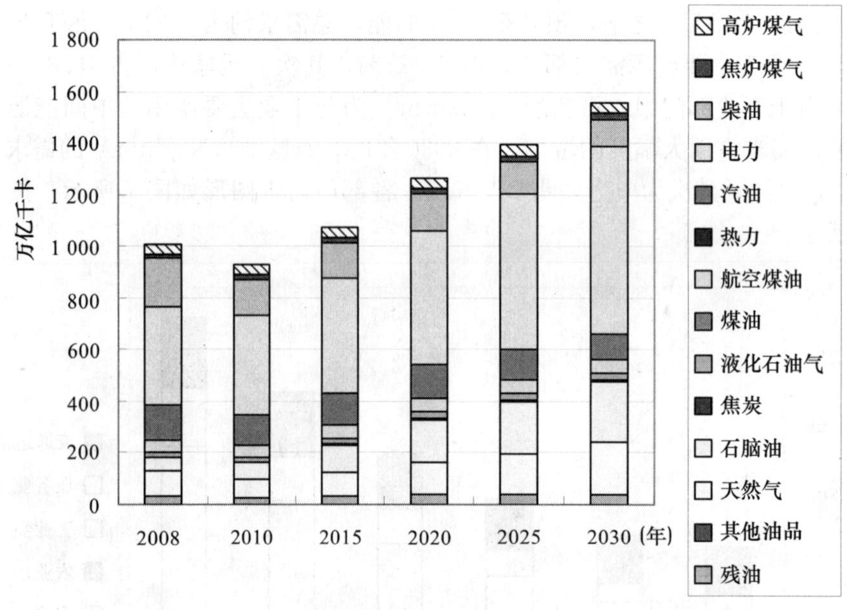

图 9　能源转换—能源别，BAU

3.2　能源转换

LEAP 在能源转换计算方面，除了各机组投入产出之外，尚包含需求面的能源转换。在基本情景（BAU）之下，预测 2030 年能源总产出为 1 559.4 兆千卡（Trillion kcal），其中炼油机组转换的能源最多，占 35.85%，其次为电力机组，占 23.50%。若以能源区分，于 2030 年时，电力为最主要的能源转换产出，占总产出的 46.31%，其次为石脑油，占 14.83%，按能源别能源转换结果如图 9 所示。

3.3 CO_2 排放

在基本情景（BAU）之下，依能源需求与供给面区分，预测 2030 年的二氧化碳排放量为 549.4 百万吨（Million Metric Tonnes），其中需求面占 54.08%（见图 10）。依能源类别预测时，于 2030 年时，以炼焦煤（Coal Bituminous）所产生的二氧化碳最多，占总产出的 41.06%，其次为石脑油（Naphtha），占 24.86%（见图 11）。

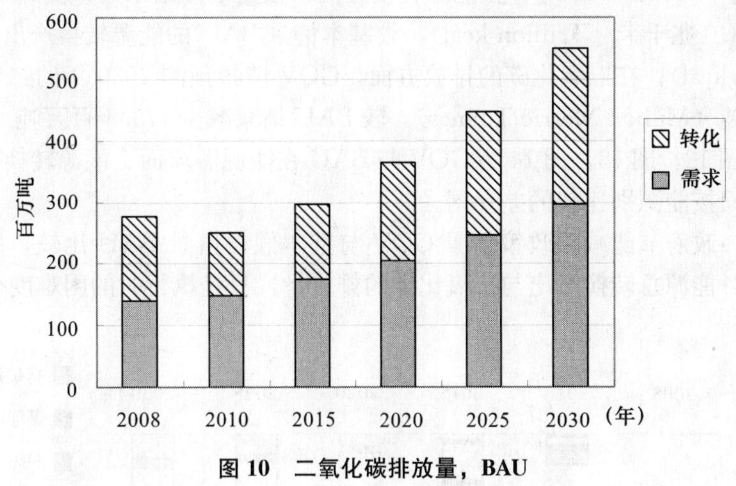

图 10 二氧化碳排放量，BAU

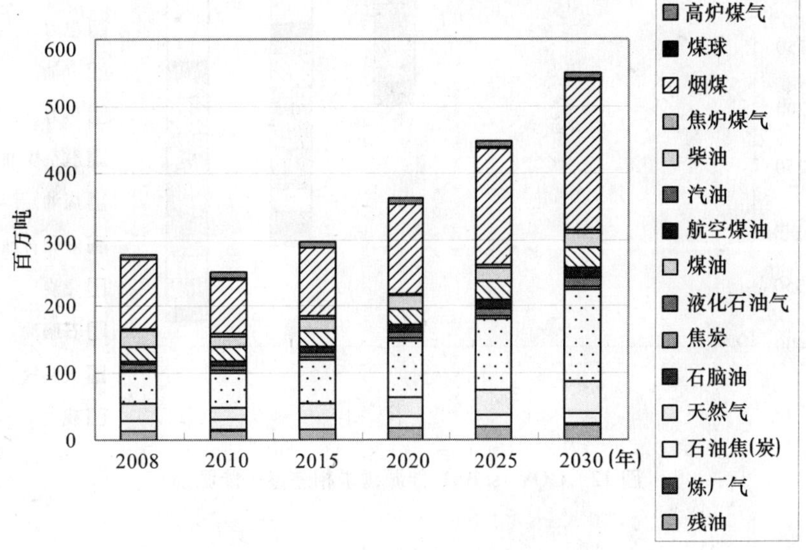

图 11 二氧化碳排放量—能源别，BAU

4 其他模拟情景

4.1 政府节能减碳政策情景（GOV）

此情景的假设与基本情景假设的差别在于能源密集度，依能源政策白皮书，政府制定的节能目标主要为降低能源密集度，预计到 2025 年提升能源效率每年达 2%以上。根据模拟结果，预测 2030 年能源总需求面为 933.6 兆千卡（Trillion kcal），较基本情景 BAU 减少 379.9 兆千卡（Trillion kcal）；在能源转换方面，根据模拟结果，预测 2030 年能源总转换产出为 1 263.0 兆千卡（Trillion kcal），较基本情景 BAU 的能源转换产出减少 296.3 兆千卡（Trillion kcal）；在二氧化碳的排放方面，GOV 情景预测 2030 年的二氧化碳排放量为 370.0 百万吨（Million Metric Tonnes），较 BAU 情景减少 179.4 百万吨（Million Metric Tonnes）。图 12，图 13，图 14 为 GOV 与 BAU 在能源需求面、能源转换产出方面、二氧化碳产出方面按能源别比较的差异图。

综上所述，政府节能减碳政策情景 GOV 与基本假设情景 BAU 比较，能实质有效降低能源总需求、能源总转换产出与二氧化碳的排放量，只是执行时的困难度很高。

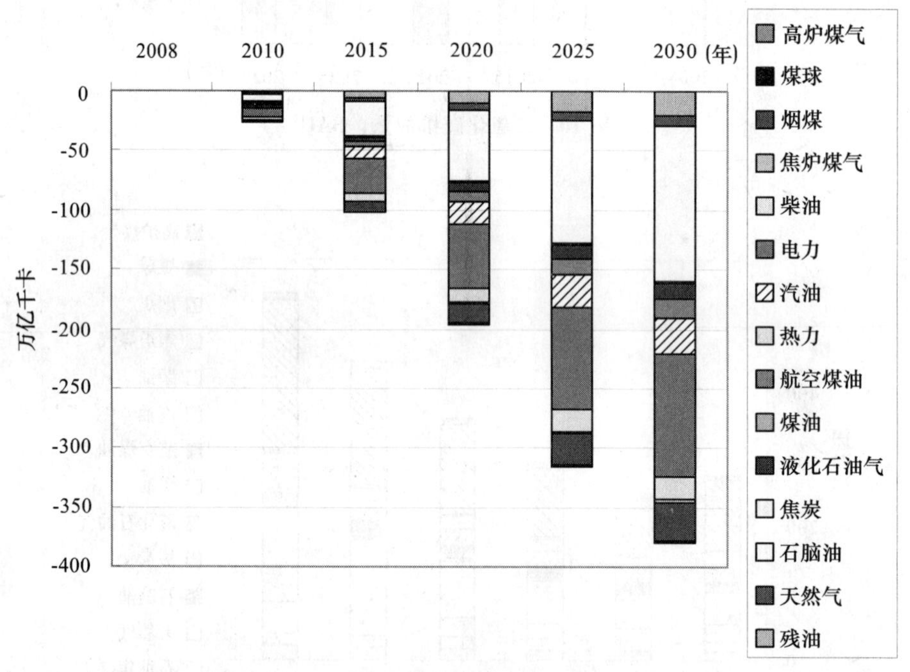

图 12 GOV vs. BAU 能源需求相差量—能源别

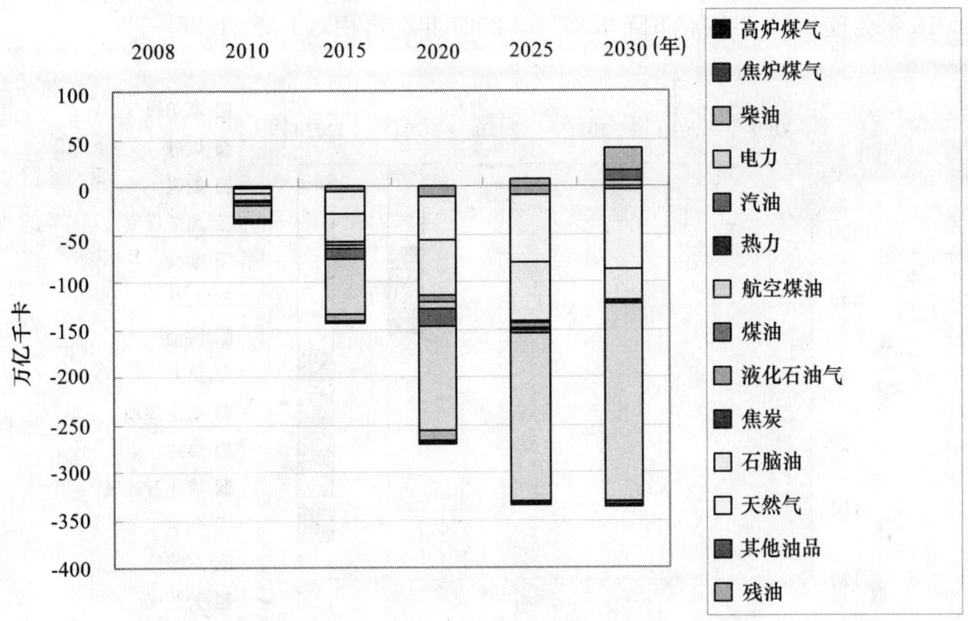

图 13　GOV vs. BAU 能源转换产出相差量—能源别

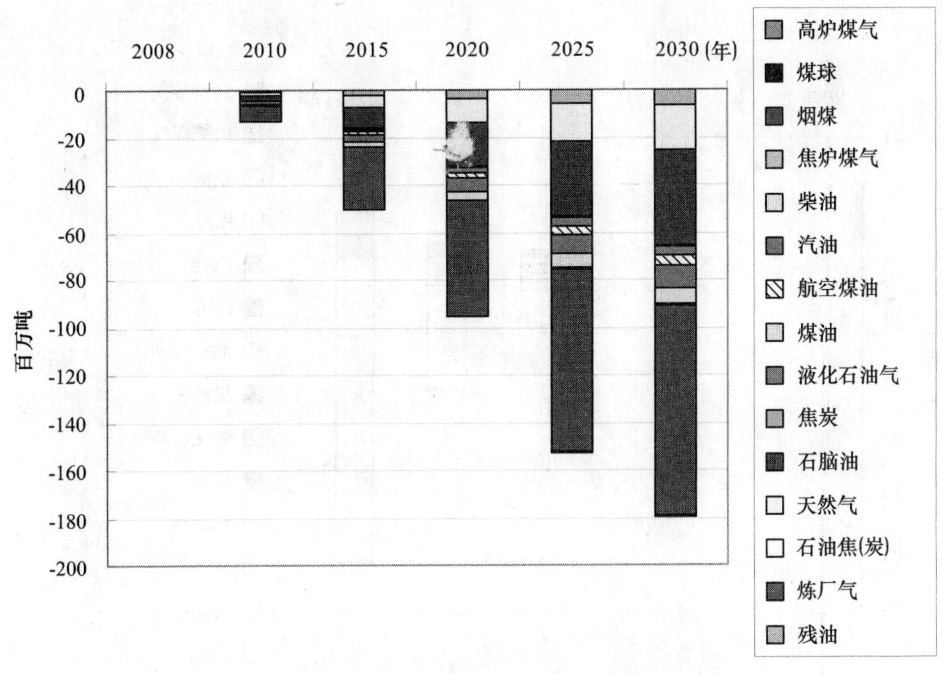

图 14　GOV vs. BAU 二氧化碳排放量相差量—能源别

4.2　金融海啸对台湾地区 GDP 成长率影响情景（FIN）

此情景与基本假设情景 BAU 的差异在于，本研究假设金融海啸对台湾地区经济的影响并非短暂，而是会造成台湾地区经济成长的长期衰退，即假设未来台湾地区的经济成长率在 2016 年会较 2008 年相对下降 9.37%，2021 年会再相对下降 21.25%。

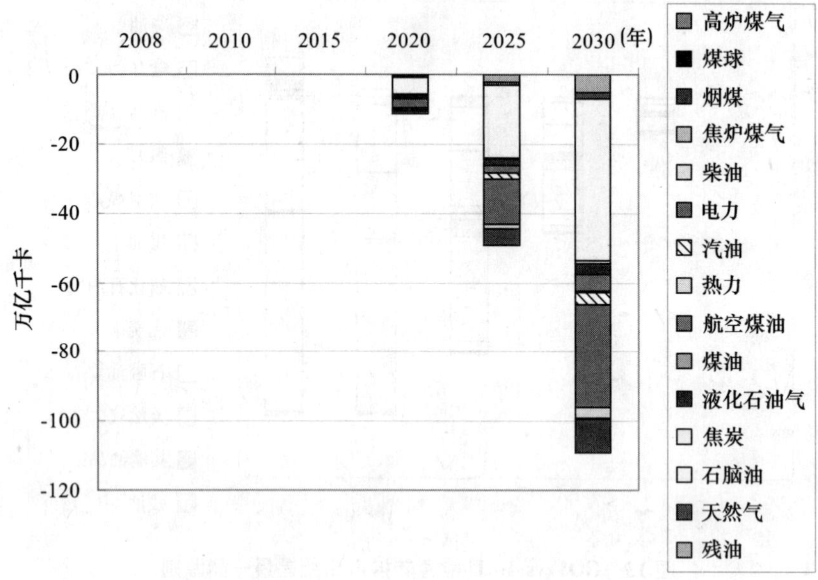

图 15　FIN vs. BAU 能源需求相差量—能源别

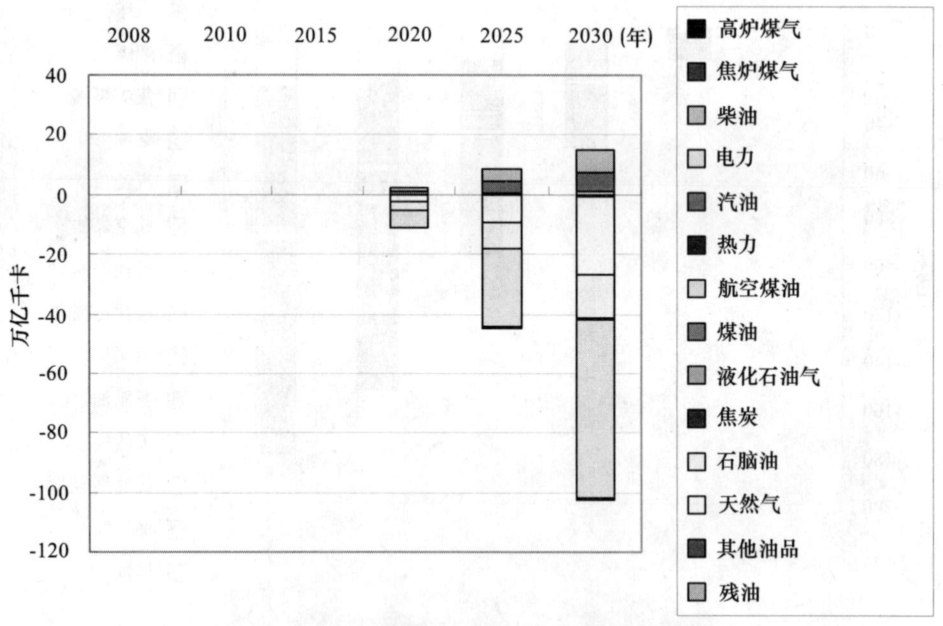

图 16　FIN vs. BAU 能源转换产出相差量—能源别

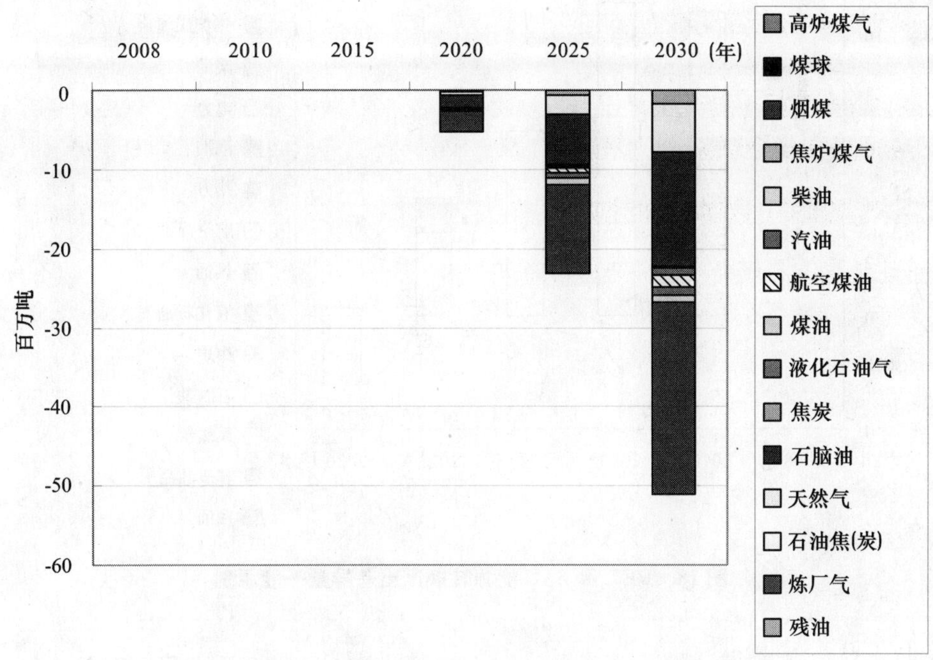

图 17 FIN vs. BAU 二氧化碳排放量相差量—能源别

与基本情景比较，FIN 预测 2030 年的能源需求为 1 204.2 兆千卡（Trillion kcal），较基本情景 BAU 的能源转换产出减少 109.3 兆千卡（Trillion kcal）；在能源转换方面，根据模拟结果，预测 2030 年能源总转换产出为 1 471.8 兆千卡（Trillion kcal），较基本情景 BAU 的能源转换产出减少 87.6 兆千卡（Trillion kcal）；在二氧化碳的排放方面，FIN 情景预测 2030 年的二氧化碳排放量为 498.3 百万吨（Million Metric Tonnes），较 BAU 情景少 51.1 百万吨（Million Metric Tonnes）。由图 15，图 16，图 17 为 FIN 与 BAU 在能源需求面、能源转换产出方面、二氧化碳产出方面按能源别比较的差异图。

综上所述，金融海啸对台湾地区 GDP 成长率影响情景比基本假设情景 BAU 相对减少能源总需求、能源总转换产出与二氧化碳的排放量。

4.3 核能除役情景（RET）

此情景与基本情景 BAU 的差别在于转换机组方面，依据台湾核能发电厂的现况（见表 6），假设核一厂至核三厂均按照除役年限退休，核四厂两部机尚未加入系统。据此假设，于 2030 年能源总需求和基本情景无异，能源总转换产出较基本情景减少 2.1 兆千卡（Trillion kcal）（见图 18），此减少部分为电力机组天然气减少所致，而二氧化碳排放量产出较基本情景增加 56.1 百万吨（Million Metric Tonnes），此增加部分为炼煤机组备载容量增加所致（见图 19）。

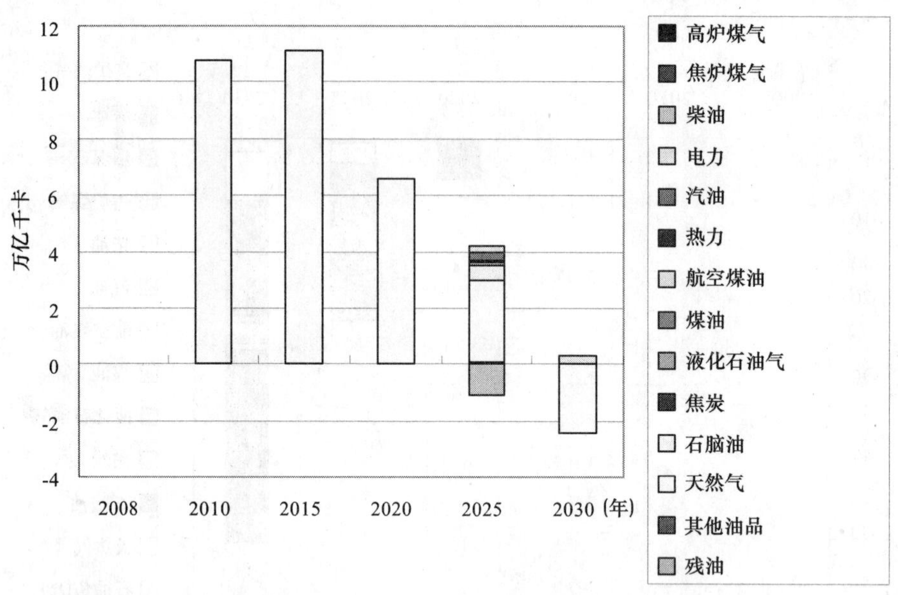

图 18　RET vs. BAU 能源转换产出差异量—能源别

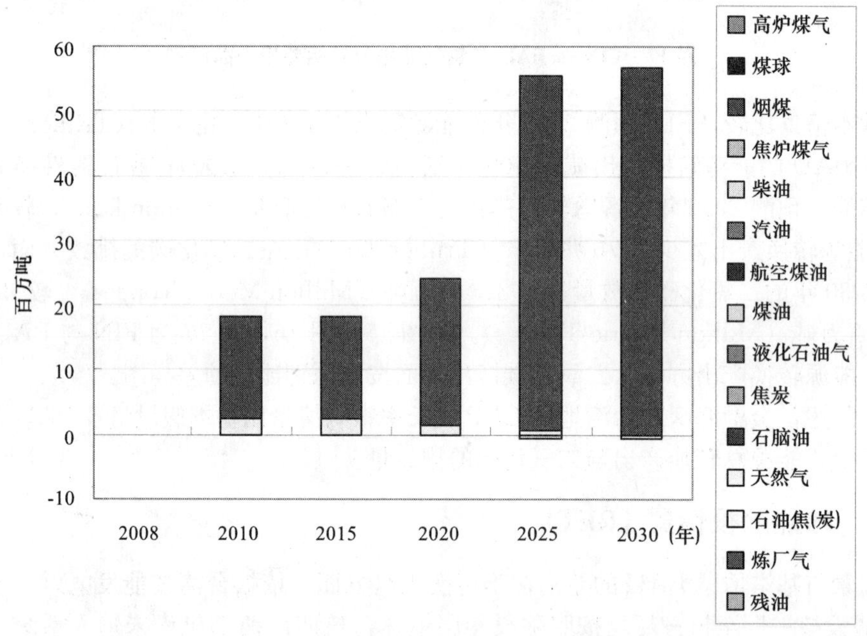

图 19　RET vs. BAU 二氧化碳排放量差异量—能源别

4.4　全部假设发生情景（ALL）

此情景假设政府制定的节能目标到 2025 年提升能源效率每年达 2%以上；金融海啸对台湾地区经济成长造成的影响深远，未来各产业的经济成长率在 2016 年相对再下降 9.37%，2021 年会再相对下降 21.25%；核能发电厂的设备容量是随着核能机组的除役而减少且核四厂未顺利完成等三大假设均发生时，对台湾地区能源发展造成的影响。

与基本情景比较，ALL 预测 2030 年的能源需求为 855.9 兆千卡（Trillion kcal），较基本情景 BAU 的能源转换产出减少 457.7 兆千卡（Trillion kcal）；在能源转换方面，预测 2030 年能源总转换产出为 1 188.8 兆千卡（Trillion kcal），较基本情景 BAU 的能源转换产出减少 370.5 兆千卡（Trillion kcal）；在二氧化碳的排放方面，ALL 情景预测 2030 年的二氧化碳排放量为 384.4 百万吨（Million Metric Tonnes），较 BAU 情景少 165.0 百万吨（Million Metric Tonnes）。由图 20，图 21，图 22 为 ALL 与 BAU 在能源需求面、能源转换产出方面、二氧化碳产出方面按能源别比较的差异图。

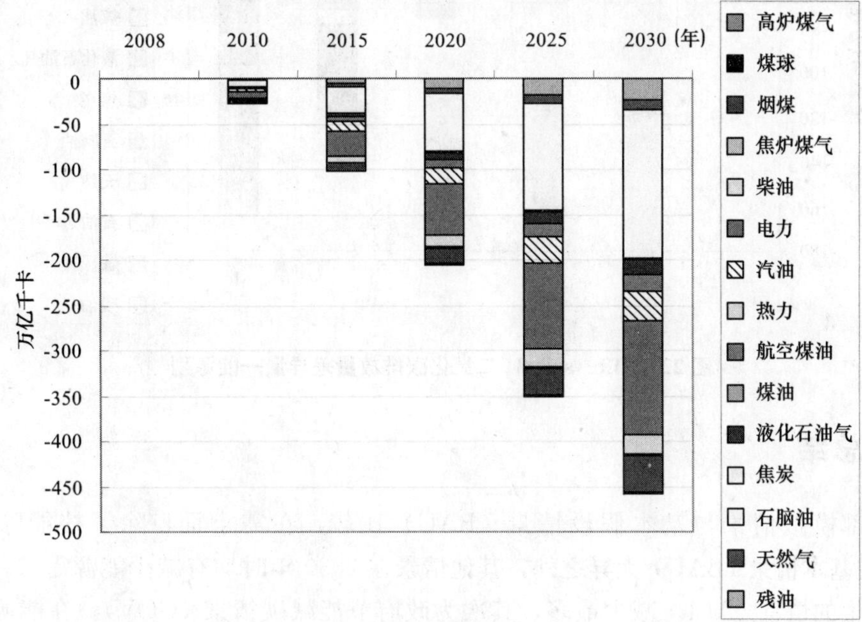

图 20　ALL vs. BAU 能源需求差异量—能源别

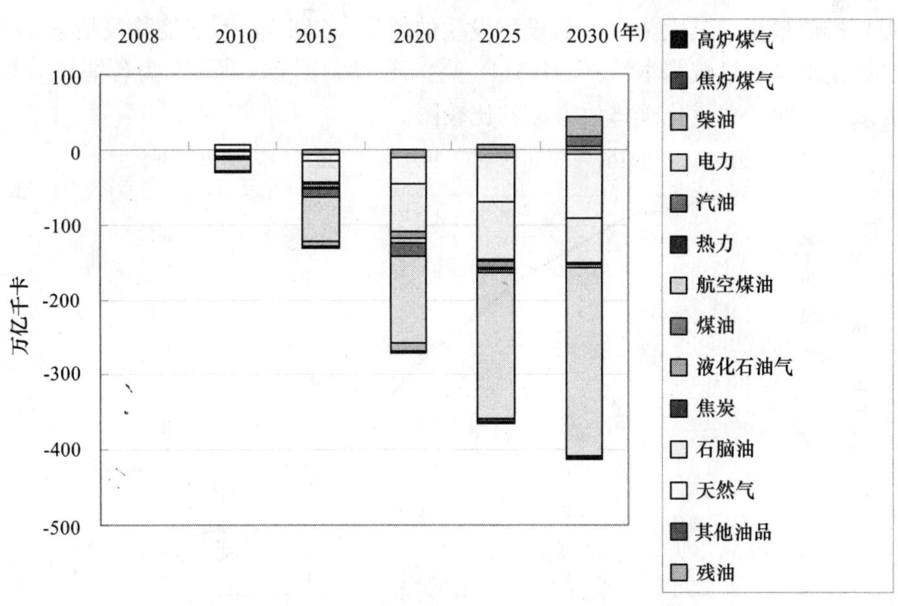

图 21　ALL vs. BAU 能源转换产出差异量—能源别

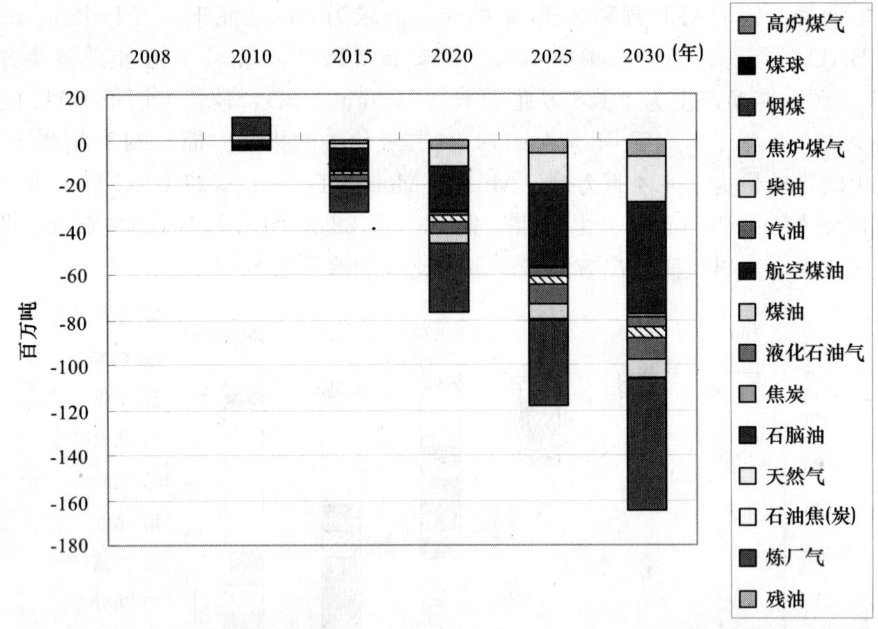

图 22　ALL vs. BAU 二氧化碳排放量差异量—能源别

5　总结

将全部模拟情景与基本假设情景（BAU）比较，在需求面，除了核能除役情景（RET）与基本情景（BAU）无异之外，其他情景在 2030 年时均有减少能源需求，以全部假设均发生的情景（ALL）减少最多，其次为政府节能减碳情景（GOV）。在能源转换方面，各情景均比基本假设情景所转换的能源少，以全部假设均发生的情景（ALL）减少最多，其次为政府节能减碳情景（GOV）。预测 2030 年二氧化碳排放量，以政府节能减碳情景（GOV）排放最少，其次为全部假设均发生的情景（ALL），而核能除役情景（RET）所产生的二氧化碳排放量较基本情景（BAU）高。图 23，图 24，图 25 为各情景与基本情景在能源需求、转换、二氧化碳排放方面的比较图。

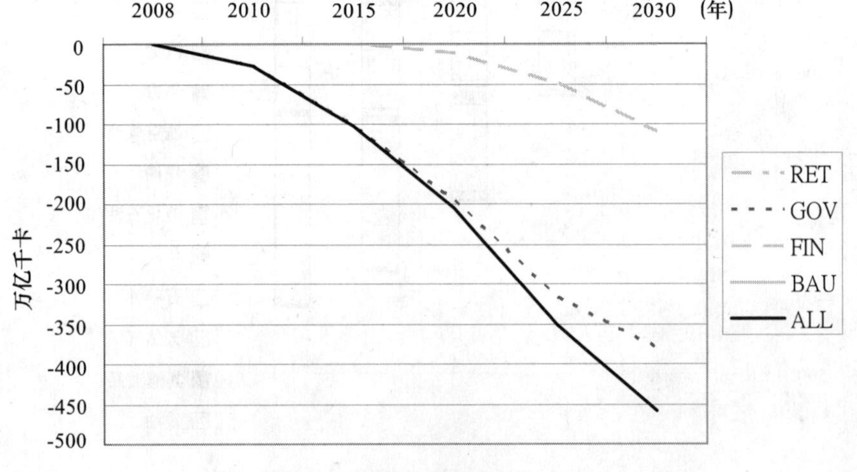

图 23　全部情景需求面的比较

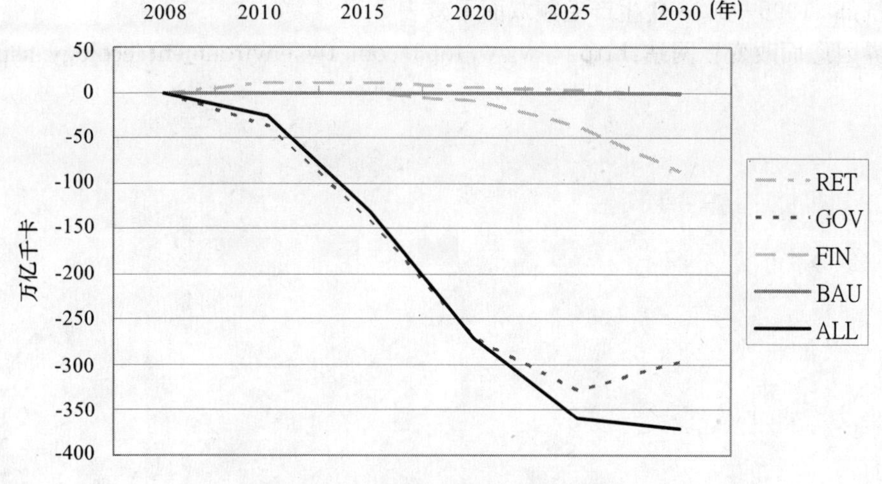

图 24 全部情景能源总转换的比较

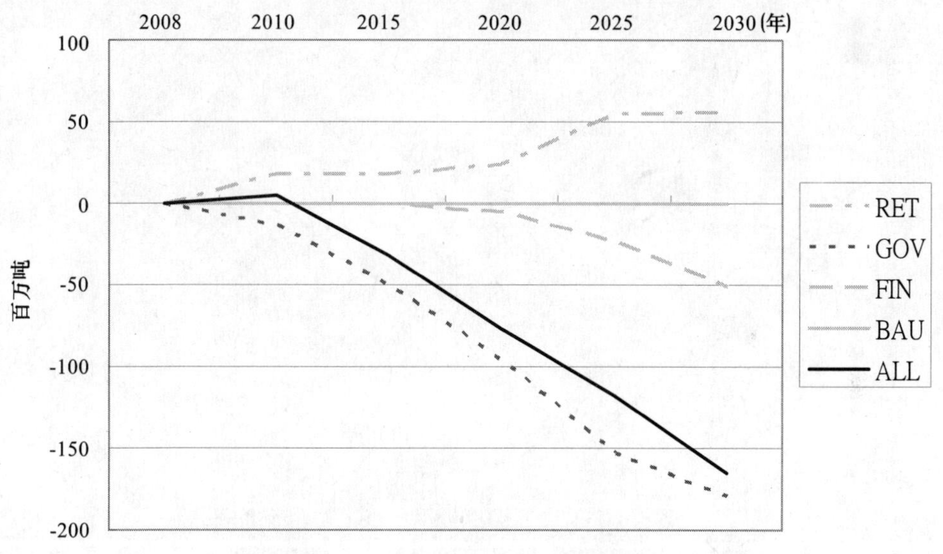

图 25 全部情景二氧化碳排放量的比较

参考文献

[1] 台湾电力公司 . 1996 年台电电源开发方案 .

[2] 台湾电力公司 . 1997 年台电电源开发方案 .

[3] 台湾电力公司 . 1997－2106 年长期负载预测与电源开发规划摘要报告 .

[4] 台湾电力公司 . 1997 年统计年报 . 2008.

[5] 台湾电力公司 . 长期负载预测(1996—2110). 2007 年 3 月 .

[6] 经济部 . 扩大国内天然气使用方案 .

[7] 能源局 . 2005—2008 年能源平衡表(热值单位).

[8] 能源局 . 2007 年能源政策白皮书 .

[9] 行政院经济建设委员会 . 台湾 1997 年至 145 年人口推计 .

[10] 内政部户政司 . 1998 年 4 月户籍人口统计月报 .
[11] 经济部 . 1995—2008 年生产毛额双面平减表 .
[12] 世界因您而改变！网站：http://www. top3. com. tw/environment/ecology. asp.

长江三角洲地区推进环境保护一体化的研究进展

田立新　孙　梅　贾　琳

江苏大学非线性科学研究中心　江苏镇江　212013

摘　要：本文系统分析了长三角地区环境保护一体化的进展状况，研究了加快长三角地区区域一体化矛盾。从经济发展、资源利用、环境保护、社会效益 4 个方面出发，分别建立区域环保一体化发展水平评价指标体系的 4 个子系统。并将经济、资源、环境以及社会 4 个指标子系统基础上建立长三角地区区域指标体系，即获得长三角地区环保一体化水平评价指标体系。并在长三角地区环保一体化水平评价体系模型基础上，从宏观区域、微观区域两个角度对长三角地区区域的节能减排与清洁生产指标系统分别进行评价。本文以长三角为实际背景，提出了构建长三角区域经济持续增长下能源生产和政策建议。

关键词：指标体系，环境保护，经济发展，资源利用

1　引言

长江三角洲北起通扬运河，南抵杭州湾，西至镇江，东到海滨，包括上海市、江苏省南部、浙江省北部以及邻近海域。面积约为 99 600 平方公里，人口约 7 500 万。都市群汇集了产业、金融、贸易、教育、科技、文化等雄厚的实力，对于带动长江流域经济的发展，推动产业与技术转移，参与国际竞争与区域重组具有重要作用。长三角地区各城市地域相连，文化相近，经济相融，唇齿相依，是当前中国经济最发达、最活跃、最具国际竞争力的地区之一。2008 年，长三角地区以占全国 11%的人口、10.4%的区域面积实现 GDP 近 5.4 万亿元，占全国国民生产总值的比重达到 22%，同比增长 3.08%，已经成为拉动全国经济增长的重要地区。伴随着区域内产业结构的不断优化，经济融合度的逐步提升，长三角以涵盖一批增长绩效显著、综合竞争力不断提高的城市群为特征，成为世界公认的第六大都市群。然而，长三角地区经济快速增长，各项建设取得巨大成就，但也付出了巨大的资源和环境代价[1-4]。2008 年，上海、江苏、浙江降水 pH 平均值分别为 4.92、4.8～7.1 和 4.5，酸雨频度分别为 32.7%、28.7%和 84.3%。其中，浙江省 14 个城市为重酸雨区，18 个城市为中酸雨区，全省已无轻酸雨区。2008 年国家 973 项目“长江、珠江三角洲地区土壤和大气环境质量变化规律与调控原理”检测发现，长三角某地土壤检出的有害物达 100 多种。2007 年 5 月的太湖蓝藻事件酿成无锡市整座城市的饮用水危机。2007 年上半年，长三角海域发生近海赤潮达 20 次，海洋污染再次向人们敲响警钟。这种状况与经济结构不合理、增长方式粗放直接相关。不加快调整经济结构、转变增长方式，资源支撑不住，环境容纳不下，社会承受不起，经济发展难以为继。只有以经济发展、资源利用、环境保护、社会效益四个方面为前提，坚持节约发展、清洁发展、安全发展，才能实现经济又好又快发展。

2 长三角环境现状及存在的问题

2.1 污染排放状况

高排放和高污染是长三角经济增长中的尴尬现象。近几年来，长三角环境保护虽然取得可喜进步，但仍没有摆脱“先污染、后治理”的老路。长三角煤炭消费中绝大部分是原煤，由于大量直接或间接的燃烧使用，大气环境一直属于煤烟型污染，总悬浮颗粒物或可吸入颗粒物成为影响长三角主要城市空气质量的首要污染物。2008 年上海市的工业废气排放总量达 8 621 亿标立方米，工业废水排放总量 7.11 亿吨，工业固体废物产生量达 1 759.38万吨；2008 年江苏的工业废气排放总量 15 633 亿标立方米，工业废水排放总量 24.9 亿吨，工业粉尘排放量 25 万吨，工业固体废物产生量达 3 894 万吨，都比上年有所增长；2008 年浙江省的工业废气排放总量达 10 532 亿标立方米，废水排放总量达 17.8 亿吨，工业固体废物产生量达 1 986 万吨，表明这个省每生产 1 亿元工业增加值排放 1.04 亿标立方米工业废气，生产 1 亿元 GDP 需排放 16.8 万吨废水，产生 0.19 万吨工业固体废物。环境污染的加剧，又不断加大治理环境污染的费用支出。2003 年浙江省环境污染治理投资总额达 231.68 亿元，比上年增长 33%，支出占当年 GDP 的 2.5%。

2.2 经济增长模式

长三角地区，GDP 是本地区经济发展所追求的目的，经济增长模式的不合理产生的污染仍旧很突出。

2.3 区域能源消费模式

长三角接连遭遇电荒和油荒，有分析说目前的油荒也是因电荒而致，而电荒背后应该是煤荒。缺电、缺油、缺煤一直是长三角的软肋，这些缺陷在此时集中爆发，则是该地区产业结构与能源消费结构不合理的反映，事实上这也是东部沿海地区的通病，高能耗工业主要集中在资源缺乏的东部地区导致全国资源配置的失衡。长三角长期依靠政策扶持，暂时缓解了能源难题，但无法根本解决。能耗低、附加值高、人力和技术密集的产业应是长三角产业布局的首选；而能耗高、基础材料能耗大的企业则应转移。但在实际招商过程中，那些投资大、产值高的大型高能耗项目仍然受到青睐。在产业结构不合理的既成事实下，解决能源危机就只能是“头痛医头、脚痛医脚”将“电荒”转变为“煤荒”。不过现在能解燃眉之急且又立足长远的，只能是改变长三角的能源消费结构[5-10]。

2.4 管理机制

覆盖各行政区域的节能监察体系至今尚未建立，节能执法主体不明确，节能监察队伍能力建设滞后，法规政策的实施没有监督保障。现有环境法律法规对违法行为处罚力度弱，环保部门缺乏强制执行权。有的地方政府保护环境违法企业，干扰环境执法；一些地方环保部门执法不严，监督不力。基层环保部门机构不健全，经费不落实，缺少必要的执法条件，监管能力不足。

2.5 区域环保意识

长三角地区经济发展迅速，但是许多企业尚未达到经济与环境持续协调发展的“双赢”模式。由于科学的干部政绩考核体系尚未完全建立，许多地方对干部的考核仍主要侧重于经济增长、招商引资等内容，加之现行财税体制方面的问题，一些地方片面追求经济发展，把 GDP 增长作为硬指标，把节能减排作为软指标，只追求发展速度，满足于 GDP 增长，不惜牺牲环境。有关专家曾以发展经济不要命，治理太湖不出力，对个别地方政府的本位主义行为给予鞭策。

因此，未来长三角污染物排放形势仍然很严峻。表现为：(1) 长三角地区电力、化工、钢铁等行业集中分布并将继续发展，与污染物排放总量控制的矛盾；(2) 机动车总量不断增加与氮氧化物排放日益增多的矛盾；(3) 城市建设力度加大与扬尘污染控制的矛盾；(4) 工业不断向农村转移与农村环境基础设施滞后于城市化进程的矛盾；(5) 社会消费转型与新技术、新产品开发过程中产生电子废弃物、有毒有害建筑装饰材料、生物性污染物、转基因产品等各类新的污染物，与这些污染物的处理处置技术及管理落后的矛盾。

然而，如何通过科学决策减少损失、减少代价，则是应予努力研究而且可以有所作为的。因此，调整和优化经济结构，发展循环经济是转变经济增长方式的主要途径和重要内容。

3 区域环保一体化矛盾分析

3.1 区域社会经济发展与污染物排放控制的矛盾

尽管长三角社会经济发展水平走在全国前面，但是区域内仍然存在产业结构同构、产业分布不合理、经济增长方式较粗放等问题。不少地方经济发展继续沿袭大量消耗资源和粗放经营为特征的传统模式，致使资源消耗过快，通常单位 GDP 的资源消耗比发达国家高 3～10 倍，从而直接导致近年来区域内环境污染物排放呈上升趋势，区域环境质量形势不容乐观。境内的京杭运河、长江、太湖、阳澄湖、淀山湖以及城市地表水、近海水域等均出现了水源污染、水质恶化的局面。其中太湖污染最为突出，太湖流域水资源量仅占全国水流域的 0.38%，但各种污水排放量占全国的 10%。每年排入的工业污水约 10×10^8 t，生活污水约 8×10^8 t，总磷、总氮浓度年均值分别达到富营养化发生浓度的 25.8 倍和 6.65 倍。2007 年夏，太湖蓝藻事件正是污染导致水体富营养化暴发的集中体现。

同时，由于区域产业经济持续扩大发展的需求，工业和生活向环境排放污染物的种类和数量将继续增加，因此，未来长三角污染物排放形势仍然很严峻。表现为：(1) 长三角地区电力、化工、钢铁等行业集中分布并将继续发展，与污染物排放总量控制的矛盾；(2) 机动车总量不断增加与氮氧化物排放日益增多的矛盾；(3) 城市建设力度加大与扬尘污染控制的矛盾；(4) 工业不断向农村转移与农村环境基础设施滞后于城市化进程的矛盾；(5) 社会消费转型与新技术、新产品开发过程中产生电子废弃物、有毒有害建筑装饰材料、生物性污染物、转基因产品等各类新的污染物，与这些污染物的处理处置技术及管理落后的矛盾。

3.2 区域土地资源开发与生态保护的矛盾

长三角地区人口稠密，该地区人口密度是全国的5倍，是世界人口密度最大的国家荷兰的2倍，由此也造成长三角地区的土地资源匮乏。目前长三角地区人均耕地仅0.04hm^2，相当于全国平均水平的50%，同时耕地流失强度却是全国平均数的6.7倍。为了满足建设发展的土地资源需求，往往通过农业用地流转利用和滩涂围垦等措施获取土地利用资源。但是这样可能将对区域生态保护形成矛盾。

农业用地流转利用与农田基本保护的矛盾。以上海分析，目前上海土地利用率已经超过85.8%，但是按照上海城市总体规划的中长期发展目标，今后20年上海城市建设还将新增用地面积达到1 800km^2。同时，上海已确定的基本农田保护面积为2 747 km^2，约占现有农田耕地面积的81%。按照将来土地需求，若依靠流转非基本保护农田的农业用地以及现有非农业用地的结构调整，可以解决约1 000 km^2 的土地利用需求，但仍将有800 km^{2}土地资源的缺口，土地利用与基本农田的保护矛盾凸显。

滩涂资源围垦与湿地生态保护的矛盾。长期以来，围垦滩涂资源是长三角沿海（湾）地区缓解用地紧缺、增加后备土地资源的重要渠道。但滩涂围垦处理不恰当，将和湿地生态保护形成矛盾，甚至与自然保护区管理条例相冲突。其实，从今后20年发展需求的角度，即使现有2m高程线滩涂全部围垦用作城市建设用地，也不能弥补土地资源的缺口，何况这一区域是长三角生物多样性最为丰富的地区，如全部围垦必将导致生态的破坏，得不偿失。

3.3 区域水资源利用与水环境保护的矛盾

水是长三角可持续发展的命脉。但是近年来区域水资源相对匮乏、用水需求日益扩大与水环境污染物排放长期超过环境容量、环境质量日益恶化的矛盾却日益尖锐。

由于外来水难以利用、用水结构的不合理、水资源利用率不高等原因，造成长三角水资源利用的相对缺乏。尽管长三角区域水资源总量是全国平均水平的1.7倍，但绝大部分为外来过境水，因时间空间分布不均，人均地表水资源量却不到全国水平的1/3。而过境水利用由于需要建抽水站、闸阀等工程措施，加大了水资源利用难度。同时长三角普遍存在水资源用水结构不合理、水资源利用率低下的问题。长三角工业用水比重大，但是工业重复用水率却比较低。统计显示，2004年长江三角洲地区16地市的工业用水总量占全国的14.71%，但是工业重复用水率仅为53.34%，小于全国74.2%的平均水平。这主要是因为长三角地区用水结构中电力工业用水量比例相当高，如上海达到58%，而电厂的取水主要用于直流冷却，重复利用率低，从而造成水资源利用效率低下。此外，与发达国家相比，目前长三角区域民用水利用率也有待提高。长三角地区民用水一般经初次使用后就直接排放，基本上没有任何回用的措施。绿化灌溉、道路保洁、车辆清洗等一般均直接采用自来水，而在发达国家一般都采用中水回用。同时，随着人口与生产规模的扩大，今后长三角地区的用水需求却将不断放大。预计到2010年，长三角总用水量将比2004年增加25%，而到2020年，则将增加40%以上。

由于社会经济与人口的快速发展，水环境污染物排放量迅速增加，区域内水环境污染物的排放长期超过环境容量，而区域内污水处理水平相对较低，造成区域水环境质量一直难以改善，并导致区域水质性缺水。2004年监测显示，长三角区内近20个主要湖泊超过

75%已呈现明显的富营养化，且饮用水源地水质安全受到严重威胁。监测结果显示，2004 年上海市集中式饮用水源地水质达标率为 85.27%，比 2000 年下降 11.31%[11-19]。

3.4　区域能源消费与大气环境保护的矛盾

近 5 年来，长三角地区各城市对 SO_2 排放量实行总量控制，生活和其他 SO_2 排放量得到有效控制，但是工业 SO_2 却呈现显著上升趋势，大气 SO_2 浓度多年未实现明显下降，且三角地区降水 pH 值近 5 年来处于 4 左右，酸雨频率居高不下，尤其浙江省最严重，2004 年平均酸雨频率达到 90%。

造成这一形势与长三角地区的能源消耗量不断增加及以煤炭为主的消费结构有关。2004 年，长三角地区煤炭消费占全部能源消费的 64.7%。同时受国内能源供应大环境影响，今后几年能源消费结构仍将以燃煤为主。并且随着工业经济规模扩大，今后长三角能源需求也将继续增加。因此，今后长三角地区控制 SO_2 排放量，改善大气环境质量的任务任重道远。

3.5　区域生态环境一体化与环境保护管理非一体化的矛盾

长三角各城市自然地理条件接近，生态结构与功能特征相似，加上“一江、一湖、一海”（太湖、长江、东海）以及密密麻麻的水道，把长三角各城市生态整合为一个整体，并形成“唇齿相依”的关系。而长三角区域社会经济发展水平的相似性和环境污染的“外部性”，又使长三角区域环境问题呈现“一荣俱荣、一损俱损”特征。主要表现在：区域内主要水环境污染均呈现以氮、磷污染为主的富营养化特征；大气环境质量呈现区域协同性；水、气污染物的跨界输送现象普遍存在等[20-27]。

尽管区域环境问题日益趋于“一体化”，但是在实际环境保护工作中，区域内各城市却是各自为政，互不相干，处于“倒一体化”局面。其主要表现为跨界污染事件的日益频繁，比如河流的上游城市不断排污，下游城市却不断花钱治理。根据 1995—2004 年主要的苏—沪省界水质断面的监测结果显示（以水质综合标识指数统计如图 1 所示），黄浦江上游（太浦河、大泖港、园泄泾）、太湖流域（淀山湖、胥浦塘、大蒸港）和苏州河等入沪上游来水水质状况总体上均呈逐年下降趋势。而造成这一矛盾的根本原因是在不同行政主体之间环境利益与社会经济利益的不相关。

4　多指标评价体系及节能减排与清洁生产的考核评价结构模型

4.1　多指标评价体系结构模型

由前所述，区域环保一体化研究是一个系统问题，各因素之间相互影响、相互制约，不能简单的单一考虑，整个指标体系应该是既有定量的参数，又有定性的参数。评价指标选取的原则是以尽量少的指标，反映最主要和最全面的信息。所以，区域环保一体化问题的评价指标体系应全面考虑各个层面的因素指标。

由此可见，经济发展、资源利用、环境保护、社会效益四者之间存在着十分密切的联系。因此，在评价过程中如单一考虑经济系统、资源、环境或社会因素，都是不全面、不科学的。应切实遵循可持续发展原则，将经济系统、资源系统、环境系统、社会系统进行整合，建立囊括上述因素在内的一体化系统。

在基于可持续发展理念的3E模型基础上，遵循评价指标体系构建的基本原则，这里可以提出适合长三角地区环保一体化发展水平的评价模型，即“ERES”模型（经济Economy，资源Resource，环境Environment以及社会Society），兼顾考虑了区域经济系统与环境保护相协调发展的因素。

(1) 长三角地区环保一体化发展水平的评价指标体系结构模型

如图1所示。

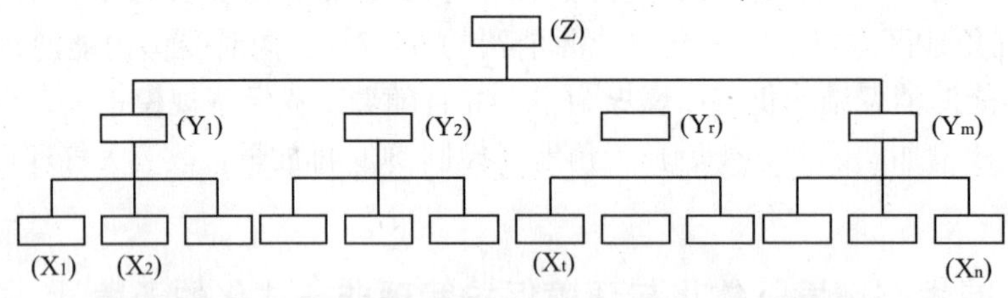

图1　长三角地区环保一体化发展水平的评价体系结构模型

在评价指标体系结构模型中，目标层（Z）为评价结论；准则层（Y）包括经济发展、资源利用、环境保护以及社会效益；在指标层（X）中分别涉及准则层中四个指标准则的具体内容，分别构成4个指标子系统。

(2) 区域环保一体化发展水平评价指标体系的构建

区域环保一体化研究涵盖着自然、社会、经济等各个方面，根据前面的分析，建立一个涵盖各子系统的指标集合，即指标体系。区域环保一体化的一个重要目标就是基于区域环境保护良性发展基础上的地区经济效益持续增长，这就意味着只有在人类社会与环境容量两种状态保持相对均衡的态势向前发展的前提下，人类的生活水平与人口素质才能得到较大幅度地提高。

按照指标体系设计原则，为要实现经济、社会与环境的和谐、持续发展，从经济发展、资源利用、环境保护以及社会效益四个方面出发，分别建立区域环保一体化发展水平评价指标体系的4个子系统。

第一，经济指标系统，如表1所示。

选择适当的经济指标构成数学模型，来描述区域的经济增长，根据区域环保部门的有关文件精神，并借鉴可持续发展的有关指标以及指标数据的科学性与可操作性，选择下列指标构成区域环保一体化发展水平评价指标体系的经济指标系统。

表1　经济指标系统

经济发展水平	经济结构
地区GDP总量 地区人口总量 区域人均GDP 地区GDP年增长率 区域人均GDP年增长率 城镇居民人均可支配收入	第三产业占GDP比重 第三产业增加值占GDP比重 第三产业劳动力的比重 第三产业占GDP比重年增长率 第三产业劳动力的比重年增长率

第二，资源指标系统，如表 2 所示。

衡量一个区域综合发展水平的另一个重要指标就是该区域的资源生产与利用效率，根据区域环保部门的有关文件精神，并借鉴可持续发展的有关指标以及指标数据的科学性与可操作性，选择下列指标构成区域环保一体化发展水平评价指标体系的资源指标系统。

表 2　资源指标系统

资源生产	资源消耗	资源循环利用
电能的生产能力 煤炭资源的生产 水资源的生产率 土地资源的生产率	单位 GDP 能耗 能耗年增长率 单位工业产值煤炭能耗 单位工业产值电耗 单位工业产值水耗	工业用水重复率 城市用水回收率 工业“三废”综合利用 产品产值占 GDP 比 城市生活垃圾综合利用率

第三，环境指标系统，如表 3 所示。

区域的经济发展需要一个良好的环境基础，判断这种良好环境基础的标准就是环境指标系统。根据区域环保部门的有关文件精神，并借鉴可持续发展的有关指标以及指标数据的科学性与可操作性，选择下列指标构成区域环保一体化发展水平评价指标体系的环境指标系统。

表 3　环境指标系统

环境及其改善潜力	污染物排放
生态保护投资占 GDP 的比例 工业污染治理投资占 GDP 的比例 城市人均公共绿地面积 退化土地恢复率 城市空气质量 近海域水环境质量达标率 城镇生活垃圾无害处理率 工业固体废物处置利用率 旅游区环境达标率	工业废弃物排放总量 单位 GDP 固体废弃物排放量 单位 GDP 二氧化硫排放量 人均工业废水排放量 单位 GDP 废水排放量

第四，社会指标系统，如表 4 所示。

区域推进环保一体化最终目标就是要实现该社会区域的可持续发展，社会指标系统也应是环保一体化研究的一个重要指标系统。根据区域环保部门的有关文件精神，并借鉴可持续发展的有关指标以及指标数据的科学性与可操作性，选择下列指标构成区域环保一体化发展水平评价指标体系的社会指标系统。

表 4　社会指标系统

稳定水平	区域社会发展
恩格尔系数 通货膨胀率 城镇登记失业率 下岗人员再就业率 公众对环境满意率	城市化水平 区域气化率 区域集中供热率 高等教育入学率 中小学入学率 环保宣传普及率 人均住房面积

(3) 长三角地区环保一体化发展水平评价指标体系

长三角地区区域环保一体化，一方面在宏观经济管理范畴中，体现为基于经济生产与社会生活的良好环境的基础上，加快推进节能减排，发展循环经济；另一方面在微观环保指标体系中，体现为经济、资源、环境以及社会四个指标子系统。因此，建立在环境保护、节能减排、清洁生产以及循环经济基础上的区域环保一体化发展水平评价指标体系，最终是要细化为经济发展、资源利用、环境保护以及社会效益 4 个指标子系统的整合。如图 2 所示。

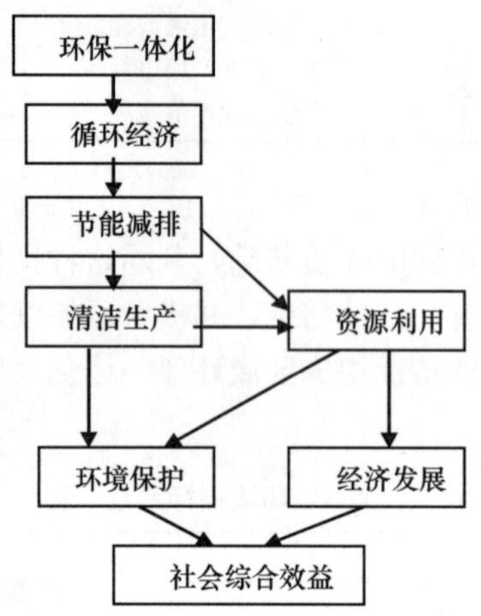

图 2　经济、资源、环境、社会效益子系统整合

结合前文的分析，将经济、资源、环境以及社会四个指标子系统整合为一个指标体系，即获得长三角地区环保一体化水平评价指标体系。如表 5 所示。

表 5　长三角地区环保一体化水平评价体系

	子系统	指标
长三角地区环保一体化指标体系	经济指标系统	地区 GDP 总量 地区人口总量 区域人均 GDP 地区 GDP 年增长率 区域人均 GDP 年增长率 城镇居民人均可支配收入 第三产业占 GDP 比重 第三产业增加值占 GDP 比重 第三产业劳动力的比重 第三产业占 GDP 比重年增长率 第三产业劳动力的比重年增长率
	资源指标系统	电能的生产能力 煤炭资源的生产 水资源的生产率 土地资源生产率 单位 GDP 能耗 能耗年增长率

	子系统	指标
长三角地区环保一体化指标体系	资源指标系统	单位工业产值煤炭能耗
		单位工业产值电耗
		单位工业产值水耗
		工业用水重复率
		城市用水回收率
		工业“三废”综合利用产品产值占 GDP 比
		城市生活垃圾综合利用率
	环境指标系统	生态保护投资占 GDP 的比例
		工业污染治理投资占 GDP 的比例
		城市人均公共绿地面积
		退化土地恢复率
		城市空气质量
		近海域水环境质量达标率
		城镇生活垃圾无害处理率
		工业固体废物处置利用率
		旅游区环境达标率
		工业废弃物排放总量
		单位 GDP 固体废弃物排放量
		单位 GDP 二氧化硫排放量
		人均工业废水排放量
		单位 GDP 废水排放量
	社会指标系统	恩格尔系数
		通货膨胀率
		城镇登记失业率
		下岗人员再就业率
		公众对环境满意率
		城市化水平
		区域气化率
		区域集中供热率
		高等教育入学率
		中小学入学率
		环保宣传普及率
		人均住房面积

（4）长三角地区环保一体化发展水平

根据指标体系建立长三角地区环保一体化发展水平的分析模型。如表 6 所示。

表 6　长三角地区环保一体化发展水平分析模型

长三角地区环保一体化发展水平 A	
经济指标系统 B_1	$B_{1,1}$，$B_{1,2}$，…，$B_{1,11}$
资源指标系统 B_2	$B_{2,1}$，$B_{2,2}$，…，$B_{2,13}$
环境指标系统 B_3	$B_{3,1}$，$B_{3,2}$，…，$B_{3,14}$
社会指标系统 B_4	$B_{4,1}$，$B_{4,2}$，…，$B_{4,12}$

根据分析模型，在对长三角地区环保一体化水平的评价指标进行重要性程度的判断时，应根据专家和当地政府职能部门官员的意见，结合实际情况，构造出合适的判断矩阵。下一层的判断矩阵也可以按照此方法构造。

由上述分析过程，既可以对4个子系统的发展情况进行分别评价，也可以实现对其中部分子系统的组合发展情况进行评价，如资源指标体系与环境指标体系的组合。

4.2 长三角地区节能减排与清洁生产的考核评价模型

在长三角地区环保一体化水平评价模型的基础上，也可对环保一体化宏观经济范畴的节能减排与清洁生产指标系统分别进行评价。那么这里所要分析的考核评价指标体系，可以是针对宏观区域的，还可以是针对微观企业的，可以是针对节能减排，也可以是针对清洁生产，还可以是针对节能减排与清洁生产，都是同样的思想。

（1）以长三角地区宏观区域的节能减排水平为研究对象，进行分析

结合前文的分析，将经济、资源、环境三个指标子系统整合为一个指标体系，即获得长三角地区宏观区域节能减排的评价指标体系。如表7所示。

表7 长三角地区宏观区域节能减排的评价指标体系

<table>
<tr><th rowspan="26">长三角地区宏观区域节能减排指标体系</th><th>子系统</th><th>指标</th></tr>
<tr><td rowspan="11">经济指标系统</td><td>地区GDP总量</td></tr>
<tr><td>地区人口总量</td></tr>
<tr><td>区域人均GDP</td></tr>
<tr><td>地区GDP年增长率</td></tr>
<tr><td>区域人均GDP年增长率</td></tr>
<tr><td>城镇居民人均可支配收入</td></tr>
<tr><td>第三产业占GDP比重</td></tr>
<tr><td>第三产业增加值占GDP比重</td></tr>
<tr><td>第三产业劳动力的比重</td></tr>
<tr><td>第三产业占GDP比重年增长率</td></tr>
<tr><td>第三产业劳动力的比重年增长率</td></tr>
<tr><td rowspan="14">资源指标系统</td><td>电能的生产能力</td></tr>
<tr><td>煤炭资源的生产</td></tr>
<tr><td>水资源的生产率</td></tr>
<tr><td>土地资源生产率</td></tr>
<tr><td>单位GDP能耗</td></tr>
<tr><td>能耗年增长率</td></tr>
<tr><td>单位工业产值煤炭能耗</td></tr>
<tr><td>单位工业产值电耗</td></tr>
<tr><td>单位工业产值水耗</td></tr>
<tr><td>工业用水重复率</td></tr>
<tr><td>城市用水回收率</td></tr>
<tr><td>工业“三废”综合利用产品产值占GDP比</td></tr>
<tr><td>城市生活垃圾综合利用率</td></tr>
</table>

	子系统	指标
长三角地区宏观区域节能减排指标体系	环境指标系统	生态保护投资占GDP的比例
		工业污染治理投资占GDP的比例
		城市人均公共绿地面积
		退化土地恢复率
		城市空气质量
		近海域水环境质量达标率
		城镇生活垃圾无害处理率
		工业固体废物处置利用率
		旅游区环境达标率
		工业废弃物排放总量
		单位GDP固体废弃物排放量
		单位GDP二氧化硫排放量
		人均工业废水排放量
		单位GDP废水排放量

根据指标体系建立长三角地区宏观区域节能减排的评价分析模型。如表8所示。

表8　长三角地区宏观区域节能减排的评价分析模型

长三角地区区域节能减排水平 A	
经济指标系统 B_1	$B_{1,1}$，$B_{1,2}$，…，$B_{1,11}$
资源指标系统 B_2	$B_{2,1}$，$B_{2,2}$，…，$B_{2,1}$
环境指标系统 B_3	$B_{3,1}$，$B_{3,2}$，…，$B_{3,1}$

根据分析模型，以计算指标的权重。有关指标之间的相对重要性情况。经过转换之后，根据确定的各指标的权重及评价标准，所得到的结果即为最终的宏观区域节能减排水平，可以获得不同时期各阶段的评价结果，并可以对结果进行分析，探讨长三角地区区域节能减排水平的发展状况。

(2) 以长三角地区微观企业的清洁生产水平为研究对象，进行分析

结合前文的分析，将资源、环境两个指标子系统整合为一个指标体系，即获得长三角地区微观清洁生产的评价指标体系。如表9所示。

表9　长三角地区微观清洁生产的评价指标体系

	子系统	指标
长三角地区微观企业清洁生产指标体系	资源指标系统	企业能耗年增长率
		单位工业产值煤炭能耗
		单位工业产值电耗
		单位工业产值水耗
		生产用水重复率
		工业"三废"综合利用产品产值占企业产值比重
	环境指标系统	环境保护投资占企业收入的比例
		工业污染治理投资占企业收入的比例
		工业固体废物处置利用率
		工业废弃物排放总量
		工业废水排放量

根据指标体系建立长三角地区微观企业清洁生产的评价分析模型。如表 10 所示。

表 10 长三角地区微观企业清洁生产评价体系

长三角地区区域清洁生产水平 A	
资源指标系统 B_1	$B_{1,1}$，$B_{1,2}$，L，$B_{1,6}$
环境指标系统 B_2	$B_{2,1}$，$B_{2,2}$，L，B_2

计算指标的权重，根据确定的各指标的权重及评价标准，所得到的结果即为最终的微观企业清洁生产水平，可以获得不同时期各阶段的评价结果，并可以对结果进行分析，探讨长三角地区企业清洁生产水平的发展状况。

5 长三角地区环境保护一体化政策建议

我们要大力推动产业结构调整，下决心淘汰那些高消耗、高排放、低效益的落后生产力；严禁新上那些浪费资源、污染环境的建设项目。同时，大力发展循环经济，推行清洁生产，减少污染物排放，为新的发展腾出空间。要加强政府管理，怎样合理利用好我们的经济杠杆，利用好我们政策的管理，比如说土地的管理、信贷的管理，我们通过这些调整去控制高污染、高耗能、高排放的企业和产业的发展，鼓励一些个优质的、技术含量高的、产出高的、能耗低的这样一些产业发展。从管理方面发挥很大的优势。通过产业结构的调整发展高新技术产业或者其他低能耗产业来提升产业结构水平，改善能耗结构[28-32]。

发展经济与保护环境，并非势不两立。发展经济是为了提高人民的生活水平，保护环境是人民的生存需要。两个方面，目的归一，都是为了人民的福祉。当前经济增长方式粗放，突出表现在能源消耗高、环境污染重。因此，为了实现以上促进区域环境治理的目的，从以下思路提出对策。

5.1 环境治理需要建立合纵联盟，循序渐进，逐步推进

在现在的环境保护合作基础上逐步扩大范围、层层深入是长三角区域环境合作的基本路径。最初的合作形式可以在经济合作和对话的框架下讨论环境发展与经济之间的关系。建立专门的环境保护协调机制和信息通报机制，共享环境监测信息，建立区域内的重大环境事件的通报机制，污染整治工作的协作机制，从而强化区域内的环境执法，这是基础阶段。再建立定期的环境论坛性质的合作组织，定期研讨研究本地区的环境状况，协商制定长三角地区统一的环境规划和环境目标，以寻求共同的利益作为治理基础。

5.2 从经济增长模式与能源消费结构出发，从源头把握区域环保工作

(1) 继续并加快区域产业结构的调整与优化

立足自身资源禀赋，按照首都功能定位要求，以产业结构调整为主线，要大力发展第三产业，以专业化分工和提高社会效率为重点，积极发展生产性服务业；以满足人们需求和方便群众生活为中心，提升发展生活性服务业；要大力发展高技术产业，坚持走新型工业化道路，促进传统产业升级，提高高技术产业在工业中的比重。

(2) 大力削减污染物排放

加大机动车污染治理，加强重点工业企业大气污染源治理，继续开展与邻近的省、市

合作，加大水污染防治力度，提高污水处理率和污水资源化水平，加强城市河湖治理力度，有效减少排放总量。

（3）加大优质能源使用力度

大力发展高效清洁能源，因地制宜发展可再生能源，不断提高优质能源在终端能源消费结构中的比重。力争在“十一五”末期可再生能源利用量翻两番，达到万吨标准煤，占全市能源消费总量的比重力争达到。

（4）积极推进重点节能工程

政府机构率先垂范，深入开展政府机构节能，逐步实行政府机构能耗定额考核管理。强化建筑节能，推进既有大型公建的节能改造和严格控制新增大型公建节能设计标准。促进交通节能，积极发展公共交通和节能环保型小排量汽车，示范推广燃油节约和替代项目。积极广泛地推广绿色照明工程。

（5）加快促进再生资源综合利用

“十一五”期间，建成覆盖长三角地区的再生资源回收体系，在部分产品领域探索推行生产者责任制。促进再生资源产业化项目建设，加快废旧轮胎回收利用项目的建设进度，支持废塑料再利用项目建设，完善电子废弃物回收处理体系建设。大力发展循环经济。要按照循环经济理念，要推进企业清洁生产，从源头减少废物的产生，实现由末端治理向污染预防和生产全过程控制转变，促进企业能源消费、工业固体废弃物、包装废弃物的减量化与资源化利用，控制和减少污染物排放，提高资源利用效率。

5.3 加强环境执法的配套措施，引入更多的辅助经济机制

长三角地区的经济合作已经有10多年的历史，将环境问题纳入经济合作范围考虑，是提高经济发展质量，优化区域经济结构，走可持续发展之路的必然选择，因此要真正解决环境执法难的深层矛盾，需要利用市场机制对环境资源优化调节配置，顺应经营主体谋求最大利益的经济动机，在立法、执法上促使其朝有利于保护环境的方向流动。要运用价格、税收、金融等宏观经济政策，对形成执法不力的因素作调整，消除执法不力的经济基石，构筑依法行政的条件。

（1）经济补偿机制

一方面，虽然长三角地区已经建立了部分经济补偿机制，如排污收费制度、征收资源税等，但是应该适当提高排污收费标准，扩大资源税的征收范围。同时加快生态环境补偿费的立法进程，开征生态环境补偿费。另一方面，建立综合补偿机制，实施差别化区域环境管理政策，可以适当地把整个区域划分为优化开发区域环境保护；重点开发区域环境保护；限制开发区域环境保护；禁止开发区域环境保护。

（2）经济赔偿机制

应制定带有惩罚性的环境问题损害赔偿制度。目前，跨区域的环境损害问题越来越突出，需要加快制定区域间赔偿办法。

（3）经济处罚机制

应该根据违法者违法行为的性质、违法者从违法行为得到的收益以及违法行为给社会造成的损失来确定罚款数额，对违法行为不应设置最高罚款限额。

（4）经济激励机制

对遵守环境法律的行为，可以通过差别税收、信贷优惠、给予环境保护专项资金支持等措施，给予一定的奖励。

5.4 强化环境管理

加强组织领导，落实工作责任。成立区域发展循环经济工作领导小组、节能工作领导小组以及主要污染物减排领导小组。加强规划引导，完善实施节能减排工作方案。强化政策激励，提高资金绩效。为鼓励企业加大节能减排工作投入，进一步完善鼓励政策，加大扶持力度。突破重点环节，注重工作实效。启动生态化改造，编制区域规划环评和园区循环经济方案，通过加大环保基础设施投入，推行企业清洁生产试点审核、淘汰落后工艺、设备等措施。加强服务管理，提高工作水平。建立了节能减排的统计体系。开展对重点用能企业的能源统计、监测。

5.5 将科学与创新纳入环保一体化

强化技术创新，组织培育科技创新型企业，提高区域自主创新能力。加强与科研院校合作，构建技术研发服务平台，着力抓好技术标准示范企业建设。要围绕资源高效循环利用，积极开展替代技术、减量技术、再利用技术、资源化技术、系统化技术等关键技术研究，突破制约循环经济发展的技术“瓶颈”。

引入科学的战略环境评价方法，加强对区域投资项目的环境监督管理已经成为长江三角洲城市环境治理的共识。在环境治理实践中应用战略环境评价方法，可以弥补单个建设项目环境影响评价的不足，将环境、社会和经济作为一个整体进行系统的综合评价，并在高层次决策之前提供广泛的可选方案和环境措施。

5.6 提高全民的环保意识

我们在着力改善生态环境的同时，也要加强宣传，提高全民节约意识。组织好每年一度的全国节能宣传周、全国城市节水宣传周及世界环境日、地球日、水宣传日活动。把节约资源和保护环境理念渗透在各级各类的学校教育教学中，从小培养儿童的节约意识。

将节能减排宣传作为重要主题宣传，着重宣传崇尚节约和环境保护的价值观持续深入开展节能减排宣传公益活动，组织好每年一度的节能宣传周、节水宣传周及世界环境日、地球日、水日等宣传活动。继续组织开展创建“绿色社区”、“绿色学校”活动抓好节能减排教育培训表彰奖励一批节能减排先进单位和个人。

参考文献

[1] 董维武．印度煤炭工业现状与发展趋势[J]．中国煤炭，2008(11)．

[2] 王安建，王高尚，等．能源与国家经济发展[M]．北京：地质出版社，2009．

[3] 杜强．福建能源结构的优化与新能源的发展[J]．发展研究，2009(7)．

[4] 田立新，等．能源经济系统分析．北京：社会科学文献出版社，2005(10)．

[5] 姜维久．日本节能及开发新能源的对策和启示[J]．经济纵横，2006(3)：60－61．

[6] 钟健平．国家经济结构安全：我国能源安全的脆弱性分析[J]．学术研究，2006

(9):43—47.
[7] 曾友谊．中国能源安全面临的挑战与对策[J]．特区经济，2005(3):208—209.
[8] 田立新，邓祥周．时滞反馈控制模型在能源消费系统中的应用[J]．江苏大学学报：自然科学版，2007(28):273—276.
[9] 王素平，柴小军．新时期我国能源节约的潜力与对策[J]．能源研究与利用，2005(2):8—10.
[10] 徐薇．我国能源消费变动趋势及对策研究[J]．煤炭经济研究，2006(1):40—42.
[11] 任海平．国际能源资源战略形势及对我国的挑战与我国对策[J]．有色金属，2005(8):4—6.
[12] 郭慧，杜琳琳，华贲．我国能源形势分析及其解决对策[J]．广东化工，2005(6):1—3.
[13] 倪健民．国家能源安全报告[M]．北京：人民出版社，2005.
[14] 王刚，等．南京市能源利用及可持续利用研究[J]．生态经济，2005(10):120—123.
[15] 王当龄，等．江苏能源利用的现状与问题分析[J]．能源研究与利用，2005(1):4—6.
[16] 何时不再谈油色变——我国新能源行业发展前景分析[J]．企业科技与发展，2009(15).
[17] 上海今明两年将向电网投资160亿元．http://www.china5e.com/news/power/200510/200510110325.html.
[18] 林艳君，程怡．上海经济发展与能源对策研究[J]．上海城市管理职业技术学院学报，2005(6):30—32.
[19]《中国能源发展报告》编辑委员会．中国能源发展报告(2003)[M]．北京：中国计量出版社，2003.
[20] 2004年江苏能源消费构成与利用效率分析．http://www.jssb.gov.cn/tjfx/tjfxzl/1200511110078.html.
[21] 顾群音，任建兴．缓解上海市电力供需失衡矛盾的对策[J]．上海企业，2005(11):65—67.
[22] 宋丽娜．国际比较中的浙江能源短缺问题[J]．经济论坛，2005(21):25—27.
[23] 王当岭，朱健．江苏能源利用现状与问题分析[J]．能源研究与利用，2005(1):4—6.
[24] 2004年浙江省能源与利用状况．http://www.zjjmw.gov.cn/jmzh/zdxx/2005/11/02/2005110200002.shtml.
[25] 浙江能源供应高度外向依赖状况不可能根本改变．http://www.oilnews.com.cn/gb/misc/2004-12/17/content_597576.html.
[26] 唐忆文，沈露莹，郭宏超，郭建利．上海能源消费结构与能源战略．上海经济研究．
[27] 中国科学院可持续发展战略研究组．《2006中国可持续发展战略报告》.
[28] 王杰．浙江GDP增长过程中的代价分析．http://www.zjsr.com．浙商网．
[29] 郭纹廷，王文峰．缓解我国能源"瓶颈"的影响因素分析[J]．中国地质大学学报．2005(2):60—66.

[30] 郭小哲，段兆芳．我国能源安全多目标多因素监测预警系统．资源经济，2005 (2):13－15.
[31] 王武震，张伟红．我国的能源安全战略初探．商场现代化,2006 (1):202－203.
[32] 孙永祥，关于中国能源安全战略的思考．探索与争鸣,2005 (6):38－40.

人口增长与资源需求的系统动力学研究*

米　红　周　伟

浙江大学非传统安全与和平发展研究中心　浙江杭州　310058

厦门大学人口资源环境与地理信息系统研究中心　福建厦门　361005

摘　要： 人口增长与经济发展、产业结构调整共同影响着资源的需求量。粮食、淡水资源与能源是国民经济发展所必需的物质基础，这些资源能否实现供需平衡，直接影响到可持续发展与国家安全。本文以系统动力学为主要方法，对未来我国的人口总量、经济发展水平和产业结构进行了预测；在此基础上对未来粮食、淡水和能源的需求规模进行了仿真，提炼出人口、经济与粮食、淡水和能源需求的关联模式，并进行了灵敏度分析。分析表明，我国居民粮食消费逐渐向动物性食品转化，对粮食的需求量将刚性增长；目前经济发展模式仍是粗放型，淡水资源和能源利用率仍然较低，人口增长与消费水平的提高将对自然资源和生态环境持续构成较大压力。未来在淡水和能源消费方面，节流比开源更重要。

关键词： 系统动力学，人口增长，可持续发展

1　引言

在21世纪前半期，我国的人口规模将在人口惯性下增长到峰值水平，之后缓慢下降。庞大的人口数量和经济增长的强劲需求，将对我国的自然资源和生态环境构成极大的压力。粮食、淡水、能源作为关系国计民生的基础性、战略性资源，能否满足人口增长与经济发展的需要，直接关系到我国的国家安全和可持续发展。

2008年6月，中国环境与发展国际合作委员会与世界自然基金会（WWF）共同发布了《中国生态足迹报告》。生态足迹的概念是：在现有技术条件下，指定的人口单位内需要多少具备生物生产力的土地和水域，来生产所需资源和吸纳所衍生的废物。生态足迹通过测定现今人类为了维持自身生存而利用自然的量来评估人类对生态系统的影响。该报告指出，自从20世纪60年代以来，中国的人均生态足迹持续增长了约两倍。目前，中国的人均生态足迹是1.6公顷。作为一个国家，中国消耗了全球生物承载力的15%，中国消耗的资源已超过自身生态系统所能提供资源的两倍。

世界著名自然灾难专家、英国伦敦大学学院地球物理学教授比尔·麦克古尔在其新书《7年拯救地球》中提出：人类只剩7年时间来拯救地球和人类自己，如果温室气体在这7年中无法得到控制，那么地球将在2015年进入不可逆转的恶性循环中，包括干旱、洪水、饥荒、飓风以及为争夺资源而发动的战争等灾祸将席卷地球。[1]

我们可以观察到的事实是，2007—2008年世界粮食价格保持在高位运行；国内外气候的异常频繁地带来巨大灾害；水资源的缺乏和污染已经显著影响到人们的生产生活；能

* 本文获得教育部人文社科重大项目"非传统安全威胁应对的能力建设（08JZD0021-D）"，国家人口计划生育的"十二五"规划重点项目"人口、资源、环境约束下的定量分析"和浙江省自然科学基金项目"浙江省水资源、土地资源承载力、人口容量关联机理与区域人口资源环境综合管理模式创新（J20080147）"的资助。

源供需直接影响着国家政策和民众的生活。目前，我国经济增长方式由粗放型向集约型的转变尚没有完成，各种自然资源的利用效率仍然需要继续提高。随着体制改革的深入和技术的进步，某些领域对自然资源的需求会出现一定程度的下降；另外，人民生活水平的不断改善会进一步加大对自然资源的需求。这两种反方向的变化最终决定了对自然资源的需求状况。《中国生态足迹报告》指出，中国消耗的资源已超过自身生态系统所能提供资源的两倍，对资源的过度透支使得生态系统持续恶化。为应对这一局面，我们首先需要了解未来人口增长和经济发展对资源的需求会达到什么程度。为此，本文研究人口增长与经济发展对粮食、淡水、能源需求的关联模式，并对未来的需求状况做出预测，从而为协调人与自然的关系做出基础性的数据准备。

2 模型设计

人口、经济与资源环境的可持续发展是多维、非线性、时变的复杂系统，对这一系统，运用系统动力学方法进行仿真是一种有效的手段。该方法既能做现状的趋势模拟，从而提出警告性的预测；又能进行资源与环境对社会经济的影响分析和资源配置结构的影响分析，并给出对未来的模拟。因此，采用这种手段可以寻求更为理想的发展方案。本文将运用系统动力学方法，建立我国人口、经济与粮食、淡水、能源需求的系统动力学模型。

2.1 主要变量

人口总量（Population）；
人均国内生产总值（GDP per capita）；
食用粮食需求（human food grain）；
饲料用粮（animal fodder grain）；
工业用粮（grain for industrial use）；
粮食总需求量（grain demand）；
农业用水（agricultural water）；
工业用水（industrial water）；
生活用水（domestic water）；
废水量（waste water）；
污染因子（pollution influence）；
水资源总量（water resources）；
用水需求（water demand）；
万元 GDP 能耗（energy consumption for unit GDP）；
能源需求（energy consumption）。

2.2 系统流图

本系统参数众多，在模型调试中，参数选择须与模型运行结合起来。本模型通过模拟实验法来确定系统参数，在参数值的变化范围内先粗略地试用参数进行模型调试，模型行为无显著变化时，即确定该参数值。

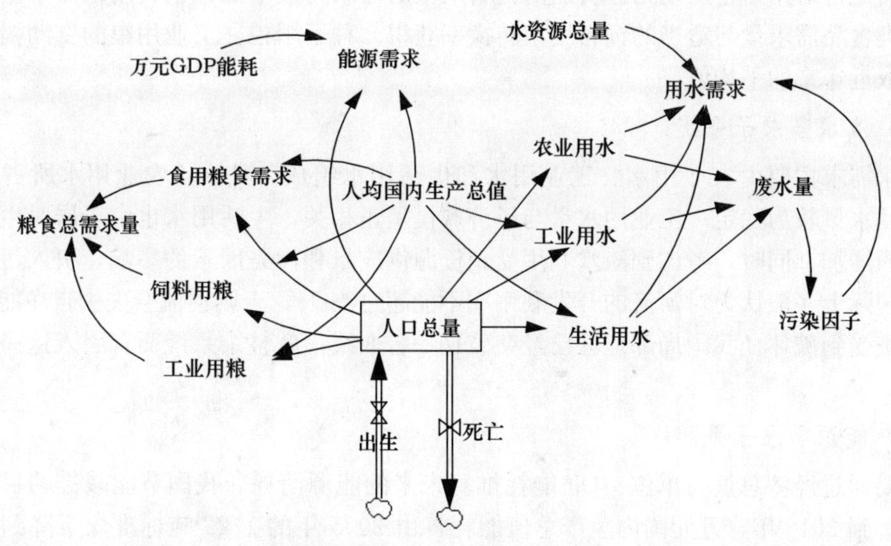

图 1　本模型的系统动力学流图

模型中的参数有常数值、表函数、初始值等。为简化模型参数，对那些随时间变化不甚显著的参数近似地取为常数值。本模型中大量使用了表函数，方便有效地处理了众多的非线性问题。对于初始值，本模型采取了二种处理办法：一是拟合历史数据；二是将某些特殊的增长（或衰退）过程作初始化处理。考虑到初始值的确定对系统行为影响较大，对于在实际系统中波动较大的数据，作了一些必要的技术处理，选取时段的平均值。

2.3　主要变量及各系统关系

（1）人口数据

利用人口学中成熟的分要素预测方法，以 2000 年全国人口普查数据为基础，并对未来的生育参数和死亡参数进行推算，得到 2010—2040 年我国历年的人口规模。

（2）人均 GDP

分析历史经济数据，并考虑到经济总量扩大后，经济增长率会有所降低的规律，结合国家的宏观战略目标，以本模型中拟合程度最高的 Logistic 函数进行推算，该模型的形式为：

$$y=\left(u^{-1}+\beta_0\beta_1{}^{t}\right)^{-1}$$

式中　t——预测年份；

y——预测的人均 GDP；

u——上限值；

β_0、β_1——模型参数。

（3）粮食需求子系统

粮食消费的特点是：随着经济增长和民众消费水平的提高，粮食的总需求量不断上升。在结构上，食用粮消费逐渐下降；由于对肉、蛋、奶等动物性食品的消费需求逐渐提高，从而使得对用于生产动物性食品的饲料用粮的需求持续增加，饲料用粮需求量通过计算动物类食品需求量与适当的饲料用粮转换率获得。种子用粮、工业用粮的变动幅度相对较小，取近年来的平均值。

(4) 淡水需求子系统

淡水需求主要由农业用水、工业用水和生活用水组成。其中，农业用水所占比重最大，且用水量较为稳定；工业用水量与经济规模呈正相关，生活用水也由于居民生活水平的提高而增加。同时，考虑到淡水利用受到资源供应量和污染因素的影响，引入污染影响因子。国际上一般认为对河流的开发利用率不能超过40%，否则河流会失去自净能力，水资源平衡受到破坏。我国局部地区已经突破这一警戒线，就整个系统而言引入这一因子是科学的。

(5) 能源需求子系统

主要通过经济总量与单位GDP能耗推算未来的能源消耗。我国节能减排的目标任务中提出，到2010年，万元国内生产总值能耗将由2005年的1.22吨标准煤下降到1吨标准煤以下，降低20%左右。分析表明，历史数据支持这一趋势，用幂函数模型能较好地描述这种曲线下降规律，以1990年$t=1$，回归模型为：

$$y=6.6528t^{-0.625}，R^2=0.9625，F=385.34，\text{SIG值为}0.000$$

对于仿真步长，该模型取为DT=1，经对模型进行测试后认为，模型未出现失真及振荡现象，这表明步长选取合理可行。

2.4 模型的检验

系统动力学模型有效性检验方法可以分为直观检验、运行检验、历史检验、灵敏度分析4个部分[2]。直观检验和运行检验在建模过程中已经进行。利用Vensim软件提供的编译检错、跟踪功能、历史检验则可以通过比较仿真数据与历史数据之间的吻合情况进行判断。而灵敏度检验则比较复杂，要通过改变模型方程和模型参数值才能得知这种变化对模型行为的影响，而且在特定干扰和随机干扰下，系统都能实现特定的目标，从而对模型进行结构和灵敏度检验。灵敏度检验公式如下：

$$S(t)=\left|\frac{\Delta Y(t)/Y(t)}{\Delta X(t)/X(t)}\right|$$

对本模型的检验表明，模型行为模式并没有因为参数的微小变动而出现异常变动，因此模型是可信的，可以应用该模型进行仿真计算。

3 仿真结果分析

3.1 对未来我国粮食需求量的仿真

在Vensim软件上运行该模型，得到2010—2040年我国的粮食需求量如图2所示。其中2040年的粮食需求为60 433万吨，人均需求为415千克，比2006年的人均占有量高9.5%。

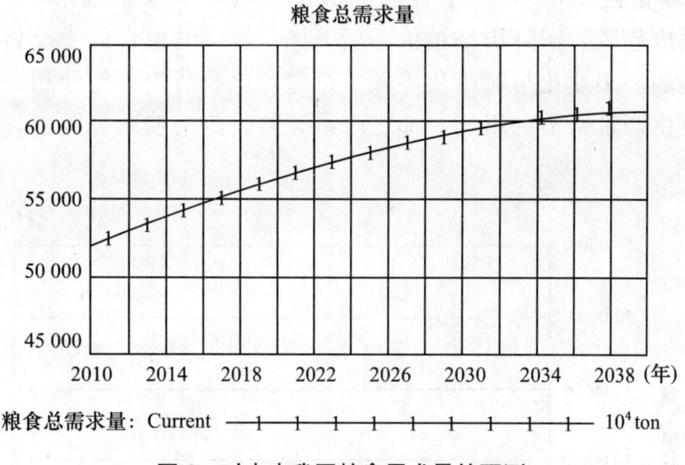

图 2　对未来我国粮食需求量的预测

3.2　对粮食需求的灵敏度分析

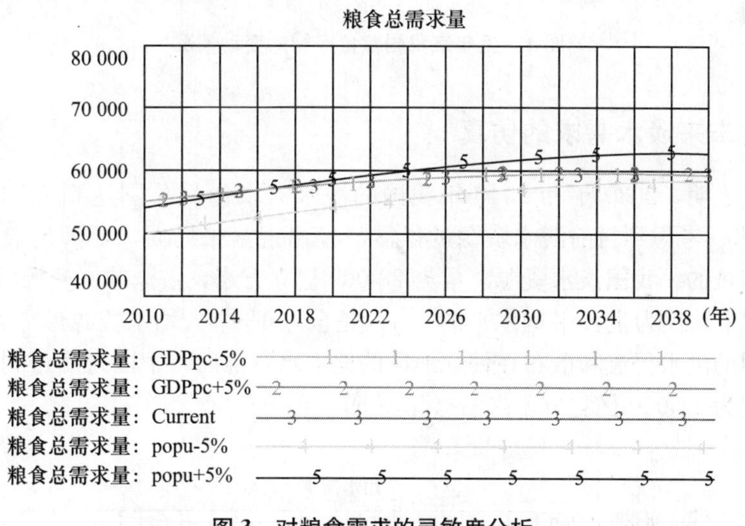

图 3　对粮食需求的灵敏度分析

设定历年的人口规模和人均 GDP 分别浮动 5%，观察粮食需求的变化。如图 3 所示，可以看出，人口规模的变化对粮食需求的影响相对于人均 GDP 的影响更为显著。数据表明，人口规模增加 5%，粮食需求量相应增加 4.3%；而人均 GDP 增加 5%，粮食需求仅增加 0.13%。原因在于，粮食是人们日常生活中的必需品，其消费需求呈现一定的刚性。而随着经济发展水平的提高，食品消费在整个消费中所占的比重逐渐下降，使得粮食需求对人均 GDP 的变化不敏感。

3.3　对未来粮食供需状况的进一步探讨

从图 4 可以看出，我国粮食的产量呈现不规则的波动趋势。在 1996 年、1998 年、1999 年超过 5 亿吨，其余年份都低于 5 亿吨。从人均占有量上看，1997 年最高，为

402 千克；其余年份在 350～390 千克之间波动，高于世界平均水平。2007 年和 2008 年，世界粮食供应趋紧，国际市场粮价不断上扬，我国的粮食供需保持了基本平衡，但这种平衡较为脆弱。工业化与城市化进程不可避免地要减少耕地面积，而各种气象灾害的频发也给农业生产带来不利影响，加之政策调整、价格波动等因素，粮食供应存在不确定性。

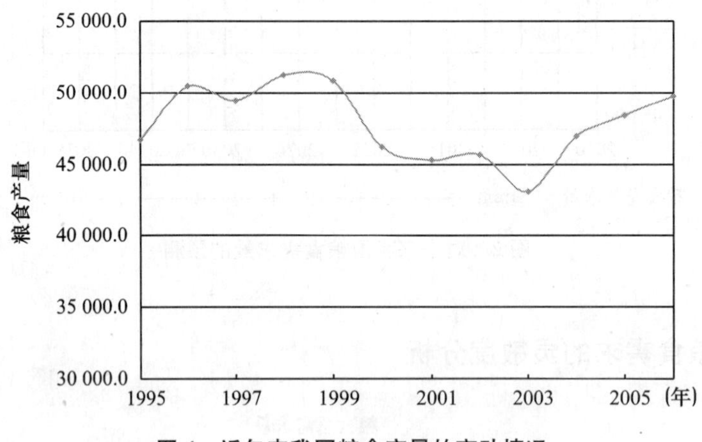

图 4　近年来我国粮食产量的变动情况

3.4　对未来淡水需求的仿真

仿真结果表明，2020 年和 2040 年我国的淡水需求量将分别达到 6 460 亿立方米和 7 616亿立方米。考虑到目前淡水资源的供需已经出现紧张局面，要满足未来巨大的需求增长是极其困难的。我国淡水资源总量为 28 000 亿立方米，占全球水资源的 6%，人均只有 2 200 立方米，仅为世界平均水平的 1/4，是全球 13 个人均水资源最贫乏的国家之一。扣除难以利用的洪水径流和散布在偏远地区的地下水资源后，中国现实可利用的淡水资源量则更少，仅为 11 000 亿立方米左右（见图 5）。

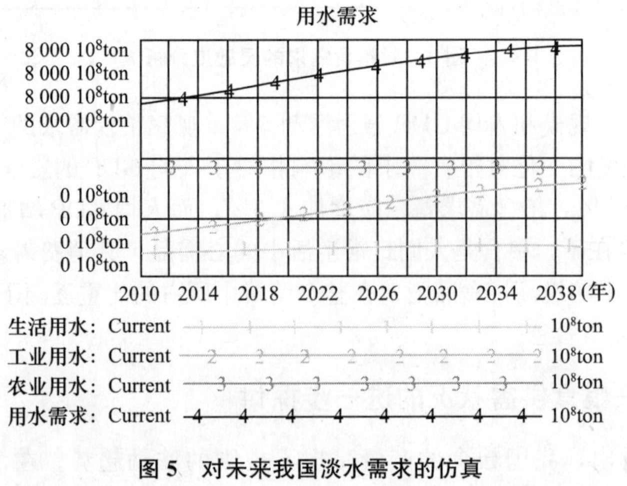

图 5　对未来我国淡水需求的仿真

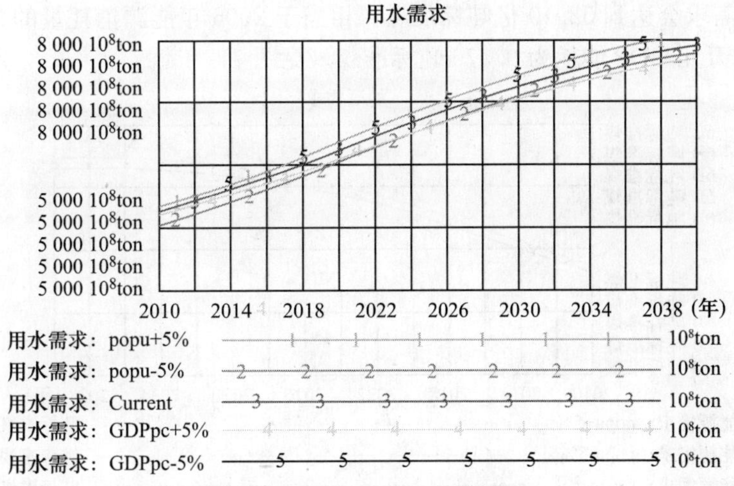

图 6　对淡水需求的灵敏度分析

3.5　对淡水需求的灵敏度分析

灵敏度分析表明，淡水需求与人口规模呈同方向变化，而与人均 GDP 呈反方向变化。这意味着，经济发展水平越高，对淡水的综合利用效率就越高，单位产值的用水量会逐渐减少，这是符合经济社会发展规律的。目前在工业领域，我国对水的重复利用率仅为 50%～60%，发达国家则已达到了 70%～90%，中国工业万元产值平均用水量为 103 立方米，而美国是 9 立方米，日本只有 6 立方米[3]。如果考虑到农业节水灌溉技术的推广，那么未来农业产值与水资源的利用规模也将呈反方向变化（见图 6）。

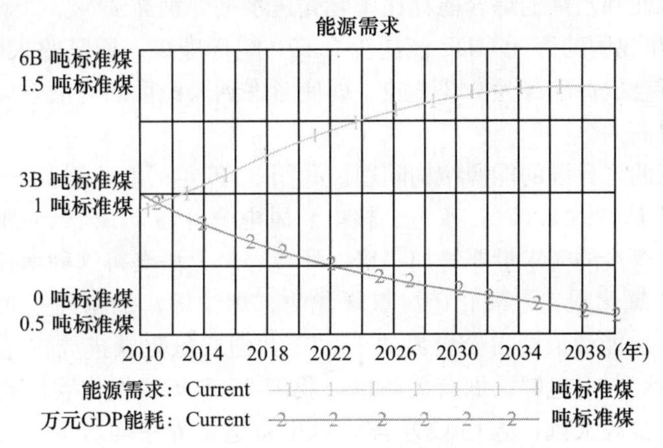

图 7　对单位产值能耗和能源总需求的仿真

3.6　对未来能源需求的仿真

近年来我国的年均经济增长率保持在 10%以上，对能源的需求也快速增加。2000 年我国的能源消耗量为 13.9 亿吨标准煤，2006 年达到 24.6 亿吨，年均增长率为 10.1%。尽管如此，由于能源生产与消费的空间、时间不平衡性，以及能源体制的问题，近几年仍出现了地域性、季节性的“电荒”、“煤荒”、“油荒”，影响了经济的发展和居民的生活。因此，能源规划和建设必须超前于经济发展。按照目前的节能规划和经济发展目标，2040

年我国的能源需求会达到52.19亿吨标准煤，相当于2006年能源消耗量的2.12倍。预计2040年我国的万元GDP能耗为0.570吨标准煤（见图7）。

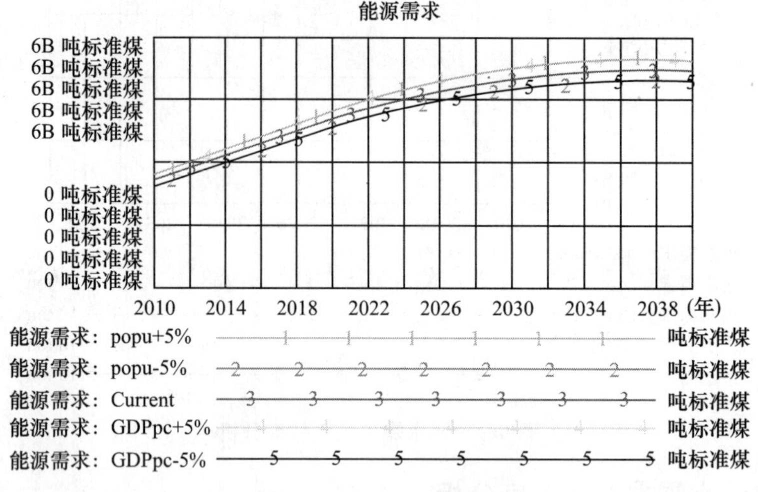

图8　能源需求的灵敏度分析

3.7　对能源需求的灵敏度分析

灵敏度分析（见图8）表明，人口规模与人均GDP对能源需求的影响是相同的。在这种情况下，单位GDP能耗对未来的能源消费有着关键性的影响。与世界平均水平相比，我国的能源利用效率偏低。2005年，我国单位GDP能耗相当于世界平均水平的2.7倍，高收入国家的4.6倍。中国能源效率仅为36.3%。火电供电煤耗比国际先进水平高18.6%，钢铁、水泥和乙烯的综合能耗比国际先进水平分别高17%、20.5%和56.7%[4]。本模型预测2040年我国的万元GDP能耗为0.570吨标准煤。而高收入国家在1990年的能源利用效率，折合成标准煤为0.371吨。即使考虑到人民币的升值效应，我国的能源利用效率仍然有待提高。

同时需要注意的是我国的能源结构问题。我国2006年的能源消费中，煤炭占69.4%，石油占20.4%，天然气占3.0%，水电、核电、风电合计占7.2%[5]。如果这种结构没有大的改变，未来对煤炭的需求量要增加一倍，环境容量无法支持这种增长。煤炭燃烧过程中会产生大量的二氧化碳、二氧化硫、氮氧化物、烟尘等，加剧温室效应，污染大气环境。2005年我国一次能源消费占全世界的15.2%，但二氧化碳排放占到了18.8%。我国2006年CO_2排放达到57亿吨。据有关测算，我国2007年二氧化碳排放量可能已超过美国，成为世界第一排放大国，人均CO_2排放量也将达世界平均水平，且仍会继续以较快速度增长[6]。

因此，未来我国的能源消费结构必须有较大幅度调整，降低煤炭消费比重，增加水电、核电、风电的比重。我国水电的开发已形成规模，考虑到对生态环境的影响，水电建设要适当控制。风电、太阳能的利用近年来发展较快，但占发电总量的比重较低。从长期来看，切实可行的是提高核电比重。有关核电对CO_2减排的研究结果表明：高幅度的碳减排将主要依赖于核电的发展，如果未来核电的装机容量达到500 GW，能降低30%的CO_2排放[7]。2007年，国务院公布了《核电中长期发展规划（2005—2020年）》。按照此规划，到2020年，核电占全部电力装机容量的比重从现在的不到2%提高到4%，核电年发电量达到 2 600 亿～2 800 亿千瓦时。但与发达国家相比，仍然有很大差距。美国核电占全部电力装机容量的比重约 20%。在法国，这一比重甚至超过 70%。因此，我国发展核电的空间还是很大的。核电作为一种清洁高效能源，是我国增加能源供应、优化能源结构、应对气候变化最重要的选择之一，扩大核电规模应当作为能源战略的一个重点。从长远看，中国的核电规模可能达到亿 kW 的规模，成为重要的一次能源[8]。

4 结论

可持续发展是以人为中心，以资源环境保护为条件，以经济社会发展为手段，谋求当代人与后代人共同繁荣、持续发展的目的。作为宝贵自然资源的粮食、淡水能源，在可持续发展过程中与人口、环境和经济有着密不可分的关系。

(1) 未来我国人口增长和经济发展对粮食的需求有一定的刚性，尤其是居民生活水平的提高必然会增加对动物性食品的消费需求，这必然会增加饲料用粮的消耗量。分析表明，2040 年我国的粮食总需求量会达到 6.04 亿吨，相当于在现有产量的基础上增加 20%。人均粮食占有量达到 415 千克。由于需求巨大，不可能通过进口来维持供需平衡，确保粮食持续增产是保证粮食安全的必然选择。粮食问题是关系国计民生的根本问题，粮食安全是一个国家和地区整个安全体系的基础。在我国“耕地—粮食—人口”系统矛盾日益尖锐的严峻形势背景下，粮食供应能够达到的水平，直接决定着我国可持续发展的能力。为保证国家粮食安全，国家需要采取多种措施来鼓励粮食生产，严格地保护现有耕地，提高粮食收购价格，增加对种粮农民的直接补贴，增加对农业科技、农业基础设施的投入等。

(2) 中国在相当长的历史时期内不会摆脱水资源危机的现实。2020 年和 2040 年我国的淡水需求量将分别达到 6 460 亿立方米和 7 616 亿立方米。值得注意的是，未来的水危机与过去水资源的严重短缺的形势是很不一样的，过去主要是靠开源增加供水量，但水资源的开发利用率是有限的。即使有可开发的资源，其开发难度将越来越大，所需的费用将十分昂贵。因此，单纯靠兴修水利工程甚至跨流域调水来增加水的供应将日趋艰难，只有采取节水措施提高水的利用率，从源头上减少浪费和污染，才能保证水安全。

(3) 虽然我国能源利用效率在不断提高，但生产规模的扩大和消费结构的升级使得对能源的需求量快速攀升。2040 年我国的能源需求会比 2006 年增加一倍以上，达到 52.19 亿吨标准煤。为减少对环境的污染和温室气体排放，促进能源节约、清洁能源开发和能源可持续发展，国家应宏观调控、产业发展、财政金融、科学技术、对外经济等各项政策中充分重视和鼓励节能工作和新能源开发，例如理顺能源价格形成体制，充分反映资源稀缺程度；完善资源有偿使用制度、生态环境补偿机制；尽快开征燃油税、能源税等消费税种；运用法律手段规范和调节能源开发利用活动等。

可持续发展是当前人类面临的一项极为紧迫的任务。除了前面提到的比尔·麦克古尔教授的预言，联合国政府间气候变化专门委员会主席帕乔里向欧盟发出同样的警告，他希望欧盟能够带领世界对抗全球变暖。“人类必须好好利用从现在起的 7 年时间，积极作为，确保温室气体的排放量高于安全程度，否则将形成难以预期的恶性循环。”这些论述和麦克古尔的观点不谋而合。近年来我国经历的洪涝、干旱、雪灾、强台风等灾害性天气为他们的观点做了现实的注脚。实现人口、资源、环境的可持续发展，受益者首先不是后代人，而是当代人自身。同样，如果解决不好，首先付出代价的也是当代人。

参考文献

[1] 新浪网．后人将继承温室星球．http://news.sina.com.cn/w/2008-10-22/174516504599.shtml.

[2] 王其藩．系统动力学[M]. 北京:清华大学出版社,1994.

[3] 冯海发,王征南．我国农用水资源利用及其政策调整[J]. 中国农业资源与区划,2001(3):25－29.

[4] 李政,麻林巍,潘克西．产业发展与能源的协调问题研究——国际经验及对我国的启示[J]. 中国能源,2006，28(10):5－11.

[5] 国家统计局．中国统计年鉴,2007.

[6] 何建坤,柴麒敏．关于全球减排温室气体长期目标的探讨[J]. 清华大学学报:哲学社会科学版,2008(4):15－25.

[7] 陈文颖，高鹏飞，何建坤．二氧化碳减排对中国未来 GDP 增长的影响[J]. 清华大学学报:自然科学版,2004,44(6):744－747.

[8] 江泽民．对中国能源问题的思考[J]. 上海交通大学学报,2008,42(3):345－359.

台湾地区因应气候变迁之社会经济发展情景分析

王京明

中华经济研究院能源环境中心

摘　要：由于气候变迁研究具有高度的风险与不确定性需要情景设定，不同的气候情景与社会经济发展情景都会造成气候变迁冲击评估的差异，因此联合国 IPCC 经过多年研究与文献收集，规划提供出未来 21 世纪四种世界发展的基本情景，供全世界气候变迁相关研究参考使用。此四大情景的主轴包含经济、环境与全球化、地域化的双元空间概念，并共同由具有多元高度空间的驱动力因子（driving forces）如人口、经济、技术、能源与土地利用等来构成情景（scenarios）的情节（storylines）发展。

本研究的目的是在 IPCC 情景架构下进行台湾社经发展情景之分析，以大量在地的信息，进行本土社经长期发展直到 2100 年之各种情景模拟，盼透过本研究社经情景分析之结果，可提供日后我国台湾地区因应气候变迁之调适与减量策略规划相关研究之参考。

关键词：IPCC，情景，情节，气候变迁

1　前言

气候变迁冲击所造成的影响，不仅取决于冲击本身程度的大小，人类社会经济系统包括地区的社会组织结构与生态系统的调适能力，往往也可以改变冲击所造成的结果，因此适当的调适政策规划有助于特定地区或社会国家在未来气候变迁下，削减冲击危害，维持稳定的生存发展。

调适政策之决定，需要不同数据与研究方法，以给予决策者不同功能的信息，Bottom-up 从下到上即为其中一种模式。从下到上即利用现状的所有资源，如人口、经济成长、能源供给、土地利用等，推估社会调适能力后，得到社会性的气候脆弱度。气候变迁调适政策，则是需要整合气候冲击与社会经济调适能力二者，评估最后社会对于气候变迁的脆弱性，才能进行最适当的调适策略研拟。

然而，在进行评估前，需要先有情景的设定才能面对气候变迁的不确定性，并规划未来的变化。根据 IPCC（intergovernmental panel on climate change）在 2001 年提出的排放情景特别报告（special report on emission scenarios，SRES），情景分析一般被认为是分析不确定性极高的有效工具，由于调适策略系属于动态调整过程，其情景之应用难度更高（Berkhout et al.，2002；Berkhout et al.，2006）。情景设定在气候变迁研究上至关重要且系难以驾驭的课题，在开始规划与执行气候变迁调适策略的同时，也应考虑提出适合台湾地区使用的情景，包括气候变化以及社会经济发展趋势等，才能有效地制订适当的调适政策。

因此，本研究目的是在 IPCC 情景框架下进行台湾社经发展情景之分析，以大量台湾的本土信息，进行在地情景之模拟与排放推估，盼透过本研究社经情景分析之结果，可提供日后作为台湾地区因应气候变迁之调适与减量策略规划之参考。

2　文献回顾

联合国发展计划署（UNDP）提出气候变迁情景分析方法学，建议情景分析中有两个必要元素：情景（scenarios）与情节（storylines）。情景为以一种假设性以及简化的描述，来量化描绘未来的发展情况，需要驱动力（driving force）与主要因子关系的大量量化假设；情节则是关于社会价值与结构的定性属质分析与未来发展之整体规划，可用在不同尺度，如全球型、区域型、国家型或地区型等，说明人类在人口、经济成长、能源与土地利用等不同的选择，所可能导致的结果。

目前国际最常使用的气候变迁情景分析是以 IPCC 之排放情景特别报告（IPCC，2000），作为未来社会经济发展的模拟，并进一步分析气候变迁的冲击与因应调适。IPCC 在 SRES 中，依经济、环境与全球化、区域化，列出四大情景发展，简要说明如下：

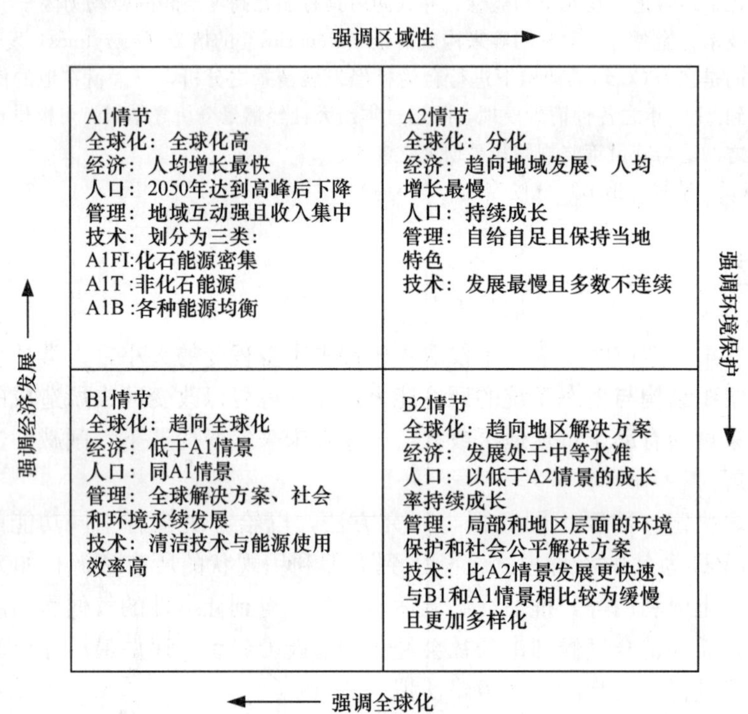

图 1　SRES 情节特征概述

以横轴象限区分经济、环境考量，则 A1、A2 情景强调经济发展，B1、B2 情景强调环境永续；以纵轴象限区分全球化发展或区域化发展，则 A1 情景属于强调经济发展，并迈向全球化目标，而 A2 情景则属于发展区域的经济为主。同理，B1 情景以未来世界强调全球化的环境保护为目标，而 B2 情景则是追求区域或地方的环境永续发展。IPCC SRES 的四大类情景，以图 1 表示之，其中五个主要驱动力，为情景中的情节因子，包括人口、经济、技术、能源、农业与土地利用。

陈起凤、柳中明（2008）曾进行台湾地区经济成长趋势研究，模拟未来经济发展，采用两种方式预测未来台湾地区每人国内生产毛额，方案一为根据历史数据进行线性推估至 2100 年，方案二为以固定经济成长率 5%，推测未来发展。以历史资料推估经济成长率（%）＝－0.091 1（年）＋ 188.28，但相关系数 R2 仅有 0.224。2008 年每人国内生产毛额约为 58 万元，依此关系式模拟，至 2066 年达到最高值 266 万元，随后开始下降，至 2100 年则为 155 万元；以方案二固定成长率模拟，每人所得呈现指数增加趋势，至 2100 年高达 5 130 万元。但此种推估方式之严谨性值得商榷，模拟的结果亦受到争议。

2008 年 8 月，台湾“行政院”经建会进行两年一次的人口推计工作，如图 2 以及图 3 所示，其中重要的推计结果包括：

（1）人口零成长：高、中、低推计之人口零成长分别出现在 2028 年、2026 年及 2023 年，总人口分别为 24.0 百万人、23.8 百万人及 23.6 百万人。

（2）出生数：依中推计，出生数将自 2008 年的 20.5 万人，减少至 2024 年的 18.9 万人左右，与死亡数接近后持续下降，自然增加变为自然减少，至 2056 年降为 13.2 万人。

（3）工作年龄人口比例：依中推计，15～64 岁工作年龄人口，相对 65 岁以上高龄人口所计算出来的扶养比，将自目前之 7.0∶1，至 2056 年降为 1.4∶1。

（4）高龄人口比例：65 岁以上人口比例将由 2008 年 10.4%，上升至 2056 年达 37.5%。其中，75 岁以上上升至 2018 年的 145.2 万人。

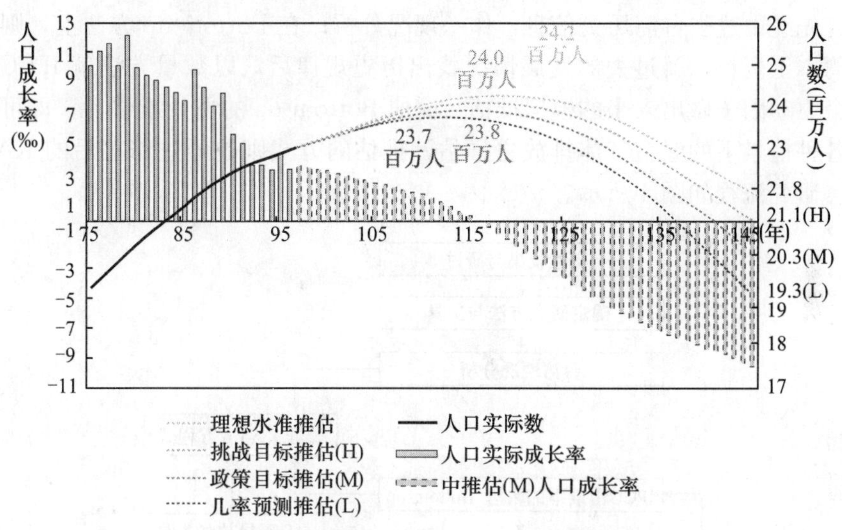

图 2　台湾地区经建会总人口推计结果图

资料来源：行政院经建会，2008。

柳中明、陈盈蓁等（2008）曾进行 4 类情景下，全球情景趋势降尺度 Top-down 由上而下至台湾情景之研究，采用的驱动力因子亦以 IPCC SRES 为主。由于国内研究尚未进行从下到上分析，然而 Bottom-up 方式较符合区域特性之优势，且较能精准地掌握区域驱动因子影响下的 CO_2 排放量。因此，台湾地区未来进行气候变迁调适策略时，在进行冲击评估之前，必须先有可靠的情景假设，才能进行推估或策略研拟。有鉴于此，本研究将以发展出 Bottom-up 从下到上的台湾社经情景为研究重点。

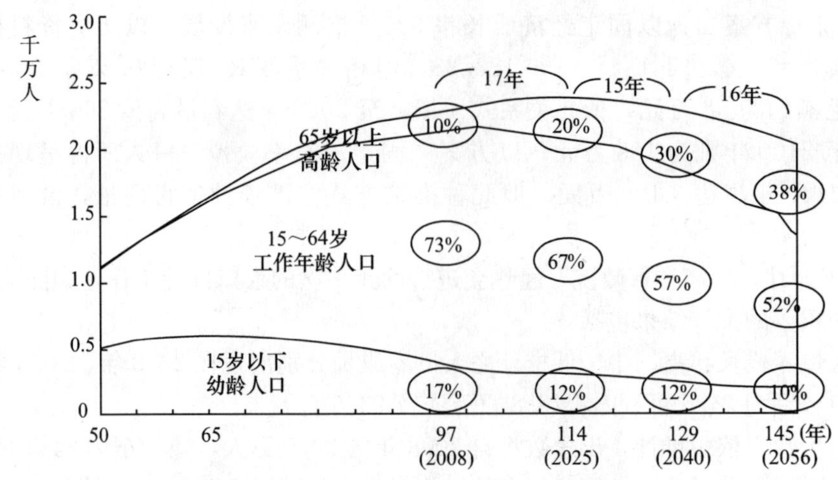

图 3　台湾地区经建会未来 50 年人口结构趋势图（中推计）

资料来源：行政院经建会，2008。

3　研究流程与方法

本研究先经由过去台湾历史信息，作一现况分析；在 Bottom-up 方法上，则是透过收集整理台湾本土资料，就过去的发展情况找出历史规律后，以数量方法就 IPCC SRES 情景下的各个驱动因子做出未来的模拟推估。完成 Bottom-up 的情景推估后，即可展开对台湾地区在各种情景下的温室气体排放之推估，推估的方式则是透过修正后的 KAYA 方程式来进行。研究流程如图 4 所示。

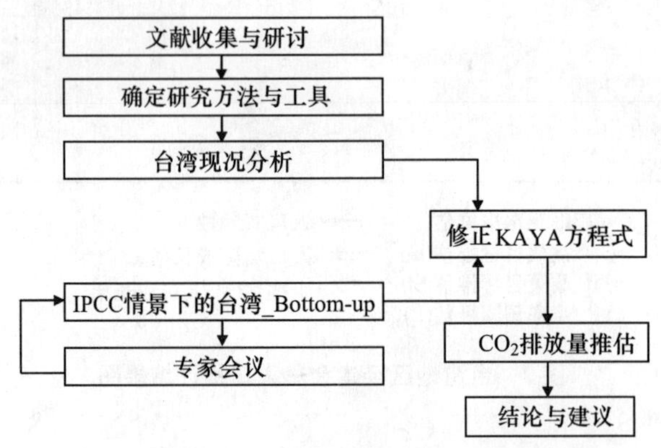

图 4　研究流程

依 IPCC 情景设计影响任何地区或一个国家的未来 CO_2 的排放，可依下列 IPAT 或又称 KAYA 恒等式计算，而各项情景设计基本上也依恒等式右边的各项因子展开故事情节描述与推估：

CO_2 Emissions = Population×（GDP/Population）×（Energy/GDP）×（CO_2/Energy）

但此方程式由于未考虑到能源燃烧以外的非能源相关的温室气体排放，因此若要推估完整的温室气体排放，就必须对此方程式加以修正，纳入非能源部门的排放，此亦为本研究要进行的工作。最后待排放推估完成后，即进行分析讨论并提出最后结论与建议。

4 分析与讨论

4.1 现况分析

(1) 人口资料分析

由 1997—2008 年之人口指针资料显示，过去 10 年间，台湾地区的出生人数由 326 002人下降至 198 733 人，男性出生人数由 170 047 人降低至 103 937 人，女性出生人数则由 155 955 人减少至 94 796 人，粗出生率则由 1997 年的 15.07‰逐年下降到 2008 年的 8.64‰，如表 1 所示。

表1 人口指标（一）

人口指标 / 年份	出生人数	年增率/%	粗出生率/‰	男性出生人数	男性出生年增率/%	女性出生人数	女性出生年增率/%
1997	326 002	N/A	15.07	170 047	N/A	155 955	N/A
1998	271 450	−16.73	12.43	141 462	−16.81	129 988	−16.65
1999	283 661	4.5	12.89	148 042	4.65	135 619	4.33
2000	305 312	7.63	13.76	159 726	7.89	145 586	7.35
2001	260 354	−14.73	11.65	135 596	−15.11	124 758	−14.31
2002	247 530	−4.93	11.02	129 537	−4.47	117 993	−5.42
2003	227 070	−8.27	10.06	118 984	−8.15	108 086	−8.4
2004	216 419	−4.69	9.56	113 639	−4.49	102 780	−4.91
2005	205 854	−4.88	9.06	107 378	−5.51	98 476	−4.19
2006	204 459	−0.68	8.96	106 936	−0.41	97 523	−0.97
2007	204 414	−0.02	8.92	106 898	−0.04	97 516	−0.01
2008	198 733	−2.78	8.64	103 937	−2.77	94 796	−2.79

死亡人数方面，过去 10 年间，台湾地区的死亡人数由 121 000 人逐年上升至 2008 年的 143 624 人，男性死亡人数由 1997 年的 75 226 人上升至 2008 年的 88 541 人；女性死亡人数则由 1997 年的 45 774 人上升至 2008 年的 55 083 人，粗死亡率则由 5.59‰逐年上升到 2008 年的 6.25 ‰，如表 2 所示，台湾地区历年粗出生率与粗死亡率的间距正逐年缩小中。

表2 人口指标（二）

人口指标 / 年份	死亡人数	年增率/%	粗死亡率/‰	男性死亡人数	男性死亡年增率/%	女性死亡人数	女性死亡年增率/%
1997	121 000	N/A	5.59	75 226	N/A	45 774	N/A
1998	123 180	1.8	5.64	76 600	1.83	46 580	1.76
1999	126 113	2.38	5.73	78 073	1.92	48 040	3.13
2000	125 958	−0.12	5.68	78 223	0.19	47 735	−0.63
2001	127 647	1.34	5.71	79 319	1.4	48 328	1.24
2002	128 636	0.77	5.73	79 348	0.04	49 288	1.99
2003	130 801	1.68	5.8	80 384	1.31	50 417	2.29

年份＼人口指标	死亡人数	年增率/%	粗死亡率/‰	男性死亡人数	男性死亡年增率/%	女性死亡人数	女性死亡年增率/%
2004	135 092	3.28	5.97	83 696	4.12	51 396	1.94
2005	139 398	3.19	6.13	86 778	3.68	52 620	2.38
2006	135 839	−2.55	5.95	84 800	−2.28	51 039	−3
2007	141 111	3.88	6.16	87 029	2.63	54 082	5.96
2008	143 624	1.78	6.25	88 541	1.74	55 083	1.85

在人口迁徙上，每年迁入人口数从1997年的179 953人逐年趋势往下降至117 972人，迁出的部分也由212 072人往下降至2008年的131 379人，如表3所示。

表3　人口指标（三）

年份＼人口指标	迁入—台湾地区人数	迁入年增率/%	迁出—台湾地区人数	迁出年增率/%
1997	179 953	1.44	212 072	10.28
1998	197 281	9.63	171 340	−19.21
1999	154 706	−21.58	168 111	−1.88
2000	145 977	−5.64	155 880	−7.28
2001	136 137	−6.74	156 677	0.51
2002	163 747	20.28	153 738	−1.88
2003	129 172	−21.11	150 305	−2.23
2004	128 550	−0.48	138 663	−7.75
2005	136 073	5.85	151 062	8.94
2006	146 895	7.95	145 084	−3.96
2007	118 332	−19.44	126 833	−12.58
2008	117 972	−0.3	131 379	3.58

总结以上各人口指标，在自然增加率（粗出生率－死亡率）方面，由1997年的9.48‰逐年下降至2008年的2.4‰，社会增加率方面，由0.57‰变动为2008年的1.02‰，因此人口的总增加率趋势还是往下，由10年前的10.05‰显著下降到2003年的3.71‰，2008年则为3.42‰，如表4所示。

表4　人口指标（四）

年份＼人口指标	自然增加人数	自然增加率/‰	社会增加人数	社会增加率/‰	总增加—人数	总增加率/‰
1997	205 002	9.48	12 380	0.57	217 382	10.05
1998	148 270	6.79	37 506	1.72	185 776	8.51
1999	157 548	7.16	6 248	0.28	163 796	7.44
2000	179 354	8.08	4 931	0.22	184 285	8.31
2001	132 707	5.94	−3 811	−0.17	128 896	5.77
2002	118 894	5.29	−3 686	−0.16	115 208	5.13
2003	96 269	4.27	−12 495	−0.55	83 774	3.71
2004	81 327	3.59	3 245	0.14	84 572	3.73
2005	66 456	2.92	14 805	0.65	81 261	3.58
2006	68 620	3.01	37 524	1.64	106 144	4.65
2007	63 303	2.76	18 530	0.81	81 833	3.57
2008	55 109	2.4	23 562	1.02	78 671	3.42

(2) 经济成长资料分析

台湾地区经济成长由早期1951年的人均所得146美元上升到1976年的1 159美元，更于1992年突破10 589美元，2005年达到15 714美元，最后2008年达到17 083美元。1965—1995年可说是成长的黄金时段，所得的成长是以倍数的增加。1996年后成长一路下滑，人均所得也一直无法突破20 000美元的大关，如表5所示。

表5 经济成长指标

年份	平均每人GDP(当期价格U.S.元)	平均每人GDP年增率/%	年份	平均每人GDP(当期价格U.S.元)	平均每人GDP年增率/%
1951	146	N/A	1980	2 397	22.48
1952	197	34.93	1981	2 743	14.43
1953	168	−14.72	1982	2 711	−1.17
1954	178	5.95	1983	2 876	6.09
1955	205	15.17	1984	3 199	11.23
1956	142	−30.73	1985	3 314	3.59
1957	161	13.38	1986	3 974	19.92
1958	175	8.7	1987	5 291	33.14
1959	133	−24	1988	6 357	20.15
1960	156	17.29	1989	7 634	20.09
1961	154	−1.28	1990	8 132	6.52
1962	164	6.49	1991	9 008	10.77
1963	180	9.76	1992	10 589	17.55
1964	205	13.89	1993	11 077	4.61
1965	220	7.32	1994	11 991	8.25
1966	240	9.09	1995	12 906	7.63
1967	270	12.5	1996	13 527	4.81
1968	308	14.07	1997	13 904	2.79
1969	349	13.31	1998	12 679	−8.81
1970	394	12.89	1999	13 609	7.33
1971	449	13.96	2000	14 519	6.69
1972	528	17.59	2001	13 093	−9.82
1973	704	33.33	2002	13 291	1.51
1974	933	32.53	2003	13 587	2.23
1975	984	5.47	2004	14 663	7.92
1976	1 159	17.78	2005	15 714	7.17
1977	1 331	14.84	2006	16 111	2.53
1978	1 608	20.81	2007	16 855	4.62
1979	1 957	21.7	2008	17 083	1.35

(3) 能源消费资料分析

岛内能源消费为最终能源消费与能源部门自用消费之和，由于能源部门自用每年都呈近乎固定比率，因此两者的趋势相同；初级能源总供给则考虑了进出口与存货变动，与最终消费趋势稍有不同，表 6 为三者 30 年来的变化情形。一般而言三者的年增率都逐年下滑，使得绝对数值都呈现递减的增加趋势。

表 6　能源指标（一）

能源指标 / 年份	初级能源总供给		最终消费		岛内能源消费	
	千公升油当量	增加率	千公升油当量	增加率	千公升油当量	增加率
1988	49 057.5	10.35	41 775.3	9.17	46 423.8	8.41
1989	51 269.4	4.51	44 184.4	5.77	48 927.8	5.39
1990	53 883.5	5.10	46 923.6	6.20	51 912.1	6.10
1991	58 505.8	8.58	50 084.1	6.74	55 231.4	6.39
1992	61 328.0	4.82	53 514.9	6.85	58 588.7	6.08
1993	65 466.2	6.75	55 401.5	3.53	61 005.7	4.13
1994	69 923.7	6.81	59 465.8	7.34	65 978.4	8.15
1995	72 829.7	4.16	62 095.4	4.42	68 976.3	4.54
1996	76 158.1	4.57	65 084.8	4.81	72 352.7	4.89
1997	80 217.7	5.33	68 688.3	5.54	76 455.7	5.67
1998	86 051.5	7.27	72 728.5	5.88	81 075.6	6.04
1999	89 666.3	4.20	77 078.4	5.98	85 599.2	5.58
2000	97 508.8	8.75	84 173.8	9.21	93 191.7	8.87
2001	101 818.1	4.42	88 983.9	5.71	98 743.1	5.96
2002	106 619.2	4.72	92 417.7	3.86	101 801.7	3.10
2003	109 673.5	2.86	95 803.0	3.66	105 484.4	3.62
2004	114 886.4	4.75	100 052.7	4.44	110 027.9	4.31
2005	116 887.2	1.74	102 233.7	2.18	112 613.8	2.35
2006	119 084.2	1.88	104 702.5	2.41	115 399.1	2.47
2007	125 357.7	5.27	110 678.7	5.71	121 212.2	5.04
2008	120 180.6	−4.13	108 148.4	−2.29	117 685.7	−2.91

注：初级能源总供给＝自产＋进口－出口－国际海运－存货变动。

最终能源消费＝工业部门＋运输部门＋农业部门＋服务业部门＋住宅部门。

岛内能源消费＝能源部门自用＋最终能源消费。

表 7 说明了能源消费弹性、能源生产力与能源密集度三者的变化情况，能源消费弹性值介于 0.5～1.5 之间，而 2001 年与 2008 年的负值是两个例外，能源生产力也都介于 100～112 元/公升油当量之间，并无明显的递增或递减趋势，能源密集度则介于 8～10 公升油当量/千元的范围。

表 7 能源指标（二）

年份 \ 能源指标	岛内能源消费弹性值	能源生产力/（实质 GDP/岛内能源消费）（元/公升油当量）	能源密集度/（岛内能源消费/实质 GDP）（公升油当量/千元）
1988	1.05	100.81	9.92
1989	0.64	103.74	9.64
1990	1.07	103.34	9.68
1991	0.84	104.50	9.57
1992	0.77	106.24	9.41
1993	0.60	109.07	9.17
1994	1.10	108.30	9.23
1995	0.70	110.31	9.07
1996	0.78	111.79	8.95
1997	0.86	112.76	8.87
1998	1.33	111.17	9.00
1999	0.97	111.35	8.98
2000	1.54	108.18	9.24
2001	−2.75	99.88	10.01
2002	0.67	101.37	9.87
2003	1.03	101.25	9.88
2004	0.70	103.05	9.70
2005	0.56	104.87	9.54
2006	0.52	107.25	9.32
2007	0.88	107.93	9.27
2008	−48.49	111.23	8.99

部门别的最终能源消费结构如表 8 所示，工业部门由 1993 年的 48.3%提升到 2008 年的 51.7%，服务业由 2.4%逐年上升到 10.1%，运输部门由 17.4%下降到 13.1%，住宅部门由 12.2%微幅下降到 11.2%。

表 8 岛内能源消费结构（部门别）

单位：千公升油当量

年份 \ 产业部门	能源部门自用	工业部门	运输部门	农业部门	服务业部门	住宅部门	非能源消费
1993	5 604	27 337	10 816	1 409	6 042	7 320	2 475
1998	8 347	34 912	13 702	1 248	9 116	10 616	3 132
2003	9 681	50 975	14 963	1 634	12 808	12 476	2 944
2008	9 537	61 878	15 052	1 169	13 782	13 569	2 697

表 9 说明 15 年来的能源供给结构变化情况，占最大宗的原油及油产品皆维持在 51%上下，其次为煤及煤产品由 1993 年的 27.55%上升到 2008 年的 32.42%，核能发电则由

14.39%下降到8.3%，天然气由4.88%增长为9.42%，再生能源则不足1%。

表9　岛内能源供给结构（能源别）

产业部门 / 年份	煤及煤产品	原油及石油产品	天然气	惯常水力发电	核能发电	太阳光电及风力发电	太阳热能
1993	27.55	52.56	4.88	0.57	14.39	0.00	0.06
1998	29.57	51.11	7.04	0.64	11.57	0.00	0.08
2003	32.50	50.74	7.24	0.24	9.21	0.00	0.07
2008	32.42	49.46	9.42	0.29	8.30	0.04	0.08

4.2　Bottom-up 情景分析

(1) 推估方法

人口变动要素合成法（Cohort-component method）

我们采用经建会的人口推计方法亦即人口变动要素合成法，此法从1945年Leslie教授以人口矩阵（Leslie matrix）方式处理人口预测问题后，此种以年龄层X性别组成推估人口的方式，已成为所有长期全球人口推估方法主流。因此如果人口推估若需要进一步了解人口的年龄结构及性别差异，则此种方法是最适合的方式。因此本研究沿用经建会人口推计，采用Leslie matrix的模型。

Leslie matrix method不仅可推估未来的人口总量，亦能显示出人口组成的结构，适用于各种不同大小区域，且预测结果相当准确。数学式如下：

初生的人口以 n_0 表示，则：

$$n_0(t+1) = \sum_{i=0}^{T} n_i(t)\ f_i$$

式中　n_i (t) ——t 时间年龄 i 组人口数；

T——可存活之最大年龄；

f_i——i 岁人口平均生育子女数。

每个年龄群组中的人口数由前一年龄组可存活的人口数来决定，亦即

$$n_i(t+1) = p_{i-1} \times n_{i-1}(t)$$

p_i= 由 i 岁至 $i+1$ 岁的存活率

前两式可以Leslie矩阵表示为：

$$\begin{pmatrix} n_0(t+1) \\ n_1(t+1) \\ n_2(t+1) \\ \vdots \\ n_T(t+1) \end{pmatrix} = \begin{pmatrix} f_0 & f_1 & f_2 & \cdots & f_T \\ p_0 & 0 & 0 & \cdots & 0 \\ 0 & p_1 & 0 & \cdots & 0 \\ \vdots & \vdots & \vdots & \ddots & \vdots \\ 0 & 0 & 0 & p_{T-1} & 0 \end{pmatrix} \begin{pmatrix} n_0(t) \\ n_1(t) \\ n_2(t) \\ \vdots \\ n_T(t) \end{pmatrix}$$

但传统之Leslie matrix并未考虑迁移率的问题，若考虑开放系统，人口动态会受迁徙行为影响，此时可将净迁移率纳入存活率中一并简化计算，存活率可定义为1－死亡率－移出率＋移进率。

Leslie Matrix Model 属于 deterministic model，其存活率、生育率参数都是固定的，所有属于同一年龄、性别群组的人都有相同的参数。为了处理不确定性的问题，可以情景分析的方法分别假设高中低等各种情景下参数的设定，以作为人口推估的方式。

（2）人口预测之情景说明

A2：区域化 ＋经济发展

情景设计：

（1）政府为鼓励经济成长，希望投入大量人力，因此以政策诱因鼓励生育，以提升生育率。

（2）重视区域性发展移出人口少，区域间物流与技术交流减少，因此区域各自发展自给自足的社会目标，由于重视社区与家庭的伦理价值，自然生育率下降非常缓慢，加上政府亦积极鼓励生育，使得生育率是所有情景中最高的。鉴此，本情景之总生育之假设采用经建会人口预测之替代水准总生育率 2.1 人。

B1：全球化＋ 重视环境品质

情景设计：国内环境品质提升，移入人口增多，且由于环境改善后生育率也因此自然提升，本研究假设与 A1，A1C，A1G 人口趋势相同。

A1，A1C，A1G：全球化＋经济发展

情景设计：以市场经济为导向，人口具有高储蓄率与教育水准，投资率高且在教育、科技与制度方面不断地创新，人口、观念与技术在区域间与国际间的流动不受阻碍。由于高度所得的成长与教育水准的提高导致生育率与死亡率下降，但也由于迁徙自由，人口的流入与流出会增加。生育率较 A2 情景为低，但高于 B1 与 B2 情景。本情景之总生育之假设采用经建会人口预测之高推计（挑战目标）采用之总生育率 1.6 人。

B2 ：区域化 ＋重视环境品质

情景设计：这是一个强调社会与环境永续的体系，政经社技各方面都受到永续发展的概念影响朝向区域自给自足的方式演进，社区力量主导政府的重要决策，教育水准与社会福利的提升，外加环境承载力的限制下与永续发展的人口节育观念，使得生育率在所有情景中最低，为人口成长最保守的情景。故本情景之总生育之假设采用经建会人口预测之中推计（政策目标）采用之总生育率 1.4 人。

本研究采用 Bottom-up 之 6 类情景的人口推计时，总生育率假设依据如表 10 所示，系采用经建会的中推计作为 B2 情景，而高推计作为 A1，B1，A1C 及 A1G 等情景，达到 OECD 各国的替代水准，作为 A2 的情景，其余人口参数设定则同经建会的人口推计报告的重要假设，包括男女零岁平均余命、婴儿出生性别比率、男女净迁徙人数。

表 10　6 类情景之总生育数假设依据

情景	假设	生育率（人数）
A1，B1，A1C，A1G	高推计（挑战目标）	1.6
B2	中推计（政策目标）	1.4
A2	替代水准	2.1

各种情景的人口推估结果如图 5 所示，在 B2 情景下人口下降的趋势最快，从 2008 年的 2 296 万人逐年上升到 2026 年的 2 383.7 万人后，由于人口老龄化死亡率超越出生率导致人口开始下降，到 2056 年只剩 2 028.7 万人，下降的趋势延伸到 21 世纪末时台湾地区

的人口只剩下 1 529 万人；A1，A1C，A1G，B1 情景的人口推计下降趋势较缓，死亡率超越出生率的人口发生在 2028 年的 2 403.1 万人，然后下降到 2100 年时的 1 618.3 万人，在人口趋势最多的 A2 情景人口也是先增后减，负成长发生在 2035 年的 2 541 万人，其后负成长率逐年增加导致人口逐年下滑，到 2100 年时的人口推计为 1 969.1 万人。

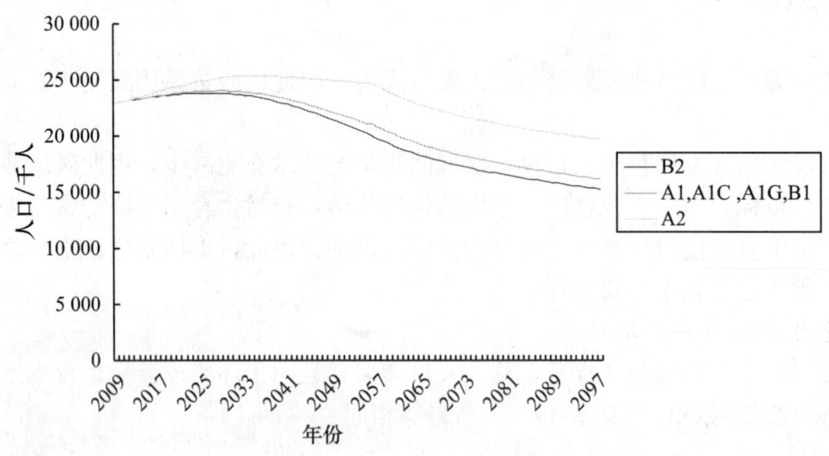

图 5 台湾地区各情景之人口推估趋势

在人口的年龄结构方面，分析如下，各情景的图表分析则见表 12，表 13，表 14，表 15，图 19，图 20，图 21。

B2 情景：

14 岁以下幼年人口（0～14 岁）将由 2008 年的 390.6 万人持续减少，2057 年降为 205.6 万人，2100 年时为 204.1 万人。幼年人口占总人口比率将由 2008 年 17.0%，2057 年降为 10.28%，2100 年时再降 13.35%。工作年龄（15～64 岁）人口趋势，将由 2008 年 1 665.7 万人，2057 年降为 1 059.7 万人，2100 年时再降为 993 万人。工作年龄人口占总人口比率将由 2008 年 72.6%，2057 年降为 52.96%，2100 年时增加为 64.95%。高龄（65 岁以上）人口趋势，于 2057 年，高龄人口增加为 761.6 万人，2100 年时降为 331.9 万人。高龄人口占总人口比率将由 2008 年 10.4%，2057 年升高为 36.76%，2100 年时再降至 21.71%。

A1，A1C，A1G，B1 等情景：

14 岁以下幼年人口于 2028 年及 2056 年，分别较 B2 情景高出 18.5 万人及 40.0 万人，2100 年时则高出 39.6 万人。幼年人口占总人口比率将由 2008 年 17.0%，2057 年降为 11.64%，2100 年时则增为 15.06%。工作年龄人口趋势，2057 年降为 1 105.8 万人，2100 年时再降为 1 038.3 万人。工作年龄人口占总人口比率，2057 年降为 52.33%，2100 年时增加为 64.16%。高龄人口趋势，于 2057 年，高龄人口增加为 761.6 万人，2100 年时降为 336.3 万人。高龄人口占总人口比率将由 2008 年 10.4%，2057 年升高为 36.04%，2100 年时再降至 20.78%。

A2 情景：

14 岁以下幼年人口于 2057 年降为 404.1 万人，2100 年再降为 400.1 万人，在人口结构方面，2057 年为 16.37%，2100 年增加为 20.32%。工作年龄人口趋势，2057 年降为

1 303.5万人，2100 年时再降为 1 232.7 万人。工作年龄人口占总人口比率，2057 年降为 52.79%，2100 年时增加为 62.60%。高龄人口趋势，于 2057 年，高龄人口增加为 761.6 万人，2100 年时降为 336.3 万人。高龄人口占总人口比率将由 2008 年 10.4%，2057 年升高为 30.84%，2100 年时再降至 17.08%。

扶养比（dependency ratio）：又称为依赖指数，系指每 100 个工作年龄（15 至 64 岁）人口所需负担依赖人口（14 岁以下幼年及 65 岁以上高龄人口）之比率，一般可分为扶幼比及扶老比。比率愈高，代表具生产能力者之负担愈重；反之，比率愈低，则代表具生产能力者之负担较轻。总而言之，由于少子女化及高龄化之结果，工作年龄人口对幼年人口之负担将逐渐减缓，但对高龄人口之负担将逐渐加重。

依据 B2 情景，每 100 个工作年龄人口所需负担之总依赖人口，将由 2008 年约 38 人，2057 年增加为 88 人，2100 年则降为 53 人。其中，扶幼比将由 2008 年 23.5%，2057 年再降为 19.41%，2100 年又升高为 20.55%；而扶老比则将由 2008 年之 14.4%，2057 年增加为 69.42%，2100 年又降为 33.42%。人口老化指数（高龄人口/幼年人口×100）2008 年时为 61，2057 年升高至 358，2100 年时降为 163。

A1，A1C，A1G，B1 情景，每 100 个工作年龄人口所需负担之总依赖人口，将由 2008 年约 38 人，2057 年增加为 91 人，2100 年则降为 55 人。其中，扶幼比将由 2008 年 23.5%，2057 年再降为 22.24%，2100 年又升高为 23.47%；而扶老比则将由 2008 年之 14.4%，2057 年增加为 68.87%，2100 年又降为 32.39%。人口老化指数 2008 年时为 61，2057 年升高至 310，2100 年时降为 138。

A2 情景，每 100 个工作年龄人口所需负担之总依赖人口，将由 2008 年约 38 人，2057 年增加为 89 人，2100 年则降为 59 人。其中，扶幼比将由 2008 年 23.5%，2057 年再降为 31%，2100 年又升高为 32.45%；而扶老比则将由 2008 年之 14.4%，2057 年增加为 58.43%，2100 年又降为 27.28%。人口老化指数 2008 年时为 61，2057 年升高至 188，2100 年时降为 84。

(3) 经济成长预测之情景说明

一国整体之经济发展体现于各项经济层面的综合表现，如政府施政、国际市场开放程度、工业、服务业、农业的发展等。以下将台湾地区未来社会经济发展之走向，透过各种类经济层面的设定，依 IPCC 架构分为 6 类情景来说明。

A1，A1C，A1G：全球化+经济发展情景

情景设计：

▲政府施政：在全球化的经济形态下，为促进经济发展，提高台湾地区产业在国际市场上之竞争力，行政当局扩大财政支出，积极投入各项公共建设，并研拟各层面提升社会经济方针，诸如健全金融体制、推动科技创新、促进产业升级、培植新兴产业发展、加速基础建设等，以扩大消费市场，营造良好的投资环境，使台湾地区跻身世界先进之林。

▲国际市场开放程度：在全球化经济发展导向下，各国贸易障碍越来越趋于无限制，资本在国际间可完全移动，人力资源与技术相较于其他情景最具移转能力。因此，各产业之全球布局趋势更加完整，提升生产效率，增进整体效益；在市场定价策略上，促使各厂商竞争程度提高。

▲工业：资本、人力资源与技术在国际间移转程度提高，带动高技术研发工业科技创

新，使台湾地区科技产业蓬勃发展，提升电子、机械、石化、汽车、化学、航天科技等产业之经济效益，为台湾地区经济发展作出充分贡献。

▲服务业：全球化经济形态下，信息流通快速，各国商品更加互通有无，购买产品的附加成本降低，全球消费市场态势越趋显著，服务业之经济效益亦成功带动台湾地区经济繁荣。

▲农业：高技术密集度的农业将逐步取代以人力为主的生产型态，高品质之精致农业结合观光、旅游、休闲娱乐等手法，经由整体社会的经济发展，将促进产业升级，增加利润。

A2：区域化＋经济发展情景

情景设计：

▲政府施政：在区域化的经济形态下，为促进经济发展，提高台湾地区产业在区域市场上之竞争力，由此扩大内需，积极加强各项公共建设，创造就业机会，以提高消费能力，促进经济成长。

▲国际市场开放程度：在区域化经济发展导向下，各国贸易障碍更为严重，资本在国际间不完全移动，人力资源与技术相较过去更不具移转能力。因此，各产业之经营策略转以亚洲区域为主轴，无法有效提升生产效率，增进整体效益。

▲工业：资本、人力资源与技术在国际间移转程度降低，减缓高科技与技术创新，使台湾地区工业发展不如 A1 情景快速，亦影响电子、机械、石化等产业之经济效益。

▲服务业：区域化经济形态下，各国商品流通存在区域与区域间的障碍，购买产品的附加成本提高，形成区域消费市场趋势，服务业之经济效益将由国内消费水准为主。

▲农业：存在高度贸易障碍下，台湾地区农产品之出口贸易将受到限制，由此走向高品质之精致农业结合观光、旅游、休闲娱乐等手法，透过岛内消费水准的提高来增加利润。

B1：全球化＋重视环境品质情景

情景设计：

▲政府施政：在未来全球化经济形态下，环保意识已与人类生活密不可分，在经济发展的同时，台湾社会各层面均高度重视环境品质的提升及维持。因此，行政当局扩大财政支出，着重各项维护台湾地区自然生态环境以及提升社会福利之方针，以营造良好的生活环境。

▲国际市场开放程度：在全球化经济发展并着重环境品质之导向下，各国间仍存在些许之贸易障碍，资本在国际间完全移动，人力资源与技术相较过去亦具移转能力，但比 A1 情景为低。

▲工业：资本、人力资源与技术在国际间移转程度提高，带动高技术研发工业科技创新，但环保意识以及环境永续的注重，使台湾地区对于会引发污染的负外部性之工业更有诸多限制，降低机械、石化、汽车、化学等产业之经济效益，影响经济成长。

▲服务业：全球化经济形态下，信息流通快速，将使各国人民更了解维护自然生态与环境品质的重要，服务业之商品亦将受到环保意识的影响，使经济效益有所变化。

▲农业：台湾地区农业未来将以高品质之精致农业结合观光、旅游、休闲娱乐等手法，经由全球社会强调环境永续，来促进产业升级，增加收益。

B2：区域化 十重视环境品质情景

情景设计：

▲政府施政：未来环保意识已与人类生活密不可分，在经济发展的同时，亦面临各国贸易障碍之受限，并且台湾社会各层面均高度重视环境品质的提升及维持。因此，行政当局着重各项维护台湾地区自然生态环境以及提升社会福利之方针，以营造良好的生活环境。

▲国际市场开放程度：在区域化经济发展并着重环境品质之导向下，各国间存在更高之贸易障碍，资本在国际间不完全移动，人力资源与技术亦较不具移转能力。

▲工业：资本、人力资源与技术在国际间移转程度降低，影响高技术研发工业科技创新，且环保意识以及环境永续的注重，使台湾地区对于会引发污染的负外部性之工业更有诸多限制，加上区域间经济条件之障碍，更为降低机械、石化、汽车、化学等产业之经济效益，影响台湾地区经济成长。

▲服务业：区域化经济形态下，加上各国着重维护自然生态与环境品质的重要，服务业之商品更将受到环保意识的影响，使服务业之发展受限更大。

▲农业：区域化经济形态下，台湾地区农业未来将以高品质之精致农业结合观光、旅游、休闲娱乐等手法，经由整体社会强调环境永续，来促进产业升级，增加收益。

(4) 经济成长预测之推估方法

由此将台湾地区整体经济的产业结构划分为工业、服务业与农业之后，分别透过1951—2008年的工业、服务业、农业每年之产值以及生产毛额（GDP）之数据进行推估。数据总数共232笔。

为求推估结果之准确，本研究采用外插法进行经济成长的预测，即利用台湾地区过去将近50年的各产业产值与生产毛额数据，延伸得到每年工业、服务业、农业等产业结构占比（%），来推估未来GDP成长率，最后延伸预测至2100年台湾地区生产毛额之经济发展情况。模型设计如下：

$$d\ln Y_t = \alpha + \beta_1 \cdot [\frac{X_{1t}}{Y_t}] + \beta_2 \cdot [\frac{X_{2t}}{Y_t}] \tag{1}$$

由（1）式可得：

$$\hat{Y}_t = \alpha + \beta_1 \cdot \hat{X}_{1t} + \beta_2 \cdot \hat{X}_{2t} \tag{2}$$

式中各变量设定如下：

Y_t——t年台湾地区生产毛额；

$\hat{Y}_t$——t年台湾地区生产毛额成长率；

X_{1t}——t年台湾地区工业产值；

$\hat{X}_{1t}$——t年台湾地区工业产值结构占比；

X_{2t}——t年台湾地区服务业产值；

$\hat{X}_{2t}$——t年台湾地区服务业产值结构占比。

本研究进行Bottom-up 6类情景的经济成长推估时，利用台湾地区1951—2008年每年工业占生产毛额之产值结构占比数据，分别依相对极大值、相对极小值、平均数以及中位数等，作为6类情景经济成长推估之假设依据，如表11所示。

表 11　6 类情景之年工业产值结构占比假设依据

情景	假设	产值结构占比
A1，A1C，A1G	相对极大值	36.00%，38.00%，40.00%
A2	中位数	32.78%
B1	平均值	34.54%
B2	相对极小值	24.00%

各类情景的经济成长推估结果如表 12 与图 6 所示，在全球化经济形态下，台湾地区着重整体经济的提升导致 A1、A1C 与 A1G 等情景之生产毛额相较于其他情景成长最高，B1 与 A2 情景居次，最后则为强调区域化社会经济发展以及环境永续观念的 B2 情景，其中 A1、A1C 与 A1G 根据煤炭、油气等资源使用的不同，经济成长的结果也有所差异。

在 A1、A1C 与 A1G 等情景下，经济成长的趋势最为快速，B1 与 A2 情景居次，最后则为 B2 情景。其中，A1G 情景的生产毛额从 2008 年的391 278百万美元逐年上升至 2100 年的 3 419 049 百万美元，但每年之经济成长率逐渐下降，使得 A1G 情景的生产毛额成长趋势逐渐趋于缓和；A1C 情景的生产毛额则从 2008 年的 391 278 百万美元，逐年上升至 2100 年的 2 740 480 百万美元；A1 情景的生产毛额则从 2008 年的 391 278 百万美元，逐年上升至 2100 年的 2 169 035 百万美元；A2 情景的生产毛额则从 2008 年的 391 278 百万美元，逐年上升至 2100 年的 1 702 944 百万美元；B1 情景的生产毛额则从 2008 年的 391 278 百万美元，逐年上升至 2100 年的 1 974 829 百万美元；B2 情景的生产毛额则从 2008 年的 391 278 百万美元，逐年上升至 2100 年的1 100 868百万美元。由图 6、图 7 可知，各类情景的生产毛额成长趋势皆逐渐趋于缓和，相同的情况亦发生于各类情景之台湾人均所得成长趋势上。

表 12　Bottom-up 情景分析下之台湾所得（GDP）推估结果

情景 / 年份	A1	A1C	A1G	A2	B1	B2
	百万美元（Million US$）					
2000	321 230	321 230	321 230	321 230	321 230	321 230
2010	413 745	416 987	421 104	410 221	411 132	401 448
2020	582 196	605 059	631 386	564 532	568 905	511 788
2030	774 103	829 050	891 700	731 079	745 663	619 840
2040	981 918	1 082 440	1 197 050	901 374	934 315	720 928
2050	1 197 537	1 356 783	1 539 069	1 067 928	1 127 588	812 038
2060	1 413 308	1 642 899	1 907 293	1 224 941	1 318 861	891 644
2070	1 622 699	1 931 894	2 290 488	1 368 478	1 502 668	959 367
2080	1 820 632	2 215 887	2 677 773	1 496 310	1 674 899	1 015 614
2090	2 003 534	2 488 432	3 059 443	1 607 587	1 832 792	1 061 260
2100	2 169 035	2 740 480	3 419 049	1 702 944	1 974 829	1 100 868

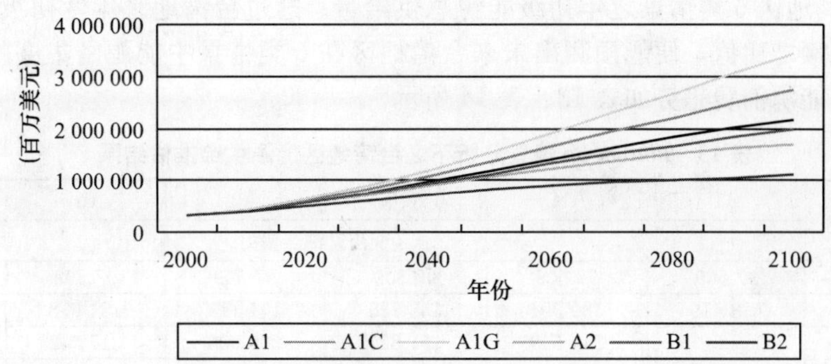

图 6　Bottom-up 情景分析下之台湾地区所得（GDP）推估结果

（5）能源供给预测之情景说明

情景设计：

A1，A1C，A1G：全球化＋经济发展情景

在全球化的经济形态下，信息流通快速带动科技创新，提升电子、机械、石化、汽车、化学、航天科技等产业之经济效益。无论在生产面或消费面，均促使各产业之能源使用不断增加。

A2：区域化＋经济发展情景

在区域化的经济形态下，资本、人力资源与技术在国际间移转程度降低，减缓高科技与技术创新，使工业发展不如 A1 情景快速，汽车、化学、机械、石化等工业之能源使用相对 A1 情景亦较不频繁。

B1：全球化＋重视环境品质情景

在未来全球化经济形态下，台湾社会各层面均高度重视环境品质的提升及维持，促使对于会引发污染的负外部性之工业更有诸多限制，影响机械、石化、汽车、化学等产业之发展，更由于全世界的能源使用效率的提升与创新技术的扩散，使得经济成长能成功的与能源使用量脱钩，进而降低能源使用程度甚巨。

B2：区域化 ＋重视环境品质情景

在区域化经济发展导向下，各国着重维护自然生态与环境品质的同时，亦面临国与国间形式上或实质上的障碍，经济发展目标转为国内消费市场以及区域经济，但由于能源效率与创新技术不如 B1 情景发达，导致产业在能源使用方面虽较 A1 情景为低，但比 B1 情景为高。

（6）能源供给预测之推估方法

利用经济部能源局所发布之能源统计年报，从 1988—2008 年共 21 年之初级能源总供给数据来进行台湾地区未来能源需求的预测。为求推估结果能精确地反映台湾地区未来在 6 类情景中能源消费之趋势，本研究透过 IPCC SRES 针对 OECD 国家在 AIM 模型中所推估出 6 类情景之各年能源消费弹性值与其平均年能源消费弹性值作一权数，并扣除台湾地区 2001 年与 2008 年的经济负成长极端值后，结合过去 19 年台湾地区之平均年能源消费弹性值，推估出未来至 2100 年台湾地区 6 类情景各年能源消费弹性值。

经由先前所预测出的 GDP 年成长率，推导出未来至 2100 年台湾地区 6 类情景之年初级能源总供给增加率，并以 2000 年台湾地区初级能源总供给量为基期，延伸推估出未来至 2100 年台湾地区 6 类情景之年初级能源总供给量。透过台湾地区年度初级能源总供给量以及生产毛额之比值，便能预测出未来台湾地区在 6 类情景中能源密集度的趋势走向。台湾地区未来能源消费趋势如表 13、表 14 所示。

表 13　Bottom-up 情景分析下之台湾地区能源供给推估结果

年份＼情景	A1	A1C	A1G	A2	B1	B2
	（千公升油当量）					
2000	97 509	97 509	97 509	97 509	97 509	97 509
2010	138 419	180 594	138 725	141 113	154 678	151 125
2020	177 567	244 539	174 820	200 006	215 942	249 679
2030	207 509	294 538	211 861	241 788	196 773	292 675
2040	238 236	320 029	287 186	250 867	141 593	196 234
2050	267 760	375 607	389 620	268 461	138 828	245 490
2060	319 939	419 400	453 267	280 841	85 921	187 084
2070	371 711	485 682	541 322	300 395	82 405	185 965
2080	415 928	560 902	630 989	327 815	79 840	205 239
2090	450 928	626 929	696 959	358 385	61 711	218 840
2100	480 841	681 268	747 439	386 634	53 811	246 768

表 14　Bottom-up 情景分析下之台湾地区能源密集度推估结果

年份＼情景	A1	A1C	A1G	A2	B1	B2
	（公升油当量/美元）					
2000	0.303 5	0.303 5	0.303 5	0.303 5	0.303 5	0.303 5
2010	0.334 6	0.433 1	0.329 4	0.344 0	0.376 2	0.376 4
2020	0.305 0	0.404 2	0.276 9	0.354 3	0.379 6	0.487 9
2030	0.268 1	0.355 3	0.237 6	0.330 7	0.263 9	0.472 2
2040	0.242 6	0.295 7	0.239 9	0.278 3	0.151 5	0.272 2
2050	0.223 6	0.276 8	0.253 2	0.251 4	0.123 1	0.302 3
2060	0.226 4	0.255 3	0.237 6	0.229 3	0.065 1	0.209 8
2070	0.229 1	0.251 4	0.236 3	0.219 5	0.054 8	0.193 8
2080	0.228 5	0.253 1	0.235 6	0.219 1	0.047 7	0.202 1
2090	0.225 1	0.251 9	0.227 8	0.222 9	0.033 7	0.206 2
2100	0.221 7	0.248 6	0.218 6	0.227 0	0.027 2	0.224 2

在 A1、A1C 与 A1G 等情景下，能源供给的趋势最为显著，A2 情景居次，最后则为 B2 以及 B1 情景。其中，A1G 情景的初级能源总供给量从 2008 年的120 181千公升油当量，逐年上升至 2100 年的 747 439 千公升油当量，与台湾地区生产毛额之趋势相同的是，每年之初级能源总供给量成长率逐渐下降，使得 A1G 情景的初级能源总供给量成长趋势逐渐趋于缓和；A1C 情景的初级能源总供给量从 2008 年的 120 181 千公升油当量，逐年上升至 2100 年的 681 268 千公升油当量；A1 情景的初级能源总供给量从 2008 年的 120 181千公升油当量，逐年上升至 2100 年的 480 841 千公升油当量；A2 情景的初级能源总供给量从 2008 年的 120 181 千公升油当量，逐年上升至 2100 年的386 634千公升油当量；B2 情景的初级能源总供给量从 2008 年的 120 181 千公升油当量，整体上逐年上升至 2100 年的 246 768 千公升油当量；B1 情景的初级能源总供给量从 2008 年的 120 181 千公

升油当量，整体上逐年下降至2100年的53 811千公升油当量。

未来台湾地区在6类情景中能源密集度的走向，长期而言，大致均呈现下降的趋势，代表台湾地区各产业未来整体上在6类情景中，能源消费上增加的程度相较于生产毛额的成长幅度为低，亦即经济成长对能源必要投入的依赖性逐年降低，而以B1情景最能成功的将两者几乎完全脱钩。

(7) 各类情景下台湾地区未来能源供给结构之推估

本研究透过IPCC SRES针对OECD国家在AIM模型中所推估出6类情景之各年能源供给结构百分比值，配合台湾地区过去15年能源供给结构之发展趋势推估出未来至2100年台湾地区在6类情景中各能源类别的供给结构百分比值，并进一步得出各年不同能源类别的供给量。

在重视全球化与经济发展的A1情景中，煤、石油与核能的能源供给量所占百分比逐年下降，而天然气与再生能源的能源供给量所占百分比逐年上升；在着重煤能源使用的A1C情景中，煤与再生能源的能源供给量所占百分比逐年上升，石油与核能的能源供给量所占百分比则逐年下降；在着重石油与天然气能源使用的A1G情景中，尽管石油能源供给量所占百分比逐年下降，但此与全球石油蕴藏量息息相关，与其他情景相较，石油能源供给量所占百分比仍为最高，而煤与核能的能源供给量所占百分比逐年下降，天然气与再生能源的能源供给量所占百分比则逐年上升；在重视区域化与经济发展的A2情景中，煤、天然气与再生能源的能源供给量所占百分比逐年上升，石油与核能的能源供给量所占百分比则逐年下降；在重视全球化与环境发展的B1情景中，煤、石油与核能的能源供给量所占百分比逐年下降，天然气与再生能源的能源供给量所占百分比则逐年上升；在重视区域化与环境发展的B2情景中，发展趋势则与B1情景相似。

(8) 各类情景下台湾地区未来土地利用变迁之推估

在土地利用变迁上，由于台湾地区土地使用分类系统与IPCC之分类差异甚大，根据目前统计资料进行Bottom-up方法的推估容易导致偏误，故本研究拟采用IPCC之Top-down情景分析的降尺度推估结果，配合台湾地区Bottom-up情景分析下之人口成长、经济成长、能源供给等分析来进行台湾地区未来各情景下CO_2排放量的推估。

4.3 修正后之KAYA方程式

在Top-down方法上是将全球情景趋势降尺度到台湾地区情景，采用的指标亦以IPCC SRES为主，推估基期为2000年，并依据IPCC的全球预测值之10年间隔时间作为时间间距，依比例推估IPCC SRES-台湾地区情景。在Bottom-up方法上则是透过收集整理台湾本土资料，就过去的发展情况找出历史规律后，以数量方法就IPCC SRES情景下的各个驱动因子做出未来的模拟推估。在完成情景推估后，便可透过修正后的KAYA方程式，来进行在各类情景下的温室气体排放之推估分析。修正后之KAYA方程式如下式所示：

$$CO_2\ \text{Emissions} = \text{Population} \times (\text{GDP/Population}) \times (\text{Energy/GDP}) \times (CO_2/\text{Energy}) + \text{非能源部门之}\ CO_2\ \text{排放量}$$

$= \text{Population} \times (\text{GDP/Population}) \times (\text{Energy/GDP}) \times (CO_2/\text{Energy})$ ＋各类土地面积×碳排放（吸收）系数×CO_2 转换率

式中

$(CO_2/\text{Energy})\ i = \text{EF}i \times \text{OF}i \times CO_2$ 转换率，i 表示能源种类，煤、油、气、电。

本研究采用 1999 年《台湾环境、能源、经济整合模型之建立与温室气体减量策略之研究》报告成果，从中可得出 EFi 表示各能源如煤、油、气、电等之碳排放系数（Emission Factor），分别为煤：0.972 吨 C(碳)/公升油当量、油：0.712 吨 C(碳)/公升油当量、气：0.577 吨 C(碳)/公升油当量、电：0 吨 C(碳)/公升油当量；OFi 为能源燃烧时之氧化率，OF(煤)＝0.98，OF(油)＝0.99，OF(气)＝0.995；CO_2 转换率＝44/12，为将求出之碳排放量以分子量比例转换为二氧化碳的排放量。

在土地对 CO_2 的排放与吸收方面，本研究采用 IPCC 之 Top-down 情景分析推估结果，配合台湾地区 Bottom-up 情景分析下之人口成长、经济成长、能源供给等推估分析后，由于台湾地区土地使用分类系统与 IPCC 之分类差异甚大，根据目前统计资料无法精确地估算各土地使用之碳排放（吸收）系数，亦无法采用 IPCC 方法之参考值，故本研究将依据台湾环保机构 1994 年度委托项目工作计划之研究报告成果，设定Cropland＋Energy Biomass 碳排放系数＝0.22、Grasslands 碳排放系数＝0.125、Forest 碳吸收系数＝0.05、Others（都市等其他用地）碳排放系数＝0.36；相同地，CO_2 转换率＝44/12，为将求出之碳排放量以分子量比例转换为二氧化碳的排放量。从能源燃烧以及非能源燃烧之 CO_2 排放加总便能得出台湾地区未来在各类情景下之 CO_2 排放量。

5 结论与建议

台湾地区未来在各情景下之 CO_2 排放量推估结果如表 15 与图 7 所示，在 A1 情景方面，注重全球化与经济发展下，台湾地区未来 CO_2 排放量推估趋势为逐年上升的走向，从 2000 年的 24 991 万吨上升至 2040 年的 38 047 万吨，以及 2070 年的 43 700 万吨，直至 2100 年的 43 827 万吨，上升幅度相较其他情景则较缓慢，应为 A1 情景推估下，煤的使用不如油、气、电普遍所致。

A1C 情景方面，亦为逐年上升的走向，从 2000 年的 24 991 万吨上升至 2040 年的 71 752万吨，以及 2070 年的 101 982 万吨，直至 2100 年的 136 864 万吨，该情景上升幅度为 5 倍以上之多，乃 6 类情景中最大，应为 A1C 情景推估下，台湾社会煤的使用相较于油、气、电之利用特别着重所致。

A1G 情景方面，台湾地区未来 CO_2 排放量推估趋势亦为逐年上升的走向，从 2000 年的 24 991 万吨上升至 2040 年的 59 362 万吨，以及 2070 年的 96 980 万吨，直至 2100 年的 121 374 万吨，该情景上升幅度不如 A1C 情景为高，应为 A1G 情景推估下，较为着重油、气之利用所致。

A2 情景方面，台湾地区未来 CO_2 排放量推估趋势亦为逐年上升的走向，从 2000 年的 24 991 万吨上升至 2040 年的 62 641 万吨，以及 2070 年的 72 883 万吨，直至 2100 年的 92 114万吨，该情景在 2100 年之 CO_2 排放量推估相较于 2000 年增加将近 4 倍。此一现象显示出，在注重区域化与经济发展下，台湾地区在煤能源的使用上相对于 A1 情景为高，亦导致 CO_2 排放量推估趋势较大的结果。

B1 情景方面，注重全球化与环境发展下，台湾地区未来 CO_2 排放量推估趋势为逐年下降的走向，从 2000 年的 24 991 万吨上升至 2040 年的 26 472 万吨，下降至 2070 年的 12 851万吨，直至 2100 年的 7 349 万吨，下降幅度相对于其他情景非常明显，此一现象显示出，B1 情景推估下，注重全球环境保护与永续发展的成果成功减量 CO_2 排放所致。

表 15　台湾地区未来各情景下 CO_2 排放量推估

情景 / 年份	A1	A1C	A1G	A2	B1	B2
	万吨					
2000	24 991	24 991	24 991	24 991	24 991	24 991
2010	34 887	46 850	36 088	36 968	39 762	39 421
2020	37 860	59 126	42 538	51 810	48 906	55 854
2030	37 709	68 178	46 938	61 283	39 976	59 560
2040	38 047	71 752	59 362	62 641	26 472	37 304
2050	38 237	82 086	76 177	66 266	24 206	44 144
2060	41 300	89 712	84 573	68 678	14 136	32 128
2070	43 700	101 982	96 980	72 883	12 851	30 636
2080	44 769	115 868	109 042	78 994	11 859	32 523
2090	44 605	127 628	116 590	85 843	8 779	33 414
2100	43 827	136 864	121 374	92 114	7 349	36 317

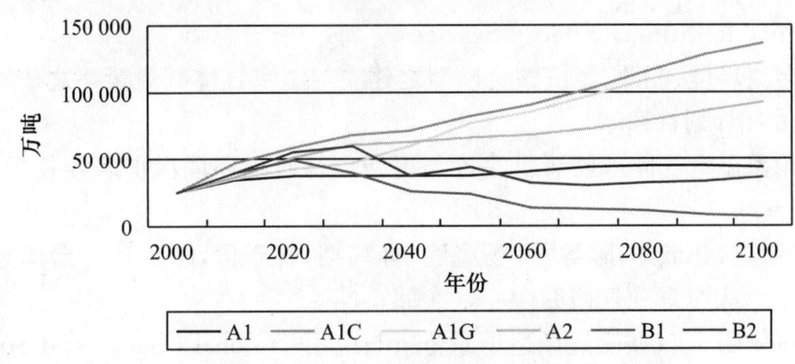

图 7　台湾地区未来各情景下 CO_2 排放量推估趋势

B2 情景方面，注重区域化与环境发展下，台湾地区未来 CO_2 排放量推估趋势波动不大，从 2000 年的 24 991 万吨上升至 2040 年的 37 304 万吨，下降至 2070 年的 30 636 万吨，直至 2100 年的 36 317 万吨，在该情景下，未来能源的使用主要在再生能源的成长以及天然气能源上，因此 CO_2 排放量的推估未若注重经济发展之情景为大。

气候变化之冲击与适应，已非仅属于假设或学术上研究的要件，从过去几年开始，气候变化带给全球以及人类生活的影响已逐渐被感受到，并且此种负面的效果正在逐渐增强中。在本研究分析中可以发现，由上述各类情景之推估结果，各类情景下 CO_2 排放量的推估趋势与能源供给的推估趋势大致相符，除非科技能在能源使用时不排放 CO_2，否则未来台湾地区若不注重环境保护与永续发展，过度破坏生态，CO_2 排放量的增长将会是过去的 4 倍以上之多，且是持续不断的趋势，对于环境的维护与人类生存的发展都将是一大迫害，唯有注重全球化的环境发展，才能彻底对 CO_2 排放的减量效果达到最大的助益。IPCC 的 4 种情景与情节的发展，象征着人类面对气候变迁可以有社经发展方向的选择，而各种选择后面也会产生不同的政策意涵，本研究将此 4 种大方向的选择运用到台湾社经情景的发展，也提供了决策者面对气候变迁冲击下可以有的选项与可能的发展结果，对决策者而言，应该是一项有用的分析工具，亦有助于将来在减量与调适政策形成时可作为降低不确定性与风险的研究方法。

参考文献

[1] Berkhout, F., Hertin, J. & Jordan, A. (2002). "Socio-economic futures in climate change impact assessment: using scenarios as 'learning machines'.", Global Environmental Change, 12, 83-95.

[2] Berkhout, F., Hertin, J. & Gann, D. M. (2006). "Learning to adapt: Organisational adaptation to climate change impacts.", Climatic Change, 78, 135-156.

[3] IPCC, (2000). "Special Report on Emissions Scenarios.", Intergovernmental Panel on Climate Change.

[4] IPCC, (2001). "Special Report on Emissions Scenarios.", Intergovernmental Panel on Climate Change.

[5] Suraje Dessai & Mike Hulme, (2004). "Does climate adaptation policy need probabilities?", Climate Policy, 4,107-128.

[6] UNDP, (2004). "Joint Statement on Indoor Air Pollution: World Rural Women's Day 2004.", Air, Pollution, Energy Services.

[7] 许志义．台湾环境、能源、经济整合模型之建立与温室气体减量策略之研究．行政院环境保护署委托计划,(1999).

[8] 黄启峰．国家温室气体排放清册建置与更新．行政院环境保护署委托项目工作计划,(2005).

[9] 柳中明,吴明进,林淑华,陈盈蓁,杨胤庭,林玮翔,曾于恒,陈正达．台湾地区未来气候变迁预估．台大全球变迁研究中心,(2008).

[10] 陈起凤,柳中明．气候变迁调适情景分析与应用．Global Change and Sustainable Development,(2008)2(2),34－50.

中国二氧化碳减排前景：CCS技术发展与贸易结构调整

邹乐乐

北京理工大学能源与环境政策研究中心　北京　100081

中国科学院科技政策与管理科学研究所　北京　100190

摘　要：本文从CCS技术的实施成本和国际贸易引起的二氧化碳排放两个问题入手，对CCS技术减排和调整贸易结构减排进行了对比，希望通过在成本上和减排潜力上的比较，为两种减排途径在中国的发展前景和可行性进行一个简单的分析。通过分析，我们认为：(1) 相对于国际水平，中国在CCS的实施成本上具有成本优势；并且我们认为发达国家应该做出表率，提供足够的资金和技术来帮助CCS实施成本较低的发展中国家来发展CCS技术，并把成功经验与全世界共享，从而帮助全球在应对气候变化，实现温室气体减排上实现真正而绝对的减排。(2) 如果不考虑运输和封存的成本，对于捕集电站来说，捕集成本就是决定未来CCS技术推广的一项关键成本；因此，未来CCS技术的研发重点在于捕集技术的发展。(3) 贸易出口结构的不合理也间接导致了中国温室气体排放的增加。适当调整贸易结构既能减少中国和全球的二氧化碳排放，又可以在一定程度上防止因为减少一些部门的商品出口量而对经济发展产生影响。(4) 最后，我们认为作为应对气候变化的首要问题，减少温室气体排放有制度上和技术上两种途径，对于CCS技术成本高昂的当前，考虑其他一些制度上减排（例如：调整贸易结构）更加合理。

关键词：碳捕集与封存，贸易排放，贸易结构调整，学习曲线

1　引言

碳捕集与封存（CCS）技术应用目前在全球已成为研究的热点。一方面，气候变暖的严峻事实已经对温室气体减排提出了急迫的要求；另一方面，对大多数正处于起步阶段的发展中国家来说，以牺牲本国经济增长和社会发展的机会，来换取减排温室气体这一公共物品所获得的福利，是需要全面权衡和考虑的决策。

随着中国经济的飞速发展，其电力生产和消费也在迅猛增长。以煤为主的能源结构决定了燃煤发电在很长时间内仍将占据主导地位。虽然自1995年以后燃煤发电的比例略有下降，但直至2007年都在70%左右，如图1所示。

同时，煤炭在所有发电燃料中的二氧化碳排放率最高，导致了中国的高排放现状。2003年中国大陆每千瓦时电力和热力的二氧化碳排放为771克，高于全球和OECD国家平均水平，位居全球第22位。

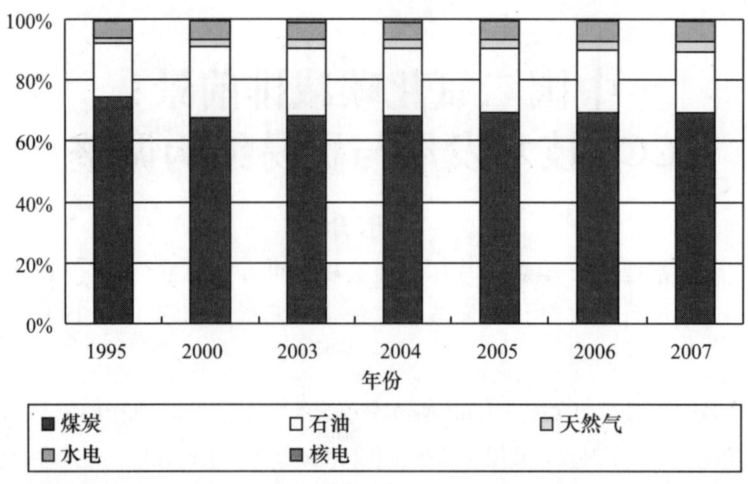

图 1　中国 1995—2007 发电燃料构成

数据来源：中国能源统计年鉴。

基于短期之内燃煤发电比例不可能大幅下降的事实，目前 CCS 被视做是最能够大规模减少空气中二氧化碳浓度的有效手段之一（其他减缓方案包括提高能源效率、向低含碳量燃料转变、核能、可再生能源、增加生物汇以及非二氧化碳温室气体的减排等）。

在涉及 CCS 应用前景的技术成熟性、成本、整体潜力、在发展中国家的技术普及和转让及其应用技术的能力、法规因素、环境问题和公众反应等方面中，成本因素是决定该技术能否大规模推广实施的关键性因素。同时，不同技术系统的技术经济性也有所不同；在不同的实施地区，由于资本和原材料成本等相关要素的差异，也使得实施成本大不相同。因此，对特定的国家和地区，根据其自身的资源特点、市场特点和劳动力资本等多方面特点对 CCS 的应用和推广进行相对实际估算，是进行进一步决策的基础。此外，由于 CCS 本质上来说是面向未来的一项技术，并且根据目前技术的成本估算以及市场状况来看，短期内尚不能大规模推广应用，因此很重要的一点就是，在核算 CCS 实施成本的同时，要对其在未来中长期的成本变化进行分析和估算，以判断这一新兴技术的减排效率、前景及可用性。

另外，作为经济全球化的重要标志，国际贸易对于经济的增长与国际合作发挥着越来越重要的作用，中国目前已经成为世界第二大贸易出口国。1990—2001 年，全球进出口商品占全球 GDP 的比重从 20%上升到了 28%（UNDP，2003）。特别是作为发展中大国，中国国际贸易业务迅速发展，从 2002—2006 年，进口和出口商品都增长迅速，如图 2 所示；而且无论是总额还是与附件一国家或者美国的贸易情况中，出口增长速度明显超过进口增长速度。

从 2002—2006 年，中国进口和出口商品持续增长，特别是在 2004 年之后，增速明显加快，并且出口与进口的差距逐渐地拉开。其中附件一国家，特别是美国，从 2002—2006 年，净出口额增长迅速。2002—2006 年，中国对附件一国家出口额占中国总出口额的比例持续保持在 60%以上，而中国对美国出口额占中国对附件一国家出口额的比例持续保持在 40%以上。

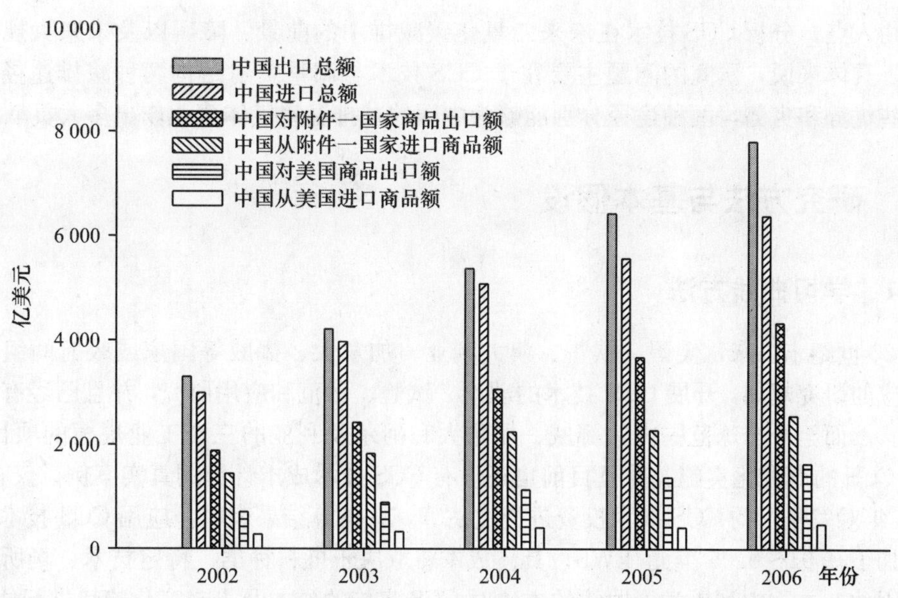

图 2　中国与所有贸易伙伴国、附件一国家以及美国的商品进出口额

注：价值量基于 2000 年美元价格。

在以初级产品和高耗能产品为主的出口商品中，蕴涵了大量的二氧化碳排放。图 3 给我们展示了中国与各国家国际贸易引起的 CO_2 排放数据。

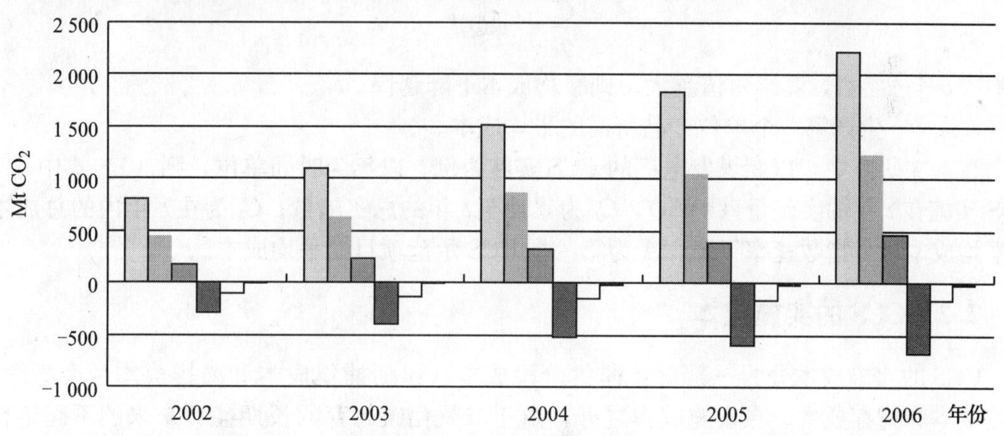

图 3　中国与所有贸易伙伴国、附件一国家以及美国进出口贸易引起的 CO_2 排放

从 2002—2006 年，针对三种贸易对象情况下，中国出口贸易引起的 CO_2 排放都要比进口引起的 CO_2 排放要多，并且出口贸易引起 CO_2 排放增长速度都快于进口贸易引起 CO_2 排放增长速度，即中国从 2002—2006 年逐年增加的贸易 CO_2 净排放主要是由于出口 CO_2 排放的快速增长引起的。

本研究以中国的二氧化碳减排为对象，通过对实施 CCS 技术和调整出口商品结构两种减排途径的成本和减排量进行比较，通过对 CCS 市场及其前景进行情景设定，以成本分析为切入点，分析 CCS 技术在未来二氧化碳减排中的前景、障碍以及未来大规模推广所需要。具体来说，研究的问题主要在于 CCS 技术与调整贸易结构两种减排途径，各自具备哪些优势和劣势，两种途径分别能够为中国的减排温室气体事业作出多大贡献。

2　研究方法与基本假设

2.1　学习曲线方法

自 20 世纪末以来，美国、欧盟、澳大利亚、加拿大、挪威等国家或政府间组织都制定了相应的研究规划，开展 CCS 技术的理论、试验、示范和应用研究，并且已经有了成功的实例。然而至今全球范围内除挪威、加拿大和阿尔及利亚的三个工业规模的项目之外，还没有 CCS 的商业化实施。并且目前也还没有 CCS 技术成本计算的真实案例，仅有 IPCC 在 2005 年对发电厂的 CCS 技术投资进行过估算。该估算结果表明，应用 CCS 技术使发电成本增加了 0.01～0.05 美元/kWh，具体成本将取决于燃料种类、特定技术、场所及国家环境。因此在本文中利用学习曲线的方法对 CCS 实施的成本及未来变化趋势进行估计。

学习曲线效应（Learning Curve Effect）又称经验曲线效应，或称为波士顿经验曲线效应、改善曲线效应；它是用来描述单位生产成本与连续累计产量之间关系的曲线。学习曲线的简单模型假设，每个时期的平均成本以一个不变的百分比下降。设 q_t 表示 t 时期的产出，Q_t 为累计至 t 时期的产量（自该产品投放开始），C_t 为在 t 时期内所负担的总成本，通常为可变成本。不变百分比学习曲线假设平均可变成本（或平均成本），即 $\frac{C_t}{q_t}$ 以指数速率下降，则

$$\frac{C_t}{q_t} = AQ_{t-1}^{-b} \tag{1}$$

式中　b——参数，其绝对值越大，则平均成本下降越快；

　　　A——生产第一个单位产品所需的平均成本。

在本文研究中，以燃煤发电厂的 CCS 实施为例，以年为时间单位，则（1）式中 q_t 为 CCS 实施在 t 年的实施量（kWh），Q_t 为累计至 t 年的总实施量；C_t 为在 t 年内的总成本。则平均成本以 b 指数速率下降。A 为第一批 CCS 示范项目的平均成本。

2.2　CCS 的实施成本

CCS 的实施成本分为三部分：捕集阶段成本（包括捕集成本和减排成本两个概念）、运输成本和封存成本。在实施成本之外，由于二氧化碳封存的长期性和未来的不确定性，还需要一定的监测和预警成本。同时，在整个 CCS 系统中需要考量的还包括效率降低幅度、造价增量、产品成本和产品增量等。

（1）CO_2 的减排成本（avoid cost）（包含运输、封存、监测和预警成本）

$$COC_{avoid} = \frac{COE_{cap} - COE_{ref}}{(CO_2/kWh)_{ref} - (CO_2/kWh)_{cap}} \tag{2}$$

其中，COC_{avoid} 为二氧化碳的减排成本（元/tCO_2）；COE_{cap} 为捕集电厂发电成本；COE_{ref} 是参考电厂的发电成本；$(CO_2/kWh)_{ref}$ 是不捕集二氧化碳的参考电站每发一千瓦时电排放的二氧化碳（t/kWh）；$(CO_2/kWh)_{cap}$ 为捕集二氧化碳的电站每发一千瓦时电排

放的二氧化碳（t/kWh）。

由于目前在中国除了天津塘沽、内蒙古和山西交界等地有小规模的二氧化碳封存试点外，几个二氧化碳捕集的实验发电厂都是将所捕集的二氧化碳经过灌装和近距离运输出售给其他行业企业，例如食品加工厂和化工厂。因此，本文在对近期阶段中国的 CCS 实施成本中暂不考虑运输成本、封存成本和监测预警成本。而只考虑发电成本、捕集成本和相关的运行成本。

（2）二氧化碳的捕集成本

$$COC_{cap}=\frac{COE_{cap}-COE_{ref}}{CO_{2\,cap}/kWh} \tag{3}$$

其中，COC_{cap}为二氧化碳的捕集成本（元/吨二氧化碳）；$CO_{2\,cap}/kWh$ 为每发一千瓦时电所捕集的二氧化碳绝对量（t/kWh）。

则对于发电厂来说（发电厂不关心运输和封存），当二氧化碳的出售价格与捕集成本相等时，可使其发电成本不变。

（3）电厂折旧成本

$$COD=\frac{TCR\times\varphi}{P\times\tau\times(1-S)}=\frac{SIC\times\varphi}{\tau\times(1-S)} \tag{4}$$

COD 的单位为元/MWh，其中：TCR 为电厂总投资的动态现值，包括建设期内的贷款利息及差价预备费，单位元；P 为 IGCC 电厂的净功率，单位 MW；τ 为发电设备的年利用小时数，单位为 h；S 是发电机终端到售电结算点之间的线损率，一般 $S=3\%\sim7\%$，如售电结算点以发电厂围墙为界，则 $S=0$；$SIC=\frac{TCR}{P}$是相对于电厂净功率算得动态比投资费用，元/MW；$\varphi=\frac{1}{1-(1+i)^{-n}}$为资金回收系数；其中 i 为贴现率，一般取 $i=10\%\sim12\%$；n 为电厂的经济适用寿命，即折旧年限。一般 $n=15\sim20$ 年。

（4）燃料成本

$$COF=\frac{3\,600\times CF}{\eta\times(1-S)\times Q} \tag{5}$$

COF 单位为元/MWh；其中，CF 为以元/吨单位表示的燃料价格；η 为机组年平均净效率；Q 为燃料的低位发热量，单位为 kJ/kg。

（5）运行维护成本（COM）

在本文中，我们设置运行维护成本大约是发电成本 COE 的 11%～15%，如下式所示：

$$COM=(11\%\sim15\%)\,COE \tag{6}$$

（6）售碳收益

售碳收益指的是发电厂通过出售所捕集的二氧化碳得到的收益。目前的 CCS 所捕获的碳，除三大示范项目用于封存以外，一些小型 IGCC 电厂所捕获的碳一般出售给食品加工行业或化工行业。因此国内没有统一定价。售碳收益以下式表示：

$$COC=\frac{3\,600\times A_C\times C_P\times P_C}{\eta_N\times Q\times(1-S)} \tag{7}$$

其中，COC 的单位为元/MWh；A_C 为燃煤电厂的二氧化碳捕获率，根据 IEA 的技术数据，一般为 90%；C_P 为原煤燃烧发电的二氧化碳产生率，中国标准煤发电的二氧化碳产生率一般为 209.6%（80%×2.62=209.6%）；P_C 为二氧化碳售价，元/吨。

也就是说，目前 CCS 实施的成本主要由发电成本和售碳收益决定。根据以上（1）～（7)式，可以得到：

$$COE=COD+COF+COM-COC \tag{8}$$

也就是说，燃煤电厂在等额支付法计算折旧成本时，其发电成本为（设 COM 为 COE 的 12%）：

$$COE=1.136\times\left[\frac{SIC\times\varphi}{\tau\times(1-S)}+\frac{3.6\times CF}{\eta_N\times(1-S)}\right]-\frac{3\,600\times A_S\times C_P\times P_C}{\eta_N\times Q\times(1-S)} \tag{9}$$

其中，CF 为以元/GJ 为单位表示的燃料价格，Q 为燃料的低位发热量 kJ/kg，中国现有标准煤的热值为 29.308MJ/kg。

对式（9）进行偏微分处理，则可以对影响发电成本的主要因素进行敏感性分析。得到：

$$\frac{dCOE}{COE}=\rho_{COE}=\frac{1.136\times SIC\times\varphi}{\tau\times(1-S)\times COE}(\rho_{SIC}+\rho_{\varphi}-\rho_{\tau})-\frac{3\,600(1.136\times CF-A_C\times C_p\times P_C)}{\eta\times Q\times(1-S)\times COE}\rho_{\eta}$$
$$+\frac{3\,600\times1.136\times CF}{\eta\times Q\times(1-S)\times COE}\rho_{CF}-\frac{3\,600\times A_C\times C_p\times P_C}{COE\times\eta\times Q\times(1-S)}(\rho_{A_C}+\rho_{C_p}+\rho_{P_C}-$$
$$\frac{S}{COE\times(1-S)^2}\left(\frac{1.136\times SIC\times\varphi}{\tau}+\frac{3\,600(1.136\times CF-A_C\times C_p\times CF)}{\eta\times Q}\right)\rho_s-$$
$$\frac{3\,600Q(1.136\times CF-A_C\times C_p\times P_C)}{COE\times\eta\times Q^2\times(1-S)}\rho_Q \tag{10}$$

则从（10）式中可以看出，SIC、φ 和 τ 的相对变化 ρ_{SIC}、ρ_{φ} 和 ρ_{τ} 对发电成本的相对变化的影响程度是等值的，但 ρ_{τ} 与前两者影响方向相反；燃料价格的相对变化 ρ_{CF} 对 COE 的影响程度大于工厂净效率的相对变化 ρ_{η}。售碳价格 C_P 对 COE 的影响比燃料价格的影响小，且方向相反。因此，对于中国的燃煤电厂应用 CCS 技术来说，初始投资成本和燃料价格成为主要的成本决定因素。以下对这两个因素的历史变化进行分析，并据此确定 CCS 的学习曲线模型。

根据（Söderholm and Sundqvist，2003）关于发电领域的最基本学习曲线模型，火力发电单位成本与累积装机容量的关系，可以得到火力发电成本的学习率：

$$L=AN^{-E} \tag{11}$$

$$LR=1-2^{-E} \tag{12}$$

$$PR=2^{-E} \tag{13}$$

其中，N 为累积装机容量；L 为发电单位成本；A 为累积容量为 1MW 时的单位成本；E 为参数；$0<E<1$；LR 为学习率；PR 为成本下降率，即技术进步率。

3 结果与讨论

3.1 CCS 技术实施成本核算

根据 IEA 测算，新建燃煤电厂的供电效率变化率如表 1 所示：

表 1　新建燃煤电厂的供电效率变化率

年份	2000	2001	2002	2003	2004	2005	2006
基准电站供电效率/（%）	36.2	36.2	36.6	33.1	34.55	36.0	43.5
捕集电站供电效率/（%）	25.3	21.3	21.4	18.7	21.35	24.0	31.5
供电效率减少率/（%）	30.1	41.2	41.5	43.5	38.2	33.3	27.6

注：其中 2004 年数据为根据 2003 年数据和 2005 年数据取平均值进行估计得到。

基准电站的供电效率在 2000—2002 年间变化不大，而在 2003 年和 2004 年有一个下降，到 2005 年和 2006 年又逐渐上升，捕集电站供电效率的变化情况也类似。

按照 IEA 的捕集电站投资增量测算，中国捕集电站投资增量如表 2 所示：

表 2　中国捕集电站投资增量

		2002 年	2003 年	2004 年	2005 年
燃煤价格	IEA（美元/GJ）	1.25	1.20	2.57	3.07
	中国（元/吨）	133.4	138.5	350.0	270.0
	中国（美元/GJ）	0.550 715	0.574 62	1.453 698	1.134 964
基准电站造价	IEA（美元/kW）	1 281	1 161	1 265	1 205
	中国（元/kW）	4 133	5 397	4 016	4 316
	中国（美元/kW）	500.060 5	656.25	488.861 8	531.723 5
IEA 捕集电站造价（美元/kW）		2 219	1 943	2 007	1 936
IEA 捕集电站造价增量（%）		73.224 04	67.355 73	58.656 13	60.663 9
中国捕集电站造价（美元/kW）		866.225	1 098.272	775.609 3	854.287 8
美元对人民币汇率（年平均）		1∶8.265	1∶8.224	1∶8.215	1∶8.117

从表 2 中可以看出，无论从中国燃煤价格还是从基准电站的造价上看，从 2002—2005 年，一直都是比国际燃煤价格和电厂造价要低，从而减少了 CCS 技术应用成本，有利于 CCS 技术在中国商业应用的成本有效性。

假设电厂的年发电小时数 τ 在捕集电厂和基准电厂中同为 6 000h（焦树建，2000），贴现率为 12%，燃煤电厂寿命为 20 年。则根据以上数据，在不考虑售碳收益的情形下，可以计算出基准电厂与捕集电厂 2002—2005 年的发电成本及捕集成本如表 3 所示。

表 3　发电成本及捕集成本

年份	2002	2003	2004	2005
基准电厂 COE 元/MWh	155.62	195.19	243.15	214.05
捕集电厂 COE 元/MWh	268.46	332.29	390.26	332.75
捕集成本元/tCO_2	104.21	110.65	135.54	122.94

从表 3 中看出，从 2002—2005 年，捕集电厂的发电成本虽然一直比基准电厂的发电成本要高，而且高出许多；这部分高出的成本中，捕集成本占了很大一部分。

由于本文中不考虑运输和封存成本，因此对于捕集电站来说，当捕集成本与二氧化碳售价相等时，可以使得电厂发电成本不变。

根据中国统计年鉴数据，2002—2006 年，电源投资从 747.43 亿元增至 3 122.09 亿元，同时全国发电每年净增装机容量也从 2002 年的 18 084MW 增加到 2006 年的 104 815.2MW，单位新增容量的净投资额由 2002 年的 0.413 3 万元/kW 降低到 2006 年的

0.297 9 万元/kW，如图 4 所示。

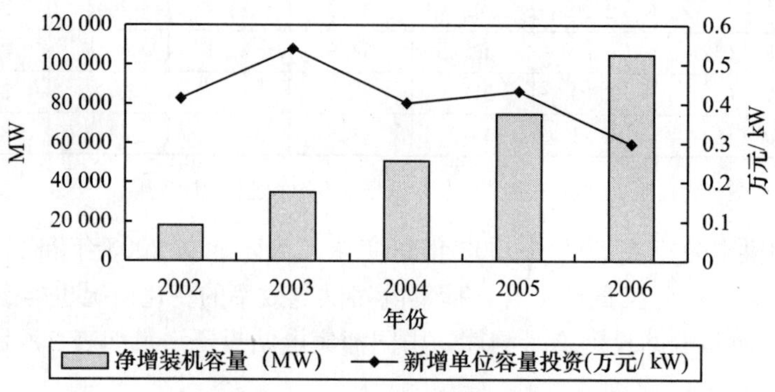

图 4　中国 2002—2006 年净增装机容量以及新增单位容量投资额

假设带有捕集技术的燃煤电厂装机容量占总装机容量的 5%，则根据前文所述 IEA 和中国捕集电厂造价数据，通过利用（11）～（13）式对学习率进行估计，得到 2002—2005 年的捕集电厂单位造价学习率如图 5 所示。

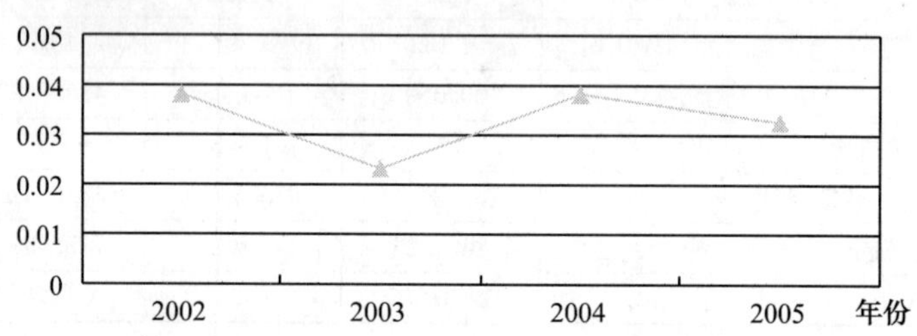

图 5　中国 2002—2005 年捕集电厂单位造价学习率

可以看出，在这 4 年期间，其学习率总体来讲是缓慢下降的。

根据国家发改委提供的数据，火电厂平均每千瓦时供电煤耗由 2000 年的 392gce～360gce，2020 年达到 320gce。即一吨标准煤可以发 3 000kWh 的电。我国现有工业锅炉每燃烧一吨标准煤，产生二氧化碳 2.62t，二氧化硫 8.5kg，氮氧化物 7.4kg。

3.2　贸易结构调整的减排潜力

在迅速增长的贸易二氧化碳排放中，许多都是高耗能和碳密集型产品生产部门的出口引起的大量二氧化碳排放。

以美国为例，通过表 4 我们可以看出。

对比中美两国对应部门 CO_2 排放强度，中国各部门的 CO_2 排放强度普遍都高于美国相对应部门，特别是化学制品业、非金属矿物制品业、初级金属业以及金属制品业。中国这些部门单位商品生产引起的 CO_2 排放量远远高于美国对应部门；反映了中国目前的部门生产水平与美国存在很大差距；这主要是由于在中国以煤为主的能源结构，和部门生产技术效率低下，管理经验和操作水平落后造成的。

表 4　中国与美国分部门 CO_2 排放强度对比

代码	部门	tCO_2/千美元	
		中国	美国
1	初级金属	8.073 6	1.255 4
2	化工（包含石化）	5.191 3	2.027 6
3	金属制品业	3.800 6	0.475 8
4	非金属矿物制品	10.548 1	1.656 5
5	交通设备	0.953 9	0.214 4
6	机械	0.806 6	0.786 4
7	采掘业	0.576 2	0.062 0
8	食品、饮料与烟草	1.092 0	0.651 3
9	纸浆、造纸与印刷	3.171 9	1.334 4
10	木材与木制品	1.832 5	0.666 9
11	建筑业	0.624 0	0.168 1
12	纺织与服装皮革	1.842 3	1.077 0
13	农业	0.653 9	0.487 8

根据二氧化碳排放强度和分部门进出口贸易数据，利用建立的投入产出模型，我们可以得到中美进出口商品贸易引起的 CO_2 排放量，如表 5 所示。

表 5　2005 年中美商品中国出口商品引起的二氧化碳排放

部门	中国出口	中国出口 CO_2 排放
	亿美元	$MtCO_2$
初级金属	23.553 5	52.185 8
化工（包含石化）	79.904 5	110.808 5
金属制品业	110.85	117.499 9
非金属矿物制品	35.099 8	90.094 7
交通设备	44.586 1	12.341 1
机械	1 048.578 9	262.281 2
采掘业	0	0
食品、饮料与烟草	27.933 5	6.920 8
纸浆、造纸与印刷	15.355 3	12.485 5
木材与木制品	20.157 8	9.448 6
建筑业	0	0
纺织与服装皮革	58.494 3	29.771 8
农业	13.276 1	1.540 4
总量	1 477.789 8	705.378 2

2005 年中国与美国进出口贸易中中国出口排放总量约为 705.38Mt CO_2，即表示中国生产出口到美国的商品增加了中国 705.38 Mt 的 CO_2 排放；根据二氧化碳信息分析中心（CDIAC）公布的 2005 年中国化石燃料燃烧引起的 CO_2 排放数据来看，这部分二氧化碳排放相当于中国 2005 年国家二氧化碳总排放的 12.54 %。

2005 年中国出口到美国商品中，制造业是主要的出口商品生产部门，如表 5 所示，主要包括金属制品业、机械设备制造业、化工制品业和纺织业及皮革服装业；在中国这些部门的二氧化碳排放强度都较高。另外，初级金属业和非金属矿物制品业虽然进出口额不高，但是由于中国这些部门二氧化碳排放强度都较高，因而也产生了较多的出口排放，对于这两类部门应该限制其出口量，并且加快其学习和转让发达国家先进的部门技术以及管理经验，进一步降低部门二氧化碳排放强度。

结合中国大量的部门出口贸易和比许多发达国家都高的部门二氧化碳排放强度可以看出，中国为其他国家提供消费商品而引起本国内高排放生产。因此，通过调整出口商品结构，从高耗能高排放的初级商品向低耗能低排放的高端商品转变，也可以很大幅度实现二氧化碳的减排。

对比中国在此期间的贸易净排放可以推算出，要通过 CCS 技术的实施，达到与贸易净排放均衡水平，也就是说通过 CCS 技术的实施要抵消掉由于国际贸易产生的二氧化碳排放增加量，在 2002—2005 年，按每年发电 6 000h，CO_2 捕获率 90%计算，需要实施 CCS 技术的发电机组容量如表 6 所示。

表 6　中国贸易 CO_2 排放占 CO_2 排放总量的比例

	2002 年	2003 年	2004 年	2005 年
进口排放/总排放/%	8.54	9.84	10.72	11.05
出口排放/总排放/%	23.27	27.03	31.30	33.93
贸易净排放/总排放/%	14.73	17.19	20.58	22.88
进口 CO_2 排放/$MtCO_2$	297.59	405.17	527.60	609.33
出口 CO_2 排放/$MtCO_2$	800.91	1 098.16	1 517.71	1 842.67
贸易 CO_2 净排放/$MtCO_2$	503.32	692.98	990.11	1 233.34
需要实施 CCS 的发电机组/MW	77 474.11	93 209.67	152 047.7	212 908.4

以 2002 年为例，CCS 技术的利用要达到减排量与贸易净排放总量相当，则需要对 77 474.11MW的火力发电机组进行改造，占当年全国火力发电总装机容量的 21.7%；在 2005 年，如果要利用 CCS 技术的实施平抑国际贸易中增加的排放，则需对全国火力发电机组的 34.22%（212 908.4 MW）进行 CCS 改造。然而针对现有的 CCS 技术实施来看，在 2002 年发电成本为 268.46 元，即 32.48 美元。假定捕集电厂发电成本学习率等于单位造价学习率，按照最高学习率 0.038（2002 年），带捕集技术的火力发电装机容量平均年增长率 13.5%计算，直至 2078 年才可降为目前可接受的 18.83 美元（2002 年参考电厂发电成本）。

4　启示与建议

以煤为主的能源结构和能源消费总量的增长，给中国带来了较为严重的环境问题。未来电力需求的增长对煤炭的需求将会十分巨大，而煤炭燃烧产生的大量温室气体排放中，二氧化碳占了主要的一部分，因此，CCS 技术在我国的发展具有很大的潜力。但作为一种应气候变化问题而诞生的新兴工业技术，CCS 的产业化发展，仍面临着技术的不确定性，环境风险，资金扶持，社会公众认可以及法律法规支持等诸多方面的压力。因此，迫切需要在加快国际、国家和行业的角度，对 CCS 技术的法律地位、技术规范、减排效益评价等多方面进行明确，从而加快 CCS 技术的发展及其在中国的认同与普及。

本文根据 IEA 和中国的一些数据，核算了 CCS 技术在中国的实施成本和中国国际贸易中引起的二氧化碳排放量，并且通过学习曲线等方法，确定了如果中国利用 CCS 技术减排来弥补贸易引起二氧化碳排放的话，中国可以减少多少二氧化碳排放，并且进一步核算中国通过 CCS 技术减少相应二氧化碳排放需要付出的成本，以及核算了按照中国的发展水平，CCS 技术在哪一年成本才能下降到可以接受的程度。通过以上的研究，我们得出了以下几点启示与建议：

（1）从 2002—2005 年的数据分析上可以看出，中国无论是在燃煤价格还是在基准电站的造价上，对比国际水平都具有很大程度上的成本优势。因此，根据这一成本优势，中国有能力为全球 CCS 技术的示范和推广提供一个成本有效的研发场所，为减少全球温室气体，特别是二氧化碳的排放，应对和适应全球气候变化作出巨大贡献。

对于有利于全球应对气候变化问题的一项前景技术，发达国家应该做出表率，提供足够的资金和技术来帮助 CCS 实施成本较低的发展中国家来发展 CCS 技术，并把成功经验与全世界共享，从而帮助全球在应对气候变化，实现温室气体减排上实现真正而绝对的减排。

（2）捕集电站的发电成本远远高于基准电厂的发电成本，主要是因为捕集成本的高昂，如果不考虑运输和封存的成本，对于捕集电站来说，捕集成本就是决定未来 CCS 技术推广的一项关键成本。因此，未来 CCS 技术的研发重点在于捕集技术的发展。

（3）贸易出口结构的不合理也间接导致了中国温室气体排放的增加。适当调整贸易结构既能减少中国和全球的二氧化碳排放，又可以在一定程度上防止因为减少一些部门的商品出口量而对经济发展产生影响。另外，通过引进发达国家“清洁”的生产技术和管理经验，降低部门二氧化碳排放强度，可以实现中国工业部门，特别是加工制造业的减排潜力。

因此，针对加工制造业，特别是化学制品业、金属制品业、非金属矿物制品业和机械设备制造业四类部门，适当调整贸易结构，加强合理的部门技术转让（例如，CDM 项目中的行业技术转让机制），从美国等发达国家优先进口这些部门的“清洁”生产技术和管理经验，从而减少国际贸易对中国产生的负面环境影响，减少全球 CO_2 排放。

（4）CCS 技术作为一项目前用于减少中国温室气体排放的技术还存在许多的问题，仅从抵消国际贸易引起的二氧化碳排放来看，就需要对大量的火力发电机组进行改造，付出巨大的高额成本。因此，对于利用 CCS 减排目前还是一项“奢侈”的减排途径，需要一个长期的发展，在成本下降到一定程度之后才能发挥作用；而对于调整贸易结构，加强合理的技术转让，提高生产效率，是一个比 CCS 技术更加合理的减排途径。

作为应对气候变化的首要问题就是减少温室气体排放，而在减少排放的途径有制度上和技术上两种途径，作为一项较新而又有发展前景的碳减排技术，碳捕获与封存技术的发展势在必行，但是将碳捕获与封存技术引入到现实能源系统之中，需要对能源系统的相关基础设施进行重新设计和改造（如运输管道，制氢设备等），这种重新设计和改造需要发达国家资金上和技术上的支持；而在发展技术减排的同时，不能忘记了制度减排的巨大潜力，就拿贸易排放问题来说，如果能够通过国家制度来调整合理的贸易结构，能够迅速地实现大量的温室气体减排。

本文仅是对于 CCS 技术实施成本和贸易排放问题进行一个简单分析，希望对两者作一比较，从而可以看出两种减排途径对于中国温室气体减排事业的重要性。在问题的深入探讨上仍然存在较多的不确定性，这些问题将在下一步的研究中进一步解决。

参考文献

[1] Söderholm, P. and T. Sundqvist (2003). Learning Curve Analysis for Energy Technologies: Theoretical and Econometric Issues. Annual Meeting of the International Energy Workshop (IEW). Laxenburg, Austria, IIASA.

电力事业温室气体排放管理制度之研究

——管理指标的建立与应用

陈诗豪

财团法人台湾经济研究院

摘　要：如何因应国际气候变迁的情势变化与减少温室气体的排放，已是世界各国现阶段最为重要的施政措施，海峡两岸的施政部门亦不例外，必须严肃地面对温室气体排放减量的潮流与挑战。基于能源事业尤其是电力事业是最主要的温室气体排放来源的情况下，针对电力事业建构一个完备的温室气体排放管理制度并加以有效地执行，将是确保能源部门永续发展的重要措施。然而，完备的温室气体管理制度必须建构在明确之排放管理目标与适切之减量期程制定的基础之上。准此，如何配合国家温室气体管理的整体目标，制定电力事业的阶段性管理标的与管理时程，就成为电力事业温室气体管理制度实际运作成效的关键要素。亦即，电力事业温室气体管理制度的建置目的系在于研订具体可行的管理标的、设计适宜的管理措施与确实可行的实施期程，以达成电力事业温室气体减量的根本目的。

本研究利用乖离的概念以及标准常态 P-Value 的标准化模式，设计建立乖离率指标，作为电力事业温室气体管理绩效的评估指标，并以电力事业之整厂热效率作为阶段管理标的，每季管考一次；温室气体排放强度为最终管理标的，每年管考一次，以建管理标的与定期检讨的管理模式，建构一个统合电力事业温室气体减量措施、阶段性管理标的与具体行动方案，并结合考核执行绩效的完整管理制度。透过此制度的设计，将可协助能源主管机关得以更有效率地监管电力事业的温室气体排放数量，并可以即时地要求电力事业调整或修正其温室气体减排措施，进而达成温室气体有效减量与能源环保并重的政策目的。

关键词：管理标的，绩效评估指标，乖离率，管理制度

1　前言

产业温室气体管理机制的完整架构，必须要在明确的温室气体管理目标及减量期程的基础上，并统合考虑各项减量策略措施、拟定阶段性管理标的与行动方案、管制考核各项计划的执行绩效，才能使温室气体的减量达成管理效果。亦即，完备的温室气体管理制度必须是包含规划以及执行两大构面的整体制度，其中规划面须有：盘点管理工具、设定减量目标、计划管理路径三大项，执行面则有：研订管理方法与拟订配套措施两大项。唯有涵括此五大项目的内容，方能建构出完整的温室气体管理制度。然而，对于实务上要能协助主管机关有效落实产业温室气体减量之管理工作，针对执行面的研订管理方法提出具体可行的制度内涵，亦即协助主管机关设计出产业温室气体的管理标的、绩效管理指针以及执行程序，作为实际执行产业温室气体管理的作业方案，将会是其中最为重要的关键。

以台湾地区为例，能源部门是最主要的 CO_2 排放来源，依据 2006 年部门燃料燃烧不含用电之 CO_2 排放量，按部门方法计算，台湾地区 2006 年 CO_2 排放量为 26 527 万公吨。能源工业为 16 409 万公吨，占总排放的 61.86%。其中，能源部门约有 95%的 CO_2 排放

量源自电力部门。因此，电力部门 CO_2 排放量即占台湾地区总排放量的 59 %。可见特别针对电力事业的温室气体排放进行管理，是主管机关进行温室气体减排管理的核心领域。

职是之故，本研究将以能源产业中最为重要的电力产业为研究标的，就电力事业温室气体管理制度中最核心的管理方法部分，在制定的减量目标与管理路径之下，再依据电力事业的行业特性，选择合宜的管理标的、制定代表性的绩效管理指标以及设计适宜可行的执行程序，建立一个主管机关可以有效率地管理、监督并调整电力产业温室气体各项减量措施的电力事业温室气体管理制度。具体而言，本研究利用乖离的概念以及标准常态 P-Value 的标准化模式，设计建立标准乖离值指标，作为电力事业温室气体管理绩效的评估指标，并以电力事业之整厂热效率作为阶段管理标的，每季管考一次；温室气体排放强度为最终管理标的，每年管考一次，并以定期检讨、适时修正的滚动式管理模式，建构一个统合电力事业温室气体减量措施、阶段性管理标的与具体行动方案，并结合考核执行绩效的完整管理制度协助，以达成电力事业温室气体有效减量的管理目的。

2 国际案例研究与借鉴——以澳洲发电效率标准自愿性减量计划为例

本研究收集国际相关案例后发现，澳洲发电效率标准（Efficiency Standards for Power Generation）自愿性减量计划[①]亦是针对电力事业所进行的温室气体管理制度，其规范做法与制度设计等制度内涵应可作为研究之参考。以下分别就澳洲发电标准自愿减量计划介绍，以及执行机制，计划可信性及维护，以及计划可信度建立与维护进行介绍。

澳洲自 2000 年起实施发电效率标准（Efficiency Standards for Power Generation）计划，主要在鼓励使用化石燃料电力事业达到最佳可行的发电及降低温室气体之自愿性减量计划。发电效率标准适用于新的电厂与既有电厂，其对并网型（grid-connected）、离网型（off-grid）或独立发电机（self-generators）的最小门槛为最近 3 年内其装置容量为 30 MW、发电量 50 GWh、5%的容量因素。自愿减量措施的执行是透过具有法律约束力、为期 5 年政府和参与企业的协议契约。在后续行动计划的执行，要求各发电机组必须监测其绩效，每年向澳洲温室气体办公室（Australian Greenhouse Office，AGO）提交报告，其推动程序步骤如图 1 所示。

2.1 新的电厂排放效率标准

为了提供与制订新电厂能源效率指南及与 AGO 签订协议证书，以及不与其他政府机关和产业要求相抵触，设定新电厂的排放效率标准必须比照世界最佳可行（World's Best Practice）技术，其原则如下：

参与自愿性减量的新电厂必须建立在（1）最佳可行技术与（2）生命周期成本的基础上；

参与的电厂必须设定热效率目标；

考虑可使用的燃料与技术，特别有可能使用汽电共生的机会，以寻求产出最高的热效

① 资料整理来自台湾经济部能源局能源产业温室气体自愿减量协议信息网 http：//verity. erl. itri. org. tw/ghg%5Fva/。

率及最低的温室气体排放密集度；

提供关键性策略评估与电厂最佳化的客观证据。

2.2 执行机制

透过具有法律约束力、为期 5 年政府和参与企业的协议契约。在后续行动计划的执行，要求各发电机组必须监测其绩效，每年向澳洲温室气体办公室（Australian Greenhouse Office，AGO）提交报告，效率标准每 5 年检讨一次。而这些公司提报的资料应包括以下之关键绩效指标（Key Performance Indicators，KPIs）：

▲燃料型态（黑煤、褐煤、天然气、石油及其他）；

▲年平均温室气体排放密集度；

▲装置容量；

▲容量因素；

▲输出因素；

▲燃料使用量；

▲汽电共生厂的发电量、售电量、购电量、产生热量；

▲产生的热效率；

▲界定采取的改善方案与其他方案之内容；

▲排放目标。

2.3 计划可信度建立与维护

针对各公司的呈报数据必须要有适当的查核制度，以确保报告中的各项关键性指标的精确性。所有参与能源绩效标准自愿减量之公司，至少每 5 年必须进行一次稽核的工作。稽核的目的是查证该电厂的温室气体效率指标相关记录是否符合。

澳洲的发电效率指南（Generator Efficiency Standard Guidelines）的规范，及电厂或电力公司所签订自愿协议书上的具体项目。而稽核之工作将由代表澳洲温室气体办公室（AGO）的专家来进行，这些专家必须同时获得澳洲政府与参与企业的同意。

关于温室气体效率标准将每 5 年针对既有旧电厂与新电厂进行检讨，任何参与的电厂可以在协议承诺期间任何时候提出要求，进行该电厂之温室气体效率标准的检讨，这些适用于电厂改造（repowering）、翻新（retrofitting）、更新（upgrade）发生时。

由澳洲案例可以看出，澳洲政府现行对电力公司采取的是自愿性减量计划，而非强制性减量计划；管理的标的则为电厂发电机组的热效率以及温室气体排放密集度；管理对象则以参加计划的电力公司为单位，并非个别的电厂或发电机组，并建立若干关键绩效指标以五年为计划周期，一年为管理周期。如图 1 所示。

3 电力事业温室气体管理制度建构

诚如前文所述，本研究旨在依据国家制定之温室气体减量目标与整体产业管理路径之下，去建构一个可以有效执行的电力事业温室气体管理制度，提供主管机关作为政策管理的有效工具，达成控制电力事业温室气体排放的目的。既然是一个可以执行的管理制度，本研究认为其中必须包含以下几个重要项目，即第一，合宜的管理标的；第二，适切的管理对象；第三，明确的管理指标；第四，足够的管理配套；第五，确切的管理程序。因为唯有涵括这几项内容，才能使主管机关有效地进行监管工作。以下，就针对前述的几项所需内容，提出本研究的研究结果与设计方案。

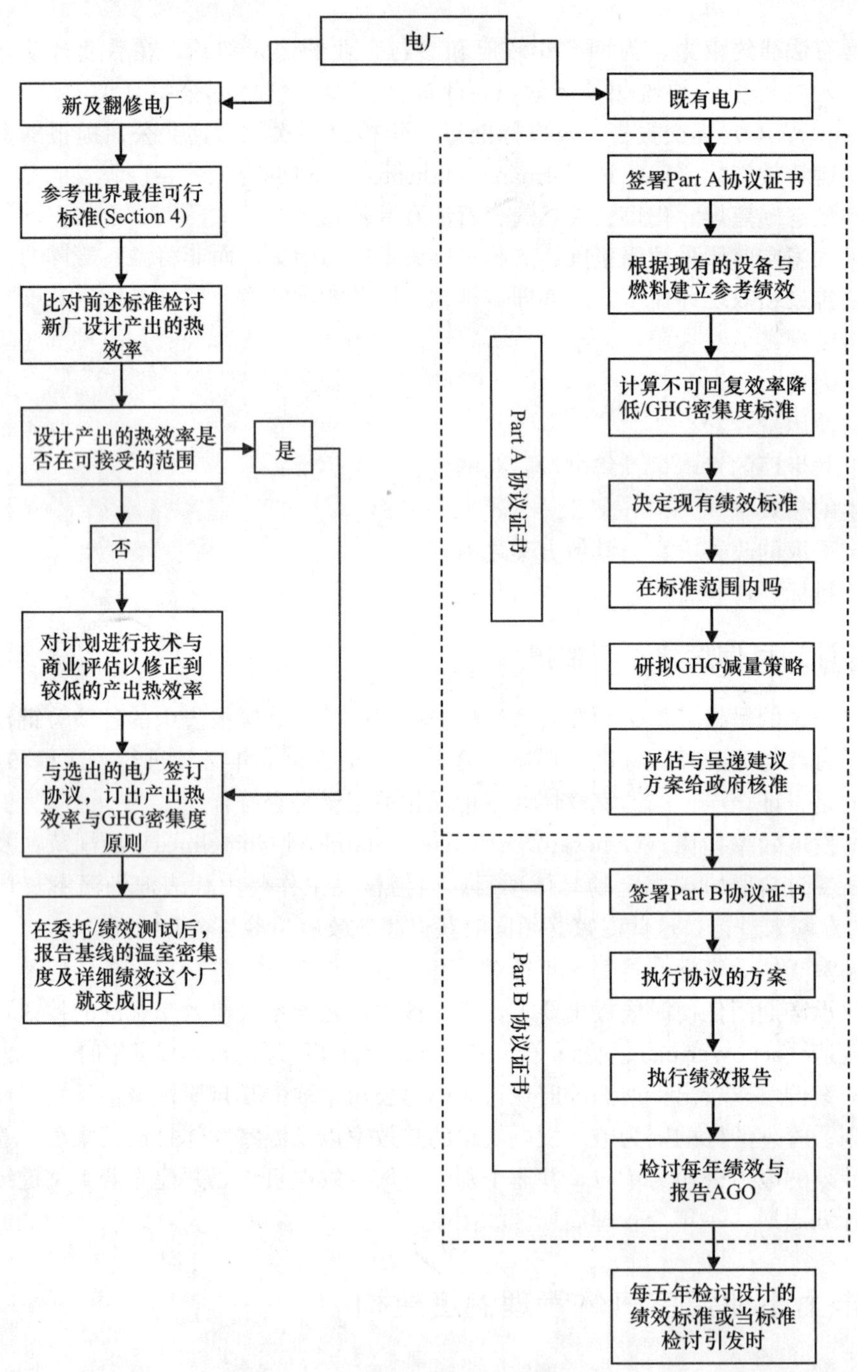

图 1　澳洲电厂效率标准应用流程图

资料来源：台湾经济部能源局，澳洲发电效率标准自愿减量计划。

3.1 管理标的之选取

基于管理成效的目的，本研究认为管理标的必须具备以下三项要件，即电力事业具备主导性；减排管理具备有效性；执行结果具备比较性。尤其必须选择电力事业可以控制的因子作为管理标的，因为唯有如此才能据以敦促电力事业有效地改进其执行效能，达成管理的目的。

此外，由于电力具备衍生需求的特性，外在环境的变化对于电力供给的多寡有很大的影响，此时如果用电力事业的温室气体绝对排放量作为管理的标的，将造成电力事业无法自主控制受管理标的的问题。因此，国际上对于电力事业温室气体减排的绩效进行管理与评比之时，大多倾向于采用温室气体的相对排放量作为指标，而非将温室气体的绝对排放量作为评估排放绩效之评比工具。亦即，排放强度及能源转换效率（电厂热效率）两种指标可作为发电厂之绩效衡量指标，多数国家选择其一或者两者兼采用。前文所述的澳洲案例，针对电力公司的发电热效率与排放密集度进行管理，即为典型的做法。

另外，由 IEA（2008）研究报告中亦发现，从 2001—2005 年世界各国平均发电热效率，得到世界平均燃煤发电热效率以燃气最高达 40%，其次为燃油 37%，最差为燃煤 34%；若以整体化石燃料而言（包括燃油、燃气与燃煤）之发电热效率则为 36%（见表 1）。其中主要国家发电热效率指标计算公式如下：

$$E=(P+H\times S)/I$$

式中 E——发电热效率；

P——所有公用电厂以及汽电共生厂所产生之电力，包含厂内用电以及输配电线损；

H——汽电共生厂所产生之有效热能；

I——公用电厂与汽电共生厂发电所耗用燃料；

S——汽电共生厂电力与热能之修正因子（correction factor），亦即每产生一单位热能可以转换为多少电力，其与温度呈正相关关系。

关于电力与热能之修正因子参数，Phylipsen（1998）研究报告中指出热能与电能之转换率理应介于 0.15～0.2 之间。

表 1 世界化石燃料发电能源转换效率比较

项目	世界平均	OECD 国家	非 OECD 国家
燃煤发电效率	34	37	32
燃气发电效率	40	45	35
燃油发电效率	37	37	37
整体化石燃料发电效率	36	39	33

资料来源：IEA，Energy Efficiency Indicators for Public ElectricityProduction from Fossil Fuels.（2008）

同时，IEA（2008）报告中并以低案（Low saving case）与高案（High saving case）两种情景，分析提高电厂发电热效率对节能减碳效果之影响，其中低案系假设所有国家均使用最高之发电效率设备（燃煤 43%、燃油 43%、燃气 55%）；高案假设所有国家均使用最新设备与最佳技术（燃煤 48%、燃油 50%与燃气 60%），如图 2 所示。结果发现提升燃煤发电热效率具有最佳之节能减碳效果，其次为燃气，最后为燃油。可见主管机关若能有效管理电力部门电厂之热效率，对节能减排实具有非常大之贡献。

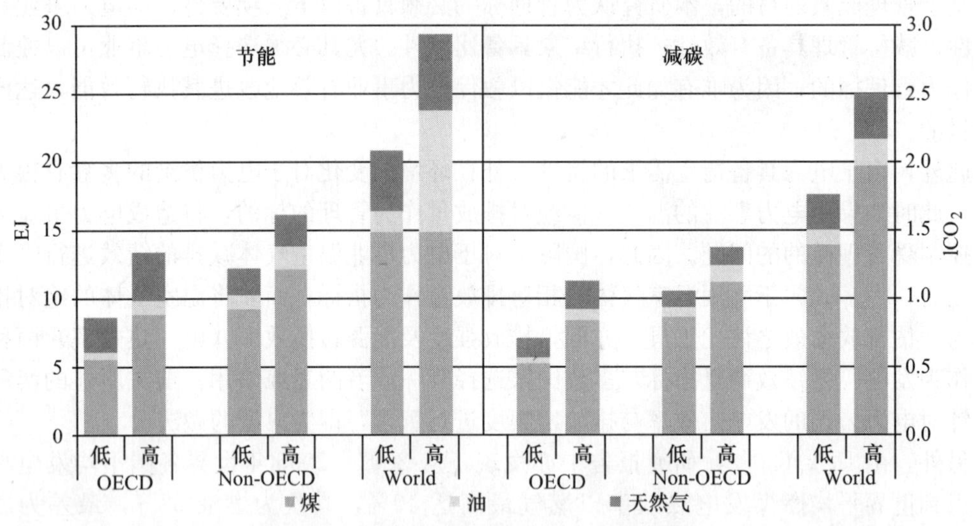

图 2　提高发电热效率之节能减碳效果

资料来源：IEA，"Energy Efficiency Indicators for Public Electricity Production from Fossil Fuels".（2008）

经由以上分析，本研究认为电力事业温室气体的管理应以相对排放量，例如电厂的热效率、排放强度为管理标的，最主要的原因在于：第一，电力事业对于温室气体的排放总量不具主导性，但对于热效率、排放强度这些相对排放量则具有主导性；第二，热效率的提升对于温室气体的减排有绝对的正面效益，排放强度则是总排放除以发电量，因此这两项的结果自然是管理上最关键的核心因子；第三，热效率的计算极为简易，同时可以利用相对应的系数计算出排放强度，因此这两个标的是具备可计算性与可比较性的特质。亦即，本研究规划以电力事业的热效率与排放强度作为整个管理制度的管理标的。

3.2　管理对象的制定

本研究规划的管理制度固然在于针对电力事业进行管理，但在管理上必须还要确认的是管理对象的确立。因为电力事业的范畴依然相当多元，因为同样的管理制度可以运用在于个别的电厂甚至是个别的机组，也可以运用在具有法人资格的单一公司或是不同电力公司组成的电力集团，所以应该针对管理的需要制定管理对象比要合宜的范畴。

本研究所规划之管理标的虽然可以运用于前述的个别机组、个别电厂、个别事业甚至是电力集团等范畴，但是进一步检视可以发现，不论是机组还是电厂的调度，往往是基于整个事业体的营运需求，并非基于个别机组或是个别电厂的发电效能，亦非在于电力事业集团的运作。因此，对于管理对象范畴的界定，本研究认为以个别企业或是个别公司作为管理对象最为适合。在这个管理范畴之下，可提供企业经营运作与电力调度的必要空间，但不至于扩大到因为不同企业造成企业间权责无法确定的结果。

亦即，本研究的规划设计将以个别企业（个别公司）作为管理电力事业温室气体排放的管理对象。

3.3 绩效指标之建构

前文已然界定管理标的与管理对象，此时必须进一步建构有效的绩效指标来作为管理的具体标准。本研究将引用证券市场股价技术分析指标乖离率之概念，利用标准常态 P-Value 予以标准化，来作为电力事业温室气体管理制度的绩效指标；另外，也要依据数据的特性，针对不同绩效指标设计不同的监管频率，以使整个管理制度日臻完善。

(1) 乖离（Bias）概念的导入

乖离系指个别观测值偏离趋势值的程度，由于此一概念同样适用于股价的技术分析，乖离成为技术分析的重要工具，而设计了乖离率（Bias）指标。技术分析之中，乖离率其计算方法如下：

$$\text{Bias}=\frac{\text{股价}-\text{T 日平均线}}{\text{T 日平均线}}$$

股价技术分析认为，移动平均线代表股价的趋势，每日收盘价与移动平均线的差距，便可以视为是股价与其趋势间的差距，再由此相对距离来判断买卖时机。因此，乖离率可视为投资人于近期内的平均报酬率，当乖离率为正且偏离平均线时，表示近期投资人获取了相当的报酬，视为卖出时机；反之若乖离率为负值且偏离平均线时，表示跌幅已深，买盘随时有介入的可能，视为买进时机。其功能主要是通过测算股价在波动过程中与移动平均线出现偏离的程度，从而得出股价在剧烈波动时因偏离移动平均趋势而造成可能的回档或反弹，以及股价在正常波动范围内移动而形成继续原有的可信度。

事实上这个概念具有统计上的意义，利用观测值与目标值之间的差距，即乖离值，以统计的分析方法来判断此一观测值是否在正常的轨道上移动，将可以作为管理上非常重要的依据，进而可以成为管理制度上良好的绩效指标。所以，本研究将导入乖离与标准化的概念，建立一个标准乖离值指标，来作为判断电力事业排放强度的实际值与目标值是否产生偏离，再据以研订相对应的管理措施。

(2) 绩效指标之建构

仿效技术分析建立乖离率的做法，在此可以将未来每一期制定之目标值数据绘制成目标值移动线，此一目标值移动线之功能雷同于技术分析之移动平均线，此时可以计算各期已实现之实绩值与该期之目标值之间的差距，此一差距即为乖离值（Bias）。

由于本研究系以排放强度与热效率为电力事业温室气体减排管理之管理标的，同时运用乖离值之概念检视当期管理标的是否落在管理目标路径上，进而以乖离值作为绩效指标。据此，可以设定绩效指标如下：

设第 i 期之排放强度乖离值为 bais_i^{e}

第 i 期之热效率乖离值为 bais_i^{η}

则

$$\text{bias}_i^{\text{e}}=e_i^{\text{r}}-e_i^{\text{g}}$$
$$\text{bias}_i^{\eta}=\eta_i^{\text{r}}-\eta_i^{\text{g}}$$

式中 e_i^{r}——第 i 期实际排放强度；

e_i^{g}——第 i 期目标排放强度；

η_i^{r}——第 i 期实际热效率；

η_i^{g}——第 i 期目标热效率。

乖离值系阐释每期实绩值偏离目标轨道之差异程度，当乖离值越大隐含当期实绩值脱离目标越远，管理者理应进行目标达标率差之问题进行分析并研拟对策。基本上乖离值越小隐含管理绩效较佳，当然，绩效好坏取决于管理标的之特性，当能源转换效率越高或者排放强度越低隐含绩效表现越佳。

以台电公司（2006）提出之电源开发案方案为例，该方案推估台湾若能扩大天然气使用，大幅增加复循环机组的发电，未来台电公司电厂整体的热效率将可以大幅提升（见图3之扩大燃气），可是如果没有扩大天然气使用而以经济调度方式进行电厂发电调度，未来热效率将会低出甚多（见图3之经济调度）。如果主管机关要求台电将扩大天然气使用下之热效率作为未来温室气体减排的目标值，此时，实绩值与预设目标距即为乖离值（见图3之乖离值），可见此一乖离值系可以每期计算出来，在执行上并不会有问题。

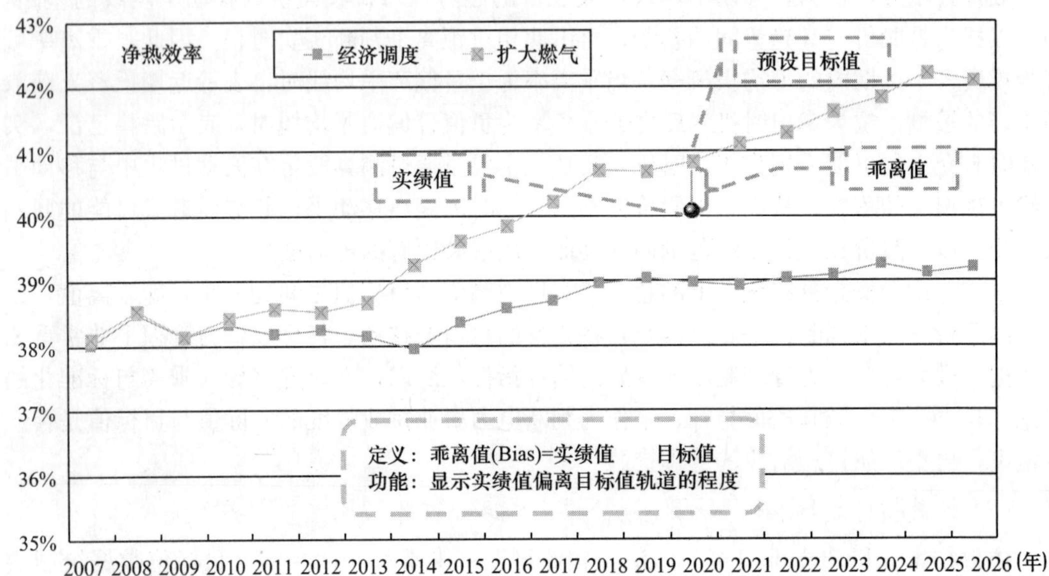

图3 乖离概念之运用

资料来源：台湾电力股份有限公司，台湾电力长期负载预测及长期电源开发规划计划团队提供（2006）；本研究整理。

(3) 绩效指标之标准化

为进一步使乖离值具备评断优劣准则，使每期乖离值所隐含之绩效表现有所依循，须将乖离值予以标准化，Freudenberg（2003）研究报告中提出以标准常态 P-value 法（standard deviation of mean）将变量标准化方法，本研究即利用标准常态分配 P-Value，将平均值改为管理目标值，即

设绩效指标为：

$$z_i^{e}=\text{bias}_i^{e}/\sigma^{e}=(e_i^{r}-e_i^{g})/\sigma^{e}$$

$$z_i^{\eta}=\text{bias}_i^{\eta}/\sigma^{\eta}=(\eta_i^{r}-\eta_i^{g})/\sigma^{\eta}$$

其中
$$\sigma^{e}=\sqrt{\sum_{i=1}^{n}(e_i^{r}-e_i^{g})^2/n-1}$$

$$\sigma^{\eta}=\sqrt{\sum_{i=1}^{n}(\eta_i^{r}-\eta_i^{g})^2/n-1}$$

透过标准常态 p-Value，当 z 值小于等于 0.5 时，其所对应之几率为 69.15%，；当 z 值小于等于 1 时，其所对应之几率为 84.13%；当 z 大于 1 时其对应之几率仅为 15.87%。根据标准常态 P-Value，当实绩值与目标值之差大于 1 个标准差时，隐含有 84.13%几率不在所对应之几率分配当中。易言之，显现一个危险信息，有可能是政策制度产生问题，或者是国际能源环境情势改变等不可抗力而导致目标无法实现。

(4) 绩效指标之灯号

将乖离值加以标准化之后，此时在管理上将可以有统一的标准，进而有更高的意涵。因此，本研究设计以标准化后的乖离值作为计校指标之外，并设计适当的信息呈现方式来提升管理工作的效率。准此，本研究将以 $z=\pm0.5$ 与 $z=\pm1$ 这两个数值作为管理的标准，同时设计红黄绿三种灯号作为显示现行执行成效与未来因应措施的信号。综合言之，将以 $z=\pm0.5$ 与 $z=\pm1$ 为分界点，当 z 绝对值小于或等于 0.5 时，数学式为 $z_i^{e}\leqslant0.5$ 或 $z_i^{\eta}\geqslant0.5$，灯号为绿灯，为正常状况，此时主管机关不需采取任何特别措施；当 z 绝对值介于 0.5～1 之间时，灯号为黄灯，为警戒状况，数学式为 $0.5<z_i^{e}\leqslant1$ 或 $-1<z_i^{\eta}\leqslant-0.5$，此时主管机关应对电力事业的温室气体减排措施成效加以检视监管；当 z 绝对值大于 1 时，灯号为红灯，为调整状况，数学式为 $z_i^{e}>1$ 或 $z_i^{\eta}<-1$，显示电力事业既有温室气体减排措施将无法达成设定目标，主管机关宜采强制措施要求电力事业实行更积极的措施，如表 2 所示。

表 2　绩效指标灯号与政策措施

乖离值指标	显示灯号	执行成效	管理措施
$z_i^{e}\leqslant0.5$ 或 $z_i^{\eta}\geqslant0.5$	绿灯	目标达成中	持续当前措施
$0.5<z_i^{e}\leqslant1$ 或 $-1<z_i^{\eta}\leqslant-0.5$	黄灯	目标值有偏离的可能	进行减排措施的检视与监管
$z_i^{e}>1$ 或 $z_i^{\eta}<-1$	红灯	目标值已呈现偏离状态	实行更进一步的减排措施

资料来源：本研究整理。

(5) 绩效指针之监管频率

本研究设计之绩效指标有二，即热效率标准化乖离值，z_i^{η}；以及排放强度标准化乖离值，z_i^{e}，观察此二指标的特性发现，z_i^{η} 的数值计算较为明确与及时，z_i^{e} 计算则需要依据排放数据，数据库的参数以 z_i^{η} 数据加以计算或是以实际盘查方能得到明确数值。

此外，再考虑绩效指针的监管功能，发现排放强度是管理制度的最终管理标的，热效率则是可以作为管理排放强度的先期指标。所以，本研究设计以年为监管频率，因此在排放强度方面则以每年监管一次的频率进行，热效率因为数据明确，可以每季监管一次作为排放强度的先期监管指标，让主管机关可以在事前即对于排放强度的结果有相当的掌握能力。

(6) 相关配套措施规划

本研究既然设计了热效率标准化乖离值，z_i^{η}；以及排放强度标准化乖离值，z_i^{e}，执行成效的三种灯号，同时建议在不同的灯号之下主管机关应要求电力事业实行的相对应措施，此时就必须提出所谓的相对应措施提供电力事业遵循，兹就不同灯号下的相对应措施建议如下：

1）绿灯措施：在绿灯情景之下，显示电力事业的执行成果在既定的轨道上运行，显示一切正常，因此在此灯号之下主管机关只要持续依进度进行监管即可。

2）黄灯措施：一旦灯号呈现黄灯，此时主管机关应执行进一步地监管动作，虽然尚不必针对电力事业要求进一步的减排措施，但是必须要求电力事业提出差异分析说明与未来改善措施的书面报告。主管机关可以就电力事业提出的报告进行审核，如果发现报告的内容与措施无法有效达成未来的目标值，则可以要求电力事业进行与红灯相同的实际减排措施。

3）红灯措施：灯号呈现红灯显示电力事业的实际排放强度已经偏离目标值，此时电力事业必须实行有效的实际减排措施以抵换超过的排放量。此时，有三个措施可以给电业选择，即

①缴交排放许可费。由主管机关制定合理的排放许可费或是碳税，电业应于本期缴交足以抵换前一期多排放数量的许可费。

②采购绿色电力。本期电业必须于市场上采购足够的绿色电力，降低其排放强度，以抵消前一期超排的数量。

③减少发电量。电业可以选择本期减少发电量来减少排放量，用以抵消前一期超排的数量。

当然，为满足电业经营上的需求，亦可以选择前述三种措施的组合，来抵换前一期的超排量。

3.4 管理制度执行程序

确认管理制度的各项规划之后，必须要有一个实际的执行程序，方能体现管理制度与达成管理目的。本研究规划之管理制度执行程序流程共包含四大阶段，第一阶段管理目标确认，第二阶段为热效率目标管理，第三阶段为排放强度目标管理，第四阶段为绩效管理考核。

第一阶段管理目标确认，电力事业必须准备一份书面的减量计划书文件提供主管机关审核，以确认电力事业所提出的减排目标与执行内容确实可行。参考澳洲案例以及管理目的，其内容大纲可规划如表3所示。

表3 电力事业减量计划书大纲

1. 公司基本资料
2. 过去五年电力排放强度与热效率实绩值
3. 五年的热效率提升与排放强度削减目标设定
4. 企业因应减量目标所必要采取之措施
5. 监测方法与监督规划
6. 温室气体排放源减量计算方法
7. 计划执行人力与执行进度
8. 查验证说明（如 ISO 14064）

资料来源：本研究整理。

其中计划目标设定必提出热效率20季以及排放强度5年之目标值，以及达成目标所需采取之对策措施，待计划文件备妥后即呈交能源主管机关审查，倘若发现数据不齐备或

是目标设定不合理情形，则通知电业进行修正补件。待计划文件通过初步审核后，即进入第二阶段。

第二阶段为热效率目标管理阶段，电业须每月定时递交主管机关各厂之热效率实绩值，主管机关则建置数据库以计算每季之标准化乖离值（z_i^q），若显示红灯，须研提警示报告，并告知能源产业提交改善计划，内容须包含未达成目标之原因以及改善措施。若显示黄灯仅须研提异常报告，此外，警示报告与异常报告均须呈主管机关备查。此阶段以每季为时间查核点，并于每季编撰季检讨报告。若年度结束即进入第三阶段。

第三阶段为排放强度目标管理，每年须计算标准化乖离值（z_i^e），检讨一次排放强度之目标达标率，电业必须缴交电力排放强度实绩值。若灯号为黄灯或红灯时，主管机关均需进行问题分析，检讨目标值偏离之原因，是否源于国际经济与能源情势改变抑或制度执行面问题，若为国际情势等不可抗力之因素所致，宜回头检讨管理目标是否合宜；若为制度面问题，则须探讨对策措施是否诱因不足或效力不够。此外，黄灯时电业须提交检讨报告；红灯须告知电业须进行进一步减量措施，于本年度中选择减少发电量、缴交排放许可费或是采购绿色电力等措施，以抵换前一年度超排之额度。同时，电业应进行内部检讨会议，并提出修改发电计划文件以供主管机关进行年度检讨分析之用，内容包含目标未达成之原因以及因应措施。

第四阶段为年度绩效管理考核，主管机关须汇整各季与年度执行检讨报告之后，提出下一年度的策略调整措施，并完成总执行检讨报告就未来管理目标与管理制度的修正与调整提出具体的实际内容，如表 4 所示。

表 4　管理制度执行程序之阶段性工作

项目	工作内容
第一阶段：管理目标确认	
电业	提交减量计划书，提出热效率（20 季）；排放强度（5 年）减量目标
主管机关	审核减量目标之合宜性
第二阶段：热效率目标管理	
电业	每月提交热效率实绩值；必要时提出效率改善计划
主管机关	建置转换效率数据库； 计算季目标达标率（每季管考一次）
第三阶段：排放强度目标管理	
电业	每年提交排放强度实绩值
主管机关	建置排放强度数据库；计算排放强度年目标达标率
第四阶段：年度绩效考核	
电业	黄灯提出发电改善计划；红灯须实行减量措施
主管机关	年度绩效考核，必要时研拟新措施或修改管理目标

资料来源：本研究整理。

4　标准化乖离值之模拟试算——以台湾地区发电事业为例

为了验证本研究所提出之管理制度确实可行，在此将利用台湾地区电力事业的火力电厂排放数据，就所建立的绩效指标，即排放强度标准乖离值进行模拟试算，以确认此管理制度的可行性。本文以工研院能环所（2007.06）发表之 1990—2005 年台湾地区火力发电排放强度资料为例，试算出绩效指标排放强度标准乖离值以及其所对应之绩效灯号，来呈现此段时间台湾地区电业在温室气体的管理绩效。

由表 5 中可以看到 1990—2005 年火力发电排放强度数据，由于此段时间电业与主管机关皆未针对温室气体的排放强度进行管理，这段时间自然并未有所谓的排放强度目标值，因此也无从计算排放强度标准乖离值来作为计算每期目标达标率的指针。为了解决此一问题，本研究将每年实绩值数据利用最小平方法求取其每年之排放强度平均值，并以此平均值作为目标值的替代变量进行排放强度标准乖离值的模拟试算。

运算结果可以如表 5 所示，由表中可以得知，如果以各年之平均值作为目标值，将可以计算出每一年的乖离值，并以 1990—2005 年的实际数据求算出标准差为 0.017，利用 $z_i^e=(e_i^r-e_i^g)/\sigma^e$ 即可计算出每年的 z_i^e。由计算结果可知，1991 年、1999 年以及 2002 年 3 年将呈现黄灯信号，主管机关应要求电业进行差异分析与改善报告；1992 年、2000 年以及 2001 年 3 年则呈现红灯信号，主管机关应要求电业进行进一步的减排措施。此一结果，可以绘制如图 4 所示，由图 4 中即可以很清楚地观察出不同年度的绩效显示灯号，也可以作为主管机关监管电业减排成效的辅助工具。

表 5　1990—2005 年火力发电排放强度绩效指标灯号

年份	实绩值*/（kg/kWh）	预设目标值	乖离值	z_i^e 值	绩效灯号
1990	0.81	0.795 5	0.014 5	0.84	绿灯
1991	0.81	0.796 7	0.013 3	0.77	黄灯
1992	0.82	0.797 9	0.022 1	1.27	红灯
1993	0.79	0.799 1	−0.009 1	−0.52	绿灯
1994	0.78	0.800 3	−0.020 3	−1.17	绿灯
1995	0.77	0.801 5	−0.031 5	−1.82	绿灯
1996	0.78	0.802 7	−0.022 7	−1.31	绿灯
1997	0.79	0.803 9	−0.013 9	−0.80	绿灯
1998	0.80	0.805 1	−0.005 1	−0.29	绿灯
1999	0.82	0.806 3	0.013 7	0.79	黄灯
2000	0.83	0.807 5	0.022 5	1.30	红灯
2001	0.83	0.808 7	0.021 3	1.23	红灯
2002	0.82	0.809 9	0.010 1	0.58	黄灯
2003	0.81	0.811 1	−0.001 1	−0.06	绿灯
2004	0.80	0.812 3	−0.012 3	−0.71	绿灯
2005	0.81	0.813 5	−0.003 5	−0.20	绿灯

注：*实绩值取自工研院能环所（2007.06）；预设目标值系利用最小平方法算出；1990—2005 年乖离值标准差为 0.017。

资料来源：本研究整理。

由此一模拟试算可以得知，本研究所设计的管理制度确实可行，同时利用本项管理制度的执行，确实对于电业温室气体排放管理可以收到一定的效果，确实值得主管机关加以导入运用。

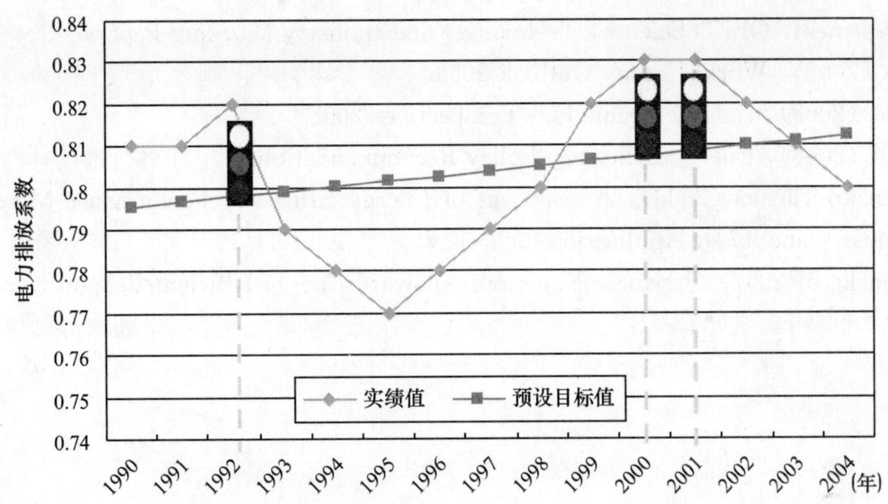

图 4　1990—2005 年台湾地区火力发电厂电力排放强度绩效灯号

资料来源：本研究整理。

5　结语

本研究参酌国际案例与分析管理目的之后，设计能涵括管理标的、管理对象、绩效指标与执行程序的完整电力事业温室气体管理制度，同时台湾地区的电力排放强度实际资料加以模拟试算，确认本研究所提出的绩效指标排放强度标准乖离值不论是运算与显示都可以有效执行，可见本研究所设计的管理制度具备绝对的可执行性。

当然，本研究规划建议的管理制度，其中要能有效执行仍必须要有足够的配套措施加以配合，例如应提供电力事业温室气体超排时可以因应的做法，例如制定排放许可费与绿色电力制度将会是十分可行的配套方案。然而，管理制度的执行与配套措施的制定，必须配合国家在温室气体减量政策的整体规划加以执行，方能得到最佳的效果。

虽然现阶段国际上对于未来发展中国家的减量责任与减排义务尚未定案，但是电力事业必须进行有效的减排已是不可能改变的趋势，所以本研究所提出的管理制度，对于温室气体减量工作未来主管机关的监督管理与电业的真正执行，仍将会有非常具体的协助。

参考文献

[1] 工研院．能源产业温室气体自愿性减量计划．经济部能源局，(2007).

[2] 台电公司．2007 台湾电力公司永续报告书公司，(2008).

[3] 台电公司．台湾电力长期负载预测及长期电源开发规划，(2006).

[4] 申永顺．温室气体确证与查证机构认证标准 ISO 14065 之发展与应用现况，2007 年管理系统及产品验证认证研讨会论文集．财团法人全国认证基金会，(2007).

[5] 洪美云．能源产业温室气体减量空间与技术．经济部能源局，(2006).

[6] 陈诗豪,等．能源产业温室气体管理机制．经济部能源局,(2006).
[7] 崔天佑,陈思洁．供应链领袖联盟简介——碳揭露项目．经济部产业温室气体减量推动办公室,(2008).
[8] Freudenberg , M. (2003), Composite Indicators of Country Performance: A Critical Assessment, OECD Science, Technology and Industry Working Papers.
[9] IEA (2008), World Energy Outlook 2008.
[10] IEA (2008), Energy Technology Perspectives 2008.
[11] IEA (2008), Energy Efficiency Policy Recommendations.
[12] Kanako Tanaka (2008), Assessment of Energy Efficiency Performance Measures in Industry and Their Application for Policy.
[13] Kanekiyo (2007), Japanese Experience Toward Energy Efficient Economy.

碳排放“强度限制法”*

原华荣

浙江大学非传统安全与和平发展研究中心　杭州　310028

浙江大学中国西部发展研究院环境与资源研究所　杭州　310028

摘　要：全球变暖、海平面上升、森林减少和荒漠化将导致农业系统的崩溃、全球性的粮食危机、地区冲突，环境、战争难民的大量产生和生物物种的加速灭绝。“全球变化”和灾难性影响是可信的，而应对气候危机的 CO_2 减排问题却碰到了难题：一是因在减排原则——“公平原则”和“生存排放”与“奢侈排放”上的分歧而缺少对话的平台；二是人们在利益驱使下陷入“囚徒困境”和因发展压力而难以达成共识。碳排放“强度限制法”和共同赞同的“相互强制”，则能够相应地在这两个方面为之提供解决办法。

关键词：“全球变化”，碳排放，“强度限制法”，“囚徒困境”，“相互强制”

本文拟就 CO_2 减排的碳排放“强度限制法”，及其道德性、公平性和实施共同赞同的“相互强制”的必要性，求教于读者。

1　“全球变化”

1.1　“全球变化”

“全球变化”基本上在两个方向——土地利用/土地覆被变化和大气成分变化上展开。从土地利用/土地覆被看，全球变化主要表现为森林、沼泽、湿地减少，土壤流失，荒漠化发展，由此导致的养分生物地球化学循环变化和生物多样性的丧失。从大气成分变化开始的全球变化，主要表现为大气中“温室气体”含量的增加，由此造成的全球变暖，进而冰川消融和海平面上升。

联合国政府间气候变化专门委员会（IPCC）的一系列报告表明，全球平均气温，在过去的100年（20世纪）中上升了0.4～0.8℃，在未来的100年中，将上升1.4～5.8℃。[1]如果排放继续，21世纪平均气温升高将达到4℃。①

全球变暖、海平面上升、森林减少和荒漠化所造成的，是水资源的短缺、自然灾害的频发，进而农业系统的崩溃、全球性的粮食危机和由此造成的地区冲突和大量的生态/环境和战争难民。到21世纪80年代，高温将使印度的小麦产量下降40%，致数亿人长期处于饥饿的边缘；在拉丁美洲，农业的减产会超过20%；有4/5人口依靠土地的非洲，农业

---

* 本文获得教育部人文社科重大项目“非传统安全威胁应对的能力建设（08JZD 0021-D）”，国家人口计划生育的“十二五”规划重点项目“人口、资源、环境约束下的定量分析”和浙江省自然科学基金项目“浙江省水资源、土地资源承载力、人口容量关联机理与区域人口资源环境综合管理模式创新（J 20080147）”的资助。

① 戴维·亚当．气候变化：科学家警告说现在挽救冰帽可能为时已晚．英国《卫报》文章．参考消息，2007.02.21.

减产会达30%，一些国家的生产力可能下降50%以上而导致农业的彻底崩溃。① 根据IPCC数据所做的估算表明，气候变化极有可能在46个国家的27亿人口中引发暴力冲突，并使另外56个国家面临政局动荡。以上灾难的另一结果是大量难民的产生——从现在到2050年，全球会有1/7的人因饥荒、缺水、社会动荡和战争而被迫逃离家园②,③。

"全球变化"之于中国，是气温上升给未来造成的巨大、深远乃至不可逆的负面影响；降水量增加引起的冰川消融和海平面上升；生态/环境显著退化；洪涝、干旱灾害频发，农业水资源不稳定性增加、供需矛盾加剧；种植业生产能力总体下降，粮食产量大幅减少而严重危及"粮食安全"——到2030年，种植业生产能力在总体上减少5%～10%，至21世纪后半期，主要农作物如小麦、水稻、玉米产量最多可下降37%。[1]

地表覆被变化和全球变暖的最大受害者是动、植物。IPCC的第二份报告指出，到2050年，20%～30%的物种将面临灭绝④——全球变暖将导致许多物种生存状况恶化并使之踏上"物种灭绝高速公路"：珊瑚礁灭绝（珊瑚礁在CO_2浓度为380ppm时保存完整，气温升高3.6°C、CO_2浓度为450～500ppm时多样性大大削弱）；鱼类和其他海洋生物减少；（气温升高5.4°C、CO_2浓度超过500ppm时）半数海洋生物消失而为红色、棕色、绿色海藻取而代之，浮游生物大量繁殖，水质恶化⑤；全球2/3的北极熊，则可能在未来50年因极地冰面的不断缩小而消失⑥。

1.2 "全球变暖"的可信度

在"全球变暖"已成定论的情况下，仍有人认为这是一种由戈尔推动的一种"谎言"⑦。俄罗斯科学院天文台空间研究实验室主任哈比布洛·阿卜杜萨马托夫的看法是：地球将变冷而不是在变暖，人类活动导致全球变暖只不过是一个神话⑧。"全球变暖"是可信的——这不仅因为它已是发生的事实，而且还在于这是大气中CO_2浓度变动的必然。

第一，大气中CO_2浓度是行星表面温度的决定性因子。

在类地行星和地球的卫星中，离太阳的距离（天文单位，地球为1），水星、金星都比地球小，分别为0.387和0.723；大气压力（地球为1），水星、金星、月球依次为0.003、0.1和0；金星大气的CO_2浓度，则在90%以上。对无、几无大气覆裹（大气压为0或极小）的月球、水星来说，由于无法保持太阳辐射能而使自己处于既是"炼狱"又是"地狱"的极端境地——行星表面温差，月球高达287℃（－153～134℃）、水星更高为593℃（－253～340℃）；大气覆裹虽只相当地球的0.1，但因CO_2浓度极高而形成极强"温室效应"的金星，则长期处于"炼狱"状态——表面温度维持在427℃[2],[3]。

类地行星和地球卫星的表面温度，很大程度上为其保持太阳辐射能的能力，即覆裹行

---

① 美《华盛顿邮报》11月19日文章（里克·韦斯）. 参考消息，2007.11.21.

② 英国《卫报》5月14日文章. 参考消息，2007.05.15.

③ 法新社伦敦5月13日电. 参考消息，2007.05.15.

④ 美联社华盛顿4月1日电. 参考消息，2007.04.03.

⑤ 美《今日美国报》12月14日文章（伊丽莎白. 魏泽. 科学家警告：到2050年，全球变暖可能导致珊瑚礁灭绝）. 参考消息，2007.12.16.

⑥ 美《华盛顿邮报》9月17日文章（戴维·费伦特霍尔德. 气候变暖使更多物种濒临灭绝）. 参考消息，2007.09.25.

⑦ 英《每日电讯报》网站11月4日文章（全球变暖背后的谎言）. 参考消息，2007.11.11.

⑧ 俄新社俄罗斯圣彼得堡9月28日电. 参考消息，2007.09.30.

星的大气层状况——压力大小、CO_2 浓度的高低，而不是在一定范围内接受太阳辐射能的多少所决定。

第二，大气中 CO_2 浓度是全球气候变化的主导因子。

全球气候状况取决于：（1）太阳辐射强度和黄道倾斜度；（2）决定地球反射/吸收太阳辐射能能力的地表状况；（3）大气的组分，即以 CO_2 为主的“温室气体”的浓度；（4）大气环流及海洋环流强度；（5）地球内部能量的耗散状况。

全球气候变化的总趋势是，以上述因素为背景的变冷、变干（第一层级）和在这一总趋势下以“冰期—间冰期旋回”为展现的气候冷暖、干湿交替（第二层级）。而气候变化的这一总趋势，则是与大气中 CO_2 浓度减少是同步的。与这一总趋势大体相一致的变化还有黄道倾斜度的增大——黄道倾角现今为 23.5°，在暖湿而无四季的中生代只有 5°～15°；地球内部能量因耗散的不断减少；地表海陆差异的扩大和大陆性的增强。

作为行星表面温度的决定性因子，和浓度下降与全球气候在地质年代变冷、变干总趋势的耦合表明：大气中 CO_2 浓度是全球气候变化的主导因子。对 CO_2 浓度作为气候变化主导因子，和太阳辐射强度变化非决定性在地质史上的证明是：在 CO_2 浓度减少主导下，全球气温在总体上的下降——晚前寒武纪（9 亿～6 亿年前）开始显著的全球性降温，使海水温度从 38 亿年前的 80℃左右减小到现代海洋温度；[4]与此同时，太阳辐射能供给的增加并未能阻止这一在 CO_2 浓度减少主导下的气温的全球性下降——太阳的辐射强度，在地质史上是逐渐增加的，晚前寒武纪已达到今天的 90%以上，[4]与45 亿～40亿年前相比，地表接受的太阳能增加了 58%[3]。

2　碳排放“强度限制法”

2.1　“囚徒困境”：一个地球，多个世界

世界环境与发展委员会在《我们共同的未来》中指出：“我们大家都依赖着唯一的生物圈来维持我们的生命。但每个社会，每个国家为了自己的生存和繁荣而奋斗，很少考虑对其他国家的影响……”[5]。

“地球只有一个，但世界却不是”[5]。对自己有利作为最根本的决策原则把生活在“多个世界”的人们，变成了“一个地球”中不停地为自己利益进行“博弈”的“囚徒”——合作还是不合作，利益是大是小、是短暂还是长久，要付出多大代价、获得多少收益……并陷入“良知困境”——他或她，作为个人是环保的，作为资本的化身和决策者便不一定是环保的。在许多情况下，明知某一决策、行为是不可持续的，或有损整体和他人利益的，但为情势——短期利益、资本利益，或别人都在攫取“公地”资源的“压力”——所迫而不得不为之。

在“温室气体”的减排问题上，利己的“环境外交”表现得格外醒目。美国拒签旨在减少 CO_2 等“温室气体”排放，应对全球气候变暖的《京都议定书》是资本联合“科学”战胜良知的著名例证。在这场利己的“环境外交”中，学术也不是中立的，诺德豪斯（1991）从替代性出发进行的关于全球气候变暖预期后果的“成本—效益”分析（政治措施不能阻止“温室气体”的增加，使之大规模减少并无根据），为美国在 1992 年里约环发大会退出全球气候条约的讨论提供了“科学”支持；[6]京都会议（日本京都，1997.12）召开前，利害

攸关的一些美国资本即发出减排 CO_2 将给美国经济带来巨大痛苦的警告，质疑气候变化是否真是一个问题，而参议院则以发展中国家是否参加限排作为美国签字的条件并拒绝了《京都议定书》[7]。一直到 2007 年初，认为全球变暖“极有可能”是人类活动导致，并将导致灾难性影响的 IPCC 的气候变化报告，在尚未发表前即受到政客们的多方质疑，和反对限制温室气体排放的工业界的盟友们的接二连三的攻击。①

人们不仅对全球变化持不同看法，而且在控制和减少 CO_2 排放这一应对全球变暖重要对策各自所承担的义务上也有重大分歧。这一分歧，主要发生在发达国家同发展中国家之间。发展中国家的基本看法是，发展中国家的排放属于“生存排放”，在能源基本需求尚未充分满足，人均消费远低于发达国家时，限制他们的能源消费水平及二氧化碳排放增长，显然是不公平的；发达国家属于“奢侈排放”，② 且对全球变暖负有历史责任而有义务率先采取行动。这种观点虽然不无道理，但显然是不会为发达国家所接受的——美国的基本态度即是：你减我就减，你不减我也不减。

在限制碳排放上分歧形成的根本原因如上所述，是各个国家、民族皆按“驱利避祸”的“功利主义”原则对自己利益的考虑：从长远看，各民族都希望气候稳定使自己免遭气候变化带来的灾难；从近期看，各国又不愿自行减少排放而限制本国的经济和社会发展，都希望其他国家采取行动而使本国受益。考虑历史而让发达国家带头限排是符合道义的，但却缺乏可操作性。

按人均进行限额排放虽然符合人类的“公平原则”，但却与“减排”的目的“南辕北辙”：既违背“生态公平”，又可能（必然）形成对生育率的刺激——“多生娃娃多分碳”——而不利于人口控制这一关乎“拯救地球”、“拯救人类”根本大计的实行。已出台的全球碳排放限额分配的各种方法，也多侧重于技术性考虑而少有能为多数国家构建对话平台的原则性意见。③ 显然，制定一个可避免重大分歧，又能为多数国家接受的办法，即提供一个可供讨论全球碳排放限额分配对话的平台，已是刻不容缓的了。

2.2 碳排放“强度限制法”

碳排放“强度限制法”即按国土面积分配碳排放限额（t/km^2），进行碳排放强度限制。这是一个仿“一个标准”、“两个趋同”[1]的方案，所不同的是把“人均”换成了“地均”。“一个标准”，即各国按土地面积平均的排放量相等；“两个趋同”，一是到目标年（如 2100）各国“地均”排放量相同；二是从基年到目标年的过渡期内（如 1990—2100）各国地均累计排放量趋同。碳排放“强度限制法”的基本特征或所负荷的道德价值是：

第一，“生态公平”。

① 美《国际先驱论坛报》2007 年 2 月 2 日文章（詹姆斯·坎特．围绕全球变暖进行的最后较量）；美联社巴黎 2007 年 2 月 2 日电。

② 西班牙《先锋报》2007 年 12 月 16 日文（拉斐尔·波奇．中国：全球变暖的英雄与平民）．参考消息，2007.12.08.

③ 全球碳排放限额分配的方法有：过程收敛、历史责任、多标准混合、对化石燃料的依赖性、菜单型、人均 GDP、成本有效性，以及趋同方法、紧缩与趋同分配模型、RIVM（荷兰国家公众健康与环境研究所）的逐渐参与法、RIVM 的多阶段法、Triptych 方法、多部门趋同方法、美国基于碳排放强度下降的替代方案、二元强度目标、南非的 SD-PAMs（可持续发展政策与措施）法。

碳排放“强度限制法”是一种基于“生态目的性”,① 符合“生态公平”和“污染均等”(强度)原则的碳排放限额分配方法。即对于生活在某一国家、地区的人来说,因碳排放受到的伤害,不应大于生活在其他国家、地区的人,也不应该受到其他国家、地区高强度碳排放因污染转移所强加给她们的伤害;和生活在某一地区的生物因碳排放受到的伤害,不应大于生活在其他地区的生物。②

第二,“一方水土养一方人”。

按国土面积对碳排放强度的限制,既符合“一方水土养一方人”的土地承载力原则,即利用自己的土地养活自己的人民,利用自己的资源发展自己的国家;又是对道德发展的保障和对不道德发展,即大量利用他人资源发展自己的限制。(对大量利用他人资源发展自己国家的长远利益来说,也是一种保障)

第三,生态、社会和经济效应巨大。

碳排放“强度限制法”既有利于降低能耗强度,提高能源利用效率,在总量上大大节约能源、减少碳排放而增强“能源安全”和“生态/环境安全”;又可防止“多生娃娃多分碳”的弊端而有利于人口控制,特别是高密度地区的人口控制。

第四,缩小地区发展差异。

通过对高强度排放,也即高强度耗能的限制,以及低密度穷国通过碳排放权交易发展自己而有利于缩小地区发展差异。

第五,消解分歧,推动“减排”应对措施的落实。

按国土面积进行碳排放限制,还可以有效消解各国在碳排放问题上的分歧:解决“发展中国家”和“发达国家”之间“奢侈排放”与“生存排放”之争;低密度国家与高密度国家以“人头”为坐标系的所谓“公平原则”之争,进而推动各减碳排放应对措施的落实。

任何一种办法都不可能做到一碗水端平,但只要符合地球生命的总体利益,即对人类有益,对多数国家有益,对地球生态系统有益,并能有效地减排——急剧的全球变化规定,必须大幅度地尽快地减少排放(“漏沙将尽”,我们已经没有时间了)都可作为对话的平台。按国土面积分配碳排放限额,进行碳排放强度限制,无疑会对一些高人口密度国家、地区的发展构成限制,但能够有效减少排放和符合总体利益,且也不违背这些国家、地区可持续的长远利益。

鉴于高密度人口作为一种历史存在,可在按土地面积分配碳排放限额这一总原则下,对人口密度因素作适当考虑,比如在限额分配后,对他们做不违背总原则的限量上浮。

---

① “生态目的性”即是自然的目的,地球生物圈即是她的形式,“自然的秩序”即是她的贯彻。当奥尔多·利奥波德在关于“大地伦理”的讨论中写下如下一段话时,他便正式播下了“生态目的性”的种子——“一个事物,只有在她有助于保持生物共同体的和谐、稳定和美丽的时候,才是正确的;否则,她就是错误的”。[8]

“生态目的性”指“生物共同体”在生态学意义上的“目的性”——维护自然生态系统的多样、节约、和谐、美丽、稳定和持续。“生态目的性”是对“生存原则”的贯彻,在根本上是一种“生存目的性”——生物为了自身的生存而维护生物圈的多样、稳定和持续;“集体目的性”——“生物共同体”(种群、群落、生态系统)和其所有成员(生物个体、种群、群落)共同的“好”和共同的目的;也是共同体最为本质的特征。

② 这里需要说明的问题有两个。其一,通过碳消费,碳排放与生活水平正相关。受高污染的影响是高消费应付出的代价;当高消费的人群把污染的影响转嫁给低消费的人群时,转嫁者即是不道德的,对穷人来说则是不公平的。其二,如故考虑到生物,所谓的“生态公平”便要大大地打折扣了——生物不享受燃烧碳带来的任何好处,却要接受人类强加给她们的灾难而为人类的幸福生活“埋单”。

3 共同赞同的“相互强制”

3.1 发展压力

为了把世界从“一个地球，多个世界”的“囚徒困境”的束缚中解救出来，环境与发展委员会还呼吁进行“国际合作”，管理属于全人类的“公共资源”，从“一个地球”出发，实现由“多个世界”向“一个世界”的转变。[5]联合国环境与发展大会（里约热内卢，1992）则在其发布的《里约环境与发展宣言》中要求人们：“各国和人民应诚意地本着伙伴精神”（原则 27），“在各国、在社会各个关键性阶层和在人民之间开辟新的合作层面，从而建立一种新的、公平的全球伙伴关系”[9]。

各国无视国际社会的呼吁，在应对全球气候变化的 CO_2 减排问题上难以达成一致意见的根本原因，除了因利益而无法摆脱的“囚徒困境”的束缚外，还有“发展压力”对“一个地球，多个世界”的强化。而“发展压力”，又为现代化，进而民族主义和全球化所强化。

发展压力即由发展不平衡引起的，迫使和加快发展的压力。发展压力是一种缓慢增长着的历史力，启动了的现代化则使其变得十分巨大和压倒一切。发展压力来自内外两个方面。由发展不平衡导致的国家、民族事实上不平等引起的，对外源性现代化国家而言更为强烈的“落后就要挨打”的危机感，是来自外部的发展压力；在外部压力诱发下形成的（通过解放思想、变革政体、推进民主化）提高生活水平的强烈意愿和行动，构成来自内部的发展压力。

发展的外部压力使现代化成为一切落后国家为生存、自保的必须和巨大的挑战——“或是灭亡，或是开足马力奋勇前进，历史就是这样提出问题的”（列宁）——“新的工业的建立已经成为一切文明民族的生命攸关的问题”。（《共产党宣言》）由是，现代化一旦启动，便不由分说地把一切国家和民族，纳入到自己的推进之中——“资产阶级……把一切民族甚至最野蛮的民族都卷到文明中来了……它迫使一切民族——如果它们不想灭亡的话——采用资产阶级的生产方式”（《共产党宣言》）。

每一个国家、民族都有权根据自己的社会、文化、人口、资源、环境状况和价值取向选择生存的方式、发展的道路、发展的速度，但在这里，发展压力却把这一切都归化为一种不容置疑的选择——现代化；而推进速度的不同，现代化又造成新的、差异更大的不平衡，进而须由加速现代化回应的更加巨大的发展压力……于是，在相互强化着的发展压力和现代化的推动下，一切国家、一切民族便被置于逆向转动的轮盘之上——要留在原地便必须跑，要前进便必须更快地跑[10]——谁也不甘落后，谁也不能落后，都在向前追赶，都在追求发展速度……整个人类社会，成了瞬时片刻也不能停止旋转——停止旋转便会倒下的陀螺。

当发展压力把一切民族的“自由意志”都“归化”为“现代化”时，“现代化”便成了国家的最高利益和民族主义的旗帜；而国家利益和民族主义，也变成了“现代化”的“人质”——由是，形成发展压力、民族主义和现代化的正反馈循环。而当代全球化、自由贸易的发展，则进一步推动和强化着这个循环。

发展压力在通过全球化、自由贸易得到缓解的同时，又被进一步强化了：一方面是资源的获得性因枯竭的下降，另一方面是“羞耻压力”的凸显。“富贵不还乡，如锦衣夜游”——在封闭的传统社会，穷国和富国的自我感受，如同夜游人着锦衣或光屁股一样而无多大区别；而当“夜游”变成“昼行”，着锦衣与一丝不挂在光天化日之下的情景就完全不一样了。全球化的“场景”把“夜游”变成了“昼行”，给先进民族、国家带来的是“还乡”的自豪，给后进民族、国家带来的是“还乡”的“羞耻压力”——羞愧和鞭策。而发展压力，则进一步强化着民族主义……

3.2 共同赞同的“相互强制”

与发展压力、全球化、自由贸易相伴随的，首先是人类良知的式微。

康德曾指出：“有两样东西，我们愈经常愈持久地加以思索，它们就愈使心灵充满日新又新，有加无已的景仰和敬畏：在我之上的星空和居我心中的道德法则”。[11]但对现代人来说，这两样东西已不再令他们“景仰和敬畏”，更遑论“有加无已”了：“天上的星空”——自然，因万物沦落为人类的“资源库”早已经退隐；“心中的道德法则”也正在发展压力、“羞耻压力”之下退隐。如果说发展压力带来的是“良知困境”，那么，“羞耻压力”导致的则是良知的式微乃至泯灭——对民族国家的责任在“羞耻压力”下把人们从“良知困境”中解脱了出来：正如哈丁所指出的，当别人都在侵吞公地时，你应为自己傻待在一旁而感到羞耻。[12]良知的式微进而“囚徒行为”不只对民族国家而言，而是表现在从个人到小集团的各个层面上的——伦理学中个体主义泛滥的社会基础即在于此。

第二是“公地悲剧”的不可避免性。最早提出“公地悲剧”概念的是威廉·福斯特·劳埃德（1883）。[13]对之赋予完善概念的加勒特·哈丁进一步指出了“CC-PP 游戏”——“公共化的成本，私有化的利益”的危害性[13]——之于牧民，是在“公共草场”上再添一头属于自己的牛；之于家庭，是在“人口公地”上再生育一个属于自己的孩子；之于“国家”，是在“排污公地”上多排放一份负荷着属于自己“产出”的“碳”。虽然这多出的一头头牛、一个个人、一份份负荷着属于自己“产出”的“碳”将最终形成导致人类毁灭的“公地悲剧链”，但负效应在毁灭之前是由整体（所有牧民、所有人口和所有国家）分担的，而正效应，却是由个体（牧民个人、家庭和一个国家）独得的——是故，在良知式微的世界里，“侵吞公地”便成了“理性人”的“理性选择”，不“侵吞公地”倒成了“非理性人”的“非理性选择”，或地地道道的“傻瓜”。

针对“人口公地”，约翰·斯图亚特·穆勒认为，“自由生育”是“令人厌恶的权利滥用”——“人们虽然认为反对生育是残酷的，但是他们忘记了这种生育的行为既是当事者‘对动物本能的屈从’，又是当事者‘令人厌恶的权利滥用’”。[14]哈丁更是“忍无可忍”地指出：“无节制的生育显然是一种反社会行为”，“每一次出生都有把不需要的负担强加于社会……[13]

针对“人口公地”，哈丁极力主张作为民主政治所有限制性法律准则的“共同赞同的相互强制”[13],[12]。H. 柏格森在《道德和宗教的两个来源》（1932）中也写道：“我们的道德的一大部分，包含着一些义务，这些义务的强制性质（obligatory char action）基本上可以用社会对个人的压力（pressure）来说明……”。[15]埃尔温·薛定鄂则指出：“在所有时代所有民族中，每一种恪守的道德标准都曾经是现在仍然是自我否定。伦理观总是以一种要求和挑战的形式，以一种你应该如何的方式出现，这种强制在某种意义上总是背离了我们的原始意志的”。[16]

在良知式微的当代，针对民族国家“侵吞公地”的碳排放，为了“拯救”地球和人类，国际社会是否可以考虑实行“共同赞同的相互强制”。

参考文献

[1]《气候变化国家评估报告》编写委员会．气候变化国家评估报告[M]．北京:科学出版社,2007.

[2] 牛文元．自然地理新论[M]．北京:科学出版社,1984.

[3] 康育义．生命起源与进化 [M]．南京:南京大学出版社,1997.

[4] 郝守刚,马学平,董熙平．生命的起源与演化——地球历史中的生命 [M]．北京:高等教育出版社,2005.

[5] 世界环境与发展委员会．我们共同的未来[M]．国家环保局外事办公室,译．北京:世界知识出版社,1989.

[6] [美]埃里克·诺伊耶.强与弱——两种对立的可持性范式[M]．戴星翼,徐立青,译．上海:上海译文出版社,2002.

[7] [美]希拉里·弗伦奇.消失的边界——全球化时代如何保护我们的地球[M]．李丹,译.上海:上海译文出版社,2002.

[8] [美]奥尔多·利奥波德.沙乡年鉴[M]．侯文蕙,译．长春:吉林人民出版社,1997.

[9] 迈向 21 世纪——联合国环境与发展大会文献汇编[C]．中国环境报社编译．北京:中国环境科学出版社,1992.

[10] [英]刘易斯·卡罗尔．爱丽丝漫游奇境记[M]．容向前,古里平,罗丹丹,译．南京:译林出版社,1995.

[11] [挪威] G. 希尔贝克,N. 伊耶．西方哲学史[M]．童世俊,郁振华,刘进,译．上海:上海译文出版社,2004.

[12] [美]加勒特·哈丁．公地的悲剧[A]．[美]赫尔曼·E. 戴利,肯尼思·N. 汤森．珍惜地球——经济学、生态学、伦理学(马杰,钟斌,朱又红译,范道丰校)[C]．北京:商务印书馆,2001: 146－166.

[13] [美]加勒特·哈丁．生活在极限之内——生态学、经济学和人口禁忌[M]．戴星翼,张真,译．上海:上海译文出版社,2001.

[14] [英]约翰·斯图亚特·穆勒．政治经济学原理及其在社会哲学上的若干应用(上卷)[M]．赵荣潜,桑炳彦,等译．北京:商务印书馆,1991.

[15] 周辅成．西方伦理学名著选辑(下卷)[M]．北京:商务印书馆,1996.

[16] [奥]埃尔温·薛定鄂．生命是什么[M]．罗来鸥,罗辽复,译．长沙:湖南科学技术出版社,2003.

京都议定书与清洁发展机制之探讨

——内生成长理论之应用

王　葳　陈建元

逢甲大学经济学系　台中　000400

摘　要：1992年通过、1993年第50个国家批准、1994年生效的联合国气候变化框架公约（United Nations Framework Convention on Climate Change），说明温室气体排放的相关议题受到国际间重视，其后京都议定书（Kyoto Protocol）更明确规范列于公约附件一的国家所需遵守的排放量限制或削减承诺，其准则规定于京都议定书附件B。为促进国际合作并使缔约国更有效率地达成减量的目标，京都议定书中明订三种跨国间温室气体减量的合作方式，其中清洁发展机制（Clean Development Mechanism）被认为可兼顾公约附件一国家以低成本达成承诺并帮助非附件一国家永续发展两大优点。本文尝试建立一个包含家计、政府与自然三部门的内生成长模型，并纳入清洁发展机制，以公约附件一国家为主体，探讨政府部门课征所得税率与清洁发展机制参与程度对经济体系长期成长率和社会福利的影响。根据本文分析我们发现不论政府税率增加或清洁发展机制参与程度增加，对体系长期成长率和社会福利影响效果端视自然资源的产出弹性、资本污染程度、税率、清洁发展机制参与程度、清洁发展机制与国内防治成本差距之大小而定。

关键词：京都议定书，清洁发展机制，内生成长，长期成长率，社会福利

1　绪论

提高经济成长率与社会福利一直是经济学家注重的议题，亦为当政者的决策目标，相较之下环保相关议题于经济领域中较少受到瞩目。近年来经济学者开始正视经济成长与环境保护间的关联，Arrow and Kurz（1970）、Keeler，Spence and Zeckhauser（1971）利用传统 Ramsey（1928）模型解释环保议题，主张经济活动带来污染，要抑制污染若非减少经济活动即需添加反污染设备增加成本，而上述两者对经济活动皆有不利影响，故得到环境保护与经济发展无法兼顾的结论。以 Ramsey 模型讨论经济成长最大的缺点在于无法解释每人所得持续成长的事实，同时政府政策无法影响经济成长的结论亦不符合现实。Romer（1986）与 Lucas（1988）提出内生成长理论之后彻底解决了上述问题，内生成长理论特色在于经济体系成长率由模型内生决定，因此体系内外生变量的变动均可有效地影响成长率，自此内生成长理论蓬勃发展，被广泛地运用于各项领域的研究，如政府租税政策、国防政策以及环保政策等。

经济成长与环保议题的相关研究，除受益于内生成长理论的发展之外，对于环境质量与污染的描述，经济学家亦提出许多重要之观点。Tahvonen and Kuuluvainen（1991）设定自然资本函数，主张自然资本具有自然回复之性质，然而会因人类污染活动而减少；Gradus and Smulders（1993）设定污染的产生由资本使用而来，并可经由防治减少污染；Bovenberg and Smulders（1995，1996）认为自然资本的增加对于人们效用与生产皆有正面

帮助，污染产生将耗损自然资本然而渺小的个人无力改变之。家计部门无力改变污染的观点被其他学者如 Ligthart and Van der Ploeg（1994）、Michel and Rotillon（1995）、Elbasha and Roe（1996）、Bovenberg and de Mooij（1997）所接受，而 Devereux and Love（1995）、Turnovsky（1995）、Bruce and Turnovsky（1999）文章则设定由政府支出防治污染，其财源来自税收且为产出之固定比例。近来环保相关议题发展更加多元，Chen, Lai and Shieh（2003）、陈智华、萧文宗和谢智源（2003）引进内生化休闲决策的概念，进一步探讨污染和经济成长间的关系；孙钰峰和胡士文（2006）着重于农业部门，研究政府生物科技补贴对经济体系之影响。

环保议题除受经济学家重视之外，亦渐渐得到政府部门关注，于 20 世纪 80 年代，有关温室气体排放影响全球气候变化的相关研究引起国际间的重视，联合国大会（UN General Assembly）为了响应第二次世界气象大会的建议，于 1990 年年会中通过设立政府间气候变化框架公约谈判委员会（Intergovemmental Negotiating Committee for a Framework Convention on Climate Change，INC/FCCC）的决议。该委员会于 1992 年 5 月 9 日在纽约的联合国总部通过了联合国气候变化框架公约（United Nations Framework Convention on Climate Change，UNFCCC）并开放签署。公约共分为 26 条正文及两个附件，[①] 其目的为稳定大气中温室气体的浓度，防止气候系统遭受人为干扰，以确保人类经济社会永续发展。在公约执行的原则方面，要求各国依据各自的能力及社会经济条件，负担共同但有区别的责任，并尽可能发展国际合作。正因采取有区别责任的原则，因此公约规定一般缔约国，仅需于能力范围内完成国内温室气体排放及清除的资料统计，并拟定防治步骤；列于附件一的国家则被要求于 2000 年时，需将二氧化碳及其他温室气体排放量降低 1990 年的水平，列于附件二的国家除承担上述责任之外，尚有义务提供开发中国家资金及技术，以协助之因应气候变迁。

联合国气候变化框架公约自 1994 年 3 月 21 日正式生效后，1995 年于柏林举行第一次缔约国会议，会议中针对公约所规定之温室气体减量标准进行讨论，缔约国认定减量标准不足以实现公约防止危险的人为干预气候系统此一长期目标，因此与会各国通过了柏林授权，发起一轮新的会议并拟定一份文件，目的为明确规范已开发国家的承诺。公约第三届缔约方会议 1997 年于日本京都举行，与会各国通过了京都议定书并开放签署。和公约不同之处在于京都议定书规定附件一国家必须按照其附件 B 之标准，于 2008—2012 年将本国列于其附件 A 之温室气体的排放量相较于 1990 年的排放水平，至少需削减 5%。其意义在于将逆转 150 年来各国温室气体排放与日俱增的趋势。自 2004 年 11 月 18 日俄罗斯签署之后，于 2005 年 2 月 16 日起京都议定书正式生效。

京都议定书包含 28 条正文以及 A、B 两个附件，[②] 正文中明确要求已开发国家与经济转型国家承诺于 2008—2012 年期间，必须达到 6 种明订温室气体的排放量限制或削减承

① 附件一（Annex Ⅰ）国家包括已开发国家和自社会主义转型市场经济的国家，共有 40 国并列入欧盟（包括公约第三次缔约国会议通过之修正案所新增的国家）；附件二（Annex Ⅱ）国家为已开发国家，现共有 23 国并列入欧盟（原列于附件二的土耳其经公约第七次缔约国会议通过修正案除名）。

② 附件 A 列举 6 项温室气体包括：二氧化碳（CO_2）、甲烷（CH_4）、氧化亚氮（N_2O）、氢氟碳化物（HFCs）、全氟化碳（PFCs）与六氟化硫（SF_6）；附件 B 列出 38 个国家与欧盟于 2008—2012 年各自必须达成之温室气体排放量限制或削减承诺（原始文件中白俄罗斯与土耳其列于附件一但未列入附件 B，之后美国未签署京都议定书，京都议定书第二次缔约国会议通过修正案将白俄罗斯纳入附件 B）。

诺（quantified emission limitation or reduction commitment），其标准列于附件当中。为促进国际合作并使缔约国更有效率地达成削减的承诺，议定书中订定三种国际合作方式，分别为共同减量（Joint Implementation，JI）、清洁发展机制（Clean Development Mechanism，CDM）与排放交易（Emissions Trading，ET）。共同减量允许同属附件一的缔约国可以利用执行共同排放削减计划的方式，提供资金或技术向其他附件一国家交换或取得所谓的排放减量单位（Emission Reduction Uunits，ERUs）额度，以作为未来交易或抵减排放量之用；排放交易则允许列于附件 B 的缔约国可以向排放量尚未达到容许配额的其他附件 B 国家，购买取得其尚未使用或剩余的排放单位（Assigned Amount Units，AAUs）。

清洁发展机制则是唯一包含非附件一国家的国际减量合作机制，该机制鼓励附件一国家至非附件一国家（开发中国家）进行污染排放减量投资，非附件一国家受惠于先进技术移转、经济成长以及自然环境的改善，并达到永续发展的目标；同时由清洁发展机制所创造之减排权证（Certified Emission Reductions，CERs），也有助于附件一国家履行京都议定书的排放量削减承诺。因双方环境质量的差异以及污染排放减量边际成本递增的特性，故于非附件一国家进行污染排放减量投资成本应低于附件一国家，此一因素为吸引附件一国家参与清洁发展机制之诱因。①

有关京都议定书和清洁发展机制研究文献方面，Rose，Bulte and Folmer（1999）认为非附件一国家参与清洁发展虽可获得技术移转、获得金融补偿、增加就业及环境改善，然而同时会阻碍本国技术发展，更重要的是将损失国内低成本的防治项目，当未来必须承诺减排时，将面对只剩高成本防治项目的不利情形，因此参与清洁发展机制未必对该国有利。Bréchet，Germain and van Steenberghe（2004）使用两期模型说明 Rose 等人所提出的问题，Bréchet 认为当非附件一国家政府过于短视时，会在第一期减排权证价格过低的情况下参与清洁发展机制，导致这项国际合作对该国造成不利之影响。Germain，Magnus and van Steenberghe（2007）承接 Bréchet 等人两期模型的观点讨论非附件一国家参与清洁发展机制的选择，Germain 主张不论第一期减排权证价格为何，非附件一国家均应参与清洁发展机制；此外当减排量测定的方式不同时，该国参与清洁发展机制所能得到的利益也不同。Michaelowa（2007）详述了清洁发展机制执行程序以及各种种类清洁发展机制之优缺点。② Narain and van’t Veld（2008）认为当市场是不完全（Imperfect）时，非附件一国家可能因制度腐败、信息不足或附件一国家市场力量太强大等因素，导致于接受了对本国不利的清洁发展机制计划。

就附件 B 国家基期排放量、排放削减承诺与清洁发展机制执行结果相关数据而言，至 2009 年 7 月 1 日于清洁发展机制执行单位（Executive Board，EB）登记在案计划共 1 699 件，已登记计划预计至 2012 年可发出 1 620 000 000 单位减排权证。③ 以附件 B 国家角度视之，基期温室气体排放量前三大国家为俄罗斯、日本与德国；参与清洁发展机制计划数前三大国家为大不列颠与北爱尔兰联合王国、瑞士与荷兰。于非附件一国家方面，以参与

---

① 附件一与附件 B 国家并不相等，然而依实际资料检视之，美国与土耳其二国并无参与任何清洁发展机制计划，故本文中提及参与清洁发展机制的附件一国家时，等同于附件 B 国家。

② 清洁发展机制依投资者的不同可分为 3 类，双边模式（bilateral）由附件一国家进行投资，之后与非附件一国家分配减排权证；多边模式（Multilateral）的投资与权证分配透过基金执行；单边模式（Unilateral）则允许非附件一国家自行投资，取得权证后自行贩卖，此一模式至 2005 年始得清洁发展机制执行单位（Executive Board，EB）允许。

③ 一单位减排权证代表减量温室气体一公吨（以二氧化碳当量）。

清洁发展机制计划数观点视之，中国、印度与巴西为前三大参与国；以已获得减排权证数观点视之，中国、印度与南韩为前三大。详细数据如表 1 和表 2 所示。

表 1　附件 B 国家温室气体排放与参与 CDM 数量

附件 B 国家	基期排放量	2000 减量（%）	2006 减量（%）	削减承诺（%）
Australia（0）	547 699.84	−9.6	−2.1	+8
Austria（38）	79 049.66	+2.6	+15.2	−8（−13）
Belarus*[a]（0）	0.00	n. a.	n. a.	−8
Belgium（19）	145 728.76	−0.1	−6.0	−8（−7.5）
Bulgaria*（0）	132 618.66	−48.2	−46.2	−8
Canada（42）	593 998.46	+20.8	+21.3	−6
Croatia*（0）	0.00	n. a.	n. a.	−5
Czech Republic*（0）	194 248.22	−24.3	−23.7	−8
Denmark（34）	69 978.07	−0.9	+1.7	−8（−21）
Estonia*（0）	42 622.31	−57.2	−55.7	−8
EC（15）[b]（1340）	4 265 517.72	−3.5	−2.7	−8（−8）
Finland（28）	71 003.51	−1.7	+13.1	−8（0）
France（38）	563 925.33	−0.7	−4	−8（0）
Germany（111）	1 232 429.54	−17.3	−18.5	−8（−21）
Greece（0）	106 987.17	+19.9	+24.4	−8（+25）
Hungary*（0）	115 397.15	−32.8	−31.9	−6
Iceland（0）	3 367.97	+10.8	+25.7	+10
Ireland（1）	55 607.84	+24.1	+25.5	−8（+13）
Italy（42）	516 850.89	+6.9	+9.9	−8（−6.5）
Japan（224）	1 261 331.42	+6.9	+6.2	−6
Latvia*（0）	25 909.16	−61.3	−55.1	−8
Liechtenstein（0）	229.48	+11.0	+19	−8
Lithuania*（0）	49 414.39	−60.8	−53	−8
Luxembourg（14）	13 167.50	−22.7	+1.2	−8（−28）
Monaco（0）	107.66	+11.1	−13.1	−8
Netherlands（229）	213 034.50	+0.3	−2.6	−8（−6）
New Zealand（0）	61 912.95	+14.2	+25.8	0
Norway（22）	49 619.17	+7.8	+7.8	+1
Poland*（0）	563 442.77	−30.9	−28.9	−6
Portugal（1）	60 147.64	+35.5	+37.6	−8（+27）
Romania*（0）	278 225.02	−50.1	−43.7	−8
Russian Federation*（0）	3 323 419.06	−38.7	−34.1	0
Slovakia*（0）	72 050.76	−32.7	−32.1	−8
Slovenia*（0）	20 354.04	−7.0	+1.2	−8
Spain（63）	289 773.21	+32.9	+49.5	−8（+15）
Sweden（125）	72 151.65	−5.4	−8.9	−8（+4）
Switzerland（429）	52 790.96	−2.0	+0.8	−8
Ukraine*（0）	920 836.93	−57.1	−51.9	0
United Kingdom（597）	779 904.14	−13.6	−15.9	−8（−12.5）
United States[c]（0）	0.00	×	×	−7

注：1. 第一栏为列于附件 B 之会员，其中 * 正向市场经济过渡的国家；[a] 2006 年京都议定书第二次缔约国会议通

过修正案将 Belarus 列入附件 B；[b] EC 包含 15 个 2004 年 5 月前即加入的会员；[c] United States 列于附件 B 中但未签署京都议定书；附件一成员为上表所述再纳入 Turkey；括号代表各国参与清洁发展机制计划数，其总和大于 1699 因一件计划可能有一个以上附件 B 会员参与。

2. 排放量的计算包含列于附件 A 的六种温室气体，基期依气体种类和国家而异，排除三种国际合作方式与土地使用、土地使用变化与林业（LULUCF）所造成的减量，排放量以二氧化碳当量，单位千公吨。

3. Belarus 与 Croatia 起始数据审核未完成，故无基期排放量数据。

4. 第三栏与第四栏为相较于基期排放量，各国 2000 年与 2006 年温室气体排放量的变化，以百分比表示。

5. 第五栏为各国于 2008—2012 年应达成的削减承诺，包括列于附件 B 和欧共体自行调整后的两种标准，后者以括号表示。

表 2　主要非附件一国家参与 CDM 数量

非附件一国家	获得 CERs 数	参与 CDM 计划数	平均年度减量
Brazil	32 135 826（10.43%）	159（9.36%）	20 425 760（6.67%）
China	141 092 952（45.78%）	579（34.08%）	180 317 637（58.93%）
India	67 508 800（21.90%）	438（25.78%）	35 636 742（11.65%）
Malaysia	648 718（0.21%）	52（3.06%）	3 289 685（1.08%）
Mexico	5 842 658（1.90%）	115（6.77%）	8 617 199（2.82%）
Republic of Korea	42 044 045（13.64%）	28（1.65%）	14 816 451（4.84%）

注：1. 第一栏为主要参与清洁发展机制的非附件一国家。

2. 第二栏为已获得减排权证数；括号代表占总数之百分比。

3. 第三栏为参与清洁发展机制计划数；括号代表占总数之百分比。

4. 第四栏为平均年度减量；括号代表占总数之百分比。

由上述可知，自京都议定书签订至今，相关研究与国际合作活动方兴未艾，足见此议题的重要性；然而上述研究多以成本观点考虑，着重探讨非附件一国家是否应参与清洁发展机制，鲜少以成长模型讨论附件一国家参与清洁发展机制之决策，故本文目的在于建构内生成长模型，分析附件一国家参与清洁发展机制后对本国经济体系之影响。本文共分为四部分，除第 1 节绪论之外，第 2 节建立一个包含家计、政府与自然三大部门并连接清洁发展机制的内生成长模型作为分析工具；第 3 节讨论相关外生变量的变动对经济体系长期成长率与社会福利之影响。最后，第 4 节为本文之结论。

2　理论模型

本节建立一个包含家计、政府与自然三部门并连接清洁发展机制的模型，其中假设家计部门仅生产一种商品，此商品可供消费、缴交所得税和投资；政府部门收取所得税后从事污染防治、清洁发展机制参与和移转性支付并达到预算平衡；自然资源带给家计部门正效用同时对生产有正面贡献，然而会因污染而耗损随防治活动而恢复；签署京都议定书后政府面对一定数量的温室气体排放削减承诺，以污染防治或参与清洁发展机制得到减排权证的方式皆可达成承诺。

2.1　家计部门

家计部门的目标函数可表示为：

$$\underset{C}{\mathrm{Max}}\int_{0}^{\infty} U(C,N)\mathrm{e}^{-\delta t}\,\mathrm{d}t, \tag{1}$$

式中　U——瞬时效用函数；δ——时间偏好率；消费 C 与自然资源的存量 N 为家计部门产生正效用。在此依循 Bovenberg and Smulders（1995，1996）的设定，自然资源的存量同时为家计部门带来正效用以及生产的正面贡献，然而家计部门为一渺小角色，故无力也不愿改变自然资源的存量，此一概念亦为孙钰峰和胡士文（2006）所接受。假设消费的跨期替代弹性倒数与自然资源跨期替代弹性倒数为 1 的状况下，家计部门的瞬时效用函数可以式（2）形式表示，β为衡量自然资源对效用影响程度的参数。

$$U(C,N) = \ln C + \beta \ln N, \beta > 0 \text{ ,} \tag{2}$$

每一个时点家计部门所得均分为三项用途：缴交所得税、消费与投资，同时接受政府的移转性支付，故家计部门预算限制式可表示为：

$$\dot{K} = (1-\tau)\ Y - C + T_r \tag{3}$$

式中　$Y = AK^{1-\theta}N^{\theta}$——生产函数；资本 K 和自然资源 N 投入构成产出 Y，两种投入边际生产力为正且呈现递减状态，故 $0<\theta<1$；A——技术参数；τ——所得税率，$0<\tau<1$；T_r——移转性支付。

由于家计部门认为其无能力改变整个社会的自然资源存量，故在式（3）的预算限制之下选取消费以追求式（1）未来所有瞬时效用折现值加总的极大，其最适决策条件为：

$$\frac{1}{C} = \lambda \tag{4a}$$

$$\frac{\dot{\lambda}}{\lambda} = \delta - (1-\tau)(1-\theta)\ AK^{-\theta}N^{\theta} \tag{4b}$$

$$\lim_{t \to \infty} \lambda K e^{-\delta t} = 0 \tag{4c}$$

其中共状态变量 λ 为资本的影子价格，式（4a）代表消费的边际效用等于资本的影子价格；式（4b）表示资本影子价格的变动率由时间偏好率和税后资本边际报酬率间的差距而定；式（4c）为确保家计部门决策能满足一生效用折现极大的终端条件。由式（4a）、式（4b）可推得消费跨时最适决策：

$$\frac{\dot{C}}{C} = (1-\tau)(1-\theta)AK^{-\theta}N^{\theta} - \delta \tag{5}$$

式（5）即为 Keynes-Ramsey rule，当税后资本边际生产力大于时间偏好率时，家计部门下期将增加消费；反之则减少消费。

2.2　政府部门

自然资源虽有益于家计部门效用和生产，然而家计部门无力改变自然资源存量，因此提高自然资源存量即成为政府决策的目标；此外政府尚需遵守排放削减承诺，承诺可借由本地区污染防治和清洁发展机制参与以获得减排权证来达成。假设政府部门向家计部门课征所得税来融通其支出，支出分为清洁发展机制参与本地区污染防治与移转性支付三项。第一项与第二项支出均可达成排放削减承诺，然而其中差异在于清洁发展机制参与成本较低，故维持相同削减承诺的状况下，透过清洁发展机制所花费资源较国内防治为低，政府达预算平衡时即有较多资源提供移转性支付；透过污染防治达成承诺虽成本较高，然其益处在于可使本地区自然资源存量增加；此外移转性支付可使本地区资本累积提高。在此延伸 Devereux and Love（1995），Turnovsky（1995），Chen，Lai and Shieh（2003）的设定，令清洁发展机制参与支出、国内污染防治与移转性支付各为所得的比例，三者加总等于政府课征之所得税。

$$\tau Y = CDM + S + T_r = v\tau Y + [1-(1+w)v]\tau Y + wv\tau Y \tag{6}$$

式（6）为政府预算限制式，其中政府所得税 τY 等于清洁发展机制参与支出 CDM、污染防治支出 S 和移转性支付 T_r 的加总；v 为政府所得税用于清洁发展机制参与支出的比例；$[1-(1+w)v]$ 为政府所得税用于污染防治的比例；wv 为政府所得税用于移转性支付的比例，其中 $0 \leqslant v \leqslant 1/1+w$；$w$ 为成本差异系数，$w \geqslant 0$。① 由式（3）、式（6）可推得社会资源限制式：

$$Y = \dot{K} + C + CDM + S \tag{7}$$

当政府预算限制式和社会资源限制式同时成立时，社会资源限制式可改写为：

$$\frac{\dot{K}}{K} = [1-(1-wv)\tau] AK^{-\theta}N^{\theta} - \frac{C}{K} \tag{8}$$

2.3 自然部门

为分析政府清洁发展机制参与支出与污染防治支出如何影响自然资源，依循 Gradus and Smulders（1993）、Bovenberg and Smulders（1996）、Bretschger and Smulders（2007）的设定，令自然资源的存量具有自然复育的性质，然而却会因人为的污染而遭到破坏；污染一项由资本的使用所产生，但可经由人为的努力（污染防治支出）而减少。此外经由清洁发展机制的参与，政府将资源移往国外投资并获得减排权证，减排权证有助于达成排放削减承诺但不影响本国自然资源，据此自然资源函数设定如下：

$$\dot{N} = \varphi N - P \tag{9}$$

其中污染 $P = K^{\eta}S^{1-\eta}$ 为资本和污染防治支出的一次齐次函数，$\eta > 1$；φ 为自然复育参数，$0 < \varphi < 1$。将式（6）代入式（9），自然资源函数可改写为：

$$\frac{\dot{N}}{N} = \varphi - [1-(1+w)v]^{1-\eta}\tau^{1-\eta}A^{1-\eta}K^{1-\theta+\theta\eta}N^{\theta-\theta\eta-1} \tag{10}$$

3 比较静态分析

本节利用上述模型进行比较静态分析，研究政府部门所得税率和清洁发展机制参与支出比例对经济体系的影响。依循 Futagami，Morita and Shibata（1993）的设定，利用式（5）、式（8）、式（10）推出以转换变数 X、Z 所描述之经济体系：

$$\frac{\dot{X}}{X} = \frac{\dot{C}}{C} - \frac{\dot{K}}{K} = (1-\tau)(1-\theta)AZ^{\theta} - [1-(1-wv)\tau]AZ^{\theta} + X - \delta \tag{11}$$

$$\frac{\dot{Z}}{Z} = \frac{\dot{N}}{N} - \frac{\dot{K}}{K} = \varphi - [1-(1+w)v]^{1-\eta}\tau^{1-\eta}A^{1-\eta}Z^{\theta(1-\eta)-1} - [1-(1-wv)\tau]AZ^{\theta} + X \tag{12}$$

---

① 假设京都议定书规定本国需达成排放削减量 $\bar{E}$，而政府对三项支出的分配依循以下规则：未考虑清洁发展机制时 $v=0$，$S=\tau Y$，表示政府将所有资源用于污染防治，此时可达成削减量 $\bar{E}$。之后考虑清洁发展机制支出，并假设清洁发展机制所得减排权证全数用于承诺，由于其成本较低，故在维持 $\bar{E}$ 的前提下，增加 1 单位清洁发展机制支出可减少（$1+w$）单位污染防治支出，此时即可增加 w 单位移转性支付。此外在支出不为负的限制下，需限定 $0 \leqslant v \leqslant 1/1+w$。

经济体系处于长期均衡时 $\dot{X}=\dot{Z}=0$，令 $\widetilde{X}$、$\widetilde{Z}$ 表示转换变量长期均衡值，将式（11）、式（12）于长期均衡附近展开可表示为：

$$\begin{bmatrix}\dot{X}\\ \dot{Z}\end{bmatrix}=\begin{bmatrix}a_{11} & a_{12}\\ a_{21} & a_{22}\end{bmatrix}\begin{bmatrix}X-\widetilde{X}\\ Z-\widetilde{Z}\end{bmatrix}+\begin{bmatrix}a_{13}\\ a_{23}\end{bmatrix}d\tau+\begin{bmatrix}a_{14}\\ a_{24}\end{bmatrix}dv \tag{13}$$

其中

$a_{11}=\widetilde{X}$；

$a_{12}=(1-\tau)(1-\theta)A\widetilde{X}\widetilde{Z}^{\theta-1}-[1-(1-wv)\tau]\theta A\widetilde{X}\widetilde{Z}^{\theta-1}$；

$a_{13}=(1-\theta)A\widetilde{X}\widetilde{Z}^{\theta}+(1-wv)A\widetilde{X}\widetilde{Z}^{\theta}$；

$a_{14}=-w\tau A\widetilde{X}\widetilde{Z}^{\theta}$ ；

$a_{21}=\widetilde{Z}$；

$a_{22}=[1-\theta(1-\eta)][1-(1+w)v]^{1-\eta}\tau^{1-\eta}A^{1-\eta}\widetilde{Z}^{\theta(1-\eta)-1}-[1-(1-wv)\tau]\theta A\widetilde{Z}^{\theta}$ ；

$a_{23}=(\eta-1)[1-(1+w)v]^{1-\eta}\tau^{-\eta}A^{1-\eta}\widetilde{Z}^{\theta(1-\eta)}+(1-wv)A\widetilde{Z}^{\theta+1}$ ；

$a_{24}=(1-\eta)(1+w)[1-(1+w)v]^{-\eta}\tau^{1-\eta}A^{1-\eta}\widetilde{Z}^{\theta(1-\eta)}-w\tau A\widetilde{Z}^{\theta+1}$ 。

令 s_1、s_2 为动态体系的两根，由于 X 为跳跃变量 Z 为非跳跃变量，仅有在正根数目等于跳跃变量的条件之下体系才能得到唯一解，故令两根积为负 $s_1s_2<0$。由式（13）可求得：

$$\frac{\partial\widetilde{Z}}{\partial\tau}=\frac{(1-\eta)[1-(1+w)v]^{1-\eta}\tau^{-\eta}A^{1-\eta}\widetilde{X}\widetilde{Z}^{\theta(1-\eta)}-(1-\theta)A\widetilde{X}\widetilde{Z}^{\theta+1}}{\Delta}>0 \tag{14}$$

$$\frac{\partial\widetilde{Z}}{\partial v}=\frac{(\eta-1)(1+w)[1-(1+w)v]^{-\eta}\tau^{1-\eta}A^{1-\eta}\widetilde{X}\widetilde{Z}^{\theta(1-\eta)}}{\Delta}<0 \tag{15}$$

以上为政府部门所得税率和清洁发展机制参与支出比例变动对自然资源与资本比例 N/K 的影响，其中 $\Delta=a_{11}a_{22}-a_{12}a_{21}=s_1s_2<0$；由式（14）、式（15）即可透过长期成长率与社会福利两观点检视上述外生变量变动对经济体系所造成之影响。

3.1 长期成长率

经济体系处于长期均衡时 $\dot{X}=\dot{Z}=O$，由式（11）、式（12）知消费、资本与自然资源均衡成长率相等，同时等于产出成长率；令 $\widetilde{\gamma}$ 表示经济体系长期成长率，利用式（14）、式（15）可得政府部门所得税率和清洁发展机制参与支出比例变动对长期成长率的影响：

$$\frac{\partial\widetilde{\gamma}}{\partial\tau}=(1-\theta)A\widetilde{Z}^{\theta-1}[-\widetilde{Z}+(1-\tau)\theta\frac{\partial\widetilde{Z}}{\partial\tau}]>0 \tag{16}$$

$$\frac{\partial\widetilde{\gamma}}{\partial v}=(1-\tau)(1-\theta)\theta A\widetilde{Z}^{\theta-1}\frac{\partial\widetilde{Z}}{\partial v}<0 \tag{17}$$

由式（16）知税率对长期成长率影响为正，当税率上升时长期成长率提高。[①] 对于此一现象我们赋予的经济含义如下：税率增加具有双重效果，直接效果使税后资本边际生产

① 详见本文附录 1。

力下降而不利于长期成长率；间接效果透过清洁发展机制参与、污染防治与移转性支付增加造成本国自然资源提高并使资本形成降低，自然资源与资本比例 N/K 的增加使资本边际生产力提高而有利于长期成长率。于本模型分析下，间接效果恒大于直接效果，故税率上升时长期成长率提高。由式（17）知，清洁发展机制参与支出比例的增加将不利于长期成长率，此一现象的经济含义为：清洁发展机制参与支出比例的增加将减少污染防治支出并增加移转性支付，如此将造成本国自然资源降低并使资本形成提高，自然资源与资本比例 N/K 的减少使资本边际生产力降低而不利于长期成长率。

3.2 社会福利

以长期成长率观点视之，税率和清洁发展机制参与支出比例的影响已得到验证，然而相较于成长率，社会福利的极大化方为政者的首要目标。以社会福利观点衡量外生变量对经济体系造成之影响，由式（1）、式（2）可将社会福利表示如下：

$$W=\int_{0}^{\infty}[\ln C_0+\tilde{\gamma}t+\beta\ln N_0+\beta\tilde{\gamma}t]e^{-\delta t}dt \tag{18}$$

式中 C_0——消费期初值；

N_0——自然资源期初值。[①]

由式（18）知当外生变量变动时，对社会福利之影响可拆解为消费期初值变动、自然资源期初值变动和长期成长率变动三项，衡量上述三项效果可得政府部门所得税率和清洁发展机制参与支出比例变动对社会福利之影响：

$$\frac{\partial W}{\partial\tau}=\frac{1}{\delta}\frac{1}{C_0}\frac{\partial C_0}{\partial\tau}+\frac{\beta}{\delta}\frac{1}{N_0}\frac{\partial N_0}{\partial\tau}+\frac{1+\beta}{\delta^2}\frac{\partial\tilde{\gamma}}{\partial\tau}\gtrless 0 \tag{19}$$

$$\frac{\partial W}{\partial v}=\frac{1}{\delta}\frac{1}{C_0}\frac{\partial C_0}{\partial v}+\frac{\beta}{\delta}\frac{1}{N_0}\frac{\partial N_0}{\partial v}+\frac{1+\beta}{\delta^2}\frac{\partial\tilde{\gamma}}{\partial v}\gtrless 0 \tag{20}$$

于式（19）、式（20）外生变量变动影响社会福利的三项效果当中，第二项效果为 0，第三项效果已知，结合第一项效果后知税率和清洁发展机制参与支出比例对社会福利影响均为未定，其效果端视自然资源的产出弹性 θ、资本污染程度 η、税率 τ、清洁发展机制参与支出比例 v、成本差异系数 w 之大小而定。[②] 有关税率变动对消费期初值的影响我们赋予的经济含义如下：由式（7）、式（8）知消费、投资与政府支出加总即为产出，而消费期初值受可支配所得与资本比［1－（1－wv）τ］$AK^{-\theta}N^{\theta}$ 和长期成长率所影响，前项越高消费期初值越高，后项提高则消费期初值降低。税率增加时产生三项效果并透过上述两路径影响消费期初值，第一项效果使可支配所得降低；第二项效果透过清洁发展机制参与、污染防治与移转性支付增加使自然资源与资本比例 N/K 提高，进而使可支配所得与资本比［1－（1－wv）τ］$AK^{-\theta}N^{\theta}$ 提高；第三项效果则提高长期成长率。第一项与第二项效果总和对消费期初值的影响为正，第三项效果对消费期初值影响为负。至此知若可支配所得与资本比［1－（1－wv）τ］$AK^{-\theta}N^{\theta}$ 路径影响力较大，税率增加使消费期初值增加，亦使社会福利增加；反之若长期成长率路径影响较大，税率增加使消费期初值减少，对社会福利之影响则未定。

---

① 经济体系达长期均衡时，所有内生变量由期初值出发并以长期成长率成长，故消费 $C=C_0e^{\tilde{\gamma}}t$ 与自然资源 $N=N_0e^{\tilde{\gamma}}t$，取自然对数后即可以式（18）形式表示。

② 详见本文附录 2。

清洁发展机制参与支出比例变动时亦产生三项效果，并透过可支配所得与资本比和长期成长率两路径影响消费期初值：该支出比例增加时第一项效果使移转支付增加，造成可支配所得提高；第二项效果使污染防治降低配合前述移转支付增加，造成本国自然资源与资本比降低，进而使可支配所得与资本比降低；第三项效果则降低长期成长率。若第一、二项效果使可支配所得与资本比提高，配合第三项效果后消费期初值提高；若第一、二项效果使可支配所得与资本比降低，配合第三项效果后对消费期初值之影响未定。上述两种情况对社会福利之影响皆为未定。

4 结论

本文的目的在于探讨附件一国家签署京都议定书，并负担排放量削减承诺之后，其家计部门最适的消费、资本选择，以及政府部门所得税率和清洁发展机制参与两政策对经济体系的影响。为分析此一议题，我们建立了包含家计、政府及自然三部门并连接清洁发展机制参与的模型，假设资本的使用减损自然资源，而政府的三项重要支出：清洁发展机制参与有助于附件一国家以低成本达成排放削减承诺，污染防治可使自然资源增加，移转性支付有助于资本形成。立基于此本文得到以下结论：税率提高有助于长期成长率，清洁发展机制参与支出比例提高则不利于长期成长率；以社会福利观点视之，税率和清洁发展机制参与支出比例变动除透过长期成长率管道影响社会福利外，尚造成三项效果，透过可支配所得与资本比和长期成长率两路径影响消费期初值，透过消费期初值管道再对社会福利产生影响。故两政策变动对社会福利之影响端视各管道力量大小而定，这说明现实社会中附件一国家在进行决策时不会一味地提高所得税率，同时将选择最有利的国际清洁发展机制参与国内污染防治比例。

附录 A

长期成长率对税率微分可得：

$$\frac{\partial\tilde{\gamma}}{\partial\tau}=-(1-\theta)A\tilde{Z}^{\theta}+(1-\tau)(1-\theta)\theta A\tilde{Z}^{\theta-1}\frac{\partial\tilde{Z}}{\partial\tau}$$

$$=(1-\theta)A\tilde{Z}^{\theta-1}\left[-\tilde{Z}+(1-\tau)\theta\frac{\partial\tilde{Z}}{\partial\tau}\right]$$

$$=\frac{(1-\theta)A\tilde{Z}^{\theta-1}}{\Delta}\left[-\tilde{Z}\Delta+(1-\tau)\theta(-a_{11}a_{23}+a_{13}a_{21})\right]$$

$$=\frac{(1-\theta)A\tilde{Z}^{\theta-1}}{\Delta}\{-[1-\theta(1-\eta)][1-(1+w)v]^{1-\eta}\tau^{1-\eta}A^{1-\eta}\tilde{X}\tilde{Z}^{\theta(1-\eta)}\}$$

$$+\frac{(1-\theta)A\tilde{Z}^{\theta-1}}{\Delta}\{(1-\tau)\theta(1-\eta)[1-(1+w)v]^{1-\eta}\tau^{-\eta}A^{1-\eta}\tilde{X}\tilde{Z}^{\theta(1-\eta)}\}>0$$

税率的提高有利于长期成长率。

附录 B

社会福利积分可得：

$$W=\int_0^{\infty}[\ln C+\beta\ln N]e^{-\delta t}dt \tag{B_1}$$

$$= \int_0^{\infty} [\ln C_0 + \tilde{\gamma} t + \beta \ln N_0 + \beta \tilde{\gamma} t] e^{-\delta t} dt$$

$$= \int_0^{\infty} \ln C_0 e^{-\delta t} dt + \int_0^{\infty} \beta \ln N_0 e^{-\delta t} dt + (1+\beta)\tilde{\gamma} \int_0^{\infty} t e^{-\delta t} dt$$

$$= -\frac{1}{\delta} \ln C_0 e^{-\delta t} \mid_0^{\infty} - \frac{\beta}{\delta} \ln N_0 e^{-\delta t} \mid_0^{\infty} - \frac{1+\beta}{\delta} \tilde{\gamma} [t e^{-\delta t} + \frac{1}{\delta} e^{-\delta t}] \mid_0^{\infty}$$

$$= \frac{1}{\delta} [\ln C_0 + \beta \ln N_0 + \frac{1+\beta}{\delta} \tilde{\gamma}]$$

税率和清洁发展机制参与支出比例变动对社会福利影响如下：

$$\frac{\partial W}{\partial \tau} = \frac{1}{\delta} [\frac{1}{C_0} \frac{\partial C_0}{\partial \tau} + \beta \frac{1}{N_0} \frac{\partial N_0}{\partial \tau} + \frac{1+\beta}{\delta} \frac{\partial \tilde{\gamma}}{\partial \tau}] \tag{B2}$$

$$\frac{\partial W}{\partial v} = \frac{1}{\delta} [\frac{1}{C_0} \frac{\partial C_0}{\partial v} + \beta \frac{1}{N_0} \frac{\partial N_0}{\partial v} + \frac{1+\beta}{\delta} \frac{\partial \tilde{\gamma}}{\partial v}] \tag{B3}$$

由式（B2）、式（B3）知外生变量变动对社会福利之影响可拆解为三项，其中自然资源为非跳跃变量，故第二项效果为 0；第三项效果业已表示于正文中式（16）、式（17），仅于消费期初值变动一项效果待求。由正文中式（8）令经济体系由长期均衡出发可得：

$$C_0 = \{[1-(1-wv)\tau] A \tilde{Z}^{\theta} - \tilde{\gamma}\} K_0 \tag{A4}$$

上式对税率微分可得：

$$\frac{\partial C_0}{\partial_\tau} = \{-(1-wv) A \tilde{Z}^{\theta} + [1-(1-wv)\tau] \theta A \tilde{Z}^{\theta-1} \frac{\partial \tilde{Z}}{\partial \tau} - \frac{\partial \tilde{\gamma}}{\partial \tau}\} K_0$$

由正文中式（16）知

$$\frac{\partial \tilde{\gamma}}{\partial \tau} = -(1-\theta) A \tilde{Z}^{\theta} + (1-\tau)(1-\theta) \theta A \tilde{Z}^{\theta-1} \frac{\partial \tilde{Z}}{\partial \tau}$$

$$= (1-\theta) A \tilde{Z}^{\theta-1} [-\tilde{Z} + (1-\tau)\theta \frac{\partial \tilde{Z}}{\partial \tau}] > 0$$

$$\frac{\partial C_0}{\partial \tau} = \{A \tilde{Z}^{\theta-1} [-(1-wv)\tilde{Z} + (1-(1-wv)\tau)\theta \frac{\partial \tilde{Z}}{\partial \tau}] - (1-\theta) A \tilde{Z}^{\theta-1} [-\tilde{Z} + (1-\tau)\theta \frac{\partial \tilde{Z}}{\partial \tau}]\} K_0$$

$$= \{(wv-\theta) A \tilde{Z}^{\theta} + [wv\tau + (1-\tau)\theta] \theta A \tilde{Z}^{\theta-1} \frac{\partial \tilde{Z}}{\partial \tau}\} K_0$$

$$= \frac{A \tilde{Z}^{\theta-1} K_0}{\Delta} \{(wv-\theta) \tilde{Z} \Delta + [wv\tau + (1-\tau)\theta] \theta (-a_{11} a_{23} + a_{13} a_{21})\}$$

$$= \frac{A \tilde{Z}^{\theta-1} K_0}{\Delta} \{(wv-\theta)[1-\theta(1-\eta)][1-(1+w)v]^{1-\eta} \tau^{1-\eta} A^{1-\eta} \tilde{X} \tilde{Z}^{\theta(1-\eta)}\}$$

$$+ \frac{A \tilde{Z}^{\theta-1} K_0}{\Delta} [-(wv-\theta)(1-\tau)(1-\theta)\theta A \tilde{X} \tilde{Z}^{\theta+1}]$$

$$+ \frac{A \tilde{Z}^{\theta-1} K_0}{\Delta} \{[wv\tau + (1-\tau)\theta] \theta (1-\eta)(1-(1+w)v)^{1-\eta} \tau^{-\eta} A^{1-\eta} \tilde{X} \tilde{Z}^{\theta(1-\eta)}\}$$

$$+ \frac{A \tilde{Z}^{\theta-1} K_0}{\Delta} \{-[wv\tau + (1-\tau)\theta] \theta (1-\theta) A \tilde{X} \tilde{Z}^{\theta+1}\}$$

$$\frac{\partial C_0}{\partial \tau}=\frac{A\widetilde{Z}^{\theta-1}K_0}{\Delta}[1-(1+w)v]^{1-\eta}\tau^{-\eta}A^{1-\eta}\widetilde{X}\widetilde{Z}^{\theta(1-\eta)}[wv\tau(1-\theta)+\theta^2(1-\eta)]$$

$$+\frac{A\widetilde{Z}^{\theta-1}K_0}{\Delta}(1-\theta)\theta A\widetilde{X}\widetilde{Z}^{\theta+1}(-wv)\gtrless 0$$

由正文中式（16）、附录 B 中（B2）和上式结果可知税率变动对社会福利之影响未定。将附录 B 中（B4）对清洁发展机制参与支出比例微分可得：

$$\frac{\partial C_0}{\partial v}=\left[w\tau A\widetilde{Z}^{\theta}+(1-(1-wv)\tau)\theta A\widetilde{Z}^{\theta-1}\frac{\partial\widetilde{Z}}{\partial v}-\frac{\partial\widetilde{\gamma}}{\partial v}\right]K_0$$

由正文中式（17）知

$$\frac{\partial\widetilde{\gamma}}{\partial v}=(1-\tau)(1-\theta)\theta A\widetilde{Z}^{\theta-1}\frac{\partial\widetilde{Z}}{\partial v}$$

$$\frac{\partial C_0}{\partial v}=\left\{w\tau A\widetilde{Z}^{\theta}+[wv\tau+(1-\tau)\theta]\theta A\widetilde{Z}^{\theta-1}\frac{\partial\widetilde{Z}}{\partial v}\right\}K_0$$

$$=\frac{A\widetilde{Z}^{\theta-1}K_0}{\Delta}\left\{w\tau\widetilde{Z}^{\theta}+[wv\tau+(1-\tau)\theta]\theta(-a_{11}a_{24}+a_{14}a_{21})\right\}$$

$$=\frac{A\widetilde{Z}^{\theta-1}K_0}{\Delta}\left[w\tau(1-\theta(1-\eta))(1-(1+w)v)^{1-\eta}\tau^{1-\eta}A^{1-\eta}\widetilde{X}\widetilde{Z}^{\theta(1-\eta)}\right]$$

$$+\frac{A\widetilde{Z}^{\theta-1}K_0}{\Delta}\left[-w\tau(1-\tau)(1-\theta)\theta A\widetilde{X}\widetilde{Z}^{\theta+1}\right]$$

$$+\frac{A\widetilde{Z}^{\theta-1}K_0}{\Delta}\{[wv\tau+(1-\tau)\theta]\theta(\eta-1)(1+w)[1-(1+w)v]^{-\eta}\tau^{1-\eta}A^{1-\eta}$$

$$\widetilde{X}\widetilde{Z}^{\theta(1-\eta)}\}\gtrless 0,$$

由正文中式（17）、附录 B 中（B3）和上式结果可知清洁发展机制参与支出比例变动对社会福利影响未定。

参考文献

[1] 孙钰峰，胡士文．农业生物科技补贴政策与农业内生成长：环保内生成长的应用．农业经济半年刊，2006，80：23－58.

[2] 陈智华，萧文宗，谢智源．内生化劳动休闲决策下污染与经济成长的关系．经济研究，2003，39(2).

[3] Arrow, K. J. and M. Kurz (1970), *Public Investment, the Rate of Return, and Optimal Fiscal Policy*, The Johns Hopkins University Press.

[4] Bovenberg, A. L. and R. A. de Mooij (1997), "Environmental Tax Reform and Endogenous Growth," Journal of Public Economics, 63:207－237.

[5] Bovenberg, A. L. and S. Smulders (1995), "Environmental Quality and Pollution-Augmenting Technological Change in a Two-Sector Endogenous Growth Model," *Journal of Public Economics*, 57:369－391.

[6] Bovenberg, A. L. and S. Smulders (1996), "Transitional Impacts of Environmental Policy in an Endogenous Growth Model," *International Economic Review*,

37:861—893.

[7] Bréchet, T., M. Germain, and V. van Steenberghe (2004), "The Clean Development Mechanism under the Kyoto Protocol and the 'Low-hanging Fruits' Issue". CORE Discussion Paper, 2004/81, CORE, Université catholique de Louvain.

[8] Bretschger, L. and S. Smulders (2007), "Sustainable Resource Use and Economic Dynamics," *Environmental and Resource Economics*, 36:1—13.

[9] Bruce, N. and S. J. Turnovsky (1999), "Budget Balance, Welfare, and the Growth Rate: "Dynamic Scoring" of the Long-Run Government Budget," *Journal of Money, Credit, and Banking*, 31:162—186.

[10] Chen, J. H., C. C. Lai, and J. Y. Shieh (2003), "Anticipated Environmental Policy and Transitional Dynamics in an Endogenous Growth Model," *Environmental and Resource Economics*, 25:233—254.

[11] Devereux, M. B. and D. R. F. Love (1995), "The Dynamic Effects of Government Spending Policies in a Two-Sector Endogenous Growth Model," *Journal of Money, Credit, and Banking*, 27: 232—256.

[12] Elbasha, E. H. and T. L. Roe (1996), "On Endogenous Growth: The Implications of Environmental Externalities," *Journal of Environmental Economics and Management* 31:240—268.

[13] Futagami, K., Y. Morita, and A. Shibata (1993), "Dynamic Analysis of an Endogenous Growth Model with Public Capital," *Scandinavian Journal of Economics*, 95: 607—625.

[14] Germain, M., A. Magnus, and V. van Steenberghe (2007), "How to Design and Use the Clean Development Mechanism under the Kyoto Protocol? A Developing Country Perspective," *Environmental and Resource Economics*, 38:13—30.

[15] Gradus, R. and S. Smulders (1993), "The Trade-off between Environmental Care and Long-Term Growth: Pollution in Three Prototype Growth Models," *Journal of Economics*, 58:25—51.

[16] Keeler, E., M. Spence, and R. Zeckhauser (1971), "The Optimal Control of Pollution," *Journal of Economic Theory*, 4:19—34.

[17] Ligthart, J. E. and F. van der Ploeg (1994), "Pollution, the Cost of Public Funds and Endogenous Growth," *Economic Letters*, 46:339—349.

[18] Lucas, R. E. (1988), "On the Mechanics of Economic Development," *Journal of Monetary Economics*, 22:3—42.

[19] Michaelowa, A. (2007), "Unilateral CDM-can Developing Countries Finance Generation of Greenhouse Gas Emission Credits on Their Own?" *International Environmental Agreements: Politics, Law and Economics*, 7:17—34.

[20] Michel, P. and G. Rotillon (1995), "Disutility of Pollution and Endogenous Growth," *Environmental and Resource Economics*, 6:279—300.

[21] Narain, U. and K. van't Veld (2008), "The Clean Development Mechanism's Low-hanging Fruit Problem: When Might it Arise, and How Might it be Solved?" *Envi-*

ronmental and Resource Economics, 40:445—465.

[22] Ramsey, F. P. (1928), "A Mathematical Theory of Saving," *The Economic Journal*, 38:543—559.

[23] Romer, P. M. (1986), "Increasing Returns and Long-Run Growth," *Journal of Political Economy*, 94:1002—1037.

[24] Rose, A., E. Bulte, and H. Folmer (1999), "Long-Run Implications for Developing Countries of Joint Implementation of Greenhouse Gas Mitigation," *Environmental and Resource Economics*, 14:19—31.

[25] Tahvonen, O. and J. Kuuluvainen (1991), "Optimal Growth with Renewable Resources and Pollution," *European Economic Review*, 35:650—661.

[26] Turnovsky, S. J. (1995), *Methods of Macroeconomic Dynamics*, Cambridge, MA: The Mit Press.

不同收入水平国家间二氧化碳排放轨迹差异性研究

王　恺　魏一鸣

中国科学院科技政策与管理科学研究所

北京理工大学能源与环境政策研究中心

摘　要：为了研究世界上128个国家人均碳排放轨迹的收敛性特征与造成差异的主要影响因素，本文利用σ—收敛、绝对β—收敛与条件β—收敛模型对其内在特性进行了分析。研究结果表明，根据收入水平划分的5类国家群体，在40年的时间尺度上均呈现碳排放速率的收敛。本文研究了人均GDP、人口总数、煤炭、石油、天然气消费量等因素对碳排放轨迹的影响程度，实证结果显示，对不发达国家，经济发展水平对碳排放变化轨迹影响最大，对发达国家，能源消费结构则影响了碳排放速率的变化。据此，文中得出了不同发展水平国家减缓或降低碳排放的相关建议。

关键词：人均碳排放，收敛性，收入水平，追赶效应

1　研究背景

对经济发展与排放之间相互关系的研究，可以追溯到1971年Ehrlich和Holdren的开创性成果（Ehrlich and Holdren，1971），他们提出了著名的IPAT模型，探讨了污染物排放与人口、社会财富、技术之间的关系。之后，有大量的文献研究了不同形式的IPAT模型，其中包括2000年IPCC关于排放情景的专门报告（IPCC，2000）。

除了利用IPAT模型，许多学者从经验曲线的角度，研究了经济水平与排放量之间的关系，最有名的是环境库兹涅茨曲线（Environment Kuznets Curve，EKC曲线）假说。此类研究大多数是对气体污染物进行的研究（二氧化碳是否是污染物，不在本文的探讨范围内，本文沿袭国际学术界惯例，将二氧化碳作为气体污染物的一种）。EKC理论认为，经济增长和环境质量之间存在一种倒U形关系，即随着经济发展，环境质量将首先恶化，然后逐渐恢复，这类关系可以用数学模型来表征。有些学者认为，没有一定的经济实力来支持，探讨改善环境是难以取得实质性进展的。赞同EKC曲线存在与否定其科学性的研究并存［Beckerman（1992）、Panayotou（1993）、Grossman and Krueger（1995）、Selden和Song（1994）、Shafik（1994）、Holtz-Eakin和Selden（1995）、Panayotou（1997）以及Cole等（1997）、Cole（2003，2004）］。Unruh和Moomaw（1998）等指出：发达国家二氧化碳排放趋势转变更大程度上是20世纪70年代能源价格飞涨所引起的，而不是收入水平达到了特定的程度。

总体来讲，EKC曲线对于研究那些导致地区短期破坏的排放物似乎更加合理，例如SO_2和CO，但对二氧化碳这种造成全球性环境问题的排放问题，就难以做出较为合理的解释。Dinda（2004）对这一现象进行了综述。采用EKC这一模式研究，往往假设发展中

国家的排放量模型与工业化国家曾经的排放模式类似，这就隐含着，随着经济的发展，排放量有可能降低。而从实际情形来看，发展中国家的排放趋势变化与发达国家存在很大的区别。发达国家工业化的过程中，并没有考虑到减少排放等一系列环保措施，而发展中国家当前就面临着一系列国内外公约与压力的约束。因此，EKC 不适宜分析全球性问题。

另外，有些研究利用时间序列方法来分析二氧化碳排放问题。Perman 和 Stern（2003）首次分析了二氧化碳排放与收入水平之间的非平稳性问题。他们利用单位根检验，发现人均碳排放、人均 GDP 和它们的平方项是非平稳的。利用协整理论，Dinda 和 Coondoo（2006）研究了 88 个国家 1960—1990 年的二氧化碳排放与人均收入水平之间的关系，通过 IPS 检验，发现了二氧化碳排放在不同国家间的不平稳性。

还有学者将经济增长模型中研究发展与收入关系的方法，应用到环境质量与经济关系的研究中。Strazicich 和 List 利用条件 β—收敛方法与单位根检验方法，研究了 21 个工业化国家 1960—1997 年二氧化碳排放的收敛性（Strazicich and List，2003）。使用经济增长模型中的收敛性理论，来研究国家间温室气体排放的变化，目前尚待深入。

不同国家间二氧化碳排放轨迹的差异性问题，以及二氧化碳排放轨迹与 GDP 之间的关系，不但对各个国家政策定制具有参考意义，更对国际气候谈判的减排义务分配问题有着很大的影响。因此，在分析不同国家碳排放轨迹差异性现象的同时，需要对造成差异性背后的原因进行分析，找出何种因素的变化导致了碳排放轨迹的变迁。同时，世界上不同国家间经济发展水平、工业化程度、能效消费结构、二氧化碳排放源特征等差异巨大，为了得出更具有针对性的结论，需要对世界上国家进行分类，研究收入水平相近的国家间碳排放轨迹的特征。这也是本文研究的出发点。

本文以 Strazicich 和 List（2003）的研究为基础，为了使研究角度更加全面，在方法上增加了相关系数分析与 σ—收敛方法，同时将重点从收敛性是否存在转移至不同收入水平下的国家碳排放影响因素的分析，探讨了不同收入水平国家间碳排放轨迹的差异性及其背后的主要影响因素。

2 模型与数据

2.1 相关系数、σ—收敛与 β—收敛模型

在经济增长模型中，当测度不同样本间差异演化特征时，通常用到三种收敛性研究方法：σ—收敛、β—收敛与 Kernel 密度分布函数法。σ—收敛与 β—收敛的概念最早由 Salai-Martin（1990）提出。廖华利用经济增长模型，研究了中国各省自治区之间能源效率的演化过程（廖华，2008）。

综合前人研究，在研究全世界人均碳排放轨迹中，对 σ—收敛与 β—收敛做如下定义：

σ—收敛这一概念表征各国（地区）人均二氧化碳排放量轨迹的离散状况，即不平等性。如果随着时间的推移，各国人均二氧化碳排放轨迹的离散程度逐渐下降，就认为发生了 σ—收敛。β—收敛的含义是：高二氧化碳排放量增长率国家的人均二氧化碳排放量，会渐渐赶上低二氧化碳增长率国家的排放量，不同国家间的排放量差距会不断缩小，具有这种特征的收敛过程称为 β—收敛。如果不需要控制其他特定变量，就能得到统计显著的相关性，则称为绝对 β—收敛。如果需要控制其他变量（如 GDP 水平，煤炭、石油、天然气

消耗量等），才能得到相关性，则称为条件 β一收敛。

不同国家间人均二氧化碳排放轨迹呈现收敛特征，说明二氧化碳排放的国家间差异性在缩小。

在描述不同变量的统计特征时，采用如下公式计算相关系数：

$$\rho=\frac{E[(X_i-\mu_{X_i})(Y_i-\mu_{Y_i})]}{\sigma_{X_i}\sigma_{Y_i}} \tag{1}$$

式中 X_i——第 i 个国家或地区的人均二氧化碳排放量；

Y_i——第 i 个国家或地区的 GDP 水平，煤炭、石油、天然气消耗量等条件变量；

μ，σ——第 i 个国家或地区人均碳排放量、GDP 水平等变量的期望与方差。

通常采用不平等测度指标的变化趋势来判断是否存在 σ一收敛，如果指标呈现连续下降的趋势，即出现了 σ一收敛。通常情况下，对于同一评价体系，采用不同指标得到的结果绝对值不相同，但在时间维度上，各种指标值的变化方向是一致的（廖华，2008）。在这里，出于指标的相互对比与全面性，选取对数标准差与 Theil 指数来衡量不同国家间的人均二氧化碳排放 σ一收敛性特征。

假设有 n 个国家，C_{it} 表示第 i 个国家第 t 年的人均二氧化碳排放量，σ一收敛指标计算方法如下：

对数标准差：

$$SD_t=\sqrt{\frac{n\sum_{i=1}^{n}[\ln(C_{it})]^2-[\sum_{i=1}^{n}\ln(C_{it})]^2}{n(n-1)}} \tag{2}$$

Theil 指数：

$$\text{Theil}_t=\sum_{i=1}^{n}\left(\frac{C_{it}}{\sum_{i-1}^{n}C_{it}}\ln(n\times\frac{C_{it}}{\sum_{i-1}^{n}C_{it}})\right) \tag{3}$$

β一收敛最早由 Baumol（1986）提出。Barro 和 Sala-i-Martin（1992）根据 Solow（1956）提出的新古典增长模型发展了 β一收敛性检验方法。

绝对 β一收敛的计算方程如下：

$$1/(T-1)\sum_{t_0+1}^{T}(\ln C_{it}-\ln C_{it-1})=\alpha+\beta\ln C_{it_0}+v_i \tag{4}$$

式中 t_0—二氧化碳数据的起始年份；

T——样本的时间段长度；

v_i——随机误差项。

如果 $\beta<0$ 且显著，则存在绝对 β-收敛，β 值越小，表示收敛速度越快，追赶效应越明显，人均二氧化碳排放低的国家，二氧化碳增速更快。

世界上不同国家经济发展水平相差巨大，人口、资源禀赋、不同能源品种消费比重等存在较大差异，这些外生变量是否会影响不同国家间的二氧化碳排放，是需要进一步研究的问题。如果控制住这些外生变量后，仍然存在 β一收敛性，则称为条件 β一收敛。条件 β一收敛的计算方程如下：

$$1/(T-1)\sum_{t_0+1}^{T}(\ln C_{it}-\ln C_{it-1})=\alpha+\beta\ln C_{it_0}+\gamma\ln z_i+v_i \tag{5}$$

式中　z_i——条件变量。

本文中的条件变量包括以 2000 年美元不变价表示的人均 GDP，人口总量，石油、天然气、煤炭消费量。本文中，采用几何平均的方式来处理不同的 z_i 值，这样可以涵盖整个时间段。探讨不同国家间的二氧化碳排放轨迹的 β—收敛特征具有较强的政策导向含义。如果某个变量是可以调控的政策变量，并显著地影响着人均二氧化碳排放量的增长速度与绝对数量，通过增强或者减弱改变量，则有可能改变一个国家的二氧化碳排放水平。

依据 Miketa 和 Mulder（2003）对能源部门收敛性的研究，采用如下公式衡量不同样本间的收敛速度：

$$\lambda = -\left[(1/T)\log(\beta + 1)\right] \tag{6}$$

式中　T——考察的二氧化碳排放时间长度区间；

β——之前计算的二氧化碳 β—收敛系数值。λ 越大，意味着收敛速度越快。

2.2　数据来源

本文中使用的人均二氧化碳排放量（吨二氧化碳当量/人）、以 2000 年美元不变价表示的人均 GDP（美元/人）和一国人口总量（人）来自世界银行《世界发展指数 2008（World Development Indicator 2008）》。各年的石油消费量（千桶/天）、天然气消费量（10 亿 m^3）、煤炭消费量（百万吨油当量）来自《BP 统计年鉴 2008》。

之所以选取人均碳排放量，而不是碳排放总量，是因为：（1）人均碳排放量对领土变化的敏感性较低。（2）对大小不同的国家来说，人均碳排放量大小可比较。（3）人均碳排放量的政治含义容易理解。

许多发展中国家二氧化碳排放数据严重不全，同时涉及国家间的独立与解体（主要指某些非洲国家与巴尔干半岛地区），在计算中剔除二氧化碳数据不全的国家。因 1965 年前大部分发展中国家二氧化碳数据严重残缺；除少数几个国家之外，2005 年之后的二氧化碳数据尚未公布，因此数据选取长度为 1965—2004 年。对于人均 GDP 数据，一小部分不发达国家 20 世纪 60 年代初始年份存在缺失，采用最早统计到的人均 GDP 代替。例如，也门、埃塞俄比亚、冈比亚等国家均采用晚于 1965 年的 GDP 数据。不发达国家在早期经济发展速度变化不大，数据起始端的调整对总体结果影响可以忽略不计。另外，在 BP 统计年鉴中，比利时与卢森堡是一起统计的，鉴于卢森堡人口、能源消费量都很少，近似将比利时与卢森堡的石油、天然气、煤炭消费量视为比利时的消费量。对于 BP 中的缺失数据，采用时间最接近的数据估计得出。对于超过半数的发展中国家，能源消费量数据严重不足，如果将这些国家剔除掉，将大大影响样本数量和分析力度。因此，不同能源类型的对碳排放轨迹的影响分析只限定在高收入 OECD 国家。

经过缺失值与数据重复现象处理后，共有 128 个国家 40 年的数据进入分析。

根据联合国对世界上不同国家发达程度的划分，将这 128 个国家分成 5 类：高收入 OECD 国家 23 个，高收入非 OECD 国家 16 个，低收入国家 31 个，中低收入国家 35 个，中高收入国家 23 个。中国属于中低收入国家。近年来，这些国家收入虽然均有所增长，但是并没有改变其所属的收入水平国家组别属性，因此不考虑国家所属类别的情况。

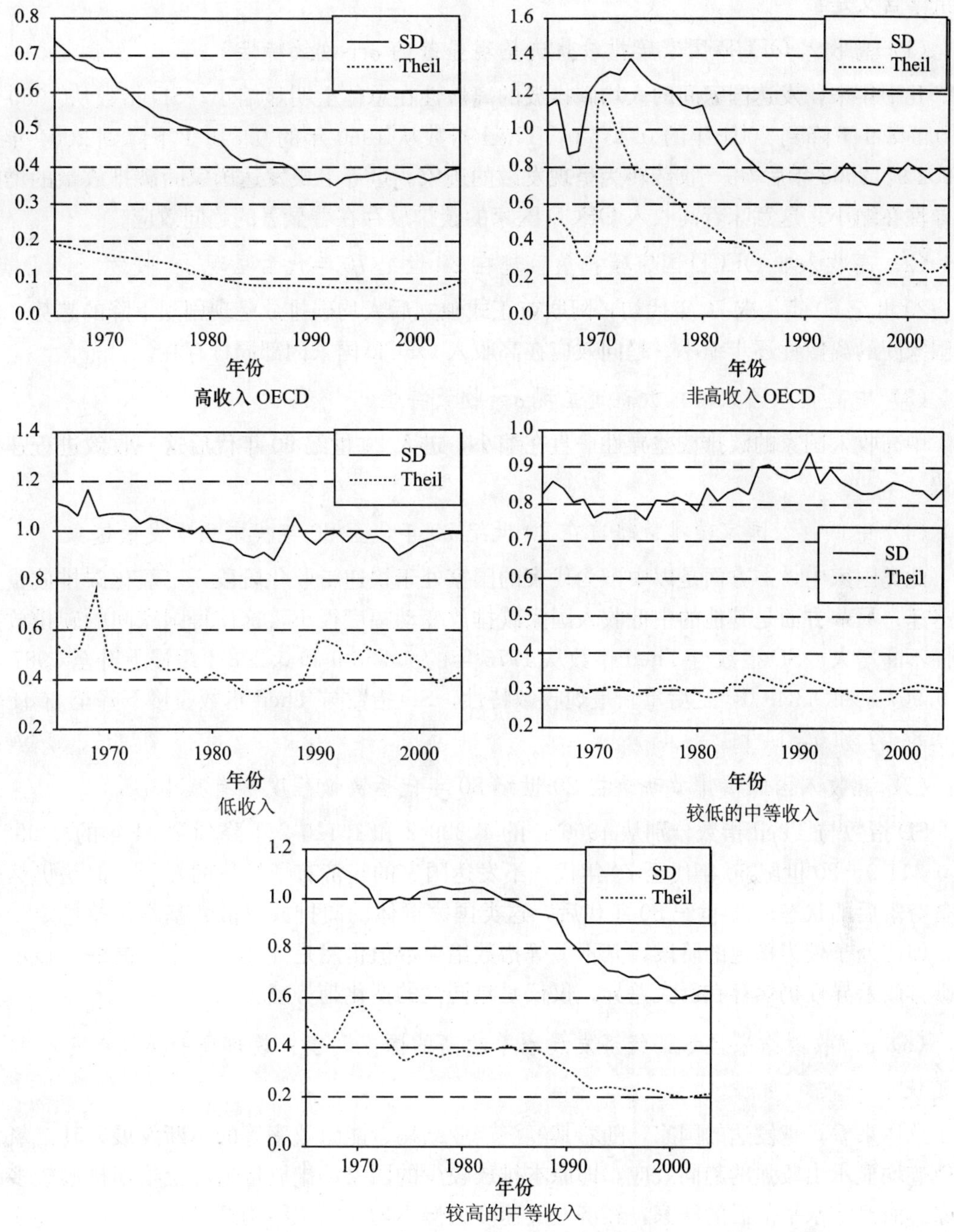

图 1　人均碳排放标准差与 Theil 指数

3　基于 σ—收敛的碳排放轨迹分析

下面，利用收敛性理论，探讨在 40 年的时间尺度上，碳排放差异性的变化轨迹。根据公式（2）、公式（3），计算得到 1965—2004 年 128 个国家的 σ—收敛测度指标，详见图 1 所示。

从图 1 中可以看出，对高收入 OECD、高收入非 OECD、低收入、中高收入国家来讲，其对数标准差与 Theil 均呈现下降的趋势。中低收入国家的指标变化不大。这其中的经济学含义是：

（1）高收入 OECD 国家碳排放轨迹呈现显著的 σ—收敛特性

几十年来，发达国家间的人均碳排放的离散性在总体上明显缩小，SD 指数从 1960 年的 0.948 9 下降到 2004 年的 0.437 0，Theil 指数从 1960 年的 0.349 1 下降到 2004 年的 0.062 9。2002 年后，σ—收敛转为呈现发散的迹象。世界上最发达国家间碳排放量的增速差异性在缩小。这意味着高收入 OECD 国家的碳排放存在着显著的趋同效应。

（2）高收入非 OECD 国家碳排放轨迹在 20 世纪 70 年代后呈现 σ—收敛

20 世纪 60 年代末 70 年代初，阿联酋正式独立后人均碳排放呈现剧烈下降的趋势，使得国家间的离散性逐步缩小。趋同效应在高收入 OECD 国家内部同样存在。

（3）中高收入国家碳排放轨迹呈现 σ—收敛特性

中高收入国家的碳排放差异性一直在缩小，进入 20 世纪 90 年代后这一收敛进程速度加快。

（4）中低收入国家碳排放轨迹在 20 世纪 70 年代至 80 年代末呈现发散迹象

此类国家中，一方面是以中国为代表的国家处于快速工业化阶段，二氧化碳排放量上升迅速；另一方面是其他的中低收入国家碳排放变动幅度很小，这使得国家间的碳排放差异性不断增大。SD 指数与 Theil 指数从 1975 年的 0.758 9 和 0.278 1 缓慢上升至 1987 年的 0.907 5 和 0.349 0，之后重新呈现收敛特性，SD 指数与 Theil 指数缓慢下降至 2004 年的 0.844 7 和 0.314 1。

（5）低收入国家碳排放轨迹在 20 世纪 80 年代后离散程度略有减小

SD 指数与 Theil 指数分别从 1960 年的 1.329 2 和 1.120 2 下降到 2004 年的 0.992 5 和 0.411 9。20 世纪 60 年代至 70 年代，不发达国家的经济有了较快的发展，但是仍然处于贫穷落后的状态。20 世纪 80 年代后，这类国家群体的碳排放离散性基本保持稳定。不过，即使处于较为稳定的阶段，其不平等指数绝对数值仍然是 5 类国家中最高的，显示了其碳排放差异性仍然存在巨大差异，仅仅是趋同性的变化趋势减缓。

（6）σ—收敛结果显示，经济发展水平越高的国家，碳排放轨迹差异性在变小的幅度越快

总体来看，越发达的国家，随着其经济产业结构、能源效率等的不断发展，其二氧化碳轨迹均显示出较强的趋同效应，即原本排放较少的国家，排放量追赶上早期排放较多的国家。而经济水平落后的国家，经济发展速度快慢不均，能源结构迥异，碳排放轨迹变化虽然较缓，但是其离散性要明显得多。

4 基于 β—收敛的碳排放轨迹分析

σ—收敛主要是考察跨国间碳排放在截面上分散程度的变化趋势，只能回答了碳排放轨迹变化趋势是何种类型，难以回答造成这种变化趋势的原因，很难获得更多的政策启示。为了更好地理解国家间碳排放轨迹的演变规律，以及分析影响碳排放变化的因素，还需要进行 β—收敛性检验。

4.1　基于绝对 β—收敛的碳排放轨迹分析

首先对 5 种国家群体进行绝对 β—收敛性计算。依据公式（4），可以得到 β 值，值越小，表示收敛速度越快，“追赶效应”越明显，早期人均二氧化碳排放低的国家，二氧化碳排放量增速较快。绝对 β—收敛性检验结果见表 1。

表 1　人均碳排放绝对 β—收敛性检验

系数		标准差	t	$P>\|t\|$	95%的置信区间		R-squared
高收入 OECD							
β	−0.002 940 4	0.000 699 5	−4.20	0	−0.004 395 1	−0.001 485 7	0.456 9
截距项	0.033 784 9	0.005 456 9	6.19	0	0.022 436 6	0.045 133 2	
非高收入 OECD							
β	−0.005 852 2	0.001 815 7	−3.22	0.006	−0.009 746 6	−0.001 957 9	0.426 0
截距项	0.060 323 5	0.009 029 8	6.68	0	0.040 956 4	0.079 690 6	
中高收入							
β	−0.007 321 2	0.001 703 3	−4.30	0	−0.010 863 5	−0.003 778 9	0.468 0
截距项	0.039 443 4	0.004 593 2	8.59	0	0.029 891 2	0.048 995 5	
中低收入							
β	−0.014 329 2	0.005 839 2	−2.45	0.020	−0.026 209 1	−0.002 449 2	0.154 3
截距项	0.036 471 5	0.004 497 6	8.11	0	0.027 321	0.045 622	
低收入							
β	−0.057 236 2	0.017 368 4	−3.30	0.003	−0.092 758 6	−0.021 713 7	0.272 4
截距项	0.022 434 3	0.005 064 9	4.43	0	0.012 075 5	0.032 793 2	

从结果可以看出，如果考虑 40 年整个时间段的话，所有的国家群体都呈现出绝对 β—收敛性特征。这表明，在绝大部分国家碳排放绝对量上升的情况下，所有国家的排放量增加速度差异性在缩小。初始碳排放较低的国家，将会以更快的速度追赶初始排放较高的国家。

低收入国家的碳排放轨迹差异性缩小趋势最为明显（$\beta=-0.057\ 236\ 2$，小于其他 4 类国家）。这是因为，随着这些低收入国家的发展，他们纷纷进入工业化阶段。落后的生产技术、工业化阶段的高污染高排放特征、薄弱的经济基础决定了工业化过程中碳排放将会迅速增加，碳排放轨迹差异性会变化，因而表现为对初期排放的高显著性。不过，模型可决系数为 0.272 4，这表明低收入国家初始的碳排放差异大约可以解释后来碳排放轨迹变化的 27%，这说明还有其他因素引起了这些国家的碳排放变动。

4.2　基于条件 β—收敛的碳排放轨迹分析

除了初始年份的碳排放水平外，各国家的碳排放速度可能还与其他因素相关。如果控制住这些因素，其收敛性特征在统计意义和经济意义上是否会更显著？这里采用条件 β—收敛性检验来分析这一问题。

首先对高收入 OECD 国家进行分析。控制变量为人均 GDP、总人口、石油消费量、天然气消费量、煤炭消费量。根据公式（5），可得表 2。

表 2　高收入 OECD 国家人均碳排放绝对 β—收敛性检验

	系数	标准差	t	$P>\|t\|$	95%的置信区间		R-squared
β	−0.001 534 9	0.000 634 6	−2.42	0.028	−0.002 880 3	−0.000 189 5	0.825 0
人均 GDP	0.005 185 7	0.009 675 4	0.54	0.599	−0.015 325 3	0.025 696 6	
总人口	0.005 599	0.018 062 3	0.31	0.761	−0.032 691 3	0.043 889 4	
石油消费量	0.006 472	0.005 266 1	1.23	0.237	−0.004 691 7	0.017 635 7	
天然气消费量	0.000 550 4	0.001 342	0.41	0.687	−0.002 294 5	0.003 395 4	
煤炭消费量	0.004 827 4	0.002 054 3	2.35	0.032	0.000 472 5	0.009 182 4	
截距项	0.008 580 9	0.010 635 3	0.81	0.432	−0.013 965	0.031 126 9	

从表 2 中可以看出，当考虑所有的控制变量后，高收入 OECD 国家依然呈现出收敛的特性，这与之前的结论相一致。不过，从统计上看，该结果并不符合统计显著性，需要进行进一步的参数调整。

在这里，采用 stepwise 方法进行变量调整，设定最大显著性水平为 $p=0.2$。经过调整后的结果见表 3，同时给出了另外 4 组国家同样经过 $p=0.2$ 的 Stepwise 方法调整后的条件 β—收敛性检验结果，并依据公式（6）计算了收敛速度。

表 3　经过调整的国家间人均碳排放绝对 β—收敛性检验

系数		标准差	t	$P>\|t\|$	95%的置信区间		R-squared	收敛速度
高收入 OECD								
β	−0.001 482 9	0.000 502 9	−2.95	0.008	−0.002 535 4	−0.000 430 4	0.820 7	0.001 61%
石油消费量	0.009 040 9	0.002 568 6	3.52	0.002	0.003 664 8	0.014 417		
煤炭消费量	0.004 966 5	0.001 827 1	2.72	0.014	0.001 142 2	0.008 790 7		
截距项	0.014 196	0.005 243 4	2.71	0.014	0.003 221 4	0.025 170 6		
非高收入 OECD								
β	−0.005 209 7	0.000 954 8	−5.46	0.000	−0.007 272 5	−0.003 146 9	0.854 3	0.005 67%
总人口	0.027 312 3	0.004 417 2	6.18	0.000	0.017 769 4	0.036 855 1		
截距项	0.032 659 8	0.006 503 8	5.02	0.000	0.018 609 1	0.046 710 4		
中高收入								
β	−0.007 321 2	0.001 703 3	−4.30	0.000	−0.010 863 5	−0.003 778 9	0.468 0	0.007 98%
截距项	0.039 443 4	0.004 593 2	8.59	0.000	0.029 891 2	0.048 995 5		
中低收入								
β	−0.013 592 7	0.004 689 4	−2.90	0.007	−0.023 144 6	−0.004 040 8	0.471 8	0.014 86%
人均 GDP	0.017 822 5	0.004 063 9	4.39	0.000	0.009 544 5	0.026 100 4		
截距项	0.025 148 1	0.004 438	5.67	0.000	0.016 108 1	0.034 188 1		
低收入								
β	−0.050 031 9	0.016 604 7	−3.01	0.005	−0.084 045	−0.016 018 7	0.382 2	0.055 73%
人均 GDP	0.015 364 3	0.006 887 3	2.23	0.034	0.001 256 3	0.029 472 4		
截距项	0.021 798 2	0.004 758 3	4.58	0.000	0.012 051 4	0.031 545 1		

上述结果满足统计性显著，且 p 值均小于 0.2 的要求，表明模型满足经济学的有效性假设。

从表 3 可以看出，与之前的结果相一致，5 类国家群体均表现出收敛的特性。

(1) 石油与煤炭消费量是决定高收入 OECD 国家碳排放轨迹的主要原因

从表 3 可以看出，石油与煤炭的系数分别为 0.009 040 9 [0.002 568 6]，0.004 966 5 [0.001 827 1]，在统计上也是显著的。这表明与经济、人口、天然气等其他条件变量相比，石油、煤炭对高收入 OECD 国家的碳排放增长路径更有影响，两者之中石油的影响更大。石油、煤炭的高排放特性，是造成这些国家碳排放差异的主要原因。因此，从政策角度，调整能源结构，提高排放源减排技术，将有助于减少他们的碳排放水平。

(2) 人口数量是影响高收入非 OECD 国家碳排放变化的主要因素

人口数量的回归系数为 0.027 312 3 [0.004 417 2]，该变量的 t 检验结果值为 6.18，p 值为 0.000，结果非常显著。这显示了人口数量变化对该类国家碳排放轨迹的影响。这一结果背后的原因是，此类国家的国家经济结构导致了这些国家碳排放量对人口数量的敏感性。澳门 、新加坡、香港等国家或地区重工业很少，工业生产引致的碳排放比重较其他国家低，居民生活排放的影响力增大。因此，碳排放数量受到人口数量变化影响较大。

(3) 经济发展水平、人口数量均不是影响中高收入国家碳排放轨迹的主要原因

在设定的检验水平下，GDP 与人口这两个变量均被剔除（其 p 值分别为 0.525、0.648)。中高收入国家同高收入 OECD 国家类似，碳排放变化轨迹均不受经济、人口的影响。一方面，因为数据因素，没有对不同能源品种的影响效应进行分析，所以没有得到与高收入 OECD 国家相似的结论；另一方面，对较发达国家，GDP 的增长不能成为允许碳排放增加的直接借口，碳排放增加可能是高排放能源品种的使用，技术落后等因素造成的 (R-squared 值仅为 0.468 0 也支撑了该结论)。

(4) 人均 GDP 是中低收入国家、低收入国家碳排放增长速度变化的主要因素

中低收入、低收入国家经济变量的系数分别为 0.017 822 5 [0.004 063 9]、0.015 364 3 [0.006 887 3]，即经济发展，会导致碳排放的增加。这两类国家群体的样本可决系数均较小（0.471 8，0.382 2)，这表明在分析中还应当考虑其他的变量，限于数据的可获得性，本文未对此展开研究，将在以后的工作中予以补充。落后的经济基础与技术，即将迈入或已经迈入工业化阶段，重视发展轻视环保的国家政策，是造成经济导致碳排放增加的一系列原因。

(5) 越不发达的国家群体，碳排放速度的差异性缩小速度越快

表 3 最右边一列可以看出，随着收入程度的提高，收敛速度也在放缓。收敛速度表征此类国家群体内部碳排放速度趋近程度。收敛速度快，意味着该类国家间的碳排放速度差异性在缩小，即在某一国家等级当中，排放低的国家增长速度大于排放高的国家，呈现“追赶效应”。低收入国家的趋同效应是高收入 OECD 国家的 34.61 倍。结合前述 4 点结论，可以看出经济发展对低收入国家碳排放的重要影响。

(6) 从所有国家整体来看，人均 GDP、人口、石油煤炭消费量的增加，均会导致人均二氧化碳排放量的增加

表 3 中可以看出，5 类国家群体的条件变量，其系数均为正值，这意味着这些变量数值的增加，将导致人均碳排放量的增加，其内部存在正向相关关系。从中可以推论出减少碳排放所需要控制的相关政策变量，即控制人口过快增长，改善能源消费结构。

4.3 基于条件 β—收敛的全球性碳排放轨迹分析

在讨论不同国家群体间的条件 β—收敛性检验后，将 128 个国家看做一个整体，来分析全世界整体性的碳排放速度变化问题。根据公式（5）、公式（6），计算可得表 4。

表 4　全世界人均碳排放条件 β—收敛性检验

系数		标准差	t	P>|t|	95%的置信区间		R-squared	收敛速度
β	−0.001 876 2	0.000 568 6	−3.30	0.001	−0.003 001 6	−0.000 750 8	0.382 1	0.002 04%
人均 GDP	0.021 660 5	0.003 011 9	7.19	0.000	0.015 699 2	0.027 621 9		
总人口	0.022 723 1	0.004 589 5	4.95	0.000	0.013 639 3	0.031 806 9		
截距项	−0.002 692 1	0.005 347 5	−0.50	0.616	−0.013 276 4	0.007 892 1		

结果显示，全世界的碳排放轨迹同样呈现收敛特性，收敛速度为 0.002 04%，该速度在高收入 OECD 国家与非高收入 OECD 国家之间。经济发展水平与人口数量在世界范围内，均影响了碳排放的变化。40 年来，总体上看不同国家间碳排放的差异性在减小，碳排放低的国家与碳排放高的国家之间呈现“追赶效应”。同时，该速率与高收入 OECD 国家的速率更为接近，在统计特征上显示了高收入 OECD 国家对全球碳排放轨迹的影响。当然，这里不能得出高收入 OECD 国家显著影响全球碳排放轨迹的结论，这将会造成有偏的结论。

值得注意的是，该结果的拟合优度仅为 0.382 1，这表明可能遗漏了其他重要变量，如能源结构、减排技术等，如果能够获得可靠的数据支撑，这将是今后进一步的研究方向。

5　结论

本文研究了 1965—2004 年 128 个国家的人均碳排放轨迹的变化特征与主要影响因素。

研究表明，按照收入水平划分的 5 类不同国家群体，其 σ—收敛性测度、绝对 β—收敛性测度和条件 β—收敛性测度结论基本一致：均呈现收敛的特征。部分国家 σ—收敛在某些年份呈现发散现象，但近年来的趋势仍为收敛（中低收入国家在 1987 年之后转为收敛）。这意味着碳排放较低国家的碳排放增长速度大于碳排放较高的国家，国家间的差异在缩小。

研究发现，5 类国家中，低收入国家是起始年份排放量对以后年份的碳排放变化轨迹影响最大（β=−0.057 236 2）的国家群体。这与低收入国家纷纷进入工业化阶段有关。落后的生产技术、工业化阶段的高污染高排放特征、薄弱的经济基础决定了工业化过程中碳排放将会迅速增加，碳排放差异性随之改变，因而表现为对初期排放的高显著性。

在引入经济发展水平、人口数量、石油、煤炭、天然气消费量之后，不同国家间依旧呈现收敛的特征。对不同发达程度的国家，影响碳排放发展轨迹程度最大的变量有所不同。人口数量是影响非高收入 OECD 国家碳排放增长的主要因素，经济发展水平是中低收入国家、低收入国家碳排放增长速度变化的主要因素。

越不发达的国家群体，碳排放速度的差异性缩小速度越快，“追赶效应”越加明显。

这从另一个角度证明了经济发展对低收入国家碳排放的重要影响。不发达国家的经济发展将对其碳排放速度产生显著的影响。

另外，对高收入 OECD 国家能源消费结构变化的分析表明，石油与煤炭消费是引致碳排放变化的一大原因，天然气的影响不显著。对于发达国家的碳排放发展阶段，一个争议较少的阶段划分是：第一阶段：人均碳排放快速上升期，发生在工业化早期。当时主要的能源是煤炭。第二阶段：从固体燃料向非固体燃料转化，表现为石油的大量使用，天然气利用率稳步提高，同时地区性污染问题、气候变化也得到人们的重视，并且，对能源品种的选择上也越来越倾向使用效率更高的能源。该 β－收敛检验的结果在政策导向上显示了低排放能源天然气的推广，将有助于降低碳排放的增长速度。因此，发达国家应当推广低排放优质能源的使用，改善能源效率；低收入国家应进一步大力发展经济水平。同时，可以允许中低收入国家碳排放继续上升，但应适度采取减排措施。发达国家应加大对不发达国家减排的支持力度，继续发挥国际碳市场的寻求减排全球成本最小化的特点，进一步提供资金与技术支持。

参考文献

[1] Andreoni, J. and A. Levinson (2001), "The Simple Analytics of the Environmental Kuznets Curve", Journal of Public Economics 80, 269－286.

[2] Barro, R. J. (1991), "Economic Growth in a Cross Section of Countries", Quarterly Journal of Economics 106, 407－443.

[3] Barro, R. J. and X. Sala-i-Martin (1991), "Convergence Across States and Regions", Brookings Papers on Economic Activity 1, 107－182.

[4] Barro, R. J. and X. Sala-i-Martin (1992), "Convergence", Journal of Political Economy 100, 223－251.

[5] Baumol, W. J. (1986), "Productivity Growth, Convergence and Welfare: What the Long-Run Data Show", American Economic Review 76, 1075－1085.

[6] Beckerman, W., 1992. Economic growth and the environment: whose growth? Whose environment? World development 20, 481－496.

[7] BP(2008), BP Statistical Review of World Energy, BP, London, Britain.

[8] Bulte, E., J. A. List and M. C. Strazicich (2001), Regulatory Federalism and the Distribution of Air Pollutant Emissions. Working paper, University of Maryland.

[9] Carlino, G. and L. Mills (1993), "Are U. S. Regional Economies Converging? A Time Series Analysis", Journal of Monetary Economics 32, 335－346.

[10] Cole, M. A., 2003. Development, trade and the environment: how robust is the environmental Kuznets curve? Environment and Development Economics 8, 557－580.

[11] Cole, M. A., 2004. Trade, the pollution haven hypothesis and the environmental Kuznets curve: examining the linkages. Ecological Economics 48, 71－81.

[12] Cole, M. A., Rayner, A. J., Bates, J. M., 1997. The environmental Kuznets curve: an empirical analysis. Environment and Development Economics 2, 401－416.

[13] Dinda, S., 2004. Environmental Kuznets curve hypothesis: a survey. Ecological Economics 49, 431－455.

[14] Dinda, S. , Coondoo, D. , 2006. Income and emission: a panel data-based cointegration analysis. Ecological Economics 57, 167—181.

[15] Ehrlich, P. R. , Holdren, J. P. , 1971. Impact of population growth. Science 171, 1212—1217.

[16] Evans, P. (1996), "Using Cross-Country Variances to Evaluate Growth Theories", Journal of Economic Dynamics and Control 20, 1027—1049.

[17] Evans, P. and G. Karras (1996), "Convergence Revisited", Journal of Monetary Economics 37, 249—265.

[18] Grossman G. and A. Krueger (1995), "Economic Growth and the Environment", Quarterly Journal of Economics 3, 53—77.

[19] Heston, A. and R. Summers et al. (1995), The Penn World Tables, Version 5. 6.

[20] Holtz-Eakin, D. and T. Selden (1995), "Stoking the Fires? CO_2 Emissions and Economic Growth", Journal of Public Economics 57, 85—101.

[21] Im, K. , M. Pesaran and Y. Shin (2002), "Testing for Unit Roots in Heterogeneous Panels", Journal of Econometrics, forthcoming.

[22] IPCC(2000), Special Report on Emissions Scenarios, Geneva, Switzerland.

[23] List, J. A. (1999), "Have Air Pollutant Emissions Converged Amongst US Regions? Evidence from Unit-Root Tests", Southern Economic Journal 66, 144—155.

[24] Mankiw, N. G. , D. Romer and D. N. Weil (1992),"A Contribution to the Empirics of Economic Growth", Quarterly Journal of Economics 107, 407—438.

[25] Marland, G. et al. (1989), Estimates of CO_2 Emissions from Fossil Fuel Burning and Cement Manufacturing, Based on United Nations Energy Statistics and the U. S. Bureau of Mines Cement Manufacturing Data. ORNL, Oak Ridge, Tennessee.

[26] Meadows, D. H. , Meadows, D. L. , Randers, J. , Behrens, W. , 1972. The Limits to Growth, Universe Books, New York.

[27] Miketa A and Mulder P (2003). Energy productivity across developed and developing countries in 10 manufacturing sectors:Patterns of growth and convergence. Energy Economics 27 (2005) 429— 453.

[28] Panayotou, T. , 1993. Empirical tests and policy analysis of environmental degradation at different stages of economic development. Working Paper WP238, Technology and Employment Programme. International Labour Office, Geneva.

[29] Panayotou, T. , 1997. Demystifying the environmental Kuznets curve: turning a black box into a policy tool. Environment and Development Economics 2, 465—484.

[30] Quah, D. (1996), "Empirics for Economic Growth and Convergence", European Economic Review 40, 1353—1375.

[31] Romero-Ávila, D. , 2007a. Convergence in carbon dioxide emissions among industrialised countries revisited. Energy Economics in press.

[32] Romero-Ávila, D. , 2007b. Questioning the empirical basis of the environmental Kuznets curve for CO_2: New evidence from a panel stationarity test robust to multiple breaks and cross-dependence. Ecological economics in press.

[33] Selden, T. M., Song, D., 1994. Environmental quality and development: is there a Kuznets curve for air pollution? Journal of Environmental Economics and Management 27, 147—162.

[34] Shafik, N., 1994. Economic development and environmental quality: an econometric analysis. Oxford Economic Papers 46, 757—773.

[35] Strazicich, M. C., List, J. A., 2003. Are CO_2 emission levels converging among industrial countries? Environmental and Resource Economics 24, 263—271.

[36] Solow, R. (1956), "A Contribution to the Theory of Economic Growth", Quarterly Journal of Economics 70, 65—94.

[37] Unruh, G. C., Moomaw, W. R., 1998. An alternative analysis of apparent EKC-type transitions. Ecological Economics 25, 221—229.

[38] World Bank (2008), World Development Indicators. Washington, D. C.

[39] 廖华(2008),能源效率的计量经济模型及其应用研究,中国科学院博士论文,北京.

高浓度有机废水厌氧发酵产氢之节能减碳与碳交易效益评估

朱正永　林秋裕　吴石乙　苏茂丰　潘睦舜　王　葳　马彦彬

逢甲大学能源与资源研究中心

逢甲大学环境工程与科学系

逢甲大学化学工程学系

台湾绿色生产力基金会

逢甲大学经济学系

逢甲大学公共政策研究所

摘　要：生物氢能为生质能源的一种，生物法产氢乃是借厌氧菌、光合菌或藻类等之生物降解与生物转换作用将有机物转化为生质氢能，是种完全符合环保概念、经济效益与资源回收的能源产生方式。厌氧生物产氢为最具效益、简单与实用化的再生能源产氢程序之一，全世界正积极投入人力与物力进行相关技术研发。本研究系改进高浓度有机质废水工厂中原有之厌氧消化槽（产甲烷），直接以有机质废水进行暗发酵产氢，并可将产生之氢气转做蒸气锅炉之燃料。这样不仅可减少甲烷产生（温室气体减量），还可作为锅炉燃料、取代化石燃料供生产使用，且可减少能源消耗、获得减量额度等优点，一举数得。本研究评估厌氧生物产氢法的节能减碳与碳交易效益结果显示，（1）以实场废水之实验数据评估时，每年燃料油节约 2.35 万 USD、碳交易 9.9 万 USD、温室气体减量效益约19 892公吨 CO_2e。（2）以最大可能产氢数据评估时，每年燃料油节约 28.0 万 USD、碳交易 31.6 万 USD、温室气体减量效益约 63 134 公吨 CO_2e。

关键词：厌氧发酵，生物氢能，节能减碳，碳交易

1　前言

1.1　研究背景

近年来，以俄、中、巴、印为首的新兴国家快速地发展经济活动，使得全球化石能源（特别是石油）需求大幅提升，加上人为炒作等因素，国际化石能源的价格在 2008 年出现剧烈的震荡，一度造成全球的通胀以及物价指数不断提升，造成民生经济遭受严重冲击。另外，许多研究报告指出全球暖化的问题日益严重，于是各国在 1997 年于日本京都签订历史性的京都协议书，要求针对二氧化碳的排放量实施管制，并于 2005 年 2 月正式生效实施。因此，在能源安全与环境保护的考虑下，未来对清洁能源及提升能源效率的需求将更紧迫（2007 年能源科技研究发展白皮书）。

氢能是一种环保与经济兼具，且能永续供应之清洁能源。由于氢气燃烧使用时仅产生水，并不会有如碳元素氧化后产生温室气体二氧化碳之虑，因此氢气被誉称为绿色能源。美国知名杂志新闻周刊与科学人杂志（Scientific American）均曾专题报道须推动并迎接氢能源时代的来临。氢气的用途相当广泛，可应用于燃料电池（fuel cell）、氢气引擎及氢氧焰等；

也广泛应用于石化、食品加工、半导体等工业。氢能发展是美国能源部最优先的工作项目之一，其发展时程分为四阶段：（a）技术发展阶段（2000—2015），（b）初期市场突破阶段（2010—2025），（c）基础设施投资阶段（2015—2035）及（d）市场与基础设施完全发展阶段（2025—2045）。日本政府 2004 年在氢能领域投入 83 亿新台币，进程分为（a）基础整备及技术实证阶段（2002—2005），（b）导入阶段（2005—2010），（c）普及阶段（2010—2020）及（d）正式普及阶段（2020 年以后）四个阶段。南韩于 2006 年发展第 2 阶段新国家能源计划，采永续发展导向以符合国际环保法规为目标，并宣言加强新能源及再生能源研发，将能源产业发展为出口产业。欧盟更详细规划未来氢能经济的蓝图，预计 2010—2020 年发展石化燃料制氢，2020—2030 年广布氢气管线并以再生能源方法制氢，2030—2040 年增加再生能源产氢比例，并配合核能等技术大量产氢，2040—2050 年则全面利用氢能与燃料电池。综观上述，世界各国上显然已大力推动氢气能源的研究与发展。目前我国台湾地区主要的氢气生产料源为工业制程副产物，或甲醇、天然气等燃料重组，皆来自化石原料。生产过程需消耗大量矿物资源及能源，须寻找更具永续发展的氢气来源。生物氢能属于公认的再生性氢气来源，完全符合环保概念、经济效益与永续再利用。

新兴能源产业是氢能经济体系下全球竞逐的对象，与 21 世纪的经济发展实为一体。逢甲大学于本土产氢菌种筛选、产氢生物反应器设计及菌种结构分析等厌氧生物产氢技术已获杰出成果；所开发之颗粒污泥/固定化细胞系统之发酵产氢技术，产氢速率居世界领先地位（Wu et al.，2006），也是被评估为最具实用化潜力之生物氢能源技术（Li and Fang 2007；Hawkes et al.，2007）。此外，逢甲大学已构筑 400 L 模场发酵系统，将实验室规模之生物产氢系统程序化整合，以建立商业化关键性技术。若能在产氢模场系统同时开发出流液甲烷化技术，甲烷除可回收当辅助能源外，亦可经重组制氢提升氢能产率，若推广于业界可增加企业碳交易额度，可有效提升企业竞争力。

本研究系改进高浓度有机质废水工厂中原有之厌氧消化槽（产甲烷），直接以有机质废水进行暗发酵产氢，并可将产生之氢气转做蒸气锅炉之燃料。这样不仅可减少甲烷产生（温室气体减量），还可作为锅炉燃料、取代化石燃料供生产使用，且可减少能源消耗、获得减量额度等优点，既可加强产业信心，也可加快推广生物产氢技术于产业的实际应用，一举数得。

传统废水处理流程为废水先经预处理系统调和 pH 后，进入快慢/混系统去除悬浮物质，降低废水的 COD 强度。接下来废水进入活性污泥池进行好氧消化去除污染物，最后进入污泥浓缩池将污泥沉降回流至活性污泥池或是排出。若加入厌氧产氢程序只需在废水经预处理系统处理调和 pH 后，进入产氢发酵槽进行产氢发酵，不但可产生氢气获得能源，更可降低废水的 COD 强度减低后续的处理费用，加入厌氧产氢程序于传统废水处理流程如图 1 所示。

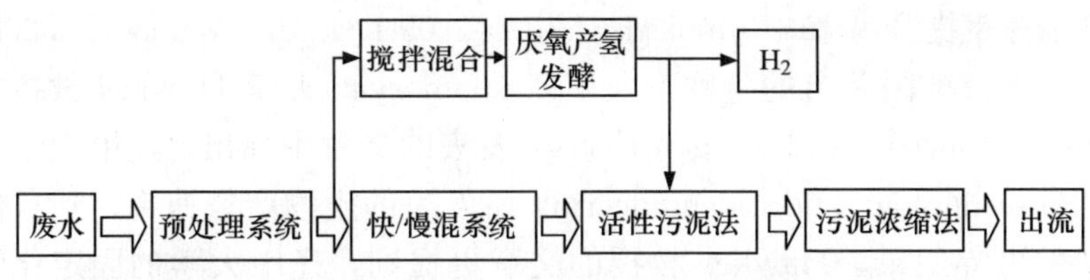

图 1　加入厌氧产氢程序于传统废水处理流程图

1.2 氢能技术研究现况及问题分析

从各主要国家对氢能技术研究投入来看，美国政府每年投资3亿美元来进行氢与燃料电池相关计划。同时，能源短缺的日本，对于氢能源的应用发展更是投入极大的人力与资金，进行研究开发。加拿大、欧洲、亚洲等各国政府与业界皆大量投入氢的研究、开发与示范，例如在欧洲将建立10个氢燃料供应站，提供氢动力公交车燃料。由此可见美国、日本等发达国家已经将氢能源技术列为国家重点能源技术，以因应未来氢能经济的技术需求。

工业上生产氢气方法主要为已工业化的化学法，如甲烷之蒸气重组（steam methane reforming）、煤炭气化法（coal gasification）及碳氢化合物之部分氧化法（partial oxidation）等，但此类制程需消耗大量化石资源及能源，不合永续发展的策略。生物法产氢乃是借厌氧菌、光合菌等之生物降解（biodegradation）与生物转换（biotransformation）作用将有机物转化为氢气，若应用于废水或废弃物之有机物降解，则可同时解决环境污染及获取氢气能源，完全符合环保概念、经济效益与资源回收的能源产生方式（Das and Veziroglu，2001）。因此，近年来各发达国家纷纷投入大量人力物力进行氢能开发及生物产氢之相关研究。

逢甲大学生物氢能研究团队所发展之高速率厌氧酸酵产氢微生物系统暨固定化细胞—连续式搅拌厌氧生物反应器（continuously stirred anaerobic bioreactor with immobilized cell，CSABR-IMC），不仅可快速启动，有效提升槽内生物浓度，系统混合性佳，有利于系统于低水力停留时间（hydraulic retention time，HRT）及高有机负荷（organic loading rate，OLR）之条件操作，因此可大幅提升产氢速率。

厌氧生物氢能技术属于再生能源技术之一，也是被评估为最具实用化潜力之生物氢能源技术，积极且继续地研发，将是成为新兴产业之重要契机。若要将本技术成功地推广及应用，如何降低料源成本及有效地将生物产氢系统与后端应用系统整合最为关键。

2 国际领先的高速率生物产氢技术

2.1 高速率厌氧发酵产氢微生物系统

逢甲大学生物氢能研究团队先期筛选生活污水处理厂之废弃污泥，以蔗糖（20 g COD/L）于HRT 1 h产氢速率可达1.2～1.3 mol H_2/L/d（Chang et al.，2002），经估算供应5 kW燃料电池连续运转仅需将生物反应器规模放大至1 000L（Levin et al.，2004）。若以搅拌式颗粒污泥床（Agitated Granular Sludge Bed，AGSB）系统，操作于HRT 0.5 h，可提升蔗糖之产氢速率为9.12 mol H_2/L/d（Lee et al.，2006）。若以六碳糖为基质使用硅胶固定化细胞与添加活性炭策略，在固定化细胞—连续式搅拌厌氧生物反应器（CSABR-IMC）系统下，操作于HRT 0.5 h，菌相以C. pasteurianum为主，以40 g COD/L之蔗糖浓度进料，产氢速率提升为15.40 mol H_2/L/d（15.09 L/L/d）（Wu et al.，2006）此成果大幅领先世界水平。英国著名的生物产氢团队Glamorgan大学Hawkes教授等人，2007年于International Journal of Hydrogen Energy发表的文章中指出，逢甲大学生物产氢团队2006年于Biotechnology and Bioengineering所发表的生物产氢速率，到目前为止是国际上文献可知的世界纪录，Hawkes教授的文章更提到，逢甲大学的固定化细胞—连续式搅拌厌氧生物反应器系统若能持续保有如此高的产氢速率，则该颗粒化技术系统对于转换简单有机糖类（如蔗糖）的生物产氢技术将大有可为（Hawkes et al.，2007）。

逢甲大学生物氢能研究团队曾使用上述生物产氢技术连接质子交换模燃料电池(PEMFC) 堆（4 cells）进行实验，操作条件 HRT 6 h，蔗糖进料浓度为 30 g COD/L，最佳的产氢速率与氢气产率分别为 1.15 L/h/L 和 3.71 mol H_2/mol sucrose，且系统可稳定操作达 330 天以上。接上一个小型发光面板可产生 0.87 W 的能量，导入上述氢气可产生(3.30 ± 0.04) V 稳定电压。若依据 Levin et al.，2004 的方法估算，推动 2.5 kW 及 5 kW 的燃料电池分别需要 1 276 公升及 2 551 公升的生物反应器。然而，若在世界纪录的操作条件下，则估算出推动 2.5 kW 及 5 kW 的燃料电池分别仅需 97 公升及 194 公升的生物反应器 Lin et al.（2007），相当于一个家用冷气机的大小，这对于未来以生物产氢技术发展为分散型发电设备及商业化具有重大的意义。

2.2 高速率厌氧发酵产氢模场系统

逢甲大学自 2007 年在校园内设置连续式厌氧生物发酵产氢试验工场，其配置及流程如图 2、图 3 所示，连续式厌氧生物发酵产氢试验工场分为备料区（连续式进料系统）、混合区、发酵产氢区（反应槽系统）、气液分离区及机电整合系统区五大部分，模场系统设备规格及数量如表 1 所示。

(1) 备料区（连续式进料系统）

包含两座基质储存槽及两座营养盐储存槽，各储槽之工作体积为 600 公升，且均为不锈钢槽体。每一个槽体的轴心正上方均设有一组控制马达连接一蝶形搅拌器。每一个槽体出流口处均设有一组定量输送隔膜泵及流体流动开关阀，以依操作条件定量泵送进料。

(2) 混合区

混合区包含了预混槽及热水槽，预混槽的工作体积为 500 公升，槽体为不锈钢材质。碳源及营养源依定量分流进料泵入混合槽进行预先混合的动作，以使基质能均匀地进入发酵产氢反应器。此外，预混槽备有夹套及恒温控制系统调整自来水流量及热水槽热水以对混合基质进行进料前的预热。

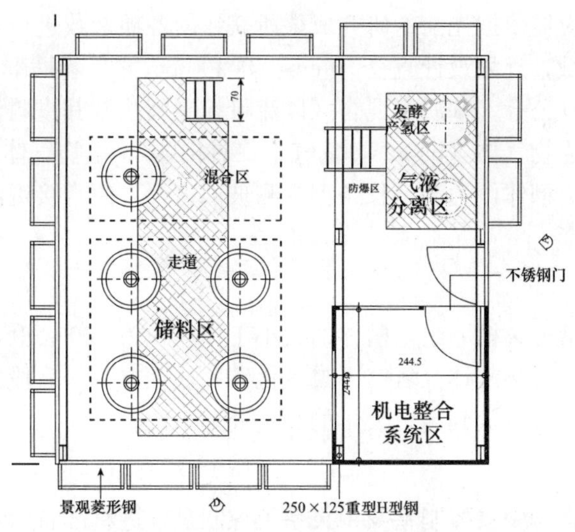

图 2　逢甲大学产氢模场之系统配置图（逢甲大学，2007）

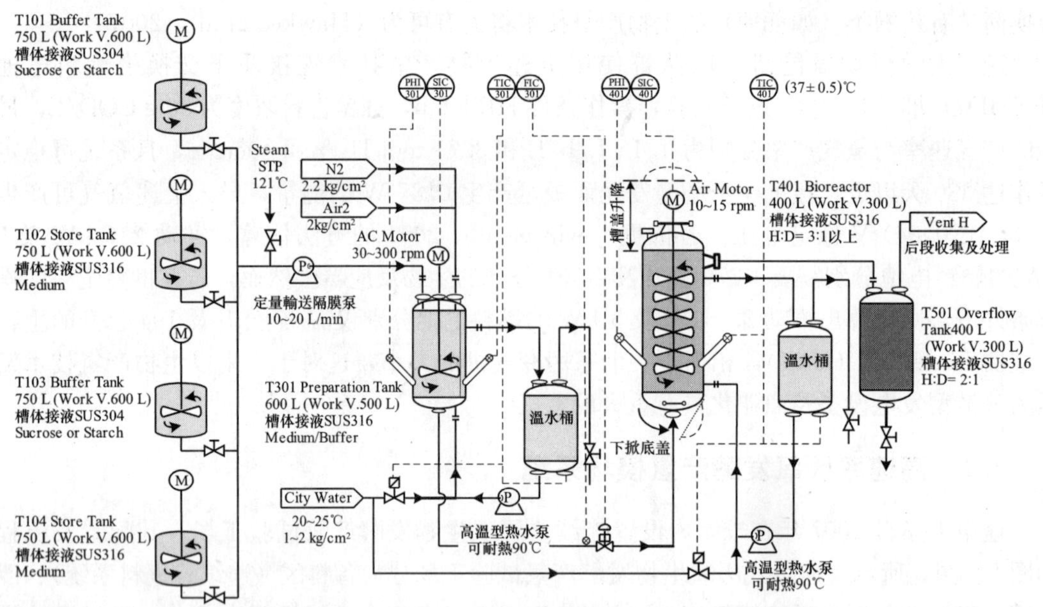

图 3 逢甲大学产氢模场之系统流程图（逢甲大学，2007）

表 1 逢甲大学 400 L 模场系统设备规格及数量（逢甲大学，2007）

项号	品名规格内容	数量/套
1	750L 醣化反应槽（含双层附温控及 Feed 流量控制）	2
2	750L 缓冲槽（单层搅拌，附 Feed 流量控制）	2
3	600L 调配槽（可原位空槽灭菌型）	1
4－1	400L 生物发酵槽（可原位空槽灭菌型）	1
4－2	400L 气液分离槽	1
5－1	设备操作用架台（SS400 槽钢骨架＋3t 热浸镀锌花纹钢板）项 1～3 设备操作用	1
5－2	设备操作用架台（SS400 槽钢骨架＋3t 热浸镀锌花纹钢板）项 4 设备操作用	1
6	发酵设备用蒸气减压及过滤系统（项 3、项 4 共享）	1

(3) 发酵产氢区

模场生物发酵反应器依据先前的研究成果所获致的各项参数进行规模放大，发酵产氢区为本模厂的心脏区域，规划设计直径 50 cm、高 200 cm 之生物酦酵反应器，发酵产氢反应器的工作体积为 330 公升。基质由混合区以流量控制阀控制其进料流速，于反应器内进行生物降解并同产生生物气体（biogas，氢气＋二氧化碳），生物气体与出流水一同以溢流方式进入气液分离区。槽体侧边装设长条型观测玻璃窗，方便直接观测槽内液体流动及菌体变化的情形。

(4) 气液分离区

气液分离区为气液分离槽一组，槽体的大小工作体积为 300 公升，采用重力效应的方法将气体与液体分离，生物气体（氢气＋二氧化碳）往上方进入后段之收集及处理单元进行气体分离，液体则直接排放到逢甲大学的废水处理系统。

(5) 机电整合系统区

机电整合系统区包含中央控制室及中央系统控制盘，进料准备为人工处理，其余操作采全自动系统控制。取样可定时操作，泵浦与相关机械设备或控制设备连动可独立运作；

系统控制盘可控制及侦测的范围包含各个设备的马达转速、温度、电磁阀开关、流体流量、压力侦测及记录、pH 等，监测系统具有监测数值、记忆及绘制图表功能。

3 节能减碳与碳交易效益评估

本研究节能减碳与碳交易效益评估依据如下：本评估使用时之氢气物理特性数据及评估参数如表 2 所示。

表 2 氢气物理特性数据及评估参数

密度＝0.0899 kg/m^3（273K）
氢气热值 34 000 kcal/kg
燃料油热值 9 200 kcal/L
CO_2 气体排放系数：2.99 公吨 CO_2e/kL
处理每公吨 COD 废水约可产 0.25 公吨甲烷
产 CO_2 气体潜势：1 公吨甲烷气体约为 CO_2 气体的 23 倍

3.1 使用现阶段之数据评估过程

（1）氢气及 CO_2 气体产量（依逢甲大学实验值计算）

假设工厂每年操作 330 天，产氢工厂工作体积 $50m^3$，操作 HRT 3 h

H_2 日产量$=\frac{(9.6L/d/L)(50\times10^3)}{1\,000L/m^3}=480m^3H_2/d$

H_2 年产量$=480m^3H_2/d\times330d/yr=158\,400m^3H_2/yr$

CO_2 日产量$=\frac{(9.6L/d/L)(50\times10^3)\times44}{24.5L/gmol\times1\,000}=862\ kgCO_2/d$

二氧化碳可获利$=862kgCO_2/d\times5NT\$/kg\times330d/yr=142$ 万 NT$/yr

（2）燃料油减量效益 &GHG 减量

氢气总热值$=158\,400m^3\times0.0899kg/m^3\times34\,000kcal/kg=484.2\times10^6kcal$

相当于燃料油减量$=484.2\times10^6kcal/9\,200(kcal/L)=53kL$

温室气体减量$=53kL\times2.99$ 公吨 CO_2e/kL$=158$ 公吨 CO_2e

减量效益$=53kL\times1.5$ 万/kL$=80$ 万元

（3）甲烷逸散减量估算（假设废水为厌氧处理）

废水进流量$=400m^3/d\times330d/yr=132\,000m^3/yr$（废水进流量 HRT 3h）

平均进流 COD$=40\,000$ mg/L

假设 COD 去除率为 65%，处理每公吨 COD 废水约可产 0.25 公吨甲烷

废水产生之甲烷量$=132\,000\ m^3/yr\times40\,000mg/L\times65\%\times0.25/10^8$

$=858$ 公吨 CH_4/yr$=19\,734$ 公吨 CO_2e/yr

（4）VCS 碳交易收益＝（158＋19 734）公吨×5USD/公吨×34NTD/USD＝338 万元

（5）合计效益

温室气体减量＝燃料油减量＋废水甲烷逸散减量

＝158＋19 734＝19 892 公吨 CO_2e

投资效益＝节省燃料油＋碳交易收益

＝80 万＋338 万＝418 万元＝12.25 万 USD

3.2　以最大产氢值所做之评估过程

H_2 日产量$=\frac{(240L/d/L)\ (50\times10^3)}{1\ 000L/m^3}=12\ 000\ m^3H_2/d$

H_2 年产量$=12\ 000m^3H_2/d\times330d/yr=3\ 960\ 400m^3H_2/yr$

CO_2 日产量$=\frac{(360L/d/L)\ (50\times10^3)\ \times44}{24.5L/gmol\times1\ 000}=32\ 327\ kgCO_2/d$

二氧化碳可获利$=32\ 327\ kgCO_2/d\times5NT\$/kg\times330d/yr=5\ 334$ 万 $NT\$/yr$

（1）燃料油减量效益 &GHG 减量

氢气总热值$=3\ 960\ 400m^3\times0.089\ 9kg/m^3\times34\ 000kcal/kg=12.1\times10^9kcal$

相当于燃料油减量$=12.1\times10^9kcal/9\ 200\ (kcal/L)\ =1\ 315kL$

温室气体减量$=1\ 315kL\times2.99$ 公吨 $CO_2e/kL=3\ 932$ 公吨 CO_2e

减量效益$=1\ 315kL\times1.5$ 万$/kL=1\ 973$ 万元

（2）甲烷逸散减量估算（假设废水为厌氧处理）

废水进流量$=2\ 400m^3/d\times330\ d/yr=792\ 000\ m^3/yr$

平均进流 COD=20 000mg/L

假设 COD 去除率为 65%

废水产生之甲烷量$=792\ 000m^3/yr\times20\ 000mg/L\times65\%\times0.25/10^8$

$=2\ 574$ 公吨 $CH_4/yr=59\ 202$ 公吨 CO_2e/yr

（3）VCS 碳交易收益$=$（3 932+59 202）公吨×5USD/公吨×34NTD/USD

=1 073 万元

（4）合计效益：

温室气体减量=燃料油减量+废水甲烷逸散减量

$=3\ 932+59\ 202=63\ 134$ 公吨 CO_2e

投资效益=节省燃料油+碳交易收益

=1 973+1 073=3 046 万元=59.6 万 USD

3.3　综合评析

本研究之厌氧生物产氢效益评估综合如表 3 所示，结果显示，（1）以实场废水之实验数据评估时，每年燃料油节约 2.35 万 USD、碳交易 9.9 万 USD、温室气体减量效益约 19 892公吨 CO_2e。（2）以最大可能产氢数据评估时，每年燃料油节约 28.0 万 USD、碳交易 31.6 万 USD、温室气体减量效益约 63 134 公吨 CO_2e。

表 3　以高有机质废水工厂为例厌氧生物产氢投资与温室气体减量效益评估表

项目		现阶段数据评估（每年）	最大产氢值估算（每年）
投资效益	燃料油节约（万 USD）	2.35 53kL	28.0 1 315kL
	碳交易（万 USD）	9.9	31.6
合计（万 USD）		12.25	59.6
GHG 减量	燃料油减量（公吨 CO_2e）	158	3 932
	废水甲烷减量（公吨 CO_2e）	19 734	59 202
合计（公吨 CO_2e）		19 892	63 134

注：本表评估并未包含设备投资及工厂维护成本。

4 生物氢能实用性之探讨

4.1 国际主要开发生物产氢策略

生物氢能之使用可降低 CO_2 对地球生态之影响，也符合氢能经济的发展。图 4 为欧盟 Hyvolution 发展架构图，这个计划的终极目标是开发商业化生物氢能工厂增加自产能源供应分散至各个地区，利用当地可获得的生质物（Biomass）经由高温菌与光合菌作用得到高产率的氢气。他们希望这项工业未来能够提供全欧洲 10%～25%区域的氢气，产氢成本可降低至 10 Euro/GJ（Claassen and de Vrije，2005）。这个概念不只是在欧盟氢经济的发展上，对于全世界的生物产氢技术也是迫切与重要的。

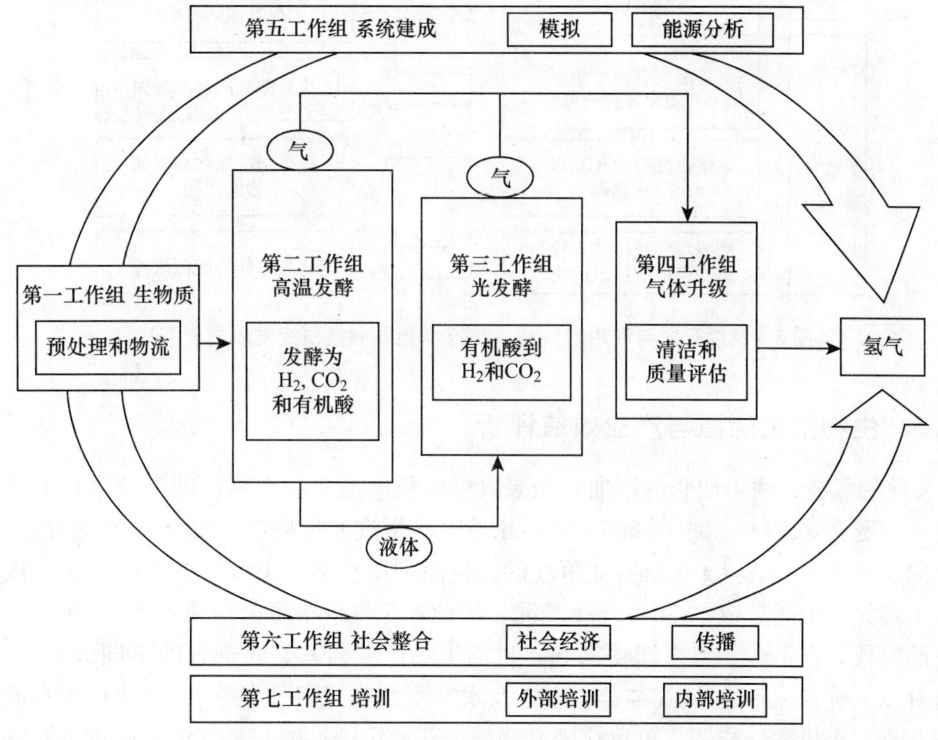

图 4 欧盟 Hyvolution 发展架构图（Claassen and de Vrije，2005）

4.2 能源与产业效益

氢能开发与利用所带来之效益如图 5 所示，可分为能源效益与产业效益。在能源效益方面，由于氢能源来源多样化，可减少能源安全的风险。在产业效益方面，氢能生产可搭配现有再生能源产业，进而提升能源产业的版图，如生物信息产业、生物制剂产业、电力产业、汽车制造产业、环保相关产业，能源作物生产产业，能源电子、太阳能科技、光电材料、生物科技、自动化工程、汽电共生，故建立生物氢能技术新兴产业刻不容缓。

生物产氢技术与废水能源化概念推广于业界将可增加企业碳交易额度，有效提升产业竞争力。生物氢能可当辅助能源供燃料电池使用，增加能源使用效率且降低碳排放，具备节能减碳效益。可增加自产能源供应、降低对化石燃料的依赖度，同时可减少废弃物在自然界中腐败而产生甲烷等温室气体的排放量。

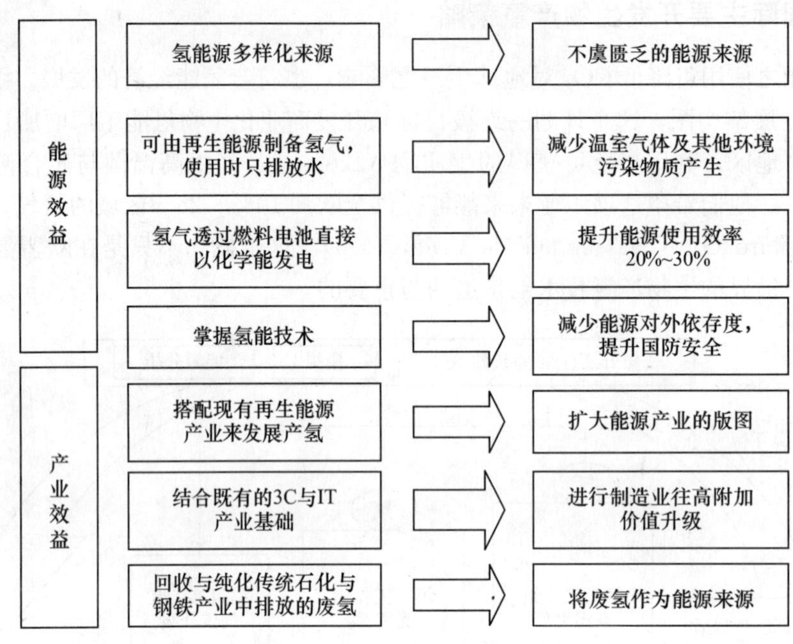

图5　氢能开发与利用的效益（2007年能源科技研究发展白皮书）

4.3　生物氢之能源与产业效益评析

1公斤的氢能大约1加仑的汽油，如果以氢燃料电池驱动车辆，能源效率提升为引擎的两倍（柯贤文，2006）。根据2007年3月美国加州汽油价格为3美元零3美分的价格，则产氢的费用于6美元/kg是具有竞争性的。目前利用水蒸气裂解天然气生产氢气成本约每公斤1美元，但运费成本高达2～4美元。因此，氢气价格每公斤成本3～5美元。可见氢经济的时代，在不久的未来即将来到。目前生物产氢因其生质进料的不同成本4～15美元，且有以下优点（1）与氧气结合产生电及水并不会造成环境的污染；（2）于常温常压下操作并不需提供额外能源，可消化废弃物减少环境污染；（3）氢气能量密度（J/kg）相当高，1kg的氢约相当于3kg的汽油（理论值），故以生物氢能作为新能源的使用来源之一为确实可行的方法。

在提升产业经济及二氧化碳减量效益方面，目前据估计我国台湾地区相关产业之有机质废弃物与废水总量可观如表4所示，将本计划所研发之生物产氢技术应用于农业有机废弃物，则有10亿NT＄/年之产值。若应用本计划所研发之技术，可将此等有机质废弃物与废水资源化及能源化，产业效益预估高达494亿NT＄/y（包含H_2、VFA、CO_2、RDF等的效益），最大产氢潜能预估每年相当于43.7万公升油当量。若以每公升油当量相当于2.82吨的二氧化碳抑制量估算。若能生产43.7万公升油当量/年，每年预计可减少123.2万吨之二氧化碳排放。若以抑制每382吨二氧化碳年排放可创造1座大安森林公园估算，应用本计划所研发之技术，每年约可创造3 228座大安森林公园（朱正永等，2008）。若再考虑如高有机质废水及其他含纤维素物质，则产业效益将大幅提升，并有机会可取代部分一级能源。

表 4　有机质废弃物产氢技术能源效益、产业效益与二氧化碳减量效益

来源	数量	每吨（m^3）有机质废弃物（废水）最大产氢潜能	最大产氢潜能(10^6 kgH_2/y)	油当量（万公升油当量/年）	产业效益（亿 NT$/y）	二氧化碳抑制量（万吨/y）	创造大安森林公园数量（座）
工业有机质废弃物*	230 万 t/y	10 kg-H_2	23	8.7	14 (105)**	24.5	643
有机质废水*	4 200 万 m^3/y	0.4 kg-H_2	16.4	6.2	10 (65)	17.5	458
农业有机质废弃物[1]	706 万 t/y	10 kg-H_2	70.66	26.6	43 (324)	75.0	1 965
厨余[2]	146 万 t/y	4 kg-H_2	5.84	2.2	3.5	6.2	162
合计			115.9	43.7	70.5 (494)	123.2	3 228

*资料来源：惠元环保顾问公司：指含纤维质者。

**（ ）内数字为包含 H_2、VFA、CO_2、RDF 等的效益。

1. http://www.tndais.gov.tw/Soil/b1.htm (2005/2/24)。
2. http://www.tepu.org.tw/1News/20040628.html (2005/2/24)。
3. 以每公升油当量相当于 2.82 吨的二氧化碳抑制量估算。
4. 以抑制每 382 吨二氧化碳年排放可创造 1 座大安森林公园估算。
5. 资料来源：朱正永等，2008。

5　非粮料源之复合式生质能源应用

虽然逢甲大学在生物氢能的开发上已具成效，但生物氢能目前发展仍然是处于初步的开发阶段，需要投入更多的研发工作及研究降低生产成本的方法。以下是未来应该努力的两个方向，提供参考：

（1）基质来源多样化。为了要达到未来商业化的规模，降低产氢的成本，需要寻找更便宜的营养基质料源，基质来源多样化不仅可能降低产氢成本，也可维持基质料源的稳定。

（2）氢气产率的再提升及增加生质物转化能源的效率。可串联非粮料源生产氢气及甲烷甚至其他液态产物之复合式生质能源，以复合式的方式来提升整体的生物效能，其非粮料源生产氢气及其他能源之复合式生质能源应用路程如图 6 所示。

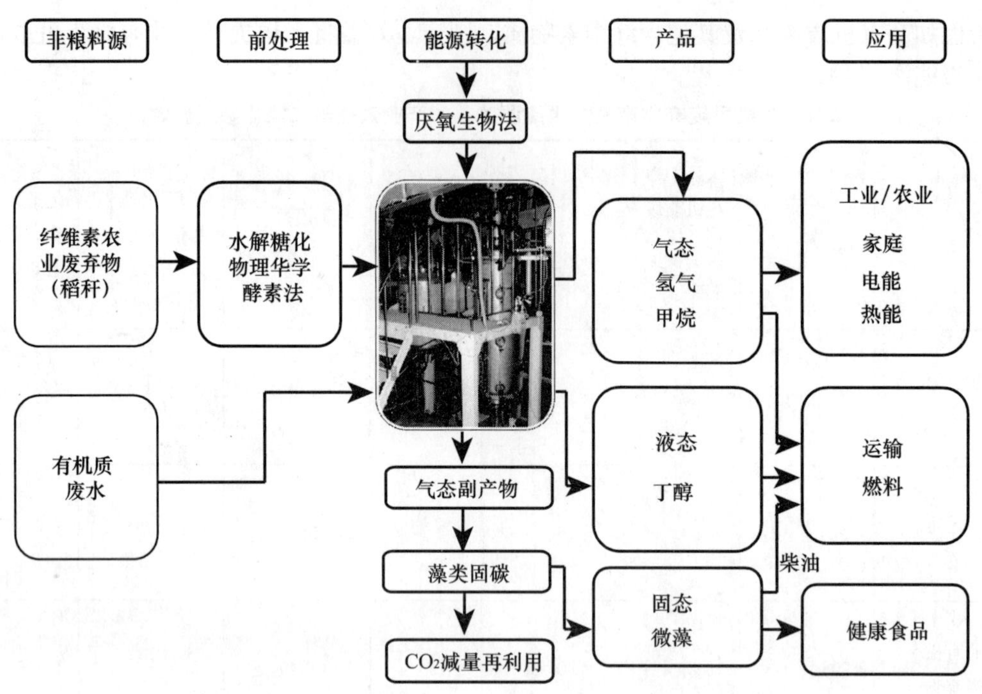

图6 非粮料源生产氢气及其他能源之复合式生质能源应用路程图

6 结论

生物氢能为生质能源的一种，其生产完全符合环保概念、经济效益与资源回收之能源产生方式。厌氧生物产氢为最具效益、简单与实用化的再生能源产氢程序之一，全世界正积极投入人力与物力进行相关技术研发。我国台湾地区逢甲大学团队所开发之颗粒污泥/固定化细胞之厌氧产氢技术，使用简单分子（蔗糖）发酵之产氢速率高达 360 L/L/d，而使用大分子（淀粉）时达 48 L/L/d，技术居世界领先地位，被评估为最具有经济潜力之生质产氢技术。本文探讨利用该技术处理高浓度有机废水可产生之节能减碳与碳交易效益。

在过去几年中，自愿性碳市场的规模几乎呈倍数成长，因为进入自愿性碳市场的公司越来越多，例如美国电力、福特汽车、汇丰银行、Google 和杜邦等公司，都宣布会参与自愿性碳市场以抵减其排放。为满足此种蓬勃需求，各式减量项目（offsetting project）也如雨后春笋般的展开，从植林、再生能源到碳封存等。生物氢能源属再生能源的范畴，企业应用此技术所减少的碳排放可申请自愿碳标准（Voluntary Carbon Standard，VCS）的碳权认证。通过碳权认证后，可获得减量额度（Voluntary Carbon Unit，VCU），即具有在碳权市场交易的资格，可将减少的碳排放量卖给其他企业。

本研究假设废水平均进流浓度为 20 000 COD mg/L 及碳交易金额为每公吨 5 USD，评估厌氧生物产氢法的节能减碳与碳交易效益。结果显示，(1) 以实场废水之实验数据评估时，每年燃料油节约 2.35 万 USD、碳交易 9.9 万 USD、温室气体减量效益约19 892公吨 CO_2e，(2) 以最大可能产氢数据评估时，每年燃料油节约 28.0 万 USD、碳交易 31.6 万 USD、温室气体减量效益约 63 134 公吨 CO_2e。上述评估并未包含设备投资、工厂维护成本与额外使用电力导致的温室效应气体增量。

参考文献

[1] Chang JS, Lee KS and Lin PJ. (2002) Biohydrogen production with fixed-bed bioreactors. Int J Hydrogen Energy,27: 1167—1174.

[2] Claassen PAM and de Vrije T. (2005). Integrated bioprocess for hydrogen production from biomass: Hyvolution. Proceedings International Hydrogen Energy Congress and Exhibition IHEC, Istanbul, Turkey, 13—15 July.

[3] Das D and Veziroglu TN. (2001) Hydrogen production by biological processes: a survey of literature. Int. J. Hydrogen Energy, 26: 13—28.

[4] Hawkes FR, Hussy I, Kyazze G, Dinsdale R and Hawkes DL. (2007) Continuous dark fermentation hydrogen production by mesophilic microflora: Principles and progress. Int. J. Hydrogen Energy, 32: 172—184.

[5] Kim, J. O., Kim, Y. H., Ryu, J. Y., Song, B. K., Kim, I. H. and Yeom, S. H. (2005). Immobilization Methods for Continuous Hydrogen Gas Production Biofilm Formation Versus Granulation, Process Biochem., 40: 1331—1337.

[6] Levin DB, Pitt L and Love M. (2004) Biohydrogen production: prospects and limitations to practical application. Int J Hydrogen Energy, 29: 173—185.

[7] Lee KS, Lo YC, Lin PJ and Chang JS. (2006) Improving biohydrogen production in a carrier-induced granular sludge bed by altering physical configuration and agitation pattern of the bioreactor. Int. J. Hydrogen Energy, 31: 1648—1657.

[8] Li C and Fang HHP. (2004) Fermentative hydrogen production from waster and solid wastes by mixed cultures. Critial Reviews in Environmental Science and Technology, 37:1—39, 2007.

[9] Li CL and Fang HHP. (2007) Fermentative hydrogen production from wastewater and solid wastes by mixed cultures. Environ. Sci. Technol., 37: 1—39.

[10] Lin CN, Wu SY, Lee KS, Lin PJ, Lin CY and Chang JS. (2007) Integration of Fermentative Hydrogen Process and Fuel Cell for On-line Electricity Generation. Int. J. Hydrogen Energy, 32: 802—808.

[11] Ren, N., Li, J., Li, B., Wang, Y., Liu, S. (2006), Biohydrogen Production from Molasses by Anaerobic Fermentation with a Pilot-scale Bioreactor System. Int. J. Hydrogen Energy, 31, pp. 2147—2157.

[12] Tomiyama, M., Mitani, Y., Nakashimada, Y., Nishio, N. and Hiraga, T. (2007), Hydrogen Production by Dark Fermentation from Food Wastes. Bioenergy Outlook 2007, Singapore, 2627 April 2007.

[13] Wu SY, Hung CH, Lin CN, Chen HW, Lee AS and Chang JS. (2006) Fermentative hydrogen production and bacterial community structure in high-rate anaerobic bioreactors containing silicone-immobilized and self-flocculated sludge. Biotechnology and Bioengineering, 93: 934—946.

[14] 能源科技发展白皮书. 经济部能源局,2007.
[15] 朱正永,张逢源,赖奇厚,林秋裕,张振昌,吴石乙,林屏杰. 台湾生物产氢之发展现况. 台机社专刊,2008,九. 57-68.
[16] 柯贤文. 未来的氢能经济. 科学发展,2006,399.
[17] 逢甲大学. 经济部能源科技研究发展计划 1996 年度执行报告——厌氧生物氢能技术研究发展计划(2007),(3/4).

国际碳期货市场的均值回归过程研究：基于EU ETS的实证分析

张跃军　魏一鸣
北京理工大学管理与经济学院　北京　100081
北京理工大学能源与环境政策研究中心　北京　100081

摘　要：国际碳排放交易是实现低成本减排、应对气候变化的有效方式，碳市场经济金融规律是有关方面广泛关注的热点；尤其是碳市场作为一个新兴能源市场和金融市场，其价格、收益、市场波动态势及风险状况是否遵循一定的均值回归过程，能否做出一定的预测，这对于投资者和有关政府的决策都至关重要。为此，我们引入均值回归理论、GED-GARCH模型和VaR方法，考察EU ETS的碳期货市场的运行特征。结果发现，不论是2006年的配额事件发生前还是发生后，目前而言，EU ETS的碳交易期货市场的价格、收益、市场波动以及市场风险的变化均不服从均值回归过程，即它们的运动具有发散性，暂时不具有可预测的特性，这主要是由于一系列复杂因素的综合作用，导致碳市场效率不高，市场反应过度。未来需要加强有关政府的宏观调控能力，加大国际合作力度，提高碳市场的效率。

关键词：京都议定书，EU ETS，碳配额，均值回归

1　引言

为了更有效地降低减排成本，欧盟提出建立统一的欧洲碳市场，利用市场机制来解决气候变化问题。欧盟排放交易体系（European Union Emissions Trading Scheme，EU ETS）是根据《京都议定书》提出的碳交易机制建立的，试图改变过去环境政策主要是命令和控制型（command-and-control）的做法。经过将近4年的发展，欧盟碳期货市场已经成为能源商品市场的一个特定市场，CO_2 排放配额也已经逐步成为投资者分散投资降低风险的另一种途径（Chevallier，2009）。在此背景下，研究碳市场的经济金融规律，探讨碳市场的价格、收益及风险等变量是否可预测，具有重要的理论意义和现实价值。

许多研究表明，金融价格序列往往围绕一个固定的值上下波动，较高的收益后面经常跟随着较低的收益，也就是说价格序列具有均值回归的趋势，均值回归现象存在于股票、汇率、利率等金融数据中，反映了价格序列的内在均衡机制。

碳期货市场是一种新兴的能源市场，同样也是一种新兴的金融市场，对碳市场是否具有均值回归效应的研究对于碳市场的价格预测、套利、套期保值行为以及碳市场定价和市场资源配置等有深远的意义，也有助于揭示碳市场的发展规律。

2　相关文献综述

均值回归理论是金融市场可预测理论的一个突破性进展。长期以来，均值回归问题是金融市场研究的热点，主要包括均值回归的检验、均值回归的原因、均值回归的影响、均值回归的经济含义等（Deaton and Laroque，1992；Jog and Schaller，1994；Bhanot，

2005；Choe 等，2007；Serletis 和 Rosenberg，2009）。

与过去的均值回归实证研究常聚焦于静态考察不同，Kocagil et al.（2001）给出了一种时变（time-dependent）的均值回归定义，并实证研究了四种矿产品、两种农产品和两种金融产品市场的均值回归现象，发现根据新定义得到的结果更加稳健。这些现有关于金融市场均值回归特征的成果无论是从研究方法还是经济含义方面为本文的研究提供了很好的借鉴。

目前，关于碳排放交易市场的研究，尤其是其经济金融特征方面的研究已经起步（Zhang et al.，2009），但是，从均值回归角度考察碳期货市场的研究尚未见到。

从研究方法角度讲，讨论均值回归的方法比较多，主要包括自相关检验方法（Choe 等，2007）、单位根检验方法（Dickey and Fuller，1979）、协整方法（Chen 等，2007）、多期滞后回归方法（Fama and French，1988）、方差比率（variance ratio）检验方法（Malliaropulos and Priestley，1999）等。每种方法都有不同的侧重点，本文考虑到碳价及其收益和风险的随机波动性，采用基于随机过程的回归方法讨论均值回归问题。

3 研究方法和数据说明

3.1 实证研究方法

均值回归理论认为，金融资产的价格无论低于或高于价值中枢（均值），但长期看都会以很高的概率向价值中枢回归，即长期收益率服从负自相关。根据马喜德和郑振龙（2006）、Gangemi 等（1999），均值回归的一般模型为：

$$dx=(p-qx)\,dt+\sigma x^{\gamma}dW \tag{1}$$

式中 x——随机变量；

q——回归速度；

p/q——长期均值；

σ——方差；

dW——维纳过程的增量。

$dW=\varepsilon_t\sqrt{dt}$，$\varepsilon_t$ 是均值为 0，方差为 1 的标准正态分布随机变量。

当 $\gamma=0$ 时，模型（1）就是简单的均值回归模型：

$$dx=(p-qx)\,dt+\sigma dW \tag{2}$$

写成离散形式，模型（2）可以重写成：

$$x_{t+1}-x_t=p-qx_t+\varepsilon_{1t} \tag{3}$$

式中 $\varepsilon_t=\sigma\varepsilon_{1t}$。

为了检验 EU ETS 碳期货市场的价格和收益是否分别遵循均值回归过程，根据模型（3），建立模型如模型（4）和模型（5）所示：

$$C_{t+1}-C_t=w-\lambda C_t+\varepsilon_{2t} \tag{4}$$

$$R_{t+1}-R_t=\alpha-\beta R_t+\varepsilon_{3t} \tag{5}$$

式中 C_t——第 t 日的碳期货市场合约价格；

R_t——第 t 日的碳期货市场收益率；

即 $R_t=100\times\ln(C_t/C_{t-1})$。如果 $0<w<1$，$0<\lambda<1$，则说明碳期货市场价格存在均

值回归趋势，而且 w、λ 越趋近 1，均值回归趋势越明显，其中市场价格的长期均值为 $\bar{C}=w/\lambda$。碳期货市场的收益是否服从均值回归的判断过程类似。

其次，为了验证碳期货市场价格收益的波动状况是否服从均值回归过程，我们先通过 ARCH 和 GARCH 模型（Engle，1982；Bollerslev，1986），获取两个合约的条件异方差，然后，类似地，我们建立模型（6）。

$$h_{t+1}-h_t=r-sh_t+\varepsilon_{4t} \tag{6}$$

式中　h_t——碳期货市场收益率的异方差。

如果 $0<r<1$，$0<s<1$，那么说明碳期货市场收益存在均值回归趋势。

另外，为了讨论碳期货市场的 VaR 风险是否服从均值回归过程，有三个步骤，首先，需要采用 GED—GARCH 模型对碳期货市场的波动性进行建模；在此基础上，采用方差—协方差方法计算碳期货市场收益上涨和下跌时的 VaR 风险：

$$\begin{aligned} V_t^{up}&=\mu_t-z_\alpha\sqrt{h_t} \\ V_t^{down}&=-\mu_t+z_\alpha\sqrt{h_t} \end{aligned} \tag{7}$$

式中　V_t^{up} 和 V_t^{down}——碳期货市场上行和下行 VaR 市场风险；

μ_t——碳期货市场的条件均值；

$z_\alpha<0$——碳期货市场 GARCH（1，1）模型的残差所服从的 GED 分布的左分位数，即 $F(z_\alpha)=\alpha$；

h_t——碳期货市场收益率的异方差；

$h_t>0$——显然，α 越小，h_t 越大，则 V_t 越大；z_α 的取值受分布的影响。

然后，根据上述计算思路，估计模型（8），并根据是否存在 $0<m<1$，$0<n<1$，分别判断碳期货市场的收益上行和下行 VaR 风险是否服从均值回归过程。

$$V_{t+1}-V_t=m-nV_t+\varepsilon_{5t} \tag{8}$$

3.2　数据说明

EU ETS 是全球最大的碳市场，我们采用的 EU ETS 碳期货市场交易数据来自欧盟最大的碳期货交易市场——ECX 交易所，也是国际最大的碳期货市场。EU ETS 分为两个阶段，2005—2007 年为第一阶段，2008—2012 年为第二阶段。现有研究显示，在同一阶段内，各种碳期货合约的价格走势基本一致，不同阶段的合约价格走势相差较大（魏一鸣等，2008）；因此，为了比较两个阶段碳期货合约的市场变化特征，我们选取 2007 年 12 月到期的 Dec07 合约和 2008 年 12 月到期的 Dec08 合约分别代表 EU ETS 两个阶段碳期货市场交易变化状况。

根据 Alberola 和 Chevallier（2009），由于 2005 年确认排放数据（verified emission）发布事件（compliance event），2006 年 4 月 20 日形成了一个时间序列的结构性断点，因此，分析碳市场的运行规律时需要区分两个子样本区间，一是排放事件前区间（before the compliance break），即 4 月 20 日以前；二是排放事件后区间（after the compliance break），即 6 月 22 日以后。为此，我们将 Dec07 期货合约的样本时间调整为从 2005 年 4 月 22 日—2006 年 4 月 20 日与 2006 年 6 月 22 日—2007 年 12 月 17 日两段，样本量分别为 253 和 385；将 Dec08 期货合约的样本时间调整为从 2005 年 4 月 22 日—2006 年 4 月 20 日与 2006 年 6 月 22 日—2008 年 12 月 17 日两段，样本量分别为 253 和 640。碳期货价格单位是欧元/吨 CO_2。

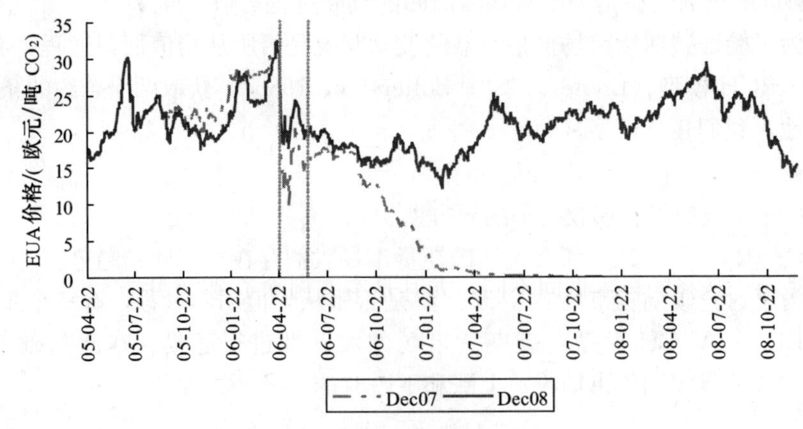

图1 EUA期货价格走势

4 实证结果讨论分析

4.1 碳市场价格与收益的均值回归过程

根据模型（4）和模型（5），我们计算得到 EU ETS 碳期货市场的价格和收益的均值回归估计结果如表1所示。结果发现，不管是碳价还是碳收益，不管是 Dec07 还是 Dec08 合约，回归系数都不满足取值范围在（0，1）之间的要求，即从统计上讲，碳市场价格的变动和收益的起伏都不服从均值回归规律，发散性较强。因此，对于相关投资者而言，目前预测国际碳市场的价格和收益变化较为困难，设计投资规划时面临的市场不确定性较大。

表1 碳市场价格和收益的均值回归估计结果

		参数	Dec07	Dec08
碳市场价格	Ⅰ	w	−0.306 2 (0.221 8)	−0.533 6 (0.049 9)
		λ	−0.015 3 (0.144 8)	−0.026 4 (0.028 8)
	Ⅱ	w	−0.030 2 (0.042 0)	−0.219 6 (0.043 3)
		λ	0.002 2 (0.210 6)	−0.010 4 (0.047 2)
碳市场收益	Ⅰ	α	−0.187 7 (0.225 7)	−0.204 3 (0.236 1)
		β	−0.741 3 (0.000 0)	−0.777 6 (0.000 0)
	Ⅱ	α	1.949 2 (0.001 7)	0.047 5 (0.615 4)
		β	−1.161 0 (0.000 0)	−0.919 0 (0.000 0)

注：括号内为参数回归的显著性概率。Ⅰ表示配额分配前，Ⅱ表示配额分配后。

4.2 碳市场收益波动性均值回归过程

为了进一步研究碳期货市场收益率序列的波动特征，我们采用基于 GED 分布的 ARCH 和 GARCH 模型，按照 AIC 值最小、模型参数合理的原则，通过多次尝试，得到两种期货合约的波动性建模估计结果如表2所示。我们发现：

（1）碳期货合约的价格收益具有显著的波动集聚性。在配额事件前，两个合约均具有显著的 GARCH 效应，即长程记忆性较为明显；而在配额事件发生后，两个合约的价格波动情况出现了差异，Dec07 合约的 GARCH 效应并不显著，但存在显著的 ARCH 效应，而 Dec08 合约仍具有明显的 GARCH 效应。

（2）我们进一步计算发现，不管是在配额事件发生前还是发生后，两个合约的价格收益波动均不具有显著的杠杆效应，换言之，当前收益的涨跌对后期收益变化的影响是基本对称的。这与 Chevallier（2009）的研究结果不大一样，Chevallier（2009）研究认为碳期货合约的收益波动是非对称的，因此需要采用 TGARCH 模型来模拟碳期货市场的运行特征，这主要是由于选择的样本区间不同，尤其是本文剔除了 2006 年发生配额事件的区间。

（3）两个合约的价格收益波动性建模中，GED 分布参数均小于 2，从而验证了这两个合约的收益率序列的尾部均比标准正态分布要厚。

表 2　碳市场收益率的波动性建模结果

	参数	Dec07 合约系数	Dec08 合约系数
Ⅰ		*Mean Equation*	
	AR（1）	0.286 9（0.000 1）	0.856 4（0.000 0）
	MA（1）	—	−0.753 1（0.000 0）
	C	0.358 6（0.016 1）	—
		Variance Equation	
	C	0.414 0（0.025 0）	1.239 8（0.033 8）
	Resid（−1）^2	0.357 0（0.000 1）	0.265 6（0.019 5）
	GARCH（−1）	0.606 3（0.000 0）	0.594 6（0.000 0）
	AIC value	4.234 9	4.639 4
	GED parameter	1.369 9（0.000 0）	1.065 1（0.000 0）
Ⅱ		*Mean Equation*	
	AR（1）	−8.36E−11（0.017 1）	0.054 0（0.173 8）
		Variance Equation	
	C	4 546.338（0.009 5）	0.283 6（0.034 1）
	Resid（−1）^2	3 999.045（0.000 1）	0.1 133（0.001 4）
	GARCH（−1）	—	0.8 432（0.000 0）
	AIC value	−6.765 4	4.465 0
	GED parameter	0.026 8（0.000 0）	1.356 2（0.000 0）

注：括号内为相应的显著性概率。Ⅰ表示配额分配前，Ⅱ表示配额分配后。

基于上述波动性建模结果，图 2 给出了两个碳期货合约在两个阶段的条件异方差走势，分别代表着它们的波动水平。从图 2 中看到，一方面，在配额事件发生前，两个合约的收益率的波动水平基本相当，只是在某些区间，Dec08 合约的波动会更大一些。另一方面，在配额事件发生后，两个合约的收益率波动差异较大，尤其是 2006 年 10 月以后，[①] Dec07 合约的价格收益波动逐渐增大，而 Dec08 合约的收益波动相对平缓。这反映了两个合约的不同风险特征。

① 2006 年 10 月，由于欧洲委员会声明将在 2008—2012 年执行更加严格的配额分配限制，导致 EU ETS 碳价显著上扬，因此而产生了一个碳价数据序列的结构性断点（Alberola 等，2008）。

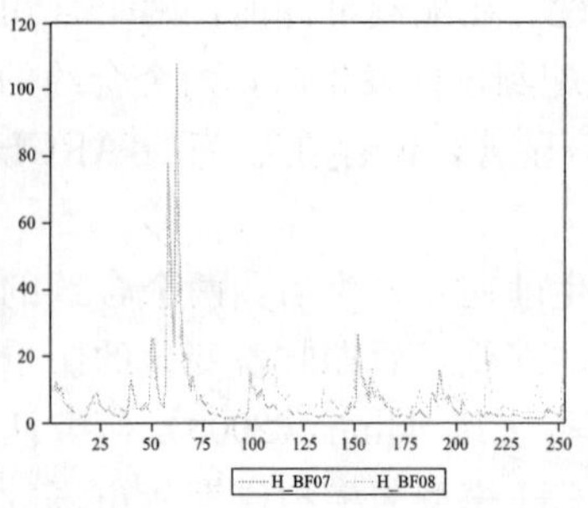

(a) 配额事件发生前的条件异方差

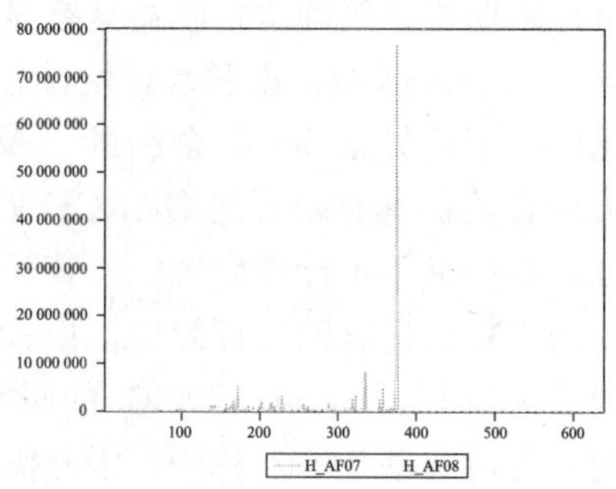

(b) 配额事件发生前的条件异方差

图 2　Dec07 和 Dec08 合约收益的条件异方差

碳价序列波动如此剧烈，而且具有时变特征，但其走势是否服从均值回归特征呢？为此，根据模型（6），我们在碳市场收益序列的条件异方差的基础上，计算得到碳市场收益的波动率的均值回归估计结果如表 3 所示。

表 3　碳期货市场价格收益的波动率均值回归检验结果

	参数	Dec07	Dec08
Ⅰ	r	−1.880 6 (0.000 9)	−2.529 7 (0.000 0)
	s	−0.288 5 (0.000 0)	−0.319 7 (0.000 0)
Ⅱ	r	−306 376.003 0 (0.145 7)	−0.451 6 (0.000 0)
	s	−0.503 2 (0.000 0)	−0.079 1 (0.000 0)

注：括号内为参数回归的显著性概率。Ⅰ表示配额分配前，Ⅱ表示配额分配后。

我们看到，尽管从图 2 中看到两个碳期货合约的收益波动均在 0 附近反复变化，但计量估计结果显示，两种碳期货合约价格收益的波动率均不服从均值回归过程。

4.3　收益率的 VaR 风险均值回归过程

正如前文所述，碳市场需要同时度量收益率下跌和上涨的风险。为此，本文将采用上述基于 GED 分布的 ARCH（1）和 GARCH（1，1）模型，按照方差—协方差方法来分别计算两种碳期货合约在 2006 年配额事件发生前后，收益率上涨和下跌时的 VaR 风险值，并判断其风险是否服从均值回归过程，以考察其可预测性。

（1）GED 分布的分位数确定

根据 GED 分布的概率密度函数（Neslon，1990），求出 GED 分布在本文所得自由度下的分位数，如表 4 所示。表中结果显示，在 99%的置信度下，碳期货合约收益的左侧分位数的绝对值明显大于标准正态分布的临界值 2.326，这表明了国际碳价收益率具有严重的厚尾特征。

表 4　碳期货市场收益率的 GED 分布参数及右分位数

	碳合约	分布参数	右分位数
Ⅰ	Dec07	1.369 9	−2.556 4
	Dec08	1.065 1	−2.724 0
Ⅱ	Dec07	0.026 8	−4.497 1
	Dec08	1.356 2	−2.562 9

注：Ⅰ表示配额分配前，Ⅱ表示配额分配后。

(2) 基于GED-GARCH模型的VaR风险值计算

根据上述两个VaR风险计算公式，我们计算了在99%的置信度下，国际碳期货市场的上涨风险和下跌风险。在此基础上，基于模型（8），得到碳期货市场VaR风险的均值回归估计结果如表5所示。

表5　碳期货市场收益率的VaR风险均值回归检验结果

		Dec07		Dec08	
		Upside	Downside	Upside	Downside
Ⅰ	*m*	−0.896 7 (0.000 0)	0.896 7 (0.000 0)	−1.794 7 (0.000 0)	1.794 7 (0.000 0)
	n	−0.147 8 (0.000 0)	−0.147 8 (0.000 0)	−0.245 6 (0.000 0)	−0.245 6 (0.000 0)
Ⅱ	*m*	−821.766 0 (0.000 0)	821.766 0 (0.000 0)	−0.393 4 (0.000 0)	0.393 4 (0.000 0)
	n	−0.496 3 (0.000 0)	−0.496 3 (0.000 0)	−0.066 4 (0.000 0)	−0.066 4 (0.000 0)

注：括号内为参数回归的显著性概率。表中的VaR风险值的置信度为99%。Ⅰ表示配额分配前，Ⅱ表示配额分配后。

4.4　政策启示讨论分析

为了确保结果的鲁棒性，我们也对周数据和月度数据进行了重新计算，结果表明，碳期货市场的价格、收益率、波动性及风险也均不服从均值回归过程，即数据频度对均值回归结果的影响不大，这一结论与Kocagil et al.（2001）是一致的。在金融市场（尤其是股票市场）上，一般认为，时间频度越低，即周期越长，股票价格的均值回归特性将越明显(Chen et al.，2007)，但是，这种经验规律在碳市场尚未出现。

(1) 一系列复杂因素导致碳市场存在诸多不确定性，短期投机行为比较严重

从理论上讲，金融市场价格回归均值是必然的，只是回归的周期需要去验证，但实证结果看到，目前而言碳市场四种变量回归均值还很困难，我们认为，造成这种结果的原因主要在于国际碳市场是一个复杂系统。本质上讲，欧盟碳价的变化由碳市场交易者对碳排放配额的供需确定，即欧盟给各国分配的碳排放配额和各国的电力需求（Chevallier，2009)，但是，在实际交易中，碳价和碳市场风险的波动受到更多地还受到有关政治决策、发电燃料转换、异常天气等一系列不确定因素的综合影响（Mansanet-Bataller等，2007；Alberola等，2008；魏一鸣等，2008；Chevallier等，2009；Daskalakis等，2009；Oberndorfer，2009；Alberola and Chevallier，2009)，这些不确定性因素的存在，给碳市场交易者提供了套利的机会，导致国际碳期货市场的短期投机行为比较猖狂，造成了碳期货市场价格、收益及风险等变量的回归变得困难。

(2) 碳市场的过分反应特征是导致均值回避（mean aversion）的本质原因

基于国际碳市场目前的状况，我们研究认为，归根结底，造成国际碳市场四种变量均存在均值回避特征，主要是碳市场存在过分反应。所谓过分反应，指的是碳价与其长期均衡价格发生了偏离，目前而言，主要是碳期货价格过低。Convery et al.（2008）研究指出，由于碳价过低，在EU ETS实施的第一阶段（2005—2007)，欧盟碳市场的变化对欧盟水泥、炼制和原铝等高耗能高排放行业的影响还很不明显。

从碳市场运行本身来看，碳价偏低的一个重要原因是目前碳市场的交易量仍偏少，对宏观经济的冲击仍较微弱（Chevallier，2009)。在第一阶段，EU ETS每月的成交量一直

在增长，但尚未超过第一阶段碳排放配额的1.6%。

造成过分反应的另一个重要原因是碳期货市场的短期均衡价格偏离长期均衡价格，这主要是由于所有会影响碳市场的因素都会对碳价波动产生冲击，但这种冲击的生效在时间和渠道上有差别，从而导致了偏离的出现。

碳市场的过分反应还与碳市场目前仍不是一个有效市场密切相关，即碳价的波动不能充分反映市场在一定时期内出现的全部信息，导致碳期货合约的实际价格经常过分地偏离均衡价格。在一个非有效的市场，往往会出现一些纠偏的行为，如以牟利为动机的投机者介入市场、需要准确发布影响市场的信息、政府干预等。这些纠偏的行为有时会使实际价格与均衡价格趋于一致，有时却会进一步扭曲市场的价格波动。

根据全球气候变化的形势以及各国应对气候变化的积极行动，可以预见，短期内，受各种不确定因素的影响，碳市场的非有效状况还将保持一段时间。但是，碳市场在长期可能是一个信息有效的市场，碳排放配额分配规则的严格、化石能源的长期利用等因素将促使碳价的进一步上扬，从而推动碳期货合约短期均衡价格逐渐恢复到与长期均衡价格趋于一致。

(3) 增强政府宏观调控能力、加强国际合作是提高碳市场效率的重要途径

针对碳市场四种变量均出现均值回避的现象，根据欧盟碳市场的实际情况，我们认为，这与欧盟各国政府对碳市场的宏观调控不到位、政策不确定性较大密切相关。未来为发挥碳市场在减排方面的积极作用，需要加强政府的宏观调控作用，提高碳市场的效率。

从理论上讲，在市场机制的作用下，碳期货合约的价格、收益和风险都会自然分别向其均值回归，但这并不否定各国政府行为对促进碳期货市场有效性的作用。因为市场偏离其内在价值后并不会立即向内在价值回归，很可能会出现持续的均值回避。而政府的宏观调控行为会起到抑制市场无效和促进市场有效的作用。在提高碳期货市场的效率方面，各国政府的积极行为是必不可少的因素之一，市场低效甚至失灵是有关政府参与调控的直接理由。英国政府在这方面走在了前面，尽管面临经济危机的挑战，截至2008年底，英国议会通过《气候变化法案》(Climate Change Act)，设定了具有法律约束力的全国性目标：以1990年为基准，到2050年前温室气体排放至少要减少80%，2020年前至少要减少20%。2009年7月15日，英国政府发布《英国低碳转换计划》（The UK Low Carbon Transition Plan）国家战略白皮书（National Strategic White Paper），提出到2020年和2050年英国将碳排放量在1990年基础上分别减少34%和80%；与此计划同时公布的还有3个配套计划，《英国低碳工业战略》(The UK Low Carbon Industrial Strategy)、《可再生能源战略》（The UK Renewable Energy Strategy）及《低碳交通计划》（Low Carbon Transport：A Greener Future）；实现目标的途径是大力提高能源效率和发展可再生能源、核能、碳捕捉和储存等清洁能源技术。[①] 这些目标及具体的措施，将有助于英国碳减排目标的实现，有助于增强相关体制、建立明确定期的英国国会和立法机构的问责制，是管理和应对气候变化的全新举措，也使得英国成为世界上第一个为减少温室气体排放、适应气候变化而建立具有法律约束性长期框架的国家，第一个在政府预算框架内特别设立碳排放管理规划的国家。

---

① 英国能源与气候变化部（Department of Energy and Climate Change）网站：http：//www.decc.gov.uk/en/content/cms/publications/lc _ trans _ plan/lc _ trans _ plan.aspx.

碳交易市场是目前唯一正在实践的环境服务市场。通过碳交易市场，可以实现地区或全球范围内的低成本碳减排。同时从经济角度来看，可以达到市场收益最大化。因此，推出碳市场是应对气候变化的重要机制，但仅仅依靠碳市场还远远不够，实现应对气候变化的宏伟目标需要整个产业链的创新，更为重要的是，在应对气候变化的过程中，需要用"有形的手"来影响"无形的手"。通过政府的运作和沟通，建立合理的碳减排目标、碳排放配额规则和国际合作机制等；更为重要的是，相关政府的政策导向及其连贯性和系统性将发挥决定性作用。

(4) EU ETS 尚未显著引导低碳经济的发展，未来推进的不确定性还较大

EU ETS 目前未能引导低碳经济的发展，这与碳市场各种变量的均值回避现象不无关系。碳价过低以及碳市场变化的短期不可预测性，导致 EU ETS 的市场信号和欧盟各个成员国的国家分配计划（NAP）未必能将各国未来的投资引导到低碳经济的方向上去，尽管这是 EU ETS 的一个重要目的。例如，2005—2008 年，第一阶段 NAP 普遍过多，结果使得作为重要排放国的德国试图在第二阶段的 NAP 中倾向于碳密集型行业，如煤电设施，而不是低碳行业（Convery et al.，2008)。

展望未来，2012 年之后的国家减排框架仍然未达成实质性协议，这给《京都议定书》以后的国际碳市场发展前景带来了很大不确定性。随着 2012 年逐渐临近，国际社会仍然为利益问题进行着激烈的争论，后京都时代减排配额的分配问题必将对欧盟的减排政策产生冲击，进而影响到 EU ETS 的发展。

5 主要研究结论及展望

通过上述实证研究分析，我们得到几点主要结论：

(1) 欧盟碳排放交易市场作为全球最发达、规模最大的碳期货市场，虽然发展迅速，但目前其价格、收益、市场波动和风险状况均呈现均值回避的特征，市场效率较低。因此，利用碳市场分散投资风险的选择面临的不确定性较大。

EU ETS 第一阶段被看做一个"试验阶段"，该阶段的运作结果表明：免费的配额分配不一定会带来暴利，分配量是否过剩在更大程度上影响着碳价的走势。在后续阶段，确保市场竞争性是 EU ETS 成功的关键。第一阶段的实践，促使欧洲各行业接受了排放需要付出成本的观念。

虽然 EU ETS 的碳价过低不足以促使各国采取能效改进措施，但 EU ETS 也不能呈现碳价过高导致减排成本过高的趋势，否则将导致市场投资向欧洲以外转移。碳市场中的碳价并不是越高越好，极端地讲，如果碳价高于欧盟所制定的罚款及相关处罚所带来的损失，企业将宁可不减排也不愿意在碳市场上购买排放权而接受罚款，因为这样的成本更小。这样无法带来减排效果，碳市场失去了存在价值。

(2) 碳市场均值回避特征的本质原因是存在过分反应现象，即碳价一直低于其内在价值。这主要是由碳市场的交易量偏少、影响有限，短期均衡价格偏离长期均衡价格，以及碳市场目前仍是一个非有效市场等因素造成的。

(3) 碳市场均值回避特征的存在显示有关政府宏观调控的不足，未来为提高碳市场的效率，发挥碳市场在减排方面的积极作用，需要加强政府的宏观调控作用，增强国际合作，构建合理有序的国际减排框架。

展望未来的工作，尽管本文尚未发现碳期货市场的均值回归特征，但也尚未回答到底采用多大的周期将出现均值回归。这受限于均值回归理论本身，目前，均值回归理论仍不能解决或者说不能预测回归的时间间隔，即回归的周期呈“随机漫步”。不同的金融市场，回归的周期会不一样，就是对同一个金融市场来说，每次回归的周期也可能不一样。如果能够发现均值回归的时间周期或者回归时间周期的分布范围，碳市场收益的可预测性就会很强。

由于国际碳市场是新兴市场，目前的交易数据有限。未来随着碳期货市场数据的积累和研究方法的进一步改善，期待进一步寻找和验证碳市场的均值回归特征，尤其是回归的周期。

参考文献

[1] Alberola，E.，Chevallier，J. European carbon prices and banking restrictions：evidence from phase I (2005—2007). The Energy Journal，2009，30(3)：51—80.

[2] Alberola，E.，Chevallier，J.，Cheze，B. Price drivers and structural breaks in European carbon prices 2005—2007. Energy Policy，2008，36(2)：787—797.

[3] Bhanot，K. What causes mean reversion in corporate bond index spreads? the impact of survival. Journal of Banking & Finance，2005，29：1385—1403.

[4] Bollerslev，T. Generalized autoregressive conditional heteroskedasticity. Journal of Econometrics，1986，31(3)：307—329.

[5] Chen，M.-H.，Kim，W. G.，Chen，C.-Y. An investigation of the mean reversion of hospitality stock prices towards their fundamental values：the case of Taiwan. Hospitality Management，2007，26：453—467.

[6] Chevallier，J. Carbon futures and macroeconomic risk factors：a view from the EU ETS. Energy Economics，2009，31：614—625.

[7] Chevallier，J.，Ielpo，F.，Mercier，L. Risk aversion and institutional information disclosure on the European carbon market：a case-study of the 2006 compliance event. Energy Policy，2009，37(1)：15—28.

[8] Choe，K.-I.，Nam，K.，Vahid，F. Necessity of negative serial correlation for mean-reversion of stock prices. The Quarterly Review of Economics and Finance，2007，47：576—583.

[9] Convery，F.，Ellerman，D.，Perthuis，C. D. The European carbon market in action：Lessons from the first trading period（interim report）. MIT，2008，http://web.mit.edu/globalchange/www/ECM_InterimRpt_March08.pdf.

[10] Daskalakis，G.，Psychoyios，D.，Markellos，R. N. Modeling CO_2 emission allowance prices and derivatives：evidence from the European trading scheme. Journal of Banking & Finance，2009. (In press)

[11] Deaton，A.，Laroque，G. On the behavior of commodity prices. Review of Economic Studies，1992，59：1—23.

[12] Dickey，D. A.，Fuller，W. A. Distribution of the estimators for autoregressive time series with a unit root. Journal of the American Statistical Association，1979，

79：427—431.

[13] Engle，R. F. Autoregressive conditional heteroskedasticity with estimates of the variance of United Kingdom inflation. Econometrica，1982，50(4)：987—1008.

[14] Fama，E.，French，K. Permanent and temporary components of stock price. Journal of Political Economy，1988，96：246— 273.

[15] Gangemi，M.，Robert，B.，Robert，F. Mean reversion and the forecasting of country betas：a note. Global Finance Journal，1999，10：231—245.

[16] Jog，V.，Schaller，H. Finance constraints and asset pricing. Evidence on mean reversion. Journal of Empirical Finance，1994，1：193—209.

[17] Kocagil，A. E.，Swanson，N. R.，Zeng，T. A new definition for time-dependent price mean reversion in commodity markets. Economics Letters，2001，71：9—16.

[18] Malliaropulos，D.，Priestley，R. Mean reversion in Southeast Asian stock markets. Journal of Empirical Finance，1999，6：355—384.

[19] Mansanet-Bataller，M.，Pardo，A.，Valor，E. CO_2 prices，energy and weather. The Energy Journal，2007，28(3)：334—346.

[20] Nelson，D. B. ARCH models as diffusion approximations. Journal of Econometrics，1990，(45)：7—38.

[21] Oberndorfer，U. EU Emission Allowances and the stock market：evidence from the electricity industry. Ecological Economics，2009，68(4)：1116—1126.

[22] Serletis，A.，Rosenberg，A. A. Mean reversion in the US stock market. Chaos，Solitons and Fractals，2009，40：2007—2015.

[23] Zhang，Y. J.，Wei，Y. M. Overview of research on the international carbon emission trading market：a survey from EU ETS. Applied Energy，2009.(forthcoming).

[24] 马喜德，郑振龙．贝塔系数的均值回归过程．工业技术经济，2006，25(1)：100—101.

[25] 魏一鸣，刘兰翠，范英，吴刚．中国能源报告2008：碳排放研究．北京：科学出版社，2008.

台湾永续能源发展指标建构与耦合性分析

李坚明　周春樱　官云卿

台北大学自然资源与环境管理研究所

摘　要：为因应全球气候变迁之冲击，以及迈向低碳社会发展，推动永续能源发展，已成为 21 世纪各国政府施政的重点。本研究依据国际永续能源指标架构，建立台湾永续能源指针系统，并以 Eview 计量软件进行指针项目与架构之单根（unit root）、共整合（integration）与因果（causality）检定，并据此，建构具长期稳定关系与构面间耦合性（coupling）之永续能源发展指标压力一状态一响应［Pressure，State，Response，PSR］架构系统。

本研究检视台湾地区近 18 年（1990—2007）之永续能源发展绩效，获得本研究结论如下：（1）18 年来，台湾地区能源整体发展已朝向永续性，其中，以环境保护构面绩效最佳，而能源安全与经济竞争力仍有待改善；（2）整体指标架构之状态与响应指标耦合度相当高，唯压力指标则呈现脱钩（decoupling）现象；（3）权重模拟分析发现，适当调整权重，可以大幅提高经济竞争力与环境保障构面指针耦合性，显示权重具敏感性；唯能源安全指标构面的权重较不具敏感性。

关键词：永续能源指标，单根检定，共整合检定，因果关系检定，藕合性分析，PSR

1　前言

能源（energy）是社会发展和经济成长的重要投入，满足人类基本需求以及驱动经济成长，然而，能源生产和使用却造成环境质损（degradation），如硫氧化物（SO_x）和氮氧化物（NO_x），伤害人体健康，以及能源消费排放大量二氧化碳（carbon dioxide），累积大气的温室气体（Greenhouse Gas，GHG）浓度，形成温室效应（greenhouse gas effect）与全球暖化（global warming），造成气候变迁（climate change），已成全球最关注的环境议题。因此，如何平衡能源在经济、环境与社会之功能，即成为 21 世纪各国追求永续发展的关键课题。亦即永续能源发展必须兼具：（1）供给安全（security of supply）：提供能源供应安全及稳定；（2）竞争力（competitiveness）：支撑经济、就业及福利的动态成长；（3）关心环境（concern for the environment）：维护环境及生态系统，这就构成检视能源发展永续性的重要指标。

国际经济与合作发展组织（Organization of Economic Cooperation and Development，OECD）、国际原子能总署（International Atomic Energy Agency，IAEA）和国际能源总署（International Energy Agency，IEA），以及欧盟（European Union，EU）、联合国永续发展委员会（United Nations Commission on Sustainable Development，UNCSD）、联合国经济社会部永续发展组（Division of Sustainable Development of the United Department of Economic and Social Affairs，DSD/DESA）等组织或单位陆续建立驱动力（压力）—状态—响应［Driving force（Pressure）-State-Response，D（P）SR］指标架构，检视能源发展的永续性，汇整永续能源指针项目如表 1 所示。

表 1　国际 ISED 核心指针项目比较

指针项目	IAEA	OECD	EU	UN-CSD	DSD/DESA
1. 人口数（总数/都市）			×		×
2. 人均 GDP			×		×
3. 最终能源使用价格、租税及补贴				×	√
4. 部门附加价值配比			×		×
5. 人均运具旅程距离					√
6. 货运量			×	×	√
7. 人均楼地板面积		×	×		×
8. 能源密集产业之制造业附加价值		×	×		×
9. 部门能源密集度		×			√
10. 能源密集产品之最终能源密集度		×		×	√
11. 能源搭配		×			√
12. 能源供给效率		×		×	×
13. 污染防治技术发展		×	×	×	×
14. 单位 GDP 能源使用					√
15. 能源部门支出		×	×		×
16. 人均能源消费					√
17. 国产能源量				×	×
18. 能源进口依赖度		×		×	×
19. 所得不均度		×	×		×
20. 每日可支配所得占最贫穷 20%之人均电力及燃料消费比例		×	×	×	×
21. 可支配所得占私部门电力及燃料消费比例		×	×	×	√
22. 非商业能源依赖度		×	×	×	×
23. 空气污染排放量					√
24. 都市地区污染浓度			×		×
25. 酸性气体超过临界值之地区面积		×	×	×	×
26. 温室气体排放量					√
27. 大气放射性核种排放				×	×
28. 废水排放量					×
29. 固态废弃物量					√
30. 固态废弃物累积处理量		×	×	×	×
31. 放射性废弃物量					×
32. 放射性废弃物待处理累积量		×	×	×	×
33. 能源设备与设施占地面积		×	×		×
34. 燃料链意外灾害数		×	×	×	×
35. 当前尚未开发使用之水力电厂的技术产能数		×	×	×	×
36. 化石燃料储存发现量		×	×		×
37. 已证明之化石燃料储存年数量		×	×		×
38. 铀储存量		×	×		×
39. 已证明之铀储存年量		×	×		×
40. 燃料木材使用密集度		×	×		×
41. 砍伐森林比例					√

注 1：UN-CSD（联合国可持续发展委员会）。

2：DSD/DESA（联合国经济社会部永续发展组）。

3：（√）表示选定该项指标；（×）表示没有选定该项指标。

资料来源：本文整理自 IAEA/IEA（2002），" Indicators for Sustainable Energy Development"。

台湾地区能源进口依赖度超过99%，能源安全问题已成为政府最重要的施政主轴，此外，高比例（超过80%）化石能源发电结构，以及能源密集产业结构配比高，排放大量温室气体，见图1，近10年（1997—2006），年平均成长率为4.2%，虽然近3年（2004—2006）年平均成长率已降为3.2%，然而，整体而言，成长速度仍远高于国际先进国家的成长水平，是目前台湾地区最受瞩目的环境议题。台湾地区能源密集度（energy intensity）近10年（1998—2007）呈现恶化的情况①，见图2，平均年成长率为3.6%，虽然近3年（2005—2007）年平均成长率已降为0.5%，然而，整体而言，仍呈现能源效率恶化的现象，不利永续能源发展，是目前台湾地区最重要的永续能源发展施政重点。

台湾地区为追求永续能源发展，于2008年制定永续能源发展纲领，期待透过净源与节流，达到多项永续能源发展目标②，因此，如何建构一套指针系统，追踪永续能源发展绩效，提供政府政策修订之参考，即成为当前政府施政的重要课题。李坚明（2002，2006）已依据国际先进国家的指针架构与项目，建立台湾地区永续能源指针系统，唯缺乏指针系统尚缺乏指针间的耦合性（coupling）③ 与因果关联性（causality）确认，无法有效追踪政策与绩效之关联性。④ 基于此，本研究将以李坚明（2006）建立之指标架构为基础，进行指针项目与架构间的长期关联性检定，并据此，增修部分指针项目，重建台湾地区永续能源发展指标架构，这就构成本研究的缘起。

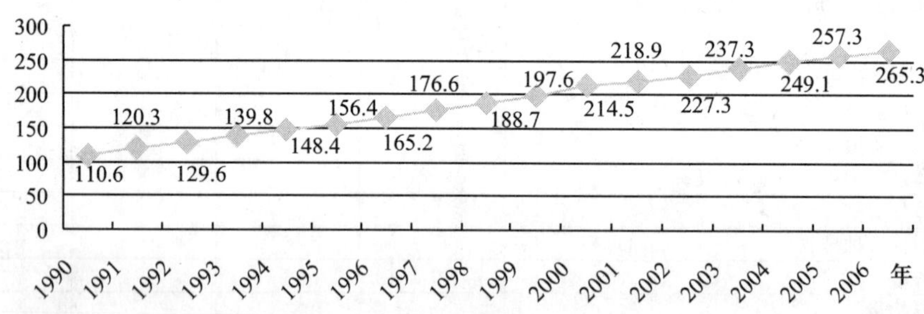

图1　台湾地区温室气体排放趋势

资料来源：能源局（2009）。

① 能源密集度系指创造单位GDP，所需要的能源投入，其倒数即称为能源效率，因此，能源密集度越高，代表能源效率越低。

② 主要政策目标，包括（1）温室气体减量目标：于2016—2020年回到2008年排放量，于2025年回到2000年排放量；（2）促进能源多元化，于2025年降低能源供应种类集中度值于55%以下，降低化石能源依存度至82%以下；（3）低碳能源结构：2025年发电系统中低碳能源发电占比达55%以上，再生能源每年成长率为7.5%以上。

③ 所谓耦合性系指指标架构的连接性，亦即，指标间的时间趋势是否一致性，如响应指标与压力指标的时间趋势，是趋于一致性，则表示响应指标具有影响压力指标的政策效果，即可认定该指标架构具政策回馈性。

④ 目前国际指针架构亦未见针对指针项目进行长期稳定关键的检定。

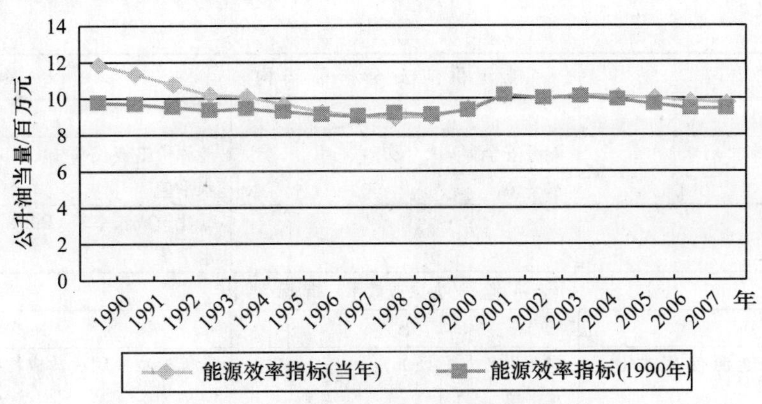

图 2　台湾地区能源效率趋势图

资料来源：能源局（2009）。

2　台湾地区永续能源指标 PSR 架构与因果关系检定

2.1　台湾地区永续能源发展指标架构

本研究依据能源供应安全指标、能源经济竞争力（或效率）指标以及能源环境保护指标架构三构面，建构台湾地区永续能源发展 PSR 指标架构，如表 2 所示，合计 39 个指针项目。能源供应安全指标，包括人均能源消费、能源进口依存度及再生能源装置容量等，合计 16 个指标；经济竞争力（或效率）指标，包括能源密集产业能源使用占比、能源生产力及节能标章使用枚数成长率等，合计有 9 个指标；环境保护指针，包括燃油发电量、单位能源二氧化碳排放量及节能标章使用枚数成长率等，合计有 14 个指标。

由于指针项目的特性差异，本研究界定 20 个正指标及 19 个负指标；① 以及区分结构比（以百分比呈现）及水平值两类指标，并利用台湾地区永续发展指标计算方法进行指标运算。

表 2　台湾地区永续能源发展指标架构

能源供应安全指标架构		
P	S	R
人均能源消费⁻（P01） 水平值	能源进口依存度⁻（S01） 结构比	再生能源装置容量⁺（R01） 水平值
工业部门能源消费成长率⁻（P02） 水平值	能源供应种类集中度⁻（S02） 水平值	生质能源产量⁺（R02） 水平值
运输部门能源消费成长率⁻（P03） 水平值	石油依存度⁻（S03） 结构比	沼气发电量⁺（R03） 水平值
住商部门电力消费成长率⁻（P04） 水平值	石油进口来源集中度⁻（S04） 水平值	汽电共生装置容量占比⁺（R04） 结构比

① 正指标系指指标数值越大或越小，则表示其永续性越好或越差，呈现同向变动；负指标系指指标数值越大或越小，则表示其永续性越差或越好，呈现反向变动。

续表

能源供应安全指标架构		
P	S	R
超额能源供应比率+（P05） 结构比	能源安全存量+（S05） 水平值	能源价格成长率+（R05） 水平值
		绿建筑成长率+（R06） 水平值
经济竞争力（或效率）指标架构		
P	S	R
能源密集产业能源使用占比−（P06）结构比	能源生产力+（S06） 水平值	节能标章使用枚数成长率+（R07）水平值
能源密集产业实质生产毛−额占国内实质生产毛额比例（P07） 结构比	能源密集产业能源生产力+（S07） 水平值	政府绿色采购占比+（R08） 结构比
	单位能源出口值+（S08） 水平值	能源领域研发经费占政+府研发经费比率（R09） 结构比
		节能辅导件数+（R10） 水平值
环境保护指标架构		
P	S	R
燃油发电量−（P08） 水平值	单位能源二氧化碳排放量−（S09） 水平值	再生能源装置容量占比+（R11） 结构比
燃煤发电量−（P09） 水平值	二氧化碳排放密集度−（S10） 水平值	天然气装置容量占比+（R12） 结构比
核能发电量+（P10） 水平值	单位能源硫氧化物排放量−（S11） 水平值	环保支出成长率+（R13） 水平值
能源密集产业能源消费量−（P11） 水平值	单位能源氮氧化物排放量−（S12） 水平值	空污费收入成长率−（R14） 水平值
	单位能源低放射性固化废弃物产量−（S13）水平值	核废料与核安全预算成长率+（R15） 水平值

注：(1) 指标为现实水平，例如：交通工具私有度（辆/万人）或指数，例如：都市产值增加率（%，以民国75年为基期）时。

(2) 指针为结构比例如：工业区利用率（%）都会区绿敷率（%）时。

(3)（+）表示正指标，（−）表示负指标。

2.2 台湾地区永续能源发展指标单根、共整合与因果检定

依据PSR架构的精神，不同指标构面应有长期稳定关系（抑或长期均衡关系），基于此，本文将利用E-VIEWS计量经济分析软件，进行单根检定（Unit Root Test）及共整合检定（Co-integration Test）。单根检定旨在确认指标之时间序列值是否具定态（stationary），而共整合检定的目的则是确认两项变量是否具长期稳定关系。由于本研究系采PSR指标架构，因此，指标间长期的稳定关系，即是作为确认指标间是否具长期耦合性（指标间的变化是否具一致性趋势）与适宜性（adequate）之关键。①

① 由于本研究目的仅在于确认指标间的长期稳定关系，作为判定指针系统间的耦合性（decoupling），亦即指标间是否具相同变化趋势，并非要进行回归分析，预测未来长期趋势，因此，本研究并不需要进行误差修正模型（Error Correction Model，ECM）分析。

检定结果如下：①

(1) 台湾地区永续能源发展指标因果检定发现，② 大部分指标具因果关系，隐含指标架构间变化趋势具连接性，以及具政策回馈功能。然而，仍有部分指标受到时间序列数据不足的影响，没显著因果关系，检定结果汇整如表 3～表 9 所示。

(2) 台湾地区永续能源发展指标之共整合检定发现，③ 大部分指针均具共整合性，显示指针间具有长期的均衡关系，换言之，虽然部分指标不具因果关系，然而，其长期仍与相关指标具长期稳定关系，检定结果汇整如表 10～表 20 所示。

表 3　台湾地区永续能源发展—能源供应安全指标架构因果关系

能源供应安全—响应（X）与压力（Y）指标架构因果关系（3/3）					
指标名称（X）	指标代号	对应指标（Y）	指标代号	存在因果关系（Lag=1）	存在因果关系（Lag=2）
再生能源装置容量	R01	人均能源消费	P01	√	√
		工业部门能源消费成长率	P02	√	×
		运输部门能源消费成长率	P03	√	√
		住商部门电力消费成长率	P04	√	√
		超额能源供应比率	P05	×	×
生质能源产量	R02	人均能源消费	P01	√	√
		工业部门能源消费成长率	P02	×	×
		运输部门能源消费成长率	P03	×	×
		住商部门电力消费成长率	P04	×	√
		超额能源供应比率	P05	×	×
沼气发电量	R03	人均能源消费	P01	√	×
		工业部门能源消费成长率	P02	√	×
		运输部门能源消费成长率	P03	√	√
		住商部门电力消费成长率	P04	√	√
		超额能源供应比率	P05	√	×
汽电共生装置容量占比	R04	人均能源消费	P01	√	√
		工业部门能源消费成长率	P02	×	√
		运输部门能源消费成长率	P03	×	×
		住商部门电力消费成长率	P04	√	√
		超额能源供应比率	P05	×	×
能源价格成长率	R05	人均能源消费	P01	√	√
		工业部门能源消费成长率	P02	√	√
		运输部门能源消费成长率	P03	√	√
		住商部门电力消费成长率	P04	√	×
		超额能源供应比率	P05	×	×
绿建筑成长率	R06	人均能源消费	P01	△	△
		工业部门能源消费成长率	P02	△	△
		运输部门能源消费成长率	P03	△	△
		住商部门电力消费成长率	P04	△	△
		超额能源供应比率	P05	△	△

注 1：√表示存在因果关系；×表示不存在因果关系；△表示观察数量不足。

2：Lag=1 落后 1 期，Lag=2 落后 2 期。

---

① 受到篇幅限制，本文无法呈现所有检定表格，有兴趣读者，可向作者索取。

② 唯绿建筑成长率及能源安全存量因囿于观察之资料数量（观察年度）不足，因而，无显著因果关系。

③ 少部分不具共整合关系（例如能源供应安全构面响应与压力指标之生质能源产量及能源价格成长率；能源环境保护构面压力与状态指标之燃油发电量）。

表 4　台湾地区永续能源发展—能源供应安全指标架构因果关系

能源供应安全—压力（X）与状态（Y）指标架构因果关系					
指标名称（X）	指标代号	对应指标（Y）	指标代号	存在因果关系（Lag=1）	存在因果关系（Lag=2）
人均能源消费	P01	能源进口依存度	S01	√	√
		能源供应种类集中度	S02	×	×
		石油依存度	S03	×	×
		石油进口来源集中度	S04	√	√
		能源安全存量	S05	×	△
工业部门能源消费成长率	P02	能源进口依存度	S01	√	√
		能源供应种类集中度	S02	×	×
		石油依存度	S03	×	×
		石油进口来源集中度	S04	×	√
		能源安全存量	S05	×	△
运输部门能源消费成长率	P03	能源进口依存度	S01	×	×
		能源供应种类集中度	S02	×	×
		石油依存度	S03	×	×
		石油进口来源集中度	S04	×	×
		能源安全存量	S05	√	△
住商部门电力消费成长率	P04	能源进口依存度	S01	√	√
		能源供应种类集中度	S02	×	×
		石油依存度	S03	√	×
		石油进口来源集中度	S04	×	√
		能源安全存量	S05	×	△
超额能源供应比率	P05	能源进口依存度	S01	×	×
		能源供应种类集中度	S02	×	×
		石油依存度	S03	×	√
		石油进口来源集中度	S04	×	×
		能源安全存量	S04	×	△

注：同表 3。

表 5　台湾地区永续能源发展—能源供应安全指标架构因果关系

能源供应安全—状态（X）与回应（Y）指标架构因果关系					
指标名称（X）	指标代号	对应指标（Y）	指标代号	存在因果关系（Lag=1）	存在因果关系（Lag=2）
能源进口依存度	S01	再生能源装置容量	R01	√	√
		生质能源产量	R02	×	×
		沼气发电量	R03	√	√
		汽电共生装置容量占比	R04	√	×
		能源价格成长率	R05	√	×
		绿建筑成长率	R06	△	△

续表

能源供应安全—压力（X）与状态（Y）指标架构因果关系（3/3）					
指标名称（X）	指标代号	对应指标（Y）	指标代号	存在因果关系（Lag=1）	存在因果关系（Lag=2）
能源供应种类集中度	S02	再生能源装置容量	R01	×	×
		生质能源产量	R02	√	√
		沼气发电量	R03	×	√
		汽电共生装置容量占比	R04	×	×
		能源价格成长率	R05	×	×
		绿建筑成长率	R06	△	△
石油依存度	S03	再生能源装置容量	R01	×	×
		生质能源产量	R02	×	×
		沼气发电量	R03	×	√
		汽电共生装置容量占比	R04	×	×
		能源价格成长率	R05	×	√
		绿建筑成长率	R06	△	△
石油进口来源集中度	S04	再生能源装置容量	R01	√	√
		生质能源产量	R02	√	√
		沼气发电量	R03	√	△
		汽电共生装置容量占比	R04	√	√
		能源价格成长率	R05	√	√
		绿建筑成长率	R06	△	△
能源安全存量	S05	再生能源装置容量	R01	×	△
		生质能源产量	R02	×	△
		沼气发电量	R03	×	△
		汽电共生装置容量占比	R04	×	△
		能源价格成长率	R05	√	△
		绿建筑成长率	R06	△	△

注：同表3。

表6　台湾地区永续能源发展—经济竞争力指标架构因果关系

经济竞争力—响应（X）与压力（Y）指标架构因果关系					
指标名称（X）	指标代号	对应指标（Y）	指标代号	存在因果关系（Lag=1）	存在因果关系（Lag=2）
节能标章使用枚数成长率	R07	能源密集产业能源使用占比	P06	×	△
		能源密集产业实质生产毛额占国内实质生产毛额比例	P07	×	△
政府绿色采购占比	R08	能源密集产业能源使用占比	P06	×	△
		能源密集产业实质生产毛额占国内实质生产毛额比例	P07	×	△

续表

经济竞争力一响应（X）与压力（Y）指标架构因果关系					
指标名称（X）	指标代号	对应指标（Y）	指标代号	存在因果关系（Lag＝1）	存在因果关系（Lag＝2）
能源领域研发经费占政府研发经费比率	R09	能源密集产业能源使用占比	P06	×	△
		能源密集产业实质生产毛额占国内实质生产毛额比例	P07	×	△
节能辅导件数	R10	能源密集产业能源使用占比	P06	×	×
		能源密集产业实质生产毛额占国内实质生产毛额比例	P07	×	×

注：同表3。

表7　台湾地区永续能源发展—经济竞争力指标架构因果关系比较

经济竞争力一压力（X）与状态（Y）指标架构因果关系					
指标名称（X）	指标代号	对应指标（Y）	指标代号	存在因果关系（Lag＝1）	存在因果关系（Lag＝2）
能源密集产业能源使用占比	P06	能源生产力	S06	×	√
		能源密集产业能源生产力	S07	√	√
		单位能源出口值	S08	√	×
能源密集产业实质生产毛额占国内实质生产毛额比例	P07	能源生产力	S06	√	√
		能源密集产业能源生产力	S07	√	×
		单位能源出口值	S08	√	√

注：同表3。

表8　台湾地区永续能源发展—经济竞争力指标架构因果关系

经济竞争力—状态（X）与响应（Y）指标架构因果关系					
指标名称（X）	指标代号	对应指标（Y）	指标代号	存在因果关系（Lag＝1）	存在因果关系（Lag＝2）
能源生产力	S06	节能标章使用枚数成长率	R07	×	△
		政府绿色采购占比	R08	√	△
		能源领域研发经费占政府研发经费比率	R09	×	△
		节能辅导件数	R10	×	×
能源密集产业能源生产力	S07	节能标章使用枚数成长率	R07	×	△
		政府绿色采购占比	R08	√	△
		能源领域研发经费占政府研发经费比率	R09	√	△
		节能辅导件数	R10	×	×
单位能源出口值	S08	节能标章使用枚数成长率	R07	×	△
		政府绿色采购占比	R08	×	△
		能源领域研发经费占政府研发经费比率	R09	√	△
		节能辅导件数	R10	√	√

注：同表3。

表 9　台湾地区永续能源发展—环境保护指标架构因果关系

环境保护一响应（X）与压力（Y）指标架构因果关系					
指标名称（X）	指标代号	对应指标（Y）	指标代号	存在因果关系（Lag=1）	存在因果关系（Lag=2）
再生能源装置容量占比	R11	燃油发电量	P08	×	√
		燃煤发电量	P09	√	×
		核能发电量	P10	×	×
		能源密集产业能源消费量	P11	×	×
天然气装置容量占比	R12	燃油发电量	P08	√	×
		燃煤发电量	P09	√	√
		核能发电量	P10	√	√
		能源密集产业能源消费量	P11	×	√
环保支出成长率	R13	燃油发电量	P08	×	×
		燃煤发电量	P09	√	×
		核能发电量	P10	×	×
		能源密集产业能源消费量	P11	×	×
空污费收入成长率	R14	燃油发电量	P08	√	√
		燃煤发电量	P09	√	√
		核能发电量	P10	√	√
		能源密集产业能源消费量	P11	√	√
核废料与核安全预算成长率	R15	燃油发电量	P08	×	√
		燃煤发电量	P09	×	√
		核能发电量	P10	×	×
		能源密集产业能源消费量	P11	√	√

注：同表 3。

表 10　台湾地区永续能源发展—环境保护指标架构因果关系

环境保护一压力（X）与状态（Y）指标架构因果关系					
指标名称（X）	指标代号	对应指标（Y）	指标代号	存在因果关系（Lag=1）	存在因果关系（Lag=2）
燃油发电量	P08	单位能源二氧化碳排放量	S09	×	√
		二氧化碳排放密集度	S10	√	√
		单位能源硫氧化物排放量	S11	×	×
		单位能源氮氧化物排放量	S12	√	√
		单位能源低放射性固化废弃物产量	S13	×	×
燃煤发电量	P09	单位能源二氧化碳排放量	S09	√	×
		二氧化碳排放密集度	S10	×	×
		单位能源硫氧化物排放量	S11	×	√
		单位能源氮氧化物排放量	S12	×	×
		单位能源低放射性固化废弃物产量	S13	×	×
核能发电量	P10	单位能源二氧化碳排放量	S09	√	×
		二氧化碳排放密集度	S10	√	×
		单位能源硫氧化物排放量	S11	√	√
		单位能源氮氧化物排放量	S12	√	√
		单位能源低放射性固化废弃物产量	S13	√	

续表

环境保护—压力（X）与状态（Y）指标架构因果关系					
指标名称（X）	指标代号	对应指标（Y）	指标代号	存在因果关系（Lag＝1）	存在因果关系（Lag＝2）
能源密集产业能源消费量	P11	单位能源二氧化碳排放量	S09	√	√
		二氧化碳排放密集度	S10	×	×
		单位能源硫氧化物排放量	S11	×	×
		单位能源氮氧化物排放量	S12	×	×
		单位能源低放射性固化废弃物产量	S13	×	×

注：同表3。

表11　台湾地区永续能源发展—环境保护指标架构因果关系

环境保护—状态（X）与响应（Y）指标架构因果关系					
指标名称（X）	指标代号	对应指标（Y）	指标代号	存在因果关系（Lag＝1）	存在因果关系（Lag＝2）
单位能源二氧化碳排放量	S09	再生能源装置容量占比	R11	√	×
		天然气装置容量占比	R12	√	×
		环保支出成长率	R13	×	√
		空污费收入成长率	R14	√	×
		核废料与核安全预算成长率	R15	×	×
二氧化碳排放密集度	S10	再生能源装置容量占比	R11	×	×
		天然气装置容量占比	R12	×	×
		环保支出成长率	R13	√	×
		空污费收入成长率	R14	√	×
		核废料与核安全预算成长率	R15		×
单位能源硫氧化物排放量	S11	再生能源装置容量占比	R11	√	×
		天然气装置容量占比	R12	√	√
		环保支出成长率	R13	×	×
		空污费收入成长率	R14	√	×
		核废料与核安全预算成长率	R15	√	√
单位能源氮氧化物排放量	S12	再生能源装置容量占比	R11	√	√
		天然气装置容量占比	R12	×	√
		环保支出成长率	R13	×	×
		空污费收入成长率	R14	√	√
		核废料与核安全预算成长率	R15	×	√
单位能源低放射性固化废弃物产量	S13	再生能源装置容量占比	R11	√	√
		天然气装置容量占比	R12	×	√
		环保支出成长率	R13	×	×
		空污费收入成长率	R14	√	√
		核废料与核安全预算成长率	R15	×	√

注：同表3。

表 12　能源供应安全压力与状态指标共整合检定结果

指标名称	指标代号	对应指标		是否显著
人均能源消费	P01	进口能源依存度	S01	1%
		能源供应种类集中度	S02	×
		石油依存度	S03	×
		石油进口来源集中度	S04	×
		能源安全存量	S05	5%
工业部门能源消费成长率	P02	进口能源依存度	S01	5%
		能源供应种类集中度	S02	×
		石油依存度	S03	×
		石油进口来源集中度	S04	×
		能源安全存量	S05	5%
运输部门能源消费成长率	P03	进口能源依存度	S01	1%
		能源供应种类集中度	S02	×
		石油依存度	S03	10%
		石油进口来源集中度	S04	×
		能源安全存量	S05	10%
住商部门电力消费成长率	P04	进口能源依存度	S01	1%
		能源供应种类集中度	S02	10%
		石油依存度	S03	5%
		石油进口来源集中度	S04	×
		能源安全存量	S05	5%
超额能源供应比率	P05	进口能源依存度	S01	5%
		能源供应种类集中度	S02	5%
		石油依存度	S03	×
		石油进口来源集中度	S04	10%
		能源安全存量	S05	×

注：1. 是否显著字段中（10%）、（5%）、（1%）显著水平，分别代表 90%、95%、99%信赖度。

2.（×）表示不具显著性。

表 13　能源供应安全状态与回应指标共整合检定结果

指标名称	指标代号	对应指标		是否显著
能源进口依存度	S01	再生能源装置容量	R01	1%
		生质能源产量	R02	1%
		沼气发电量	R03	×
		汽电共生装置容量占比	R04	1%
		能源价格成长率	R05	5%
		绿建筑成长率	R06	1%
能源供应种类集中度	S02	再生能源装置容量	R01	1%
		生质能源产量	R02	1%
		沼气发电量	R03	5%
		汽电共生装置容量占比	R04	1%
		能源价格成长率	R05	1%
		绿建筑成长率	R06	5%

续表

指标名称	指标代号	对应指标		是否显著
石油依存度	S03	再生能源装置容量	R01	1%
		生质能源产量	R02	5%
		沼气发电量	R03	1%
		汽电共生装置容量占比	R04	1%
		能源价格成长率	R05	1%
		绿建筑成长率	R06	1%
石油进口来源集中度	S04	再生能源装置容量	R01	×
		生质能源产量	R02	5%
		沼气发电量	R03	1%
		汽电共生装置容量占比	R04	×
		能源价格成长率	R05	10%
		绿建筑成长率	R06	10%
能源安全存量	S05	再生能源装置容量	R01	1%
		生质能源产量	R02	5%
		沼气发电量	R03	5%
		汽电共生装置容量占比	R04	×
		能源价格成长率	R05	1%
		绿建筑成长率	R06	×

注：同表12。

表14 能源供应安全响应与压力指标共整合检定结果

指标名称	指标代号	对应指标		是否显著
再生能源装置容量	R01	人均能源消费	P01	1%
		工业部门能源消费成长率	P02	1%
		运输部门能源消费成长率	P03	10%
		住商部门电力消费成长率	P04	1%
		超额能源供应比率	P05	×
生质能源产量	R02	人均能源消费	P01	×
		工业部门能源消费成长率	P02	×
		运输部门能源消费成长率	P03	×
		住商部门电力消费成长率	P04	×
		超额能源供应比率	P05	×
沼气发电量	R03	人均能源消费	P01	×
		工业部门能源消费成长率	P02	×
		运输部门能源消费成长率	P03	5%
		住商部门电力消费成长率	P04	10%
		超额能源供应比率	P05	5%
汽电共生装置容量占比	R04	人均能源消费	P01	5%
		工业部门能源消费成长率	P02	5%
		运输部门能源消费成长率	P03	×
		住商部门电力消费成长率	P04	1%
		超额能源供应比率	P05	×

续表

指标名称	指标代号	对应指标		是否显著
能源价格成长率	R05	人均能源消费	P01	×
		工业部门能源消费成长率	P02	×
		运输部门能源消费成长率	P03	×
		住商部门电力消费成长率	P04	×
		超额能源供应比率	P05	×
绿建筑成长率	R06	人均能源消费	P01	5%
		工业部门能源消费成长率	P02	5%
		运输部门能源消费成长率	P03	5%
		住商部门电力消费成长率	P04	×
		超额能源供应比率	P05	×

注：同表12。

表15　能源经济竞争力压力与状态指标共整合检定结果

指标名称	指标代号	对应指标		是否显著
能源密集产业能源使用占比	P06	能源生产力	S06	×
		能源密集产业能源生产力	S07	1%
		单位能源出口值	S08	5%
能源密集产业实质生产毛额占国内实质生产毛额比例	P07	能源生产力	S06	×
		能源密集产业能源生产力	S07	5%
		单位能源出口值	S08	1%

注：同表12。

表16　能源经济竞争力状态与响应指标共整合检定结果

指标名称	指标代号	对应指标		是否显著
能源生产力	S06	节能标章使用枚数成长率	R07	10%
		政府绿色采购占比	R08	×
		能源领域研发经费占政府研发经费比率	R09	1%
		节能辅导件数	R10	×
能源密集产业能源生产力	S07	节能标章使用枚数成长率	R07	×
		政府绿色采购占比	R08	5%
		能源领域研发经费占政府研发经费比率	R09	5%
		节能辅导件数	R10	×
单位能源出口值	S08	节能标章使用枚数成长率	R07	×
		政府绿色采购占比	R08	×
		能源领域研发经费占政府研发经费比率	R09	1%
		节能辅导件数	R10	×
		石油依存度	S03	×
		石油进口来源集中度	S04	10%
		能源安全存量	S05	×

注：同表12。

表 17 能源经济竞争力响应与压力指标共整合检定结果

指标名称	指标代号	对应指标		是否显著
节能标章使用枚数成长率	R07	能源密集产业能源使用占比	P06	1%
		能源密集产业实质生产毛额占国内实质生产毛额比例	P07	1%
政府绿色采购占比	R08	能源密集产业能源使用占比	P06	5%
		能源密集产业实质生产毛额占国内实质生产毛额比例	P07	1%
能源领域研发经费占政府研发经费比率	R09	能源密集产业能源使用占比	P06	10%
		能源密集产业实质生产毛额占国内实质生产毛额比例	P07	5%
节能辅导件数	R10	能源密集产业能源使用占比	P06	5%
		能源密集产业实质生产毛额占国内实质生产毛额比例	P07	10%

注：同表 12。

表 18 能源环境保护压力与状态指标共整合检定结果

指标名称	指标代号	对应指标		是否显著
燃油发电量	P08	单位能源二氧化碳排放量	S09	×
		二氧化碳排放密集度	S10	×
		单位能源硫氧化物排放量	S11	×
		单位能源氮氧化物排放量	S12	×
		单位能源低放射性固化废弃物产量	S13	×
燃煤发电量	P09	单位能源二氧化碳排放量	S09	5%
		二氧化碳排放密集度	S10	×
		单位能源硫氧化物排放量	S11	×
		单位能源氮氧化物排放量	S12	×
		单位能源低放射性固化废弃物产量	S13	×
核能发电量	P10	单位能源二氧化碳排放量	S09	1%
		二氧化碳排放密集度	S10	5%
		单位能源硫氧化物排放量	S11	1%
		单位能源氮氧化物排放量	S12	1%
		单位能源低放射性固化废弃物产量	S13	1%
能源密集产业能源消费量	P11	单位能源二氧化碳排放量	S09	10%
		二氧化碳排放密集度	S10	×
		单位能源硫氧化物排放量	S11	×
		单位能源氮氧化物排放量	S12	×
		单位能源低放射性固化废弃物产量	S13	×

注：同表 12。

表 19　能源环境保护状态与响应指标共整合检定结果

指标名称	指标代号	对应指标		是否显著
单位能源二氧化碳排放量	S09	再生能源装置容量占比	R11	×
		天然气装置容量占比	R12	5%
		环保支出成长率	R13	1%
		空污费收入成长率	R14	5%
		核废料与核安全预算成长率	R15	5%
二氧化碳排放密集度	S10	再生能源装置容量占比	R11	×
		天然气装置容量占比	R12	×
		环保支出成长率	R13	×
		空污费收入成长率	R14	10%
		核废料与核安全预算成长率	R15	×
单位能源硫氧化物排放量	S11	再生能源装置容量占比	R11	1%
		天然气装置容量占比	R12	5%
		环保支出成长率	R13	5%
		空污费收入成长率	R14	1%
		核废料与核安全预算成长率	R15	5%
单位能源氮氧化物排放量	S12	再生能源装置容量占比	R11	1%
		天然气装置容量占比	R12	5%
		环保支出成长率	R13	10%
		空污费收入成长率	R14	1%
		核废料与核安全预算成长率	R15	10%
单位能源低放射性固化废弃物产量	S13	再生能源装置容量占比	R11	1%
		天然气装置容量占比	R12	5%
		环保支出成长率	R13	×
		空污费收入成长率	R14	5%
		核废料与核安全预算成长率	R15	5%

注：同表 12。

表 20　能源环境保护响应与压力指标共整合检定结果

指标名称	指标代号	对应指标		是否显著
再生能源装置容量占比	R11	燃油发电量	P08	1%
		燃煤发电量	P09	1%
		核能发电量	P10	1%
		能源密集产业能源消费量	P11	1%
天然气装置容量占比	R12	燃油发电量	P08	10%
		燃煤发电量	P09	1%
		核能发电量	P10	1%
		能源密集产业能源消费量	P11	5%
环保支出成长率	R13	燃油发电量	P08	1%
		燃煤发电量	P09	10%
		核能发电量	P10	1%
		能源密集产业能源消费量	P11	1%

续表

指标名称	指标代号	对应指标		是否显著
空污费收入成长率	R14	燃油发电量	P08	1%
		燃煤发电量	P09	1%
		核能发电量	P10	1%
		能源密集产业能源消费量	P11	1%
核废料与核安全预算成长率	R15	燃油发电量	P08	1%
		燃煤发电量	P09	1%
		核能发电量	P10	1%
		能源密集产业能源消费量	P11	5%

注：同表12。

3 台湾地区永续能源发展指标耦合性分析与绩效评估

3.1 台湾地区永续能源发展绩效评估

本研究以近18年（1990—2007）资料，检视台湾地区永续能源发展绩效，如图3所示。由图3可以看出，响应与状态指标，均朝向永续发展路径，唯压力指针仍背离永续发展路径。上述现象说明如下：

（1）状态指针呈现迈向永续发展路径，主要受到能源供应种类集中度、石油依存度、石油进口来源集中度、能源安全存量、能源生产力、单位能源出口值、二氧化碳排放密集度、单位能源硫氧化物排放量、单位能源氮氧化物排放量以及单位能源低放射性固化废弃物产量等指标改善的影响。

（2）响应指针呈现迈向永续发展路径，主要受到再生能源装置容量、生质能源产量、沼气发电量、汽电共生装置容量占比、能源价格成长率、节能标章使用枚数成长率、政府绿色采购占比、能源领域研发经费占政府研发经费比率、节能辅导件数、天然气装置容量占比、空污费收入成长率以及核废料与核安全预算成长率等指数皆呈现改善的影响。

（3）压力指针呈现背离永续发展路径，主要受到工业部门成长率、运输部门能源消费成长率以及住商部门电力消费成长率、能源密集产业能源使用占比、燃煤发电量以及能源密集产业能源消费量等指标恶化的影响。

3.2 耦合性分析

（1）整体指标架构

响应与状态指标变化趋势相当一致性，1994—2007年呈现高度的耦合性。压力指标与状态指标在2000—2005年变化趋势一致，呈现高度耦合现象，而与回应则呈现脱钩（decoupling）的现象。

（2）能源供应安全指标架构

整体而言，能源供应安全指标间呈现脱钩的现象，唯2003年之后，压力与状态指标变化趋势相当一致性，呈现耦合性。

（3）经济竞争力指标架构

压力与状态指标变化趋势相当一致性，呈现高度耦合性。响应指标自 2001 年后，逐渐改善，且与压力及状态指标变化趋势一致，呈现耦合性。

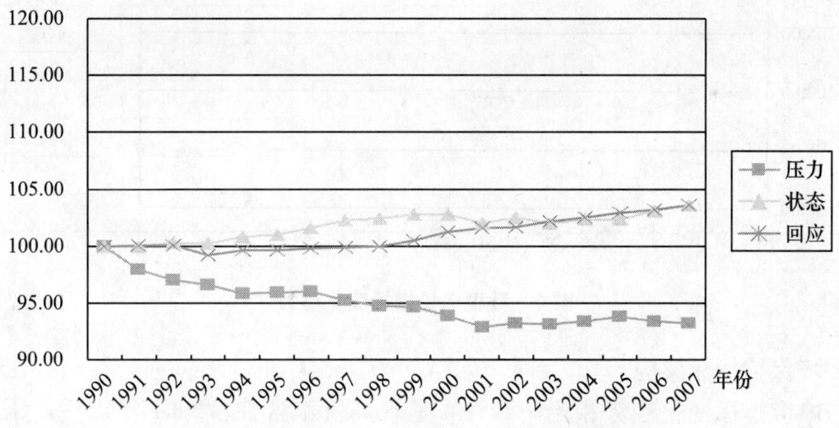

图 3　台湾地区永续能源发展指标变化趋势

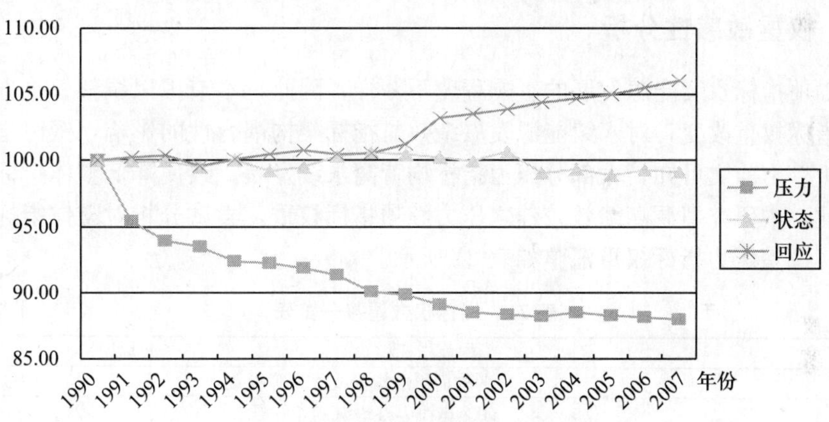

图 4　能源供应安全指标变化趋势

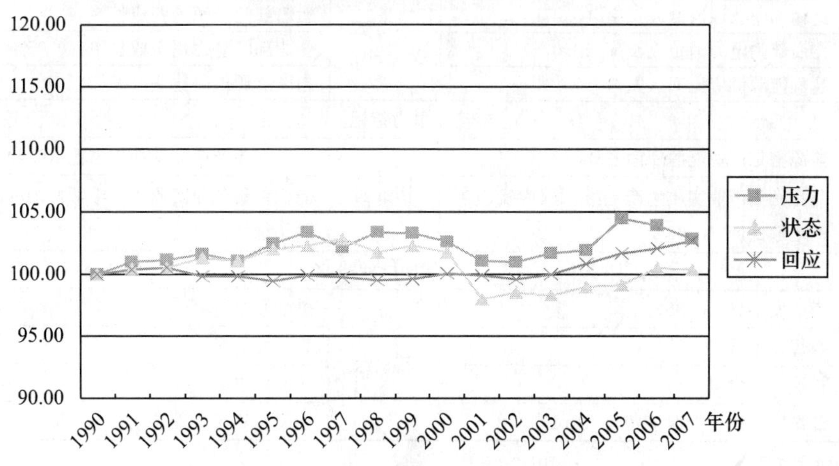

图 5　经济竞争力指标变化趋势

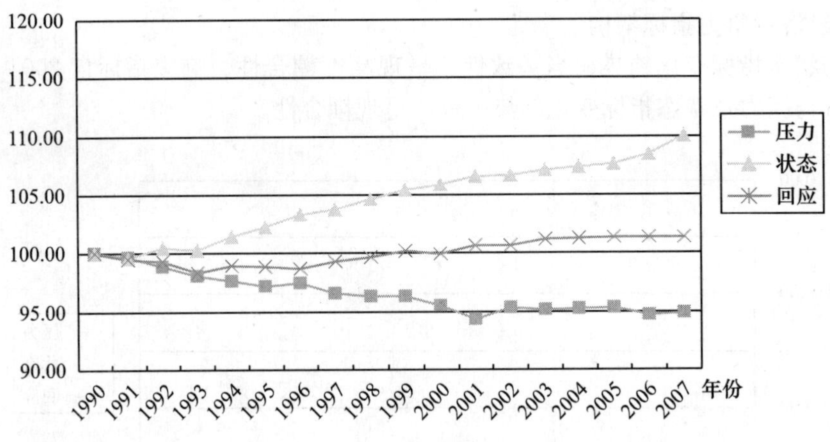

图 6　环境保护指标变化趋势

（4）环境保护指标架构

状态与响应指标变化趋势相当一致性，呈现高度耦合性。2001 年以后，压力、状态与响应指标变化趋于一致性，呈现耦合性。

3.3　权重敏感性分析

由于细项指标永续能源发展的影响程度不一样，因此，本节拟以调整权重方式，模拟不同细项指标权重改变，对永续能源发展绩效与指标架构耦合性的影响，探讨指标权重的敏感性分析。由前文可知，大部分压力指标均背离永续发展，致使降低整体指标架构的耦合性。因此，本研究拟调高绩效较佳之压力细项指标权重，尝试分析对整体指标架构的耦合性影响。调整压力指标权重汇整如表 21 所示。

表 21　指标权数调整一览表

构面指标权数			
原始状态	各构面组成指标权数为等权数		
能源供应安全指标			
情景一	人均能源消费（0.075）	情景二	人均能源消费（0.05）
	工业部门能源消费成长率（0.075）		工业部门能源消费成长率（0.05）
	运输部门能源消费成长率（0.075）		运输部门能源消费成长率（0.2）
	住商部门电力消费成长率（0.075）		住商部门电力消费成长率（0.05）
	超额能源供应比率（0.7）		超额能源供应比率（0.65）
经济竞争力指标			
情景三	能源密集产业能源使用占比（0.35）	情景四	能源密集产业能源使用占比（0.4）
	能源密集产业实质生产毛额占国内实质生产毛额比例（0.65）		能源密集产业实质生产毛额占国内实质生产毛额比例（0.6）
环境保护指标			
情景五	燃油发电量（0.35）	情景六	燃油发电量（0.4）
	燃煤发电量（0.15）		燃煤发电量（0.1）
	核能发电量（0.4）		核能发电量（0.4）
	能源密集产业能源消费量（0.1）		能源密集产业能源消费量（0.1）

注：权数值总和为 1。

(1) 情景一及情景二：调高超额能源供应指标权重

情景一与情景二均是调高能源供给安全指标架构之超额能源供应指标之权重，同时调降其他压力指标之权重。调整后，对指标架构耦合性影响，分别见图 7 与图 8。由图 7 与图 8 可知，经过权重调整之后，已提高压力指标对状态与响应指标的耦合性，显示压力构面之超额能源供应比率指标权重，对台湾地区整体永续能源之状态与回应指标间的耦合性敏感性高。

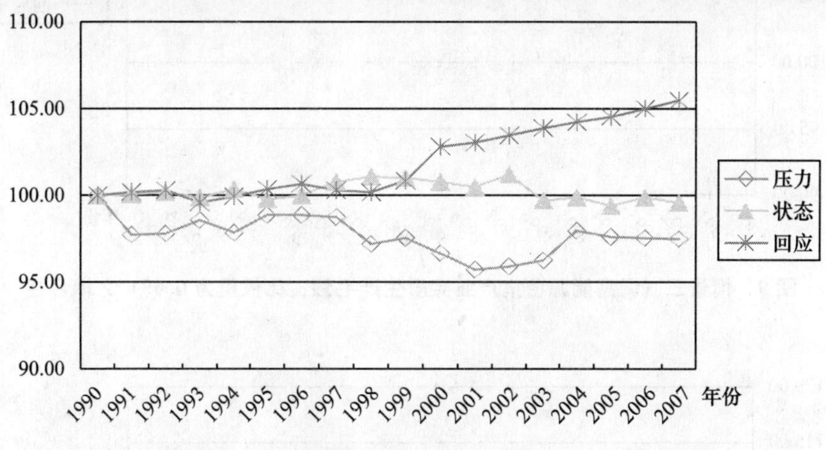

图 7　情景一（调高超额能源安全供应权重为 0.7）之耦合性

(2) 情景三及情景四：调高能源密集产业实质生产毛额占比权重

情景三与情景四均是调高能源密集产业实质生产毛额占比之权重，同时调降其他压力指标之权重。调整后，对指标架构耦合性影响，分别见图 9 与图 10。由图 9 与图 10 可知，经过权重调整之后，已提高压力指标对状态与响应指标的耦合性，显示压力构面之能源密集产业实质生产毛额占比权重，对台湾整体永续能源之状态与回应指标间的耦合性敏感性高。

(3) 情景五及情景六：调高核能与燃油发电占比权重

情景五与情景六同时调高核能与燃油发电占比之权重，以及调降其他压力指标之权重。调整后，对指标架构耦合性影响，分别见图 11 与图 12。由图 11 与图 12 可知，经过权重调整之后，已提高压力指标对状态与响应指标的耦合性，显示压力构面之核能与燃油发电占比权重，对台湾整体永续能源之状态与回应指标间的耦合性敏感性高。

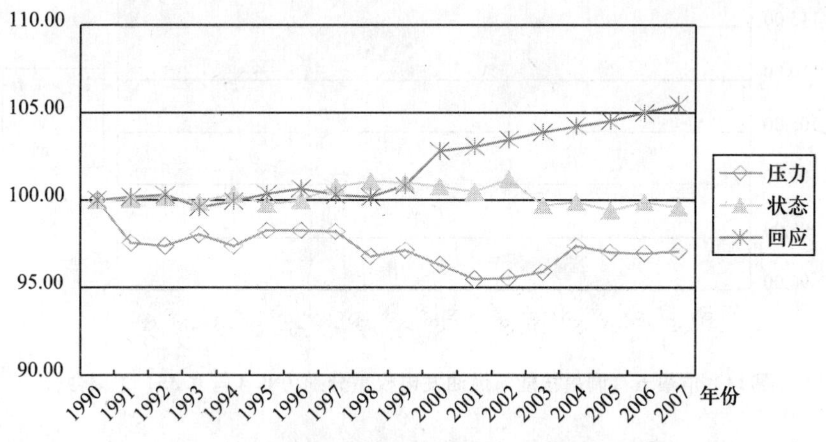

图 8　情景二（调高超额能源安全供应权重为 0.65）之耦合性

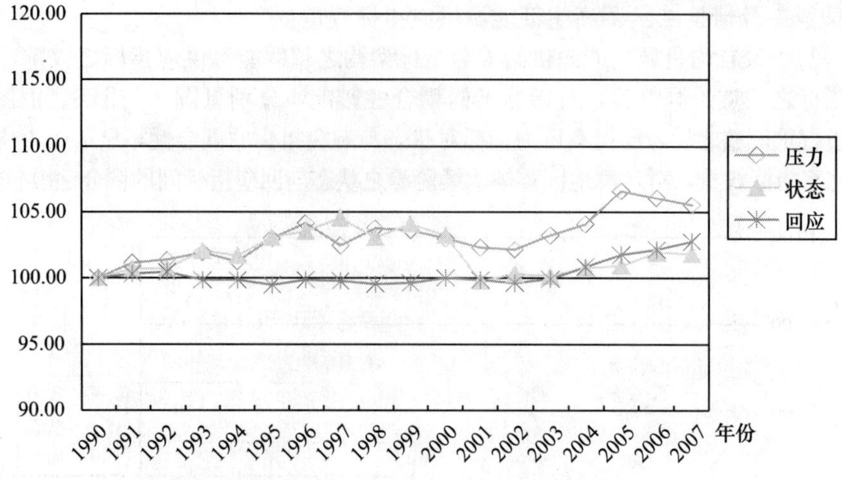

图 9　情景三（调高能源密集产业实质生产毛额占比权重为 0.65）之耦合性

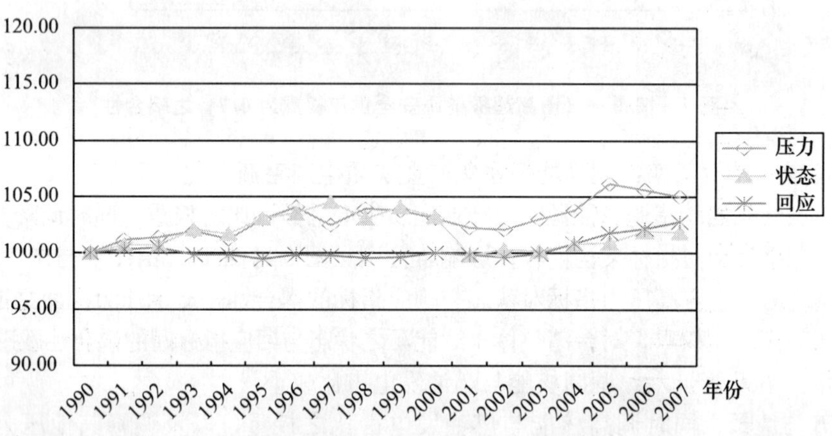

图 10　情景四（调高能源密集产业实质生产毛额占比权重为 0.6）之耦合性

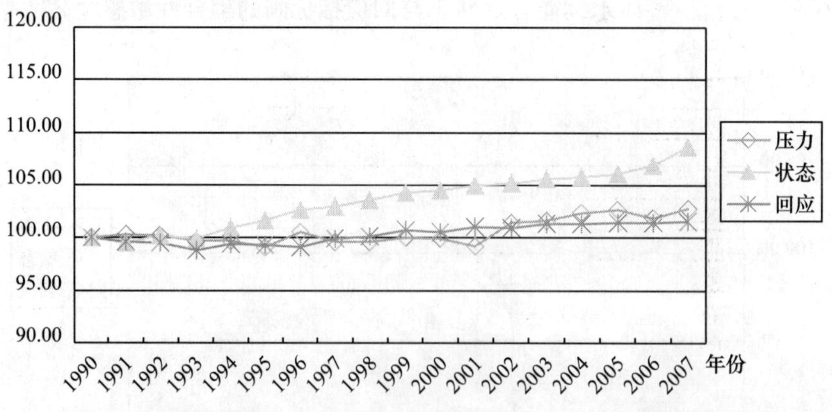

图 11　情景五（调高核能与燃油发电权重分别为 0.4 与 0.35）之耦合性

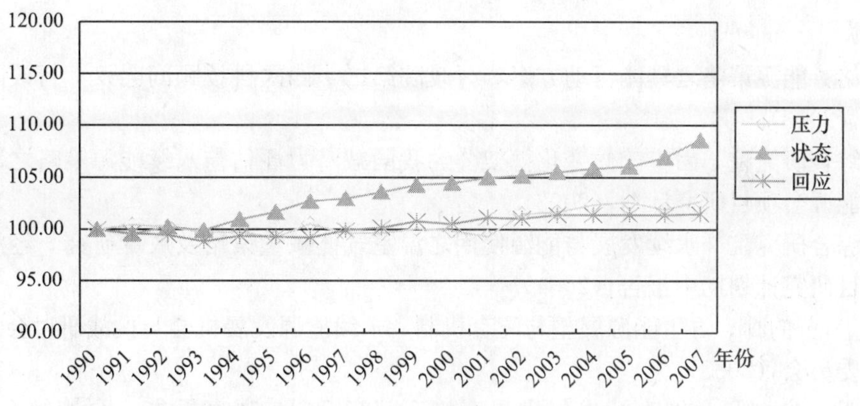

图 12 情景六（调高核能与燃油发电权重分别为 0.4 与 0.4）之耦合性

4 结语

为因应全球气候变迁之冲击，以及迈向低碳社会发展，推动永续能源发展，已成为 21 世纪各国政府施政的重点。本研究依据国际永续能源指标架构，建立台湾地区永续能源指针系统，并以 Eview 计量软件进行指针项目与架构之单根（unit root）、共整合（integration）与因果（causality）检定，并据此，建构具长期稳定关系与构面间耦合性（coupling）之永续能源发展指标压力—状态—响应（Pressure，State，Response，PSR）架构系统。

本研究检视台湾地区近 18 年（1990—2007）之永续能源发展绩效，获得本研究结论如下：(1) 18 年来，台湾地区整体能源发展已朝向永续性，其中，以环境保护构面绩效最佳，而能源安全与经济竞争力仍有待改善；(2) 整体指标架构之状态与响应指标耦合度相当高，唯压力指标则呈现脱钩（decoupling）现象；(3) 权重模拟分析发现，适当调整权重，可以大幅提高经济竞争力与环境保障构面指针耦合性，显示权重具敏感性；唯能源安全指标构面的权重较不具敏感性。

本研究虽然利用计量经济方法检视指标架构的长期稳定与因果关系，并获得初步的研究成果，然而，本研究仍存在如下限制，可作为未来进一步研究的方向：

(1) 指针数据的完整性不足

由于指针统计期间不一，多数指针统计资料年限自 1990 年起至 2007 年止，并以 1990 年为基准年，唯仍有部分指针统计资料起始年为 2001 年之后，统计年限范围不一，影响计量统计检定结果，造成指标值计算失真，无法衡量出真实永续能源指标值。

(2) 忽略永续能源指标权数的差异性

指标的加总采用等权数，忽略各项指标永续性意义之差异性，易言之，不同指标对永续能源影响面向、深度、广度不一，宜调整不同权数后再进行计算，方可真实反映不同能源指标对永续性影响程度。

(3) 资料可及性与可靠性仍欠缺

有些指针资料属于机敏性（如核废料与核安全预算成长率）或非政府公告项目（如沼气发电量、节能辅导件数），因而，资料搜集过程颇为困难，因此取得详尽、及时与可靠的统计资料，是进行分析的要件。

参考文献

[1] 王运铭．能源策略之具体行动方案．行政院第二十四次科技顾问会议．行政院科技顾问组，(2003)．

[2] 台湾综合研究院．因应气候变化框架公约我国减潜力评估与永续能源策略之研究．经济部能源会项目研究计划，(2003)．

[3] 台湾综合研究院．永续发展与能源使用之温室气体减量策略及成本研究．经济部能源会项目研究计划期中报告，(2004)．

[4] 吴荣华，黄韵勋．再生能源展望与配套机制．永续能源发展机会与挑战研讨会．经济部能源委员会，(2003)．

[5] 李坚明．参加联合国永续发展世界高峰会议(WSSD)观察报告．台湾综合研究院，(2002)．

[6] 李坚明．台湾永续能源发展策略规划．永续能源发展机会与挑战研讨会．经济部能源委员会，(2003)．

[7] 李坚明，王俊凯．建立台湾永续能源发展指标与量化之研究．能源季刊，第 33 卷，第 3 期，(2003)．

[8] 李坚明，王俊凯，周育德．台湾永续能源发展指标建置与应用．农业与资源经济，(2005)．

[9] 周春樱．台湾永续能源发展指标建构与耦合性分析．硕士论文，(2009)．

[10] 郑秋瑾．建构台湾永续能源政策与能源发展指标之研究，硕士论文，(2006)．

[11] IAEA (2005),"Energy Indicators for Sustainable Development:Guidelines and Methodologies", Austria.

[12] Konstantinos D. Patlitzianas_, Haris Doukas, Argyris G. Kagiannas, John Psarras (2008) "Sustainable energy policy indicators: Review and recommendations" Renewable Energy 33:966－973.

[13] Rajesh Kumar Singh , H. R. Murty , S. K. Gupta , A. K. Dikshit "An overview of sustainability assessment methodologies" ecological indicators(2008), doi:10. 1016/j. ecolind. 2008. 05.

[14] Streimikiene D. et al (2008), The EU Sustainable Energy Policy Indicators Framework. Environ Int (2008), doi:10. 1016/ j. envint. 2008. 04.

[15] UN Department of Economic and Social Affairs, Division for Sustainable Development (2007), CSD indicators of sustainable development — 3rd edition.

价格稳定性与国内石油税制选择*

——基于垂直市场结构的研究

孙泽生

浙江科技学院经济管理学院，浙江杭州 310023

摘 要：在不完全竞争的石油市场中，不同税制对国内石油价格稳定性的影响存在明显的差异，对国民经济平稳发展具有重要影响。本文借助垂直市场结构方法研究如何通过优化的税制选择实现更好的国内石油价格稳定性问题。研究发现，在不同的垂直市场结构组合下，从价税制和从量税制对国际石油市场冲击的价格传递弹性明显不同；税制选择主要依赖于各国石油业的竞争性及其石油需求弹性；在大多数情形下，相较于从量税制，从价税制都是更优的税制选择。通过美国、欧盟和日本的案例分析，为国内石油价格稳定性与税制选择的理论分析提供了例证。本文发现，考虑到各国石油业竞争性和需求弹性特征，从价税制可能是美国、欧盟和日本的优化税制选择，但由于从量税制更能够稳定收入和预算，政治上更可行，因此各国更倾向于维持从量税制或者混合税制。本文研究对中国的启示是，如需要考虑国内石油价格的稳定性，在中国很强的石油业垄断格局以及特定的石油需求弹性情形下，从价税制可能是更优化的税制选择。

关键词：价格稳定性，国内石油税制，价格传递弹性，垂直市场结构

1 引言

石油和煤炭等化石燃料的大规模利用与全球气候变化和环境污染息息相关。为矫正负外部性并促进能源安全，自 20 世纪 70 年代开始，欧盟、美国和日本都非常重视通过国内税政策在抑制消费的同时增强能源定价能力，这在石油产品中表现最为明显（Bakhtiari，1999；OECD，2004）。欧盟各国的国内石油税已达到最终石油产品价格的 70%，日本和美国的国内石油税率明显提高，中国也正积极推进石油定价的市场化改革和国内税改革，已于 2009 年年初出台了燃油税改革政策。但由于 20 世纪 70 年代前后国际石油市场的资源国有化和纵向非一体化，国际原油价格波动明显增强，国际价格波动必然会传导进入石油进口国，影响其国内价格稳定性。但如考虑到不完全竞争的石油市场结构，不同税制下国内石油价格的稳定性可能存在明显的差异。如何通过优化的税制选择实现更好的国内石油价格稳定性，对包括中国在内的主要石油进口国的经济发展具有重要影响，值得深入研究。

对封闭经济和不完全竞争市场中从价税制和从量税制的非等价性的研究早在 Musgrave（1953）和 Bishop（1968）等研究中已得到讨论。近期的研究还包括 Skeath and Trandel（1994）、Brander and Spencer（1984），Collie（2006）及 Kiyono（2006），这些

* 教育部人文社科基金项目“贸易媒介视角的资源性定价研究——以国内税为例”和浙江省社科基金项目“寡头市场结构下的资源性商品定价研究”。

研究多利用古诺模型（分别考虑卖方寡头和买方寡头市场）分析从价关税和从量关税的不等价性问题，但未关注国内税制选择问题。不同税制对国内价格稳定性影响的理论文献也很缺乏。Wijnbergen（1985）将国际能源价格不确定性与国内税联系起来，研究了小国开放经济条件下的最优税收问题。孙泽生等（2008）对最优国内石油税率的研究发现，最优从价税率要低于最优从量税率，但该研究主要基于贸易利得最大化的政策目标，而未考虑到国内价格稳定性政策目标。同时，由于主要石油进口国的国内税政策均可显著影响国际石油价格，因而大国模型下促进国内价格稳定性的税制选择可能明显异于小国模型的结论，需要进一步的研究。

由于国际石油市场的纵向非一体化，以欧佩克（OPEC）为代表的石油输出国控制绝大部分石油资源、生产和出口，而石油进口、加工和营销则主要被国际石油公司或进口国石油公司所控制。石油输出国生产的石油经由以石油公司为代表的贸易媒介之加工和营销渠道销售给终端消费者，形成了一个商品链，在商品链的不同环节均可能存在明显的不完全竞争特征。在这样的垂直市场结构内，不同的市场结构组合下不同国内石油税制的影响可能有明显的差异，但究竟从价税制和从量税制何者为优？本文基于垂直市场结构理论和Lloyd，McCorriston，Morgan and Rayner（2004）的模型，考虑一个生产者－贸易媒介－消费者的分析框架，假设进口国政府可对以石油公司为代表的贸易媒介销售的石油产品征收国内税，欲探讨国际石油生产环节或国际油价出现冲击时，不同税制对国内石油价格稳定性的影响。

本文的结构安排是，第二和第三部分将分别探讨从量税制和从价税制下国际市场上的外生冲击对国内价格的影响，第四部分将通过相对冲击传递弹性来衡量不同税制下外生冲击对国内价格稳定性的影响，第五部分将提供一个简单的例证及其应用，最后是结论和政策含义。

2　从量税制模型

为分析简便，我们假设消费环节是完全竞争的，而生产和贸易媒介环节则可能对应于不完全竞争市场。由此，在国际石油市场中，贸易媒介从生产者处购买，并经其加工后销售给消费者，进口国政府对销售的每一单位石油征收国内税（以下称为消费税），贸易媒介通过买卖价差决策实现市场出清和利润最大化。

为简化分析，我们假定贸易媒介必须实现当期的市场出清，即不能持有存货。其中，定义贸易媒介出价为生产者价格，要价为税前价格，税后价格称为消费者价格。为分析简便，以下还假设贸易媒介采用固定比例生产技术。

设经贸易媒介加工后销售的石油产品需求函数为：

$$Q = h(S) \tag{1}$$

式中　Q——石油产品消费量；

S——征收消费税后的消费者价格。

而国际石油市场的供给函数为：

$$P = k(A, X) \tag{2}$$

式中　A——生产环节的资源性商品供给量；

X——外生价格冲击；

P——包含外生冲击的生产者价格，即贸易媒介的出价。

对一个代表性贸易媒介，征收从量税 T_0 条件下，其要价可表示为 $R = S - T_0, T_0$ 为政府对所有消费单位征收的消费税。则其利润为：

$$\pi_i = [S - T_0]Q_i - P(A)A_i - C_i(Q_i) \tag{3}$$

式中 C_i ——贸易媒介的其他成本；

i ——厂商的产出 $Q_i = A_i / a$；

a ——贸易媒介的投入产出系数。

代表性贸易媒介要通过其买卖价差决策实现利润最大化，其一阶条件为：

$$(S - T_0) + Q_i \frac{\partial S}{\partial Q}\frac{\partial Q}{\partial Q_i} = \frac{\partial C_i}{\partial Q_i} + aP + aA_i \frac{\partial P}{\partial A}\frac{\partial A}{\partial A_i} \tag{4}$$

将上式用弹性表示，可得：

$$S(1 - \frac{\theta_i}{\eta}) = M_i + aP(1 + \mu_i \varepsilon) + T_0 \tag{5}$$

式中 η——石油产品需求价格弹性的绝对值；

θ_i——贸易媒介 i 的推测弹性，$M_i = \partial C_i / \partial Q_i$ 是企业 i 的边际成本；

ε ——石油产品供给价格弹性的倒数；

μ_i——石油市场上生产者 i 的推测弹性。

利用生产者或贸易媒介的市场份额作为其权重，对所有厂商进行加总，有：

$$R(1 - \frac{\theta}{\eta}) = M + aP(1 + \mu\varepsilon) + T_0 \tag{6}$$

式中 μ，θ——生产者市场和贸易媒介市场上的推测弹性，若其值趋向于 0，则说明产业结构趋向于完全竞争，其值趋向于 1，则市场结构更近似于合谋或垄断，因而 μ 和 θ 也可用于反映生产者或贸易媒介的市场势力；

M——产业边际成本。

令 $\lambda = \eta /$（$\eta - \theta$），可将上式整理为：

$$R = \lambda[M + aP(1 + \mu\varepsilon) + T_0] \tag{7}$$

假设国际石油市场存在外生价格冲击 X。贸易媒介将为此调整买卖价差，相应的均衡生产者价格和消费者价格也将发生变化。为此，首先对式（5）取对数形式，以便于考察外生冲击对生产者价格和消费者价格的弹性；接着在式两边同时对外生冲击 X 求微分，可得：

$$\mathrm{dln}S = -\frac{\delta}{\eta\,\varepsilon}\mathrm{dln}P + \psi\phi\,\mathrm{dln}X + \frac{\alpha(M + aP)[1 + \mu\,\varepsilon(1 + \gamma)]}{(M + aP)(1 + \alpha\mu\varepsilon) + T_0}\mathrm{dln}P \tag{8}$$

其中，$\delta = \omega\theta / (\eta - \theta), \omega = \partial\ln\eta / \partial\ln S, \psi = \theta\xi / (\eta - \theta), \xi = \partial\ln\theta / \partial\ln Q, \phi = \partial\ln Q / \partial\ln X$，$\gamma = \partial\ln\varepsilon / \partial\ln P, \alpha = aP / (M + aP)$。

由需求函数（1）和供给函数（2）可得：

$$d\ln P = \varepsilon d\ln Q = -\varepsilon\eta d\ln S \tag{9}$$

令 $B = 1 + \mu\varepsilon$（$1 + \gamma$），$D = 1 + \alpha\mu\varepsilon$，式（8）可改写为：

$$\mathrm{dln}S = \delta d\ln S + \psi\ \ \phi\,\mathrm{dln}X - \frac{\alpha\eta\varepsilon\,B(M + aP)}{(M + aP)D + T_0}\mathrm{dln}S \tag{10}$$

综合式（8）和式（9），令 $\upsilon = \frac{\alpha\eta\varepsilon\,B\ (M + aP)}{(M + aP)\ D + T_0}$ 可得以下比较静态条件：

$$\mathrm{dln}S = \frac{\psi\phi}{1-\delta+\upsilon}\mathrm{dln}X \quad (11)$$

$$\mathrm{dln}Q = \frac{-\eta\psi\phi}{\delta+1+\upsilon}\mathrm{dln}X \quad (12)$$

$$\mathrm{dln}P = \frac{-\eta\varepsilon\psi\phi}{\delta+1+\upsilon}\mathrm{dln}X \quad (13)$$

由此，我们已得到从量税税制下外生价格冲击对生产者价格、消费量和消费者价格的弹性表达式。以下我们进一步讨论从价税税制下外生冲击的影响，以对两种税制进行比较。

3 从价税制模型

在需求函数（1）和供给函数（2）基础上，政府现对国内消费的每一单位资源性商品征收从价国内税。为区别起见，令从价税税率为 T_1，消费者价格为 S_1。则对一个代表性贸易媒介，在从价税率 T_1 条件下，其要价为 $R(Q)=S_1Q/(1+T_1)$，则其利润可表示为：

$$\pi_i = [S_1(Q)/(1+T_1)]Q_i - P(A)A_i - C_i(Q_i) \quad (14)$$

式中 C_i——贸易媒介的其他成本；

$Q_i=A_i/a$，a——贸易媒介的投入产出系数。

代表性贸易媒介通过买卖价差调整实现利润最大化，一阶条件为：

$$\frac{S_1}{1+T_1}+\frac{\partial S_1}{\partial Q}\frac{\partial Q}{\partial Q_i}\frac{Q_i}{1+T_1}=\frac{\partial C_i}{\partial Q_i}+aP+aA_i\frac{\partial P}{\partial A}\frac{\partial A}{\partial A_i} \quad (15)$$

将上式用弹性表示，可得：

$$S_1(1-\frac{\theta_i}{\eta}) = (1+T_1)[M_i + aP(1+\mu_i\varepsilon)] \quad (16)$$

式中 η—— 资源性商品需求价格弹性的绝对值；

θ_i —— 贸易媒介 i 的推测弹性；

M_i—— 企业 i 的边际成本,$M_i=\partial C_i/\partial Q_i$；

ε —— 资源性商品的供给价格弹性的倒数；

μ_i—— 资源性商品市场上生产者 i 的推测弹性。

利用生产者或贸易媒介的市场份额作为其权重，对所有厂商进行加总，有：

$$S_1(1-\frac{\theta}{\eta}) = (1+T_1)[M + aP(1+\mu\varepsilon)] \quad (17)$$

式中 μ，θ ——生产者市场和贸易媒介市场上的推测弹性；

M——产业边际成本。

令 $\lambda=\eta/(\eta-\theta)$，可将上式整理为：

$$S_1 = \lambda(1+T_1)[M+aP(1+\mu\varepsilon)] \quad (18)$$

同样，设存在外生价格冲击 X。贸易媒介将调整买卖价差，并改变相应的均衡生产者价格和消费者价格。为此，首先对式（18）取对数形式，接着在式两边同时对冲击 X 求微分，可得：

$$\mathrm{dln}S_1 = -\frac{\delta}{\eta\varepsilon}\mathrm{dln}P + \psi\phi\,\mathrm{dln}X + \frac{\alpha[1+\mu\varepsilon(1+\gamma)]}{1+\alpha\mu\varepsilon}\mathrm{dln}P \quad (19)$$

式中　$\delta=\omega\theta/(\eta-\theta),\omega=\partial\ln\eta/\partial\ln S_1,\psi=\theta\xi/(\eta-\theta),\xi=\partial\ln\theta/\partial\ln Q,\phi=\partial\ln Q/\partial\ln X$，$\gamma=\partial\ln\varepsilon/\partial\ln P,\alpha=aP/(M+aP)$。

将式（9）代入式（19），并令 $B=1+\mu\varepsilon(1+\gamma)$，$D=1+\alpha\mu\varepsilon$ 可得以下比较静态条件：

$$\mathrm{dln}S_1=\frac{D\psi\phi}{D-D\delta+\alpha\eta\varepsilon B}\mathrm{dln}X \tag{20}$$

$$\mathrm{dln}Q=\frac{-\eta\psi\phi D}{D-D\delta+\alpha\eta\varepsilon B}\mathrm{dln}X \tag{21}$$

$$\mathrm{dln}R=\frac{-\eta\varepsilon\psi\phi D}{D-D\delta+\alpha\eta\varepsilon B}\mathrm{dln}X \tag{22}$$

以上三式即为从价税税制下外生价格冲击对生产者价格、消费量和消费者价格的弹性表达式。结合式（11），可得到价格冲击对不同税制的相对弹性，即在面对同样的外生价格冲击情形下，不同税制所对应的消费者价格变动的相对大小，可称其为相对冲击传递弹性，公式如下所示：

$$\frac{\mathrm{dln}S_1/\mathrm{dln}X}{\mathrm{dln}S/\mathrm{dln}X}=\frac{D-D\delta+\alpha\eta\varepsilon B(M+aP)/(M+aP+T_0D)}{D-D\delta+\alpha\eta\varepsilon B} \tag{23}$$

4　比较结果

面对同样的外生价格冲击，不同税制所导致的消费者价格稳定性表现在相对冲击传递弹性（$d\ln S_1/d\ln X$）/（$d\ln S/d\ln X$）的值是否大于1。如果大于1，说明同样的冲击导致了从价税情形下的消费者价格变化更大，如果小于1，则说明从价税情形下的消费者价格变化较小。对前一情形，我们可认为是从量税更能稳定进口国消费者价格，相对照，后一情形下从价税更能稳定进口国消费者价格。

在式（23）中，$M+aP>0$，$\alpha\eta\varepsilon>0$，$D>1$，但 $1-\delta$ 与 B 的符号仍是未知的。为直观考察不同税制下，国际石油市场外生价格冲击对国内消费者价格稳定性的不同影响，考虑简单的线性需求曲线和供给曲线，有 $\omega=1+\eta$，$\gamma=(1-\varepsilon)/\varepsilon$；为分析简便，还假设贸易媒介市场的推测弹性为常数，即 $\xi=0$；假设贸易媒介的产业边际成本 M 也为常数值，为得出简单的代数值，设 $M=0$。

由此，式（23）可简化为：

$$\frac{\mathrm{dln}S_1/\mathrm{dln}X}{\mathrm{dln}S/\mathrm{dln}X}=\frac{\dfrac{(1+\mu\varepsilon)(\eta-2\theta-\eta\theta)}{\eta-\theta}+\eta\varepsilon(1+\mu)\dfrac{aP}{aP+T_0(1+\mu)}}{\dfrac{(1+\mu\varepsilon)(\eta-2\theta-\eta\theta)}{\eta-\theta}+\eta\varepsilon(1+\mu)} \tag{24}$$

按照式（24），可区分为以下几种情形和特例进行讨论。

（1）如果 $\theta=0$，即贸易媒介环节呈现完全竞争市场结构，显然式（24）右侧分子和分母中各项均为正值，由于 $aP<aP+T_0(1+\mu)$，所以相对冲击传递弹性的值小于1，可以推断，在此情形下进口国采用从价税制更能稳定消费者价格。

（2）如果 $\theta=1$，即贸易媒介环节呈现合谋或垄断市场结构，则当需求弹性大于1时，尚无法判定相对冲击传递弹性的值是大于1还是小于1。但如果需求弹性小于1，则式（24）中方程右侧各项均为正值，且由于 $aP<aP+T_0(1+\mu)$，所以相对冲击传递弹性的值也小于1，可以判定，此一情形下进口国采用从价税制更能促进国内消费者价格的稳定性。

(3) 如果 $\mu=0$，即生产环节呈完全竞争市场结构，此时相对冲击传递弹性的值与 1 的关系还取决于 η 和 θ 的相对大小。如果 $\eta<\theta$ 或者 $\eta>2\theta/(1-\theta)$，则式（24）中各项为正值，此时进口国采用从价税制更能稳定其消费者价格。如果 $\theta<\eta<2\theta/(1-\theta)$，其取值范围在图 1 中粗实线区域内（不包括边界点，且 $0<\theta<1$，下同），则从价税与从量税对价格稳定性影响的优劣尚难以判断。

(4) 如果 $\mu\neq0$，在 $\eta<\theta$ 或者 $\eta>2\theta/(1-\theta)$ 情形下，式（24）中各项也为正值，此时资源性商品进口国采用从价税制要优于从量税制。如果 $\theta<\eta<2\theta/(1-\theta)$，其取值范围也表现为图 1 中粗实线区域内，则从价税与从量税对价格稳定性影响的优劣尚难以判断，但仍可能有部分赋值使得相对冲击传递弹性的值小于 1，使得从价税制仍可能是较优的。

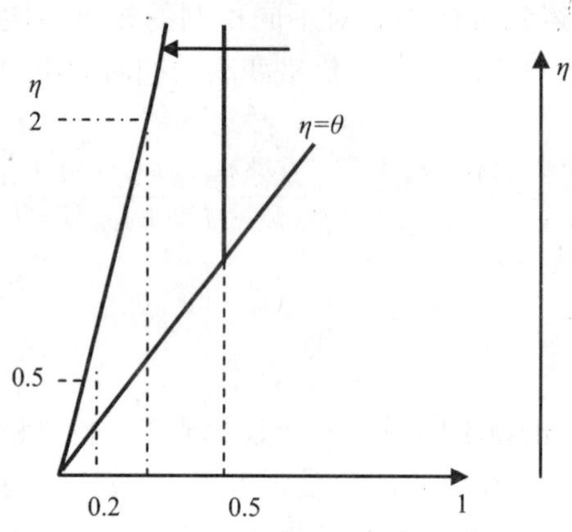

图 1　相对冲击价格弹性的取值范围

5　一个简单的例证及应用

上述分析给出了促进国内价格稳定性的税制选择的初步判据，但尚需要为其合理性提供经验证据。理想的实证方法是在不同税制并存情形下，利用连续的时间序列数据估计不同税制对国内价格稳定性的影响，并结合所估计的国际石油生产、贸易媒介竞争和需求弹性进行对照。但当前的主要石油进口国和消费国要么基本采取从量税制，且税率的变化并不连续；要么虽采取从价税和从量税结合的混合税制，但也面临税率变化不连续、数据难以获得的困难。为此，我们只能替代地寻求其他的间接方法考察主要石油进口国国内价格稳定性和税制之间的关联。

为衡量国内石油价格稳定性，我们采用简单的方差、协方差和相关系数指标来测度。一般而言，如果各国国内消费者价格与国际价格的协方差越小，说明其国内价格越具有独立性，相关系数也说明国内价格与国际价格之间的相关关系强弱；同时，如果各国国内石油价格的方差越小，其国内石油价格的稳定性越高，如国内价格方差低于国际价格方差，说明国内价格稳定性高于国际市场，反之则其稳定性弱于国际市场。

由于美国、欧盟和日本长期以来都是国际石油市场上最主要的进口国和消费国，且各国税制存在明显差异，我们的估计基于该三国（集团）展开。本文实证研究所用的数据中，各国消费者价格数据来自 OPEC，是指包含石油业成本、利润和国内税在内的主要成品油加权后的组合油价；国际石油价格则来自 IFS 数据库。其中，名义价格均利用 IFS 提供的CPI指数进行消长处理，欧盟和日本采用的是工业化国家的CPI指数，美国采用美国的CPI指数。

表1给出了价格协方差和方差的统计结果。可见，各国国内价格与国际价格之间存在协动性，但协动性强弱有明显差异。欧盟与国际价格的协方差为6.29，日本与国际价格的协方差为6.45，但美国与国际价格的协方差达到9.21，显然，欧盟、日本与国际价格的协动性明显弱于美国，受国际石油价格波动的影响更小，消费者价格稳定性可能更高。各国价格与国际价格的相关系数也与此一致，美国最高，达到0.905 9；欧盟和日本分别只有0.627 3和0.443 0。但从价格波动方差指标看，欧盟的价格波动最小，方差为9.91，低于国际价格方差（10.15）；美国略大于国际价格方差，方差为10.18；日本的方差高达20.86。由此，欧盟的国内石油价格稳定性最高，美国次之，而日本最弱。

表1　国际石油价格波动的协动性

	世界	欧盟	日本	美国
世界	10.15	6.29	6.45	9.21
欧盟	0.627 3	9.91	12.50	4.29
日本	0.443 0	0.868 9	20.86	4.95
美国	0.905 9	0.447 2	0.339 9	10.18

注：用Eviews5.1软件算出。主对角线数据为方差，右上部为协方差，左下部为相关系数。

如何将以上统计结果与本文的理论分析相联系，我们可将之与各国实际的税制选择、石油公司间的竞争以及需求弹性数值相联系来提供例证。美国联邦政府和各州、地方政府都对石油产品征收消费税，其中对公路用汽油的税率最高，全部采用从量征收。欧盟的石油税制主要包括燃油税和增值税两类，其中燃油税主要是从量税，而增值税则属于从价税，且税率远高于美国（Leicester，2006）。日本的国内石油税制接近欧盟，如对汽油而言，包括汽油税等从量税，也包括从1989年开始从价征收的消费税，其税率则介于欧盟与美国之间（PAJ，2006）。

同时，由于我们无法准确给出各国石油公司间的推测弹性，我们只能以石油产业结构的描述分析结果来间接衡量其推测弹性大小。整体而言，美国石油业的竞争性要明显高于欧盟与日本①；在欧盟，国有石油公司或少数几家私营石油公司往往占据欧盟国家石油市场的绝大多数份额，其国内石油价格主要受到国际石油公司的影响，竞争性明显弱于美国；而日本则经历了长期严格的价格规制和市场准入规制，直到2001年才完全废除，因而日本石油产品市场的竞争性相对最弱。而且，Cooper（2003）估计认为美国的长期需求弹性为－0.453，欧盟各国的长期需求弹性在－0.568～－0.09之间，但主要成员国的需求弹性值更接近－0.1，日本的长期需求弹性为－0.357；Jones（1994）的结果是，美国的石油需求弹性是－0.345。

由此，按照以上条件和式（24）进行计算，只要美国石油业的推测弹性处于区间

---

①　诸如，根据Manta.com公司数据库的统计，美国有7 043家石油和天然气公司，其中至少有3 806家从事石油业务，呈现出非常强的竞争性；此外，如考虑石油业精炼和零售部门，2005年美国共有55家精炼公司运营144家精炼厂，既包括石油公司的纵向一体化企业，也包括独立的石油精炼商，还包括诸如委内瑞拉国家石油公司（PDVSA）控制的独立炼油商和零售商Citgo，没有一个精炼商的市场份额超过13%，美国石油零售业也具有很强的竞争性（Grant，Ownby and Peterson，2006）。

(0.185，0.453）之外，我们可认为美国采取从价税制要优于从量税制[①]，而欧盟和日本则更可能使得 $\eta<\theta$ 条件成立，相应地，从价税制是欧盟和日本优化的税制选择。但美国实际采取了从量税制，因而其国内价格稳定性不高；而欧盟采取混合税制，价格稳定性明显优于美国；至于日本，严格的规制以及后来的规制放松政策虽然使国内价格与国际价格变动的协动性趋弱，但大幅削弱了国内价格稳定性。结合本文的判据可发现，绝大多数情形下从价税制都要优于从量税制。但美国国内石油税仍全部采用从量税制，原因在于从量税具有较强的固定性，可以稳定税收和预算（包括个人和政府）[②]，在政治上更易于为能源利益集团、消费者和立法机构接受。这也是为什么欧盟和日本采取混合税制的原因之一。

根据林伯强，陈智文（2007）的估计，中国的长期石油需求弹性为－0.345，Cooper（2003）的估计也认为中国的石油需求非常缺乏弹性。尤其是，中国石油市场主要由中石油、中石化和中海油三家厂商组成，其经营区域分处大陆的北方、南方及海上，实现了上下游一体化经营、业务上相互交叉，竞争比较薄弱，中国石油产业是一种分割而治和垄断经营的市场结构[③]（王明明、方勇，2007，第21页）。因而，三大巨头石油公司具有较强的市场势力，非常可能出现 $\eta<\theta$ 的情形，因而采用从价税制可能更有利于增强中国国内石油消费者价格的稳定性[④]。

6　结论及启示

在不完全竞争的石油市场中，不同税制对国内石油价格稳定性的影响存在明显的差异。由于石油价格稳定性对国民经济平稳发展具有重要影响，本文借助垂直市场结构方法研究如何通过优化的税制选择实现更好的国内石油价格稳定性问题。研究发现，在不同的垂直市场结构组合下，从价税制和从量税制对国际石油市场冲击的价格传递弹性明显不同。税制选择主要依赖于各国石油业的竞争性及其石油需求弹性。在大多数情形下，相较于从量税制，从价税制都是更优的税制选择。

通过美国、欧盟和日本的一个简单例证，我们发现欧盟的国内石油价格稳定性最高，这与其选择从价税制与从量税制相结合的混合税制有关。美国的石油价格稳定性较弱，这与其选择从量税制有关。而日本的石油价格稳定性最弱则直接受到其长期而严格的规制政策以及解除规制政策影响。考虑到各国石油业竞争性和需求弹性特征，从价税制可能是美国、欧盟和日本的优化税制选择，但由于从量税制更能够稳定收入和预算，政治上更可

---

① 按照Cooper（2003）对美国需求弹性估计值算出。事实上，即使在区间（0.185，0.453）内，仍很可能出现从价税制更优的情形。如采用Jones（1994）等估计结果，也可得到类似的估计区间。

② 由于石油需求比较稳定，石油税可提供稳定的税收，因此许多国家把石油税作为重要的税收来源。据澳大利亚财政部2001年的估计，石油税，主要是汽车燃油税，占许多OECD国家财政收入的10%以上。参见：澳大利亚财政部．“Fuel Taxation-International Experience”，Fuel Taxation Inquiry Background Paper 2，2001.

③ 虽然成品油市场已经逐步开放准入，但由于原油市场的垄断和石油贸易的配额和市场准入限制，贸易媒介市场竞争仍是很弱的，政府的强有力价格规制强化了贸易媒介垄断。

④ 对中国石油业产业结构和市场势力进行定量分析是颇为困难的，主要原因是中国石油业的巨头垄断和强有力政府规制并存的状况。如果按照中石油、中石化和中海油等巨型国有公司的纵向一体化及其在石油加工、零售等环节的市场份额状况进行判断，无疑市场势力是极强的；但也有研究利用各公司下属石油加工企业等数据来分析石油业产业结构，中国石油业又呈现较高的竞争性，如杨嵘（2002）。但后一视角的分析结论是不准确的，我们更倾向于以三大巨头来衡量中国石油业市场结构并判定其市场势力。另外的理由还在于，由于政府规制，三大巨头的市场势力尚无法充分表现，但如果中国石油定价机制完全市场化，情况可能完全改观，此时从价税的价格稳定性结果可能更为明显。

行，因此各国更倾向于维持从量税制或者混合税制。

由于中国正在进行油价市场化改革和石油税率及税制改革，本文研究对中国的启示是，如需要考虑国内石油价格的稳定性，在中国很强的石油业垄断格局以及特定的石油需求弹性情形下，从价税制可能是更优化的税制选择。这是中国下一步改革中需要加以关注的问题。

参考文献

[1] Bakhtiari，A. M. S. The Price of Crude Oil [J]. OPEC Review，1999(3)：1－21.

[2] Bishop，R. The Effects of Specific and Ad Valorem Taxes [J]. Quarterly Journal of Economics，1968，82(May)：198－218.

[3] Brander，J.，Spencer，B. Trade Welfare：Tariff and Cartels [J]. Journal of International Economics，1984(16)：227－242.

[4] Cooper，J. C. B. Price Elasticity of Demand for Crude Oil：Estimates for 23 Countries [J]. OPEC Review，2003，27(1)：1－8.

[5] Grant，K.，Ownby，D. and Peterson，S. R. Understanding Today's Crude Oil and Product Markets [J]. A Policy Analysis Study by Lexecon，an FTI Company，2006.

[6] Kiyono，K. Optimal Tariff Discrimination in International Oligopoly—Alternative Approach to Specific vs. Ad Valorem Taxation [J]. GLOPE Working Paper No. 9,2006.

[7] Leicester，A. Fuel Taxation [J]. The Institute for Fiscal Studies Briefing Note，No. 55，2006.

[8] Lloyd，T.，McCorriston，S.，Morgan，W.，Rayner，T. Price Transmission in Imperfectly Competitive Vertical Markets [J]. University of Nottingham Discussion Papers in Economics No. 04/09，2004.

[9] OECD. Economic Outlook No. 76 [R]. Paris：Organization of Economic Cooperation and Development，2004.

[10] PAJ. Petroleum Industry in Japan 2006 [R]. Tokyo：Petroleum Association of Japan,2006.

[11] Skeath，S. E. and G. A. Trandel. A Pareto Comparison of Ad Valorem and Unit Taxes in Noncompetitive Environment [J]. Journal of Public Economics，1994(53)：53－71.

[12] 林伯强,陈智文．中国石油需求弹性估计．石油需求预测和政策建议[J]．厦门大学中国能源经济研究中心工作论文,2007.

[13] 孙泽生,宋玉华,林治乾．国际石油价格与最优国内税率:基于"寡头"市场结构的分析[J]．世界经济,2008(1):36—46.

[14] 王明明,方勇．中国石油和化工产业结构[M]．北京:化学工业出版社,2007.

[15] 杨嵘．中国石油产业市场结构优化研究[J]．财经研究,2002,28(4):50－57.

中国商品进出口贸易对全球 CO_2 排放影响研究

郭　杰　魏一鸣

北京理工大学能源与环境政策研究中心　北京　100081

中国科学院科技政策与管理科学研究所　北京　100190

中国科学技术大学管理学院　合肥　230026

摘　要：本研究目的在于探讨中国进出口贸易和全球 CO_2 排放的关系。首先回顾了 2002—2006 年的中国进出口贸易增长情况和贸易引起的 CO_2 排放增长情况，从历史的角度探讨中国贸易引起的 CO_2 排放是如何增长的，主要是与哪些国家贸易引起的 CO_2 排放增长，并且把美国作为典型的中国贸易伙伴国，利用本文建立的投入产出模型探讨了中国与美国部门间贸易引起的 CO_2 排放，希望通过部门贸易结构分析给决策者提供更加详细的贸易 CO_2 排放分析。通过以上研究，我们可以得到以下结论：(1) 2002—2006 年，中国逐年增加的贸易 CO_2 净排放主要是由于出口 CO_2 排放的快速增长引起的；(2) 2002—2006 年，中国与附件一国家年平均贸易出口排放占了中国年平均贸易出口总排放的 56.83%，特别是中国与美国的年平均贸易出口排放占了中国年平均贸易出口总排放的 21.21%；(3) 2002—2006 年，美国、日本、德国、英国、荷兰、法国、意大利、西班牙、比利时、加拿大和澳大利亚与中国的贸易是引起中国与附件一国家贸易 CO_2 净排放的主要来源；(4) 中国各部门的 CO_2 排放强度普遍都高于美国相对应部门，反映了中国目前的部门生产技术与美国的差距；但从另一个角度来说，这些部门具有较大的减排潜力；(5) 出口结构的不合理也间接导致了中国出口贸易引起大量的 CO_2 排放。基于以上结论，我们建议：(1) 控制与附件一国家贸易 CO_2 排放特别是与美国的贸易 CO_2 排放是中国必须考虑的内容，应该被列入中国未来应对气候变化活动议程中。(2) 针对加工制造业，特别是化学制品业、金属制品业、非金属矿物制品业和机械设备制造业四类部门，适当调整贸易结构，加强合理的部门技术转让(例如，CDM 项目中的行业技术转让机制)，从美国等发达国家优先进口这些部门的“清洁”生产技术和管理经验，从而减少国际贸易对中国产生的负面环境影响，减少全球 CO_2 排放。(3) 中国在未来参与国际气候变化谈判的时候，应该更加关注于排放的责任问题，而不是关注于排放量的问题。

关键词：贸易 CO_2 排放，京都议定书，国际贸易，CO_2 排放强度

1　引言

近年来，随着经济的迅速发展，中国国际贸易规模迅速扩张，特别是从中国加入世界贸易组织（WTO）之后，进出口总额从 2002 年的 6 208 亿美元猛增至 2007 年的 21 737 亿美元（WTO，2008）。进出口贸易在中国经济增长中所发挥的作用越来越重要，但是，在进出口贸易业务迅速发展的同时，中国水、气和固体污染等负面影响也呈现上升趋势，特别是温室气体排放的持续上升引起了许多国际环保组织和相关机构的关注，国际上关于中国是否应该负担强制性减排义务的争论也越加激烈。因此，中国的国际贸易业务究竟引起了多少的温室气体排放？中国是否应该为这部分温室气体排放负责？如果要的话应该负责多少？这些问题的研究十分重要，是控制中国国家温室气体排放，主导国际舆论压力，应对气候变化谈判的重要组成部分。

2 中国对外贸易情况回顾

作为经济全球化的重要标志，国际贸易对于经济的增长与国际合作发挥着越来越重要的作用，1990—2001年，全球进出口商品占全球GDP的比重从20%上升到了28%（UNDP，2003）。特别是作为发展中大国，中国国际贸易业务迅速发展，从2002—2006年，进口和出口商品都增长迅速（图1）；而且无论是总额还是与附件一国家或者美国的贸易情况中，出口增长速度明显超过进口增长速度。

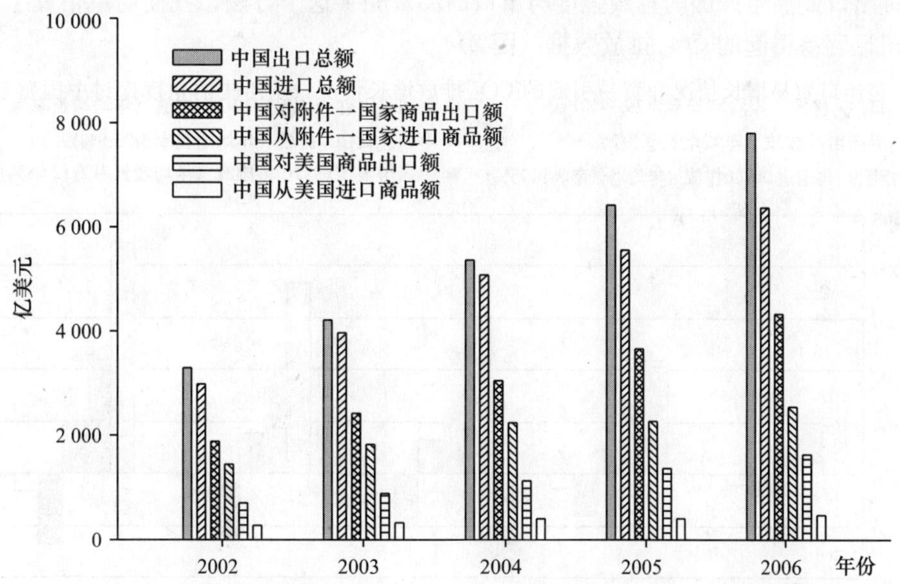

图1 中国与所有贸易伙伴国、附件一国家以及美国的商品进出口额

注：价值量基于2000年美元价格。

作为具有强制性减排义务的国家，附件一国家与中国之间的国际贸易所产生的温室气体排放直接影响着以下问题的解决：国际气候协议是否能在既定的时间内真正完成规定的减排目标。

从2002—2006年，中国进口和出口商品持续增长，特别是在2004年之后，增速明显加快，并且出口与进口的差距逐渐的拉开。其中附件一国家，特别是美国，从2002—2006年，净出口额增长迅速。2002—2006年，中国对附件一国家出口额占中国总出口额的比例持续保持在60%以上，而中国对美国出口额占中国对附件一国家出口额的比例持续保持在40%以上。

3 中国对外贸易引起的CO_2排放情况回顾

中国是目前世界第二大温室气体排放国，温室气体减排的形势十分严峻。作为一个负责任的大国，积极参与并签署了《京都议定书》，希望能够为全球温室气体减排作出贡献。

国际贸易引起的温室气体排放在全球气候变化谈判议程中是不可忽略的一项内容，其排放数量多少，责任归属等问题都影响着未来全球如何应对气候变化的问题。同时作为贸易大国，中国在未来应对全球气候变化问题上的定位与态度也与贸易排放问题息息相关。因此，对于考察中国参与的国际贸易引起的温室气体排放的研究具有很重要的意义。

《京都议定书》虽然对附件一国家设定了减排任务，尝试通过强制性减排目标把全球温室气体排放降低到一定程度，但是对国际贸易引起的温室气体排放问题没有进行一个明确的说明，缺乏对这一部分温室气体排放的考虑，使得附件一国家减排目标的实现存在很大不确定性。因此，我们在对中国国际贸易引起的 CO_2 排放总量进行研究后，进一步分析了中国与附件一国家贸易 CO_2 排放，希望通过探讨中国的贸易 CO_2 排放问题，为解决国际贸易引起的温室气体排放问题提供理论依据。

通过出口商品生产国的排放强度与出口商品量相乘这个方法，我们简单估算了中国与各国家国际贸易引起的 CO_2 排放数据（图 2）。

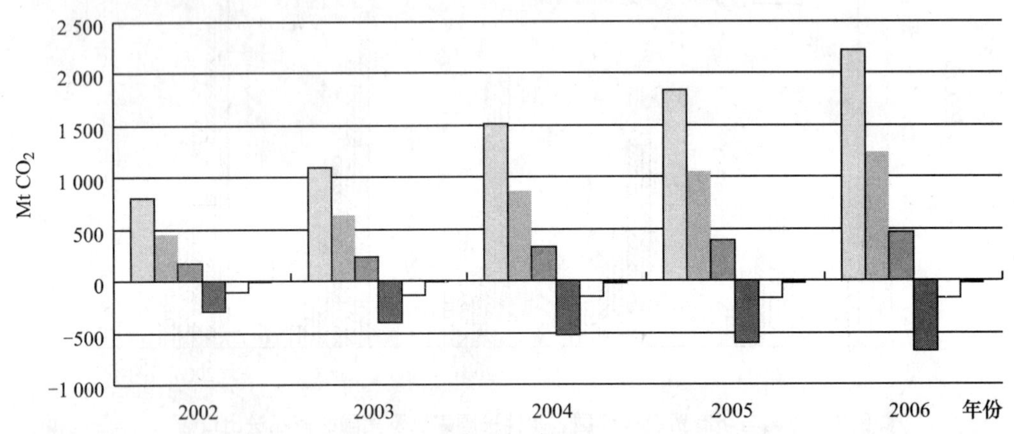

图 2　中国与所有贸易伙伴国、附件一国家以及美国进出口贸易引起的 CO_2 排放

从图 2 中可以看出，2002—2006 年，中国与所有贸易伙伴国、附件一国家以及与美国的国际贸易中，无论是出口 CO_2 排放还是进口 CO_2 排放，都迅速增长；另外，出口 CO_2 排放增长速度快于进口 CO_2 排放的增长速度，即出口 CO_2 排放是中国主要的贸易 CO_2 排放来源（图 2）。

从数据上可以更清楚地看出，出口 CO_2 排放增速明显高于进口 CO_2 排放增速，并且这种增长的差距在逐渐的拉大。

因此，从 2002—2006 年，针对三种贸易对象情况下，中国出口贸易引起的 CO_2 排放都要比进口引起的 CO_2 排放要多，并且出口贸易引起 CO_2 排放增长速度都快于进口贸易引起 CO_2 排放增长速度，即中国从 2002—2006 年逐年增加的贸易 CO_2 净排放主要是由于出口 CO_2 排放的快速增长引起的。

作为全球温室气体减排的主力军，附件一国家与中国的贸易引起了中国贸易 CO_2 排放中一半以上的 CO_2 排放，而其中很大一部分的贸易 CO_2 排放来源于中国与美国的贸易活动（表 1）。因此，控制与附件一国家贸易 CO_2 排放特别是与美国的贸易 CO_2 排放是中国在国际贸易这一块必须考虑的内容，应该被列入中国未来应对气候变化活动议程中。

表1　2002—2006年中国贸易 CO_2 排放占 CO_2 排放总量的比例

年份	2002	2003	2004	2005	2006
进口排放/总排放/%	8.54	9.84	10.72	11.05	11.34
出口排放/总排放/%	23.27	27.03	31.30	33.93	36.93
贸易净排放/总排放/%	14.73	17.19	20.58	22.88	25.59
从附件一国家进口排放/总排放/%	3.23	3.29	3.16	2.95	2.76
对附件一国家出口排放/总排放/%	13.28	15.54	17.82	19.38	20.51
对附件一国家贸易净排放/总排放/%	10.05	12.25	14.67	16.43	17.75
从美国进口排放/总排放/%	0.46	0.46	0.47	0.41	0.41
对美国出口排放/总排放/%	5.00	5.70	6.59	7.26	7.76
对美国贸易净排放/总排放/%	4.54	5.25	6.13	6.84	7.34

通过以上分析可以看出，中国出口 CO_2 排放大于进口 CO_2 排放，并且差距越来越大；尤其是附件一国家，作为全球温室气体减排的前线，这些国家承担了目前主要的减排任务。因此，进一步分析中国与各个附件一国家间的贸易 CO_2 排放，能够帮助我们更加深入了解和分析中国贸易 CO_2 排放问题。

4　中国各部门对外贸易引起的 CO_2 排放研究

虽然上文以全球和国家的角度对中国贸易 CO_2 排放进行了分析，但是在这些国家中，贸易排放又是如何产生的？是什么类型的贸易活动导致了大量贸易排放的增加？这些问题的解答有利于我们更加深入地了解中国贸易排放情况。

上文的研究中，我们认为：中国与美国贸易引起的 CO_2 排放是中国贸易 CO_2 排放的最主要来源。因此，我们选取美国作为一个典型的贸易伙伴国，通过研究中美部门间贸易 CO_2 排放情况来深入探讨中国各部门的贸易 CO_2 排放问题。

4.1　数据来源和处理

本研究使用数据和处理工程包括以下几方面内容：

(1) 中国使用了2005年42部门投入产出延长表，美国使用了2005年调整过后的67部门投入产出延长表，为了研究结果的准确性，我们对两国部门划分进行了调整，按照APEC能源平衡表部门划分标准统一为13部门（表2）；价格利用2005年人民币和美元年均汇率调整为统一价格。

表2　部门划分

代码	部门	代码	部门
1	初级金属	8	食品、饮料与烟草
2	化工（包含石化）	9	纸浆、造纸与印刷
3	金属制品业	10	木材与木制品
4	非金属矿物制品	11	建筑业
5	交通设备	12	纺织与服装皮革
6	机械	13	农业
7	采掘业		

(2) 各部门商品生产能源消费量来自 APEC 数据库统计的中美两国能源平衡表。最终工业生产能源消费数据统计了 18 种类型能源，以求数据更加准确。能源排放因子来自 2006 年 IPCC 国家温室气体清单指南（表 3）。

表 3　各类型能源排放因子

代码	能源类型	吨 CO_2/PJ	代码	能源类型	吨 CO_2/PJ
1	煤	95 700.00	10	煤油	71 500.00
2	焦炭	107 000.00	11	汽油/柴油	74 100.00
3	焦炉煤气	44 400.00	12	燃料油	77 400.00
4	高炉气	260 000.00	13	液化石油气	63 100.00
5	煤焦油	80 700.00	14	炼厂气	57 600.00
6	原油	73 300.00	15	其他石油制品	73 300.00
7	汽油	69 766.67	16	天然气	56 100.00
8	石脑油	73 300.00	17	煤气焦炭	44 400.00
9	航空煤油	70 000.00	18	电力	236 952.17

(3) 考虑到进出口商品统计口径的一致性，中美部门进出口贸易数据统一使用美国商贸部的进出口商品数据。另外，由于转口贸易数据缺乏，这一部分进出口商品量也较小，因此，并没有在本文中考虑转口贸易引起的 CO_2 排放问题。

(4) 本文只考虑了农业、工业和建筑部门进出口商品的贸易 CO_2 排放问题，而没有考虑服务业部门的商品进出口贸易 CO_2 排放问题。

(5) 贸易引起 CO_2 之外的温室气体排放情况并没有在本研究中探讨，对于非能源使用引起的 CO_2 排放也并没有在本研究中被探讨，主要探讨了人为能源使用引起 CO_2 排放问题。

(6) 投入产出方法仍然存在一些不完善之处，例如，(1) 同质性假设：假定各部门用单一的投入结构生产单一的产品，而不同部门之间的产品不能互相替代。(2) 比例性假设：假设任何一个部门对各部门产品的消耗量是该部门产出水平的唯一线性函数，且成正比例关系。这些问题的假设同样存在于本研究之内。

4.2　美国和中国的部门 CO_2 排放强度对比

为了进一步研究中美部门间贸易活动是如何影响全球 CO_2 排放的，我们首先应该估算各部门 CO_2 排放强度；如式（1）所示。

$$F_i = \frac{CO_{2i}}{VA_i} \tag{1}$$

式中　F_i——i 部门的 CO_2 排放强度；

VA_i——i 部门工业增加值；

CO_{2i}——i 部门 CO_2 排放总量。

分部门 CO_2 排放总量通过 CO_2 排放因子、各类型能源的发热值和分部门各类型能源使用实物量估计得出，如式（2）所示。

$$CO_{2i}=\sum_{j=1}^{n} f_j \times R_j \times EP_{ij} \tag{2}$$

式中　f——各类型能源的 CO_2 排放因子；

j——能源类型；

n——有 n 种类型的能源；

R——各类型能源的发热值，即每单位能源燃烧能够产生多少热量；

EP_i——i 部门各类型能源使用实物量。

通过公式（1）和公式（2），我们估算出了中国和美国两个国家的分部门 CO_2 排放强度；并对此进行对比（表 4）。

表 4　中国与美国分部门 CO_2 排放强度对比

代码	部门	吨 CO_2/千美元	
		中国	美国
1	初级金属	8.073 6	1.255 4
2	化工（包含石化）	5.191 3	2.027 6
3	金属制品业	3.800 6	0.475 8
4	非金属矿物制品	10.548 1	1.656 5
5	交通设备	0.953 9	0.214 4
6	机械	0.806 6	0.786 4
7	采掘业	0.576 2	0.062 0
8	食品、饮料与烟草	1.092 0	0.651 3
9	纸浆、造纸与印刷	3.171 9	1.334 4
10	木材与木制品	1.832 5	0.666 9
11	建筑业	0.624 0	0.168 1
12	纺织与服装皮革	1.842 3	1.077 0
13	农业	0.653 9	0.487 8

从表 4 中可以看出，对比中美两国对应部门 CO_2 排放强度，中国各部门的 CO_2 排放强度普遍都高于美国相对应部门，特别是化学制品业、非金属矿物制品业、初级金属业以及金属制品业。中国这些部门单位商品生产引起的 CO_2 排放量远远高于美国对应部门，反映了中国目前的部门生产水平与美国存在很大差距，这主要是由于在中国以煤为主的能源结构和部门生产技术效率低下，管理经验和操作水平落后造成的。但从另一个角度来说，这些部门也具有较大的减排潜力，通过学习或者转让先进技术（CDM）和管理经验等方面，可以实现较大程度的减排。

4.3　中国出口到美国商品引起的 CO_2 排放

近年来，投入产出方法被大量用于评估社会经济活动所产生的环境影响，并且已经取得一些成果（OECD，2003；Labandeira and Labeaga，2002；Machado et al.，2001；Mongelli，2006）。虽然投入产出方法仍然存在一些不完善之处，例如，（1）同质性假设：假定各部门用单一的投入结构生产单一的产品，而不同部门之间的产品不能互相替代。（2）比例性假设：假设任何一个部门对各部门产品的消耗量是该部门产出水平的唯一线性函数，且成正比例关系。但投入产出方法所体现的整个经济体的部门投入产出关系，能够帮助核算出经济生产活动中，直接和间接的资源和能源消耗。例如，一台电脑的生产所引起的 CO_2 排放并不只是在生产这台电脑的能源使用和 CO_2 排放，还包含了生产这台电脑的零件所使用的能源和 CO_2 排放。作为一种适合建立线性经济模型来进行经济核算的工具，投入产出方法能够跟踪整台电脑的生产过程，帮助我们找到所有排放的源头，区分出产品生产引起的直接和间接排放。

因此，为了跟踪出口商品引起的直接和间接的 CO_2 排放，我们引入完全需要系数 $(I-A)^{-1}$，该系数也称为列昂惕夫逆矩阵（the Leontief inverse）。该矩阵体现了生产最终使用商品所引起资源的总消耗（中间消耗＋最终消耗）。

$$X = (I - A)^{-1}Y \quad (3)$$

式中 X——总产出；

Y——最终需求；

A——技术矩阵，也称做直接消耗系数矩阵，表示了各部门之间的联系；

I——单位矩阵。

该系数表示从社会需求的角度看，当一个部门产品增加一个单位最终使用时，对其他部门产品的完全消耗量（直接＋间接）。

应用列昂惕夫逆矩阵表述出来的各部门关系，结合出口商品生产国的 CO_2 排放强度，可以核算出各部门的出口 CO_2 总排放（直接 CO_2 排放＋间接 CO_2 排放）：

$$ECO_{2i}^{(in+de)} = F_i^{EX} \times (I - A^{ex})^{-1} \times EX_i \quad (4)$$

式中 $ECO_{2i}^{(in+de)}$——i 部门出口商品引起直接和间接的 CO_2 排放量；

F_i^{EX}——出口国家 i 部门的排放强度；

$(I-A^{ex})^{-1}$——出口国的列昂惕夫逆矩阵；

EX_i——i 部门的出口商品量。

在研究中，进口排放是根据进口国的 CO_2 排放强度来核算，以求结果更加合理准确。而许多关于国际贸易中隐含的能源使用和 CO_2 排放的实证研究都假设了进口商品的生产技术和出口商品是相同的（Mongelli et al，2006；Weber and Matthews，2007），这些研究虽然能够反映进出口商品结构的不同，但是却不能体现排放控制技术、生产效率和能源结构的不同。

$$ICO_{2i}^{(in+de)} = F_i^{IM} \times (I - A^{im})^{-1} \times IM_i \times EC \quad (5)$$

式中 $ICO_{2i}^{(in+de)}$——i 部门进口商品引起的直接和间接 CO_2 排放；

F_i^{IM}——贸易进口国 i 部门的直接排放强度；

$(I-A^{im})^{-1}$——进口国的列昂惕夫逆矩阵；

EC——进口国与出口国的年平均汇率，作为一种价值量上的调整，使得两个不同的国家，两种不同的货币连接起来；

IM_i——从进口国 i 部门进口的商品量。

根据前文核算的 CO_2 排放强度和分部门进出口贸易数据，利用建立的投入产出模型，我们可以得到中美进出口商品贸易引起的 CO_2 排放量（表 5）。

表 5　2005 年中美商品进出口额及其引起的 CO_2 排放

代码	2005 年中美贸易商品进出口额		2005 年中美贸易引起的 CO_2 排放	
	中国进口	中国出口	中国进口 CO_2 排放	中国出口 CO_2 排放
	亿美元	亿美元	Mt CO_2	Mt CO_2
1	4.417 4	23.553 5	2.447 7	52.185 8
2	57.062 1	79.904 5	17.487 5	110.808 5
3	13.006 6	110.850 0	0.308 0	117.499 9
4	2.584 9	35.099 8	0.534 8	90.094 7
5	53.441 1	44.586 1	1.775 1	12.341 1
6	133.128 1	1 048.578 9	15.787 5	262.281 2
7	0.000 0	0.000 0	0.000 0	0.000 0
8	11.452 3	27.933 5	1.275 8	6.920 8
9	4.677 0	15.355 3	0.944 6	12.485 5
10	0.598 2	20.157 8	0.055 0	9.448 6
11	0.000 0	0.000 0	0.000 0	0.000 0
12	4.549 1	58.494 3	0.832 9	29.771 8
13	99.313 9	13.276 1	7.246 4	1.540 4
总量	384.230 7	1 477.789 8	48.695 3	705.378 2

2005 年中国与美国进出口贸易中中国出口排放总量为 705.38Mt CO_2，进口排放总量为 48.70 Mt CO_2，即表示中国生产出口到美国的商品增加了中国 705.38 Mt 的 CO_2 排放；而美国生产出口到中国的商品增加了美国 48.70 Mt 的 CO_2 排放；并且中美 2005 年国际贸易引起的 CO_2 排放在总量上相差（进出口净排放）656.68 Mt CO_2 排放。根据二氧化碳信息分析中心（CDIAC）公布的 2005 年中国化石燃料燃烧引起的 CO_2 排放数据来看，这部分差额相当于中国 2005 年国家 CO_2 总排放的 11.67%，因此，减小中美进出口贸易排放能为中国减排工作作出很大贡献。

2005 年中国出口到美国商品中，制造业是主要的出口商品生产部门（表 5），主要包括金属制品业、机械设备制造业、化工制品业和纺织业及皮革服装业；在中国这些部门的 CO_2 排放强度都较高。另外，初级金属业和非金属矿物制品业虽然进出口额不高，但是由于中国这些部门 CO_2 排放强度都较高，因而也产生了较多的出口排放，对于这两类部门应该限制其出口量，并且加快其学习和转让发达国家先进的部门技术以及管理经验，进一步降低部门 CO_2 排放强度。

2005 年美国出口到中国商品中，化工制品业、交通设备制造业、机械设备制造业以及农业是主要的出口商品生产部门，而主要引起的出口 CO_2 排放主要来自化工制品业、机械设备制造业以及农业，占据 2005 年美国出口到中国商品引起 CO_2 总排放 83.21%的份额。

5　主要结论和启示

中国是个资源稀缺的国家（土地、水等），重工业和制造业已经使得中国的资源接近耗竭。目前中国的国际贸易模式与可持续发展的理念背道而驰，无论对于中国还是贸易伙伴国，或者全球的环境系统和金融系统都不合理。因此，便宜的商品出口导致了严重的社会和环境问题，中国这种贸易出口带动经济的发展模式需要改变。

本研究从总量、国家间、部门间贸易三个角度对中国商品进出口贸易引起的 CO_2 排放进行探讨，希望通过这种逐层分析的方法，更加全面地了解中国商品贸易对全球 CO_2 排放造成的影响，能够帮助决策者更加客观地认识这个问题，进一步为中国参与国际气候变化谈判提供理论依据。对于所有以上的分析结果，本文总结出了以下几点建议和启示，供决策者参考。

（1）控制与附件一国家贸易 CO_2 排放特别是与美国的贸易 CO_2 排放是中国必须考虑的内容，应该被列入中国未来应对气候变化活动议程中。

从 2002—2006 年，贸易 CO_2 排放在中国国家温室气体排放所占的比例逐年递增，并且出口贸易引起 CO_2 排放增长速度都快于进口贸易引起 CO_2 排放增长速度；特别是附件一国家和美国与中国贸易引起的 CO_2 排放，应该受到中国以及全球的关注。解决贸易 CO_2 排放问题，特别是大国的贸易排放问题，对人类应对全球气候变化，减少人为温室气体排放具有重大的影响。

（2）中国应该通过引进发达国家“清洁”的生产技术和管理经验，降低部门 CO_2 排放强度，来实现工业部门，特别是加工制造业的减排潜力。

对比中美两国对应部门 CO_2 排放强度，中国各部门的 CO_2 排放强度普遍都高于美国相对应部门，特别是化学制品业、非金属矿物制品业、初级金属业以及金属制品业。反映了中国目前的部门生产水平与美国存在很大差距；但从另一个角度来说，这些部门也具有较大的减排潜力，通过学习或者转让先进技术（CDM）和管理经验等方面，可以实现较大程度的减排。

（3）出口结构的不合理也间接导致了中国出口贸易引起大量的 CO_2 排放。适当调整贸易结构既能减少中国和全球的 CO_2 排放，又可以在一定程度上防止因为减少一些部门的商品出口量而对经济发展产生影响。

2005 年中国出口到美国商品中，制造业是主要的出口商品生产部门，初级金属业和非金属矿物制品业虽然进出口额不高，但是由于中国这些部门 CO_2 排放强度都较高，因此，也产生了较多的出口排放。因此，建议中国适当调整贸易结构，控制金属制品业、机械设备制造业、化工制品业以及纺织业及皮革服装业等部门的商品出口量，增加其他 CO_2 排放强度相对较低的部门的出口额。限制初级金属业和非金属矿物制品业商品出口量，加快其学习和转让发达国家先进的部门技术以及管理经验，进一步降低部门 CO_2 排放强度。

（4）针对加工制造业，特别是化学制品业、金属制品业、非金属矿物制品业和机械设备制造业四类部门，适当调整贸易结构，加强合理的部门技术转让（例如，CDM 项目中的行业技术转让机制），从美国等发达国家优先进口这些部门的“清洁”生产技术和管理经验，从而减少国际贸易对中国产生的负面环境影响，减少全球 CO_2 排放；而减少的 CO_2 排放可以作为美国通过技术转让获得的排放许可，进而达到多方获利的结果。

（5）中国在未来参与国际气候变化谈判的时候，应该更加关注于排放的责任问题，而不是关注于排放量的问题。

站在《京都议定书》的角度，根据议定书中贸易排放核算规则，中国出口商品引起的贸易排放属于中国国家 CO_2 排放清单内，暂时可能并不会影响中国，但是，如果中国参与减排义务的承担，那么，这部分排放就是由于《京都议定书》的缺陷而给中国增加的一部分“毫无理由”的排放。虽然目前中国并没有被要求参与强制性的温室气体减排任务，但是必须控制与减少温室气体排放，为将来应对国际气候变化格局做好准备。并且如果按照全球可持续发展的目标，美国通过进口中国商品既不“节能”又不“减排”，通过从中国进口消费商品，美国可以少排放一部分的 CO_2，但是却会增加全球大量的 CO_2 排放。

综上所述，对于中国贸易 CO_2 排放的研究告诉我们国际贸易引起的 CO_2 排放很大程度上还是依赖于政策制定者对于气候变化的考虑，无论是当前的国家排放核算方法，还是现存的国际气候协议，都没有把国家贸易所隐含的碳考虑在内。而探讨贸易引起的环境成本问题有利于刺激发展中国家和发达国家合作，通过市场的力量来减少温室气体和污染排放。

参考文献

[1] Ahmad, N., Wyckoff, A., 2003. Carbon dioxide emissions embodied in international trade. DSTI/DOC (2003) 15, Organization for Economic Co-operation and Development (OECD).

[2] Aldy, J. E., 2005. An environmental Kuznets curve analysis of US state-level carbon dioxide emissions. Journal of Environment and Development, 14: 48—72.

[3] Antweiler, W., Copeland, B. R., Taylor, M. S., 2001. Is free trade good for the environment? American Economic Review, 91:877—908.

[4] Bastianoni, S., Pulselli, F. M., Tiezzi, E., 2004. The problem of assigning responsibility for greenhouse gas emissions. Ecological Economics, 49:253—257.

[5] Bureau of Economic Analysis. 2008—12—15. Home, industry, Industry Economic Accounts Information Guide. http://www. bea. gov/industry.

[6] CDIAC. 2009 — 05 — 20. Global, regional, and national fossil fuel CO_2 emission. http://cdiac. esd. ornl. gov/trends/emis/tre_regn. html.

[7] China Statistical Yearbook, 2008. National Bureau of Statistics of China. China Statistics Press, Beijing, China ISBN: 978—7—5037—5530—9.

[8] Cole, M. A., 2004. Trade, the pollution haven hypothesis and the environmental Kuznets curve. examining the linkages. Ecological Economics, 48:71— 81.

[9] Cole, M. A., Elliott, J. R., 2005. FDI and the capital intensity of "dirty" sectors: a missing piece of the pollution haven puzzle. Review of Development Economics, 9:530—548.

[10] Dietzenbacher, E., Kakalimukhopadhyay, 2007. An empirical examination of the pollution haven hypothesis for India: towards a green Leontief paradox. Environmental & Resource Economics, 36:427—449.

[11] Eggleston, S., Buendia, L., Miwa, K., Ngara, T., Tanabe, K., 2006. IPCC Guidelines for National Greenhouse Gas Inventories. Intergovernmental Panel on Climate Change.

[12] Energy Information Administration (EIA). 2008—12—08. Home, international, carbon dioxide emissions and intensity. http://www. eia. doe. gov/emeu/international/carbondioxide. html.

[13] Grossman, G. M., Krueger, A. B., 1991. Environmental impacts of a North American free trade agreement. NBER Working Paper No. W3914, National Bureau of Eco-

nomic Research (NBER).

[14] Janicke, M., Binder, M., Monch, H., 1997. Dirty industries: patterns of change in industrial countries. Environmental and Resource Economics, 9:467—491.

[15] Labandeira, X., Labeaga, J. M., 2002. Estimation and control of Spanish energy-related CO_2 emissions: an input-output approach. Energy Policy, 30:597—611.

[16] Lenzen, M., 1998. Primary energy and greenhouse gases embodied in Australian final consumption: an input-output analysis. Energy Policy, 26:495—506.

[17] Leonard, H. J., Duerksen, C. J., 1980. Environmental regulations and the location of industry: an international perspective. Columbia Journal of World Business, 15:52—68.

[18] Leontief, W., 1936. Quantitative input and output relations in the economic system of the United States. Review of Economics and Statistics, 18:105—125.

[19] Li, Y., Hewitt, C. N., 2008. The effect of trade between China and the UK on national and global carbon dioxide emissions. Energy Policy, 36:1907—1914.

[20] Machado, G., Schaeffer, R., Worrell, E., 2001. Energy and carbon embodied in the international trade of Brazil: an input-output approach. Ecological Economics, 39:409—424.

[21] Mongelli, I., Tassielli, G., Notarnicola, B., 2006. Global warming agreements, international trade and energy/carbon embodiments: an input-output approach to the Italian case. Energy Policy, 34:88—100.

[22] Munksgaard, J., Pedersen, K. A., 2001. CO_2 accounts for open economies: producer or consumer responsibility. Energy Policy, 29:327—334.

[23] National Bureau of Statistics, 2008. China energy statistical yearbook 2008 edition. Beijing: China Statistics Press.

[24] Peters, G. P., Hertwich, E. G., 2008. CO_2 embodied in international trade with implications for global climate policy. Environmental Science and Technology, 42:1401—1407.

[25] Reinvang, R., Peters, G., 2008. Norwegian consumption, Chinese pollution. An example of how OECD imports generate CO_2 emissions in developing countries. IndEcol Report No. 1/2008, World Wide Fund for Nature(WWF).

[26] Rothman, D. S., 2000. Measuring environmental values and environmental impacts: going from the local to the global. Climatic Change, 44:351—376.

[27] Shuia, B., Harriss, R. C., 2006. The role of CO_2 embodiment in US-China trade. Energy Policy, 34:4063—4068.

[28] Suri, V., Chapman, D., 1998. Economic growth, trade, and energy: implications for the environmental Kuznets curve. Ecological Economics, 25:195—208.

[29] Walter, I., 1973. The pollution content of American trade. Western Economic Journal Ⅺ (1):61—70.

[30] Weber, C. L., Matthews, H. S., 2007. Embodied environmental emissions in US international trade: 1997—2004. Environmental Science and Technology, 41:4875—4881.

[31] Weber, C. L., Peters, G. P., Hubacek, K., Guan, D., 2008. The contribution of Chinese exports to climate change. Energy Policy, 36:3572—3577.

[32] Wiedmann, T., Wood, R., Minx, J., Lenzen, M., Harris, R., 2008. Emissions embedded in UK Trade-UK-MRIO model results and error estimates. In: International Input-Output Meeting on Managing the Environment. IIOA, Seville, Spain.
[33] WTO, 2008. International Trade Statistics 2008. Geneva: WTO Publications.
[34] Wyckoff, A. W., Roop, J. M., 1994. The embodiment of carbon in imports of manufactured products: implications for inter-national agreements on greenhouse gas emissions. Energy Policy, 22: 187—194.